Logistikmanagement in der Automobilindustrie

Florian Klug

Logistikmanagement in der Automobilindustrie

Grundlagen der Logistik im Automobilbau

Geleitwort von Jürgen Wels

Springer

Prof. Dr. Florian Klug
ZAL-Zentrum für Automobillogistik
Feichthofstraße 178a
81247 München
Deutschland
florian.klug@zalnet.de

ISBN 978-3-642-05292-7 e-ISBN 978-3-642-05293-4
DOI 10.1007/978-3-642-05293-4
Springer Heidelberg Dordrecht London New York

Die Deutsche Nationalbibliothek verzeichnet diese Publikation in der Deutschen Nationalbibliografie; detaillierte bibliografische Daten sind im Internet über http://dnb.d-nb.de abrufbar.

Einbandabbildung: Volkswagen
Einbandentwurf: WMXDesign GmbH, Heidelberg

Gedruckt auf säurefreiem Papier

Springer ist Teil der Fachverlagsgruppe Springer Science+Business Media (www.springer.com)

Geleitwort

Die Automobilindustrie gilt weltweit seit Jahrzehnten als eine der Schlüsselbranchen für wirtschaftliche Entwicklung, die Umsetzung von Innovationen und für Beschäftigung. Verstärkter globaler Wettbewerb fordert von den Beteiligten die Fähigkeit, marktindividuell neue Produkte fortlaufend, schnell und sicher bereitzustellen, die dabei erforderlichen Herstell- und Versorgungsprozesse durchgängig schlank und effizient zu beherrschen sowie neuen Anforderungen mit der gebotenen Wandlungsfähigkeit zu begegnen. Die jüngste internationale Finanz- und Wirtschaftskrise verstärkt eine entsprechende Dynamik. Die Leistungsfähigkeit des gesamten logistischen Systems wird zu einem der zentralen Erfolgsfaktoren.

Das vorliegende Grundlagenwerk *Logistikmanagement in der Automobilindustrie* greift diesen Ansatz auf. Über alle Hauptprozesse des automobilen Unternehmens, angefangen von der Produktentstehung, über den Kunde-Kunde-Prozess (Kundenfahrzeugauftrag von der Einsteuerung über die Herstellung bis zur Auslieferung) bis hin zur Kundenbetreuung in der Nutzungsphase eines Fahrzeugs, bilden gut organisierte logistische Abläufe eine wesentliche Leistungsgrundlage und schaffen ausgefeilte logistische Konzepte und Methoden die notwendigen Voraussetzungen zur Zielerreichung.

Allerdings ist die heutige Vorgehensweise bei der Gestaltung logistischer Abläufe der Automobilindustrie noch immer nicht ausreichend definiert und hinreichend standardisiert. Standardisierte Logistikabläufe stellen jedoch eine wesentliche Voraussetzung für effizienten und effektiven Ressourceneinsatz im Unternehmen dar. So hängt beispielsweise die Funktionsfähigkeit des Logistikmanagements unter den Netzwerkpartnern Zulieferer, Dienstleister, Automobilhersteller und Händler entscheidend davon ab, dass alle die Vision einer durchgängigen, verschwendungsfreien Logistik teilen. Diese Vision gilt es klar zu formulieren, konsequent zu verfolgen und in einem partnerschaftlichen Verhältnis auch aktiv umzusetzen.

Mit dem vorliegenden Buch werden die Schriften zur Automobillogistik um ein Kompendium ergänzt, das moderne, standardisierte Logistikabläufe für die Erreichung schlanker und leistungsfähiger Strukturen ganzheitlich beschreibt und dabei einen Überblick der vielfältigen logistischen Planungs- und Gestaltungsaufgaben über alle Hauptprozesse im Unternehmen hinweg ermöglicht. Ich wünsche allen

Interessierten eine aufschlussreiche Lektüre und vielfältige Anregungen in der Auseinandersetzung mit den dargelegten Prozesslösungen.

Stuttgart-Zuffenhausen, 2009 Jürgen Wels
Leiter Logistik
Dr.-Ing. h.c. F. Porsche AG

Vorwort

In Deutschland ist die Automobilindustrie seit jeher Kernkompetenz der Wirtschaft und trägt damit wesentlich zum Erfolg des Industriestandorts Deutschland bei. Märkte, Technologien und Produkte stehen allerdings verstärkt im globalen Wettbewerb, was erhöhte Anforderungen an den Materialfluss als Fließmittel zwischen den internen und externen Wertschöpfungspartnern mit sich bringt. Taiichi Ohno beschreibt dies mit den Worten: „Der wichtigste Bereich der Automobilherstellung ist ohne Zweifel das Problem des Materials. Sich in der Autoproduktion zu engagieren, ohne das Materialproblem gelöst zu haben, ist wie ein Haus ohne Fundament zu bauen.“ Dieses Buch versucht einen Stein dieses Fundaments zu legen. Einerseits durch die Systematisierung der Aufgaben im Bereich Logistikmanagement sowie andererseits durch eine prozessorientierte Beschreibung logistischer Aufgaben vom Produktentstehungs- bis zum Kundenauftragsprozess.

Die Automobilindustrie war, ist und bleibt auch in Zukunft eine Quelle für innovative Konzepte und Methoden der Logistik. Dieses Wissen um die Logistik wird dabei häufig verzerrt und bedroht durch kurzfristige Trends und Moden, Halbweisheiten und das oft fehlende durchgängige Verständnis für eine kundenorientierte und verschwendungsfreie Logistik. Die mangelnde Integration der Planungsaufgaben und die unterschiedlichen oft konträren Sichtweisen der Planungspartner entlang des Materialflusses tun ihr übriges dazu.

Meine eigenen Erfahrungen als Logistikplaner in der Automobilindustrie haben mir die Schwierigkeit des Planungsalltages vor Augen geführt. Häufig wird aufgrund fehlender Dokumentation des Planungswissens mehr über Erfahrungswerte agiert, die durch die hohen Fluktuationsraten der jungen Planer schnell abhanden kommen. Logistikwissen wird somit durch Mitarbeiterrotation und fehlende Standardisierung der Planungsabläufe bedroht. Oft mühsam erarbeitete Erkenntnisse, über die Logistikabläufe und deren sensitive Parameter, gehen somit unwiederbringlich verloren. Ziel muss daher die Verbesserung des Wissensmanagements im Bereich der Logistik sein. Die systematische Beschreibung eines anwendungsnahen und praxisorientierten Planungs-, Umsetzungs- und Betriebswissens im Bereich des Logistikmanagements der Automobilindustrie ist das erklärte Ziel dieses Buches. Es soll primär als Nachschlagewerk für den Logistikplaner im Produktentstehungsprozess dienen. Darüber hinaus bietet es eine geschlossene Beschreibung aller logistikrelevanten Abläufe im Kundenauftragsprozess von der Beschaffung, über die Produktion und Distribution, bis hin zum After-Sales Bereich.

Ein Grundlagenwerk wie dieses basiert niemals auf der alleinigen Idee eines Einzelnen. Seit nunmehr 20 Jahren beschäftige ich mich mit der Automobillogistik und habe in dieser Zeit viele Gespräche mit Experten geführt sowie unzählige Fahrzeughersteller- und Zulieferwerke europaweit analysiert.

Aus der Vielzahl derjenigen Personen die meinen Erkenntnisweg begleitet haben, möchte ich mich stellvertretend bedanken bei Dr. Michael Bacher, Anette Buntrock, Martin Coordes, Harald Gmeiner, Franz Hainzinger, Prof. Dr. Dirk Hartel, Frank Heisler, Wilhelm Liebhart, Benjamin Lobenz, Ulrich Minke, Prof. Dr. Markus Schneider, Dr. Kurt Schwindl, Dr. Sven Spieckermann, Karl Sporer, Diane Tischtau, Hubert Vogl, Axel Wauthier, Jürgen Wels für ihre Unterstützung bzw. für den Erfahrungs- und Wissensaustausch in der Automobillogistik.

Besonders zu Dank verpflichtet bin ich Herrn Andreas Rapp für die Unterstützung meiner Publikationen sowie die Übertragung interessanter Logistikaufgaben im Rahmen meiner Tätigkeit als Logistikplaner bei der Audi AG Ingolstadt. Danken möchte ich auch meinen ehemaligen Arbeitskollegen bei Audi bzw. innerhalb des VW Konzerns von deren Erfahrungsschatz ich im Bereich der Logistikplanung partizipieren durfte. Stellvertretend möchte ich hier aufführen Johannes Böttcher, Torsten Bohlken, Maike Geiger, Ingolf Grüßner, Thorsten Henschel, Matthias König, Gregor Kovacic, Susanne Margraf, Simon Motter, Thomas Pischinger, Michael Reuse, Volker Reschke, Irina Sturm, Jürgen Tiefenbacher, Virginia Villadangos, Thorsten Wilsdorf und Tim-Boto Zahn.

Mein Dank gilt ebenso dem Springer Verlag Berlin, insbesondere Herrn Thomas Lehnert, für die professionelle und unkomplizierte Zusammenarbeit.

Mein besonderer Dank, für die langjährige gemeinsame Forschungsarbeit auf dem Gebiet der logistischen Lieferantenintegration in der Automobilindustrie, gebührt Dr. David Bennett von der Newcastle Business School der Northumbria University, UK.

Nicht zuletzt möchte ich die Kunden des Zentrums für Automobillogistik erwähnen, die mit ihren Praxisprojekten mein Wissen in der Automobillogistik erweitert und geschärft haben. Diese Logistikprojekte waren nicht nur für den Kunden zu lösende Probleme sondern darüber hinaus auch immer ein Erfahrungs- und Erkenntnisgewinn für mich. Besonders danken möchte ich Herrn Wolfgang Mühleck für die langjährige erfolgreiche und intensive Zusammenarbeit beim Automobilzulieferer Takeo in Dietfurt.

Dieses Buch widme ich meiner Familie – meiner Frau Sabine und meinen beiden Kindern Leopold und Johanna – die mir den Rückhalt und die Kraft gegeben haben für dieses umfangreiche Buchprojekt.

München, 2009 Florian Klug

Inhalt

Teil I
Logistikmanagement im Produktentstehungsprozess

Kapitel 1
Logistikgerechte Fabrikplanung

1.1 Anforderungen logistikgerechter Fabrikplanung

Bis in die neunziger Jahre wurde die Planung neuer Automobilfabriken durch eine separate und sukzessive Betrachtung von Fertigungs- und Logistikprozessen organisiert. Die Folge waren räumlich getrennte Bereiche zwischen den einzelnen Fertigungsgewerken und den Logistikflächen für die Bereitstellung, den Umschlag und die Lagerung der Fertigungsmaterialien (Klauke et al. 2005, S. 250). Diese Vorgehensweise verursachte folgende Probleme:

- hohe Bestände durch fehlende Synchronisierung zwischen Fertigung und Logistik
- mangelnde Bestandstransparenz
- lange Transportwege für Einzelteile und Baugruppen
- produktionssynchrone Anlieferungen erfolgten häufig nicht direkt an den Verbauorten, sondern über den Umweg einer zentralen Logistik
- mangelnde Flächenflexibilität zwischen Fertigung und Logistik, die zu Engpasssituationen führte

Die Hauptforderung einer logistikgerechten Fabrikplanung besteht in der weitestgehenden Vermeidung von Transport-, Umschlags- und Lageraufwand durch die Realisierung einer *Logistik der kurzen Wege*. Die logistikorientierte Gestaltung der Werklayouts trägt entscheidend zum Ziel einer verschwendungsfreien Fabrik bei (vgl. Abschn. 7.1). Das Werkslayout muss dabei den logistischen Anforderungen folgen (form follows flow). Ein Hauptproblem bei der Umsetzung logistikorientierter Strukturen ist der hohe Anteil von Brownfield-Werken bei den Automobilherstellern, welche oft über Jahrzehnte historisch gewachsen und durch folgende Strukturen gekennzeichnet sind:

- Durch rasch wachsende Siedlungsgebiete wurden die vormals am Stadtrand gelegenen Automobilwerke (z. B. das BMW Werk in München) über die Jahrzehnte von städtischer und/oder industrieller Bebauung umschlossen. Durch die meist gleichzeitige Steigerung des Produktionsprogramms kommt es zu einer verstärkten Flächenknappheit, die meist zu Gunsten der Fertigung entschieden wird.

F. Klug, *Logistikmanagement in der Automobilindustrie*,
DOI 10.1007/978-3-642-05293-4_1,

- Die meist rechteckige Gebäudeform eines Brownfield-Werkes, die wie z. B. in der Montage mehrere parallel laufende Bänder umschließt, bedeutet für die Logistik lange Transportwege sowie einen erhöhten Aufwand beim Teilehandling.
- Eine störungsfreie LKW-Anlieferung, die bei der vorherrschenden bestandsarmen Lagersituation durch eine hohe Lieferfrequenz geprägt ist, kann aufgrund der sich laufend verschlechternden Verkehrssituation sowie den historisch gewachsenen Restriktionen nur mit hohem Aufwand gewährleistet werden.
- Im Laufe der Jahre wurden immer mehr Baureihen und deren Derivate auf meist begrenzter Werkfläche untergebracht. Fertigungsbereiche wie der Karosseriebau nehmen mit jedem neuen Modell mehr Fertigungsfläche ein. Die Folge ist, dass die meisten Brownfield-Werke in Deutschland unter akutem Flächenmangel leiden. Die zunehmende Fertigungsfläche wird häufig durch eine Reduzierung der Logistikfläche kompensiert, bei gleichzeitig steigender Anforderung an die Logistikleistung. Logistik- und besonders Lagerflächen sind das knappste Gut in einem Automobilwerk.

Bestehende Werkstrukturen in der Automobilindustrie lassen sich in die folgenden drei Grundmuster einteilen (vgl. Abb. 1.1) (Maurer u. Stark 2001, S. 11):

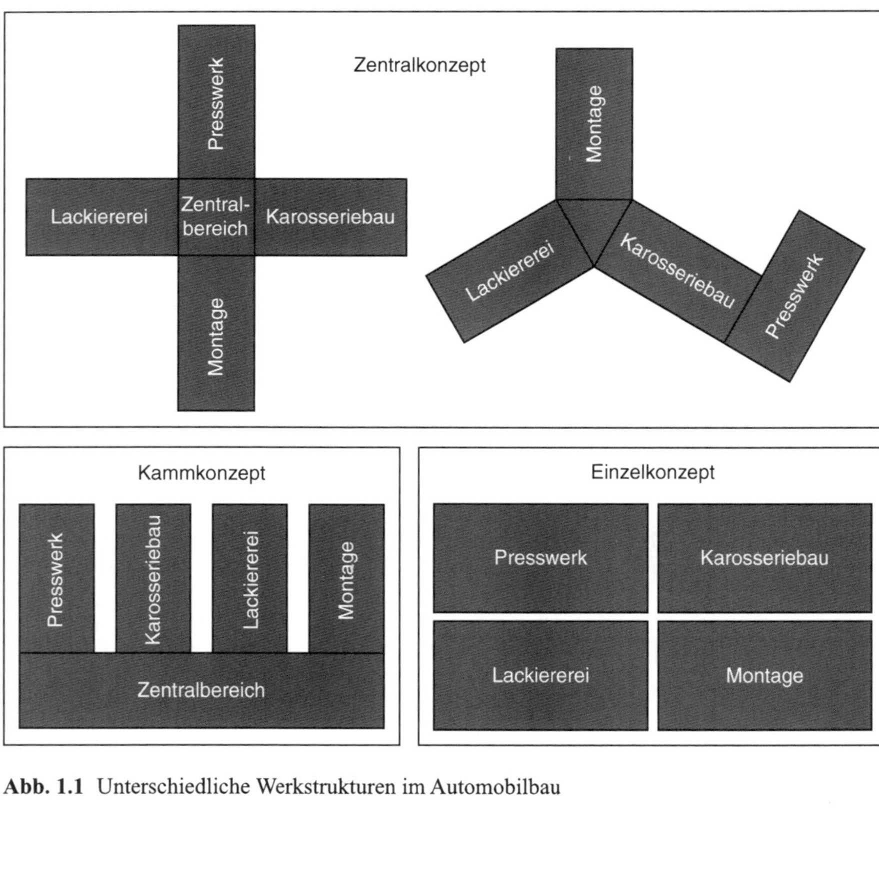

Abb. 1.1 Unterschiedliche Werkstrukturen im Automobilbau

Abb. 1.2 Zentralkonzept der Smart-Fertigung in Hambach (Quelle: Daimler)

- Zentralkonzept: Dabei werden die einzelnen Kernfertigungsbereiche einer Automobilfabrik kreuz- bzw. sternförmig um ein Zentralgebäude gruppiert. Presswerk, Karosseriebau, Lackiererei und die Endmontage sind räumlich konzentriert und über ein Zentralgebäude miteinander verbunden. Dieses dient als Kommunikationsdrehscheibe für alle im Werk arbeitenden Mitarbeiter (vgl. Abb. 1.2).
- Kammkonzept: Beim Kammkonzept sind die einzelnen Gewerke entsprechend den Zacken eines Kamms parallel angeordnet und werden durch ein gemeinsames Hauptgebäude miteinander verbunden.
- Einzelkonzept: Dieses vorwiegend bei Brownfield-Werken anzutreffende Anordnungsmodell besteht aus räumlich getrennten Gebäuden, die meist über Jahrzehnte gewachsen sind und folglich kein geschlossenes Gesamtkonzept aufweisen.

Bei der früher vorherrschenden hohen Eigenfertigungstiefe war die Produktion der Treiber für die Anforderungsdefinition neuer Fabriklayouts. Heute in Zeiten geringer Fertigungstiefe bei hohem Anliefervolumen ist die Logistik einer der Haupttreiber für die Werkslayoutplanung. Die Logistik wird zum Taktgeber der Produktion.

Einen möglichen Entwicklungspfad für logistikoptimierte Fabrikstrukturen zeigt die Entwicklung der Fabriklayouts bei Opel. Die zunächst prozessorientierte Fabrikplanung (z. B. Werk Eisenach) etwa Mitte der neunziger Jahre entwickelte sich zu einer heute logistikorientierten Fabrikplanung (Werke in Argentinien, China, Thailand und Polen). Die bisher extremste Ausrichtung eines Fabriklayouts an den Anforderungen einer Hochleistungslogistik stellt das Opel Werk in Rüsselsheim dar. Eine Halbsternstruktur der Montagehalle erlaubt es, die Bereitstellungsfläche gegenüber klassischen rechteckigen Hallenlayouts zu vergrößern. Hierdurch ergibt sich die Möglichkeit wesentlich mehr Montagematerial direkt am Verbauort bereitzustellen ohne den Weg über den klassischen Serienlagerbereich zu gehen. Über die ca. 70 Andockstellen werden variantenreiche Teile, Baugruppen und Module in unmittelbarer Nähe der Verbrauchstelle entladen. Die Hallenfassade besteht aus mobilen Segmenten, die über Nacht durch eine flexible Andockstelle (mit Wetterschutz und Luftschleier) ersetzt werden können (Klein 2002, S. 101). Hierdurch wird gewährleistet, dass sich bei Umtaktungen der Teile der Materialentladepunkt immer unmittelbar am Verbauort befindet.

Logistikoperationen wie Kommissionierung, Sequenzierung, Lagerung und Vormontagen werden im benachbarten Lieferantenpark (sog. Business Mall) ausgeführt, der sich auf dem Werksgelände von Opel befindet und rund 500 m von der Montagehalle entfernt ist. Ein Logistikdienstleister versorgt die Endmontage sequenzgenau mit Bauteilen und Modulen. Durch die Ansiedelung des Lieferantenparks unmittelbar auf dem Werksgelände, ist die logistische Integration in die Produktionsstrukturen sehr hoch. In einem Sequenzierungszentrum (sog. SILS-Centre) liefern die Lieferanten ihre Bauteile an. Dort werden sie vom Dienstleister vormontiert, sequenziert und als fertige Module an die Endmontagelinie transportiert. Davon geht die Hälfte des verbauten Materials über das SILS-Centre. Weitere Serviceangebote umfassen die Lagerung und die Übernahme von Umschlagsaktivitäten. Durch die Zwischenschaltung des Lieferantenparks wirken sich Änderungen – auch bei Modellwechseln – nur in vermindertem Maße auf die Montagelinie aus (Klein 2002, S. 102).

1.2 Logistik der kurzen Wege am Beispiel BMW Leipzig

Ein weiteres erfolgreiches Einsatzbeispiel für eine logistikgerechte Fabrikplanung stellt das 2005 eröffnete Greenfield-Werk der BMW AG in Leipzig dar. Planungsgrundlage war die Anforderung extrem hoher Produktionsflexibilität (Stückzahl, Baureihen, Derivate) bei gleichzeitiger Stabilisierung der Fertigungs- und Logistikprozesse. Die zunehmende Baureihenvielfalt gepaart mit einer hohen Marktdynamik erfordert heute eine atmende Fabrik mit geringer Kostenelastizität. Zusätzlich müssen sich bestehende logistische Strukturen flexibel in zukünftige Erweiterungen einpassen lassen.

Um das Zentralgebäude, in dem sich Verwaltungs-, Planungs- und Qualitätsfunktionen befinden, sind die einzelnen Fertigungsbereiche sternförmig angeordnet (vgl. Abb. 1.3). Diese Struktur bietet nach mehreren Seiten ausreichende Möglichkeiten, um künftige Erweiterungen mit geringem Aufwand durchzuführen. Das Zentralgebäude verbindet die drei Kernfertigungsbereiche Karosseriebau, Lackiererei und Montage und stellt die Kommunikationsdrehscheibe für das gesamte Werk dar. Das eingesetzte Zentralkonzept reduziert Logistikwege und vermeidet Kreuzungsverkehre. Generell sind alle Verkehrsströme im Werk weitestgehend voneinander getrennt. Der Zugang für die Mitarbeiter liegt im Norden. Materialien, Teile und Komponenten werden im Osten angeliefert. Die Bahnanbindung ist

Abb. 1.3 Werkstruktur BMW Werk Leipzig (Quelle: BMW)

im Süden und die Bereitstellung und der Abtransport der Fertigfahrzeuge befindet sich im Westen des Werkes.

Ein montagenahes Versorgungszentrum für interne und externe Lieferanten ist das zentrale Element der Materialversorgungsstrategie, da es ca. 60% des gesamten Material-Volumenstromes bereitstellt. Es befindet sich nicht wie bei Lieferantenparks üblich vor den Werktoren sondern unmittelbar auf dem BMW-Gelände (vgl. Abschn. 3.6.1). Die im Versorgungszentrum vormontierten Teile werden per Elektrohängebahn (EHB) an die Verbauorte transportiert. Hierdurch wird im Vergleich zur klassischen Stapleranlieferung eine beruhigte Produktion ermöglicht. Bei Bedarf kann die EHB inkl. Hubstation umgesetzt werden. Das Versorgungszentrum, in dem Zulieferer ganze Fahrzeugmodule und -systeme vormontieren, wurde baulich genauso gestaltet wie die BMW-Montage, inklusive der fördertechnischen Anbindung. Somit kann die derzeit extern bewirtschaftete Fläche bei Bedarf in die eigene Produktionsfläche integriert werden.

Das asymmetrisch aufgebaute Montagegebäude mit seinen angebauten Hallen ermöglicht eine flexible Erweiterung der Hallenaußen- und folglich der Anlieferfläche für die Logistik (vgl. Abb. 1.3). Gezielte Baulücken können später überbaut werden. Dieses Anordnungsprinzip gewährleistet jederzeit strukturelle Veränderungen mit hoher Flexibilität bei angemessenem Aufwand. Ausgehend von einer Mittelachse, in der sich überwiegend die Sozial- und Büroräume befinden, sind vier Hallen senkrecht dazu angeordnet. Durch diese sog. Finger, in denen konventionelle Montageprozesse untergebracht sind, entsteht eine kammförmige Hallenstruktur (Bauer 2006, S. 183). Die Hauptlinie wurde variantenarm ausgelegt. Variantengenerierende

Baugruppen, Module und Systeme sind in die Vormontagebereiche ausgelagert. Frontend und Cockpit entstehen wie alle variantenreichen Umfänge außerhalb der Hauptlinie in flexiblen Zellen, wo sie montagesynchron vormontiert, geprüft und zugesteuert werden. Diese Vorgehensweise erhöht die Prozessstabilität und die Verfügbarkeit der Hauptmontagelinie. Aufgrund der Flächenreserven können die Finger bei Bedarf erweitert werden, was mehr Volumen- und Variantenflexibilität mit neuen Fertigungs- und Logistikabläufen ermöglicht. Durch die räumliche Trennung zwischen Hauptband und Finger können Änderungen (z. B. höhere Arbeitsinhalte eines neuen Fahrzeugmodells) organisiert werden, ohne dass die Produktion unterbrochen oder Fixpunkte der Montage – etwa der Cockpiteinbau oder die Hochzeit – aufwendig verschoben werden müssen. Fixpunkte (schwer verlegbare Installationen) werden entweder außerhalb von potentiellen Erweiterungsflächen eingerichtet oder es werden entsprechende Umgehungsmöglichkeiten vorgesehen (Bauer 2006, S. 183). Somit bleibt die Hauptstruktur stabil und erweiterbar während die Finger beliebig entkoppelt und den variantenreichen Umfängen vorbehalten bleiben.

Die Kammstruktur der Montagehallen ermöglicht gleichzeitig gute Andockmöglichkeiten für eine Direktbelieferung durch nicht im Versorgungszentrum untergebrachte Modullieferanten. Alle Gebäude wurden in Panelkonstruktion mit einem einheitlichen Säulenrastermaß gebaut. So kann im Nachhinein an jeder beliebigen Stelle der Montagehalle ein neues Andocktor eingebaut werden. Andockstellen wurden paarweise in die Hallenwand integriert zur Realisierung eines Warehouse on Wheels Konzepts (vgl. Abschn. 7.3.6). Hierbei wird jeweils ein Trailer zur Vollgutentnahme und ein Trailer für die Leergutentsorgung bereitgestellt. Die großen Abstände zwischen den Fingern bieten ausreichend Wendemöglichkeiten für LKWs und eine wahlfreie Anfahrt zu den Andockstationen.

Die Montagelinie verläuft mäanderförmig, d. h. immer wieder quer zur Längsachse – vorzugsweise entlang der äußeren Wand. Dieser Grundriss ermöglicht es mit den dazwischen angeordneten Freiflächen, Zulieferteile auf kürzestem Wege direkt an die Fertigungsbänder zu transportieren. Die Anlieferumfänge mit maximalen Einbauvolumen, wie JIT- und JIS-Umfänge, befinden sich nahe an der Außenfassade (vgl. Abb. 1.4). Durch die geringe Distanz der Montagelinien zur Hallenaußenhaut wird ein kurzer Bereitstellungsweg in Direktanlieferung realisiert. Die Direktanlieferung ist der bevorzugte Standardversorgungsprozess. Für die Versorgung der Montage wurden ausschließlich drei Materialfluss-Systeme implementiert:

Externe Direktanlieferung mittels LKW Etwa 30% des gesamten Versorgungsvolumens der Montage wird mittels LKW direkt angeliefert. Großvolumige Lieferumfänge mit hoher Anlieferfrequenz werden mittels der Just-in-Time bzw. Just-in-Sequence Anlieferung (vgl. Abschn. 8.3.1 und 8.3.2) bereitgestellt. Durch die kammförmige Montagehallenstruktur ist die Belieferung nahezu aller Montagepunkte an der Montagelinie möglich (Bauer 2006, S. 187). Nach dem Andocken der Trailer (Heckentladung) am Rolltor werden diese entladen und die Ladeeinheiten montagesynchron bereitgestellt. Umschlag und Bereitstellung der Behälter erfolgen über eine Distanz von wenigen Metern. Für die Direktanlieferung stehen

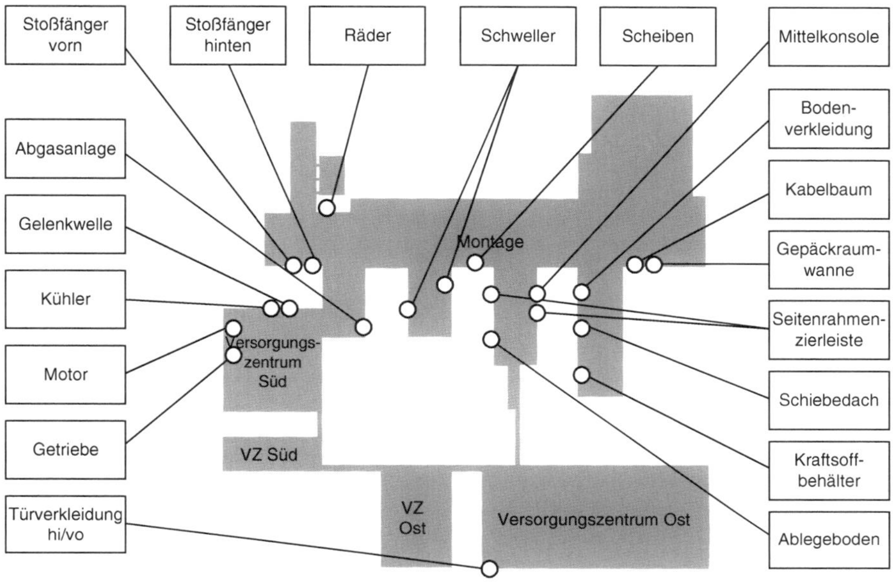

Abb. 1.4 JIT-/JIS-Direktlieferumfänge Montage BMW Werk Leipzig (Quelle: BMW)

derzeit 36 Direktanliefertore zur Verfügung die innerhalb nur eines Werktages versetzt werden können.

Interne Modulanlieferung mittels Elektrohängebahn Große und komplexe Komponenten und Module (Sitze, Cockpit, Türen, Frontend, Motor/Getriebe, Achsen) werden direkt auf dem Werksgelände von externen und internen Lieferanten im Versorgungszentrum nach Kundenwunsch vormontiert. Analog der fahrzeugspezifischen Reihenfolge werden diese über eine vollautomatische Elektrohängebahn (EHB) oder über Bodenflurtransporte (BTS) fertigungssynchron an das Hauptband angeliefert. Dabei werden die einzelnen Modulversorgungsstränge zu einem gemeinsamen Fördertechnik-Kreislauf gekoppelt, wodurch eine stabile Reihenfolgesequenz mit minimalem Steuerungsaufwand ermöglicht wird. Bestimmte Module nutzen die Transportgestelle bereits in der Vormontage als Werkstückträger, was den Umschlagsaufwand reduziert (Bauer 2006, S. 188). Etwa 60% des angelieferten Volumens gelangen so über automatisierte Fördertechnik aus den Versorgungszentren an den Verbauort.

Interne Lageranlieferung mittels Fahrerlosem Transportsystem Die täglich sortenrein angelieferten Umfänge im Teil- und Stückladungsbereich werden über ein montagenahes Lagerzentrum abgewickelt und mittels eines Fahrerlosen Transportsystems (FTS) angeliefert. Der Lagerbereich bedient neben der Fahrzeugmontage auch die von BMW betriebenen Vormontagen im Versorgungszentrum (Bauer 2002, S. 116). Alle Bauteile, die von ihren Dimensionen her in Standardbehälter (Paletten- oder Gitterboxen-Ware) passen, eine geringe oder gar keine Typenindividualisierung aufweisen oder sich nicht in Sequenz-Abläufe integrieren lassen, gehen in ein Hochregallager. Kleinmaterialien werden in einem automatischen Kleinteilelager zwischengepuffert. Neben den automatischen (Hochregallager und Kleinteilelager) Lagerbereichen gibt es manuelle Regal- und Sequenzierlager bzw. Bodenblocklager für Groß- und Schwerteile. Der gesamte Logistikablauf vom Wareneingang über die Lagerbewirtschaftung mit Ein- und Auslagerung, der Kommissionierung, Sequenzierung und Portionierung bis hin zur kompletten Montageversorgung wird durch einen externen Logistikdienstleister abgewickelt. Als Ladehilfsmittel werden überwiegend Rollwagen zur Aufnahme von Behältern bis DIN-Größe bzw. übergroße Rollwagen zur Aufnahme von Großbehältern eingesetzt. Eine Ausnahme bilden die Sequenzgestelle aus dem Sequenzlager mit Sonderaufbauten. Das Auf- und Absetzen der beladenen und leeren Rollgestelle erfolgt paarweise entweder selbstständig an speziellen Aufgabe- und Abladestationen oder durch Bedienpersonal an jedem beliebigen Punkte (Bauer 2006, S. 189). Das ausgelagerte und zum Transport bereitgestellte Material wird an den FTS-Bahnhöfen bereitgestellt und dort auf einen leeren Rollwagen verbracht. Nach der bedarfsgerechten Beladung der Fahrerlosen Transportfahrzeuge (FTF) wird der Transport direkt zu den Verbauorten oder zu so genannten Marktplätzen durchgeführt. Jeder dieser Marktplätze versorgt bis zu fünf in seiner Nähe befindliche Verbauorte. Jeder Abgabebahnhof hat jeweils zwei Haltepositionen für die vordere bzw. hintere Rollwagenposition auf dem FTF. Die Mitarbeiter des Logistikdienstleisters tauschen den vollen Rollwagen gegen einen Leer- bzw. Rest- und Wertstoffbehälter aus und verteilen die Materialien an die einzelnen Takte. Die FTF übernehmen neben dem Voll- und Leerguttransport auch die Abfallentsorgung in Gitterboxen. Die FTS-Transporte decken knapp 10% des gesamten Versorgungsvolumens der Montage ab.

Die FTF funktionieren weitgehend autonom und werden von einem eigenen Bord-PC gesteuert. Bei der freien Navigation hilft ein digitaler Hallenplan (Kopplung) sowie im Boden eingelassene Dauermagneten (Peilung) die als Leitmarken dienen. Hinzu kommt ein optischer Sensor, der Hindernisse erkennt und das FTF automatisch stoppt. Beim Rückweg von der Montage nehmen die Fahrzeuge Leergut und Verpackungsmaterial mit und entladen es an einer Entsorgungsstation vor der Halle.

Allgemein lassen sich folgende Gestaltungsprinzipien für eine logistikoptimierte Fabrik zusammenfassen:

- Fabrikstrukturen folgen dem Materialfluss (form follows flow)
- maximaler Anteil an Direktbelieferungen und Minimierung der Bestände und Flächenbedarfe in der Prozesskette (insbesondere im bandnahen Bereich)
- Priorisierung und Klassifizierung von Flächen
- Reduzierung der Anzahl Lagerstufen (Einstufige Lagerabwicklung)
- Vergrößerung der Anliefer-, Umschlags- und Bereitstellungsflächen durch die Vermeidung von Rechteck-Hallenlayouts (z. B. durch Stern- und Mäanderlayouts)
- Vermeidung von vertikalen Materialtransporten (Heber) durch LKW-Anlieferung auf Montageebene

- einstufige Umschlagsprozesse
- keine Kreuzungen zwischen den Materialströmen bzw. Fahrweg und Materialstrom
- keine teilefamilienspezifische Fördertechnik
- stabile, variantenarme und erweiterbare Hauptstrukturen die von den flexiblen und variantengenerierenden Strukturelementen entkoppelt werden
- hochflexible, standardisierte und übergreifend nutzbare Automatisierung
- strikte Trennung zwischen Fertigungs- und Logistikflächen bei gleichzeitiger Integration der Logistik- in die Fertigungsbereiche
- Entflechtung der Material-, Mitarbeiter- und Fertigfahrzeugströme
- beruhigte und geglättete Fertigung durch eine getaktete Be- und Versorgung mit Behältern

1.3 Modularisierung einer Automobilfabrik

Die zunehmende Differenzierung des Fahrzeugprogramms kann nicht durch ein einheitliches homogenes Produktions- und Logistiksystem befriedigt werden (Klug 2000a, S. 9). Um die Komplexität heutiger Automobilwerke zu reduzieren und zu beherrschen, bedarf es einer Entflechtung und Vereinfachung traditioneller Fabrikstrukturen. Die aus logistischer, produktionstechnischer und produktorientierter Sicht sinnvolle Überführung meist zentral organisierter Einheiten in eigenständige und in sich funktionsfähige prozessorientierte Fertigungsmodule ermöglicht eine Strukturierung der Fahrzeugfabrik in modulare Fertigungseinheiten (Fredriksson 2006, S. 170 ff.). Durch die Modularisierung der Fertigungsbereiche bei zusätzlicher Integration aller logistikrelevanten Bereiche innerhalb des Fertigungsmoduls entsteht eine logistikoptimierte Fabrik mit kurzen Wegen (Harrison 1998, S. 407). Die einzelnen Module sind modellreihenorientiert ausgerichtet und integrieren möglichst durchgängig alle Stufen der logistischen Kette vom Wareneingang bis zur Fertigung (Wildemann 1998b, S. 47 ff.). Die früher zentral angeordneten Logistikflächen werden dezentralisiert und in die jeweiligen Fertigungsbereiche vollständig integriert (Klauke et al. 2005, S. 251). Alle Fertigungsmodule arbeiten eigenverantwortlich und übernehmen steuernde Aufgaben vom Teilematerialabruf, über Materialbereitstellung, Fertigung sowie Modulübergabe an den Folgebereich. Diese geschlossenen Verantwortlichkeiten in den Fertigungsmodulen setzen sich auch auf den übergeordneten Organisationsebenen der Fabrik-Ebene fort. Hierdurch wird es möglich Material- und Informationsflüsse zu entflechten und damit wieder transparent und letztendlich steuerbar zu machen. Der Materialfluss in den prozessorientierten Modulen läuft synchron mit minimalen Puffern zum Hauptmontageband (Klauke et al. 2005, S. 251). Die Anordnung der einzelnen Module sowie deren strukturierte Vernetzung hat höchste Priorität bei jeder Layoutgestaltung (Weißner et al. 1997, S. 153). Die Montage bildet das Integrationszentrum für externe und interne Lieferanten. Alle Module fließen verbaupunktorientiert von außen nach innen auf das Montagemodul zu. Neben der organisatorischen Modularisierung einer

Fabrik (Wildemann 1998b, S. 47 ff.; Warnecke 1992, S. 142 ff.) kann das Konzept der Bildung autonomer Einheiten auch auf die Betriebsmittel, Gebäudestrukturen und Flächen ausgedehnt werden (Wiendahl et al. 2005, S. 17). Folgende Aspekte ergeben sich beim Aufbau einer Werkstruktur unter modularen Gesichtspunkten:

- Die technische Modularisierung des Gesamtfahrzeuges bildet die Rahmenbedingungen und die Voraussetzung für die Modularisierung der Fertigungs- und Logistikstrukturen (vgl. Abschn. 3.5.1). Typische Fahrzeugmodule sowie Fertigungsmodule im Bereich Montage stellen der Bereich Motor, Tür, Hinterachse, Sitz, Cockpit und Frontend dar. Dabei wird zusätzlich nach Modellreihen segmentiert. Eine vollständige und durchgängige modellreihenspezifische Segmentierung ist allerdings aus Sicht einer optimalen Kapazitätsauslastung nicht immer sinnvoll.
- Die Bildung der eigenständigen, in sich funktionsfähigen und prozessorientierten Fertigungsmodule erfolgt nach logistischen, produktionstechnischen sowie produktorientierten Segmentierungskriterien.
- Die Logistikbereiche sind dezentral den einzelnen Fertigungsmodulen zugeordnet und werden durch dezentrale Wareneingänge versorgt. Dies ermöglicht einen vereinfachten Handlingsaufwand in den eigenen Anliefer-, Umschlags- und Lagerzonen bei geringen Beständen mit erhöhter Bestandstransparenz. Durch die Integration der Logistikflächen reduziert sich auch der Transportaufwand drastisch. Untersuchungen im VW-Konzern haben gezeigt, dass Transportzeiten gemessen in min/Fahrzeug bzw. min/Behälter im Vergleich zu Layouts von 1987 um ca. 50% reduziert werden konnten. Gleichzeitig reduzierten sich die Transportstrecken um den Faktor sechs (Klauke et al. 2005, S. 254).
- Jedes Modul versteht sich einerseits als Kunde seines Vorgängermoduls (z. B. Fahrwerk und Hinterachse) bzw. als Lieferant für das Nachfolgemodul (z. B. Cockpit und Hauptmontagelinie).
- Alle Module sind weitgehend synchronisiert und durch minimale Bestandspuffer gegen kurzfristige Ausfälle abgesichert. Hierdurch kann die Verfügbarkeit eng verketteter Prozesse wie z. B. im Karosseriebau drastisch gesteigert werden (vgl. Abschn. 9.7.2).
- Karosseriebau und Lackiererei werden im Vergleich zum klassischen Fabrikkonzept dezentralisiert und können als externe Module an Lieferanten vergeben werden (Köth 2004, S. 34).
- Durch die Modularisierung der Fabriklayouts bei gleichzeitigem Vorhalten von Reserveflächen ist eine multiple Betriebsgrößenvariation möglich, die eine hohe quantitative sowie qualitative Flexibilität gegenüber Fahrzeugprogrammänderungen ermöglicht (Gutenberg 1983, S. 424 ff.).
- Die Segmentierung der Fertigungs- und Logistikbereiche ermöglicht eine Entkopplung der Fertigungsbereiche nach Modellreihen. Schwankungen bei der Fahrzeugprogrammplanung können daher abgefedert werden ohne alle Fertigungskapazitäten vorhalten zu müssen. Jede Modellreihe wird im Extremfall autonom durch einen Segmentverantwortlichen betreut. Eine entsprechende Abstimmung der Schichtmodelle innerhalb der Segmente sowie segmentübergreifend ermöglicht eine flexible und optimale Auslastung der Fabrik.

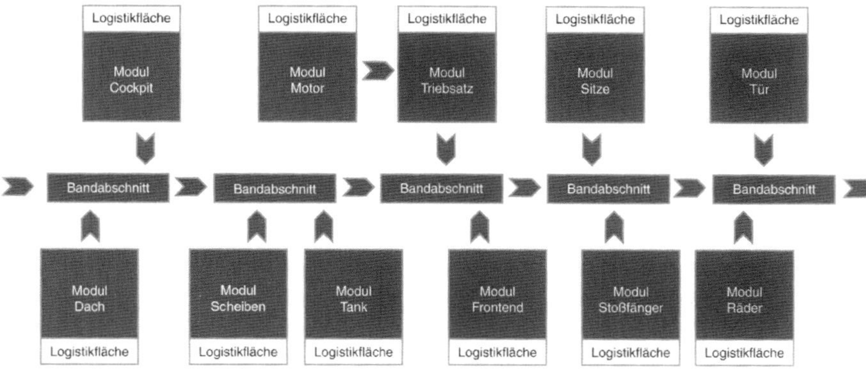

Abb. 1.5 Modulare Strukturierung einer Fahrzeugmontage

Abbildung 1.5 zeigt ein Beispiel für eine modularisierte Montage. Hierbei wird das auf Fabrikebene definierte Modul Montage in die Submodule Motor, Triebsatz, Hinterachse, Cockpit, Frontend, Finish und ausgelagerte Tür zerlegt (Klauke et al. 2005, S. 248 f.). Die für die Montage benötigten Teile werden jeweils dezentral und modulspezifisch angeliefert. Hierzu ist notwendig, dass die eingehenden Materialströme des Fahrzeugwerkes in einer vorgelagerten Logistikstufe im Rahmen eines Transshipment Terminals umgeschlagen, bei Bedarf sequenziert und abladestellengerecht vorkommissioniert werden (vgl. Abschn. 6.8.1). Die Anlieferung erfolgt im Rahmen einer *Logistik der kurzen Wege* möglichst verbauortnah. Zusätzliche Submodule lassen sich bei Bedarf problemlos an das Hauptmontageband koppeln. Die Module können jeweils durch interne oder externe Lieferanten betrieben werden. Die Integration der Lieferanten kann schrittweise erfolgen. Lieferanten können zunächst in einem Versorgungszentrum angesiedelt werden um später im Rahmen eines Inhouse-Supplier-Assembly bzw. Modularen Konsortiums stärker an bzw. in die Montagelinie integriert zu werden (Bennett u. Klug 2009, S. 701 f.).

Eine modellreihenspezifische Segmentierung der Fabrik mit den jeweiligen Fertigungsmodulen weist gegenüber traditionellen technologieorientierten Fabrikorganisationen folgende Vorteile auf:

- Fehlerquellen können aufgrund der Entflechtung der Material- und Infoflüsse schneller erkannt und behoben werden.
- Einfach gegliederte Strukturen aus Einheiten handhabbarer Größen führen zu einer erhöhten Transparenz der Materialflüsse.
- Klare organisatorische Verantwortungen führen zu kurzen Kommunikations- und Entscheidungswegen und folglich zu einer erhöhten Anpassungsgeschwindigkeit.
- Entkopplung von Unternehmensteilen führt zu einer Reduzierung logistischer Schnittstellen und auch zu einer Verminderung der Produktionsausfälle, da Veränderungen innerhalb eines Fabrikmoduls auch während des Betriebs möglich werden (Wiendahl et al. 2005, S. 4).

- Logistische Änderungen können einfacher und schneller umgesetzt werden mit reduziertem Änderungs- und Umsetzungsaufwand.
- Bessere Identifikation der Mitarbeiter mit dem Produkt führt zu einer stärkeren Ausrichtung der Fertigung und Logistik an den segmentspezifischen Kundenbedürfnissen.

Kapitel 2
Virtuelle Logistik

2.1 Bedeutung der Logistik im Rahmen der virtuellen Fabrik

Die virtuelle Fabrik ist ein digitales dynamisches Modell eines vollständigen Produktionssystems, in dem alle Produkte, Prozesse sowie die Ressourcen inklusive der logistischen Abläufe abgebildet sind. Das Modell dient gleichzeitig als Werkzeug zur Prozessplanung und ermöglicht mit Hilfe von Simulationen und Analysen eine Optimierung von Produkten, Produktions- und Logistiksystemen über den gesamten Lebenszyklus (Müller u. Wirth 2005, S. 33). Die virtuelle Fabrik stellt neben den digitalen Werkzeugen zur Planung, Modellierung und Simulation auch geeignete Konzepte und Methoden zur Verfügung (Kühn 2006, S. 1). Unter *virtuell* versteht man den Sachverhalt, dass vor einer Umsetzung der Planungsergebnisse, diese durch softwaregestützte Planungstools abgesichert werden. Die virtuelle Fabrik bietet die Möglichkeit, Planungsalternativen darzustellen und zu bewerten. Alle planungsrelevanten Prozesse der Automobilfabrik werden zunächst softwaretechnisch abgebildet und untersucht (vgl. Abb. 2.1). Erst wenn die Leistungskriterien, wie z. B. Stückzahlen, Qualität und Durchlaufzeit im Modell nachgewiesen wurden, beginnt die hardwaretechnische Umsetzung. Reale Fahrzeuge werden erst dann produziert, wenn diese bereits in der virtuellen Fabrik zeit-, kosten- und qualitätsgerecht gefertigt wurden.

Durch den frühzeitigen Einsatz softwaregestützter Planungsmethoden im Rahmen des Produktentstehungsprozesses (PEP) werden folgende Ziele verfolgt:

- Verbesserung der Kommunikation, Erleichterung der Entscheidungsfindung und Vereinfachung der Dokumentation
- Erlangung von Erkenntnissen über die optimale Auslegung und den optimalen Betrieb einer Automobilfabrik
- Schnelle Generierung und Änderung von Planungsalternativen
- Schaffung einer redundanzfreien Datenbasis für Planungszwecke aller Bereiche des Unternehmens
- Standardisierung von Produkten, Prozessen und des Ressourceneinsatzes im Unternehmen

F. Klug, *Logistikmanagement in der Automobilindustrie*,
DOI 10.1007/978-3-642-05293-4_2,

Abb. 2.1 Virtuelle Fabrikplanung (Quelle: Audi)

- Integrierte Definition von Aufgaben, Kompetenzen und Verantwortungen über das gesamte Prozessnetzwerk des Produktentstehungsprozesses hinweg
- Vereinfachung des Planungsprozesses und Entlastung der Mitarbeiter durch die Automatisierung von Planungsaufgaben im Rahmen eines geeigneten Reporting- bzw. Workflow-Systems
- Verbesserung der Planungsqualität bei gleichzeitig höherer Effektivität der Planungsphase
- Frühzeitiges Erkennen von Planungsfehlern

Die Automobilindustrie hat in den letzten Jahren große Investitionen in virtuelle Techniken sowie den Aufbau geeigneter Organisationskonzepte getätigt. Bereits heute werden alle Fertigungsbereiche einer Automobilfabrik simulationstechnisch unterstützt. Erst wenn alle Simulations-, Planungs- und Integrationsschritte erfolgreich durchlaufen wurden, wird die Freigabe zur Umsetzung des Fahrzeugprojektes erteilt. Durch den Einsatz virtueller Planungsmethoden wird die Vielzahl heutiger Fahrzeuganläufe erst ermöglicht.

Während in den ersten Jahren der Entstehung des digitalen Fabrikgedankens das Design, die Prototypen und der Werkzeugbau im Vordergrund standen, erweiterte sich der Einsatzbereich sukzessive auf die Fertigungs- und Logistikprozesse. Ein nächster Schritt liegt in der Verbindung einzelner Rechnermodelle zu einem virtuellen Gesamtfabrikmodell, das neben den Fertigungsprozessen auch die internen und externen Material- und Informationsflüsse berücksichtigt. Dies bedeutet, dass die virtuelle

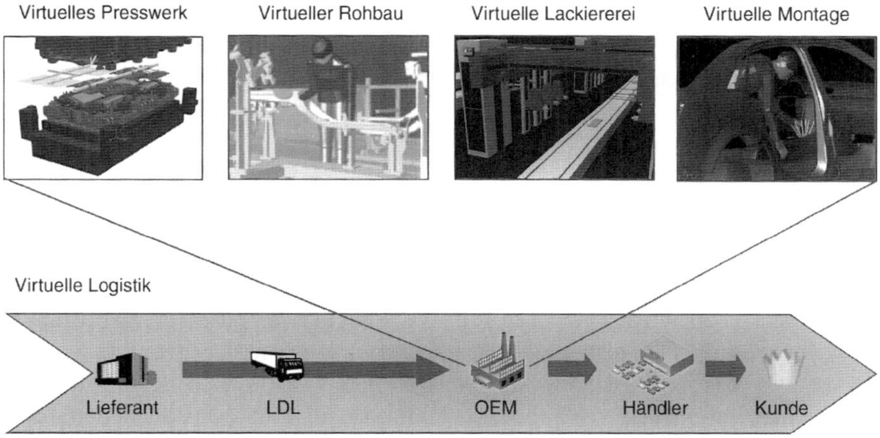

Abb. 2.2 Virtuelle Logistik als Querschnittsfunktion der virtuellen Fabrik

Logistik als integrativer Baustein die Voraussetzung für ein durchgängiges virtuelles Unternehmensmodell darstellt (vgl. Abb. 2.2). Die virtuelle Logistik bildet einen zentralen Baustein der virtuellen Fabrik. Parallel zur Querschnittsbetrachtung der Logistik werden alle Gewerke einer Automobilfabrik vom Presswerk über Karosseriebau, Lackiererei bis hin zur Montage mit eigenen virtuellen Projekten unterstützt.

Ziel der virtuellen Logistikplanung ist es, möglichst frühzeitig im Rahmen des Produktentstehungsprozesses, Planungsfragen der Logistik anhand digitaler Softwaremodelle zu klären. Lange vor der notwendigen Umsetzung realer Logistikprozesse in die Serienfertigung werden diese mit den relevanten Zusammenhängen virtuell am Rechner modelliert (Klug et al. 2001b, S. 44). Neben der Reduzierung der Planungsdauer wird somit ein robuster Logistikprozess mit Reifegradabsicherung erreicht. Durch diese Mehrinvestition in einer frühen Phase des PEP sollen spätere zeit- und kostenintensive Änderungen bei den Logistikabläufen und -ressourcen vermieden werden (sog. Frontloading). Diese frühen Investitionen sind besonders wichtig, da es einen großen zeitlichen Unterschied zwischen der Kostenbeeinflussung und der Kostenentstehung logistischer Prozesse gibt. Während in den Anfangsphasen des PEP das Potenzial zur Kostenbeeinflussung noch am größten ist (vgl. Abb. 4.9), fällt der Großteil des Ressourcenaufwands und der Kosten erst nach Produktionsstart an. Die frühe Planung der Logistikabläufe zur Reduzierung der Logistikkosten in der Betriebsphase ist folglich betriebswirtschaftlich sinnvoll. Um dieses Ziel zu realisieren, wurden vermehrt Anstrengungen im Bereich der virtuellen Logistik unternommen mit folgenden Zielsetzungen (Klug et al. 2001b, S. 44):

- Durchgängige Abbildung und Visualisierung der Logistikketten vom Bereitstellungsort des Materials ausgehend bis hin zum Lieferanten (Line-Back)
- Frühzeitige Absicherung der fahrzeugprojektspezifischen Investitionen in Logistikressourcen durch einen Abgleich von Ressourcenangebot und -nachfrage
- Zugriff auf eine konsolidierte und aktuelle Logistik-Datenbasis für alle am Logistikplanungsprozess Beteiligten (Versorgungs-, Behälter-, Strukturplaner)

- Bereitstellung von Planungsdaten für weitere Bausteine der virtuellen Fabrik
- Logistische Definition von Schnittstellen und Prozessabläufen im Rahmen der virtuellen Fabrik und des virtuellen Produkts

2.2 Referenzmodell der virtuellen Logistikplanung

Trotz der Vielzahl von Softwaretools für die Logistikplanung die heute am Markt angeboten werden, basieren die meisten Werkzeuge auf ähnlichen Elementen und Strukturen. Unabhängig von einer spezifischen Planungssoftware wird im Folgenden ein Referenzmodell dargestellt, welches Allgemeingültigkeit besitzt und universell eingesetzt werden kann. Die Grundsystematik des Referenzmodells der virtuellen Logistikplanung bildet ein generischer Ansatz mit drei unterschiedlichen und fundamentalen Sichtweisen der Logistik (vgl. Abb. 2.3). Dabei handelt es sich um die logistische Sicht des Produkts, die zu seiner Herstellung benötigten Logistikprozesse sowie die hierzu eingesetzten Logistikressourcen (Klug et al. 2001b, S. 44 f.).

2.2.1 Logistische Produktsicht

Ausgangsbasis jedes logistischen Planungsprozesses ist das geplante Fahrzeug und seine logistikrelevante Produktstruktur als Treiber aller Logistikprozesse. Um die

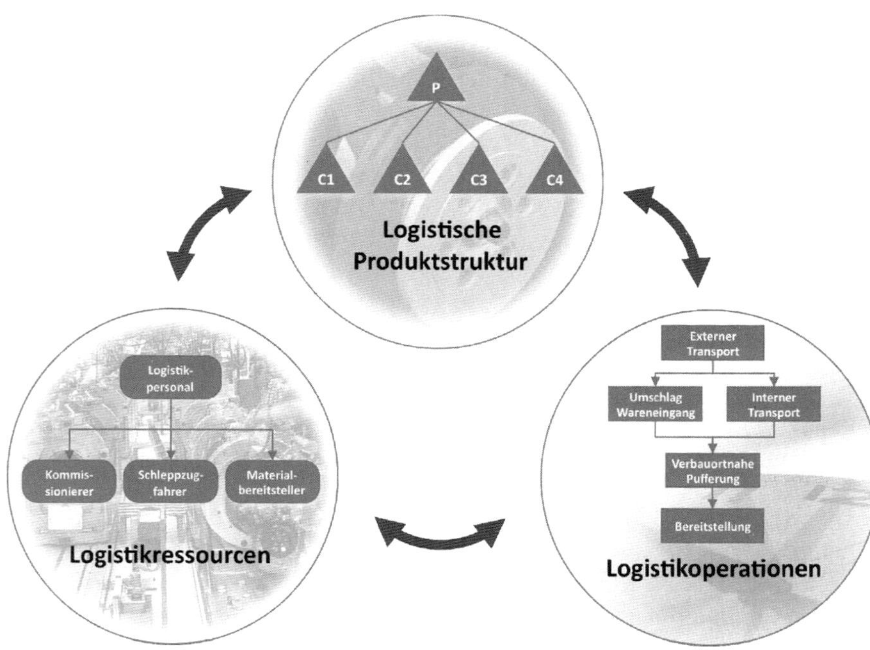

Abb. 2.3 Logistische Sichtweisen im Rahmen der virtuellen Logistikplanung

Komplexität des Planungsproblems zu reduzieren, werden vor Planungsbeginn sog. logistische Topteile (z. B. Leitungssatz, Frontend, Sitze, Tank, Türverkleidung) durch die verantwortlichen Logistikplaner definiert. Für die Definition logistikplanungsrelevanter Teile müssen andere Maßstäbe angelegt werden als für die klassische Stücklistendefinition etwa aus Konstruktionssicht. Nur die für die Logistik relevanten Teile werden berücksichtigt, was den Planungsaufwand erheblich reduziert. Folgende Teileumfänge werden für eine Definition als logistisches Topteil favorisiert:

- Anlieferumfänge mit Sequenzierung (z. B. JIS-Anlieferung)
- Anlieferumfänge mit hohem Transportvolumen wie Systeme und Module
- Lieferumfänge mit hoher Variantenvielfalt und logistischer Komplexität
- Neue Lieferstandorte besonders im Rahmen des Global Sourcing
- Lieferumfänge bei denen es beim Vorgängermodell logistische Probleme gab

Hilfreich für die Entscheidung, welche Teile in die Betrachtung der virtuellen Logistik einfließen, kann eine ABC-Analyse sein. Häufig binden diejenigen Teile mit dem größten Jahresverbrauchswert auch die meisten Logistikressourcen. Planungsfokus bilden A- und B-Teile mit hohen bzw. mittleren Jahresverbrauchswerten. Allerdings können auch geringwertigere Teile (C-Teile) durchaus enorme Folgekosten durch Fehl- oder Falschlieferungen in der Serie verursachen, was im Vorfeld aufgrund von Erfahrungswerten im Planungsprozess berücksichtigt werden muss. Ein Schritt zur Reduzierung des logistischen Planungsaufwandes ist dabei die Verwendung eines Teilefamilienkonzeptes (vgl. Abb. 2.4).

Hierbei werden physisch ähnliche Teile (Geometrie, Abmessung und Gewichte) mit gleichen Funktionen, dem gleichen Bedarfsort sowie identischen logistischen Abläufen bei der Anlieferung, beim Umschlag und bei der Bereitstellung zu Planungseinheiten – den logistischen Teilefamilien – zusammengefasst (Klug u. Gmeiner 2003, S. 74). Alle technischen Varianten sowie Farbvarianten eines

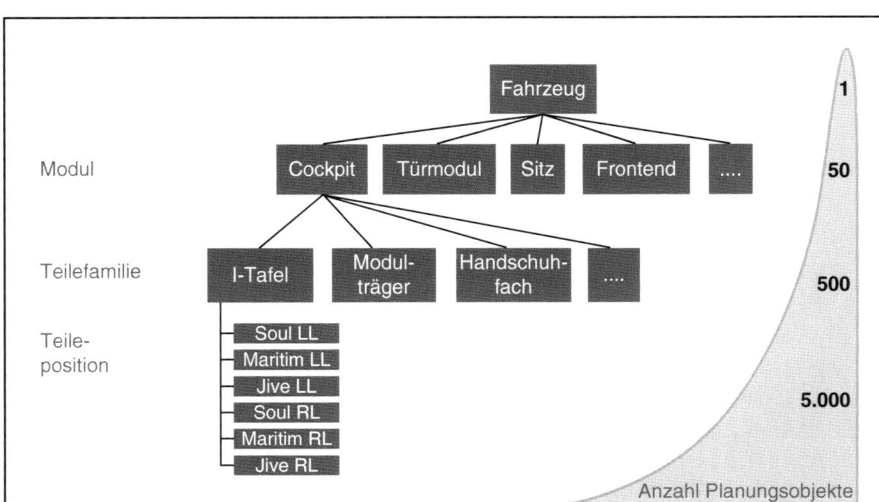

Abb. 2.4 Bildung logistischer Teilefamilien

Teileumfangs (z. B. Instrumententafel) die im Fahrzeug verbaut werden (z. B. im Cockpit) können dann unter einer Teilefamilie beplant werden. Logistische Abläufe und Bereitstellungsort sind dabei identisch. Die Konzentration auf Teilefamilien ermöglicht eine Komplexitätsreduzierung, die eine wirtschaftliche Logistikplanung erst möglich macht, da sich der Planungsaufwand üblicherweise um den Faktor zehn reduzieren lässt. Der Detaillierungsgrad der einzelnen logistischen Teilefamilien kann dann dem Planungsstand beliebig angepasst werden.

Parallel mit der Befüllung der technischen Stückliste durch die Entwicklung und Konstruktion wird die Verknüpfung mit den logistischen Teilefamilien hergestellt. Der zunächst isolierte Aufbau einer Logistikstückliste auf Teilefamilienbasis ermöglicht es, vor der Befüllung der technischen Stückliste die Planung zu starten, und unabhängig vom Planungsfortschritt der technischen Entwicklung zu agieren. Somit können Planungsaufgaben parallelisiert und letztendlich Planungszeiten verkürzt werden. Durch die Verknüpfung der technischen mit der logistischen Stückliste in Kombination mit einem Workflow-System wird gewährleistet, dass die Logistikplanung immer auf den aktuellsten Stand der technischen Teileposition in der Stückliste zugreift und automatisiert über technische Änderungen informiert wird. Bei der hohen Änderungshäufigkeit innerhalb der Produktentstehungsphase können Aufwendungen für die Datenbeschaffung und Datenpflege erheblich reduziert werden. Voraussetzung für die datentechnische Verknüpfung ist eine entsprechende Infrastruktur (z. B. die Schnittstellen zum PDM-System) zur Gewinnung und Bereitstellung planungsrelevanter Daten.

2.2.2 Logistische Prozesssicht

Nach der logistischen Produktbeschreibung folgt die Definition der Logistikprozesse. Anliefer-, Umschlags- und Bereitstellungsabläufe werden zunächst in Form von statischen Prozessketten abgebildet (vgl. Abschn. 2.3.3). Hierzu dienen vordefinierte Standardlogistikketten, die den Großteil aller relevanten Planungsfälle abdecken. Der Logistikplaner kann hieraus Prozessabläufe wählen, die er für sein spezifisches Planungsproblem jeweils modifiziert. Ziel der Standardisierung von Logistikketten ist es, die Vielzahl möglicher Prozesse auf eine sinnvolle und überschaubare Anzahl zu reduzieren. Gleichzeitig sollen Standards bei den Logistikprozessen im Unternehmen geschaffen werden, welche für alle Beteiligten transparent sind (vgl. Abschn. 3.6.3). Durch die Reduzierung der Prozessalternativen wird der Planungsaufwand erheblich reduziert. Die zunächst allgemeinen Logistikaktivitäten (z. B. Transport, Lagerung, Kommissionierung, Bereitstellung) müssen über die Parametrierung an den individuellen Planungsfall angepasst werden. Prinzipiell gilt dies für alle Planungsobjekte (Produkt, Prozess, Ressourcen), die mit Hilfe einer Datenparametrierung genauer spezifiziert und auf den konkreten Versorgungsprozess ausgerichtet werden. Ein Beispiel für eine Parametrierung zeigt Abb. 2.5, bei der alle bisher im Planungsprozess bekannten Daten eines Spezialbehälters erfasst werden.

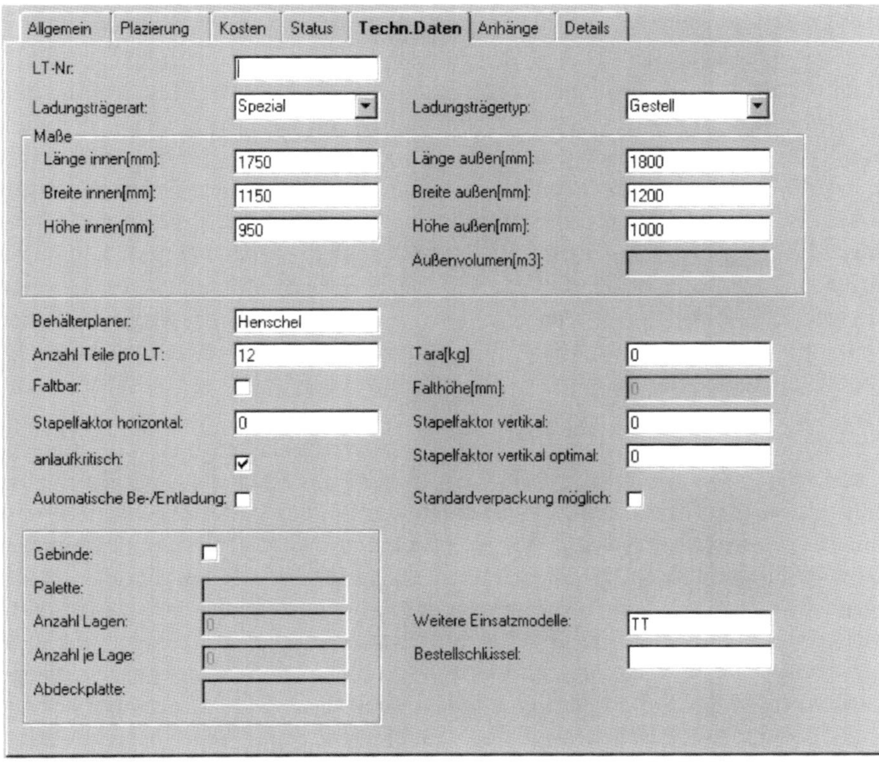

Abb. 2.5 Beispiel Parametereingabe Technische Daten Ladungsträger

Analog dem Planungsstand wird die Parametrierung Schritt für Schritt erweitert, bis kurz vor SOP alle wichtigen Planungsparameter erfasst wurden und die Daten dann Serienreife erlangt haben.

Jede einzelne Aktivität kann bei Bedarf wiederum in eine verfeinerte Logistikkette mit mehreren Logistikaktivitäten zerlegt werden. Dieser hierarchische Modellierungsansatz ermöglicht sowohl die Abbildung vereinfachter Logistikketten als auch eine detaillierte Betrachtung von Planungsschwerpunkten in der Feinplanungsphase. Reicht eventuell ein Jahr vor Start-of-Production (SOP) die Abbildung eines externen Transports mit der Angabe von Entfernungen und Frachtträger aus, so kann eine Detaillierung einige Wochen vor SOP durch Angabe von Vor- und Hauptlauf sowie dem Konsolidierungspunkt des Gebietsspediteurs aus Gründen der Frachtoptimierung sinnvoll sein. Aus hierarchischer Modellierungssicht bedeutet dies, dass die ursprünglich ausgewählte Logistikaktivität Transport nochmals verfeinert und auf einer untergeordneten Betrachtungsebene durch zwei Transportaktivitäten (Vor- und Hauptlauf) sowie eine Umschlagsaktivität (Handling im Konsolidierungspunkt) ergänzt wird. Der Detaillierungsgrad der Logistikkette entspricht damit dem jeweiligen Planungsstand und -schwerpunkt mit dem jeweils aktuell besten Wissen aus Sicht der Logistik eines Fahrzeugprojekts.

2.2.3 Logistische Ressourcensicht

Parallel zum Aufbau der Logistikketten erfolgt die Ressourcenplanung. Die Leistung eines Logistikprozesses hängt unmittelbar von der Verfügbarkeit der Ressourcen ab. Logistische Ressourcen stellen alle Arbeitsleistungen der Arbeitskräfte dar, die direkt oder indirekt an der Erstellung logistischer Leistungen mitwirken sowie die Betriebmittel, die als bewegliche oder unbewegliche technische Mittel dieser Leistungserstellung dienen und Nutzungspotenziale über längere Zeiträume abgeben (Zäpfel u. Piekarz 2000, S. 9). Alle für die Logistik relevanten Ressourcen wie z. B. Behälter, Flächen, Flurförderzeuge, Staplerfahrer werden in Form von Bibliotheken abgebildet und über Verknüpfungen den jeweiligen Logistikaktivitäten zugewiesen. Bibliotheken werden von den jeweiligen Ressourcenplanern (Behälter-, Flächen-, Flurförderzeuge-Planer) aufgebaut und gepflegt. Die Verknüpfung mit den geplanten Logistikketten ermöglicht eine fahrzeugprojektspezifische Ressourcenplanung. Ein Ressourcenmanagement der Logistikkette hat die Aufgabe, die Effizienz der Logistikkette durch ein integriertes Leistungs- und Kostendenken sicherzustellen, die wirtschaftliche Dimensionierung der Kapazitäten zu überprüfen und gegebenenfalls Anpassungsbedarfe der Ressourcen an geänderte Leistungen mit ihren leistungs- und kostenmäßigen Konsequenzen aufzuzeigen (Zäpfel u. Piekarz 2000, S. 9). Hierzu dient ein frühzeitiger Abgleich zwischen Kapazitätsnachfrage und -angebot logistischer Ressourcen. Die Nachfrage ergibt sich aufgrund der logistischen Aktivität (z. B. Flächenbedarf bei der Lagerung eines GLT-Behälters). Dieser Nachfrage muss ein ausreichendes Angebot (z. B. Lagerfläche im montagenahen Blocklager) an logistischen Ressourcen gegenüber stehen (vgl. Abb. 2.6).

Kommt es zu einem Über- bzw. Unterangebot logistischer Ressourcen so muss durch planerische Maßnahmen reagiert werden. Fehlflächen oder Engpässe bei den Transport- und Personalkapazitäten können in einer frühen Planungsphase sichtbar gemacht werden. Maßnahmen zum Kapazitätsaufbau wie etwa die Beschaffung von Behältern oder der Aufbau von Lagerkapazitäten werden angestoßen. Dadurch werden Investitionsabschätzungen und -forderungen der Logistik auf Basis verlässlicher Planungsdaten möglichst frühzeitig in den Simultaneous Engineering-Prozess eingebracht (vgl. Kap. 4).

Die Beschreibung und Pflege logistischer Ressourcen wird durch die jeweiligen Fachstellen verantwortet (z. B. Behälterdaten über den Behälterplaner). Somit werden einheitliche Beschreibungen und Aktualität der Planungsobjekte gewährleistet. Die Verbindung zwischen Prozess und Ressourcen wird wiederum über eine Verknüpfung hergestellt. Wird also z. B. ein Spezialbehältermaß (Länge, Breite, Höhe) durch den verantwortlichen Behälterplaner geändert, wirkt sich dies unmittelbar auf die geplanten Logistikketten sowie auf die hieraus implizierten Kapazitätsplanungen aus. Wurde der Behälter bereits einem Stellplatz im Palettenregallager zugewiesen, erfolgt eine automatische Information beim Überschreiten der maximalen Einlagerhöhe. Dadurch können automatisiert Plausibilitätsprüfungen vorgenommen werden, die kostspielige Umplanungen beim Serienanlauf verhindern.

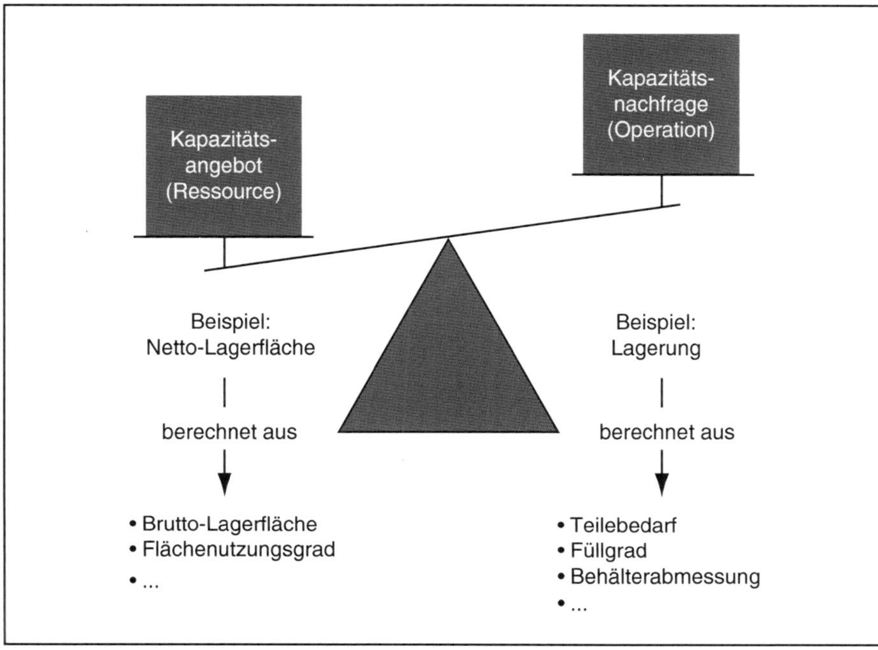

Abb. 2.6 Abgleich zwischen Kapazitätsangebot und -nachfrage

2.2.4 Simultane Integration der logistischen Sichtweisen

Durch die integrierte Darstellung aller Planungsobjekte werden die wesentlichen Planungselemente eines Logistikprozesses dargestellt. Die Verknüpfung der logistischen Teilefamilie mit dem Logistikprozess enthält die Information über die Material- und Informationsflüsse. Abbildung 2.7 zeigt eine angepasste

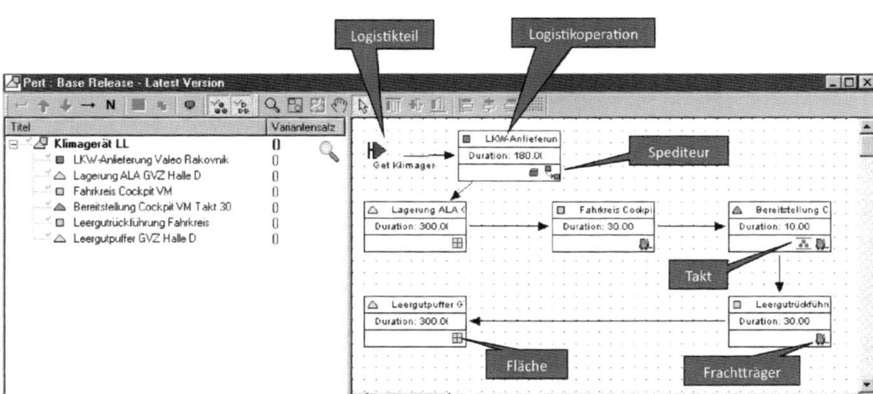

Abb. 2.7 Beispiel einer modellierten Logistikkette

Standardlogistikkette, die zunächst aus einer Bibliothek ausgewählt wurde und für die spezielle Teilefamilie *Klimagerät Linkslenker* entsprechend den realen planerischen Gegebenheiten modifiziert wurde. Die logistische Teilefamilie ist mit den technischen Varianten des Klimageräts in der Konstruktionsstückliste verbunden, so dass Änderungen der Konstruktion in der Planungsphase sofort für den Logistikplaner sichtbar werden. Die anschließende Zuordnung der Ressourcen wird über eine Drag & Drop Funktion realisiert, bei der aus einer Ressourcenbibliothek die jeweilige Logistikressource auf die relevante Logistikaktivität gezogen wird. Hierdurch wird angezeigt, dass z. B. ein spezifischer Behälter bei der Lkw-Anlieferung verwendet wird. Die Verknüpfung der Ressourcen mit den einzelnen Logistikaktivitäten innerhalb des Logistikprozesses zeigt den Ressourcenbedarf und seine Entstehung auf. Durch die gleichzeitige Berücksichtigung aller drei Sichtweisen ergibt sich ein Logistikplanungsmodell, welches das reale Planungsproblem strukturähnlich widerspiegelt.

Die Strukturähnlichkeit zwischen Realität und Planungsmodell ermöglicht eine hohe Planungsqualität bei gleichzeitiger Reduzierung des Planungsaufwands. Der Einsatz virtueller Planungstechniken in der Logistikplanung vereinfacht und beschleunigt den Planungsprozess obwohl die Anzahl an Modellreihen und -typen welche im Rahmen des PEP beplant werden müssen in den letzten Jahren laufend gestiegen ist.

Darüber hinaus bildet die virtuelle Logistik einen wichtigen Integrationskern für alle weiteren Planungsprojekte der virtuellen Fabrik (Presswerk, Karosseriebau, Lackiererei, Montage). Die traditionelle Aufgabe der Logistik als Bindeglied wertschöpfender Prozesse in der Produktherstellungsphase erweitert sich im Rahmen der virtuellen Logistikplanung zum Bindeglied aller virtuellen Planungsprozesse.

2.3 Planungssysteme der virtuellen Logistik

2.3.1 Zyklus logistischer Modellbildung

Bevor auf die einzelnen Planungsansätze näher eingegangen wird, soll zunächst die allgemeingültige Vorgehensweise bei der Modellbildung eines logistischen Systems dargestellt werden. Dieser Modellbildungszyklus gilt allgemein und unabhängig vom spezifisch eingesetzten Modell (vgl. Abb. 2.8).

Das Ziel jedes Logistikmodells ist die vereinfachte Abbildung komplexer Logistiksysteme, um zu Erkenntnissen zu gelangen, die auf die Realität rückübertragbar sind. Ausgangspunkt der virtuellen Logistikplanung sind alle Material- und Informationsflüsse welche für das Neufahrzeug beplant werden müssen. Diese komplexen Netzwerkstrukturen gilt es in einem geeigneten Modell abzubilden (Klug 2000c, S. 45).

Generell wird das geplante Logistiksystem durch Abstraktion und Idealisierung vereinfacht. Bei der Abstraktion werden reale Elemente, Beziehungen und Attribute

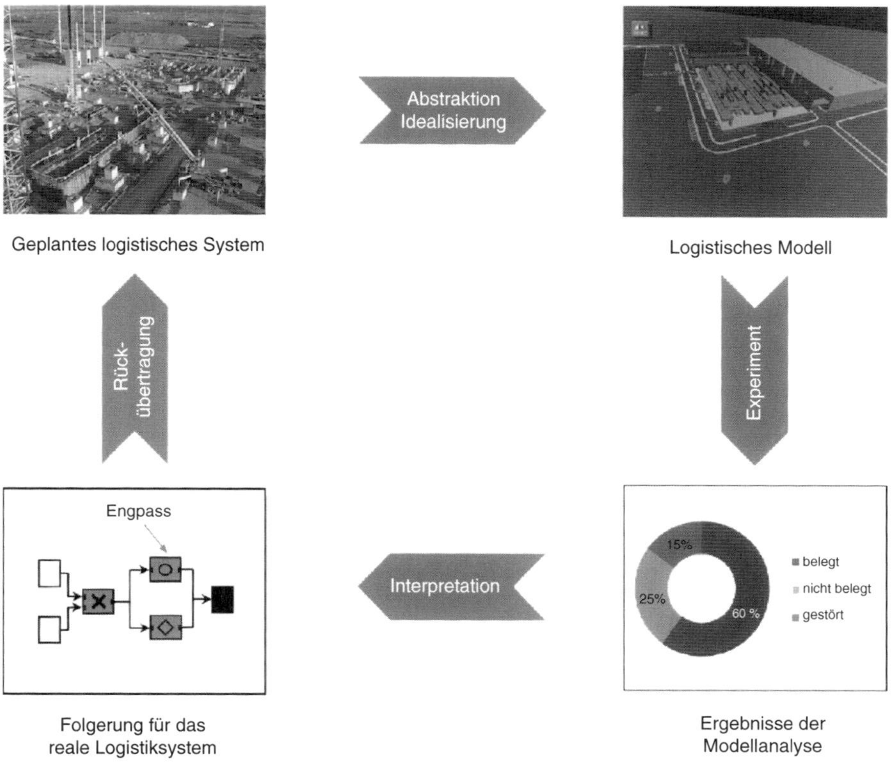

Abb. 2.8 Der logistische Modellbildungszyklus

weggelassen, um sich auf die wesentlichen Systembestandteile zu konzentrieren. Bei der Idealisierung hingegen werden diese Bestandteile zwar im Modell abgebildet allerdings in vereinfachter Form. So werden beispielsweise bei der Simulation einer Endmontagelinie nicht alle Teilepositionen die im Fahrzeug verbaut werden abgebildet. Diese Abstraktion führt dazu, dass das eingesetzte Simulationsmodell noch überschaubar und steuerbar bleibt. Gleichzeitig wird das reale Bauteil durch Idealisierung vereinfacht in einer softwarespezifischen Komponente abgebildet ohne etwa die geometrischen Abmessungen genauer im Modell darzustellen. Bei beiden Vorgehensweisen ist es zunächst nötig zu entscheiden welche Systembestandteile abgebildet bzw. in welcher Weise vereinfacht werden. Prinzipiell gilt das Pareto-Prinzip nachdem ein geringer Anteil der Material- und Informationsflüsse bereits wesentlich die Funktionsweise des Logistikmodells charakterisiert. Welche konkrete Auswahlentscheidung getroffen wird, kann allerdings nur im Einzelfall und immer zielorientiert erfolgen.

Während des gesamten Modellbildungszyklus besteht die Gefahr, dass Übertragungsfehler auftreten, die Ergebnisse verfälschen und zu Fehlentscheidungen führen (Klug 2000a, S. 94). Um dies zu verhindern, wird der gesamte logistische Modellbildungszyklus durch einen Verifizierungs- und Validierungsprozess begleitet (Chung 2004, S. 160). Bei der Verifizierung geht es um die Überprüfung der Fehlerhaftigkeit eines Modells. Die formale Verifikation prüft die Korrektheit des Modells und zeigt auf, ob das Logistikmodell für alle zulässigen Eingangsdaten korrekte Ergebnisse liefert (Wagenitz 2007, S. 166). So kann bei Simulationsmodellen durch den Einsatz der Animation erkannt werden, wenn Planungssachverhalte falsch abgebildet wurden (wie z. B. die typenspezifische Verteilung von Fahrzeugen durch Verschiebewagen auf die Arbeitsstationen im Lack-Finish). Ein verfiziertes Modell muss allerdings noch nicht valide sein. Daher wird in der Validierung überprüft, ob das Modell diejenigen zu untersuchenden Sachverhalte, Beziehungen und Strukturen abbildet, welche in der Realität entscheidend für die Lösungsfindung sind. Im Rahmen der Validierung untersucht man im wesentlichen die Frage, inwieweit das Modell für die Planung des relevanten Logistiksystems geeignet ist bzw. ob Lösungsvorschläge, die das Modellexperiment geliefert hat, zur Lösung des Planungsproblems herangezogen werden können (Homburg 2000, S. 39). Eine wichtige Voraussetzung für die Validierung eines Modells ist die genaue Kenntnis des späteren Verwendungszwecks (Wagenitz 2007, S. 167). Die Validierung wird häufig auf Basis eines Vergleichs zwischen den Modellergebnissen mit den Realdaten realisiert. Eine Validierung im Rahmen des Produktentstehungsprozesses bereitet besondere Schwierigkeit, da in dieser frühen Phase ein logistisches Realsystem zu Vergleichszwecken noch nicht vorliegt. Eine Lösungsmöglichkeit bietet der Vergleich mit logistischen Vorgängersystemen des aktuellen Fahrzeugprogramms, von denen Leistungsdaten vorhanden sind. Ein erfolgsentscheidendes Kriterium zur Realisierung valider Modelle ist die Strukturähnlichkeit zwischen Realität und Modell. Hierbei gilt, dass sich planungsrelevante Objekte und Strukturen der Realität im Modell wiederfinden. Eine objektorientierte Abbildung aller entscheidungsrelevanten Objekte und Strukturen der Realität auch im Modell wird angestrebt.

Wurde ein verifiziertes und valides Modell generiert kann mit der Experimentierphase begonnen werden. Dabei werden unterschiedliche Planungsalternativen generiert, um hieraus die jeweils beste Alternative auszuwählen. Je nach eingesetztem Planungsmodell kann es sich um analytisch optimale bzw. um heuristisch suboptimale Lösungen handeln (vgl. Abschn. 2.3.4). Nach der Durchführung der Experimente stehen die Leistungs- und Kostendaten über die gewählten Betrachtungszeiträume zur Verfügung. Die Ergebnisse verschiedener Planungsläufe müssen jeweils datentechnisch aufbereitet und durch den Logistikplaner interpretiert werden. Anschließend werden die durch die Modelluntersuchung gewonnenen Erkenntnisse auf die Realität transferiert. Dabei gilt es die durch statistische Auswertungen und Interpretationen gewonnenen Ergebnisse für eine zielorientierte Veränderung der betreffenden Planungsparameter zu nutzen. Sowohl die Ergebnisinterpretation als auch die Rückübertragung auf den realen Planungsfall kann immer nur zielorientiert und unter Berücksichtigung der Modellvereinfachung durchgeführt werden. Eine ungefilterte Übertragung der Modellergebnisse führt unweigerlich zu Fehlentscheidungen und zu Fehlplanungen. Aufgrund der Komplexität des Planungsproblems wird der Zyklus der Modellbildung mehrmals durchlaufen bis ein brauchbares Modell generiert wurde. Die hohe Änderungsdynamik im Rahmen des

Abb. 2.9 Auswahlwürfel logistischer Modelle im PEP

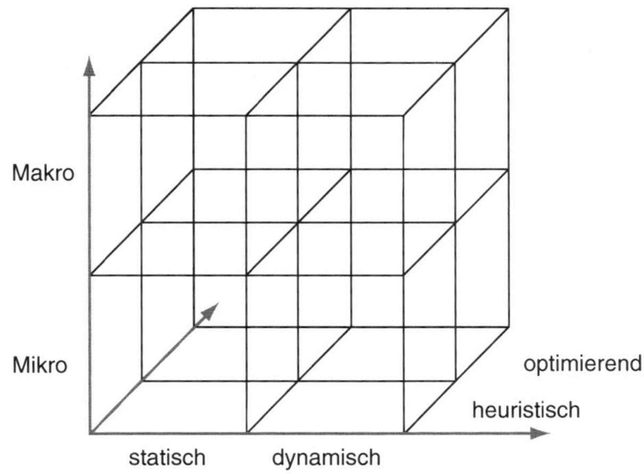

PEP führt zu einer ständigen Anpassung der Modellparameter was häufig eine automatisierte Erfassung der Daten nötig macht.

Welches konkrete logistische Planungssystem aus der Vielzahl in der Praxis vorherrschender Modelltypen eingesetzt wird, hängt sehr stark von der Zielsetzung und der Projektphase ab. Prinzipiell lassen sich folgende Betrachtungsebenen und Differenzierungsmerkmale logistischer Modelle unterscheiden (vgl. Abb. 2.9).

Detaillierungs- und Abstraktionsgrad In welchem Detaillierungsgrad sollen die logistischen Strukturen, Prozesse und Ressourcen im Modell abgebildet werden? Dies führt zu einem hierarchischen Modellansatz, der vom detaillierten Mikromodell über das gröbere Mesomodell bis hin zum allgemein und stark abstrahierenden Makromodell reicht.

Berücksichtigung des Zeitverhaltens Inwieweit soll das dynamische Zusammenspiel der einzelnen Elemente, Beziehungen und Attribute eines Logistiksystems im Modell Berücksichtigung finden? Diese Betrachtung führt zur Unterscheidung zwischen den einfachen statischen Modellen ohne Zeitbetrachtung und den aufwendigeren dynamischen Simulationsmodellen mit Zeitbetrachtung.

Optimalitätsanspruch Steht für das jeweilige Planungsproblem ein analytisch exakter Optimierungsalgorithmus zur Verfügung bzw. müssen heuristische Planungsmodelle eingesetzt werden, die zu einem suboptimalen Ergebnis führen? Deshalb können logistische Modelle nach heuristischen und optimierenden Modellen differenziert werden.

2.3.2 Makro- versus Mikro-Logistikmodelle

Um eine strukturierte Planung zu ermöglichen ist es heute nötig Modelle hierarchisiert aufzubauen. Prinzipiell gilt der Grundsatz vom Groben zum Feinen zu planen, was der systemischen Struktur einer Problemlösung entspricht. Analog dem Planungshorizonttheorem, nachdem die Prognosegenauigkeit mit zunehmendem Planungshorizont sinkt, ist eine Modellierung mit unterschiedlichen Detaillierungsgraden auf Makro-, Meso- und Mikroebene erforderlich. Einer der Hauptvorteile hierarchischer Logistikmodelle ist die Möglichkeit zunächst logistische Grobmodelle aufzubauen, die dann im Laufe des Produktentstehungsprozesses weiter verfeinert werden. Hierdurch entsteht ein organisches Modell welches sich dem aktuellen Planungsstand anpasst und jeweils das gerade beste logistische Wissen innerhalb der Planungsphase darstellt. Umfang und Aussagekraft des Logistikmodells wachsen mit fortschreitendem Planungsprozess. Somit werden Makromodelle mit wachsender Datengrundlage und mit zunehmender Spezifizierung der Planungsfragen in verfeinerte Mikromodelle überführt. Ein weiterer Vorteil gestufter Modellarchitekturen ist, dass der Detaillierungsgrad innerhalb des Modells variieren kann. Dies führt dazu, dass Bereiche mit hoher logistischer Relevanz (z. B. Materialbereitstellung) detaillierter im Modell abgebildet werden, wohingegen logistikunkritische Bereiche (z. B. Leergutplatz) auf der abstrakteren Meso- bzw. Makroebene dargestellt werden. Gleichzeitig bietet ein mehrschichtiges Modell die Möglichkeit, das komplexe Gesamtplanungsproblem in überschaubare Teilaufgaben zu zerlegen und diese separat zu betrachten.

Derzeit ist die angesprochene flexible Nutzung ein und des gleichen Modells auf den unterschiedlichen Planungsebenen der Logistik noch eine Vision. Der Regelfall ist der Einsatz unterschiedlicher Modelle gemäß den Planungsphasen und Detaillierungsgraden, welche zukünftig weiter integriert werden müssen.

2.3.2.1 Makromodelle der Logistik

Makromodelle der Logistik bilden die Material- und Informationsflussbeziehungen im Rahmen eines Supply Network Modells ab. Ziel ist nicht die Einzeloptimierung z. B. eines Lagerstandortes sondern die Abbildung des gesamten logistischen Netzwerkes um die strukturellen Bedingungen und der sich daraus abgeleiteten Leistungsfähigkeit zu untersuchen. Der Detaillierungsgrad eines Makromodells ist gering, so dass diese bereits sehr früh im Rahmen des Planungsprozesses eingesetzt werden können. Durch die umfassende Betrachtung des Planungsproblems wird vermieden, dass Lösungen generiert werden, die sich auf lokale und zeitlich begrenzte Optimierungsversuche beschränken. Sinnvolle Maßnahmen müssen vernetzt und systemisch betrachtet werden, um langfristige Erfolge zu erzielen. Typische Fragestellungen im Rahmen eines Logistics Network Managements sind:

- Optimale Standorte der Lieferanten, Werke, Lager, Händler
- Wirtschaftliche Kapazitätsauslegung der Standorte im Netzwerk
- Analyse der Steuerungsstrategie innerhalb des Netzwerkes (Push-Pull-Mix)
- Bestimmung der dynamischen Engpässe im System
- Zusammenspiel der Einzelnetzwerke im Kundenauftragsprozess

Modellbeispiel: Planung Kundenauftragsprozess Aufgabe ist die Analyse des Kundenauftragsprozesses (Order-to-Delivery) von der Kundenbestellung bis zur Fahrzeugübergabe (vgl. Abschn. 9.2). Hierzu müssen netzwerkübergreifende Maßnahmen zur Prozessoptimierung erarbeitet werden. Um eine umfassende Modellierung der logistischen Prozesse innerhalb des Auftragsbearbeitungsprozesses für den Kunden abzubilden, bedarf es des Zusammenspiels verschiedener Einzelmodelle. Folgende Teilmodelle spielen eine Rolle:

- Kundenverhalten von der Bestellung bis zur Fahrzeugauslieferung
- Fahrzeugfertigung über die Gewerke Rohbau, Lack und Montage
- Prognosen hinsichtlich der Auftrags-, Termin- und Kapazitätsentwicklung
- Distributionsstrukturen von der Übergabe des Fahrzeugs durch die Montage bis hin zur Auslieferung beim Fahrzeughändler

In einem übergeordneten Makromodell müssen hierzu der Auftragsabwicklungsprozess sowie die leistungserbringenden Produktions- und Logistiknetzwerke miteinander verbunden werden (Motta et al. 2008, S. 24). Ein Simulationsmodell, das die integrierte Modellierung und Simulation von Auftragsabwicklungsprozessen in einem Makromodell ermöglicht, ist OTD-NET (Order-to-Delivery Network Simulator). Dieses Modell wurde gemeinsam vom Fraunhofer Institut für Materialfluss und Logistik und der deutschen Automobilindustrie entwickelt. OTD-NET ist insbesondere dafür gestaltet innerhalb komplexer logistischer Netzwerke die erforderliche Transparenz hinsichtlich der Wirkzusammenhänge zu schaffen, die es ermöglicht optimale logistische Strukturen zu planen und zu betreiben. Abgeleitet von der Auftragslast eines Fahrzeugherstellers wird es so möglich, ganzheitliche Modelle von Auftragsabwicklungsprozessen in ihrer Einbettung in logistische Netzwerke zu untersuchen. Das Makromodell verbindet durchgängig die Fahrzeugnachfrage, die beim Händler entsteht, über die Planungsprozesse, die Produktion in den Fahrzeugwerken und bei den Zulieferern bis hin zur Distribution der Fahrzeuge an den Endkunden. Die Flexibilität des Modells wird durch ein objektorientiertes Metamodell erreicht, welches sich um spezifische Objekte erweitern lässt, um unterschiedliche Detaillierungsgrade abzubilden. Im Modell werden die Planungsobjekte Kunde, Händler, OEM und Zulieferer verwendet, die in einer beliebigen Anzahl vorkommen können. Die Modellierung unterschiedlicher Netzwerkszenarien wird erleichtert durch ein Graphical Modelling Environment (GME), welches das OTD-NET Metamodell integriert, den Modellaufbau grafisch unterstützt und gleichzeitig das abgebildete Wertschöpfungsnetzwerk inklusive Parameter visualisiert. Das System ermöglicht es komplexe Simulationsläufe durchzuführen, ohne dass die Anwender explizites Expertenwissen zur Informationstechnologie besitzen müssen (Deiseroth et al. 2008, S. 44 f.). Neben der Untersuchung des gesamten Kundenauftragsprozesses können mit Hilfe von OTD-NET auch Teillogistiknetzwerke untersucht werden. Beispiele sind Untersuchungen über die Distribution von Fertigfahrzeugen, die Möglichkeiten zur Umsetzung von JIS-Konzepten in der Motorenfertigung und die Bewertung eines global verteilten Lieferantennetzwerkes für die Motorenfertigung mit First- und Second-Tier Lieferanten (Wagenitz 2007, S. 186).

2.3.2.2 Mikromodelle der Logistik

Ein Mikromodell bildet ein Element bzw. ein kleineres Teilsystem eines übergeordneten Logistiksystems detailliert ab. Hierzu wird hohe Detailkenntnis über den Untersuchungsbereich benötigt bei zusätzlich hohem Modellierungsaufwand, was eher für einen späteren Einsatz der Modelle im Rahmen des Planungsprozesses spricht. Beispiele für Detailplanungen von Logistikprozessen mit Hilfe von Mikrologistikmodellen sind:

- Planung der optimalen Liefer- und Bestellzyklen
- Bestimmung optimaler Bestandsparameter (Mindestbestand, Zielbestand, Sicherheitsbestand)
- Ermittlung der wirtschaftlichen Losgröße
- Planung einer Vorlagerzone
- Planung der Materialanlieferung für einen Lieferumfang

Die Ergebnisse der Mikromodelle können wiederum im Rahmen eines höher aggregierten Makromodells Verwendung finden. Dies ermöglicht die Mehrfachverwendung der Ergebnisse einer Teilplanung in der Gesamtplanung. Aus einer Materialflussbetrachtung innerhalb eines Bereitstellungstaktes können beispielsweise Ablaufsimulationen für Bandabschnitte, Montagelinien bzw. ganzer Gewerke entstehen.

Modellbeispiel: Planung Materialschnellumschlag Der Materialschnellumschlag (MSU) dient der Materialanlieferung und dem Materialumschlag von transportintensiven aber variantenarmen Modulen und Systemen bei Ausschaltung der traditionellen Logistikstufe Lager und der weitestgehenden Reduktion des innerbetrieblichen Transports. Dabei handelt es sich um eine verbrauchsgesteuerte Direktanlieferung (vgl. Abschn. 8.3.3). Folgende Problembereiche konnten bei der Analyse und Planung des logistischen Mikrosystems MSU bei einem Automobilhersteller identifiziert werden (Klug 2000d, S. 70 ff.):

- Das logistische System MSU wird durch eine Vielzahl von Störgrößen beeinflusst (LKW-Ausfall bzw. LKW–Verspätung, Fehlteile, etc.).
- Die Planung des logistischen Systems erfordert die simultane Berücksichtigung einer Vielzahl von Parametern (wie z. B. Min-/Max-Bestand, Abruf- und Vorlaufzeit, Schichtpläne, Verbaurate, etc.).
- Trotz geringer Variantenanzahl ist die Verbrauchshäufigkeit bei Exoten schwankend, so dass die Planung meist auf Engpassteile ausgelegt werden muss.

Die wichtige Frage der Bestandsentwicklung eines MSU-Systems wird in der Praxis durch einfaches Aggregieren der Tagesanliefer- bzw. -verbrauchsmengen beantwortet. Problem hierbei ist neben der Annahme eines deterministischen Systems (z. B. keine Schwankungen bei den Verbrauchswerten) die diskrete, durchschnittliche Betrachtung auf Tagesbasis. Zwar reicht in Summe die Anliefermenge und der Tagesverbrauchswert für eine Deckung des Sicherheitsbestandes, eine kontinuierliche Betrachtung im Schichtverlauf kann allerdings zu völlig anderen Ergebnissen führen. Dies ist zum Beispiel dann der Fall, wenn die Materialanlieferung erst in der Spätschicht erfolgt, so dass es bei Verbrauchsspitzen in der Frühschicht zu einem Unterschreiten des minimalen Bestandes kommen kann. Zur Überwindung des aufgeführten Problems kann ein simulationsgestütztes Planungsmodell eingesetzt werden, das in der Lage ist eine simultane und kontinuierliche Betrachtung des Materialschnellumschlags durchzuführen. Mit Hilfe eines einfachen Mikromodells konnten eine Vielzahl unterschiedlichster Fragestellungen bei der Planung des Logistiksystems beantwortet werden. Trotz des eingeschränkten Teilespektrums (nur sechs Varianten) macht es die Dynamik und Simultanität dieses Anwendungsbeispiels erforderlich ein simulatives Planungsmodell einzusetzen.

2.3.3 Statische versus dynamische Logistikmodelle

2.3.3.1 Statische Logistikmodelle

Statische Logistikmodelle sind dadurch gekennzeichnet, dass sie die Unterschiede im zeitlichen Ablauf der Logistikprozesse sowie das zeitliche Zusammenwirken der Logistikelemente nicht berücksichtigen, wodurch sie einfach und übersichtlich bleiben (Klug 2000a, S. 100 f.). Hierdurch bilden sie die Realität logistischer Abläufe allerdings nur näherungsweise ab. Ein Problem der Verwendung statischer Logistikmodelle liegt in der Tatsache, dass die hohe Dynamik der Einflussgrößen das Planungsergebnis oft schon mit dessen Bekanntwerden hinfällig werden lässt, woraus sich die Forderung nach einer permanenten, dynamischen Logistikplanung erhebt (Wiendahl et al. 1996, S. 26). Daher sind zeitpunktuelle statische Betrachtungen in einem dynamischen Umfeld in ihrer Aussagefähigkeit beschränkt. Es fehlt in der statischen Sicht die Möglichkeit, Auswirkungen von stochastischen Einflussgrößen wie Störungen von Transport- oder Lagermittel und das Systemverhalten unter Spitzenlast hinsichtlich der Ressourcenauslastungen und der Versorgungssicherheit betrachten zu können (Bracht u. Rooks 2008, S. 441). Erfolgt keine dynamische Absicherung des Logistikmodells werden vielfach aus Gründen der planerischen Vorsicht zusätzliche Reserven eingeplant.

Modellbeispiel: Planung Materialanlieferprozess Statische Logistikketten zur Analyse logistischer Prozesse in der frühen Planungsphase des Produktentstehungsprozesses stellen das Standardmodell der Logistikplanung vor SOP dar (vgl. Abschn. 4.4.2). Dabei kann die Beschreibung der Materialflüsse mit Hilfe mehrstufiger Aktivitätsketten realisiert werden (vgl. Abb. 2.10). Die Aktivitäten entsprechen den

Abb. 2.10 Beispiel einer statischen Logistikkette für einen zweistufigen Anlieferprozess

logistischen Grundfunktionen Transport, Umschlag und Lagerung, welche fallspezifisch zu einem Gesamtprozess kombiniert werden. Eine hierarchische Modellbildung ist möglich. Entsprechend eines Top-Down Ansatzes wird zunächst eine grobe Darstellung der Logistikprozesse erstellt, welche dann im Laufe des PEP verfeinert und bei Bedarf dynamisiert werden.

2.3.3.2 Dynamische Logistikmodelle

Dynamische Modelle berücksichtigen die Veränderung der Modellgrößen im Zeitablauf. Der Vorteil dynamischer gegenüber statischer Logistikmodelle liegt in den umfangreicheren sowie genaueren Planungsergebnissen, was mit der Verwendung genauerer Eingangsinformationen und einem höheren Modellierungsaufwand verbunden ist.

Um die Vielzahl der Konsequenzen im Produktentstehungsprozess besser abschätzen zu können, wird vermehrt auf den Einsatz dynamischer Simulationsmodelle gesetzt. Die komplexe Dynamik logistischer Systeme kann mittels der Simulation besser untersucht werden. Simulationen werden häufig auch dann eingesetzt, wenn keine geschlossene Lösung eines Problems auf analytische Art und Weise angegeben werden kann (Kruse u. Hoferichter 2005, S. 29). Die Simulation hat sich zu einem essentiellen Planungswerkzeug entwickelt, ohne die objektive Analyseergebnisse kaum noch möglich sind. Erst durch die Erfassung dynamischer Wirkungszusammenhänge in einem Modell können reale Gegebenheiten umfassend beschrieben werden. Die Simulation unterstützt bei der Suche nach der besten Parametereinstellung. Simulationsmodelle vermitteln das Wissen über die kritischen Grenzen der Parameter, ermöglichen eine Wirtschaftlichkeitsbetrachtung über den Gesamtprozess und geben auf Basis von Wenn-Dann-Szenarien Handlungsanweisungen für das Logistikmanagement (Behres u. Wortmann 2003, S. 63). Simulationsmodelle werden meist Top-Down eingesetzt. Hierbei werden unterschiedliche Betrachtungsebenen mit unterschiedlichen Abstraktionsgraden verfolgt. Folgendes Beispiel zeigt fünf unterschiedliche Betrachtungsebenen von Simulationsmodellen (Fecht 2005, S. 85):

- Strategische Simulation auf Konzernebene (Werksverbund, Lieferketten)
- Konzeptionelle Simulation innerhalb der Produktionsstätte (Zusammenwirken der Gewerke Rohbau, Lack und Montage)
- Operative Simulation zur Fertigungs- und Logistikstruktur
- Geometriebezogene Simulation (z. B. Kollisionsbetrachtungen in einer Roboterzelle)
- Prozessbezogene Simulation (z. B. Untersuchungen der Fügeprozesse im Rohbau)

Modellbeispiel: Anlaufsimulation Ein besonders kritischer Prozess der Automobillogistik ist der Übergang zwischen Produktentstehungs- sowie Produktherstellungsphase beim Anlauf eines neuen Fahrzeuges. Diese sog. Ramp-Up Phase bezeichnet den Zeitraum zwischen Job Nummer 1 und dem Erreichen der geplanten

Serienproduktionsmenge (vgl. Abb. 5.10). Die besondere Herausforderung liegt im schnellen Anlauf (Fast Ramp-Up) und dem damit verbundenen Zeitmanagement bei gleichzeitiger Beherrschung der steigenden organisatorischen Komplexität. Nicht erreichte Anlaufziele führen zu Verzögerungen in der Markeinführung und Marktpenetration, was folglich Marktanteils- und auch Umsatzverluste bedeutet. Ein schneller und stabiler Serienanlauf ist ein kritischer Erfolgsfaktor. Kurz nach Produktionsstart soll möglichst schnell die Kammlinie erreicht werden. Die sich hieraus ergebenden steilen Anlaufkurven stellen eine große Herausforderung für die Logistik dar.

Mit Hilfe von dynamischen Simulationsmodellen können verschiedene Anlaufszenarien getestet werden, um anschließend die optimale Alternative auszuwählen. Damit erfolgt eine Absicherung und Unterstützung des Anlaufprozesses hinsichtlich Stückzahl, Liefertermintreue und Lieferzeit. Häufiger Schwerpunkt der Untersuchung ist eine Sensitivitätsuntersuchung der Einflussparameter sowie der sich hieraus ergebenden Anforderungen bei der Umsetzung. Beispiele für Untersuchungsparameter in diesem Umfeld sind (Coordes u. Wortmann 2001, S. 62):

- Variation des Fahrzeugprogramms (Modellmix auf der Montagelinie)
- Variation der Produkteigenschaften (Ausstattungsvarianten)
- Variation des geplanten und tatsächlichen Teilebedarfs
- Variation der Anlagen- und Personalkapazitäten
- Anhebung der Anlaufkurve bei unveränderten Rahmenbedingungen
- Variation von Lieferfähigkeit und Verfügbarkeit
- Einfluss von Fertigstellungsraten, -zeiten, -kapazitäten und die Verfügbarkeit der Teile

Weitere Untersuchungsbereiche sind die Prämissen der Planungsannahmen für den Anlaufprozess sowie mögliche Engpasssituationen. Sukzessiv steigende Verfügbarkeiten der Anlagen, verbesserte Teilequalität, Reduzierung der Taktzeit, reduzierte Nacharbeit sind Beispiele für dynamische Größen, welche im Zusammenspiel während der Anlaufphase auf ihre Durchsatzrelevanz hin untersucht werden.

Beim Modellaufbau müssen neben dem reinen Fahrzeugfluss auch die Informationsflüsse und der Teilefluss Berücksichtigung finden. Darüber hinaus wird gewerkeübergreifend modelliert, so dass sich die Auswirkungen von Veränderungen in einem Fertigungsbereich auf die Anlaufkurve nachvollziehen lassen (Coordes u. Spieckermann 2001, S. 86 f.).

2.3.4 Heuristische versus optimierende Logistikmodelle

2.3.4.1 Heuristische Logistikmodelle

Heuristische Logistikmodelle schränken zur Reduzierung des Modellierungs- und Untersuchungsaufwandes die Anzahl der möglichen Lösungen ein ohne eine Garantie dafür zu bieten, dass in den ausgeschlossenen Teilen des Lösungsraums nicht die eigentlich optimale Lösung zu finden ist (Zimmermann 2005, S. 273). Vorteil ist ein reduzierter Planungsaufwand bei universellen Einsatzmöglichkeiten. Heuristische Modelle liefern zulässige Lösungen des Logistikproblems bei verkürzter Planungszeit. Die für den praktischen Einsatz notwendigen Restriktionen werden besser berücksichtigt. Allerdings liefern heuristische Logistikmodelle lediglich Näherungslösungen, deren Abweichung vom Optimum nicht einfach und nicht mit letzter Sicherheit nachzuweisen ist (Arnold u. Furmans 2007, S. 294).

Modellbeispiel: Planung Ersatzteillager Ein Beispiel für ein heuristisches Logistikmodell ist die Neuplanung eines Ersatzteil-Distributionszentrums mit Hilfe der Materialflusssimulation. Dabei geht es um die Untersuchung und Auswahl geeigneter Layout-Entwürfe sowie Steuerungsstrategien im Lager- und Auftragsfluss für Ersatzteile (Gutenschwager 2005, S. 68 ff.). Das hier dargestellte Einsatzbeispiel wurde über das gesamte Planungsprojekt beginnend von der Alternativenplanung über die Feinplanung bis hin zur Realisierung durch eine umfassende Simulationsstudie begleitet. Das dabei eingesetzte Simulationsmodell wurde in Teilmodelle zerlegt und in die Module Fördertechnik, Lagersystem, Packbereich sowie Wareneingang aufgeteilt. Die jeweiligen Teilmodelle wurden sukzessiv entwickelt und sind einzeln lauffähig, können aber auch über eine einfache Parametrisierung per Dialogoberfläche in Experimenten kombiniert werden.

Beim Modul Fördertechnik wurde untersucht, welche der möglichen Flurförderzeugtypen (Tragkettenförderer, Bodentransportsystem, Elektropalettenbahn) unter den Rahmenbedingungen die beste Alternative darstellt. Durch Variation steuerungstechnischer Maßnahmen konnte die Transportleistung gesteigert werden. In einer zweiten Simulationsphase wurden die Logistikstrategie insbesondere bezüglich der Einlagerung und Kommissionierung sowie das Zusammenspiel von Pack- und Kommissionierbereich untersucht, die durch die Fördertechnik miteinander verbunden sind. Die Simulation unterstützt auch die Planungsentscheidung der Lagerdimensionierung und -verwaltungsstrategie. Prinzipiell zeigt sich, dass sehr komplexe Logistikmodelle nicht durch den Einsatz analytischer Optimierungsmodelle gelöst werden können, womit meist auf die suboptimale heuristische Alternative der Materialflusssimulation zurückgegriffen werden muss.

2.3.4.2 Optimierende Logistikmodelle

Beim optimierenden Logistikmodell wird die Lösungsgenerierung mit Hilfe von mathematischen analytischen Verfahren unterstützt. Es wird eine eindeutige und unter den gegebenen Prämissen auch optimale Lösung generiert, sofern diese existiert. Nachteilig ist die Berücksichtigung der oft sehr eingeschränkten Anwendungsprämissen, die das Entscheidungsproblem erfüllen muss, um die analytischen Lösungsalgorithmen überhaupt einsetzen zu können.

Modellbeispiel: Planung Materialanstellung am Montageband Die Aufgabe der Planung der Materialanstellung am Montageband besteht darin, die räumliche Anordnung der Behälter am Bereitstellungstakt mit den optimalen Materialflussbe-

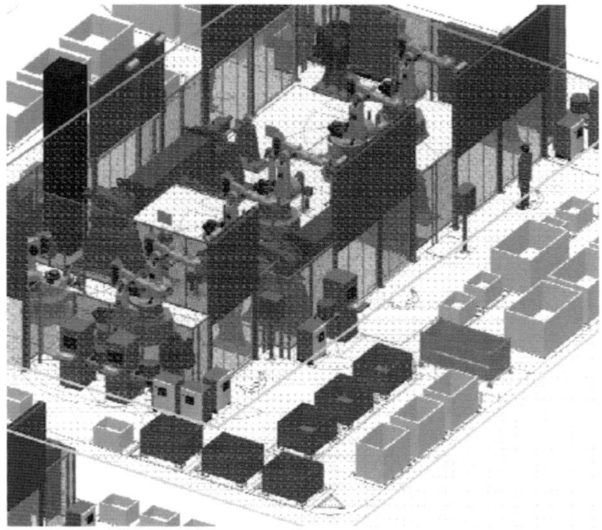

Abb. 2.11 Virtuelle Planung einer wegoptimierten Materialanstellung (Quelle: Siemens PLM Software)

ziehungen – im Idealfall mit kostenminimaler Anordnung – zu finden (Arnold u. Furmans 2007, S. 289). Bei der Materialbereitstellungsplanung muss eine Verknüpfung der Teile- und Behälterdaten mit dem Arbeitsplan und dem Fahrzeugprogramm hergestellt werden. Hauptziel ist die Reduzierung der Mitarbeiter-Wegezeiten bei gleichzeitiger Beherrschung der Änderungsdynamik, Komplexität und Flexibilität. Bei der Fahrzeugneuplanung kommt es zu einer Änderung der bestehenden Taktabstimmung und folglich zu einer laufenden Anpassung der Teilebereitstellung aus Sicht der Logistik. Mit Hilfe von Optimierungs-Algorithmen wird die wegoptimierte Anordnung der Behälter am Arbeitsplatz berechnet (vgl. Abb. 2.11). Als Zielfunktion kann eine Entfernungsminimierung zwischen dem Übergabepunkt des Materialbereitstellers und dem Materialanstellort an der Montagelinie herangezogen werden. Eine sinnvolle Gewichtung der bereitgestellten Behälter kann über die Behälterabmessung und die Umschlagsgewichte erfolgen. Darüber hinaus müssen die lokalen räumlichen Restriktionen berücksichtigt werden, wie z. B. Fahr- und Bereitstellungswege, Regalanordnung, bauliche Restriktionen durch lichte Höhen, Bandverläufe und Versorgungsleitungen. Analytische Verfahren zur Layoutplanung, welche eine optimale Lösung generieren, stellen zum Beispiel das Branch & Bound-Verfahren, das Schnittebenen-Verfahren oder Relaxationen dar (Arnold u. Furmans 2007, S. 293).

2.4 Konzepte zum Logistik-Datenmanagement

Häufig ist der Aufbau virtueller Logistikplanungsmodelle kombiniert mit einem Projekt zum Logistikdaten-Management. Um eine standardisierte Datenerfassung, -aufbereitung und -vorhaltung zu ermöglichen, bedarf es intelligenter Methoden des Datenmanagements. Gleichzeitig sollen vorhandene Lücken in der Datenverwaltung aufgezeigt und passende Lösungen gefunden werden. Das Ziel eines Logistik-Datenmanagements im Rahmen des Produktentstehungsprozesses ist die Schaffung einer redundanzfreien Datenbasis als integrierte Planungsumgebung aller logistischen Planungsaufgaben. Hierzu sind offene Schnittstellen nötig, die eine Integration bestehender und neuer Systeme ermöglichen. Die Datenintegration im Rahmen eines Logistik-Datenmanagement-Systems garantiert noch nicht, dass die erforderlichen Daten auch zum richtigen Zeitpunkt für den Mitarbeiter zur Verfügung stehen. Daher muss neben der Datenverwaltung auch die Planung, Steuerung und Überwachung der Abläufe gewährleistet sein. Die Basis bilden abgestimmte Planungsprozesse welche durch geeignete Workflow-Systeme unterstützt werden. Sie stellen sicher, dass die Logistikdaten zum richtigen Zeitpunkt in der richtigen Detaillierung und im richtigen Zusammenhang zur Verfügung stehen. Im Idealfall bekommt der zuständige Logistikplaner automatisch die für ihn relevanten Informationen weitergeleitet. Hierdurch werden Änderungen der Logistikplanungsdaten nicht nur dokumentiert, sondern auch zeitnah übermittelt und bereitgestellt.

2.4.1 Logistics Data Warehouse

Der wesentliche Kern einer virtuellen Fabrik ist eine gemeinsame Datenbasis aller Anwendungsbereiche (Kühn 2006, S. 1). Parallel mit dem Arbeitsfortschritt der Produktentstehungsphase müssen alle planungsrelevanten Daten für den Austausch definiert und bereitgestellt werden. Dies erfordert häufig einen erheblichen Abstimmungsaufwand zwischen den am Fahrzeugprojekt beteiligten Planungsbereichen. Voraussetzung für die rechnergestützte Absicherung von Entwicklungs- und Planungsschritten im Rahmen der Logistikplanung ist die querschnittsübergreifende Bereitstellung und Verfügbarkeit logistikrelevanter Daten (vgl. Abb. 2.12).

Eine Integrationsplattform, welche einen interoperablen Datenaustausch aller planungsrelevanten Logistikdaten ermöglicht, ist ein Logistics Data Warehouse. Ziel ist die Schaffung einer aktuellen, widerspruchsfreien und realitätsbezogenen

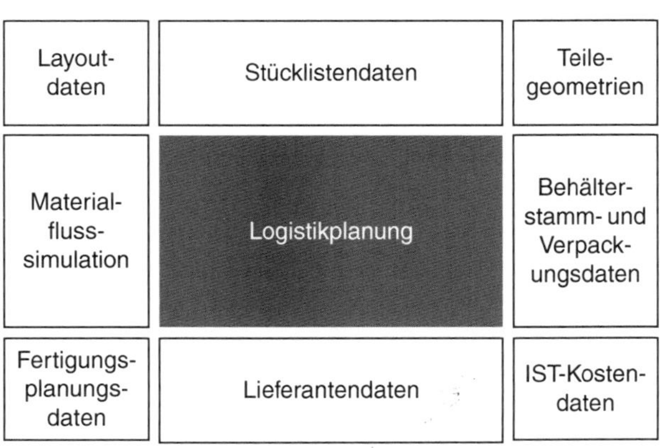

Abb. 2.12 Informationsquellen für die Logistikplanung (Schneider 2008, S. 200)

Datenbasis für logistische Planungsaufgaben auf den unterschiedlichen Planungsebenen und -stufen im Produktentstehungsprozess eines Neufahrzeuges (Kruse u. Hoferichter 2005, S. 28). Traditionell ist die logistische Planungspraxis durch den Einsatz vieler dezentral installierter Planungssysteme gekennzeichnet. Ihre Topologie ist von komplexen technischen und organisatorischen Schnittstellen geprägt. Der Ansatz des Data Warehousing hat zum Ziel logistikrelevante Planungsdaten zusammenzufassen und einen einheitlichen Informationspool aufzubauen. Dies reduziert die Gefahr von Datenredundanzen und -inkonsistenzen (Kühn 2006, S. 16). Für die Logistikplanung bedeutet dies sowohl eine kürzere Informationsbeschaffungszeit als auch eine erhöhte Datenqualität bei gleichzeitiger Reduzierung des Aufwands zur Datenerfassung und -verwaltung.

Die Architektur eines Logistics Data Warehouse beinhaltet als zentralen Kern (sog. Hub) einen Datenpool, das zentrale Data Warehouse (vgl. Abb. 2.13). Die Daten werden zunächst aus den operativen Vorsystemen geladen. Diese Daten enthalten außer dynamischen Größen, wie z. B. Bedarfe pro Tag und pro Teilenummer, auch Informationen über strukturelle Zusammenhänge der Logistikprozesse (Kruse u. Hoferichter 2005, S. 29). Häufiges Praxisproblem ist die schlechte Datenqualität der logistischen Vorsysteme sowie die große Heterogenität der eingesetzten IT-Systeme, welche die relevanten Planungsdaten beinhalten. Ein weiteres Problem der Datenintegration besteht in der oft fehlenden Transparenz über die Ursprungssysteme bestimmter Logistikplanungsdaten. Durch die Vernetzung der einzelnen IT-Systeme ist es häufig nicht nachvollziehbar wo sich die Quelle der Datengenerierung befindet. Darüber hinaus sind die gleichen Logistikdaten häufig

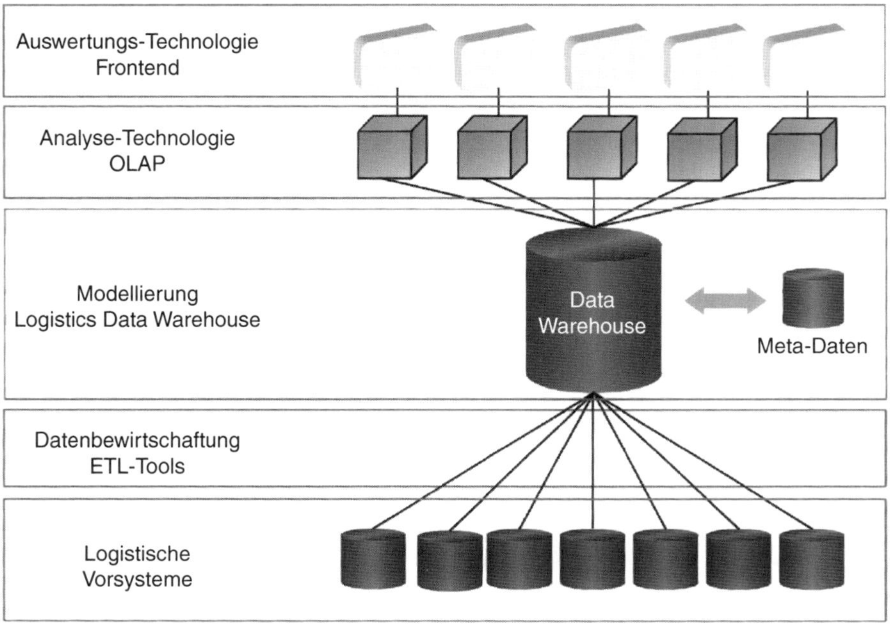

Abb. 2.13 Hub & Spoke Architektur Logistics Data Warehouse

mehrfach vorhanden und werden je nach Auswertesystem oft in unterschiedlichen Datenformaten abgespeichert, was die Vergleichbarkeit und Integration der Daten erschwert. Zusätzlich fehlen wichtige Planungsdaten, weil diese bisher nicht elektronisch erfasst wurden. Jedem erfolgreichen Projekt zur Datenintegration muss ein Programm zur Datenerfassung, zum Datenformatabgleich sowie zur Steigerung der Datenqualität vorgeschaltet sein.

Nach Integration der Logistikplanungsdaten werden diese redundanzfrei innerhalb des zentralen Data Warehouses abgespeichert. Der Vorteil ist ein normalisiertes Datenmodell im Sinne von Redundanzfreiheit sowie die Konsistenz und Skalierbarkeit der Planungsdaten. Der Sinn einer derartigen Architektur liegt in der Flexibilität gegenüber neuen Quellsystemen. Aufgrund des schlechten Anfragezeitverhaltens großer relationaler Datenbanken – in Form des Data Warehouses – werden bestimmte Planungsdaten entsprechend den Auswertungsbedürfnissen und Anwendersichten in separaten Datenwürfeln (sog. Data Marts, Cubes) abgespeichert, welche relational aber auch multidimensional abgebildet werden. Hierdurch entstehen kleine, transparente Datenmengen, welche schneller analysiert werden können. Mit Hilfe der sog. OLAP (Online Analytical Processing) Technologie werden Datenabfragen in beliebig detaillierter Form generiert sowie im Sekundenbereich miteinander in Verbindung gebracht (Kategorienbildung). Dies wird dadurch ermöglicht, dass mögliche Abfragekombinationen hinsichtlich bestimmter logistikrelevanter Dimensionen (z. B. Lagerbestand, Lagerort, Behälterart) bereits vordefiniert und mit den jeweiligen Planungsdaten gefüllt wurden. Die Abfrage der Daten erfolgt über vorab definierte Standardberichte (z. B. aktueller Behälterinvest), welche sich am Logistikcontrolling im Rahmen des PEP orientieren (vgl. Abschn. 4.7.4). Über geeignete Frontendtools werden die Abfrageergebnisse visualisiert und ausgewertet.

Durch das beschriebene Konzept ergeben sich die bekannten Schichten einer sog. Hub & Spoke Architektur eines Logistics Data Warehouses mit den

- logistikrelevanten Planungsvorsystemen,
- der Datenbewirtschaftung (z. B. mittels ETL-Tools),
- dem zentralen Logistics Data Warehouse,
- den Logistics Data Marts sowie
- den Analysetools und Front Ends.

2.4.2 Logistics Lifecycle Management

Ein erfolgreiches Projekt zum Aufbau einer virtuellen Logistikplanung benötigt zusätzlich eine gemeinsame Datenpipeline (Daten-Backbone), auf die im Rahmen der gesamten virtuellen Fabrik einheitlich zugegriffen werden kann. Die virtuelle Fabrik setzt auf leistungsfähige dezentrale Anwendungen im Zusammenhang mit einer zentralen Datenhaltung. Diese Datenbasis bildet in einer integrierten Datenbanklösung ein Datenmodell für Produkte, Prozesse und Ressourcen ab und ermöglicht den Benutzern je nach Anforderung definierbare Sichten auf die Daten zu legen

(Kühn 2006, S. 54). Da der Gesamtplanungsprozess im Produktentstehungsprozess von verschiedenen Mitarbeitern aus den unterschiedlichsten Planungsbereichen bearbeitet wird, ist es notwendig, die Ablage transparent zu gestalten und den Zugriff auf die Daten zu steuern. Die Durchgängigkeit der Datenplattform virtueller Logistik endet nicht beim Produktionsstart eines neuen Fahrzeuges (SOP). Vielmehr müssen bereits erfasste Daten für die Serienaufgaben bzw. den After-Sales Bereich, der weit über den Auslauf des Fahrzeugmodells (EOP) hinausgehen kann, zur Verfügung gestellt werden (vgl. Abschn. 11.1.1). Folglich ist ein nächster Schritt zur Datenintegration die Überführung logistischer Planungsdaten in die Produktherstellungsphase, um den Aufwand der mehrfachen Datengenerierung zu vermeiden sowie die Datendurchgängigkeit innerhalb des Unternehmens zu gewährleisten.

Die Vision eines Logistics Lifecycle Managements (LLM) besteht darin, alle im Unternehmen anfallenden Logistikdaten beginnend mit der Datengenerierung im Produktentstehungsprozess, über die Produktherstellungsphase bis hin zur Produktbewährungsphase zu erfassen, zu transformieren und über ein flexibles Datenmanagementsystem allen potenziellen Nutzern bedarfsgerecht zur Verfügung zu stellen. Hierzu müssen Daten abteilungs- und standortübergreifend aus allen Kernprozessen entlang des Fahrzeuglebenszyklus logistikspezifisch erfasst, integriert und aufbereitet werden. Dieses Ziel kann nur durch eine durchgängige und konsistente Datenpipeline erreicht werden, die das IT-technische Rückgrat der virtuellen Fabrik bildet (Schöttner 1999, S. 57). Analog den menschlichen Nervensträngen laufen alle technischen und betriebswirtschaftlichen Daten in diesem Daten-Backbone zusammen. Der Integrationsgedanke kann stufenweise verstanden und in der Umsetzungsphase auch realisiert werden. Beginnend beim Fahrzeugprojekt von der Konzeptphase bis zum SOP erfolgt der nächste Integrationsschritt über alle Fahrzeugmodelle, alle Gewerke und Produktionsstätten bis hin zur Datenhaltung für die Produktherstellungsphase. Geeignete Informationstechnologien, welche diese Anforderungen erfüllen, müssen aufgrund der spezifischen Anforderungen erst neu entwickelt werden. Klassische ERP-Systeme haben ihren Schwerpunkt in der Produktherstellungsphase und sind für diese Aufgabe ungeeignet.

Kapitel 3
Logistikspezifisches Komplexitätsmanagement

3.1 Grundlagen Komplexitätsmanagement

„Jeder Kunde kann sein Auto in jeder gewünschten Farbe bekommen, solange diese Farbe schwarz ist." Diese Äußerung von Henry Ford am Anfang des 20. Jahrhunderts zeigt die einfache Welt früherer Tage. Der heutige Wettbewerb erfordert innovative, individuelle und komplexe Fahrzeuge immer schneller in hoher Qualität zu insgesamt günstigeren Kosten auf den Markt zu bringen. Individualisierung, Internationalisierung und neue Technologien forcieren die Variantenvielfalt im Automobilbau. Immer mehr und kleinere Fahrzeugsegmente müssen bedient werden. Nischenfahrzeuge bekommen einen neuen Stellenwert in der strategischen Programmplanung eines Fahrzeugherstellers. Das breitere und tiefere Fahrzeugprogramm gepaart mit erhöhten Anforderungen bei Elektronik, Sicherheit und Komfort treiben die Produktkomplexität und Variantenvielfalt. Diese bezieht sich nicht nur auf die vom Fahrzeughersteller angebotenen Modellreihen und deren Derivate sondern auch auf alle Serien- und Sonderausstattungsumfänge, die für den Kunden in einem Fahrzeug zusammenwirken um so gut wie möglich seinen Individualitätsanspruch zu unterstützen. In der Folge müssen immer mehr farb-, länder- und technikabhängige Teile beplant, umgesetzt und gesteuert werden. Dies steigert sowohl den Aufwand bei der Fahrzeugentstehung als auch bei der Fahrzeugherstellung und Fahrzeugbewährung. Komplexe Prozesse mit hohem Fehlerrisiko führen folglich zu erhöhten Komplexitätskosten.

Der Begriff der Komplexität (lat. *complexus*: zusammengeknüpft, verwoben, vernetzt) beschreibt den Umstand, dass ein System eine hohe Vielzahl und Vielfalt von Zuständen annehmen kann, sei es auf Ebene der Elemente und deren Beziehungen oder aber hinsichtlich der Dynamik der Veränderung (Kirchhof 2003, S. 12 ff.). Heute werden ca. 3.000 bis 6.000 verschiedene Materialpositionen pro Fahrzeug verbaut. Berücksichtigt man die unterschiedlichen Varianten pro Materialposition ergeben sich etwa 15.000 bis 20.000 Positionen pro Fahrzeug, die es zu managen gilt. Die steigende technische Komplexität eines Fahrzeuges gepaart mit der Vielzahl angebotener Baureihen mit den jeweiligen Derivaten führen zwangsläufig zu einer erhöhten Produktkomplexität. Wichtige Bestimmungsparameter des Komplexitätsgrades eines Fahrzeugs sind:

F. Klug, *Logistikmanagement in der Automobilindustrie*,
DOI 10.1007/978-3-642-05293-4_3, © Springer-Verlag Berlin Heidelberg 2010

- Fertigungstiefe
- Modularisierung von Fahrzeugteilen
- Lieferantenvielfalt
- Anzahl der Produktionsstandorte
- Strategie der Programmplanung
- Anlieferkonzepte

Steigende Fahrzeugkomplexität führt zwangsläufig zu einer steigenden Komplexität der werksinternen und werksübergreifenden Logistiksysteme. Automobile Logistiknetzwerke sind heute durch eine hohe Vielzahl, Vielfalt und Dynamik geprägt. Aufgrund der Größe können nicht mehr alle Elemente sinnvoll miteinander verknüpft und alle Interdependenzen berücksichtigt werden. Es herrschen Unbestimmtheit und Unvorhersehbarkeit. Dies erfordert von den Unternehmen verschiedene Gegenmaßnahmen. Es müssen Strukturen geschaffen werden, um die Komplexitätsursachen zu erkennen und zu managen. Hauptaufgabe des Logistikmanagements ist zunächst die Bewältigung von Komplexität (Malik 2006, S. 184). Komplexitätsmanagement in der Logistik umfasst die Gestaltung, Steuerung und Entwicklung der Vielfalt des Logistikleistungsspektrums im Unternehmen. Durch die Verstärkung und Dämpfung der Komplexität wird die Fähigkeit angestrebt, die Wertschöpfungs- und Logistikstufen so zu beherrschen, dass ein maximaler Beitrag zum Kundennutzen bei gleichzeitig hoher Wirtschaftlichkeit des Automobilherstellers erzielt werden kann (Schuh 2005, S. 36).

Das Komplexitätsmanagement im Bereich der Logistik kann mit den folgenden Tätigkeiten umschrieben werden (Schuh 2005, S. 35):

- Komplexitätsvermeidung: Vermeidung von Logistikkomplexität durch antizipatives Management
- Komplexitätsreduzierung: Reduktion von Logistikkomplexität durch reaktive Beeinflussung des Komplexitätsgrades
- Komplexitätsbeherrschung: Beherrschung eines notwendigen Restgrades an Logistikkomplexität

3.2 Komplexitätstreiber der Automobillogistik

3.2.1 Gestiegene Markt- und Kundenanforderungen

Durch den intensiven Wettbewerb auf dem Automobilmarkt sind die Hersteller gezwungen ihr Modellangebot auszuweiten und klassische Modellvarianten um neuartige Fahrzeugkonzepte (z. B. Crossover-Modelle) zu ergänzen. Ein breites Modellangebot mit zusätzlichen Nischenmodellen, erweiterte Ausstattungsumfänge sowie laufend neue und erweiterte Anforderungen der Gesetzgeber führen zu einer zunehmenden Komplexität und Variantenvielfalt (Gutzmer u. Dworzak 2000, S. 42).

Neben dem Konkurrenzdruck der Fahrzeughersteller ist der Autokäufer von heute wesentlich anspruchsvoller und emanzipierter geworden (Neff et al. 2001, S. 375). Aufgrund des Wertewandels weg von den Pflicht- und Akzeptanzwerten hin zu Individualität und Hedonismus ist die Toleranzschwelle zur Hinnahme von Kompromissen hinsichtlich der persönlichen Präferenzen gesunken. Die Loyalität der Fahrzeugkunden zu einer bestimmten Marke nimmt laufend ab. Gleichzeitig ist der Autokäufer preisbewusster geworden. Der Kunde fordert umfangreichere Serienausstattungen ohne dafür wesentlich mehr zu bezahlen.

Marktbedingungen und Kundenwünsche fordern heute mehr Individualität und damit eine stärkere Segmentierung, auf die sich die Hersteller mit kunden- und nutzungsorientierten Fahrzeugen eingestellt haben. Der Absatzmarkt dient dem Kunden zur Befriedigung seiner persönlichkeitsspezifischen Kundenwünsche. Die Individualisierung der Kundenbedürfnisse führt zwangsläufig zu einer gestiegenen Variantenvielfalt. Diese ermöglicht die gezielte Ansprache des Kunden, die Erfüllung zusätzlicher Kundenwünsche und trägt zur Bedienung neuer Marktsegmente, zum Erschließen weiterer Kundenkreise und damit zur Steigerung des Unternehmensumsatzes bei (Franke et al. 2002, S. 1).

3.2.2 Internationalisierung

Die Internationalisierung der Automobilindustrie gilt als einer der Haupttreiber im Veränderungsprozess der Logistikfunktionen in den letzten Jahren. Internationalisierung bedeutet die globale Marktbearbeitung im Sinne einer systematischen Ausdehnung der Unternehmenspolitik mit der Folge einer einhergehenden Internationalisierung des Logistikmanagements. Eine regionale Ausdehnung der Wertschöpfungsprozesse auf die internationale Ebene bietet eine Vielzahl von Chancen, die hauptsächlich in den Kostenunterschieden, z. B. in Folge niedriger Arbeitskosten, längerer Maschinenlaufzeiten oder niedrigerer Steuerbelastung zu sehen sind (Low Cost Country Sourcing). Daneben spielen Kriterien wie Skalenvorteile für die weltweite Planung und Produktion, Diversifikationsvorteile, die Umgehung von Handelshemmnissen, sowie die Präsenz in Zukunftsmärkten eine wichtige Rolle (Bender 1985, S. 22).

Neben der Reduzierung der Teilepreise steigen jedoch die Logistikkosten. Größere Entfernungen zu den Lieferstandorten führen zwangsläufig zu steigenden Frachtkosten, Mehraufwand bei der Materialdisposition und -steuerung sowie einem erhöhten Bedarf an Behältern im Umlaufbestand. Zusätzlich bedeutet eine oft mehrstufige internationale Logistikkette steigende Unsicherheit im Anlieferprozess, welche durch erhöhte Bestände im Werk kompensiert werden muss. Um Fehlentscheidungen vorzubeugen, müssen zur Bewertung der Vorteilhaftigkeit alle entscheidungsrelevanten Kosten der ausländischen Lieferantenbeziehung berücksichtigt werden. Mit Hilfe des Total Cost of Ownership Konzeptes wird versucht, diese Komplexitätskosten umfassend zu bewerten (Ellram u. Perrott Siferd 1993, S. 164). Dabei werden alle entscheidungsrelevanten Kosten in der Vorkaufphase

(Lieferantensuche und -auswahlkosten), Kaufphase (Preis, Fracht, sonstige Nebenkosten) und in der Nachkaufphase (Lieferantenmanagement, Nacharbeit, Rücksendung) betrachtet (Jahns 2003, S. 32).

3.2.3 Fertigungs- und Entwicklungstiefenreduzierung

Aufgrund der steigenden Komplexität der Produkte und des rasant zunehmenden Kompetenzbedarfs sehen sich die OEM vermehrt gezwungen Fertigungs- und Entwicklungsleistungen an Zulieferer zu vergeben, die auf einzelne Produkt- und Technologiebereiche fokussiert sind und über einen Know-how Vorsprung verfügen. Abbildung 3.1 zeigt die kontinuierlich sinkende Fertigungstiefe in der deutschen Automobilindustrie, die heute bei unter 25% liegt. Es zeigt sich allerdings eine Verlangsamung bei den Reduzierungen in den letzten Jahren, was vermuten lässt, dass sich dieser Wert auf dem jetzigen Niveau stabilisiert. Unter der Fertigungstiefe versteht man das Verhältnis der eigenen Produktionsleistung zu der insgesamt erforderlichen Wertschöpfung für das Fahrzeug. Parallel mit der Fertigungstiefenreduzierung erfolgte eine verstärkte Verlagerung von Entwicklungsleistungen auf Lieferanten und Entwicklungsdienstleister. Heute vereinen externe Partner in der deutschen Automobilindustrie neben dem weitaus überwiegenden Anteil an der Wertschöpfung auch bereits mehr als 50% der Entwicklungsleistung (Mößmer et al. 2007, S. 7). Dieses Outsourcing bildet die Grundlage für eine Erweiterung der Produktpalette ohne die internen Ressourcen proportional auszubauen (Richter 2005, S. 6 f.).

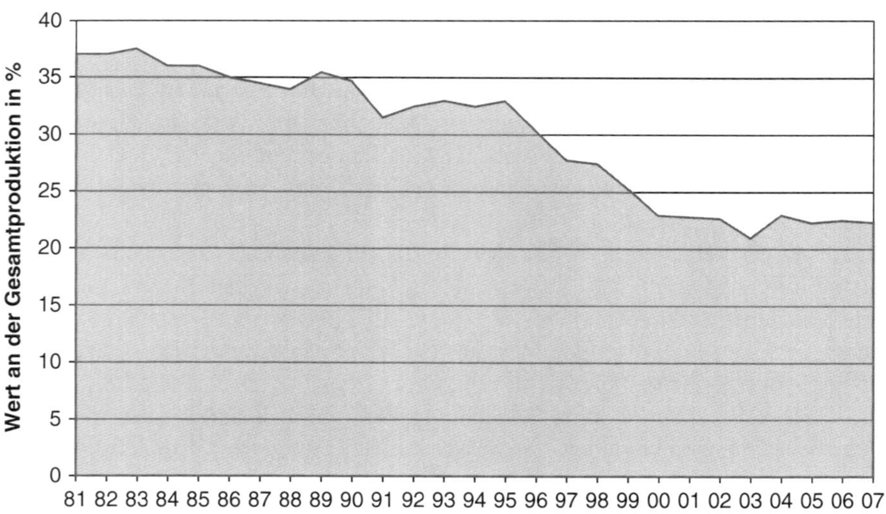

Abb. 3.1 Entwicklung der Fertigungstiefe in der deutschen Automobilindustrie (VDA 2008, S. 78)

Durch die Fertigungs- und Entwicklungstiefenreduzierung rückt das Thema Fremdleistungsmanagement im Produktentstehungsprozess in den Vordergrund. Die unternehmensexterne Logistik gewinnt daher an Bedeutung und trägt entscheidend zur Leistungsfähigkeit des Unternehmens bei. Fahrzeuge werden heute im Verbundnetzwerk entwickelt und gefertigt, so dass die Material- und Informationsflussbeziehungen zwischen den Partnern global geplant, gesteuert und überwacht werden müssen.

3.2.4 Innovations- und Technologiedruck

Neue technische Entwicklungen ermöglichen es heute zusätzliche Funktionen im Fahrzeug anzubieten (ABS, ESP, ACC, usw.) (vgl. Abb. 3.2). Daneben steigen die Ansprüche an Qualität und Zuverlässigkeit sowie die Anforderungen der Gesetzgeber. Durch die gestiegene Kundenerwartung – Innovationen und neue Technologien in bestehende Produkte zu implementieren – entsteht ein erheblicher Kostendruck für die Automobilindustrie. Es gilt neue Synergiepotenziale zu identifizieren und auszuschöpfen. Kompetenzen zwischen Lieferant und Fahrzeughersteller müssen neu verteilt werden – eine Neuordnung der Wertschöpfungs- und auch der Logistikarchitektur wird notwendig (Radtke et al. 2004, S. 131).

Der rasant wachsende Kompetenzbedarf zwingt die OEM häufiger die Verantwortung für Komplettsysteme und -module an die Zulieferer abzugeben. Zulieferer können durch die Fokussierung auf einzelne Systeme und Module Spezialisierungsvorteile in Form höherer Anregungsdichte und Lerngeschwindigkeit umsetzen.

Abb. 3.2 Beispiel Technologiekomplexität Antrieb (Quelle: Porsche)

Gleichzeitig besteht die Aufgabe der Abnehmer darin, die Dominanz einzelner Zulieferer zu verhindern, um marktbeherrschende Stellungen und folglich Kostendruck abzuwehren (Radtke et al. 2004, S. 132).

Die Realisierung technisch reizvoller Produkte ohne einen Abgleich mit den Marktbedürfnissen trägt ebenfalls maßgeblich zur Komplexitätserhöhung bei. Die mangelnde Transparenz über Ursachen und Auswirkungen der Komplexität führen zu einem unkontrollierten Anstieg der Logistikkomplexität (Schuh 2005, S. 112 f.). Mangelndes Verständnis anderer Fachbereiche spielt in diesem Zusammenhang eine große Rolle. Stellen zum Beispiel unterschiedliche Lackierungen für den Entwickler keine unterschiedlichen Varianten dar, so wächst die Komplexität mit jeder neuen Farbe in der Logistik signifikant. Um Logistikprozesse heute noch beherrschbar zu machen, ist es notwendig die Produkt- und die verursachte Prozesskomplexität effizient zu managen. Hierzu wurden in den letzten Jahren unterschiedliche Konzepte entwickelt, die im Folgenden beschrieben werden.

3.3 Design for Logistics

In der Produktentwicklungsphase eines Neufahrzeuges werden wesentliche Eigenschaften, wie z. B. das Fahrzeugdesign und -konzept, aber auch der spätere Produktions- und Logistikprozess festgelegt (Bopp 1997, S. 195). Die Anforderungen an eine optimierte Konstruktion sind sehr umfangreich und oft widersprüchlich, was die Berücksichtigung aller Restriktionen (z. B. Design to Cost, Design for Manufacture, Design for Assembly, Design for Recycling) erschwert. Neben den klassischen Restriktionen der Fertigungs-, Kosten- und Qualitätssicht, gewinnen aufgrund der Reduzierung der Fertigungstiefe beim OEM die Logistikanforderungen eine neue strategische Dimension, was sich im Begriff des Designs for Logistics widerspiegelt. Bereits in den frühen Phasen der Produktentstehung werden mit dem Aufbau der Fahrzeugstruktur Vorentscheidungen getroffen, welche die späteren logistischen Prozesse festlegen (Baumgarten u. Risse 2001, S. 156). Design for Logistics bedeutet die konstruktionssynchrone Berücksichtigung logistischer Aspekte durch Nutzung der im Rahmen der gegebenen Design- und Konzeptvorgaben eines Fahrzeugprojektes existierenden Freiheitsgrade. Die Beziehung zwischen Entwicklung und Logistikplanung ist mehrstufig. Neben der direkten Berücksichtigung logistischer Aspekte während der Konstruktionsphase legt diese auch die Rahmenbedingungen für die spätere Planung logistischer Prozesse fest (Becker u. Rosemann 1993, S. 5 f.). Eine logistikgerechte Produktgestaltung kennzeichnet eine frühe und aktive Einflussnahme der Logistik auf den Produktentstehungsprozess (PEP) mit dem Ziel, logistische Anforderungen bereits bei der Teileentwicklung zu berücksichtigen, sodass ein effizienter Materialfluss gewährleistet werden kann, ohne dass die vom Kunden erleb- und fühlbaren Produkteigenschaften eingeschränkt werden. In Zusammenarbeit mit der Entwicklung und Produktion müssen Bauteile und Komponenten hinsichtlich ihres logistischen Optimierungspotenzials bewertet werden. Betrachtungsfokus bei der Umsetzung des Design for Logistics Konzeptes ist die Minimierung der Bestands- und Transportkosten unter Berücksichtigung eines geforderten Serviceniveaus für den Kunden. Folgende drei Bausteine können als Hauptzielgrößen angeführt werden (Simchi-Levi et al. 2004, S. 164 ff.):

- Wirtschaftliche Verpackung und Transportoptimierung
- Parallelisierung von Bearbeitungs- und Logistikprozessen
- Standardisierung

Prinzipiell zeigt sich, dass für jedes Fahrzeugmodell die individuellen Anforderungen hinsichtlich Stückzahl, Derivatevielfalt, CKD bzw. SKD-Anforderungen geprüft werden müssen, um die jeweiligen Supply Network Kosten die durch die Konstruktion entstehen zu minimieren (Simchi-Levi et al. 2004, S. 176).

Wirtschaftliche Verpackung und Transportoptimierung Durch Steigerung der Packungsdichte der Fahrzeugteile pro Behälter können Behälter-, Fracht-, Umschlags- und Lagerkosten eingespart werden. Die Berücksichtigung der Verpackungsplanung setzt voraus, dass der Konstruktions- und Behälterplanungsprozess im Rahmen des Produktentstehungsprozesses eng miteinander abgestimmt werden. CAD-Teiledaten, welche die geometrischen Rahmenbedingungen definieren, müssen zwischen Entwicklung bzw. Teilelieferant und der Logistikplanung über eine standardisierte Schnittstelle ausgetauscht werden (vgl. Abschn. 6.1.5). Logistische Parameter der Abmessung von Standardbehältern bzw. geometrische Empfehlungen für Spezialbehälter müssen dem Entwickler und Konstrukteur frühzeitig zur Verfügung gestellt werden, um spätere aufwendige Änderungen zu vermeiden.

Die konstruktive Änderung von Bauteilen zur Reduzierung von Logistikkosten gewinnt aufgrund gestiegener Logistikkosten (Global Sourcing, steigende Energiekosten, etc.) immer mehr an Bedeutung. So kann beispielsweise bei Blechteilen durch die Zerlegung eines Zusammenbaus in mehrere Einzelteile die Packungsdichte der Behälter erhöht und der Behälterumschlag reduziert werden. Der Zerlegungsgrad eines Beschaffungsumfanges dient als wichtige Steuerungsgröße der Logistik. Im Allgemeinen gilt, dass mit einem höheren Zerlegungsgrad eine höhere Packdichte erreicht werden kann und daher Logistikkosten eingespart werden. Gleichzeitig müssen verursachte Kostensteigerungen in anderen Planungsbereichen (z. B. der Fertigung) gegen gerechnet werden.

Parallelisierung von Bearbeitungs- und Logistikprozessen Die Durchlaufzeit stellt einen wichtigen Einflussfaktor für andere Logistikkennzahlen in der Automobilfabrik dar, wie etwa für die Umschlagshäufigkeit und den Lieferservice (Pfohl 2004, S. 221). Ein wichtiges Ziel des Logistikmanagements ist es, die Auftragsdurchlaufzeit der Fahrzeuge beim OEM bzw. die Durchlaufzeit aller Material- und Informationsflüsse, die für die Herstellung eines Fahrzeuges nötig sind, innerhalb des Wertschöpfungs- und Logistiknetzwerkes zu reduzieren. Eine Möglichkeit zur Reduzierung der Durchlaufzeit besteht in der parallelisierten Bearbeitung von Fahrzeugteilen und -modulen, was die Ausrichtung logistischer Prozesse bereits in der Planungsphase erfordert. Dies muss frühzeitig in der Konstruktionsphase der Bauteile berücksichtigt werden. Neben den konstruktiven Kriterien, welche spätere Bearbeitungsschritte und -folgen festlegen, werden logistikoptimierte Schnittstellen für das Gesamtfahrzeug definiert. Hierbei geht es um die Zerlegung eines Fahrzeuges in seine Module und Systeme, die im späteren Beschaffungs- und Herstellungsprozess ein parallelisiertes Vorgehen ermöglichen. Die sukzessive Fertigungsfolge, bei der die einzelnen Bearbeitungsschritte hintereinander erfolgen, soll weitestgehend parallelisiert werden. Somit kann die Gesamtdurchlaufzeit des Fahrzeuges drastisch gesenkt, die Bestände reduziert und die Reaktionsfähigkeit bei Änderungswünschen der Kunden erhöht werden.

Auch der Logistikprozess selbst steht im Fokus der Parallelisierungsbemühungen. Durch die Überlagerung von Transport-, Umschlags- und Lagerprozessen der Einzelbestandteile und einer synchronisierten Zusteuerung der Einzelteile für nachfolgende Bearbeitungsschritte kann die Durchlaufzeit gesenkt werden.

Standardisierung Einer der größten Hebel hinsichtlich der Kosteneinsparung in der Logistik liegt im Bereich der Standardisierung. Standardisierung bezeichnet die Begrenzung von Freiheitsgraden der Produktentwicklung, was sich in einer Komplexitätsreduktion in Planung, Produktion, Beschaffung und Logistik auswirkt (Neff et al. 2001, S. 376). Standardisierte Fahrzeugbestandteile sind die Voraussetzung für einen standardisiert ablaufenden Prozess in der Logistik. Durch die Vereinheitlichung von Bauteilen können Mengenvorteile realisiert werden. Diese Skaleneffekte führen dazu, dass der gleiche logistische Prozess mit größerer Durchsatzleistung und gestiegener Wiederholhäufigkeit durchgeführt werden kann. Hierdurch sinken die Zeitanteile und der Investitionsbedarf pro Logistikaktivität, gleichzeitig steigt die Prozessfähigkeit bei sinkender Fehlerhäufigkeit. Zusätzlich können durch die Standardisierung von nichtmarkenspezifischen Teilen und Komponenten die Wiederbeschaffungszeiten und -kosten reduziert werden. Die Flexibilität der Zulieferer steigt, da diese leichter die Aufträge von mehreren Kunden bei der Herstellung zusammenfassen können und weniger rüsten müssen (Baumgärtel et al. 2006, S. 9).

3.4 Variantenmanagement

3.4.1 Variantenentstehung

Individuelle Kundenwünsche, Wettbewerbsaspekte, länderspezifische Gegebenheiten und Gesetzesanforderungen führen bei einer sich ständig verbreiternden Produktpalette zwangsläufig zur Entstehung neuer Produktvarianten im Fahrzeugbau. Während früher nur ausreichend große Marktsegmente ausgeschöpft wurden, müssen heute immer mehr auch Nischenmärkte mit Kleinserien bedient werden. Nur dies ermöglicht im harten Verdrängungswettbewerb des Automobiloligopols Marktanteile zu erobern. Ausgehend von einem einfachen Fahrzeugprogramm, das zunächst nur ein Standardmodell (Volumenmodell) und wenige Grundtypen umfasst, hat sich die Variantenvielfalt drastisch erhöht (Schuh et al. 2003, S. 34). Alle Automobilhersteller erweitern daher ihr Absatzprogramm im Low- und High-End Bereich bei gleichzeitiger Steigerung der Derivate- und Ausstattungsvielfalt. Dies impliziert ein breites und tiefes Absatzprogramm mit hoher Fahrzeugvarianz.

Die Varianz eines Fahrzeugs ergibt sich durch die Anzahl seiner Karosserie- und Farbvarianten sowie durch die Technik- bzw. Bauteilevarianz. Komplexitätstreiber sind vor allem jene Bauteile, die eine große Anzahl unterschiedlicher Merkmalsausprägungen, wie z. B. Design, Farbe oder Material aufweisen. Eine weitere Herausforderung stellt die technologiegetriebene Variantenvielfalt dar, die sich in erster Linie aus dem immer schneller werdenden Entwicklungsfortschritt und den kürzer werdenden Produktlebenszyklen ergibt (vgl. Abb. 3.3).

In der Folge nimmt der Anteil von Standardvarianten bzw. von Fahrzeugen mit gleicher Variantenkonfiguration immer stärker ab. Die BMW Group bietet beispielsweise mit den drei Marken BMW, Mini und Rolls Royce ca. 350 Modellvarianten an, die mit bis zu 500 Sonderausstattungen konfigurierbar sind und zu 10^{31} Varianten pro Fahrzeugtyp führen (Mößmer et al. 2007, S. 4). Dieser Trend zieht sich durch die gesamte Branche. So liegen die theoretischen Variantenzahlen bei den europäischen Herstellern durchwegs auf sehr hohem Niveau (Audi A3 = 10^{26}; A-Klasse = 10^{19}; VW Golf = 10^{23}; Opel Astra = 10^{17}; Ford Focus = 10^{16}). Allerdings muss zwischen einer theoretisch möglichen und einer tatsächlich vom Kunden nachgefragten bzw. technisch sinnvollen und machbaren Kombinationsvielfalt unterschieden werden. Trotz dieser Reduzierung bleibt immer noch eine fast unüberschaubare Zahl an Varianten übrig, welche die Rahmenbedingung für die automobilen Logistikprozesse bilden. Im Gegensatz hierzu fährt Toyota als

Abb. 3.3 Variantenvielfalt am Beispiel Kunststoffteile (Quelle: Daimler)

Volumenhersteller eine variantenarme Strategie mit z. B. gerade mal 1.000 Varianten für den auf dem europäischen Markt angebotenen Corolla (Götz 2007, S. 19).

Weitere Beispiele in der Variantenentwicklung der Automobilindustrie sind (Schlott 2005, S. 38 ff.):

- Im Mercedes Werk Rastatt waren von 1,1 Mio. gebauten A-Klasse Fahrzeugen genau zwei Modelle vollkommen identisch.
- Bei Ford in Köln wurden 49 Schalter für Instrumententafeln, 14 Hupen, 308 Außenspiegel, 92 Auspufftöpfe und 13 Tankverschlüsse verbaut.
- Im BMW Modell X3 werden 90.000 Dachhimmel-Varianten, 3.000 Autotür-Varianten und 324 Hinterachs-Varianten verbaut.
- Bei Audi ergaben sich beim Umstieg des Modells A6 die in Abb. 3.4 dargestellten Änderungen.

Die hohe Varianz der Bauteile führt zwangsläufig zu einem starken Anstieg der benötigten Logistikkapazitäten bei Transport, Umschlag und Lagerung. Eine Vergrößerung der Sortimentsbreite an Bauteilen, Halbfabrikaten und Fertigfahrzeugen führt zu einem erhöhten Bedarf an Lagerplätzen bei gestiegenen Kapitalbindungskosten (Geißler 2005, S. 62). Darüber hinaus verursachen geringere Liefermengen pro Teileposition bei erhöhter Lieferfrequenz steigende Kosten in der Beschaffungslogistik. Die Bauteilevielfalt treibt zusätzlich die Behältervielfalt sowohl bei den Spezial- als auch bei den Universalladungsträgern. Durch die Abstimmung der Logistikkette auf die Behälterabmessungen (z. B. Inbound-Frachtträger, Lagerplätze, Bereitstellungsflächen) impliziert dies zwangsläufig steigende Kosten bei der Planung und beim Einsatz der Behälter. Des Weiteren verursacht die Diversifikation der Bauteile erhöhte Planungs-, Steuerungs- und Kontrollaufwendungen. Die Prozesskette wird insgesamt instabiler und die Gefahr von Fehlmengen und Falschlieferungen sowie Unterbrechungen des Materialflusses steigt drastisch. Nach Schätzungen werden etwa 20% der gesamten Prozesskosten durch die Variantenvielfalt verursacht. Dabei gelten die Logistikaufwendungen als Haupttreiber

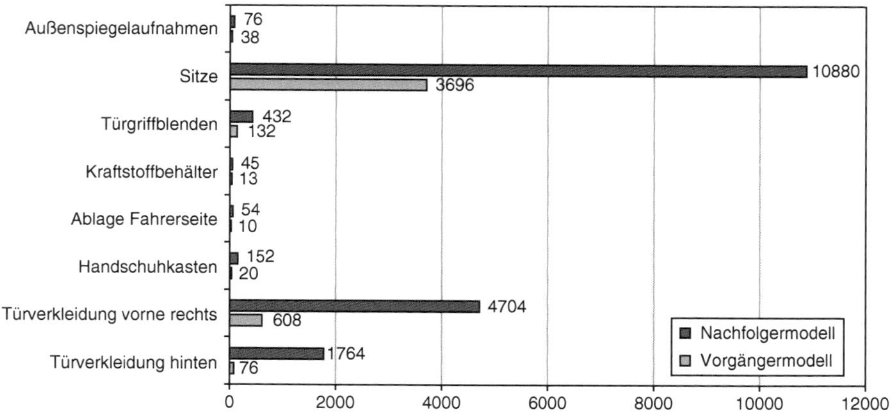

Abb. 3.4 Beispiel Variantenexplosion bei einem Fahrzeugmodellwechsel (Schlott 2005, S. 39)

der Variantenkosten (Schlott 2005, S. 40). Prinzipiell lassen sich zwar durch eine erhöhte Variantenzahl die Umsätze steigern, gleichzeitig erhöhen sich auch die Informations-, Koordinations- und Materialflusskosten. Man spricht in diesem Zusammenhang vom umgekehrten Erfahrungskurveneffekt bei dem eine Verdopplung der Variantenanzahl zu einer Erhöhung der Stückkosten um ca. 20 bis 30% führt (Wildemann 1997, S. 367 f.). Die Anzahl der Varianten steht synonym für den Kostensteigerungsfaktor Komplexität. Varianten sowohl aus Produkt- und Prozesssicht müssen vermieden, reduziert und letztendlich beherrscht werden (Wildemann 1997, S. 372 f.). Einer der kritischen Erfolgsfaktoren des Gesamtunternehmens und der Automobillogistik ist ein erfolgreiches Variantenmanagement.

3.4.2 Variantenvermeidung und -reduzierung

Generell gilt der Grundsatz Variantenvermeidung geht vor Variantenreduzierung. Durch permanentes Monitoring des Nachfrageverhaltens ist man bemüht, das Angebot anzupassen bzw. Änderungsprozesse in der Zukunft anzustoßen, um eine marktgerechte Variantenanzahl zu identifizieren und die Struktur der Varianten unter Produktions- und Logistikoptimierungsaspekten optimal an die Unternehmensprozesse anzupassen (Cooper u. Griffiths 1994, S. 32 ff.). In Analogie zur FMEA-Methode (Failure Mode and Effects Analysis) zur frühzeitigen Fehlererkennung und -vermeidung, wurde zur Beherrschung der Produktvielfalt die VMEA-Methode (Variant Mode and Effects Analysis) entwickelt (Caesar 1991). Hierbei handelt es sich um eine systematische Vorgehensweise, die sowohl die technische als auch die kostenmäßige Beherrschung der Variantenvielfalt sicherstellt (Schuh et al. 2003, S. 39). Bei der VMEA erfolgt zunächst eine Beschreibung der Variantenvielfalt. Unter kombinatorischen Gesichtspunkten wird zunächst die gesamte Varianten- und Kombinationsvielfalt des zu untersuchenden Produktes in einem Variantenbaum visualisiert. Hiermit kann die Produkt-, Fertigungs- und Logistikstruktur des Fahrzeuges systematisch durchleuchtet werden. Dies bildet die Grundlage für eine anschließende Variantenoptimierung. Erst die Transparenz über die Variantenentstehung schafft die Grundlage für eine anschließende bereichsübergreifende Optimierung.

Eine wichtige Aufgabe bei der Variantenvermeidung übernimmt das Marketing im Rahmen des Produktentstehungsprozesses. Es gilt die Bedürfnisse und Anforderungen zukünftiger Fahrzeugkunden möglichst genau zu analysieren, zu spezifizieren und zu strukturieren. Produktmerkmale des Fahrzeugs können nach dem Kano-Modell in Basis-, Leistungs- und Begeisterungsmerkmale unterschieden werden (Kano et al. 1984, S. 39 ff.):

- Basismerkmale des Fahrzeugs werden vom Kunden vorausgesetzt und sind mit möglichst geringen Kosten zu verwirklichen.
- Leistungsmerkmale des Fahrzeugs dienen der Differenzierung vom Wettbewerber und zur Preisgestaltung am Markt.

- Begeisterungsmerkmale des Fahrzeugs werden impulsiv und emotional vom Kunden wahrgenommen und können nicht kurzfristig vom Konkurrenten nachgeahmt werden. Dabei besteht der größte Spielraum in der Preisgestaltung.

Erfolgreiches Vorfeldmarketing hilft bereits in einer sehr frühen Phase des Produktentstehungsprozesses unwirtschaftliche Varianten und folglich Logistikkomplexität zu vermeiden. Laut einer Studie entstehen etwa 30% der Varianten ohne Kundenwunsch und werden dementsprechend vom Endkunden auch nicht wahrgenommen und bestellt (Schlott 2005, S. 40). Gleichzeitig sind es gerade Ausstattungsoptionen mit Einbauraten unter 5% bzw. über 98% welche überproportionale Produktions- und Logistikkosten verursachen. Kosten könnten einfach durch die Bereinigung der Sonderausstattungslisten bzw. durch die Umwandlung von der Sonder- zur Serienausstattung eingespart werden (Holweg u. Pil 2004, S. 172).

Allgemein muss zwischen internen und externen Varianten unterschieden werden. Mit möglichst wenig internen technischen Varianten bei den eingesetzten Teilen und Komponenten sollen möglichst viele externe Fahrzeugvarianten für den Endkunden am Markt angeboten werden. Empirische Untersuchungen zeigen, dass z. B. die Anzahl der internen Rohbauvarianten nur schwach mit der am Markt angebotenen Fahrzeugvielfalt korreliert (Holweg u. Pil 2004, S. 172).

Strategisches Ziel muss es sein zwischen der Erweiterung des Fahrzeugprogramms zur Gewinnung von Marktanteilen und der Kostenerhöhung durch den gestiegenen Koordinations- und Logistikaufwand einen optimalen Mittelweg zu finden. Dazu müssen die positiven (Umsatzsteigerung) und negativen (Kostenanstieg) Wirkungen der Variantenvielfalt bewertet werden (Schuh 2005, S. 67 f.). Grundvoraussetzung hierfür ist die Einführung eines durchgängigen Variantenmanagementsystems, da erst durch das Planen und Erfassen der Fahrzeug-, Modul- und Bauteilevarianz eine systematisierte Vermeidung, Reduzierung und Beherrschung der Komplexität ermöglicht wird.

Beispiel Variantenmanagement im VW Konzern Der VW Konzern entwickelte gemeinsam mit der IT-Tochter Gedas eine Software, mit der sich die Variantenbäume einzelner Bauteile modellübergreifend darstellen lassen. Hierfür steht die Software Vamos (Varianten-Management und Optimierungssystem) mit einer zentralen Datenbank im Intranet zur Verfügung. Ziel ist die Suche und Ausschöpfung von variantengetriebenen Optimierungspotenzialen. Dabei gilt es zwischen Kostenstruktur und Kundenrelevanz abzuwägen.

Das Bauteillastenheft definiert in einem ersten Planungsschritt die Variantentargets für die Entwicklungslieferanten. Können diese Vorgaben durch den Lieferanten nicht eingehalten werden, wird umgehend ein Abstimmungsprozess mit den VW Fachabteilungen eingeleitet. Die laufende Dokumentation von Änderungen wird anhand der Anpassung des Variantenbaums durchgeführt. Für zusätzlich benötigte Varianten müssen entsprechende Szenarien erarbeitet werden. Gleichzeitig muss aufgezeigt werden, wie bestehende Varianten kompensiert werden können. Durch die Einführung von Variantentargets konnte die Variantenexplosion im Rahmen des Produktentstehungsprozesses gestoppt werden. Die eigentliche Variantenplanung besteht bei VW aus drei Phasen (Alders 2005) (vgl. Abb. 3.5):

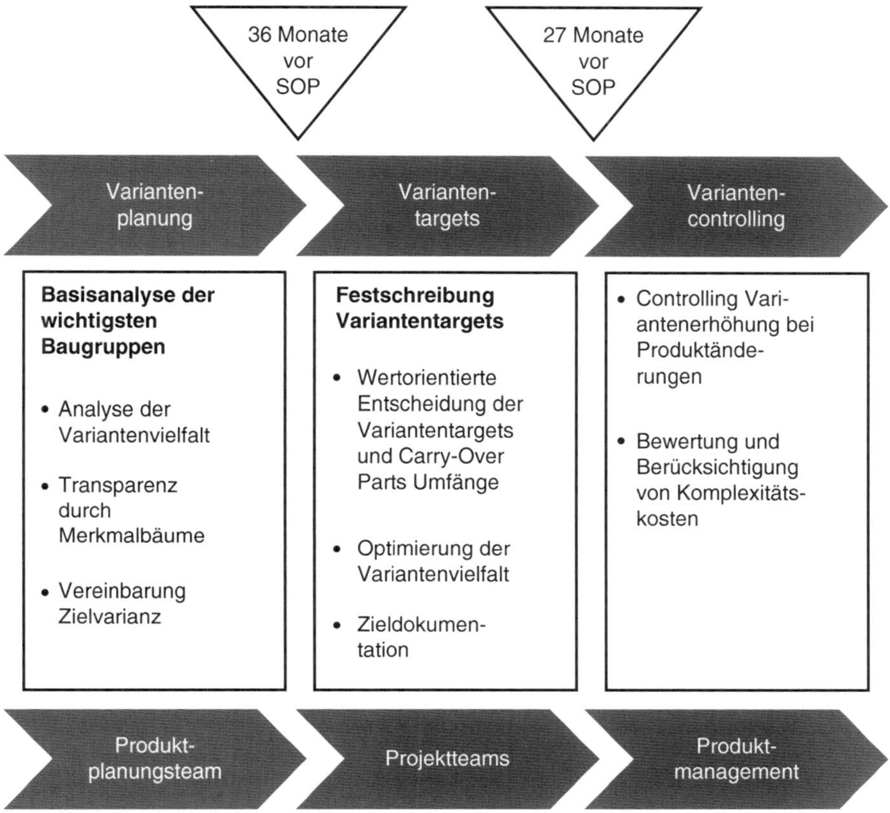

Abb. 3.5 Phasen des Variantenmanagements am Beispiel Volkswagen (Quelle: VW)

Phase 1: Variantenplanung Zunächst erfolgt eine Basisanalyse für die 30 wichtigsten variantentreibenden Baugruppen (z. B. Achsen, Lenkräder, Dachhimmel, Scheiben). Grundlage hierfür bilden die Analyse von Vergangenheitsdaten sowie die aktuellen Ergebnisse aus der Marktforschung, bezüglich der Wahrscheinlichkeiten für die Auswahl bestimmter Fahrzeugeigenschaften durch den Fahrzeugkunden. Auf Basis dieser Daten können mit Hilfe des Programms Vamos alle kundenrelevanten Kombinationen in einem Variantenbaum grafisch aufbereitet werden (vgl. Abb. 3.6). Die erarbeiteten Variantenbäume zeigen eine erste Bewertung der Vielfalt und ermöglichen Szenarien und Vorschläge zur Reduzierung und Kostenbewertung. Damit liegen zum Projektentscheid des neuen Fahrzeugs wichtige Planungsdaten vor.

Phase 2: Variantengestaltung In dieser Phase geht es um die Optimierung und Festlegung der Variantenvielfalt bei allen Baugruppen mit mehr als zwei Varianten. In Kombination mit den Analyseergebnissen der ersten Phase werden Target-Empfehlungen an das Produktmanagement ausgegeben. Der Produktmanager entscheidet dann über das Variantentarget. Die jeweiligen SE-Teams (vgl. Abschn. 4.2) zeichnen für deren Einhaltung verantwortlich.

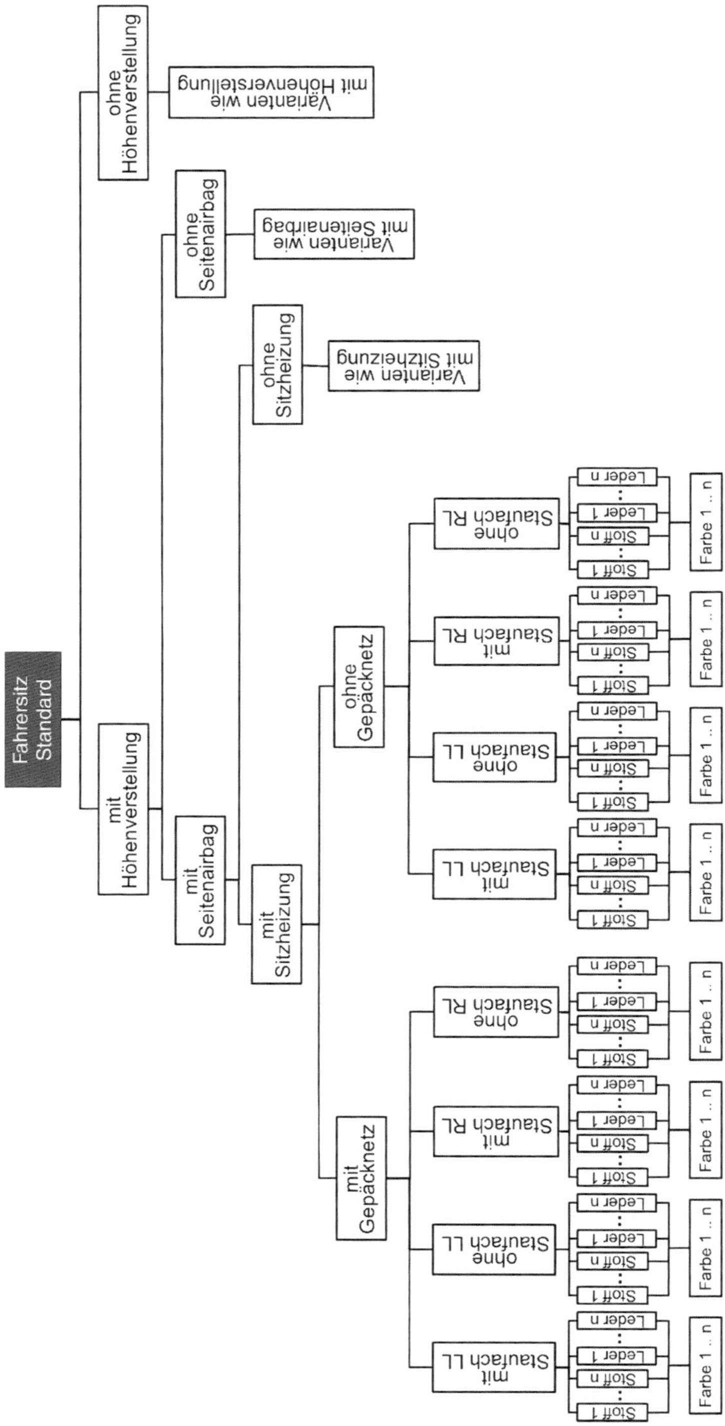

Abb. 3.6 Beispiel Variantenbaum Fahrersitz

Phase 3: Variantencontrolling Das Variantencontrolling betrifft alle Produktänderungen vor oder während der Serienproduktion. Bei einer Erhöhung der Varianten werden die Auswirkungen mittels Variantenbaum identifiziert, was gegebenenfalls Änderungen der Targets nach Vorlage bei den jeweiligen Fachabteilungen nach sich zieht. Jede Variantenerhöhung wird unter Berücksichtigung der Komplexitätskosten umfassend bewertet.

Weitere Empfehlungen für ein erfolgreiches Variantenmanagement im Rahmen des Produktentstehungsprozesses sind:

- Viele Plattform- und Gleichteile verwenden
- Wenig Außenhautdifferenzierung bei den Fahrzeugderivaten
- Karosseriebauvarianten gering halten
- Varianz so spät wie möglich erzeugen (Postponement-Strategie)
- Sonderausstattungsumfänge mit hoher Einbaurate und geringen Kosten zur Serienausstattung machen
- Entfall Umfänge mit geringer Einbaurate ohne Kundenwertverlust (z. B. Motor/Getriebe Varianten unter 1%)
- Vereinheitlichung von Links- und Rechtslenkerumfängen sowie von 3-/5-Türer Fahrzeugen
- Länderspezifische Varianten vereinheitlichen
- Keine Beeinflussung der Grundvarianten durch kundenspezifische Teile
- Kundenorientierte Zwangskombination bestimmter Fahrzeugeigenschaften
- Vorzugsweise logistikintensive Teile mit großem Teilevolumen und aufwendigem Handling bei der Kommissionierung hinsichtlich Variantenvielfalt reduzieren (z. B. Tank, Instrumententafel, Modulträger Cockpit)

3.4.3 Späte Variantenbildung

Aus logistischer Sicht ist es optimal, wenn die kundenspezifische Fahrzeugvariante so spät wie möglich innerhalb des Wertschöpfungsprozesses entsteht, da der Steuerungsaufwand reduziert werden kann (vgl. Abb. 3.7) (Franke et al. 2002, S. 15).

Durch Anwendung einer sog. Postponement-Strategie findet die Varianten- und Wertschöpfungsbildung des Fahrzeuges möglichst spät und möglichst nahe beim Kunden statt. Die Vorteile bestehen vor allem darin, dass durch die Verschiebung des Variantenbestimmungspunkts auf allen vorgelagerten Produktionsstufen die Variantenzahl gesenkt wird. Alle mit der Variantenanzahl als Komplexitätstreiber verbundenen Aufwendungen für Materialfluss-Steuerung, Transport und Umschlag sinken. Die Prognosesicherheit wird erhöht und die Transparenz in Produktion und Logistik gesteigert. Späte Variantengenerierung führt zu einer schlanken Logistik mit geringer Kapitalbindung und kurzen Durchlaufzeiten bei gleichzeitiger Stabilisierung aller logistischen Prozesse (vgl. Kap. 7). Mit Hilfe einer kundennahen Bevorratungsebene in Form von Sortierpuffern (vgl. Abschn. 9.6.8), von der aus kundenspezifische Fahrzeuge innerhalb kürzester Zeit produziert und ausgeliefert

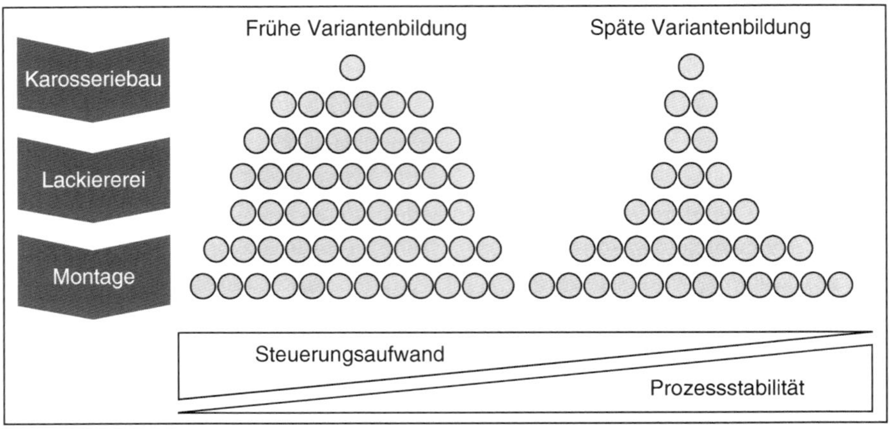

Abb. 3.7 Kostenwirksamkeit von Varianten nach Wertschöpfungsstufen

werden, erfolgt eine schnelle und flexible Anpassung an Kundenwünsche in qualitativer und quantitativer Hinsicht (Wildemann 1998a, S. 57).

Beispiele für die Verschiebung des Variantenbestimmungspunktes in der Automobilindustrie sind:

- Die Montage des Generators erst bei der Endmontage des Fahrzeuges und nicht bereits bei der Montage im Motorenwerk (Krumm u. Schopf 2005, S. 49).
- Paarung der Airbageinheiten mit den marken- und modellspezifischen sichtbaren Verkleidungen in der Endmontage (Becker 2005a, S. 27).
- Flashen der Motorsteuerung bei der erst am Endmontageband das Motorsteuerungsprogramm aufgespielt wird. Somit können Hardware-Varianten der Motorsteuerung im Vorfeld reduziert werden.
- Identische Links- und Rechtslenkerteile die durch die Montage von Blindstopfen angepasst werden (z. B. Stirnwand).

Eine möglichst kundenneutrale Fertigung der Fahrzeuge bietet gleichzeitig mehr Flexibilität beim Auftragsmanagement im Rahmen einer Produktionssteuerung mit später Auftragszuordnung (vgl. Abschn. 9.6). Dies zeigt sich an der auftragsneutralen Fertigung vor der Montage. In den Bereichen Karosseriebau und Lackiererei wird durch möglichst wenig Varianten versucht, Änderungswünschen von Kunden gerecht zu werden. Der Order-Penetration Point, welcher die kundenauftragsneutrale und die kundenspezifische Fertigung voneinander trennt, wurde vom Karosseriebau nach hinten zur Montage verschoben (Versetzte Taufung). Bis zur Montageauflage wird die Karosse als neutrales und mehrfach verwendbares Zulieferteil behandelt. Daher ergibt sich eine relativ variantenneutrale Fertigung bis zur Montage ab der die Spezifizierung und die Variantenbildung überproportional zunehmen. Erst mit dem Einlauf der Karosse in die Montage, wird der konkrete Kundenauftrag zugeordnet. Bis zu dieser Kundenauftragszuordnung erfolgt die Fertigung kundenauftragsneutral ab dem sog. Kundenentkopplungspunkt (OPP – Order Penetration Point) wird die Fertigung kundenauftragsspezifisch. Ideal wäre es aus

Sicht der Logistik, wenn es bis zum OPP nur eine einzige Produktvariante gäbe. Dies ist zwar in der Automobilindustrie nicht realisierbar, aktuelle Bemühungen zur Reduzierung der Variantenvielfalt im Lack- und Rohbaubereich zielen allerdings in diese Richtung.

3.5 Logistikrelevante Produktstrukturierungskonzepte

3.5.1 Modularisierung

Unter einer produktstrukturierten Modularisierung versteht man die Zerlegung eines Gesamtfahrzeuges in unterschiedliche Module, die wiederum in Submodule zerlegt werden können (Neff et al. 2001, S. 378). Bis auf wenige Ausnahmefälle gibt es im Automobilbau keine nicht-modularen Produkte, sondern nur mehr oder weniger modularisierte Fahrzeugarchitekturen. Module sind nach Konstruktions-, Fertigungs- und Logistikaspekten abgrenzbare und austauschbare Einheiten, deren Bausteine physisch miteinander verbunden sind und durch hohe Interaktionshäufigkeit zwischen den Bausteinen geprägt sind. Es handelt sich um verbaupunktorientierte Baugruppen, die aus funktionaler, logistischer und produktionstechnischer Sicht sinnvolle Einheiten darstellen. Bestandteil von Modulen sind Einzelkomponenten oder bereits vormontierte Submodule (Piller u. Waringer 1999, S. 39). Module haben definierte Schnittstellen zum Fahrzeug, die weitestgehend unabhängig von deren individuellen Ausstattung sind (Klauke et al. 2005, S. 246 f.). Grundsätzlich können sieben wichtige Hauptmodule für ein Fahrzeug unterschieden werden (vgl. Abb. 3.8).

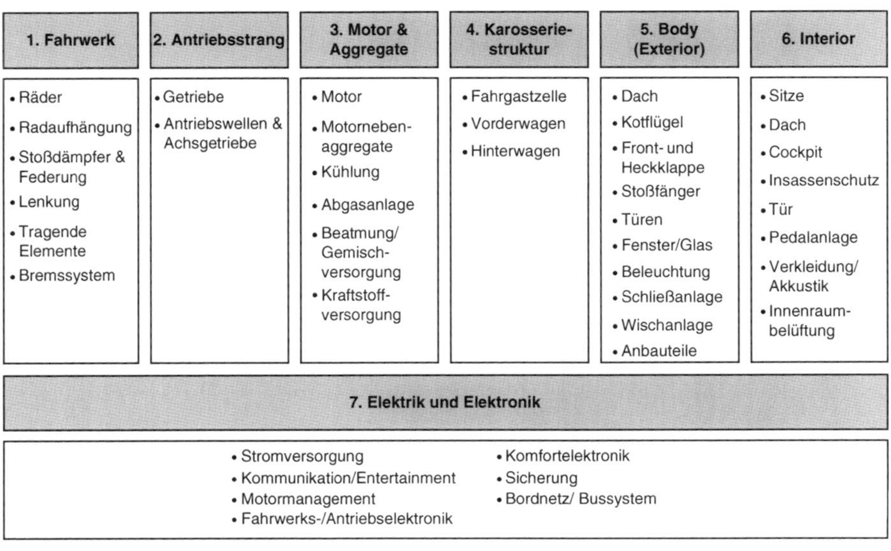

Abb. 3.8 Hauptmodule Fahrzeug (Stockmar 2001, S. 428)

Neben dem Modul- wird auch häufig der Systembegriff verwendet, der sich durch die Abgrenzbarkeit, Bauraumzuordnung und Funktionsintegration innerhalb eines Fahrzeuges unterscheidet. Bezüglich der Abgrenzungskriterien gibt es allerdings herstellspezifische Unterschiede.

Moduldefinition

- Ein Modul ist ein Zusammenbau von mehreren Bauteilen und/oder Baugruppen, der verschiedene Funktionen beinhalten kann und komplett an das Fahrzeug montiert wird.
- Es besteht ein physischer und räumlicher Zusammenhang. In der Regel besteht die Möglichkeit zum Austausch der Einheit.
- Ein Modul ist ein Teil des Ganzen und immer bauraumspezifisch angeordnet.

Beispiel: Tür, Sitz, Cockpit, Frontend, Triebsatz, Dach

Systemdefinition

- Ein System ist eine funktionale Einheit, die auf eine Hauptfunktion ausgerichtet ist und deren Elemente in Relation zueinander stehen.
- Ein physischer Zusammenhang zwischen den Elementen des Systems muss nicht vorhanden sein. Zwischen den Elementen besteht meist nur eine begrenzte Austauschbarkeit.
- Ein System ist bauraumübergreifend angeordnet.

Beispiel: Lenksystem, Bordnetze, Abgasanlage (vgl. Abb. 3.9), Klimaanlage, Soundsystem

Systeme müssen nicht notwendigerweise eine Montageeinheit darstellen. Ein Beispiel hierfür ist das Lenksystem eines Fahrzeugs, das aus dem Lenkgetriebe

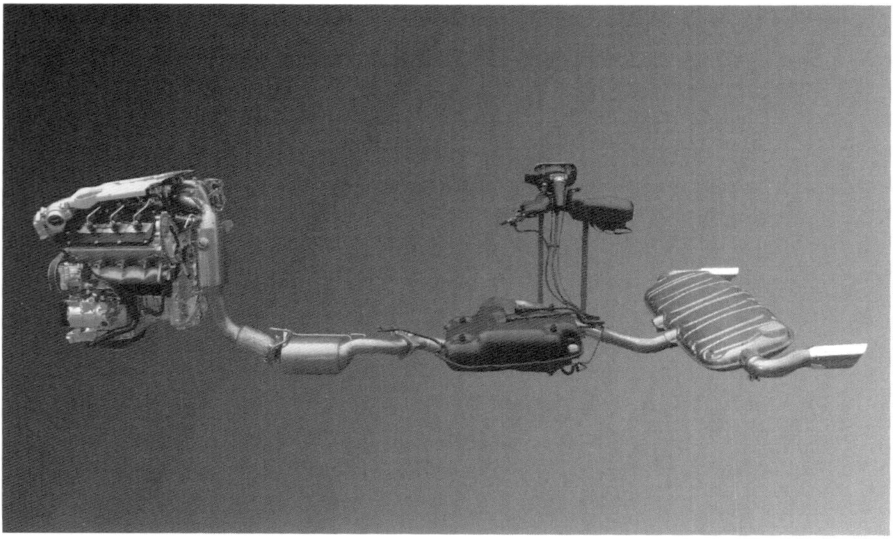

Abb. 3.9 Beispiel Abgassystem (Quelle: Audi)

selbst sowie der Pumpe, dem Ölreservoir, den Schlauchleitungen und gegebenenfalls den elektronischen Steuereinheiten besteht, die zu unterschiedlichen Zeitpunkten und an unterschiedlichen Stellen des Fahrzeuges eingebaut werden (Paul u. Buhl 1997, S. 106).

Mit Hilfe einer modular aufgebauten Fahrzeugstruktur wird es möglich trotz der Verwendung standardisierter Module und Systeme mit begrenzter Variantenanzahl durch auftragsspezifische Kombination kundenindividuelle Fahrzeuge zu generieren (Lego-Prinzip). Je mehr Teileumfänge eines Fahrzeuges in Form von Modulen und Systemen wirtschaftlich realisiert werden können, desto schlanker und effizienter wird die Logistikkette. Durch die Mehrfachverwendung der Module und Systeme können Mengenvorteile (Economies of Scale) erwirtschaftet werden obwohl kundenindividuell gefertigt wird. Die modulare Strukturierung eines Fahrzeuges begünstigt in starkem Maße eine kostengünstige, qualitätsmaximierte und termintreue Fertigung (Klauke et al. 2005, S. 247). Die Schwierigkeit in der Umsetzung einer geeigneten Strategie liegt im Finden der Balance zwischen der Erfüllung individueller Kundenwünsche und einer Verringerung der kostentreibenden Variantenvielfalt durch Modularisierung (Neff et al. 2001, S. 374). Als logistische Vorteile der Modularisierung aus Sicht eines Fahrzeugherstellers ergeben sich:

- Bezug eines komplett vormontierten und einbaufähigen Moduls sowie Schnittstellen- und Aufwandsreduzierung (Koordination der Lieferanten, Materialdisposition, Behälterprozesse, etc.)
- Reduzierung der Komplexität der Endmontage, da die Module in separaten Montagebereichen vormontiert werden und die Teilevielfalt an der Hauptmontagelinie reduziert wird
- Später Einbau der Module führt zu einer verzögerten Variantenbildung und Kundenauftragszuordnung im Rahmen einer Postponement-Strategie (vgl. Abschn. 3.4.3)
- Stabile und störungstolerante Logistikprozesse trotz hoher Endproduktvariantenvielfalt
- Reduzierung der Durchlaufzeit durch eine parallele Fertigung der Module und schnellere Reaktion auf Marktveränderungen (Göpfert u. Grünert 2006, S. 135)
- Transportstrombündelung auf beschaffungslogistischer Seite
- Reduzierter Flächenbedarf bei der Teilebereitstellung durch Just-in-Sequence-Anlieferung (vgl. Abschn. 8.3.2)
- Verkürzung der Montage- und Lieferzeiten für das Fahrzeug

Negative Effekte der Modularisierung sind unter anderem erhöhte Entwicklungskosten sowie höhere Einzelkosten durch die häufige Überdimensionierung, da mehr Restriktionen berücksichtigt werden müssen als bei Komponenten mit nur einer Funktionsstufe. Gleichzeitig steigt durch die Einführung des Modular Sourcings (vgl. Abschn. 5.1.2) die Abhängigkeit vom Lieferanten.

Mit Hilfe der Modularisierung des Fahrzeugs besteht die Möglichkeit durch die Umfänge und Anordnung der Module, diese als Plattformbauteile zu verwenden. Hierdurch können Module marken- und fahrzeugübergreifend für eine Plattform eingesetzt werden (Wallentowitz et al. 2001, S. 38). Eine nächste Stufe der Modularisierung besteht in der Weiterentwicklung heutiger Fahrzeugmodule und Plattformstrategien zu einem modularen Gesamtfahrzeugkonzept. Hierbei wird ein Gesamtfahrzeug beispielsweise in die Bereiche Frontendmodul, Vorderwagenmodul, Dachmodul, Fahrgastzelle, Heckmodul und Hinterwagenmodul eingeteilt, wodurch sich ein hohes Maß an Flexibilität in der Entwicklung, Fertigung und folglich auch in der Logistik realisieren lässt (Wallentowitz et al. 2001, S. 46).

3.5.2 Plattform- und Gleichteilestrategie

Unter der Plattformstrategie versteht man jene Produktions- und Logistikstrategie, die auf der gemeinsamen Herstellung von Fahrzeugbestandteilen für mehrere unterschiedliche Modelle und Marken beruht (Ebel et al. 2005, S. 76 f.). Ziel ist es trotz sinkender durchschnittlicher Fahrzeugstückzahlen pro Derivat die durchschnittliche Fahrzeugstückzahl pro Plattform zu steigern (Holweg u. Pil 2004, S. 178 f.). Bis zu 60% der Wertschöpfung eines Gesamtfahrzeuges können durch eine Plattform abgedeckt werden (Krog et al. 2002, S. 46). Die dabei eingesetzten Gleichteile gehören nicht zum kundenwirksamen und damit äußerlich sichtbaren Teil eines Fahrzeuges und leisten daher keinen wesentlichen Beitrag zur Erregung des Kaufinteresses des Kunden. Die Differenzierung muss bei den Nicht-Plattformumfängen vorgenommen werden, die der Kunde optisch oder physisch wahrnimmt (Wallentowitz et al. 2001, S. 39). Die Plattformstrategie kann mit dem Ziel zusammengefasst werden: „Alles unter dem Blech kann gleich sein, aber was der Kunde von außen sieht, muss differenziert sein." Durch eine konsequente Entwicklung der Plattformstrategie und Variantenreduzierung ist es gelungen, die Komplexität zu senken, ohne dem Kunden das Gefühl von Individualität zu nehmen. Die Plattform stellt eine Einheit dar, die keinen kundenrelevanten Einfluss auf die Außenhaut des Fahrzeuges haben darf. Allerdings muss die vom Kunden erwartete Familienzugehörigkeit des Produktes zu einer Marke erhalten bleiben. Die Nutzung gleicher Plattformen für unterschiedliche Fahrzeuge ist markenübergreifend nur dann sinnvoll, wenn die Produktidentität nicht verloren geht (Klauke et al. 2005, S. 246).

Während es bei der Modularisierung um die Standardisierung einzelner Modellreihen geht, ist ein Plattformkonzept modellreihenübergreifend ausgelegt. Beim Plattformkonzept wird von Anfang an durch die modellreihen-, marken- oder lebenszyklusübergreifende Verwendung von Gleichteilen versucht, den Fahrzeugstrukturlebenszyklus vom Fahrzeuglebenszyklus zu entkoppeln (Schuh 2005, S. 132). Erst die Modularisierung eines Fahrzeuges schafft die notwendige Voraussetzung zur Schaffung einer Produktplattform (Neff et al. 2001, S. 378). Die Nutzung von Plattformen ermöglicht das Angebot einer hohen Produktvarianz auf der Marktseite unter optimaler Nutzung von Skaleneffekten über die gesamte Wertschöpfungskette. Kostensenkungspotenziale bestehen in der Verwendung eines möglichst großen Anteils von sich bereits in Verwendung befindenden Komponenten (Baukastenteile) und in der Übernahme von Bauteilen aus Vorgängerfahrzeugen (Gleich- und Synergieteilen). Somit können Entwicklungsaufwendungen und die Entwicklungszeiten neuer Fahrzeuge drastisch gesenkt werden. Weitere Kosteneinsparungen ergeben sich bei den Investitionen, Materialkosten, Anlaufkosten und Qualitätskosten (Klauke et al. 2005, S. 245). Im Gegenzug steigen allerdings die Entwicklungskosten einer neuen Plattform in Abhängigkeit der Anzahl von Baureihen und Derivaten welche auf die gleiche Plattform zurückgreifen (Holweg u. Pil 2004, S. 178).

Weitere Vorteile der Plattformstrategie liegen in der gestiegenen Flexibilität der Montagewerke bei der Produktion unterschiedlicher Fahrzeugtypen. Um auf Marktveränderungen sowie Fahrzeuglebenszyklen kapazitativ reagieren zu können Bedarf es zukünftig mehr Produktmixflexibilität in den Fahrzeugwerken (Baumgärtel et al. 2006, S. 9). Neue Fahrzeugwerke bzw. Montagelinien sind häufig auf mehrere Modelle ausgelegt. Hierdurch wird es möglich analog der Auslastungssituation des Werkes verschiedene Modelle auf der gleichen Linie zu fertigen und eine gewisse Auslastungsstabilität zu erreichen. Möglich wird dies erst, wenn die Montage- und Logistiktechnik auf die Fahrzeugmodelle abgestimmt sind, was durch die Verwendung von Plattformen und genormter Grundabmessungen gegeben ist. Durch diese Anpassungsfähigkeit können Lagerbestände gesenkt sowie Vertriebs-, Logistik- und Produktionsprozesse besser harmonisiert werden. Durch die modellübergreifende Verwendung von Plattformumfängen ergibt sich aufgrund des Pool-Effektes eine größere Stabilität bei den Produktionsplanungszahlen. Dadurch können Plattformumfänge auftragsneutral vordisponiert werden, was die Durchlaufzeiten reduziert sowie die Auftragsflexibilität steigert (Neff et al. 2001, S. 379).

Plattformumfänge beziehen sich nicht nur auf die Bodengruppe eines Fahrzeuges sondern durchziehen das gesamte Fahrzeug. Beispiele für Plattformumfänge sind (Klauke et al. 2005, S. 245):

- Aggregate (Motor, Getriebe, Lagerung)
- Vorder- und Hinterachse
- Räder
- Lenkung/Lenksäule und Lenkrad
- Bremsanlagen
- Kraftstoffbehälter
- Abgasanlagen

Beispiele erfolgreicher Plattformstrategien in der Automobilindustrie

- Porsche verwendete bei der Entwicklung der Baureihe Boxster 55% Gleichteile zur bereits existierenden 911er Baureihe (Gutzmer u. Dworzak 2000, S. 42). Eine Gleichteilestrategie ist besonders dann wichtig, wenn die Fertigungstiefe – wie bei Porsche – weit unter dem Branchendurchschnitt liegt. Kleine Fahrzeughersteller haben dadurch einen erhöhten Wettbewerbsdruck ihre Entwicklungs-, Investitions-, Herstell- und Logistikkosten durch die Verwendung von Gleichteilen zu senken. Durch den hohen Anteil an Gleichteilen ist Porsche in der Lage ein Multi- bzw. Mixed-Model Linienkonzept zu fahren, bei dem unterschiedliche

Fahrzeuge auf derselben Linie montiert werden. Das Stammwerk in Zuffenhausen kann auf einem hohen Auslastungsniveau gehalten werden, wobei die Volumenflexibilität auf den ausländischen Auftragsfertiger verlagert wird (Saatmann 2007, S. 142).
- Im VW-Konzern stehen die Fahrzeugmodelle VW Golf, VW Bora, VW Beetle, Audi A3, Audi TT, Seat Leon, Seat Toledo und Skoda Octavia auf der sogenannten A-Plattform. Gleichzeitig hat Volkswagen versucht sich plattformübergreifend beim Passat (B-Plattform) in vielen Bereichen am Golf (A-Plattform) anzulehnen, um Synergieeffekte zu erzielen. Vor allem Module und Komponenten, die für den Kunden keine hohe Relevanz haben, werden gemeinsam verwendet. Dazu gehören z. B. Bordnetze, Sitze, Motoren, Klimaanlagen, Navigations- und Kommunikationssysteme.
- Bis zur B-Säule ist der VW Passat als Limousine und als Kombi identisch, damit werden Synergien in Entwicklung und Konstruktion geschaffen. Obwohl es sich um eine komplette Neuentwicklung handelt, konnten 20% der Teile aus anderen Modellen des Konzerns übernommen werden.

Neben den durchaus positiven Effekten einer Plattformstrategie ergeben sich auch Nachteile, die bei einer umfassenden Bewertung neuer Entwicklungsstrategien Berücksichtigung finden müssen. Dabei geht es um:

- Schnittstellenproblematiken mit oft unklaren Zuständigkeiten und hohem Abstimmungsaufwand
- Fehlender Produktidentifikation aus Sicht der Marken
- Abhängigkeiten vom Plattform-Leader innerhalb der Konzernstruktur sowie Informationsdefizite bei der laufenden Entwicklung
- Erschwerte Versuchsteilebeschaffung
- Innovationshemmnis durch eingeschränkte Teilewahlfreiheit sowie langfristige Lieferantenverträge
- Komplexe Organisationsstrukturen ohne Ansprechpartner vor Ort erschweren den Informationsfluss

3.5.3 Funktionsintegration

Funktionsintegration bedeutet, dass bestimmte Teile des Fahrzeugs neben ihrer Hauptfunktion noch Nebenfunktionen ausführen, ohne dass zusätzliche Teile notwendig sind. Mit Funktionsintegration wird für die Erfüllung von bestimmten Funktionen eine deutlich kleinere Zahl von Teilen als bisher benötigt. Dadurch lässt sich die Anzahl der Teile eines Fahrzeugs drastisch verringern, was folglich zu einer Vereinfachung der Logistikabläufe führt.

Neue Materialien – wie Aluminium und Kunststoff – in Kombination mit neuen Fertigungstechnologien haben diesen Fortschritt erst ermöglicht. Ein Beispiel hierfür ist die bei Audi entwickelte Audi-Space-Frame® (ASF) Technologie (Timm 2005, S. 345 ff.). Ein besonderes Merkmal ist der Einsatz eines Aluminiumhalb-

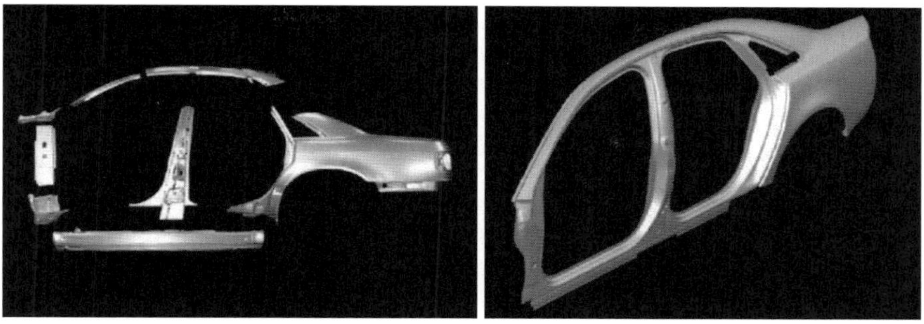

Abb. 3.10 Vergleich Pressteile Seitenrahmen Audi A8 zwischen den Modellgenerationen D2 (*links*) und D3 (*rechts*) (Timm 2005, S. 348)

zeugmix aus Gussteilen, Strangpressprofilen und Blechen. Der ASF bildet eine selbsttragende Rahmenstruktur, in die jedes Flächenteil mittragend integriert ist. Diese konstruktiven Maßnahmen ermöglichen eine deutliche Reduzierung der eingesetzten Teileanzahl und des Fahrzeuggewichts. Beispielsweise konnte beim Wechsel einer Modellgeneration des A8 (D3) durch Funktionsintegration die Teileanzahl zum Vorgängermodell (D2) um 16% reduziert werden (vgl. Abb. 3.10).

3.6 Logistikrelevante Prozessstrukturierungskonzepte

3.6.1 Lieferantenintegration

Die Produktvereinfachung als Ansatzpunkt des Komplexitätsmanagements bildet die Grundlage für die Gestaltung transparenter und schlanker Prozesse im Unternehmen. Gleichzeitig können auch die Prozesse selbst als direkter Ansatzpunkt für eine Reduzierung, Vermeidung und Beherrschung von Komplexität herangezogen werden (Harrison 1995, S. 11).

Die logistische Lieferantenintegration als Teilbereich des Lieferantenmanagements (Janker 2008, S. 13) und die hiermit verbundene Vereinfachung logistischer Abläufe, stellt einen wichtigen Erfolgsfaktor für den Automobilhersteller dar (Larsson 1999, S. 51). Empirische Studien zeigen, dass die engere Integration und Zusammenarbeit mit Lieferanten zu kürzeren Durchlaufzeiten und Kosteneinsparungen führen (Miemczyk u. Holweg 2004, S. 189). Verbunden mit den Trend zu einer intensiveren und partnerschaftlichen Kooperation zwischen Hersteller und Lieferant gewinnt auch die Frage der logistischen Lieferantenintegration zunehmend an Bedeutung (Larsson 1999, S. 70).

Alle im Nachfolgenden beschriebenen logistischen Integrationsmodelle für Zulieferer stellen Formen des Insourcings dar. Insourcing dient in diesem Zusammenhang der räumlichen Reintegration von Wertschöpfungsumfängen beim Fahrzeughersteller, indem die Lieferanten vor Ort beim Abnehmer ihre Leistung erbringen (Becker 2005a, S. 30 f.). Das in Tab. 3.1 dargestellte Integrationsmodell zeigt die gängigsten Konzepte einer logistischen Lieferantenintegration in der Automobilindustrie. Es können folgende Integrationsschritte unterschieden werden (Bennett u. Klug 2009, S. 700 ff.):

Modulares Konsortium Das vollständige Modulare Konsortium ist die höchste mögliche Stufe der logistischen Integration eines Lieferanten in der Automobilindustrie. Der gesamte Montageprozess wird in separate Bandabschnitte aufgeteilt. Jeder Bandabschnitt steht im Verantwortungsbereich eines Lieferanten. Der Lieferant übernimmt neben der Montage der Module und Systeme auch deren Einbau inklusive weiterer Montageumfänge in seinem Bandabschnitt. Faktisch besteht keine räumliche Distanz mehr zwischen dem OEM und 1-Tier Lieferanten, die sich in diesem Fall zum 0-Tier Lieferanten weiterentwickeln (Sako 2006, S. 10). Alle direkten Mitarbeiter in der Montage werden durch die Lieferanten organisiert und bezahlt. Somit übernimmt der Zulieferer nicht nur die Montage der Module als Modullieferant sondern verantwortet auch gleichzeitig die Fahrzeugendmontage in seinem Zuständigkeitsbereich. Beim vollständigen modularen Konsortium konzentriert sich der Automobilhersteller auf die Bereiche Planung, Design, Entwicklung, Qualitätsmanagement, Koordination und Verwaltung (Harrison u. van Hoek 2008, S. 271). Der Fahrzeughersteller ist nicht mehr direkt in den Montageprozess involviert, verantwortet aber die Schlussinspektion im Prüfbereich. Das bekannteste Beispiel eines vollständigen Modularen Konsortiums ist die MAN (früher VW) Nutzfahrzeuge Fertigung in Resende (Brasilien). Werden nur Teilumfänge der Endmontage des Fahrzeuges durch Lieferanten übernommen, spricht man von einem partiellen Modularen Konsortium (Beispiel Smart Hambach).

Kondominium Beim Kondominium befinden sich die Lieferanten zwar innerhalb der Montagehalle des Fahrzeugherstellers, verantworten allerdings nicht mehr den Einbau der Module und Systeme in das Fahrzeug (Bennett et al. 2006, S. 37 ff.). Der gesamte Endmontagebereich des Fahrzeuges liegt im Verantwortungsbereich des Fahrzeugherstellers. Die Lieferanten montieren die Module in unmittelbarer Nähe zur Linie und stellen diese sequenziert über minimale Puffer für den OEM bereit. Teilweise wird der Einbau der Module durch Qualitätsverantwortliche des Lieferanten am Einbauort überwacht. Ein Kondominium ist immer dann möglich, wenn genügend Fläche an der Montagelinie zur Verfügung steht, welche für externe Lieferanten genutzt werden kann. Flächenreserven können entweder historisch bedingt sein (z. B. Skoda in Mlada Boleslav) oder durch die Anwendung Schlanker Prinzipien in Fertigung und Logistik geschaffen werden (z. B. Nissan Sunderland) (vgl. Kap. 7). Häufig weisen allerdings Brownfield-Werke nicht genügend Fläche in unmittelbarer Nähe zur Montagelinie auf, so dass die Umsetzung einer In-House Lieferantenmontage nach dem Kondominium-Konzept aufgrund der Flächenknappheit erschwert wird. Die zunehmende Verlagerung von Wertschöpfungsumfängen im Rahmen von Outsourcing-Projekten verbunden mit einer Reduzierung der Fertigungstiefe (vgl. Abb. 3.1) führt allerdings zu einer Entschärfung der Flächenknappheit in den Werken (Koplin 2006, S. 184).

Tab. 3.1 Stufenmodell logistischer Lieferantenintegration (Bennett u. Klug 2009, S. 700)

Integrations-Modell	Vollständiges Modulares Konsortium	Partielles Modulares Konsortium	Kondominium	Versorgungszentrum	Werknaher Industriepark	Regionaler Industriepark	Automotive Supplier Community
Verantwortung Montagetätigkeit Fahrzeug	Modullieferant	OEM/Modullieferant	OEM	OEM	OEM	OEM	OEM
Anzahl belieferter OEM bzw. OEM-Werke	Ein OEM/Werk	Ein OEM/Werk	Ein OEM/Werk	Ein OEM/Werk	Ein OEM/Werk	Ein OEM/Werk	Mehrere OEMs/Werke
Entfernung Lieferant zur Montagelinie	In die Linie integriert	In die Linie integriert	In unmittelbarer Nähe zur Linie	Auf dem Werkgelände in einem Gebäude nahe der Linie	Außerhalb aber in unmittelbarer Nähe zum Werkgelände	Angesiedelt im regionalen Umfeld des OEM Werkes	Angesiedelt im regionalen Umfeld der OEM Werke
Standort-Eigentümer	OEM	OEM	OEM	OEM/LDL	Investor/öffentliche Hand	Investor/öffentliche Hand	Investor/öffentliche Hand
Beispiele	MAN (vormals VW) Resende (Brasilien)	Smart Hambach (Frankreich)	Ford Camaçari (Brasilien) Nissan Sunderland (UK) Skoda Mladá Boleslav (Tschechische Republik)	BMW Versorgungszentrum Leipzig (Deutschland) VW PVZ Hannover (Deutschland)	Audi GVZ Ingolstadt (Deutschland) Ford Saarlouise (Deutschland) VW Palmela (Portugal) GM Blue Macaw Gravataí (Brasilien)	VW Industrial Park Lozorno (Slovakei)	BMW Wackersdorf (Deutschland) Automotive Supplier Park Rosslyn (Südafrika)

Versorgungszentrum Beim Versorgungszentrum handelt es sich um eine Lieferantenansiedelung auf dem Werksgelände des Automobilherstellers in räumlicher Distanz zu den Fertigungsbereichen des Fahrzeugherstellers. Der Lieferant als Mieter im Versorgungszentrum verantwortet die Fertigung und Just-in-Sequence Anlieferung von Modulen und Systemen. Aufgrund des hohen und konstanten Volumenstroms bei der Inbound-Logistik wird meist eine automatisierte Fördertechnik eingesetzt (vgl. Abschn. 1.2). Die Investitionen für Gebäude und Infrastruktur werden entweder vollständig durch den OEM getätigt (z. B. BMW Leipzig) oder zwischen Fahrzeughersteller und Logistikdienstleister als Betreiber des Versorgungszentrums aufgeteilt (z. B. Produktionsversorgungszentrum VW Hannover). Eine vollständige Investition durch den OEM ermöglicht allerdings mehr Flexibilität bei der Flächenbelegung. Der Vorteil des Versorgungszentrums im Vergleich zum höher integrierten Kondominium und Modularen Konsortium besteht in der räumlichen Distanz zur Endmontage, so dass keine kapitalintensive Montagefläche benötigt wird. Gleichzeitig ermöglicht die Nähe zum Fahrzeughersteller eine späte Variantenbildung (vgl. Abschn. 3.4.3). Auf Sequenzänderungen im Rahmen der Produktionssteuerung mit stabiler Auftragsfolge (vgl. Abschn. 9.6) kann daher kurzfristig, ressourcenarm reagiert werden.

Industriepark Bei einer Industriepark Ansiedelung befinden sich die außerhalb des Werkgeländes angesiedelten Lieferanten abnehmernah und konzentriert entweder in unmittelbarer (werknaher Industriepark) bzw. regionaler (regionaler Industriepark) Nähe zum Automobilhersteller (vgl. Abschn. 8.5). Häufig werden die Industriepark-Investitionen gemeinsam durch eine Investorengruppe und der öffentlichen Hand getätigt (Jürgens 2003, S. 25). Der Industriepark umfasst eine industriell nutzbare Fläche einschließlich Gebäuden und Infrastruktureinrichtungen. Die Nutzung der Infrastruktur im Industriepark erfolgt gemeinschaftlich und dient der Erbringung spezifischer Logistik- und Fertigungsprozesse für den OEM (Gareis 2002, S. 20 f.). Ziel einer gebündelten Ansiedelung und Nutzung der Infrastruktur ist die Realisierung von Synergie- und Kostenvorteilen.

Werknahe Industrieparks werden über eine automatisierte Fördertechnik bzw. Tunnel- oder Brückenanbindungen für Schleppzüge direkt mit der Hauptmontagelinie des OEMs verbunden. Regionale Industrieparks versorgen die Montagelinien des Fahrzeugherstellers meist über Shuttle-LKWs.

Automotive Supplier Community Die geringste logistische Integrationsstufe einer Lieferantenansiedelung stellt die Automotive Supplier Community dar. Angestrebt wird eine zweckbestimmte Ansiedelung von Lieferanten im regionalen Umfeld mehrerer Automobilfabriken (Reichhart u. Holweg 2008, S. 65). Dort ansässige Lieferanten pflegen Lieferbeziehungen zu mehreren Abnehmern. Dies können mehrere Fahrzeugwerke eines OEMs (z. B. BMW Wackersdorf) aber auch unterschiedliche Produktionsstandorte verschiedener Fahrzeughersteller sein. Darüber hinaus können über die Lieferantenansiedelung auch weitere in- und ausländische Kunden bedient werden. Da verschiedene Kunden versorgt werden, ist der Standort der Automotive Supplier Community nicht zwingend in unmittelbarer Nähe aller Herstellerwerke. Die Belieferung findet aufgrund der größeren räumlichen

Distanz über öffentliche Straßen per LKW statt. Ein Beispiel für die Belieferung mehrerer Fahrzeughersteller ist der Automotive Supplier Park Rosslyn in Südafrika. Die Automotive Supplier Community befindet sich hier in regionaler Nähe zu den Produktionsstätten von BMW (3,3 km), TATA (0,5 km), Ford/Mazda (35 km) und Nissan/Renault (1,3 km).

3.6.2 Fertigungs- und Logistiksegmentierung

Unter einem Fertigungs- bzw. Logistiksegment werden fahrzeugorientierte Organisationseinheiten der Produktion und Logistik zusammengefasst, die mehrere Stufen der logistischen Kette eines Fahrzeuges umfassen und mit denen eine spezifische Marktstrategie verfolgt wird. Zusätzlich zeichnen sich Fertigungs- und Logistiksegmente auch durch die Integration planender und indirekter Funktionen aus und sind in der Regel als Profit-Center organisiert (Wildemann 1998b, S. 47). Durch den Einsatz von Produktions- und Logistiksegmenten wird es möglich gezielt Flexibilität für ein begrenztes Fahrzeugspektrum vorzuhalten, wodurch die Steigerung variantenabhängiger Kosten bei zunehmender Variantenvielfalt weniger stark als in herkömmlichen Automobilfabriken ausfällt. Gleichzeitig ermöglicht die Segmentierung der Fertigung und Logistik selbstregulierende Subsysteme zu bilden, welche untereinander eine reduzierte Anzahl von Verknüpfungen aufweisen und die eine gute Verfolgbarkeit aller internen Aktivitäten ermöglichen (Kottkamp 1987, S. 41).

Häufiger Fehler in sog. Brownfield-Werken ist der Versuch immer mehr Baureihen und Derivate in einem Fertigungsbereich zu produzieren. Um möglichst geringe Investitionskosten zu erreichen, werden zusätzliche Fahrzeugtypen, neue Absatzmärkte, neue Prozesstechnologien, neue Qualitätsansprüche und Unterstützungstätigkeiten den bestehenden Fertigungsbereichen zugeordnet (Klug 2000a, S. 7). Durch die erhöhte Intransparenz des Fertigungs- und Logistiksystems steigen die Koordinationskosten und folglich die Gemeinkosten überproportional an. Diese Kostensteigerung kompensiert die stückzahlbezogenen Skaleneffekte, so dass große Automobilfabriken mit den Logistikeinheiten ohne entsprechende Segmentierung den kleineren kostenmäßig unterlegen sind.

Ein weiterer Vorteil der Bildung von Fertigungs- und Logistiksegmenten in einer Automobilfabrik ist die Steigerung der Flexibilität. Es geht primär um die Fähigkeit eines Produktions- und Logistiksystems sich innerhalb eines bestimmten Zeitraums auf Veränderungen der Umfeldsituation (Markt, Technologie, Organisation, etc.) anzupassen. Dabei kann zwischen einer quantitativen, qualitativen und zeitlichen Flexibilität unterschieden werden. Während die quantitative Anpassung auf die Mengenstruktur eines bestehenden Fahrzeugprogramms abzielt, bezieht sich die qualitative Anpassung auf dessen Zusammensetzung (Fahrzeugmix). Zeitliche Flexibilität zielt hingegen auf den Zeitraum ab, der benötigt wird, um nach einem Modellwechsel bzw. nach Modellpflegemaßnahmen das Fertigungs- und Logistiksegment in seinen betriebsbereiten Zustand rückzuversetzen (Wildemann 1998b, S. 90 ff.). Um Flexibilitätspotenziale aufzubauen ist es nötig Neuinvestitionen in flexible Betriebsmittel zu tätigen, was eine Revision der Investitionsstrategie erforderlich macht. Neuinvestitionen im Segment dienen sowohl zur Deckung des Kapazitäts- als auch des Flexibilitätsbedarfes (Wildemann 1998b, S. 100 ff.).

Eine durchgängige Segmentierung der Produktions- und Logistikeinheiten bedeutet, dass innerhalb der Fabrik – vom Wareneingang über die Fertigungsstufen Presswerk, Karosseriebau, Lackiererei und Montage bis hin zur Fertigfahrzeugauslieferung – alle Organisationsbereiche modellreihenspezifisch voneinander getrennt werden. Auch die logistischen Stufen der Lagerfunktion, der Kommissionierung, des Behälterhandlings sowie des internen Transportes werden im Rahmen der Segmentierung separiert. Maximalziel ist die vollständige Integration aller zur Herstellung eines Fahrzeuges benötigten Wertschöpfungs- und Logistikstufen. Eine Erhöhung des Integrationsgrades führt gleichzeitig zu einer Reduktion der Schnittstellen zwischen den organisatorischen Einheiten, was eine Durchgängigkeit der Aufgabenerledigung bei reduzierten Durchlaufzeiten ermöglicht. Aufgrund von Auslastungsüberlegungen erfolgt die Segmentierung in der Praxis nicht vollständig über alle Stufen, da eine Zerlegung der Aufgabenzuweisung gemäß der Modellreihen zwangsläufig zu einer Reduzierung der Auslastung in den einzelnen Bereichen und somit zu steigenden Kosten führt (z. B. Wareneingang).

3.6.3 Standardisierung der Logistikprozesse

Ein weiterer Ansatz zur Reduzierung und Beherrschung von Komplexität in Logistikprozessen ist die Standardisierung logistischer Abläufe in der Beschaffungs-, Produktions-, Distributions- und Ersatzteil-Logistik eines Automobilherstellers. Unter der logistischen Standardisierung versteht man das antizipierende Durchdenken von Problemlösungswegen und die darauf aufbauende Festlegung von Logistikaktivitäten, die im Wiederholungsfall routiniert oder gleichartig ablaufen (Krüger 2004, S. 171).

Produktvielfalt führt in der Folge zu Prozessvielfalt. Mit der gestiegenen Variantenvielfalt ist auch die Anzahl an logistischen Aktivitäten, mit denen die Produkte transportiert, umgeschlagen und gelagert werden, gestiegen. Die gestiegene Prozessvielfalt wird mit Hilfe der Standardisierung reduziert indem ähnliche Prozessabläufe zu einer Klasse zusammengefasst und anschließend vom Logistikablauf her einheitlich behandelt werden. Erprobte Prozesselemente sollen im Sinne eines Baukastensystems zur Verfügung gestellt und jeweils fallspezifisch kombiniert werden.

Erst durch die Standardisierung wird ein effizienter und effektiver Ressourceneinsatz im Unternehmen ermöglicht (Imai 1997, S. 19 f.). Mit Hilfe der Festlegung logistischer Ablaufregeln wird der Mitarbeiter befähigt sich an bewährten Verfahren zu orientieren, die dauerhaft, personenunabhängig und flexibel eingesetzt werden. Logistische Prozesse werden dadurch weitestgehend vereinfacht. Gleichzeitig erhöhen standardisierte Prozesse die Wiederholhäufigkeit und daher die Stabilität im Material- und Informationsfluss, was wiederum die Kosten senkt. Unternehmensübergreifende Logistikstandards ermöglichen darüber hinaus die effiziente Integration der Logistikpartner. OEM, Lieferanten und Logistikdienstleister können auf abgesicherte und einheitliche Standards zurückgreifen, was die Integrationsgeschwindigkeit erhöht. Durch die Vorgabe der Abläufe ist es möglich gleiche logistische Aktivitäten in höherer Wiederholhäufigkeit zu realisieren und kosteneffizienter zu arbeiten. Die Schaffung von Standards im Bereich der Logistik bietet viele Möglichkeiten und soll anhand einiger bereits realisierter Beispiele in der Automobilindustrie verdeutlicht werden.

- Daimler klassifiziert seine Anlieferungskonzepte in Just-in-Sequence Anlieferung, Just-in-Time Anlieferung, einstufige Lagerabwicklung (Lieferantenlogistikzentrum) und mehrstufige Lagerabwicklung. Jedes Anlieferungskonzept ist durch eine konkrete Versorgungskette einheitlich beschrieben, so dass die hierfür nötigen Material- und Informationsflüsse klar definiert sind.
- Standardisierung der Abrufdaten nach VDA-Empfehlung durch die Abrufstufen Liefer-, Fein- und Produktionsabruf (vgl. Abschn. 8.2.1).
- Standardisierung der Kleinladungsträgerabmessungen nach VDA-Empfehlung (vgl. Abschn. 6.1.4).
- Standardisierung der Lagerstrategie nach Teilklassifikation. Entsprechend der Verbrauchshäufigkeit (ABC-Analyse) sowie der Verbrauchsstabilität (XYZ-Analyse) gibt es vordefinierte Lagerbereiche z. B. langsamdrehende Kleinteile im Automatischen Kleinteilelager (AKL) und schnelldrehende Großteile im verbauortnahen Bodenblocklager.
- Standardbelieferungsformen der Logistik in der Automobilindustrie nach VDA-Empfehlung VDA 5010.

Die Schwierigkeit bei der Standardisierung von Logistikprozessen liegt darin den richtigen Ausgleich zu finden zwischen der Vorgabe starrer Ablaufvorschriften und der Freiheit des Mitarbeiters – durch innovatives und kreatives Handeln – auf aktuelle Situationen reagieren zu können (Liker 2004, S. 147). Daher müssen die Vorgaben für logistische Abläufe so spezifisch wie nötig und so allgemein wie möglich beschrieben sein, um trotz der Kostenvorteile der Standardisierung die individuelle Flexibilität des Mitarbeiters nutzen zu können. Eine starre und wenig anpassungsfähige Anwendung von Standards birgt die Gefahr, dass Mitarbeiter zu stark an dem standardisierten Prozess festhalten und in Situationen, in welchen Abweichungen notwendig wären, nach Standard vorgehen. Immer gleiche und standardisierte Prozesse bergen zusätzlich das Risiko der Monotonie, sodass die Motivation und Leistungsbereitschaft sowie das Einbringen von Ideen auf Mitarbeiterebene nachlässt (Krüger 2004, S. 174). Gleichzeitig müssen logistische Standards im Steuerungs-, Anliefer-, Umschlags- und Bereitstellungsprozess der Automobilindustrie laufend den aktuellen Gegebenheiten der Rahmenbedingungen angepasst bzw. gemäß dem Lernfortschritt modifiziert werden. Hierzu dienen unter anderem die vom Verband der Automobilindustrie initiierten Arbeitskreise, welche die Standardisierung logistischer Prozesse in der deutschen Automobilindustrie unternehmensübergreifend erarbeiten und als VDA Empfehlung publizieren. Logistische Standards haben immer nur temporäre Gültigkeit und entsprechen dem jeweils besten aktuellen logistischen Wissen innerhalb der Automobilindustrie.

Kapitel 4
Logistikmanagement im Rahmen des Simultaneous Engineering

4.1 Organisationsprinzip Simultaneous Engineering

Die Berücksichtigung unterschiedlicher Bereichsinteressen bereits in der Planungsphase eines Automobils bildet die Grundlage für einen effizienten Herstellungs- und Logistikprozess. Als Standardorganisationsform im Produktentstehungsprozess (PEP) der Automobilindustrie hat sich das sog. Simultaneous Engineering (SE) etabliert. Ziel des SE ist die enge, offene, konsequente und parallele Zusammenarbeit aller am Produktplanungs- und Produktentstehungsprozess beteiligten internen sowie externen Partner. Die Grundprinzipien, welche hierbei verfolgt werden, sind die Vorverlagerung von Erkenntnisprozessen, die Erhöhung planbarer Prozessanteile, die Parallelisierung organisatorischer Prozesse und die Integration sowie die Beschleunigung von Aktivitäten (Wildemann 2000a, S. 30).s Allgemeine Ziele der SE-Arbeit können wie folgt beschrieben werden:

- Transparenz über Probleme, Termine, Ansprechpartner und Ergebnisse
- Einbindung aller Unternehmensressorts
- Arbeiten in Teamstrukturen
- Entscheidungsverlagerung in die Teams
- Integration der Entwicklungslieferanten
- Reduzierung der Planungszeiten durch paralleles Bearbeiten von Arbeitspaketen
- Kurze Reaktionszeiten bei Änderungen
- Vermeidung von Doppelarbeit
- Frühzeitiges Erkennen von Auswirkungen einer Einzelentscheidung auf den Gesamtplanungsprozess
- Kostenreduzierung durch Transparenz

Um diese Ziele zu verwirklichen bedient sich die SE-Arbeit der Strategiegrundsätze Parallelisierung, Standardisierung und Integration (Stanke u. Berndes 1997, S. 15 ff.)

Parallelisierung Durch die Überlappung von Planungsprozessen im Rahmen des Produktentstehungsprozesses soll die Gesamtplanungszeit für Neufahrzeuge reduziert werden. Ziel ist die möglichst zeitpufferfreie durchgängige Planung eines

F. Klug, *Logistikmanagement in der Automobilindustrie*,
DOI 10.1007/978-3-642-05293-4_4, © Springer-Verlag Berlin Heidelberg 2010

Fahrzeugs, um die vom Markt geforderten kürzeren Produktlebenszyklen, bei gleichzeitig höherer Variantenvielfalt, realisieren zu können.

Dies führt zu einer erhöhten Entscheidungskomplexität, da die Planungssicherheit reduziert wird und die Menge an Informationsübergaben zwischen den beteiligten Abteilungen und Arbeitsgruppen steigt. Hierin besteht auch die größte Gefahr der SE-Arbeit, nämlich dass Planungsstufen innerhalb des Produktentstehungsprozesses gestartet werden, ohne die erforderliche Prozessqualität der vorgelagerten Stufe erreicht zu haben. Dieser Gefahr kann durch geeignete organisatorische Konzepte und qualitätssichernde Maßnahmen wie z.B. durch den Einsatz von Quality Gates begegnet werden. Steigende Ausfallraten bei Fahrzeugen in der Betriebsphase und daraus folgende steigende Gewährleistungs- und Kulanzkosten sind allerdings ein Indikator für Fehlplanungen durch steigenden Zeitdruck im Rahmen des Produktentstehungsprozesses innerhalb der Automobilindustrie.

Standardisierung Um die gestiegene Organisationskomplexität eines SE-Projektes zu reduzieren, bedarf es der Standardisierung organisatorischer Prozesse. Hierbei geht es um eine personen- und ereignisunabhängige Beschreibung von Planungsaspekten, wie z.B. Produktstrukturen, Prozessabläufe und Schnittstellendefinitionen zum Informationsaustausch. Standardisierung führt zu einer Steigerung der Wiederholhäufigkeit und in der Folge zu einer Fehler- und Zeitreduzierung.

Integration Die optimale Einbindung und Gestaltung der Zusammenarbeitsstrukturen aller am SE-Prozess Beteiligten stellt eine der größten Herausforderungen für die Automobilindustrie dar. Die gestiegene Fahrzeugkomplexität führt dazu, dass immer mehr Technologien und Planungspartner beteiligt sind. Gleichzeitig wird durch Outsourcing bei den Fertigungs- und Entwicklungsumfängen die Anzahl externer Partner (Entwicklungslieferanten und Engineering Dienstleister) erhöht. Schnittstellenmanagement wird zum strategischen Erfolgsfaktor der SE-Arbeit.

4.2 Simultaneous Engineering-Team

Die eigentliche Abarbeitung der Planungsaufgaben im PEP erfolgt in den Simultaneous Engineering-Teams (vgl. Abb. 4.1). Die aufbau- und ablauforganisatorische Struktur dieser temporären Organisationseinheiten variiert zwischen den jeweiligen Fahrzeugherstellern, kann allerdings auf einer vereinfachten Ebene allgemeingültig beschrieben werden.

Um die Komplexität des Planungsproblems eines Neufahrzeuges zu reduzieren wird das Gesamtfahrzeug modularisiert (vgl. Abschn. 3.5.1). Hierzu werden sinnvolle Teilsysteme gebildet, welche jeweils durch ein eigenständiges Planungsteam (SE-Team) betreut werden. Beispiele für Teilsysteme des Fahrzeugs und SE-Team Zuständigkeiten sind Fahrzeuginnenausstattung, Fahrwerk, Karosserie, Fahrzeugelektrik/-elektronik, Motor und Getriebe. Für jedes SE-Team wird ein

Abb. 4.1 Abstimmungsprozess im SE-Team (Quelle: Audi)

Projektauftrag definiert, der Funktionsumfänge, Termine, Kosten- und Qualitätsziele festlegt (Gutzmer u. Dworzak 2000, S. 46).

Allen SE-Organisationskonzepten gemeinsam ist eine zugrunde gelegte Matrixstruktur, bei der die Teammitglieder während des Fahrzeugprojektes aus der Linienorganisation ihrer Fachabteilungen in die Projektteams bestellt werden. Die Organisationseinheiten der Linienfunktionen bündeln das gesamte betriebswirtschaftliche und technische Wissen des Automobilherstellers, welches in Form von Projekten produktspezifisch im SE-Prozess eingesetzt wird. Mit Hilfe der Matrixorganisation soll das fachspezifische Know-how der Projektpartner im Funktionsbereich in einem funktionsübergreifenden und produktfokussierten Fahrzeugprojekt gebündelt werden. Ob die Freistellung der SE-Projektteammitglieder vollständig oder nur teilweise erfolgt, ist abhängig vom jeweiligen Planungsumfang bzw. der jeweiligen Planungsphase. Darüber hinaus ist eine enge und auch räumliche Konzentration der Projektbeteiligten erfolgsentscheidend, da tendenziell die Kommunikationshäufigkeit mit sinkender Entfernung zwischen den Arbeitsplätzen steigt. Die Herausforderung bei der Gestaltung organisatorischer SE-Konzepte liegt in der optimalen Verbindung konträrer Ziele. Einerseits die Schaffung einer fachlichen Heimat in der Linienfunktion für die SE-Teammitglieder und andererseits einer ressortübergreifenden Modellreihenorganisation, die losgelöst von den Interessen einzelner Funktionsbereiche handelt, so dass ein Gesamtoptimum über den Lebenszyklus des Fahrzeugs erreicht wird (Gutzmer u. Dworzak 2000, S. 46). Des Weiteren

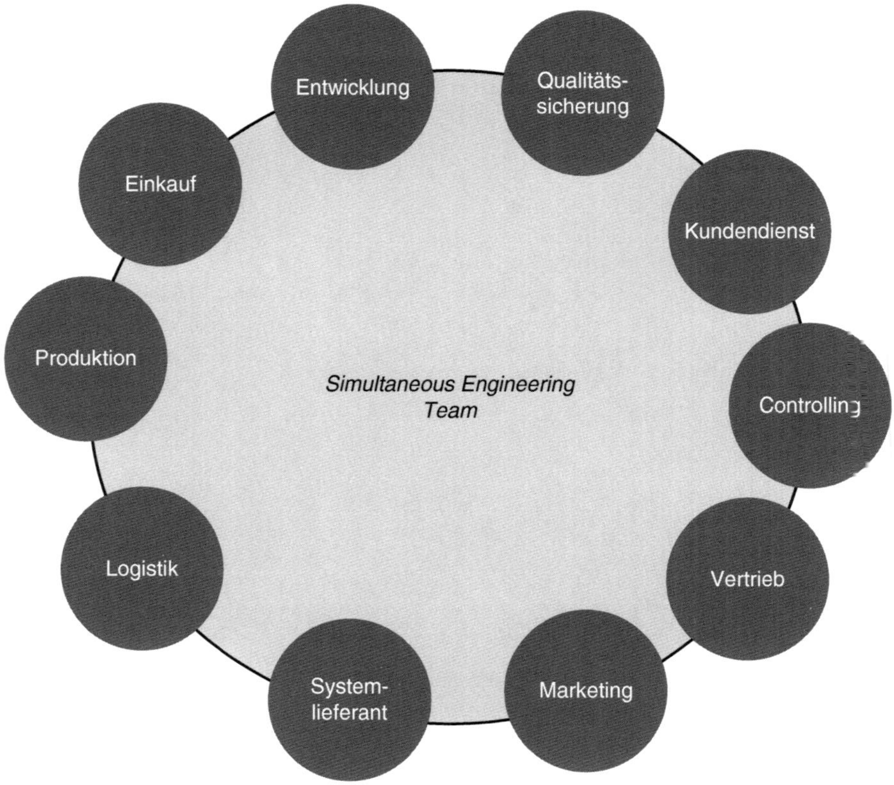

Abb. 4.2 Zusammensetzung SE-Team Struktur

ergeben sich in der Praxis Probleme mit einer meist zu starren und zeitkonstanten Aufbauorganisation. Der SE-Mitarbeiter ist zwar fachlich dem Projektleiter unterstellt, wird allerdings in der Regel weiterhin disziplinarisch durch seinen Linien-Vorgesetzten geführt und letztendlich von diesem auch bewertet (Wildemann 1997, S. 297). Die steigende Anzahl von Projekten führt zu starken zeitlichen Restriktionen der Mitarbeiter und folglich zu schlechteren Planungs- und Produktergebnissen im Projektgeschäft.

Im Folgenden wird zunächst das Aufgabenspektrum der einzelnen SE-Bereiche während eines Fahrzeugprojektes kurz dargestellt, um anschließend ausführlicher auf die Aufgaben der Logistikplanung im Rahmen des Produktentstehungsprozesses einzugehen (vgl. Abb. 4.2).

Marketing Die Ausrichtung der Fahrzeugplanung an den Kunden- und Marktbedürfnissen macht es erforderlich, dass sich alle anfallenden Planungsaufgaben im Rahmen des SE-Prozesses konsequent an den Vorgaben des Marketings orientieren. Ausgangsbasis ist die Analyse der Markt- und Kundenanforderung unter laufender Berücksichtigung der eigenen Unternehmenspositionierung am Markt (Markenkern).

Bereits in einer der Konzept- und Vorbereitungsphase vorgelagerten Initialphase müssen betriebswirtschaftliche Zielrahmen für das Neufahrzeug festgelegt und eine für die Erfüllung der Marktanforderungen geeignete Produktsubstanz definiert werden. Aufgabe des Marketings ist es, Marktforschungsdaten in Form von Absatzpotenzialen, Kundenanforderungen sowie zukünftige Markttrends zu erheben und anschließend eine Produktpositionierung gegenüber dem bestehenden Produktportfolio bzw. Wettbewerbsfahrzeugen durchzuführen und diese an laufende Entwicklungen anzupassen. Mit Hilfe von persönlichen Befragungen von PKW-Fahrern können z. B. Auswirkungen der Gleichteilestrategie oder die Bedeutung des Innenraumdesigns bewertet werden. Ein spezielles Marktforschungsinstrument stellen Produktkliniken dar. Bei der Produktklinik werden potenziellen Käufern aus der Kernzielgruppe aktuelle Planungsstände des Fahrzeugprojektes in Form unterschiedlicher Präsentationstechniken (2D-, Modell-, Interieur-, statische Prototyp- und dynamische Prototyp-Klinik) zur Begutachtung vorgestellt. Die Kernzielgruppe umfasst regelmäßige Bedarfsträger, die bereits ein Fahrzeug der entsprechenden oder einer ähnlichen Klasse besitzen bzw. nutzen. Typische Bewertungsbereiche sind Beurteilung des Interieurs und Exterieurs, Vergleiche zu Wettbewerbsfahrzeugen, Anmutungsthemen wie Innenraum- und Außenfarben, Applikationsflächen im Innenraum, Cockpit und Mittelkonsole sowie Funktionsthemen wie Cupholder, Kühlbox, Ablageflächen. Hierdurch wird es möglich weit vor der eigentlichen Markteinführung Aufschluss über die Akzeptanz eines neuen Fahrzeuges und seiner Ausstattungsmerkmale zu bekommen.

Ein weiteres wichtiges Aufgabengebiet des Marketings liegt in der absatzmarktspezifischen Definition von Ausstattungslinien und Sonderausstattungen mit den technischen und farblichen Differenzierungen der Fahrzeugkomponenten. Zusätzlich müssen zur Produkteinführung vom Marketing geeignete Produkteinführungsstrategien erarbeitet und umgesetzt werden. Hierzu zählen beispielsweise die Koordination von Fotofahrzeugen für die Werbekampagnen sowie die Präsentationen der Neufahrzeuge bei den Händlern und der Fachpresse.

Entwicklung und Konstruktion Die Fahrzeugentwicklung liefert wichtige Eingangsdaten für alle anderen Planungsbereiche (Kühn 2006, S. 11). Die primäre Aufgabe der Entwicklungs- und Konstruktionsfunktion besteht zunächst aus den Vorgaben der Produktplanung und des Designs (Funktionen, Eigenschaften und Vorleistungen der Vorentwicklung sowie Konzeptphase) Produkteigenschaften eines Fahrzeugs in Form der konstruktiven Auslegung eines Bauteils im Detail festzulegen. Die OEM Entwicklungs- und Konstruktionsleistung wird allerdings zusehends reduziert (Reduzierung der Entwicklungstiefe), so dass der Fahrzeugentwickler heute immer mehr zum Technologiemanager mutiert, der das kritische Schnittstellenmanagement interner Entwicklungs- und Konstruktionsarbeit mit den Entwicklungslieferanten und den Entwicklungspartnern (Engineering-Dienstleister) verantwortet. Neben seinen kreativen Tätigkeiten in der Serienentwicklung übernimmt er verstärkt administrative Aufgaben im Fremdleistungsmanagement und des SE-Projektmanagements. Aufgrund der erfolgskritischen Bedeutung technischen Know-hows übernimmt die Technische Entwicklung eine Schlüsselrolle in der Planung und Entwicklung neuer Fahrzeuge, was häufig durch die Übernahme der SE-Teamleiterfunktion unterstrichen wird. Der SE-Teamleiter plant und steuert die operative Umsetzung des Produktentstehungsprozesses in Richtung der gewünschten Produktziele unter Berücksichtigung der gegebenen Ressourcen und im Rahmen der vorgegebenen Kosten- und Terminziele (Wagner 2005, S. 41). Gleichzeitig leitet er das SE-Team, erstellt Situationsberichte und vertritt die Arbeitsergebnisse in den übergeordneten Entscheidungsgremien.

Strategischer Einkauf Die Hauptaufgabe des Strategischen Einkaufs (Forward Sourcing, Advanced Purchasing) liegt im frühzeitigen Aufbau strategischer Partnerschaften, der Festlegung von Zusammenarbeitsformen und Kostenstrategien sowie der Absicherung, dass neue Ideen und Innovationen frühzeitig in das Fahrzeugprojekt mit einfließen (Wildemann 2000a, S. 3 ff.). Der strategische Einkäufer bedient die strategisch wichtige Schnittstelle zwischen OEM und Lieferant. Er ist verantwortlich für die Qualität, die Wirtschaftlichkeit und die Verfügbarkeit von Kaufteilen.

Als Integrationskern im Rahmen des Simultaneous Engineering obliegt dem Einkauf die Zusammenführung der Anforderungsdefinitionen aller relevanten Unternehmensbereiche in Form der Lastenhefterstellungen für die potenziellen Lieferanten sowie die Betreuung der anschließenden Ausschreibungs- und Lieferantennominierungs-Prozesse inklusive der Preisverhandlungen. Der wichtigste Partner ist, neben dem Controller, der Entwickler und Konstrukteur, der die technischen Spezifikationen (Bauraumvorgaben, Teilegewicht, verwendete Materialien, Recyclingfähigkeit, etc.) für das Lastenheft vorgibt und laufend im Rahmen des Produktentstehungsprozesses anpasst. Eine enge organisatorische Verzahnung zwischen Strategischem Einkauf und Technischer Entwicklung (gleiches Vorstandsressort) sowie technisches Verständnis des Einkäufers bzw. betriebswirtschaftliches Denken des Entwicklers sind kritische Erfolgsfaktoren für eine erfolgreiche SE-Arbeit.

Controlling Die laufende Überwachung der Wirtschaftlichkeit neuer Fahrzeugprojekte obliegt dem Controlling. Die Anforderung in der frühen Phase des PEP liegt darin, in Wechselwirkung zur Definition der technischen Spezifikation, betriebswirtschaftlich notwendige und erreichbare Kostenziele zu fixieren. Standardverfahren ist das Target Costing, bei dem im Rahmen des gesamten Fahrzeugprojektes für einzelne Umfänge (Module, Systeme, Komponenten) Zielkosten definiert werden (vgl. Abschn. 4.7.1). Diese Vorgehensweise ist sowohl Top-Down als auch Bottom-Up geprägt. Der Controller überwacht die Einhaltung der Zielkosten und übernimmt die Zusammenführungsfunktion aller Planungsdaten, die nötig sind um die Zielrendite des Projektes zu erfüllen. Hierzu zählt auch die Bewertung von Investitionsalternativen meist durch die Verfahren der Kapitalwert- und interne Zinsfussmethode sowie Pay-Off Periode. Zusätzlich müssen die Kostenauswirkungen verschiedener Planungsalternativen abgewogen werden, um rechtzeitig die realisierbaren Konzepte einzugrenzen und Auswahlentscheidungen zu treffen. Neben der Kenntnis geeigneter Controllingmethoden ist dabei auch technischer Sachverstand gefragt, da die betriebswirtschaftliche Bewertung immer auf technischen Änderungen basiert.

Produktion Jede Produktänderung hat unmittelbare Auswirkung auf den Fertigungsprozess. Fahrzeugentwicklung und Fertigungsplanung werden daher möglichst parallelisiert durchgeführt, um Synergieeffekte zu erreichen, Fahrzeuge möglichst produktionsgerecht auszulegen sowie um die Planungs- und Einführungszeiten zu verkürzen (Kühn 2006, S. 12). Aufgrund der oft langen Vorlaufzeiten für die Neu- und Umplanung komplexer Anlagen muss die Fertigung frühzeitig in den Produktentstehungsprozess miteinbezogen werden. Hauptaufgaben der Fertigungsplanung sind die Planung der gewerkespezifischen Produktionsprozesse, die Überwachung der Realisierung der Produktionsanlagen bis zum Hochlauf sowie die Gewährleistung der geforderten Leistungsfähigkeit und Verfügbarkeit der Anlagen. Die Fertigungsplaner der jeweiligen Gewerke Presswerk, Karosseriebau, Lackiererei und Montage übernehmen die Produktspezifikationen und setzen diese in Lastenheftvorgaben für die Fertigungsanlagen um. Produkt- und Prozessinnovationen sind eng miteinander verzahnt. Design- und Konstruktionsvorgaben sind heute oft nur möglich, weil die Fertigungstechnologie dies ermöglicht. Gleichzeitig bedeutet der technische Prozess aber auch eine Restriktion für die Freiheitsgrade in Design und Konstruktion, die frühzeitig aufeinander abgestimmt werden müssen.

Ergonomie und Arbeitssicherheit Die Ergonomie und Arbeitssicherheit hat die Aufgabe, Arbeitsplätze nach ergonomischen Kriterien zu gestalten, d. h. eine Gesundheitsgefährdung der Arbeitnehmer zu vermeiden. Bei der Arbeitsplatzgestaltung dienen Körpermasse und Körperkräfte als Grundlage zur Einrichtung eines Arbeitsplatzes und zur Vermeidung von Zwangshaltungen. Arbeitsplätze müssen grundsätzlich von unterschiedlichen Personen genutzt werden, ohne dass die Gefahr gesundheitlicher Schäden besteht. Zur Arbeitsmittelgestaltung zählen Werkzeuge, Bedienteile sowie Maschinen, Anlagen und auch die Flurfördergeräte.

Qualitätsmanagement Planung, Umsetzung und Kontrolle der Produkt- und Prozessqualität für Neufahrzeuge obliegt dem Qualitätsmanagement. Fehlervermeidung beginnt im Produktentstehungsprozess, was die frühzeitige Einbindung qualitätsspezifischer Sichtweisen erfordert. Durch Investitionen in qualitätssichernde Maßnahmen können Folgekosten wie Gewährleistungs- und Kulanzkosten drastisch reduziert werden. Auch die gestiegenen Qualitätsanforderungen der Kunden bzw. durch Leistungen der Wettbewerber erfordern eine verstärkte Fokussierung auf das Qualitätsmanagement.

Vertrieb Der Vertrieb stellt das Bindeglied zwischen OEM, Handel und Endkunden dar. Mit Hilfe unterschiedlicher Fahrzeugspezifikationen und geplanter Preise werden laufend Volumenzahlen potenziell verkaufter Fahrzeuge über den Vertrieb abgefragt, welche in die betriebswirtschaftliche Bewertung mit einfließen. Auch die Planung und Befüllung der Handelspipeline im Vorfeld der Markteinführung fällt in den Zuständigkeitsbereich des Vertriebs.

Kundendienst Ziel der Kundendienstaktivitäten ist die Planung aller aus Fahrzeugservicesicht relevanten Faktoren. Ein wesentlicher Bestandteil ist die Bewertung der Kundendienstfreundlichkeit des neu geplanten Fahrzeuges unter Wirtschaftlichkeitsüberlegungen. Ziele sind die Verbesserung der Servicestellung (z. B. beim Zahnriemen-Wechsel) sowie die Verbesserung der Diagnosefähigkeit des Fahrzeuges. Hierzu müssen frühzeitig Service- und Reparaturprozesse für das Fahrzeugprojekt auf virtueller Basis bzw. anhand von Prototypenfahrzeugen untersucht und geeignete Reparaturkonzepte entwickelt werden.

Ein weiteres Planungsziel aus Kundendienstsicht ist die Vermeidung von Fehlern die beim Vorgängerfahrzeug gemacht wurden. Dazu werden Statistiken über aufgetretene Schadensfälle und Reparaturereignisse bei den jeweiligen Händlern geführt. Die Auswertung der Schadensberichte des Vorgängermodells sowie die Einbringung eines Zielkatalogs zur Schadensvermeidung ist eine der Hauptaufgaben des Kundendienstes im Rahmen der SE-Arbeit.

Zusätzlich müssen Fahrzeugunterhaltskosten wie Kraftstoffverbrauch, Haftpflicht, Vollkasko, Instandsetzung, Wartung und Steuern geplant werden. Potenziale für die Versicherungseinstufungen müssen im Rahmen eines kaskorelevanten Design-, Entwicklungs- und Konstruktionsprozesses Berücksichtigung finden (z. B. Sollbruchstellen, Crashschutz teurer Steuergeräte, Reparaturlaschen und Reparaturdeckel). Auch der Diebstahlschutz des Fahrzeuges spielt eine Rolle bei der Versicherungseinstufung.

Externe Lieferanten Durch die laufende Reduzierung von Fertigungs- und Entwicklungstiefe (vgl. Abschn. 3.2.3) wird der Großteil der Wertschöpfungs- und Entwicklungsleistung eines Fahrzeuges heute nicht mehr beim OEM sondern bei seinen Lieferanten erbracht. Der gestiegenen Bedeutung der Lieferantenwertschöpfung wird durch die stärkere Integration der Entwicklungslieferanten Rechnung getragen. Die Zulieferer sollen ihre Produkterfahrung miteinbringen, Konstruktion und Fertigungsbedingungen bestmöglich aufeinander abstimmen und ihre Entwicklungsabläufe selbst festlegen. Die enge Abstimmung und das Vermeiden von Schnittstellenfehlern kann nur erreicht werden, wenn die Mitarbeiter des System- und Modullieferanten direkt im SE-Team eingebunden sind. Dies geschieht heute über sog. Projekthäuser (SE-Haus, Design-Haus, etc.) in denen qualifizierte externe Entwicklungspartner für die Projektlaufzeit zusammengezogen werden (Kurek 2005, S. 17). Durch die enge Zusammenarbeit im Projekthaus erhöht sich die Reaktionsfähigkeit und Entscheidungsqualität im PEP. Heute werden Modul- und Systemlieferanten bereits in bzw. am Ende der Konzeptphase nominiert und von da an in den Produktentstehungsprozess integriert. Dies ermöglicht eine enge Zusammenarbeit über die gesamte Serienentwicklungsphase von ca. 30 Monaten hinweg.

4.3 Logistikspezifischer Produktentstehungsprozess

Abbildung 4.3 gibt einen Überblick der Planungsbereiche im logistikspezifischen Produktentstehungsprozess, welche in den Folgekapiteln ausführlich behandelt werden. Prinzipiell können die Hauptplanungsbereiche Versorgungs-, Verpackungs-, Logistikstruktur- und Investitionsplanung unterschieden werden.

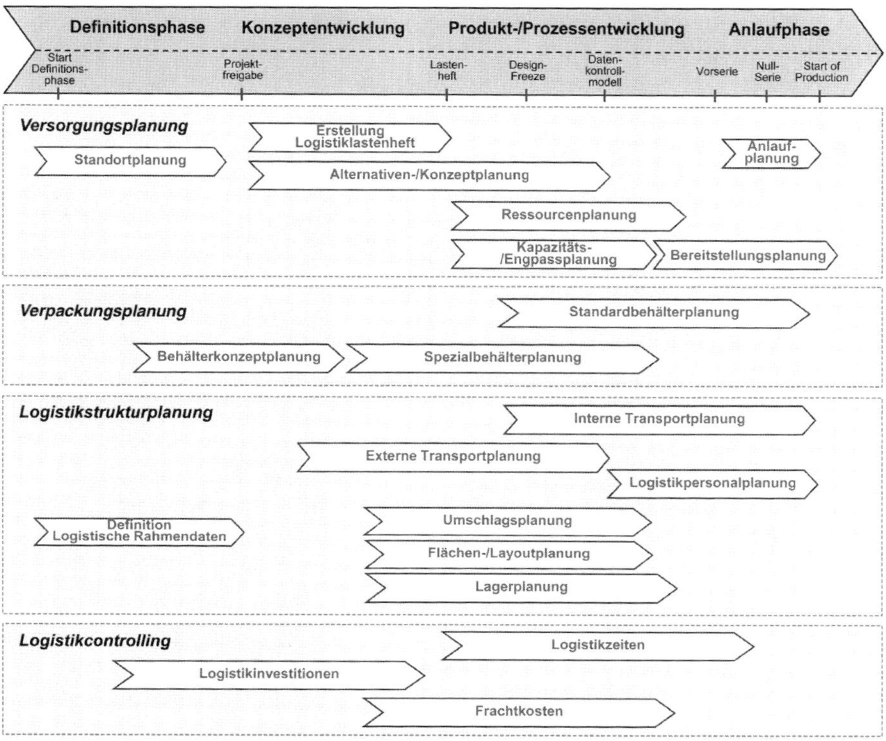

Abb. 4.3 Aufgaben der Logistikplanung im Produktentstehungsprozess

4.4 Versorgungsplanung

Die Planung der logistischen Materialversorgungskette von der Quelle Lieferant bis zur Senke Verbauort steht im Mittelpunkt der Logistikplanung. Unter der Versorgungsplanung versteht man die Planung des gesamten Materialflusses, inklusive des zu seiner Steuerung nötigen Informationsflusses, ausgehend vom Ort der Materialanstellung am Arbeitsplatz über die interne und externe Logistikkette bis hin zu den Lieferanten. Die Versorgungssicherheit der Fertigung hat höchste Priorität. Hierzu gilt es stabile und verschwendungsfreie Abläufe zu installieren. Die Hauptaufgaben der Versorgungsplanung sind:

- Die Übernahme kompletter Planungsaufgaben und Planungsverantwortung der Materialflüsse für strategisch wichtige Teileumfänge
- Die Verbesserung der logistischen Prozessfähigkeit unter Einhaltung der Kosteneffizienz
- Kostenkalkulation und Nutzenanalyse einschließlich der Investitionsplanung aller Logistikbereiche, Durchführung geeigneter Soll-/Ist-Abgleiche und ggf. Einleitung von regulierenden Maßnahmen

- Transport- und Frachtkostenplanung
- Festlegung der logistischen Rahmenbedingungen für die Teilelieferanten
- Integration der logistischen Teilplanungen zu ganzheitlichen Versorgungskonzepten, Kommunikation dieser Versorgungskonzepte, Begleitung der Integration und Umsetzung in den Werken

4.4.1 Line-Back Planungsprinzip

Bei der Planung logistischer Versorgungsprozesse im Unternehmen wird nach dem sog. Line-Back Planungsprinzip vorgegangen. Ausgangspunkt ist der Verbrauchs- und Anstellort des Materials an der Montagelinie bzw. an anderen Bereitstellorten in den Gewerken Presswerk, Karosseriebau und Lackiererei. Dem Kunden Fertigungsmitarbeiter müssen alle benötigten Bauteile und Module zur geforderten Zeit in genau der Form zur Verfügung gestellt werden, die er für einen idealen Verbau benötigt (Boppert et al. 2007, S. 349).

Der Bereitstell- und Verbauort des Materials stellt innerhalb der Logistikkette den Engpass dar, da Logistikflächen je näher sie sich am Produkt Fahrzeug befinden, umso knapper und auch umso wertvoller werden. Entsprechend dem Ausgleichsgesetz der Planung nach Gutenberg (Gutenberg 1983, S. 164 f.), muss sich die gesamte betriebliche Planung auf den Engpassbereich beziehen, da dieser letztendlich die Durchsatzleistung des betrachteten Systems bestimmt. Somit bestimmt die Durchsatzleistung des Materials am Arbeitsplatz auch den Durchsatz und die Durchlaufzeit der gesamten vorgelagerten logistischen Kette. Dies führt zu der Forderung nach dem Line-Back Planungsprinzip, die gesamte logistische Kette retrograd ausgehend vom Arbeitsplatz über die internen und externen Materialflüsse bis hin zu den Lieferanten zu betrachten. Folgende logistische Stufen müssen durchgängig und integriert bei der Planung einer logistischen Versorgungskette Berücksichtigung finden (vgl. Abb. 4.4):

Arbeitsplatz Die optimale Verfügbarkeit des Materials am Arbeitsplatz (Zeit, Menge, Qualität, Ergonomie) ist das oberste Ziel einer Versorgungsplanung, da dieser den logistischen Engpass, den größten Wertschöpfungsanteil und gleichzeitig die höchste Kapitalbindung besitzt. Das Material muss am Arbeitsplatz rechtzeitig in ausreichender Menge und Qualität zur Verfügung gestellt werden, so dass der Fertigungsmitarbeiter befähigt wird maximale Leistung zu erbringen. Für diese Planungsaufgabe müssen Fragen des logistikoptimierten Layouts, der ergonomischen Anforderungen an den Arbeitsplatz sowie die Art der Materialanstellung geklärt werden (vgl. Abschn. 6.2).

Materialabruf Der Materialabruf generiert den Abrufimpuls zum Materialnachschub am Arbeitsplatz. Er sollte synchronisiert zum Materialverbrauch erfolgen und möglichst einfach generiert werden. Bündelungseffekte durch Zusammenfassung von Abrufmengen sowie zeitliche Verzögerungen bei der Generierung des Abrufimpulses sind zu vermeiden. Prinzipiell kann zwischen einem bedarfs- bzw. verbrauchsgesteuerten Materialabruf unterschieden werden (vgl. Abschn. 6.3).

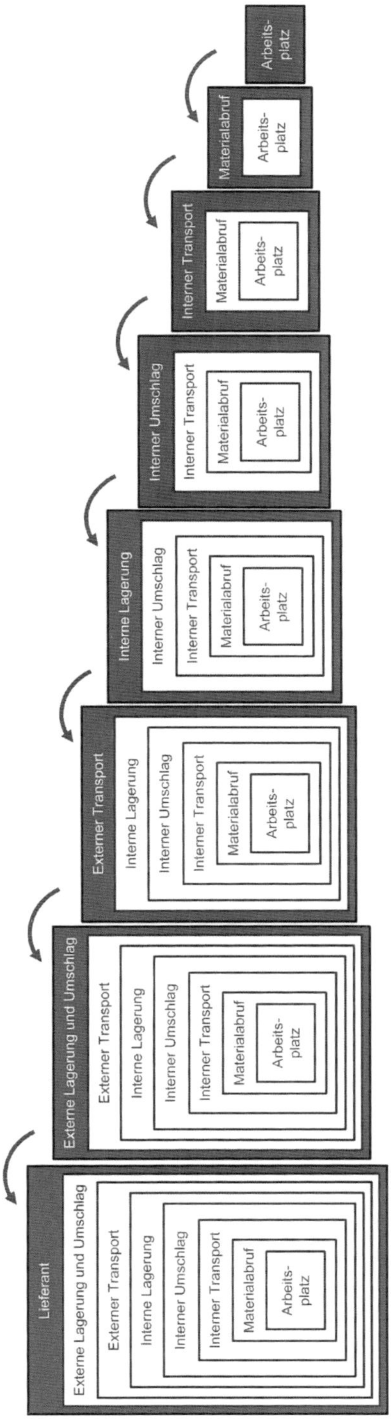

Abb. 4.4 Planungsstufen nach dem Line-Back Prinzip

Interner Transport Der Interne Transport ist für die räumliche Überbrückung der Materialströme innerhalb des Fahrzeugwerkes zuständig. Der Aufgabenbereich der Planung erstreckt sich von der Materialanstellung am Arbeitsplatz bis zur Entladung der angelieferten Waren im Wareneingang. Die Entscheidung für ein bestimmtes Transportkonzept erfolgt teile-, baugruppen- oder taktspezifisch. Hierdurch ergibt sich in der Praxis ein eingesetzter Mix aus den unterschiedlichsten Fördertechnikarten. Die wichtigsten Transportmittel in der internen Logistik stellen Stapler, Schleppzug und Fahrerlose Transportsysteme dar (vgl. Abschn. 6.4).

Interner Umschlag Der innerbetriebliche Materialfluss erfordert wechselnde Teilemengen und Teile-zusammensetzungen. Zu diesem Zweck ist es notwendig Logistikeinheiten aufzulösen und deren inhaltliche Zusammenstellung zu ändern. Der interne Umschlag dient der mengenmäßigen Gütertransformation (Pfohl 2000, S. 8 f.). Durch optimale Abstimmung von Anliefer- und Verbrauchsprozess werden Materialbestände und Handling in der Materialbereitstellung minimiert bzw. auf eine reine Umschlagsfunktion bei lagerloser Anlieferung (z. B. JIT-/JIS-Anlieferung) zurückgeführt (vgl. Abschn. 6.5).

Interne Lagerung Die Lagerfunktion ist für das Aufbewahren und Bereithalten von Material, Halbfabrikaten und Endprodukten zuständig. Dem Lager kommt die Aufgabe zu, unterschiedliche Anliefer- und Abliefergeschwindigkeiten von Material auszugleichen. Hierdurch wird eine Harmonisierung zwischen unterschiedlichen Quellen und Senken erreicht, um eine geforderte Versorgungssicherheit zu gewährleisten. Angestrebt wird die Minimierung bzw. Eliminierung der Bestände und Handlingsfunktionen durch optimale Abstimmung der Anliefer- und Verbrauchsprozesse (vgl. Abschn. 6.6).

Externer Transport Der externe Transport ist für die räumliche Überbrückung zwischen den Lieferanten und OEM bei den Inbound-Transporten bzw. zwischen OEM und Händler bei den Outbound-Transporten verantwortlich. Hierbei gilt es Fragen nach der optimalen Auswahl eines Frachtträgers sowie des externen Transportkonzepts zu klären. Ausgangsbasis der Planung bildet eine Analyse der zu erwartenden Transportströme. Dies bildet die Grundlage für eine transportvolumenabhängige Zuweisung der Teilespektren zu den Haupttransportkonzepten Direkt-, Sammelrundtour- und Sammelgut-Transport (vgl. Abschn. 6.7).

Externe Lagerung und Umschlag Ziele externer Lagerungs- und Umschlagsprozesse sind die ressourcenarme Materialanlieferung bei hoher Versorgungssicherheit sowie eine sendungsbezogene Auskunftsfähigkeit unter Berücksichtigung von Werks- und Gesamtprozessstrukturen. Als externe Lager- und Umschlagssysteme haben sich Transshipment Terminals, Lieferantenlogistikzentren sowie Außenlager in der Inbound-Logistik der Automobilhersteller etabliert (vgl. Abschn. 6.8).

Lieferant Eine optimale Gestaltung der Logistikprozesse beim Lieferanten bzw. im Lieferantennetzwerk bildet die Grundlage für einen optimierten Versorgungsprozess. Durch die zunehmende Vernetzung der Wertschöpfungs- und Logistikpartner bei gleichzeitiger Steigerung der Interaktionshäufigkeit werden die Handlungsmöglichkeiten des Logistikmanagements neben den Fähigkeiten des Fahrzeugherstellers zunehmend durch die Fähigkeiten seiner Lieferanten bestimmt. Ziel ist die Schaffung von Transparenz über Bestände, Bedarfe und Kapazitäten bei den Lieferanten und Vorlieferanten sowie das frühzeitige Erkennen von Engpasssituationen. Eine hohe Lieferfähigkeit soll dabei nicht durch das Vorhalten von Beständen und Redundanzen beim Lieferanten erreicht werden, sondern durch schlanke und abgestimmte Planungs- und Logistikprozesse. Hierzu bedarf es der Auswahl und Entwicklung geeigneter Lieferanten im Rahmen des logistischen Lieferantenmanagements (vgl. Abschn. 5.2).

4.4.2 Logistikkettenmodelle der Versorgungsplanung

Allgemein kann zwischen folgenden Modelltypen für die Versorgungsplanung unterschieden werden (vgl. Abschn. 2.3):

- Mikro- und Makromodelle der Versorgungsplanung
- Statische und dynamische Modelle der Versorgungsplanung
- Heuristische und optimierende Modelle der Versorgungsplanung

Der häufigste eingesetzte Modelltyp in der Versorgungsplanung eines Automobilherstellers im Rahmen des Produktentstehungsprozesses sind statische Logistikketten- bzw. Logistiknetzwerk-Modelle, welche im Laufe des Planungsprozesses teilweise dynamisiert werden. Eine Logistikkette ergibt sich durch die Anordnung operativer Leistungsstellen, die von materiellen Objekten durchlaufen werden, welche räumlich, zeitlich oder physisch verändert werden (vgl. Gudehus 2007a, S. 28). Diese Modellierung umfasst alle teilespezifischen Quelle-Senke Beziehungen, sowie die Relationen zu den logistischen Ressourcen (Bracht u. Bierwirth 2004, S. 95). Ziel beim Aufbau geeigneter Logistikketten ist die schnelle und kostengünstige Abbildung der Versorgungsprozesse im Vorfeld der investitionsintensiven Umsetzungsphase. Ein Logistikkettenmodell kann zur Analyse, Visualisierung, Gestaltung und Dokumentation von Versorgungsprozessen eingesetzt werden (Schulte 2005, S. 535). Strukturelle Entscheidungen über die zukünftige Vernetzung der einzelnen Logistikelemente im Versorgungsprozess können gezielt mittels Logistikketten bewertet werden (Bernemann 2002, S. 65). Eine konsequente Prozessorientierung von Logistikkettenmodellen ermöglicht weiterhin die Schaffung von Transparenz über die zukünftig zu realisierenden Abläufe, deren Ressourcenverzehr und deren Beitrag zur Wertschöpfung (vgl. Abb. 4.5). Mit einer detaillierten Logistikprozessbetrachtung lässt sich analysieren wo unnötige Puffer-, Transport- und Lagerprozesse die Auftragsdurchlaufzeit in die Länge ziehen und Informationsdefizite durch ein verbessertes Schnittstellenmanagement abgebaut werden müssen (Kuhn u. Hellingrath 2002, S. 120).

Logistikkettenmodelle ermöglichen den flexiblen Aufbau unterschiedlicher Versorgungskonzepte auf Teile- und Teilefamilienbasis (vgl. Abschn. 2.2.1). Bestandteile sind Anliefer-, Umschlags- und Bereitstellungsaktivitäten die teilespezifisch zu Gesamtversorgungsprozessen zusammengesetzt werden. Anschließend werden diese Logistikketten entsprechend dem Referenzmodell der virtuellen Logistik mit den zur Durchführung benötigten Ressourcen verbunden (vgl. Abschn. 2.2.3). Die

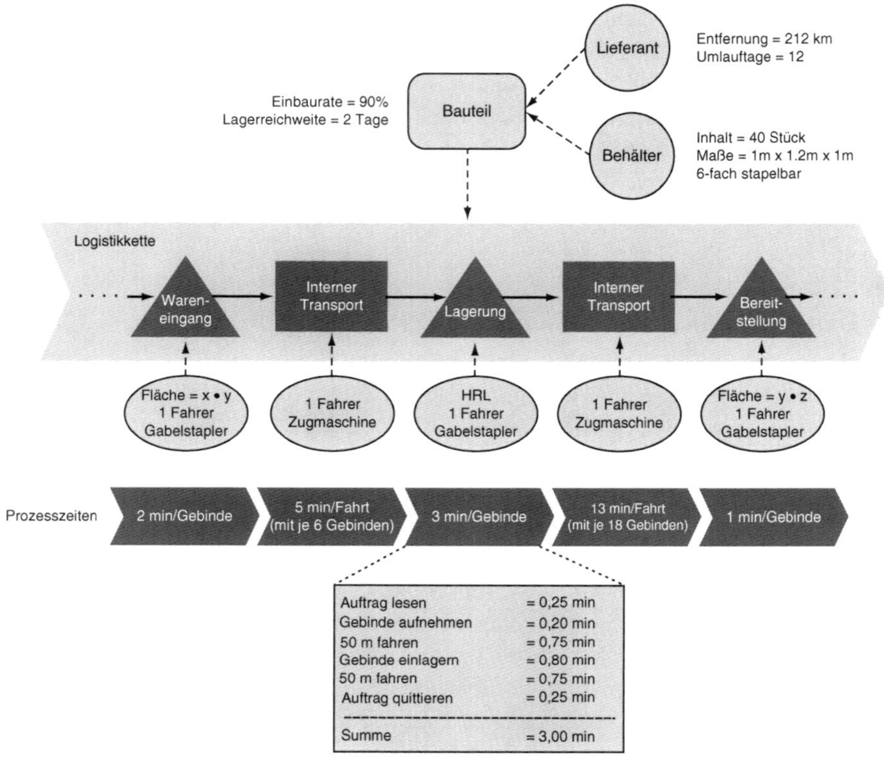

Abb. 4.5 Beispiel Logistikkette Versorgungsplanung (Schneider 2008, S. 118)

kostenmäßige Bewertung der Ressourcenverbräuche unterschiedlicher Logistikprozessalternativen ermöglicht einen Wirtschaftlichkeitsvergleich und stellt ein Auswahlkriterium für unterschiedliche Planungsalternativen dar. Dabei werden alle versorgungsrelevanten Kosten, die in der Prozesskette von der Quelle bis zur Senke anfallen, abgebildet. Vorgabe ist neben der Kosten- und Leistungsabschätzung einzelner Logistikstufen (z. B. Transport, Umschlag, Lagerung) die Logistikprozesse für einzelne Teilefamilien über die gesamte Materialflusskette hinweg ganzheitlich zu bewerten. Auf diese Weise kann Transparenz für den Planer geschaffen werden, unterschiedliche Versorgungsalternativen können generiert und – unter den gesetzten Rahmenbedingungen – der günstigste Versorgungsprozess für die jeweilige Teilefamilie selektiert werden.

Folgende Planungsaufgaben können mit Hilfe der Logistikkettenmodelle geklärt werden:

- Definition, Visualisierung und Vorgabe eines Logistikkonzeptes im Rahmen der Versorgungsplanung und im Lieferantenauswahlprozess
- Beurteilung des Ressourcenverzehrs auf Basis der Logistikprozesse
- Auswahl der wirtschaftlichsten Anlieferform
- Gestaltung der Materialflüsse zwischen Lieferant und OEM unter Berücksichtigung der Integration von Logistikdienstleistern

- Absicherung der Serienversorgung durch Notfallkonzepte
- Planung der Abrufsystematik
- Festlegung der Vollgut- und Leergutabwicklung im Behälterkreislauf
- Erarbeitung und Auswahl geeigneter Transportkonzepte

4.4.3 Planungsbereiche der Versorgungsplanung

Die Vielzahl von Anwendungsbereichen der logistischen Versorgungsplanung kann gemäß ihres Planungshorizonts und Detaillierungsgrads in eine strategische, taktische und operative Versorgungsplanung eingeteilt werden. Während der strategische Planungsbereich der Versorgungsplanung bereits einige Jahre vor Start-of-Production einsetzt, wird im taktischen bzw. operativen Bereich in Monats- bzw. Wochenzeiträumen operiert. Mit der Reduzierung des Planungshorizontes geht eine Steigerung des Detaillierungsgrades aufgrund der reduzierten Planungsunsicherheit einher. Dies spiegelt sich auch in den eingesetzten Modellen der Logistikplanung wider. Langfristige, strategische Modelle basieren meist auf statischen Logistikketten. Mit zunehmender Nähe zum SOP werden die statischen Modelle dynamisiert und detailliert. Allerdings sind die Übergänge der drei Planungsbereiche fließend. Aufgrund der hohen Änderungshäufigkeit logistischer Rahmendaten (Teilegeometrie, Standorte, Lieferanten, etc.) kann eine bereits erreichte detaillierte Stufe der Versorgungsplanung in den Grundzustand der Grobplanung zurückspringen, so dass der Planungsprozess erneut durchlaufen werden muss.

Folgende Schlüsselfragen sollen mit Hilfe der Versorgungsplanung beantwortet werden:

- Strategische Standortplanung: Welche logistische Konsequenz ergibt sich aus der Auswahl eines Fertigungsstandortes für Neufahrzeuge?
- Taktische Alternativen und Konzeptplanung: Welche logistischen Realisierungsalternativen gibt es bei den Anlieferkonzepten?
- Taktische Ressourcen- und Investitionsplanung: Welche Kosten entstehen durch den geplanten Einsatz der Logistikressourcen?
- Taktische Kapazitäts- und Engpassplanung: Welche logistischen Kapazitäten (Flächen, Behälter, Flurförderzeuge, Logistikpersonal, etc.) werden für das Neufahrzeug benötigt und wo treten eventuell Engpässe auf?
- Operative Bereitstellungsplanung: Wie müssen die Behälter am Verbauort angeordnet werden?
- Operative Anlaufplanung: Welche logistischen Anforderungen ergeben sich in der Ramp-Up Phase eines Neufahrzeuges?

4.4.3.1 Standortplanung

Automobilunternehmen verfügen in der Regel über unterschiedliche Produktionsstandorte im In- und Ausland, die teilweise um die Fertigung neuer Fahrzeuge in einem internen Wettbewerb stehen (Bierwirth 2004, S. 57). Im Rahmen der strategischen Neufahrzeugplanung muss der bzw. die produzierenden Standorte einer neuen Baureihe und deren Derivate festgelegt werden. Diese frühe Planungsprämisse beeinflusst in hohem Maße alle weiteren zu planenden logistischen Prozesse (Bracht u. Bierwirth 2004, S. 93). Ziel der logistikorientierten Standortplanung ist die frühzeitige Bewertung unterschiedlicher Materialfluss- und Informationsflusskonzepte, die sich durch verschiedene Fertigungsstandortalternativen ergeben. Folgende standortrelevante Untersuchungen müssen im Rahmen der Versorgungsplanung geklärt werden:

- Untersuchung alternativer Produktionsstandorte für ein neu zu fertigendes Fahrzeugmodell
- Untersuchung alternativer Produktionsstandorte hinsichtlich der Verteilung der Fahrzeugderivate auf verschiedene Werke
- Untersuchung der Produktionsmengenverteilung im Verlauf des Fahrzeuglebenszyklus (z. B. Anlauf- und Auslauf des Fahrzeuges an einem anderen Standort)
- Untersuchung alternativer Wertschöpfungsverteilungen eines Fahrzeugmodells auf mehrere Produktionsstandorte (Werkverbundfertigung)

Durch die Wahl des Produktionsstandortes ändern sich die Materialflüsse und gleichzeitig die gesamte Inbound-, Inhouse- und Outbound-Logistik. Im Rahmen der strategischen Planung werden unterschiedliche Standorte geprüft und hinsichtlich ihrer Leistungs- und Kostenkriterien bewertet.

Zur Realisation eines umfassenden kostenorientierten Bewertungsmodells ist es nötig für jedes Fahrzeugprojekt und für jeden Standort gewerkespezifische Kosten in den jeweiligen Werken abzufragen. Dabei stehen die Transportkosten auf Basis produzierter Fahrzeugstückzahlen (Fully-Build-Up Units) bei der Szenarienbewertung im Vordergrund. Um eine standortübergreifende Vergleichbarkeit zu gewährleisten müssen klare Kalkulationsvorgaben hinsichtlich der Bewertung von Logistikressourcen (Flächen, Behälter, Lagerbestände, Personal, etc.) vorgegeben werden.

Einen zusätzlichen Einfluss auf die Gesamtkostenstruktur hat der sog. standortspezifische Erfahrungskurveneffekt. Hierbei ist die Kosteneinsparung der wertschöpfungsbezogenen Stückkosten nicht wie im klassischen Modell an die kumulierte Produktionsmenge gekoppelt, sondern basiert auf der Dauer und Intensität mit der fahrzeugspezifisches Erfahrungswissen am jeweiligen Werkstandort aufgebaut wurde. Für die Logistikplanung bedeutet dies, dass mit zunehmender Produktionsdauer aufgrund der gestiegenen logistischen Erfahrungen mit einer Kostenreduzierung zu rechnen ist. Dieser Effekt bewirkt, dass bei Inbetriebnahme ausländischer Low-Cost Standorte wie z. B. Indien trotz der stark reduzierten Ressourcenkosten zunächst erhöhte interne Logistikkosten auftreten, welche sich erst über Jahre hinweg aufgrund des Erfahrungswissens reduzieren.

Um Fehlentscheidungen zu vermeiden müssen alle entscheidungsrelevanten Kosten der jeweiligen Standortalternativen in die Bewertung mit einfließen. Der Einsatz eines Total Cost of Ownership Ansatzes unterstützt die Verwirklichung dieser Forderung (Ellram 1993, S. 49). Neben den werkspezifischen Produktionskosten müssen auch die standortspezifischen Logistikkosten, wie z. B. Transport-,

Behälter-, Lager-, Logistikpersonalkosten sowie relevante Erfahrungskurveneffekte berücksichtigt werden. Erst durch den Vergleich aller entscheidungsrelevanten und standortabhängigen Kosten kann eine betriebswirtschaftlich fundierte Entscheidung getroffen werden.

4.4.3.2 Alternativen- und Konzeptplanung

Hauptaufgabe der Versorgungsplanung ist die Generierung und Beurteilung unterschiedlicher logistischer Versorgungskonzepte. Es werden verschiedene Konzeptvarianten, Szenarien und Planungsstände für das gesamte Fahrzeugprojekt aber auch auf Basis einzelner Teilefamilien analysiert und verglichen (Schneider u. Otto 2006, S. 64). Planungsalternativen mit unterschiedlichen Parameterkonstellationen werden zunächst abgebildet und deren Auswirkungen auf die Wirtschaftlichkeit untersucht. Somit können komplexe Wenn-Dann-Analysen durchgeführt werden (Bernemann 2002, S. 56 ff.). Ein Kosten- und Leistungsvergleich unterschiedlicher Planungsalternativen soll die Auswahl einer optimalen (im heuristischen Sinne) Versorgungskette pro Teilefamilie gewährleisten. Alternativen unterschiedlicher Versorgungskonzepte können aus mehreren Perspektiven betrachtet werden:

- Änderung der Fahrzeugspezifikation im laufenden Produktentstehungsprozess
- Unterschiedliche Fertigungsstandorte für das gleiche Fahrzeug
- Unterschiedliche Derivate die zeitlich versetzt eingeplant werden müssen
- Unterschiedliche Stückzahlprämissen der Fahrzeuge und deren Derivate
- Unterschiedliche logistische Rahmenbedingungen wie z. B. Bereitstellungsflächen, Behältertypen, Kommissionierumfänge, etc.

Ziel der Untersuchungen ist eine umfassende und möglichst detaillierte Machbarkeits- und Kostenbetrachtung aller Logistikketten zwischen den Lieferanten und einem Werk, zwischen den Werken sowie im werksinternen Bereich (Bracht u. Bierwirth 2004, S. 94).

Durch die enge Verbindung von Produkt- und Prozessmodell ändern sich die Versorgungskonzepte bei einer logistikrelevanten Änderung des Fahrzeugkonzeptes. Um die Vielzahl der Planungsalternativen zu begrenzen, wird ein mehrstufiges Verfahren eingesetzt. Eine Betrachtung findet zunächst auf hohem Abstraktionsniveau statt. Mit zunehmendem Planungsablauf werden die jeweiligen Logistikketten angepasst und detaillierter ausgearbeitet.

4.4.3.3 Ressourcenplanung

Durch die Beschreibung logistischer Prozesse im Rahmen der Versorgungsplanung kann durch die Zuordnung logistischer Produktionsfaktoren zu den Logistikaktivitäten (vgl. Abschn. 2.2.3) auch der Ressourcenbedarf frühzeitig abgeschätzt werden. Ein Ressourcenmanagement hat die Aufgabe, die Effizienz der Logistikkette durch ein integriertes Leistungs- und Kostendenken sicherzustellen, die wirtschaftliche Dimensionierung der Kapazitäten zu überprüfen und gegebenenfalls Anpassungsbedarfe der Ressourcen an geänderte Leistungen mit ihren leistungs- und kostenmäßigen Konsequenzen aufzuzeigen (Zäpfel u. Piekarz 2000, S. 9). Bei der Auswahl aktivitätsspezifischer Einsatzfaktoren gilt, dass die Feinheit der Aufspaltung und die Kostendifferenzierung sich nach der Gesamtsystemzerlegung der Versorgungskette richtet. Je detaillierter eine Logistikkette abgebildet wird, desto differenzierter müssen auch die einzelnen Einsatzfaktoren und deren Kosten erfasst und zugeordnet werden (Klug 2000a, S. 121). So kann bei der Betrachtung eines höher aggregierten Lagerprozesses für mehrere Teileumfänge lediglich der Lagerbereich mit einer summierten Lagerfläche angegeben werden, der in einer nächsten Stufe verfeinert wird und jeder Variante der Teilefamilie einen spezifischen Lagerplatz und Ressourcenbedarf zuweist. Besondere Bedeutung hat das Interdependenzproblem (Schneider 2008, S. 87). Jede Veränderung der Logistikstruktur kann Änderungen an anderen Elementen desselben Logistikprozesses oder Änderungen an Elementen anderer Logistikprozesse nach sich ziehen. Wird beispielsweise der Anlieferzyklus für ein Bauteil verringert, so erhöht sich der Flächenbedarf im Lager, da mit gestiegener Anlieferlosgröße der durchschnittliche Lagerbestand steigt.

Aus der Berechnung der logistischen Ressourcennachfrage (Personal, Flächen, Behälter, Flurförderzeuge, etc.) leiten sich die Logistikinvestitionsbedarfe ab. Diese dienen einerseits als Grundlage für die Logistikbudgetierung (vgl. Abschn. 4.7.3) als auch für die Steuerung der Investitionsbudgets. So können zum Beispiel durch die Analyse unterschiedlicher Kommissionierungsstrategien (Pick-by-Light, Pick-by-List, etc.) mit fallspezifischen Layouts, Regalen, IT-Systemen und Personal unterschiedliche Investitionsbedarfe abgeleitet werden.

4.4.3.4 Kapazitäts- und Engpassanalyse

Bei der Kapazitätsplanung wird laufend überprüft, ob die in der Planungsphase eingeplanten Logistikressourcen durch die tatsächlich zur Verfügung stehenden Produktionsfaktoren gedeckt sind. Hierzu dient ein frühzeitiger Abgleich zwischen Kapazitätsnachfrage und -angebot logistischer Ressourcen (vgl. Abschn. 2.2.3). Die Nachfrage ergibt sich aufgrund der logistischen Aktivität. Dieser Nachfrage muss ein ausreichendes Angebot an logistischen Einsatzfaktoren gegenüber stehen. Kommt es zu einem Über- bzw. Unterangebot so muss durch planerische Maßnahmen reagiert werden. Fehlflächen oder Engpässe bei den Transport- und Personalkapazitäten können in einer frühen Planungsphase sichtbar gemacht werden. Maßnahmen zum Kapazitätsaufbau wie etwa die Beschaffung von Behältern oder der Aufbau von Lagerkapazitäten werden angestoßen. Hauptschwerpunkte der Ressourcenplanung sind die Flächen-, Flurförderzeuge-, Behälter-, Personal- und Kommissionierplanung.

Im Vordergrund der Analyse steht die Vermeidung potenzieller Engpässe in der Produktherstellungsphase. Jeder mögliche Engpass im Rahmen der Versorgungsprozesse muss frühzeitig erkannt werden, um Vorsorge treffen zu können. Die Versorgungsstabilität und -sicherheit aller Fertigungsprozesse steht im Vordergrund der Planungsbemühungen.

4.4.3.5 Logistiklastenheft

Mit Hilfe eines Logistiklastenheftes werden die logistischen Anforderungen des OEMs im Rahmen des Ausschreibungs- und Vergabeprozesses von zukünftigen Anlieferumfängen (Teile, Komponenten, Module, Systeme) genauer spezifiziert (vgl. Abb. 4.6). Das Logistiklastenheft dient als Teilbaustein der Lastenheftererstellung als Grundlage zur Einholung von Angeboten. Abhängig vom Ausschreibungsumfang sowie der strategischen Bedeutung variieren die Vorgaben nach dem Detaillierungsgrad. So werden einfache Lieferumfänge wie Teile und Komponenten durch ein grobes Logistikkonzept vorgegeben. JIT- und JIS-Umfänge hingegen, welche aufgrund der engen Integrationstiefe mit dem Lieferanten eine große strategische Bedeutung besitzen, werden durch ein detailliertes Lastenheft beschrieben. Dieses dient im Rahmen des Lieferantennominierungsprozesses zur Definition der logistischen Anforderungen und kann entsprechend den sich ändernden Planungsständen im Rahmen des Produktentstehungsprozesses flexibel angepasst werden.

Nachfolgend werden wichtige Planungsaspekte einer Versorgungsplanung, die sich typischerweise in einem Logistiklastenheft befinden, dargestellt:

Lieferumfang Beschreibung des zu liefernden Teilespektrums mit den geplanten Fahrzeugproduktionsmengen und den sich daraus ergebenden geplanten Abrufmengen auf Teilebasis. Hierbei gilt es die An- und Auslaufprozesse sowie die Mengenverteilung der Fahrzeuge über die Laufzeit darzustellen. Gleichzeitig müssen Schwankungsbreiten der zu liefernden Mengen bei Veränderung des Fahrzeugprogramms beim OEM festgelegt werden (in der Regel mindestens 20% auf Basis 5 Tagesvorschau). Diese definieren den Flexibilitätsbedarf logistischer Systeme (Lager, Transport, Umschlag).

Lieferkonditionen Prinzipiell wird in der Ausschreibung von geplanten Beschaffungsumfängen sowohl eine *Ab-Werk* als auch eine *Frei-Haus*-Anlieferung vom OEM beim Lieferanten angefragt. Hierdurch ergibt sich die Möglichkeit des Alternativenvergleichs und der Auswahl der für das abnehmende Unternehmen kostengünstigsten Anlieferform. Da der Automobilhersteller über einen sehr großen

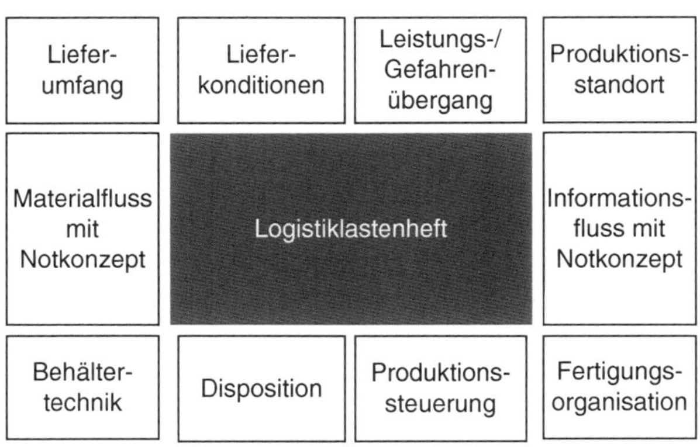

Abb. 4.6 Anforderungskriterien eines Logistiklastenheftes

Inbound-Materialstrom verfügt, ist die Wahrscheinlichkeit, dass der Lieferant kostengünstiger anliefert, relativ gering. Große Automobilhersteller können durch ihre Nachfragemacht bei den Transportkapazitäten niedrige Frachttarife realisieren. Gleichzeitig ergibt sich eine größere Vielfalt bei der Materialorganisation besonders im Teilladungs- und Stückgutbereich. 90–95% aller Transporte vom Lieferanten zum OEM-Werk werden in der deutschen Automobilindustrie in Verantwortung des OEM getätigt und *Ab-Werk* mit den Lieferanten abgeschlossen.

Leistungs-/Gefahrenübergang Dieser ist abhängig vom vereinbarten Standardanlieferkonzept (vgl. Abschn. 8.1). Der Gefahrenübergang findet generell am Ort der Warenübernahme zwischen Lieferant und Abnehmer statt. Bei Lageranlieferung ist dies der klassische Wareneingang. Bei bedarfs- oder verbrauchsgesteuerten Direktanlieferungen ist dies die Bereitstellungsschnittstelle am Einbautakt der Montagelinie. Für die durch den Abnehmer festgestellten Qualitätsmängel sind die Ursachen bzw. die Verantwortlichkeiten zwischen Lieferant und Abnehmer zu klären, Abhilfemaßnahmen abzustimmen und Vorbeugemaßnahmen festzulegen. Fehlerhafte Teile sind vom Lieferanten schnellstmöglich zu ersetzen. Die vom Lieferanten durch fehlende oder fehlerhafte Teile verursachten Folgen (z. B. Nacharbeit) werden zu dessen Lasten beseitigt.

Produktionsstandort Lieferant Bei der Festlegung eines Lieferantenstandortes durch den Fahrzeughersteller müssen eine Vielzahl von Entscheidungskriterien berücksichtigt werden. Durch die Einführung der Auftragssteuerung mit stabiler Reihenfolge (vgl. Abschn. 9.6) ist die Anlieferung im JIT-/JIS-Bereich auch über größere Entfernungen möglich (Long-Range JIT/JIS). Gleichzeitig spielen die Verfügbarkeit eines Industrieparks in Werknähe des OEM sowie die vorhandene Transportinfrastruktur eine entscheidende Rolle.

Beim Aufbau neuer OEM Werkstandorte wie z. B. in den BRIC-Ländern werden JIT-/JIS-Lieferanten aufgrund ihrer logistischen Bedeutung verpflichtet, sich ebenfalls im regionalen Umfeld des OEM anzusiedeln, was erhebliche Investitionen sowie Investitionsrisiken für die 1-Tier Lieferanten mit sich bringt.

Fertigungsorganisation Die Vorgabe der Organisationsform der Fertigung des Lieferanten ist bestimmt durch die Stückzahl- und Variantenanforderungen des OEM. Generell bedeutet eine Erhöhung der Stückzahl die Einführung flussoptimierter Fertigungskonzepte, so dass die geforderte Mengenleistung sowie -flexibilität realisiert werden kann. Gleichzeitig müssen die Lieferantenkonzepte der Fertigung auf die pullorientierten Anforderungen einer schlanken Fabrik sowie auf die Erfordernisse des OEM hinsichtlich Mengenleistung und Produktmixflexibilität abgestimmt sein.

Produktionssteuerung Grundvoraussetzung ist die Schaffung der IT-technischen Voraussetzungen, dass die Abrufe des OEM automatisiert gelesen und möglichst schnittstellenfrei verarbeitet werden können. Die Primärbedarfszahlen des OEM laut Liefer-/Fein- bzw. Produktionsabruf (vgl. Abschn. 8.2.1) müssen dann in einem eigenen Materialbedarfsplanungssystem in den Sekundärbedarf aufgelöst werden.

OEM spezifische Sachnummern, Liefertermine, Behälterdaten, Verpackungsanweisungen, etc. sind entsprechend intern zu verarbeiten. Auch das Änderungsmanagement sowie die Teilgültigkeit müssen softwaretechnisch dargestellt werden. Dabei spielt der Änderungsindex einer Sachnummer eine große Rolle, der den aktuellen technischen Stand eines Lieferumfangs widerspiegelt und aus logistischer Sicht innerhalb der Logistikkette stets hinterlegt wird. Somit können Falschlieferungen sowie das Risiko der Verschrottung von technisch veralteten Teileständen vermieden werden.

Disposition Der Lieferant ist für die IT-gestützte selbstständige Vormaterialbeschaffung und Materialdisposition inklusive der Einsatz- und Entfallterminsteuerung verantwortlich. Er verantwortet die Bestands-, Kapazitäts-, Transport- und Auftragsüberwachung im Rahmen eines Supplier Relationship Managements (vgl. Abschn. 5.3). Schwankungen bei den Abrufmengen bzw. der Variantenzusammensetzung beim Tagesprogramm des OEM müssen bis zu einem definierten Grad an die Vormateriallieferanten weitergegeben werden können.

Informationsfluss mit Notkonzept Um eine effiziente Steuerung des Materials zu erreichen, bedarf es des Austausches geeigneter Informationen. Hierzu zählen Abrufdaten, Lieferscheininformationen, Gutschriftenverfahren, Behälterinformationen sowie Transportinformationen. Datenstandards der Übertragung müssen vorab vereinbart werden. Die in der Automobilindustrie gängigen Empfehlungen zum standardisierten Datenaustausch basieren auf dem VDA-, ODETTE- und EDIFACT-Standard (vgl. Abschn. 6.9.2).

Zur Gewährleistung einer hohen Versorgungssicherheit sind alle direkt prozessabhängigen IT-Systeme durch den Lieferanten redundant auszulegen. Daten müssen auf zwei voneinander unabhängigen Wegen übermittelt werden können. Beispielhaft bedeutet dies für die Abrufdaten, dass OEM Referenzdaten übermittelt werden, welche für den Fall gravierender IT-Systemprobleme als Auslieferbasis dienen.

Materialfluss mit Notkonzept Hierzu werden die einzelnen Logistikaktivitäten sequenziell vom Lieferanten bis zur Bereitstellung beim OEM mit geringem Detaillierungsgrad beschrieben. Transport-, Umschlags- und Lageraktivitäten müssen im Rahmen des Angebotes durch den Lieferanten geplant und realisiert werden, so dass die Vorgaben zwar OEM-spezifische Restriktionen berücksichtigen (wie z. B. die räumliche Situation bei der Anlieferung der JIT-LKWs) aber trotzdem genügend Freiraum für die Logistikplanung durch den Lieferanten bleibt. Fixpunkte sind die Anlieferpunkte für LKWs im Werk sowie die Entladung und eventuelle Beschickung einer Fördertechnik mit den JIT-/JIS-Modulen. Gleichzeitig müssen die Schichtmodelle sowie die Produktionsmengen des OEMs bei der Planung des Lieferanten berücksichtigt werden. Neben der Vollgut Bereitstellung muss die Rückführung des Leerguts häufig durch 1:1-Tausch festgelegt werden.

Bei Ausfall von Transportkapazitäten bzw. internen Fertigungsproblemen des Lieferanten, die zu einer verzögerten Auslieferung führen, müssen Ersatzkapazitäten im Frachtträgerbereich bereitgehalten werden. Terminkritische JIT-/JIS-Lieferumfänge benötigen zwei Alternativkonzepte (Anlieferrouten) für den Materialtransport.

Detailabläufe hierzu sind im Rahmen einer Notablauforganisation festzuschreiben und für den Fahrzeughersteller plausibel zu dokumentieren.

Behältertechnik Die Behältertechnik umfasst alles, was zum Transport der Beschaffungsumfänge bis zur Entnahme am Einbauort erforderlich ist. Dazu gehören je nach Konzept der Transportbehälter, die zur Aufnahme der Behälter in das Transportmittel erforderliche Technik, der Behälter selbst sowie die Umschlagstechnik welche für die Be- und Entladung des Frachtträgers eingesetzt wird. Der Lieferant ist für die komplette Entwicklung, Optimierung, Ersatzbeschaffung, Instandhaltung und Reinigung der Behälter verantwortlich. Die Entwicklung der Behältertechnik erfolgt in enger Absprache mit dem OEM. Über den jeweiligen Entwicklungsstand und Terminplan ist die Logistikplanung des OEMs zu unterrichten. Die Abnahme des Behälters wird durch den Fahrzeughersteller unter Berücksichtigung der Faktoren Kosten, Qualität und Eignung durchgeführt. Transportbehälter für Vormaterialien des Lieferanten sind mit dem OEM abzustimmen und in der Kostenverantwortung des Lieferanten. Die Kosten für die Entwicklung, Beschaffung, Nachbeschaffung, Reparatur, Entzettelung und Reinigung der Transportbehälter trägt meist der Lieferant. Eine Notverpackung ist festzulegen. Für alle Ladungsträger ist eine Bestandsführung durchzuführen und periodisch mit den OEM-Daten abzugleichen.

Weitere relevante Punkte eines Logistiklastenheftes sind:

- Zuständigkeitsbereiche sowie Aufgaben des Logistikpersonals
- Realisierung logistischer Prozesssicherheit durch den Einsatz geeigneter Verfahren der Qualitätssicherung
- Anforderungen an die Warenkennzeichnung nach Vorgabestandard (z. B. Behälterlabel nach VDA-Norm)
- Anpassung der Schichtmodelle des Lieferanten an die OEM Arbeits- und Betriebszeiten
- Material- und Informationsflüsse für die Belieferung von CKD-Märkten (vgl. Abschn. 8.6).
- Bestimmung der benötigten Versuch- und Prototypenteile (vgl. Abschn. 5.4) und Vorserienteile (vgl. Abschn. 5.5) sowie deren logistisches Handling
- Festlegung der Ersatzteilkonditionen (Teilepreis, Lieferzeit, Liefermenge, etc.) bis End-of-Service (vgl. Kap. 11).

4.4.3.6 Bereitstellungsplanung

Die Bereitstellungsfläche am gewerkespezifischen Verbauort stellt die Schnittstelle zwischen Logistik- und Fertigungsplanung dar. Hier erfolgt der Verantwortungsübergang für die Teile. Während aufgrund des technischen Prozesses der Bereitstellungsort (z. B. Bereitstellungstakt an der Montagelinie) vorgegeben wird, muss die Anordnung der Behälter am Verbauort unter logistisch optimalen Anforderungen erfolgen. Eine gut strukturierte Materialbereitstellung bildet die Grundlage für einen effizienten Materialfluss mit geringen Prozesskosten. Es gelten die Grundprinzipien einer Schlanken Logistik mit dem Ziel einer verschwendungsfreien

Teileanstellung (vgl. Abschn. 7.3.2). Der Aufgabenbereich der Anstellungsplanung wandelt sich im Laufe des Produktentstehungsprozesses. In den frühen Phasen wird festgelegt wo am Verbauort die Behälter bereitgestellt werden sowie mit welchen Anordnungsprinzip (z. B. einzeilig/mehrzeilig, gestapelt/ungestapelt). Die generelle Anordnung von Regalen, Flächen und Behältern am Verbauort wird festgelegt. Grundlage der Anordnungsprinzipien bilden neben einer *Logistik der kurzen Wege* (vgl. Abschn. 1.2) auch ergonomische Anforderungen. Hierfür werden Anstellmittel wie Hub-/Drehtische und Neigungsgeräte verwendet. Diese Anstellmittel werden von der Bereitstellungsplanung ausgeplant und in das Gesamtkonzept der Versorgungsplanung nach dem Line-Back Planungsprinzip integriert. Die Bereitstellungsplanung liefert folgende relevante Planungsdaten:

- Anzahl der bereitgestellten Behälter pro Variante
- Anordnungsprinzip der bereitgestellten Behälter
- Reichweite der Teile am Verbauort
- Flächenbedarfe der Bereitstellung

Kurz vor SOP erfolgt dann mit Hilfe der Bandbefüllungsplanung eine Detaillierung der Grobplanung der Vorgängerphase. In der Übergangsphase zum Herstellungsprozess müssen geplante Layouts, Stapelfaktoren, Behälterdaten, Füllgrade etc. an das operative Betriebsmanagement übergeben werden, welche im Anschluss die laufende Optimierung in der Serie verantworten.

4.4.3.7 Anlaufplanung

Ungefähr ein Jahr vor Produktionsstart (SOP) werden Logistikkettenmodelle zunehmend zur Absicherung des Anlaufprozesses verwendet. Der Detaillierungsgrad der Modelle ist aufgrund des kurzen Restplanungshorizonts bereits sehr hoch. Gleichzeitig wird in dieser Phase der Logistikplanung teilweise das statische Logistikkettenmodell in ein dynamisches Simulationsmodell überführt. Somit wird es möglich, verschiedene logistische Rahmenbedingungen mit Hilfe der Computersimulation auszutesten (vgl. Abschn. 2.3.3.2). Ziel ist das Auffinden optimaler Anlaufalternativen aus logistischer Sicht, wobei die immer steileren und kürzeren Anlauf- (Ramp-Up) Phasen eine große Herausforderung für die Logistik bedeuten. Das Logistikmodell verlässt in der Anlaufphase das Planungsstadium und geht in den Serienbetrieb über. Hierzu bedarf es flexibler Softwaremodelle, die es ermöglichen abgesicherte Planungsdaten der Logistik (wie z. B. Flächenbelegungen, Behälterdaten, Abrufverfahren, etc.) an die Seriendisposition zu übergeben, die bereits vor SOP die laufende Betreuung und Pflege logistischer Stammdaten übernimmt. Im Rahmen des Anlaufmanagements befasst sich das Änderungsmanagement mit den notwendigen Abstimmungen und Änderungen der Einsatztermine, die durch eine technische Änderung der Bauteile notwendig werden (Baumgarten u. Risse 2001, S. 156).

Geplante Versorgungsprozesse dienen neben der internen Abstimmung auch der logistischen Integration von Lieferanten und Logistikdienstleistern. Besonders durch eine intensive Zusammenarbeit in der Auftragsdisposition und -steuerung, im Bedarfs-/Kapazitätsmanagement sowie im Bestandsmanagement und in der Transportplanung können Produktionsstörungen im Anlauf signifikant reduziert werden (Straube u. Fitzek 2005, S. 46).

4.5 Verpackungsplanung

Die Zuweisung der optimalen Verpackung für jede neu zu beschaffende und anzuliefernde Komponente bzw. Modul ist Aufgabe der Verpackungsplanung im Rahmen des Produktentstehungsprozesses. Die richtige Auswahl, Zuordnung und Befüllung von Ladungsträgern birgt noch große Einsparungspotenziale innerhalb der Logistikkette, da die Verpackung einen direkten oder indirekten Einfluss auf die Dimensionierung von Materialbeständen, Materialflüssen oder die Anzahl der Logistikressourcen ausübt (Bracht u. Bierwirth 2004, S. 94). Hauptaufgaben der Verpackungsplanung sind:

- Entwicklung und Vereinbarung ergonomisch abgesicherter und wirtschaftlicher Verpackungskonzepte
- Definition der Verpackungsanforderungen in Form eines Lastenheftes
- Visualisierung des Planungs- und Auftragsstatus bei der Behälterplanung und Behälterbeschaffung
- Einhaltung und Sicherstellung der geforderten Qualitätsanforderungen
- Koordination und Steuerung der Abstimmungsprozesse mit dem Behälterlieferanten
- Umsetzung der bestätigten Konzepte und Beschaffung des Behälterbedarfs
- Änderungsmanagement
- Entwicklung und Vereinbarung von Verpackungsstandards

Die Verpackungsplanung hat die Aufgabe unter betriebswirtschaftlichen Gesichtspunkten kosten- und leistungsoptimierte Behälterkonzepte zu erstellen. Dabei steht die Einflussnahme im PEP auf eine verpackungsgerechte Produkt- und Prozessgestaltung im Vordergrund. Der Planungsprozess der Verpackung ist, bedingt durch weltweite Lieferanten mit ihren unterschiedlichen Produktionsstandorten und lokalen Gegebenheiten, sehr komplex. Gesetzliche und länderspezifische Verordnungen müssen beachtet werden, ohne dass die Standards zur Vereinheitlichung der Packmittel und des Behälterfüllgrades vernachlässigt werden. Klimazonen sowie Anforderungen an LKW-, Bahn-, Schiff- oder Luftfrachtsendungen müssen in die Planungen mit einfließen.

Die Zuweisung der richtigen Verpackung erfolgt anhand der Teilegeometrie, des Teilebedarfs sowie den Anforderungen des Materialflusses. Die Verpackung richtet sich nach dem Line-Back Planungsprinzip (vgl. Abschn. 4.4.1), d. h. sie hängt von den Prämissen des Bereitstell- und Verbauorts ab. Die Verpackungsplaner müssen sich daher im Planungsprozess mit allen internen und externen Prozesspartnern abstimmen. Eine Integration der Verpackungsplanung im Rahmen des SE-Prozesses ist erfolgskritisch. Bei der Generierung der optimalen Verpackung bedarf es eines simultanen Zusammenspiels der Fachbereiche Versorgungsplanung, Verpackungsplanung, Einkauf, Entwicklung, Qualitätssicherung, Arbeitssicherheit und den Teile- sowie Behälter-Lieferanten. Verantwortliche Ansprechpartner aus diesen Bereichen sind dafür zuständig, dass die korrekten fachlichen Anforderungen in das Fahrzeugprojekt eingesteuert werden, dass eine fachliche Abnahme stattfindet und dass die Projektergebnisse in die Arbeit des Fachbereichs zurückfließen. Folgende Aufgabenpakete können für die Verpackungsplanung aus Sicht der unterschiedlichen Fachabteilungen definiert werden:

Entwicklung Der Entwicklungsbereich konzipiert und konstruiert das neue Fahrzeug und dessen Komponenten. Im Rahmen der Entwicklungsarbeit werden Geometrie, Gewicht und Eigenschaften der Bauteile festgelegt. Aufbauend auf diesen Angaben legt die Verpackungsplanung die Anforderungen an das Behälterkonzept fest. Ausgangsbasis sind CAD Geometrie- und Technologiedaten der Teile. Diese dienen als Grundlage der CAD-gestützten Behälterplanung sowie für virtuelle Packversuche (vgl. Abschn. 6.1.4). Durch die häufigen Teileänderungen im Rahmen des PEP ist die Organisation eines durchgängigen Änderungsmanagements entscheidend. Alle am Planungsprozess beteiligten Partner sollten möglichst zeitnah über Teileänderungen informiert werden. Zusätzlich zu den physischen Eigenschaften ist die Variantenanzahl pro Teil, welche durch die Entwicklung bestimmt wird, eine wichtige Information für die Verpackungsplanung. Zum Beispiel kann eine Geometrieveränderung eines Bauteils Auswirkungen haben auf

- den Behälterfüllgrad und daher auf das gesamte Behälterkonzept,
- die Bereitstellung und somit auf das Bereitstellprinzip,
- den Versorgungsprozess und folglich auf die Materialversorgungsstrategie.

Strategischer Einkauf Die Schnittstelle zur Verpackungsplanung mit dem Strategischen Einkauf liegt im Lieferantenauswahlprozess für die Entwicklung und Herstellung der Behälter. Der Einkauf koordiniert die Ausschreibungsphase, führt Preisverhandlungen, schließt Rahmenverträge mit den Behälterlieferanten und koordiniert mögliche Auktionen.

Qualitätsmanagement Das Qualitätsmanagement legt die Qualitätskriterien eines Bauteils fest. Auf dieser Basis wählt die Verpackungsplanung ein geeignetes Verpackungskonzept aus (vgl. Abschn. 6.1.5). Im Verpackungsplanungsprojekt übernimmt der Qualitätsspezialist die Rolle eines unabhängigen Gutachters in der Projektgestaltungsphase und sichert damit die Anwendung des Vier-Augen-Prinzips für den Projektleiter bei der Festlegung der Projektergebnisse und -abwicklung. Der Qualitätsspezialist berät und unterstützt bei der Projektstrukturierung.

Fertigungsplanung Die Fertigungsplanung plant gewerkespezifische Wertschöpfungsprozesse und sichert diese virtuell und anschließend durch Erprobung ab. Durch die Festlegung des Produktionsprozesses wird das Behälterkonzept beeinflusst. So bestimmt beispielsweise eine manuelle oder automatisierte Entnahme der Teile über die Positioniergenauigkeit der Teile im Behälter. Eine automatisierte

Roboterentnahme von Blechteilen im Karosseriebau stellt weit höhere Anforderungen an die Positioniergenauigkeit und folglich an die Maßhaltigkeit der Teileaufnahmen als die manuelle Entnahme der Teile durch einen Werker.

Versorgungsplanung Der Bereitstellort eines Bauteils determiniert das Behälterkonzept. Jeder Behälter muss so konzipiert sein, dass auf jede Variante eines Bauteils möglichst verschwendungsfrei zugegriffen werden kann. Die Flächen- sowie Entnahmesituation am Bereitstellort legt fest, um welche Behälterart (Klein- oder Großladungsträger bzw. Standard- oder Spezialladungsträger) es sich handelt und wie viele Behälter am Bereitstellort benötigt werden. Dies wiederum beeinflusst das Abrufverfahren (bedarfs- oder verbrauchsgesteuert) sowie das Anlieferkonzept.

Behälterlieferant Dieser ist für die termin- und sachgerechte Lieferung der Muster-, der Referenz- sowie der Seriengestelle verantwortlich (vgl. Abschn. 6.1.5). Der externe Behälterlieferant muss über das Änderungsmanagement integriert sein. Er sollte in das Projektmanagement und dessen terminliche Abstimmung durch Statusmeldungen, Quality Gates und Reviews in den aktuellen Planungsprozess involviert sein.

4.6 Logistikstrukturplanung

Die Logistikstrukturplanung entwickelt und optimiert die Materialflussbeziehungen, welche die logistische Aufbauorganisation eines Neufahrzeuges darstellen. Darüber hinaus ist sie unabhängig vom Einzelfahrzeugprojekt für die langfristige logistische Gestaltung der Werkstrukturen verantwortlich. Hierzu ist es nötig sich mit der Unternehmens- bzw. Produktionsstrategie eng abzustimmen. Die langfristige logistische Entwicklung der Fabrikstrukturen ist kein einmaliger sondern ein andauernder, rollierender Prozess. Die Hauptaufgaben der Strukturplanung Logistik sind:

- Strukturgestaltung, Beplanung, Optimierung und Abstimmung logistischer Strukturen
- Einbringen strategischer Größen in die Planung logistischer Strukturen
- Werkübergreifende Standardisierung logistischer Anforderungen
- Erstellen und Anpassen von logistischen Referenzsystemen
- Definition gewerkespezifischer Logistikstrategien
- Werkübergreifende Definition logistischer Standards und Vergleichsgrößen

4.6.1 Logistische Rahmendatenplanung

Die Definition logistischer Rahmendaten dient der Entwicklung neuer Logistikstrukturen, welche bei der Werkstrukturplanung sowie bei Investitionen in die Infrastruktur neuer Fahrzeugprojekte Berücksichtigung finden müssen. Folgende Anforderungen können beispielhaft als logistische Zielsetzungen für ein neues Fahrzeugprojekt angeführt werden:

- Steigerung der *Ab-Werk* Abschlüsse mit den Lieferanten
- Einsatz neuer Planungstools im Rahmen der virtuellen Fabrik (vgl. Abschn. 2.1)
- Erhöhung der Liefertermintreue
- Reduzierung der Auftragsdurchlaufzeiten im Rahmen des Kundenauftragsprozesses (vgl. Abschn. 9.2)
- Steigerung der Volumen- und Produktmixflexibilität
- Erhöhung der Sicherheit der Logistikprozesse
- Einhaltung von logistikrelevanten Planungsterminen im Rahmen der SE-Arbeit
- Logistikkostenreduzierung
- Möglichst späte Wertschöpfungs- und Variantenbildung bei der Fahrzeugfertigung (vgl. Abschn. 3.4.3)
- Reduzierung des Materialbestands an der Montagelinie
- Standardisierung der Logistikabläufe
- Staplerfreie Fertigung
- Durchgängige Sicherstellung des FIFO-Prinzips
- Transportkostenreduzierung der Sublieferanten zu den 1-Tier Lieferanten durch Frachtbündelung
- Realisierung einer verschwendungsfreien Fabrik
- Reduzierung der Umschlagsstufen innerhalb der Logistikkette
- Vereinfachung der Behältertechnik z. B. durch modularen Aufbau

4.6.2 Flächenplanung

Fläche ist die knappste Logistikressource in einer Automobilfabrik und bedarf besonderer Aufmerksamkeit bei der Planung. Die Ressource Fläche charakterisiert das typische Problem der fahrzeugspezifischen Ressourcenplanung. Die Lebensdauer einer Fläche innerhalb der Werkstruktur ist länger als die Laufzeit eines Fahrzeugprojektes (Bierwirth 2004, S. 33). Hieraus ergibt sich, dass für die Planung auf Altflächen zurückgegriffen werden muss. Gleichzeitig wird in der Planungsphase geklärt welche Flächen für das zu planende Fahrzeug zur Verfügung stehen. Eine durchgängige Klassifizierung und Priorisierung der werkspezifischen Flächen ist notwendig.

Die über die Jahre gestiegenen Fahrzeugstückzahlen durch reduzierte Taktzeiten an der Montagelinie bedeuten zunächst auch einen erhöhten Flächenbedarf in Fertigung und Logistik. Während Fertigungsflächen wertschöpfende Ressourcen sind, müssen Logistikflächen aufgrund ihres nicht-wertschöpfenden Charakters anders bewirtschaftet werden. Analog der Steigerung der Fertigungsproduktivität muss auch die Flächenproduktivität laufend gesteigert werden. Dies wird durch eine Erhöhung der Umschlagshäufigkeit der bewirtschafteten Fläche erreicht. Im Rahmen der Schlanken Logistik (vgl. Kap. 7) werden hierzu eine Reihe von Planungsmaßnahmen bereitgestellt wie z. B. kleinere Behälter mit kürzeren Abrufzyklen. Die Wirtschaftlichkeit der Flächennutzung wird umso wichtiger je näher sich diese Fläche an der eigentlichen Fertigung befindet. Hier herrscht die größte Kapitalbindung was einen schnellen Materialumschlag erfordert. Nach folgenden Kriterien können Flächen der Logistikplanung strukturiert werden:

- Anordnung der Fläche entlang der Logistikkette nach dem Line-Back-Planungsprinzip (Bereitstellungs-, verbauortnahe Fläche, interne Umschlags-, interne Anlieferfläche, interne Lagerfläche, externe Anliefer- und externe Umschlagsflächen, externe Lagerfläche)
- Nach der Art der Aktivitäten welche auf den Flächen durchgeführt werden (Transport-, Umschlags-, Puffer-, Kommissionier-, Qualitäts-, Lagerflächen)
- Zuordnung der Fläche zu den Gewerken (Presswerk-, Karosseriebau-, Lack-, und Montageflächen)
- Nach der Art der gelagerten und gehandelten Behälter (KLT-, GLT-Flächen)

Zur Unterstützung der Flächenplanung und des Flächencontrollings werden Flächenbilanzen eingesetzt. Diese sollten nach unterschiedlichen Kriterien aufgeteilt sein:

- Soll-Fläche laut aktuellem Planungsstand
- Ist-Fläche aktuell zur Verfügung
- Entfernung der Fläche gegenüber Verbauort (externe, interne, verbauortnahe, Verbauort)
- Flächenart (Lager-, Umschlags-, Puffer-, Bereitstellungs-, etc.)
- Flächennutzung (GLT-Lagerfläche, KLT-Lagerfläche, Kommissionierfläche, etc.)
- Flächenverantwortung (Logistik, Produktion, externer Dienstleister, etc.)

Die Flächenplanung kann nicht losgelöst von der logistischen Versorgungsplanung (vgl. Abschn. 4.4) erfolgen. Logistikaktivitäten wie z. B. die Bereitstellung von Teilen im Behälter am Verbauort benötigen bestimmte Flächenressourcen. Diesem Flächenbedarf – aufgrund der logistischen Aktivitäten – müssen die Flächenangebote gegenübergestellt werden. Hierdurch können bereits im Rahmen des Produktentstehungsprozesses Engpässe erkannt und frühzeitig Erweiterungsmaßnahmen beplant werden. Dieser Abstimmungsprozess kann im Rahmen der virtuellen Fabrik softwaregestützt erfolgen. Hierzu werden die bereits in der Versorgungsplanung modellierten Logistikketten (vgl. Abschn. 4.4.2) zur Auswertung in einem CAD-Layout angeordnet. „Die Kanten der Materialflüsse können über das Layout mit Entfernungsinformationen versehen werden. Neben den klassischen Layoutplänen der Fabrikplanung entstehen auf diese Art und Weise logistische Layouts, die neben den Positionsbeschreibungen der Planungsobjekte auch deren Relationen und Attribute enthalten. Der Materialflussplaner kann durch Überlagerung beider Planarten fertigungs- und logistikrelevante Anforderungen berücksichtigen und synchronisieren (Bracht u. Bierwirth 2004, S. 95)".

4.6.3 Lagerplanung

Die Funktion Lagerung dient der Zeitüberbrückung (Pufferung, Langzeitlagerung) und entsteht überall dort in der Logistikkette eines Fahrzeugs, wo ankommende und abgehende Güterströme (Material, Halbfabrikat, Fertigfahrzeug) zeitlich nicht synchronisiert sind. Schwerpunktaufgaben der Lagerplanung im Rahmen des Produktentstehungsprozesses sind (Schulte 2005, S. 221 ff.):

- Lagerausstattung einschließlich der Lagerverwaltung und -steuerung
- Umfang der Lagerzentralisation
- Eigen- oder Fremdlagerhaltung
- Lagerstandorte
- Lagerbetriebsstrategien
- Lagerdimensionierung
- Planung der Dispositionsstrategien und -parameter

Die im Wertschöpfungsprozess eingesetzten Lagergüter unterscheiden sich gewerkespezifisch, so dass innerhalb der Lagerart und -struktur eine große Heterogenität besteht. Folgende gewerkespezifischen Lagerbereiche können innerhalb der Wertschöpfungskette einer Automobilfabrik unterschieden werden.

Presswerk Im Presswerk werden große Mengen Stahlbleche in gerollter Form (Stahlcoils) verarbeitet, welche aufgrund ihres hohen Gewichtes (ca. 30–40 t) und ihrer Größe (bis zu 5 m) meist in externen Außenlagern für den Abruf im Presswerk zwischengepuffert werden. Gleichzeitig dient das Coil-Lager als Entkopplungspuffer, da die Bandstahlerzeugung in Chargen bzw. Kampagnen erfolgt (vgl. Abschn. 9.7.1). Aufgrund des hohen Einzelgewichtes und dem Umschlag der Coils mittels Hallenkran wird häufig eine Bodenflächenlagerung durchgeführt (vgl. Abb. 4.7).

Abb. 4.7 Coil-Flächenlager (Quelle: Volkswagen)

Abb. 4.8 Beispiel Pressteilelager in Bodenblocklagerung (Quelle: BLG Logistics)

Nach dem Abrollen und Zuschneiden der Coils entstehen teilespezifische flache Stahlblechzuschnitte (Platinen). Die Platinen sind in Größe und Form auf das später zu pressende Karosserieteil abgestimmt und werden nach dem Schneiden gestapelt und anschließend eingelagert. Nach dem Pressvorgang – bei dem die flachen Platinen nochmals zugeschnitten und verformt werden – müssen die dann entstandenen verformten Pressteile für den Karosseriebau zwischengepuffert werden (vgl. Abb. 4.8).

Beim Rüstvorgang einer Pressenstrasse müssen neben den Umformwerkzeugen auch die Handlinggeräte (Sauggreifer) getauscht werden, da diese an die Teilegeometrie angepasst sind. Die Pressenwerkzeuge sowie die Sauggreifer werden in einem pressenahen Lager bevorratet und rüstspezifisch bereitgestellt. Darüber hinaus werden Blechteilumfänge (Komponenten, Schweißuntergruppen und Schweißgruppen) zugekauft, welche ebenfalls bis zum Abruf eingelagert werden. Die benötigte Lagerfläche für den Pressteilepuffer zwischen den Gewerken Presswerk und Karosseriebau ist häufig auf dem Werkgelände des OEMs nicht vorhanden, so dass ganz bzw. ergänzend auf ein Außenlager zurückgegriffen wird.

Karosseriebau Nach dem Abruf der Pressteile werden diese im Karosseriebau zu Rohkarossen verarbeitet (vgl. Abschn. 9.7.2). Zusätzlich müssen die gekauften Pressteileumfänge sowie bereits vorgefertigte Anbauteile wie Türen und Klappen zeitgerecht aus dem Pressteilelager bzw. den Fertigungsbereichen zugesteuert werden. Die Speicherung von Anbauteilen erfolgt mittels der Fördertechnik, so dass neben dem primären Ziel des Teiletransportes zusätzlich die Fördertechnik als

Lagerpuffer dient. Hierbei werden die Anbauteile in Hängeförderern (Kettenförderer, Power & Free Anlagen) unterhalb des Daches in den Transportbändern gespeichert und fahrzeugspezifisch abgerufen und zugesteuert. Darüber hinaus benötigt der Karosseriebau Lagerbereichefür die Synchronisation der Fertigungsbereiche (Unterbau, Aufbau, Anbau). Nach dem Prüf- und Finishbereich wird die Karosserie im Karossenlager bis zum Abruf aus der Lackiererei zwischengepuffert. Das Lager übernimmt eine Sortierfunktion im Rahmen der Produktionssteuerung mit stabiler Auftragsfolge (vgl. Abschn. 9.6.8).

Lackiererei Der Lackbereich ist geprägt durch eine Vielzahl von unterschiedlichen Oberflächenbearbeitungsstufen (z. B. Entfettung, Phosphatierung, Grundierung, Unterbodenschutz, Basislack, Decklack). Die verwendete Fördertechnik übernimmt neben der Transport- und Sortierfunktion auch eine Lagerfunktion. Die Karossen werden entsprechend den Anforderungen der einzelnen Bearbeitungsschritte sortiert und gepuffert.

Den größten Lagerbereich in der Lackiererei stellt der sog. Farbsortierspeicher dar. Zur Reduzierung der Farbwechselhäufigkeit, der in der Lackiererei stattfindenden Füller- und Basislack-Lackierung, wird ein Karossenlager zwischengeschaltet. In diesem sog. Farbsortierspeicher werden Fahrzeuge für den jeweiligen Füller bzw. Basislackfarbton zusammengestellt (vgl. Abschn. 9.7.3). Neben den Lagerstufen für das Fahrzeug gibt es Speziallager für die Beschichtungsstoffe (Grundierungen, Füller-, Basis-, Decklacke, etc.). Diese sind augrund ihrer speziellen Gefahrenklasse in gesonderten Rohmateriallagern einzulagern.

Montage Hauptlagerbereiche sind die verbauortnahen Lagerflächen für die beschafften Kaufteile. Da der Direktlieferumfang heutiger Fahrzeugwerke bis zu 90% des gesamten Beschaffungsvolumens ausmacht (vgl. Abschn. 1.2) konnten die Lagerkapazitäten drastisch reduziert werden. Durch die synchronisierte Anlieferung müssen Beschaffungsumfänge nur kurzfristig über Flächenblocklager zwischengepuffert werden, bevor diese an der Endmontagelinie bereitgestellt werden. Der Lagerflächenbedarf wurde trotz gestiegenen Fertigungsvolumens aufgrund der Steigerung des Direktlieferumfangs bei gleichzeitiger Erhöhung der Umschlagshäufigkeit reduziert. Langsamdreher werden nach wie vor über ein automatisiertes Hochregallager bzw. Kleinteilelager zwischengepuffert. Es handelt es sich häufig um weniger als 10% des gesamten Anliefervolumens.

Distribution Nach dem Fahrzeugfinish sowie der Qualitätsprüfung wird das Fertigfahrzeug der Versandsteuerung übergeben. Hierbei werden die Fahrzeuge auf großen Freiflächen zwischengelagert bis diese per Bahn oder LKW an das Händlernetz ausgeliefert werden (vgl. Abschn. 10.3). Ein gewisser Prozentsatz der Fahrzeuge wird für den Direktvertrieb im Rahmen von Kundenauslieferungszentren vorgehalten.

Folgende Trends können bei der Lagerplanung festgestellt werden:

- Durch den zunehmenden Anteil der Direktanlieferung sinkt der Anteil von Wareneingangslagern zugunsten von verbauortnahen Zwischenpufferflächen in Bodenlagerung.

- Durch den Aufbau von Industrieparks und Versorgungszentren (vgl. Abschn. 8.5) werden Lagerflächen an Dienstleister outgesourct, welche für die Lagerbewirtschaftung sowie die Materialanlieferung am Verbauort verantwortlich sind.
- Steigende Variantenvielfalt der Montageteile führt dazu, dass immer mehr Lagerfläche für die Kommissionierung und Sequenzierung benötigt wird.

4.6.4 Transport- und Umschlagsplanung

Lagerprozesse stehen in enger Wechselwirkung mit den Transport- und Umschlagsprozessen. Daher muss im Rahmen der Logistikplanung im Produktentstehungsprozess parallel zur Lager- eine abgestimmte Transport- und Umschlagsplanung erfolgen.

Entsprechend dem geplanten Anlieferspektrum muss zunächst ein externes Transportkonzept festgelegt werden (vgl. Abschn. 6.7.2). Auf Basis des Transportvolumens, der Transporthäufigkeit, dem Transportbehälter und der Transportentfernung wird für jede Beschaffungsposition eine optimale Transportform ausgewählt. Dies beinhaltet die Wahl des Frachtträgers, die Auslastung der Frachtträger, die Wahl der Transportstrecke sowie die Auswahl des Umschlagterminals beim Sammelguttransport (Klaus u. Krieger 2000, S. 480). Gleichzeitig erfolgt im Rahmen der vertraglichen Regelung der Lieferbeziehung, durch die Festlegung sog. Incoterms, wer die Transportkosten trägt sowie wann und wo das Eigentum der Ware vom Verkäufer auf den Käufer übergeht. Als Hauptlieferbedingungen werden in der Automobilindustrie die Incoterms FCA, DDU und DDP angewandt. Bei der Lieferbedingung FCA (Free Carrier) übernimmt der OEM die Frachtkosten. FCA wird größtenteils aus Sicht des OEM abgeschlossen und bildet die Grundlage für eine Optimierung der Transportbeziehungen des Fahrzeugherstellers. Nur durch die Übernahme der Verantwortung und auch der Kosten für die Transporte besteht die Möglichkeit Transportkonsolidierungen und Frachtkosteneinsparungen durchzuführen (vgl. Abschn. 8.7.3.1). Bei den Incoterms DDU (Delivery Duty Unpaid) sowie DDP (Delivery Duty Paid) ist der Lieferant Frachtzahler wobei hier nochmals differenziert wird, wer die Zoll- und Steuergebühren übernimmt.

Die Internationalisierung der Beschaffung, Produktion und Distribution in der Automobilindustrie (vgl. Abschn. 3.2.2) impliziert, dass die Transportaktivitäten zwischen den Wertschöpfungspartnern kontinuierlich steigen und auch in den nächsten Jahren noch zunehmen werden. Die allgemeine Herausforderung für die Logistikplanung liegt in der optimierten Planung, Gestaltung und Umsetzung globaler und multimodaler Transportnetzwerke unter dem Gesichtspunkt einer Gesamtkostenoptimierung. Wichtige Methoden und Prinzipien zur Kosteneinsparung im Transportbereich sind die Materialkonsolidierung, die Optimierung der Frachtkosten bei den Sublieferanten, die Ausnutzung von Einsparungspotenzialen beim Behältermanagement sowie eine verbesserte Abstimmung zwischen der Materialdisposition und dem Frachtmanagement (vgl. Abschn. 8.7.3).

Prinzipiell kann zwischen drei Arten von Transporten und folglich Planungsbereichen unterschieden werden:

- Inbound-Transporte: Dabei steht das Transportnetzwerk vom OEM bis zu den Rohstofflieferanten im Vordergrund. Inbound-Transporte stellen den größten Teil der Transportleistung dar und haben die größte Priorität bei der Transportplanung.
- Inhouse-Transporte: Aufgrund der zunehmenden Verteilung der Fahrzeugfertigung auf mehrere Werkstandorte (Werkverbundfertigung) gewinnt der Zwischenwerksverkehr an Bedeutung. Auch die Eigenfertigung wichtiger Module und Systeme, wie Motoren, Getriebe oder Achsen an einem zentralen Standort von dem aus mehrere Fahrzeugwerke versorgt werden, erfordert eine abgestimmte und synchronisierte Transportplanung.
- Outbound-Transporte: Den Fokus bildet die Fertigfahrzeugdistribution. Für den Transport werden mehrere Fahrzeuge destinationsspezifisch gebündelt und zu Versandlosen zusammengefasst. In der Automobilindustrie finden sich unterschiedliche Strukturen von Transportnetzen für die Fertigfahrzeugdistribution wieder. Generell können die Transportprozesse in ein- und mehrstufige Transportketten eingeteilt werden (vgl. Abschn. 10.3.2).

Zwischen den Lager- und Transportfunktionen sind Umschlagsvorgänge erforderlich. Geeignete Abläufe sowie die Auswahl und der Einsatz von Technologien müssen analog der Lager- und Transporttechnik geplant und dimensioniert werden. Gemäß des Umschlagsorts lassen sich Umschlagsoperationen im innerbetrieblichen Materialfluss, an den Schnittstellen zwischen inner- und außerbetrieblichem Materialfluss sowie im außerbetrieblichen Materialfluss unterscheiden (Schulte 2005, S. 214). Hauptplanungsbereiche bei den internen Umschlagprozessen sind die Kommissionierung (vgl. Abschn. 6.5.1), der Supermarkt (vgl. Abschn. 6.5.2) sowie der Wareneingang (vgl. Abschn. 6.5.3).

Wichtig bei der Planung effizienter Logistikketten ist die wechselseitige Berücksichtigung der Logistikaktivitäten. So bestimmt beispielsweise die Transport- und Umschlagsfrequenz eines Behälters den Flächenbedarf der Bereitstellung. Steigt die Häufigkeit in der ein Behälter im Betrachtungszeitraum ausgetauscht wird (Bereitstellungsfrequenz) dann sinkt der Flächenbedarf aufgrund des höheren Flächenumschlags. Somit können die logistischen Ressourcen Flächen und Transportmittel gegeneinander substituiert werden, was in der Logistikplanung zu berücksichtigen ist.

4.6.5 Personalplanung

Die Gestaltung der Logistikstrukturen im Rahmen des Produktentstehungsprozesses ist gleichzeitig mit dem Einsatz logistischer Ressourcen verbunden (vgl. Abschn. 2.2.3). Die wichtigste logistische Ressource ist der Mitarbeiter, der neben seiner Leistungsfähigkeit auch Problemlösungspotenzial zur Verfügung stellt. Hauptziel der Personalplanung im Logistikbereich ist die Ermittlung des Personalbedarfs mit Personalqualifikation sowie die Festlegung der Organisation der Mitarbeiter (z. B. Schichtmodelle). Beispiele für Logistikpersonal sind:

- Schleppzug- und Staplerfahrer
- Kommissionierer
- Materialabrufer und Bandbereitsteller
- Lagerarbeiter
- Personal für Behälterhandling (Voll- und Leerbehälter)
- Wareneingang

Aufgrund der Wertschöpfungsverschiebung vom OEM zum Lieferantennetzwerk bekommt die Logistik bei der Planung der Ressourcen einen neuen Stellenwert. Während früher ausschließlich die direkten produktiven Zeiten an der Montagelinie bei der Planung eines Neufahrzeuges berücksichtigt wurden, müssen heute aufgrund der steigenden Zeitanteile der Logistik auch die Logistikzeiten pro Fahrzeug in die Bewertung miteinbezogen werden. Als Kostentreiber der Logistik wird die Anzahl der Behälterbewegungen, welche pro Fahrzeug entstehen, verwendet. Die Ermittlung der Logistikzeiten pro Leistungseinheit (z. B. Behälter) kann durch unterschiedliche Verfahren erfolgen:

- Vergleichsschätzung: Es werden auf Basis von Vorgänger- bzw. Vergleichfahrzeugen die Logistikzeiten für z. B. Wareneingang, Transport, Kommissionierung übernommen und eventuell ausstattungsbedingt korrigiert.
- Systeme vorbestimmter Zeiten: Bei diesem Verfahren werden mit Hilfe der Verfahren der virtuellen Fabrik (vgl. Abschn. 2.1) zukünftige Logistikabläufe softwaretechnisch modelliert und bewertet. Dabei werden Zeitwerttabellen eingesetzt, welche für jeden Bewegungsablauf unter Berücksichtigung der Rahmenbedingungen gewisse Zeitvorgaben enthalten. Der Vorteil des Verfahrens liegt in der Genauigkeit und Unabhängigkeit vom realen Prozess.
- Zeitaufnahme vor Ort: Da sich das Neufahrzeug erst in der Entstehung befindet, muss auf Prototypen- und Vorserienteile zurückgegriffen werden. Seriennahe logistische Bedingungen werden meist erst kurz vor SOP geschaffen, was zu spät ist für eine proaktive Logistikbewertung.

Durch die Ermittlung und den Einsatz von Vorgabezeiten für Logistikaktivitäten können folgende Planungsaufgaben erfüllt werden:

Berechnung Kapazitätsbedarf Logistikpersonal Durch die Berücksichtigung der geplanten Fahrzeugstückzahl können die Behälterbewegungen auf das Gesamtfahrzeug bzw. auf das Produktionsprogramm hochgerechnet werden, um zu einem Gesamtkapazitätsbedarf für das Logistikpersonal zu kommen. Dieser dient der Personalbeschaffungsplanung, da die Rekrutierung geeigneten Personals bzw. die Umsetzung aus anderen Bereichen eine gewisse Vorlaufzeit benötigt.

Berechnung interne Logistikkosten Durch die Betrachtung der Versorgungsketten mit den Zeitanteilen, kann die Gesamtlogistikzeit pro Fahrzeug berechnet werden. Bewertet mit den relevanten Kostensätzen führt diese Analyse zu den internen

Logistikkosten pro Fahrzeug, die gemäß dem Target Costing Prinzip laufend erfasst und überwacht werden (vgl. Abschn. 4.7.1).

Analyse logistischer Aufwand Verursachungsgerechte Kostenrechnung fordert eine durchgängige Verrechenbarkeit von Aufwendungen über die eigentliche Wertschöpfungsgrenze hinweg. Hierbei geht es um die Verlagerung von Kosten von der Fertigung auf die Logistik. Durch die fertigungsoptimierte Bereitstellung von Material (in kleinsten Mengen, sequenziert) kann der direkte Bereich der Fertigung Kosten einsparen, da die Teileentnahme sowie das Handling optimiert werden. In der Folge entstehen Mehrkosten bei der Logistik, da Teile in kleinere Behälter umgepackt (Downsizing) bzw. in einem eigenen Bereich kommissioniert werden müssen. Dieser Mehrbedarf an Logistikzeiten und Logistikkosten beim Personal muss der Fertigungszeit gegenübergestellt werden, um zu aussagefähigen Planungsdaten zu gelangen.

4.7 Logistikcontrolling

Die Kosten- und Leistungsplanung ist Teil des übergreifenden Produktentstehungsprozesses. Die in der frühen Phase fehlende Exaktheit der Kosten ist primär bedingt durch den Mangel an genauen Fahrzeugspezifikationen. Gleichzeitig werden aber im Produktentstehungsprozess bereits 70–80% der Gesamtfahrzeugkosten festgelegt (Becker 1999, S. 53 ff.), was nur wenig Spielraum für tiefgreifende Kostenrestrukturierungen in der laufenden Serie lässt (vgl. Abb. 4.9). Eine möglichst frühzeitige Planung und Kontrolle der Kosten auch im Logistikbereich ist daher für die Wirtschaftlichkeit eines Fahrzeugprojektes zwingend erforderlich (Küpper 1993, S. 43).

Neben der Logistikkostenverursachung durch ein Fahrzeugprojekt muss auch die Leistungsseite der Logistik Berücksichtigung finden. Nur eine optimierte Logistik ermöglicht letztendlich einen schlanken Produktentstehungs- sowie Produktherstellungsprozess. Im Folgenden werden die Hauptverfahren des Logistikcontrollings diskutiert wie sie vorwiegend im Rahmen der SE-Arbeit in der Automobilindustrie eingesetzt werden.

4.7.1 Logistics Target Costing

Target Costing ist ein Ansatz des Kostenmanagements, der im Jahre 1965 von Toyota entwickelt und seit den 70er Jahren zunächst verstärkt in japanischen Unternehmen eingesetzt wurde. Target Costing ist ein Instrument des strategischen Kostenmanagements, welches in der Lage ist, Produkte, Märkte und Ressourcen unter strategischen Gesichtspunkten zu kombinieren und diese Informationen in quantitative Messgrößen zu transformieren. Es handelt sich nicht um ein spezielles

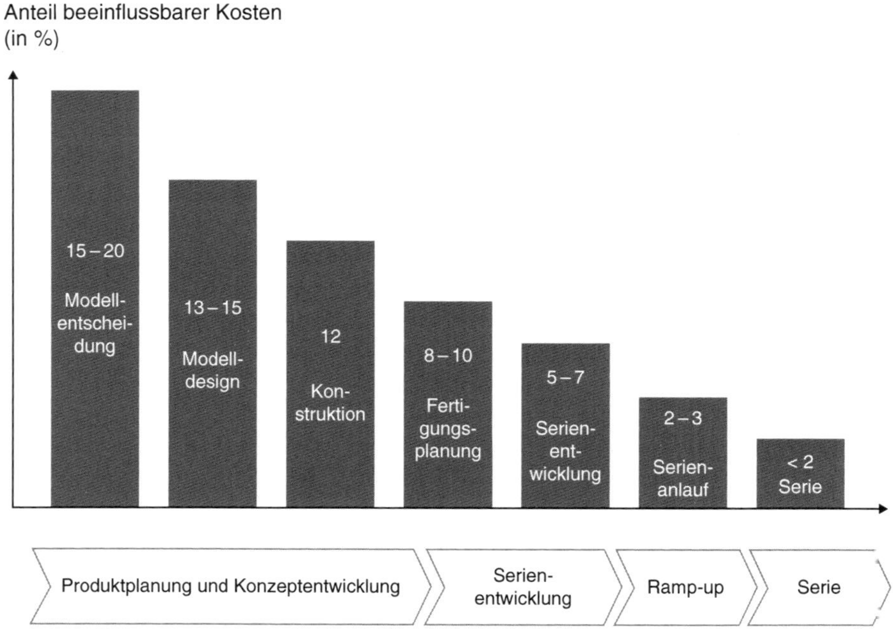

Abb. 4.9 Kostenbeeinflussung im Produktentstehungsprozess (Schlott 2005, S. 40)

Kostenrechnungsverfahren, sondern um eine umfassende Planungs- und Steuerungsphilosophie im PEP, die einerseits als kostenrechnerisches Instrumentarium fungiert aber andererseits auch eine generelle Gestaltung des Prozesses hinsichtlich organisatorischer und instrumenteller Aspekte erlaubt (Horváth 1996, S. 519). Das Zielkosten-Management ermöglicht alle relevanten Ursachen und deren finanzielle Auswirkungen auf die Wirtschaftlichkeit eines Fahrzeugprojektes aus Kundensicht darzustellen. Folgende Ziele werden mit dem Einsatz des Target Costings verfolgt:

- Konsequente und frühzeitige Kundenorientierung im PEP
- Marktorientierung des gesamten Unternehmens und insbesondere des Kostenmanagements
- Strategieorientierung durch einen markt- und zielorientierten PEP
- Einsatz des Kostenmanagements schon in den frühen PEP-Phasen
- Dynamisierung des Kostenmanagements durch ständige marktgetriebene Überprüfung der Kostenziele
- Motivierung der SE-Partner, da der Planungsprozess durch konkrete Marktanforderungen und nicht durch abstrakte Unternehmensziele gesteuert wird

Ausgangsbasis zur Berechnung der Zielkosten bildet die Modellrenditerechnung bei der zunächst ausgehend vom Marktpreis ein Zielgewinn bzw. eine Zielrendite pro Fahrzeug Top-Down festgelegt wird (vgl. Abb. 4.10).

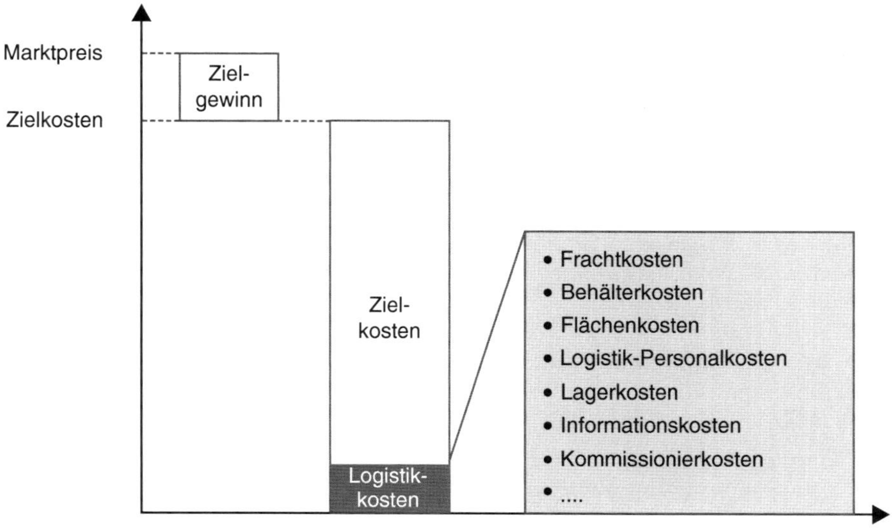

Abb. 4.10 Retrograde Kostenermittlung beim Target Costing

Im Vergleich zur traditionellen Zuschlagskalkulation bei der ausgehend von den Selbstkosten plus Gewinnaufschlag der Fahrzeugpreis berechnet wird, erfolgt die Preisfestlegung retrograd vom Kundenmarkt her (Reverse Pricing). Aus strategischer Sicht sind neben den kunden- auch konkurrenzorientierte Aspekte zu berücksichtigen (Schuh 2005, S. 190).

Die marktorientierten Zielkosten stellen zunächst die maximal erlaubten Kosten dar, die es zu erreichen gilt. Diesen erlaubten Kosten (Allowable Costs) stehen die durch die Fachabteilungen kalkulierten Standardkosten (Drifting Costs) auf Basis der internen eingesetzten Prozesse und Technologien gegenüber. Bei bereits existierenden Fahrzeugmodellen orientiert sich dieser Wert am Vorgängermodell mit dem Kostenstand zum Serienauslauf (EOP). Diese Daten dienen als Basiszielwert für das Nachfolgemodell. Durch die Gegenüberstellung zwischen Allowable und Drifting Costs ergibt sich im Regelfall eine Lücke, welche durch geeignete Maßnahmen geschlossen werden muss. Bei dieser Vorgehensweise muss laufend wertanalytisch überprüft werden, welche Produkteigenschaften der Kunde honoriert und mit welcher Preispositionierung die angestrebten Marketingziele (Volumen, Mix) erreicht werden können. Abbildung 4.11 gibt einen beispielhaften Überblick über logistiknahe Maßnahmen zur Schließung der Kostenlücke. Neben den logistikbezogenen Kostenpotenzialen müssen Technologiepotenziale in Konstruktion und Entwicklung, beim Werkstoffeinsatz sowie den eingesetzten Fertigungsverfahren berücksichtigt werden.

Bei der Vorgabe von Zielkosten können zwei Sichtweisen unterschieden werden. Zunächst wird versucht auf Fahrzeugebene den SE-Gruppen (wie z. B. Motor/ Getriebe, Elektrik, Fahrwerk, Karosserie, etc.) Einzelkosten zuzuweisen, die an-

Lieferanten-management	Supply Management	Bündelung	Vertrags-gestaltung	Beschaffungs-logistik	Optimierung Leistungstiefe	Produkt-/Programm-Optimierung
• Lieferanten-auswahl • Lieferanten-bewertung • Lieferanten-klassifizierung • Lieferanten-entwicklung	• Beschaffungs marktanalyse • Single Sourcing • Global Sourcing • Supplier Collaboration	• Preis-Info-systeme • Interne Bündelung • Externe Bündelung	• Gegenstand • Koopera-tionsgrad • Konditionen	• Anliefer-konzept • Lieferabrufe • Lieferanten-integration • Optimierung Disposition • C-Teile Management	• Modular Sourcing • Make-or-Buy Entscheidung • In-/Out-Sourcing	• Design to Cost • Wertanalyse • Varianten-management • Gleichteile • Funktions-integration • Postpone-ment

Abb. 4.11 Maßnahmen zur Schließung der Kostenlücke (in Anlehnung an Schuh 2005, S. 197)

schließend bis auf Komponentenebene runtergebrochen werden. Prinzipiell sollten die Kosten jeder Komponente ihrem prozentualen Anteil zur subjektiven Erfüllung des Kundennutzens entsprechen (Kaiser 1995, S. 133). Für die Zielkostenspaltung auf eine untergeordnete Ebene (z. B. Komponenten) werden die Funktions- und die Komponentenmethode verwendet (Schuh 2005, S. 191 f.). Bei der Funktionsmethode bilden die Kundenwünsche die Ausgangsbasis. Anschließend wird eine marktbezogene Zuweisung der Kundenwünsche zur ressourcenorientierten Inanspruchnahme der Funktionsbereiche im Unternehmen durchgeführt. Bei der Komponentenmethode werden im Gegensatz hierzu die gewichteten Kundenanforderungen direkt auf die Komponenten disaggregiert.

Problematisch ist die Kostenabschätzung für Komponenten zu einem frühen Zeitpunkt des Produktentstehungsprozesses, in dem noch keine konkreten Informationen über das Bauteil vorliegen. Ersatzweise kann eine Fahrzeugmodellierung auf Basis von Referenzteilen des Vorgängermodells erfolgen. Mit fortschreitendem Planungszyklus und steigender Planungsgenauigkeit sind dann die Referenzteile sukzessive durch die aktuellen Planungsstände auszutauschen (Schuh et al. 1995, S. 29). Neben der Kostenzuweisung auf das Fahrzeug und seine Komponenten werden beim Target Costing Aufwendungen auch auf Fahrzeugprojektebene aufgeteilt. Hierzu zählen beispielsweise Investitionskosten, Entwicklungskosten, An- und Auslaufkosten oder Folgekosten. Für beide Bereiche werden Zielvorgaben sowohl Top-Down als auch Bottom-Up gebildet, die mittels einer permanenten Kalkulation berechnet und aktualisiert werden.

Innerhalb dieser Vorgehensweise werden Zielkostenvorgaben speziell für den Bereich der Logistik gemacht. Folgende Kostenbestandteile können beispielhaft für den Bereich Logistik unterschieden werden:

- Frachtkosten für die Inbound-Transporte
- Verpackungskosten
- Handlingskosten (z. B. im Wareneingang)
- Kommissionierkosten (bei sequenzierten Teilen)
- Interne Transportkosten (Flurförderzeugkosten)
- Logistikpersonalkosten
- Bereitstellungskosten
- Lagerkosten

Gleichzeitig werden auf Fahrzeugprojektebene logistische Aufwendungen wie z. B. die gesamten Behälterinvestitionskosten für Spezialbehälter oder die Frachtkosten bei den Inbound-Transporten ermittelt und laufend überwacht.

Das Logistics Target Costing kann sowohl auf Einzelteileebene als auch auf Teilefamilienebene eingesetzt werden. Bei der Bildung von Teilefamilien werden physisch ähnliche Teile (Maße und Gewichte) mit gleichen Funktionen, dem gleichen Bedarfsort sowie gleichen logistischen Abläufen zu leicht handhabbaren Einheiten – den logistischen Teilefamilien – zusammengefasst (vgl. Abschn. 2.2.1). Hierdurch lassen sich die Aufwendungen für die Kostenerfassung, Kostenverteilung und Kostenzuweisung erheblich reduzieren ohne die Aussagekraft der Kostendaten drastisch zu vermindern.

4.7.2 Logistikkostenrechnung

Die Grundanforderung der Logistikplanung im Produktentstehungsprozess nach einer wertmäßigen Abbildung zukünftiger Ressourcenverbräuche macht es neben der Beschreibung der Logistikprozesse in geeigneten Struktur- und Prozessmodellen erforderlich, sich in einem zweiten Schritt mit den wertmäßigen Abläufen zu beschäftigen (Klug 2000a, S. 118 f.). Ziel ist die umfassende Kostenbeeinflussung bereits in der Planungsphase der Logistikprozesse hinsichtlich Niveau, Struktur, Verhalten, Flexibilität und Transparenz. Traditionelle Kostenrechnungssysteme sind auf die Kostenermittlung und Kalkulation von Produkten ausgerichtet. Die Logistik als Querschnittsfunktion muss dagegen prozessorientiert bewertet werden, was den Einsatz prozessorientierter Kostenrechnungsverfahren erfordert. Den einzelnen Logistikprozessen werden mit Hilfe von Kostentreibern über eine Verbrauchsfunktion Ressourcenverbräuche zugewiesen, die anschließend durch geeignete Kostenfaktoren bewertet werden. Ziel der Logistikkostenrechnung ist die transparente und verursachungsgerechte Zuweisung der Logistikkosten auf Teile- und Fahrzeugebene. Abhängig vom Betrachtungsfokus Prozesskette Teil oder Prozesskette Fahrzeug müssen unterschiedliche Kostentreiber und Kostenarten in die Rechnung miteinbezogen werden.

Die üblicherweise eingesetzten Kostentreiber Materialkosten und Fertigungszeit, wie sie im Bereich der Zuschlagskalkulation eingesetzt werden, sind für die Berücksichtigung logistischer Prozesse ungeeignet. Eine Zuschlagskalkulation auf Basis von Materialkosten führt dazu, dass teure Kaufteile (z. B. Motorsteuergerät) aufgrund ihrer hohen Materialkosten auch hohe Logistikkosten zugewiesen bekommen, obwohl – aufgrund oft geringer Teilegröße und hoher Packungsdichte – die tatsächlichen Logistikkosten relativ gering sind. Darüber hinaus werden günstige Kaufteile tendenziell mit zu geringen Logistikkosten beaufschlagt.

Beispiel Logistikkostentreiber Fensterheber wurden bisher von einem tschechischen Automobilzulieferer, für den anschließenden Verbau in einem Türmodul, im deutschen Endmontagewerk des OEMs angeliefert. Den Lieferauftrag erhält zukünftig für das Nachfolgemodell ein ukrainischer Lieferant. Hierdurch sinken die Teilematerialkosten um 40%. Gleichzeitig steigen allerdings die Logistikkosten

(Frachtkosten, Behälterkosten, Steuerungskosten, Bestandskosten, etc.) um 25%. Beim Einsatz einer Zuschlagskalkulation bei der die Gemeinkosten auf Basis der Einzelkosten (z. B. Materialkosten) aufgeschlagen werden, würden die Gemeinkosten (inkl. Logistikkosten) für dieses Teil sinken obwohl real die Logistikkosten gestiegen sind. Hieraus ergibt sich folgender Zusammenhang:

Logistikkosten ≠ f (Materialkosten)
Logistikkosten = f (Lieferantenentfernung, Behälterinhalt, Ladungsträgerart, etc.)

Logistikkosten wie Verpackungs-, Bestands-, Lager-, Transport- oder Handlingskosten werden durch die Anliefer-, Umschlags- und Bereitstellungsprozesse bestimmt. Für die Auswahl eines geeigneten Kostentreibers bedarf es einer möglichst hohen Korrelation zwischen Kostentreiber und Kostenentstehung. Ein häufig verwendeter Kostentreiber ist der Zeitanteil (z. B. Lagerzeit) für die jeweilige Logistikaktivität (vgl. Abb. 4.5).

Aufgrund des erheblichen Aufwands, der mit der Implementierung einer Logistikkostenrechnung verbunden ist, wird dieses Verfahren nicht durchgängig eingesetzt. Allerdings zeigt sich in empirischen Studien, dass der leistungsmengeninduzierte Anteil bei den Logistikkosten bei über 90% liegt, was die Wichtigkeit der prozessorientierten Erfassung und Weiterverrechnung für Logistikkosten widerspiegelt.

4.7.3 Logistikbudgetierung

Im Rahmen der Produktergebnisrechnung müssen alle Investitionsbedarfe der am Fahrzeugentstehungsprozess beteiligten Gruppen als Aufwendungen bewertet werden. Hierzu zählen auch die durch logistische Aktivitäten verursachten Investitionen. Jede SE-Fachgruppe muss die im Rahmen des Fahrzeugprojektes anfallenden Bewertungsaufgaben hinsichtlich der Logistikinvestitionen übernehmen. Zu den Logistikinvestitionen zählen unter anderem:

- Investitionen für neu zu beschaffende Behälter (Muster-, Vorserien-, Serienstandard- und Serienspezialbehälter)
- Investitionen für die Bereitstellung von Flächen zur Lagerung, zum Handling und zum Transport von Teilen
- Investitionen für den Transport, den Umschlag und die Kommissionierung von Teilen (Flurförderzeuge, Trailer, JIT-Wagen, IT, Regaltechnik, Logistikpersonal, etc.)

Jedes SE-Team ist für die Verfolgung der Zielvorgabe Logistikinvestition selbstständig verantwortlich. Mehrbedarfe durch Umplanungen bedingt durch Fahrzeugänderungen müssen laufend erfasst und aus logistischer Sicht bewertet werden. Die Zuweisung und Kontrolle der Logistikinvestitionen erfolgt häufig durch eine Budgetierung. Die Bezifferung des Logistikbudgets für ein Fahrzeugprojekt, sowie dessen Aufteilung auf die unterschiedlichen Logistikbereiche ist eine strategische Aufgabe. Unter Budget versteht man die verbindliche Zuweisung finanzieller Mittel für eine bestimmte Entscheidungseinheit für eine bestimmte Periode (Bürgel et al. 1996, S. 116). Neben der Vorgabe- und Bewilligungsfunktion haben Logistikbudgets auch koordinierende Wirkungen (Küpper 1993, S. 50). Das Logistikbudget beinhaltet sowohl Top-Down als auch Bottom-Up Elemente. Die Top-Down Vorgehensweise spiegelt sich in der Ableitung des Logistikbudgets aus dem Gesamtbudget eines Neufahrzeuges. Darin fließen langfristige strategische Überlegungen für das geplante Fahrzeug ein. Nach deren Planung werden den einzelnen Projektbereichen Teilbudgets zugewiesen und damit monetäre Zielvorgaben gemacht, die logistische Entscheidungsträger anhält, ihre Einzelentscheidungen im Sinne des Gesamtfahrzeugprojektes zu treffen. Parallel dazu erfolgt in Form einer Bottom-Up Budgetierung die Kalkulation der zu erwartenden Logistikkosten anhand der Fahrzeugspezifikation und der geplanten Produktionsstückzahlen jedes Fahrzeugmodells, aufgeteilt nach Fahrzeugtypen und Ausstattungsvarianten. Typische Beispiele für die Zusammensetzung des gesamten Logistikbudgets sind:

- Behälterkosten geteilt nach Standard- und Spezialbehälter
- Frachtkosten in Abhängigkeit des Globalisierungsgrades der Lieferanten
- Interne Logistikpersonalkosten für Transport, Umschlag und Bereitstellung
- Interne Transportkosten aufgeteilt nach Flurförderzeugarten (Stapler, Routenzüge, Elektrohängebahn, etc.)
- Interne Umschlagskosten (Wareneingang, Kommissionierung, Supermarkt, etc.)
- Interne Lagerkosten aufgeteilt nach Wertschöpfungsstufen (Rohmaterial, Halbfabrikate, Fertigfahrzeuge)
- Logistikrelevante IT-Kosten (z. B. JIT-Abrufverfahren, RFID-Technologien, Poka Yoke Methoden, etc.)

4.7.4 Logistikkennzahlen

Kennzahlen sind quantitative Größen die es ermöglichen planungs- und entscheidungsrelevante Informationen in verdichteter Form darzustellen. Mit Hilfe logistischer Kennzahlen können komplexe logistische Strukturen vereinfacht visualisiert werden (Vahrenkamp 2005, S. 434). Logistikkennzahlen sollen die Wirkungen der Entscheidungen im Rahmen der Logistikplanung auf die Gesamtziele des Fahrzeugprojektes sichtbar machen. Kennzahlen übernehmen die Funktion von Indikatoren, welche die multikausalen und mehrstufigen Auswirkungen der Logistik auf den Unternehmenserfolg visualisieren (Küpper 1993, S. 51). Dabei ist es nötig Einzelkennzahlen an den gemeinsamen übergeordneten Zielen im Rahmen eines mehrstufigen logistischen Kennzahlensystems sinnvoll aufeinander abzustimmen. Zielkonflikte (tradeoffs) müssen bewertbar gemacht werden, um ein optimales Verhältnis zwischen den Zielkriterien anzustreben (Pfohl u. Hoffmann 1984, S. 50 ff.). Die Generierung eines logistischen Kennzahlensystems kann mittels Top-Down oder Bottom-Up Ansatzes erfolgen. Der klassische Top-Down Ansatz beruht auf der eigentlichen Funktion von Kennzahlen, als Instrumentarium zur Planung und Umsetzung von Unternehmenszielen. Insofern werden die logistischen Kennzahlen nach dem Top-Down Ansatz abgeleitet aus den Anforderungen des Fahrzeugprojektes an die Logistik. Im Gegensatz hierzu bezieht sich der Bottom-Up Ansatz auf die Differenzierung leistungsbezogener und kostenbezogener Logistikbereiche. Während sich die Logistikleistung aus Volumen-, Durchlaufzeit- und Servicegrößen zusammensetzt, werden die Logistikkosten aus der Aggregation logistikinduzierter Kosten aus allen Unternehmensbereichen abgeleitet (Weber 1995, S. 21 f.). Die Effizienz der Logistik ergibt sich demzufolge aus dem Verhältnis Logistikleistung zu aggregierten Logistikkosten. Nach dem Bottom-Up Ansatz werden die Kennzahlen aus den Materialflüssen – analog der Prozessabfolge – abgeleitet, weshalb diese ein wirksames Instrument zur effektiven Steuerung des logistischen Leistungserstellungsprozesses darstellen (Weber 1995, S. 200 f.).

Folgende logistikrelevante Kennzahlen, welche immer unternehmensindividuell angepasst werden müssen, werden beispielhaft für die Vielzahl möglicher Kennzahlen im Rahmen des Produktentstehungsprozesses aufgeführt:

Variantenvielfalt Diese Kennzahl dient als Komplexitätstreiber logistischer Prozesse. Durch die Kennzahl wird die Vielfältigkeit der unterschiedlichen logistischen Prozesse beschrieben. Gleichzeitig steigt mit steigender Variantenvielfalt der Flächenbedarf im Fahrzeugwerk. Die Varianz stellt eine feste Steuerungsgröße im SE-Team dar. Besonders für die Schwerpunktumfänge müssen Sollgrößen der Variantenvielfalt definiert und diese konsequent im Rahmen des Produktentstehungsprozesses auf Einhaltung überwacht werden (vgl. Abschn. 3.4.2). Hierbei ist es wichtig zwischen den Komplexitätstreibern zu unterscheiden und diese mit Hilfe von Kennzahlen zu visualisieren. Mögliche Variantenkennzahlen sind technische Varianten sowie Farbvarianten der Komponenten differenziert nach Innen- und Außenfarbe. Zusätzlich spielt auch der Ort der Variantenbildung eine Rolle. Dabei gilt gemäß der Postponement-Strategie die Varianten so spät wie möglich im Auftragsdurchlauf zu bilden (vgl. Abschn. 3.4.3). Neben der Variantenkennzahl sind auch Variantenbäume zu erstellen und bei Bedarf anzupassen.

Logistikzeiten Ziel ist die vollständige Erfassung aller durch die Herstellung des Fahrzeuges verursachten Logistikzeiten bereits in der Produktentstehung. Hauptzeitanteile im Materialfluss sind externe und interne Transportzeiten, Kommissionierzeiten, Umschlagszeiten im Wareneingang, Lager und Supermarkt sowie Bereitstellungszeiten an der Montagelinie. Als Hypothese zur Kostenverursachung wird unterstellt dass mit zunehmender Prozesszeit auch der Verbrauch an logistischen Ressourcen steigt. Die anfallenden Logistikzeiten werden entsprechend der Teileumfänge auf die jeweiligen SE-Teams aufgeteilt und von diesen verfolgt. Eventuell anfallende Mehrbedarfe an Logistikzeiten (z. B. Kommissionierung) aufgrund von Änderungen (z. B. Variantensteigerung) im Laufe des PEP müssen eingebracht werden. Die Logistikzeiten werden in der Regel mit festen Kostensätzen bewertet und fließen dann als Einzelkosten in die Produktergebnisrechnung ein.

Behältervielfalt und Behälterstatus Angestrebt wird die Begrenzung der Anzahl eingesetzter Spezialladungsträger (Spezialbehälter, Kommissionierwagen, JIT-Wagen) sowie der Anzahl an Varianten bei den Standardbehältern (z. B. max. 4 KLT-Typen). Der Behälterstatus dient der Termin- und Fertigstellungsverfolgung über die wesentlichen Meilensteine bei der Behälterplanung (vgl. Abschn. 6.1).

Frachtkosten Durchschnittlich steigende Transportentfernungen zu den Lieferanten aufgrund des Global Sourcings (vgl. Abschn. 5.1.3) führen dazu, dass die Frachtkosten laufend steigen. Die Bewertung darf nicht pauschal etwa auf Basis des Teilepreises erfolgen, sondern wird analog der geplanten Versorgungskette (vgl. Abschn. 4.4.2) verursachungsgerecht durchgeführt. Es müssen Rahmendaten des Transportes wie etwa Transportentfernung, Anlieferfrequenz, Frachtraumauslastung bereits im Vorfeld ermittelt bzw. geschätzt werden, um zukünftig anfallende Frachtkosten in der Serie verlässlich abschätzen und überwachen zu können.

4.7.5 Logistik Scorecard

Die von Kaplan und Norton entwickelte Balanced Scorecard ist ein Instrument zur ganzheitlichen Unternehmenssteuerung mit dessen Hilfe neben den finanztechnischen Aspekten auch operative Aspekte wie z. B. die Kundenzufriedenheit, interne Prozesse und die Fähigkeit der Organisation zu Innovation und Verbesserung berücksichtigt werden (Müssigmann 2007, S. 91). Die Balanced Scorecard stellt ein vernetztes und ganzheitliches Planungsinstrument zur Verfügung, so dass möglichst übergreifend alle erfolgskritischen Aspekte eines Neufahrzeugprojektes Berücksichtigung finden.

Ausgangsbasis der Bildung von Logistik Scorecards ist die für das neue Fahrzeugprojekt festgelegte Logistikstrategie. Diese wurde bereits im Rahmen des Logistiklastenheftes genauer beschrieben und kann nun durch die Generierung von Scorecards für das tägliche Planungsgeschäft im Rahmen der SE-Teams operationalisiert werden. Die Grundlage für den Aufbau von bereichs- und personalspezifischen Logistik Scorecards bildet ein Ursachen-Wirkungsnetzwerk (vgl. Abb. 4.12) welches das aktuell beste Wissen um den Planungsprozess visuell abbildet und im Rahmen von Gruppen-Workshops erarbeitet wird (Klug 1999, S. 32). Alle am Logistikprozess beteiligten Partner können ihre individuellen Erfahrungen einbringen, die sich anschließend in der Logistik Scorecard widerspiegeln. Das Ursachen-Wirkungsnetzwerk bildet die multikausalen und mehrstufigen Hauptbeziehungen ab, welche unter logistischen Planungsaspekten für das Fahrzeugprojekt von Bedeutung sind.

Von den Finanzzielen ausgehend, welche sich von der Gesamtunternehmensstrategie ableiten, werden alle logistikrelevanten Leistungs- und Kostentreiber stufenweise berücksichtigt. Für ein ausgewogenes Verhältnis zwischen den Kennzahlen umfasst eine Scorecard folgende Betrachtungsperspektiven (Kaplan u. Norton 1997, S. 46 ff.):

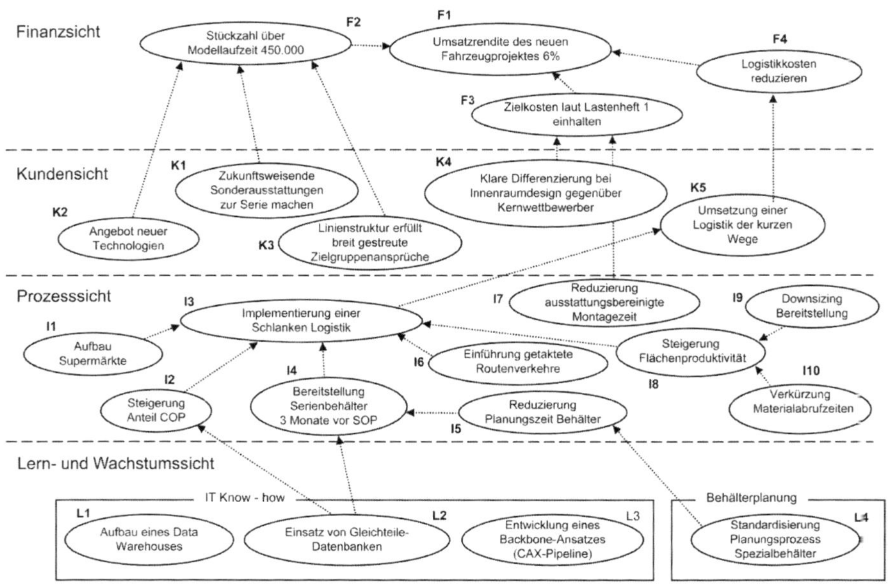

Abb. 4.12 Ursachen-Wirkungs-Netzwerk als Grundlage einer Logistik Scorecard

Finanzperspektive Ausgangsbasis beim Scorecardaufbau sind die finanziellen Ziele des Unternehmens, die über die Bereichs- auf die Abteilungs- und Mitarbeiterebene heruntergebrochen werden. Eines der Hauptkriterien bildet die geplante Rendite eines Neufahrzeuges, welche wiederum die Ausgangsbasis für die Festlegung der Zielkosten auch im Logistikbereich darstellt (vgl. Abschn. 4.7.1).

Kundenperspektive Letztendlich entscheidet der Kunde über den Erfolg eines Fahrzeugmodells, so dass aus den Finanzzielen konkrete Kundenziele (z. B. Termintreue) abgeleitet werden müssen, um diese zu erreichen. Dies betrifft neben dem Fahrzeugendkunden auch die internen Kunden logistischer Leistungen wie z. B. die Montage. Der Einsatz der Balanced Scorecard im Bereich der Produktentstehungsphase und speziell unter dem Fokus der Logistik erfordert eine Modifikation des ursprünglichen Modells von Kaplan und Norton. Neben der Kundensicht sind im Rahmen der Logistik die Lieferanten und Logistikdienstleister wichtige Partner. Diese müssen in der Scorecard durch Einführung einer Beschaffungsmarktperspektive berücksichtigt werden.

Prozessperspektive Um die internen und externen Kundenziele zu erreichen, müssen Prozesse verändert werden. In der Logistikperspektive werden die Material- und Informationsflüsse entsprechend dem Line-Back Planungsprinzip ausgerichtet (vgl. Abschn. 4.4.1).

Lern- und Entwicklungsperspektive Für einen letzten Betrachtungsschritt wird der Lern- und Wachstumsprozess durchleuchtet. Er beschreibt die notwendige Infrastruktur zur Erreichung der gewünschten Logistikprozesse. Hierbei geht es vorwiegend um den Aufbau geeigneter IT-Strukturen im Rahmen eines Logistics Data Warehouses (vgl. Abschn. 2.4.1) bzw. eines Logistics Lifecycle Managements (vgl. Abschn. 2.4.2).

Die eigentliche Umsetzung der Logistikstrategie wird durch die Zuordnung der perspektivenspezifischen Ziele zu definierten Messgrößen erreicht. Gemeinsam mit den Verantwortlichen werden anschließend geeignete Maßnahmen festgelegt, um die Zielerreichung sicherzustellen. Gleichzeitig wird die Verantwortung für die Initiativen und Aktivitäten auf einzelne Mitarbeiter übertragen. Bereits etablierte Mess- und Steuerungssysteme im Rahmen des Logistikcontrollings können problemlos integriert werden.

Zwei Kontrollmechanismen ermöglichen die laufende Überprüfung der Rahmenbedingungen, unter denen die Logistik Scorecard erstellt wurde (Klug 2000e, S. 76). Operatives Lernen und Kontrolle findet im Rahmen des Berichtswesens durch Soll-/Ist-Vergleiche statt. Dabei werden die Zielerreichungsgrade der Messgrößen überprüft. Geeignete Maßnahmen zur Zielverbesserung müssen gegebenenfalls ergriffen werden. Ein zweiter, strategischer Lernprozess wird alle drei bis sechs Monate in Gang gesetzt, mit der Frage, ob und in welcher Form die Logistikstrategie an veränderte Bedingungen anzupassen ist. Alle wichtigen Erfolgsfaktoren werden auf ihre Relevanz und Bedeutung geprüft. Diese Aufgabe übernimmt jedes SE-Team für sich. Die regelmäßige Überarbeitung (Review-Prozess) der Logistik Scorecards unterstützt eine Lernende Organisation sowie die zielorientierte Kommunikation zwischen den SE-Partnern.

Kapitel 5
Supply Management

5.1 Sourcing Strategien

Da die Auswahl der Lieferanten am Beginn des Materialflusses steht, hängt die zukünftige Leistungsfähigkeit der gesamten Logistik wesentlich von der gewählten Sourcing Strategie ab (Schulte 2005, S. 280). Mit Hilfe der Sourcing Strategie wird festgelegt, von wem und auf welche Art und Weise die Teile und Komponenten an den Automobilhersteller geliefert werden. Außerdem müssen die Fahrzeughersteller eine Sourcing Strategie auswählen, die einwandfreie Lieferungen garantiert, um sich vor Risiken und negativen Entwicklungen auf den Beschaffungsmärkten abzusichern.

5.1.1 Single Sourcing

Die Frage nach der optimalen Anzahl an Lieferanten für eine Beschaffungsposition stellt sich regelmäßig im Rahmen von logistischen Anbindungen einzelner Zulieferer, im Vorfeld von Entwicklungspartnerschaften oder auch zur Realisierung von Einkaufskostenvorteilen durch Konzentration des Gesamtbedarfs auf einen oder wenige Lieferanten (Schulte 2005, S. 286). Beim Single Sourcing wird der Beschaffungsumfang (Rohstoff, Teil, Komponente, System, Modul) ausschließlich von einem Lieferanten bezogen. Hierdurch reduziert sich die Beschaffungskomplexität drastisch, da sich die gesamte Beschaffungsorganisation auf eine reduzierte Anzahl von Direktlieferanten beschränkt. Mit der Reduzierung der Lieferantenanzahl für eine Beschaffungsposition verändert sich auch die Qualität der Lieferbeziehung. Das klassische Multiple Sourcing, bei dem viele Lieferanten kleinere Beschaffungsmengen liefern, transformiert sich zum Single Sourcing mit einem Lieferanten der hochvolumig und enger integriert anliefert.

Hauptvorteil ist die Realisierung von Kostendegressionseffekten durch die Bündelung und Konzentration der Bestellmengen auf weniger Lieferanten. Somit sinken die Transaktionskosten, da die Hersteller mit einer geringeren Lieferantenzahl

DOI 10.1007/978-3-642-05293-4_5, © Springer-Verlag Berlin Heidelberg 2010

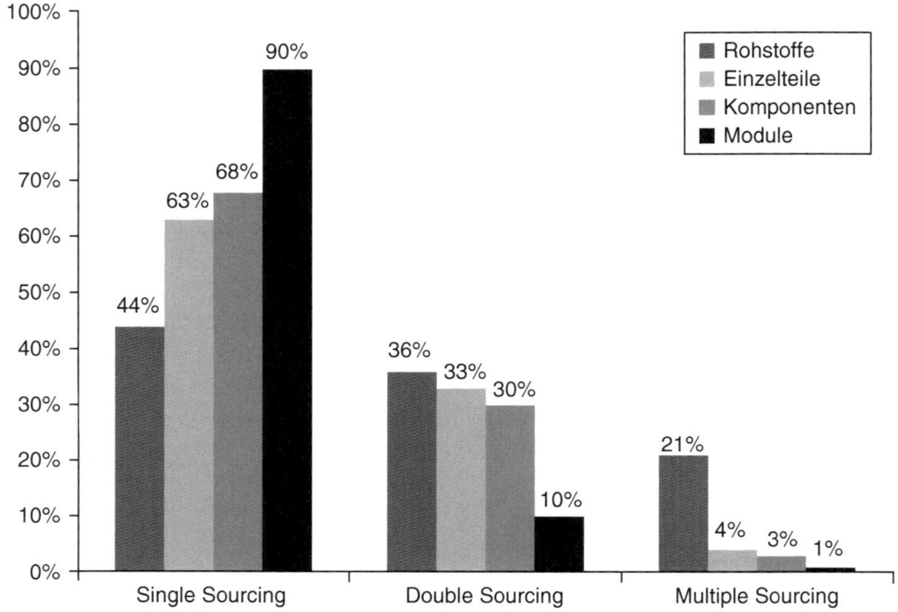

Abb. 5.1 Einsatz unterschiedlicher Beschaffungsstrategien der Automobilhersteller (Göpfert u. Grünert 2006, S. 137)

Verträge abschließen müssen und sich so die vorkontraktlichen Verhandlungen- und Vertragsausarbeitungskosten verringern (Göpfert u. Grünert 2006, S. 135).

Durch die Bündelung von Teilbeschaffungsmengen wird in der Regel die kritische Menge überschritten, ab der sich neue Verfahren der Lieferantenintegration beim Material- und Informationsfluss rechnen. Diese Tendenz zeigt sich vor allem im Bereich der Module was dazu führt, dass Single und Modular Sourcing (vgl. Abschn. 5.1.2) eng miteinander korrelieren (vgl. Abb. 5.1).

Folgende logistischen Vorteile können mit Hilfe einer Single Sourcing Strategie erreicht werden:

- durch die Reduzierung der Anzahl der Lieferanten reduziert sich auch der Aufwand im operativen Materialdispositionsprozess
- weniger Behälterkreisläufe schaffen mehr Transparenz im Behältermanagement (vgl. Abschn. 8.8)
- das Frachtvolumen steigt pro Frachtrelation was aufgrund der degressiven Frachttarife zu Frachtkosteneinsparungen führt (vgl. Abschn. 8.7.3)
- hohe Abrufmengen ermöglichen den Einsatz fixkostenintensiver Abrufverfahren (z. B. EDI-Anbindung)
- Reduzierung der Sicherheitsbestände sowie erhöhte Umschlagsfrequenzen führen zu einer Reduzierung der Kapitalbindung
- hohe Beschaffungsvolumina ermöglichen eine Standardisierung der Transport-, Umschlags- und Lageraktivitäten
- Steigerung der gesamten Transparenz in der Inbound-Logistik

- Reduzierung der Anlieferfrequenz vereinfacht die Abläufe im Wareneingang
- weniger Wertschöpfungspartner vereinfachen die Bedarfs- und Kapazitätsplanung im Rahmen einer Supplier Collaboration (vgl. Abschn. 5.3.2)

Nachteile des Single Sourcing Konzeptes sind Produktionsstörungen, die Streikanfälligkeit dieses Systems, die zeitlich begrenzte Beschränkung des Wettbewerbs, das Nichterfassen technologischer Innovationen sowie der Aufbau hoher Austrittsbarrieren durch Lieferantenwechselkosten (Kummer u. Lingnau 1992, S. 422). Single Sourcing macht die Fahrzeughersteller insgesamt anfälliger und abhängiger gegenüber Unregelmäßigkeiten beim Lieferanten (Göpfert u. Grünert 2006, S. 131).

Die Strategie des Single Sourcing Konzeptes bedeutet nicht eine vollständige Umsetzung der Einquellenbelieferung für alle Lieferumfänge. Die Sourcing Strategie steht auch allgemein für den Trend zur Reduzierung der Anzahl von Lieferanten pro Beschaffungsposition. Prinzipiell kann keine generelle Empfehlung zur Einquellenbelieferung gegeben werden, da einzelfallspezifisch die vertikalen Integrationsvorteile gegenüber dem Verlust an Flexibilität abgewogen werden müssen, was häufig dazu führt, dass für kritische Lieferumfänge ein Dual Sourcing Konzept mit zwei Quotenlieferanten (Haupt- und Nebenlieferant) implementiert wird (Bretzke 2005, S. 24).

5.1.2 Modular Sourcing

Um die Komplexität in der Beschaffung und Logistik nach Umsetzung eines Single Sourcing Konzeptes weiter zu reduzieren, können die Beschaffungsobjekte in höheren Aggregationsstufen – sog. Fahrzeugmodulen – beschafft werden. Somit wird die Anzahl der Lieferbeziehungen und der damit verbundene Schnittstellenaufwand erneut verringert. Module sind nach Konstruktions-, Fertigungs- und Logistikaspekten abgrenzbare und austauschbare Einheiten, deren Bausteine physisch miteinander verbunden sind und durch hohe Interaktionshäufigkeit zwischen den Bausteinen geprägt sind. Bestandteil von Modulen sind Einzelkomponenten oder bereits vormontierte Submodule (Piller u. Waringer 1999, S. 39). Das kundenindividuelle Fahrzeug wird nunmehr aus einer Reihe standardisierter Module gefertigt (z. B. Front-End, Fahrwerk, Tür, Sitz, etc.), was erhebliche logistische Vorteile bietet (vgl. Abschn. 3.5.1). Anstatt von vielen, voneinander unabhängigen Lieferanten Einzelteile zu beziehen, werden hoch aggregierte Beschaffungsobjekte angeliefert und eingebaut. Stellvertretend soll ein Frontend-Modul erwähnt werden, welches aus einer Vielzahl von Einzelteilen wie etwa Modulträger, Kühler, Lüfter, Scheinwerfer, Servoölkühler, Klimakondensator, Frontklappenschloss, Fanfare und weiteren bis zu 150 Teilepositionen besteht. Wurden früher die Teile einzeln beschafft und montiert, übernimmt dies heute der Modullieferant. Er verantwortet ein breites Aufgabenspektrum von der Entwicklung, Produktion und Komplettierung bis hin zur sequenzgenauen Anlieferung der Module. Unter seiner Verantwortung befindet sich auch teilweise die Auswahl- sowie Koordinationsfunktion der Sublieferanten im Rahmen einer Supplier Collaboration (vgl. Abschn. 5.3.2), was die Komplexität des Logistiknetzwerkes aus Sicht des Automobilherstellers drastisch reduziert.

Diese Vorteile führen dazu, dass der Anteil der im Modular Sourcing beschafften Umfänge beim Fahrzeughersteller kontinuierlich über die letzten Jahre gestiegen ist (Göpfert u. Grünert 2006, S. 136). Die Entscheidung, in welchem Maße und in welcher Form eine Modulanlieferung erfolgt, ist von der Unternehmensstrategie sowie von konstruktions- und produktionsspezifischen Rahmendaten wie etwa den eingesetzten Fertigungsverfahren abhängig. Auch innerhalb eines Automobilunternehmens werden für die einzelnen Werke in Abhängigkeit der örtlichen Strukturen und Organisationen unterschiedliche Modularisierungskonzepte und -strategien ausgearbeitet (Glöckl 1997, S. 139).

Die Lieferantenauswahl für Modul- und Systemlieferanten wird in der Regel über einen Konzeptwettbewerb abgewickelt. Dabei werden die Konzeptvorschläge, insbesondere für hochwertige, innovationsrelevante Fahrzeugteilumfänge verglichen. Besondere Entscheidungsschwerpunkte bilden Innovationsleistung und globale Präsenz der potenziellen Lieferanten. Da sich beide Parteien – Zulieferer und Abnehmer – in enger Abhängigkeit voneinander befinden, müssen entsprechende rechtliche, informationstechnische und organisatorische Rahmenbedingungen geschaffen werden. Deshalb bilden sich durch die Einführung der Modul- und Systembeschaffung neue Beschaffungsstrukturen und eine neue Arbeitsteilung in der Zulieferkette.

Folgende logistische Anforderungen werden an einen Modullieferanten gestellt:

- internationale Wettbewerbsfähigkeit und Präsenz was den Aufbau von JIT-/JIS-Modulwerken voraussetzt
- langfristige partnerschaftliche Zusammenarbeit um die hohen Investitionskosten unter anderem im Bereich der Logistik zu rechtfertigen
- hohes logistisches Prozess- und Produkt Know-how
- stabile und prozessfähige Logistikaktivitäten
- Erstellung und Lieferung von Prototypenteilen
- qualifiziertes Projektmanagement zur Unterstützung der Logistik SE-Arbeit
- Koordination der Sublieferantenkette mit Beschaffung und Disposition der Vormaterialien
- Lieferung von Teilen aus Serienwerkzeugen für Serie und Kundendienstbedarf
- permanente Optimierung der Logistikprozesse und Logistikkosten auch in der laufenden Serie

Die Reduzierung der Lieferantenanzahl führt zu sinkendem Koordinationsaufwand beim Einkauf sowie in der Fertigung und Logistik. Des Weiteren wird ein Modullieferant in die Entwicklung miteinbezogen, was die Verringerung der Entwicklungszeiten im Rahmen des Simultaneous Engineering ermöglicht (vgl. Kap. 4). Der Fahrzeughersteller profitiert vom Innovations- und Entwicklungspotenzial der Lieferanten.

Durch das Modular Sourcing lassen sich über das Single Sourcing hinaus weitere logistische Vorteile realisieren (Glöckl 1997, S. 140 f.):

- Verringerung des Flächenbedarfs für Lagerung, Handling und Materialbereitstellung an der Montagelinie

- Reduzierung des sachnummerbezogenen logistischen Verwaltungsaufwandes für Disposition, Stammdatenpflege, Lagerung und Bestandscontrolling durch Verringerung der Teilekomplexität
- Verringerung der Transport- und Kapitalbindungskosten durch die produktionssynchrone Anlieferung hochaggregierter Beschaffungsumfänge (vgl. Abschn. 8.3.1 und 8.3.2)
- Vereinfachung der Produktionsplanung sowie Fertigungssteuerung durch die Reduzierung der zu steuernden Teilenummern

Neben der Veränderung der logistischen Strukturen durch die Einführung des Modular Sourcing verändert sich auch die Lieferantenstruktur in der Automobilindustrie. In diesem System hat verstärkt der Modullieferant (1-Tier supplier) direkten Kontakt mit dem OEM. Die Sublieferanten der zweiten (2-Tier) und dritten (3-Tier) Stufe bis hin zum Rohstofflieferanten (n-Tier) arbeiten vorzugsweise indirekt mit dem OEM über eine mehrstufige Lieferkette zusammen. Hierdurch bilden sich neue Beschaffungsstrukturen mit einer veränderten Arbeitsteilung innerhalb des automobilen Wertschöpfungsnetzwerkes. Die gleichberechtigten Teile- und Komponentenlieferanten haben sich auf untergeordneter Ebene in einer Lieferantenpyramide formiert, an deren Spitze wenige große 1-Tier Lieferanten stehen. Die Position zwischen 1-Tier und 2-Tier kann wechseln. So ist es möglich, dass derselbe Lieferant als Subkomponenten Lieferant eines 1-Tier Lieferanten auftritt und gleichzeitig bei anderen Lieferumfängen als Direktlieferant beim Fahrzeughersteller agiert (z. B. Abgasanlagen). Aufgrund des erhöhten Ressourcenbedarfs von Modul- und Systemlieferanten kommt es zu strukturellen Veränderungen am Beschaffungsmarkt und in seiner Folge zu starken Konzentrationsprozessen bei den global agierenden Automobilzulieferern. Immer weniger große Lieferanten stehen den Automobilherstellern gegenüber, womit gewisse Risiken durch die Ausnutzung dieser Marktmacht verbunden sind.

Aus der Strukturverschiebung im Supply Network können, gemäß der Position der Lieferanten innerhalb der mehrstufigen Lieferantenpyramide, unterschiedliche Klassen von Lieferanten definiert werden, welche mit unterschiedlichen logistischen Strategien bearbeitet werden müssen. Beim Einsatz von Lieferantentypologien werden die Lieferanten in homogene Klassen aufgeteilt. Ziel ist die Klassifizierung der Lieferanten nach logistischen Kriterien, um anschließend logistische Normstrategien abzuleiten (Janker 2008, S. 136 ff.) Eine mögliche Typisierung orientiert sich am Lieferumfang und den dadurch verursachten Logistikprozessen. Hiernach können die in Abb. 5.2 dargestellten Gruppen von Lieferanten unterschieden werden (Stockmar 2001, S. 429 f.; Schulte 2005, S. 291).

5.1.3 Global Sourcing

Unter Global Sourcing versteht man die systematische Ausdehnung der Beschaffung unter strategischer Ausrichtung auf weltweite Beschaffungsquellen (Appelfeller u.

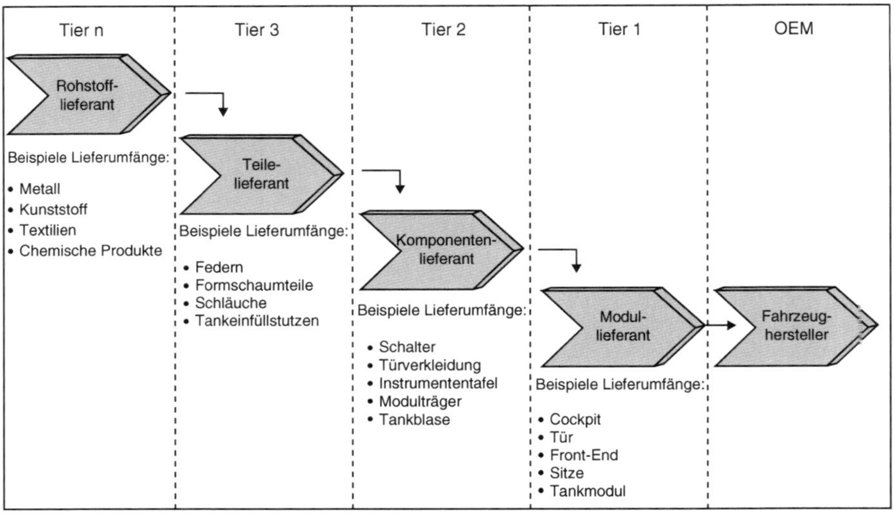

Abb. 5.2 Mehrstufige Lieferkette innerhalb der Beschaffungslogistik

Buchholz 2005, S. 61). Getrieben wird die Internationalisierung des Beschaffungsmanagements durch die Öffnung und die Entwicklung der osteuropäischen und asiatischen Märkte, insbesondere in China, und durch die steigende Effizienz globaler Transport- und Kommunikationssysteme (Heß 2008, S. 193 f.). Schwerpunkt der Internationalisierung in der Beschaffung bilden Rohstoffe, Einzelteile und Komponenten. Komplexe und transportintensive Module erfordern eine synchronisierte Anbindung der Lieferanten mit hoher Lieferfrequenz, was tendenziell für eine regionale Ansiedelung der Lieferanten im Rahmen eines Local Sourcing Konzeptes spricht (vgl. Abb. 5.3).

Extreme Lohnkostenunterschiede von teils über 95% sind die zentrale Triebfeder für Global Sourcing Aktivitäten in der Automobilindustrie. Durch die weltweite Beschaffung im Rahmen des Global Sourcing sollen technologie- und kosteninduzierte Vorteile der internationalen Automobilzulieferindustrie genutzt werden. Einerseits erfolgt der Zugang zu neuen und evtl. leistungsfähigeren Technologien, andererseits bietet die günstige Lohnkostenstruktur weitere Potenziale zur Reduzierung der Teilepreise. Die Erschließung ausländischer Beschaffungsmärkte (z. B. BRIC-Staaten) kann auch ein erster Schritt sein, um risikoarm Marktkenntnisse aufzubauen und damit den Eintritt in den Absatzmarkt vorzubereiten (Heß 2008, S. 202). Im Gegenzug erhöhen sich durch die geographische Ausdehnung der Beschaffungsnetzwerke auch die Anforderungen an die Logistik. Der Aufbau globaler multimodaler Logistiknetzwerke steigert den Aufwand bei der Planung, Umsetzung und Steuerung grenzüberschreitender Transport-, Umschlags- und Lageraktivitäten, die es im Rahmen eines umfassenden Bewertungsansatzes zu berücksichtigen gilt. Kritisch für die optimale Durchführung der operativen Prozesse im Rahmen des Global Sourcings ist insbesondere die logistische Gestaltung und Abwicklung. Hier entscheidet sich, ob die Einstandspreisvorteile im Beschaffungsland ausreichen, um

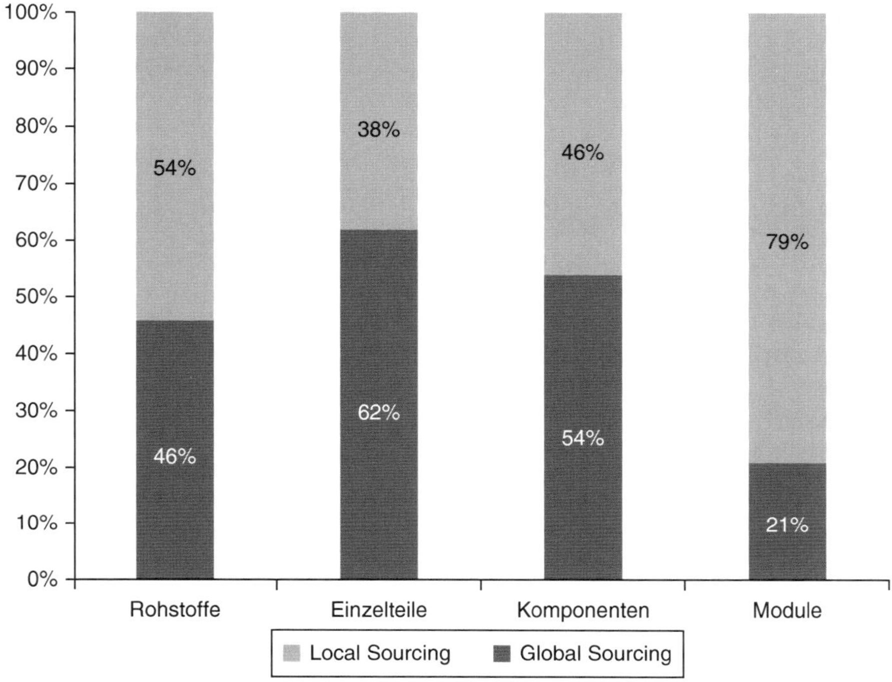

Abb. 5.3 Global-/Local-Sourcing Verhältnis unterschiedlicher Beschaffungspositionen (Göpfert u. Grünert 2009, S. 161)

die Gesamtkosten gegenüber dem bisherigen Lieferanten deutlich und nachhaltig zu senken (Bogaschewsky 2005, S. 76).

Folgende logistische Problembereiche im Zusammenhang mit der Umsetzung eines Global Sourcing Konzeptes können beispielhaft aufgeführt werden:

- Aufgrund der durchschnittlich gestiegenen Entfernungen zum Lieferanten steigen die Frachtkosten
- Längere Umlaufzeiten der Behälter führen zu einem erhöhten Investitionsbedarf für Mehrwegbehälter (Abschn. 6.1.3)
- Höhere Verpackungskosten durch die erhöhten Anforderungen eines Seeschifftransportes (z. B. Konservierung der Bauteile)
- Größere Entfernungen zum Lieferanten führen zu einer Reduzierung der Versorgungssicherheit, was sich in höheren Sicherheitsbeständen vor Ort widerspiegelt
- Eine JIT-/JIS-Anlieferung ist trotz Produktionssteuerung mit stabiler Auftragsreihenfolge (vgl. Abschn. 9.6) nur bis zu einer gewissen räumlichen Distanz möglich
- Fehlende Stabilität im Datenaustausch (z. B. Lieferabruf) aufgrund einer schlechteren Infrastruktur im Informations- und Kommunikationsstrukturbereich
- Verzögerungen in den Umschlagspunkten der multimodalen Transportkette durch Zoll- und Konsolidierungsaktivitäten (Harrison u. van Hoek 2008, S. 106)

- Schlechte Verkehrsinfrastrukturen führen zu längeren Transportzeiten
- Fehlende Transparenz der Logistikkette führt zu Fehlplanungen und Mehrkosten im operativen Tagesgeschäft
- Logistische Abstimmungsprobleme aufgrund sprachlicher und kultureller Barrieren
- Probleme bei der Standardisierung von logistischen Prozessen (Behälter, Container, Lieferabrufsysteme, etc.)

Komplexe und somit intransparente Logistikprozesse im Rahmen des Global Sourcings führen aus Sicht der Logistik zu Mehraufwendungen (vgl. Abb. 5.4).

Logistikkosten steigen im Bereich der Steuerungskosten (Materialdisposition, Transportsteuerung, Behältersteuerung, etc.), der Transport-, Umschlag- und Lagerkosten sowie bei den Behälterkosten. Im Rahmen eines Gesamtkostenansatzes müssen daher neben den Einsparungen bei den direkten *Ab-Werk* Teilepreisen auch logistische Mehrkosten beim Lieferantenauswahlprozess Berücksichtigung finden. Hierbei besteht durchaus die Möglichkeit, dass der positive Effekt beim Teilepreis durch die negativen Effekte der Logistikmehrkosten sowie weiteren Einflussbereichen (z. B. Qualität) überkompensiert werden.

5.1.4 Logistik Outsourcing

Bereits im Produktentstehungsprozess bedarf es einer Planung und Festlegung der optimalen Logistikdienstleistungstiefe. Dabei geht es um die Fragestellung wie

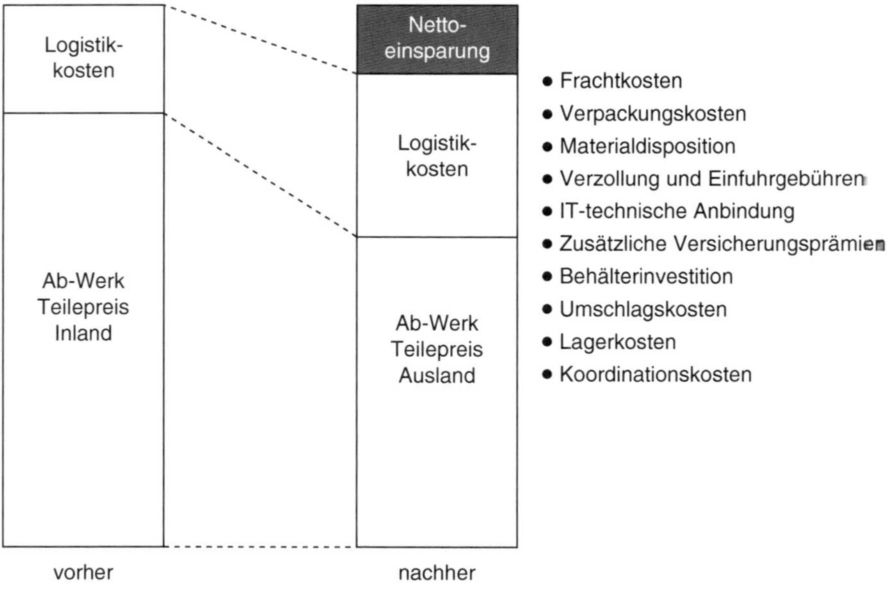

Abb. 5.4 Veränderung der Kostenstruktur durch Global Sourcing

viele logistische Dienstleistungen vom Hersteller selbst und welche Umfänge bei Transport, Umschlag und Lagerung vom Logistikdienstleister übernommen werden. Mit der zunehmenden Reduzierung der Fertigungstiefe geht auch eine Reduzierung der Logistikleistung einher. Immer mehr Aktivitäten im Bereich der Beschaffungs-, Produktions- und Distributionslogistik werden auf Zulieferer bzw. Dienstleister verlagert (vgl. Abb. 5.5). Auch hier stehen die klassischen Gründe des Outsourcings im Vordergrund, wie Konzentration auf die Kernkompetenz, Kostenreduzierung, Umwandlung von fixen in variable Kosten und Nutzung des Innovationspotenzials des Partners (Altlay 2002, S. 13).

Die Automobilindustrie gilt im Bereich Outsourcing von Logistikdienstleistungen als Vorreiter für andere Branchen. „Aus den über 300 Mrd. € Jahresumsatz der Automotive-Wirtschaft in Deutschland (Summe der OEM- und Zulieferumsätze) werden ca. 15 Mrd. € unmittelbar für Logistik, also für Transport-, Lager-, Kommissionier- und verwandte Leistungen aufgewendet. Davon sind derzeit – grob geschätzt – über 50% an Logistikdienstleister extern vergeben" (Klaus 2007, S. 211). Der Schwerpunkt der Outsourcing Aktivitäten liegt im Bereich Transport, Lagerung und Mehrwertleistungen mit den entsprechenden Unteraktivitäten wie sie in Abb. 5.5 aufgeführt sind (Voss 2006, S. 17 ff.). Während die klassischen Logistikfunktionen Transport, Umschlag und Lagerung (TUL-Aktivitäten) bereits seit jeher die Hauptfunktionen des Logistikoutsourcings darstellten, kamen nach und nach auch komplexere Logistikaufgaben kombiniert mit Mehrwertleistungen dazu (Przypadlo 2007, S. 235).

Auf Basis empirischer Studien ergeben sich folgende Trends im Logistik-Outsourcing der Automobilindustrie (Voss 2007, S. 223):

Transport-Dienstleistungen	Lager-Dienstleistungen	Mehrwert-Leistungen
• Innerbetriebliche Transporte	• Wareneingangstätigkeiten	• Behältermanagement
• Zwischenbetriebliche Transporte	• Warenausgangstätigkeiten	• Fakturierung
• Outbound-Transporte	• Einlagerungen	• Disposition
• Inbound-Transporte	• Auslagerungen	• Bedarfsplanung
• Umschlagstätigkeiten	• Konfektionierung	• Bestandsmanagement
• Fuhrparkmanagement	• Kommissionierung	• Auftragsabwicklung
• Transportabwicklung	• Verpackungstätigkeiten	• Retourenmanagement
• Tracking- und Tracing-Aktivitäten	• Qualitätsprüfungen	• Logistik-Konzeption
• Verzollung	• Lagerverwaltung	• Logistik-Beratung
• Entsorgungstransporte		• SCM-Lösungen
		• Montagetätigkeiten
		• Produktveredelung
		• Kundenbetreuung

Abb. 5.5 Haupttätigkeiten von Logistikdienstleistern

- Die Vergabe komplexer Leistungsbündel, die von etwa drei Vierteln der befragten Unternehmen als bedeutsam erachtet wird.
- Die Reduktion der eingebundenen Dienstleister, die von etwa der Hälfte der befragten Unternehmen als wichtig eingestuft wird.

Beide Trends korrelieren miteinander, da durch die Vergabe komplexer Leistungsbündel grundsätzlich weniger Logistikdienstleister (LDL) benötigt werden. Hierdurch reduziert sich der Schnittstellen- und Koordinationsaufwand für die Hersteller. Zusätzlich übernimmt der LDL im Rahmen der Vergabe von Vormontageumfängen einen wichtigen Baustein zur Realisierung einer Postponement-Strategie (vgl. Abschn. 3.4.3) mit dem Ziel einer möglichst späten Variantenbildung (Baumgarten et al. 2002, S. 41). Folglich gewinnt der Kontraktdienstleister gegenüber dem Spediteur, Transport- und Lagerunternehmen zunehmend an Bedeutung.

Folgende Aspekte können für die fortschreitende Verlagerung logistischer Aktivitäten in der Automobilindustrie genannt werden:

- Flächenknappheit in den Brownfield-Fahrzeugwerken
- Bedarf zur Komplexitätsreduzierung logistischer Prozesse
- Günstigere Tarifstruktur der Dienstleistungsindustrie
- Effiziente Bündelung der Waren- und Informationsströme durch den externen Dienstleister
- Unterstützung eines Heijunka Konzeptes (Abschn. 7.3.1) durch gleichmäßige Materialabrufe
- Standardisierung der Inbound-Logistik für den Fahrzeughersteller
- Grundbedingung für das Modular Sourcing (vgl. Abschn. 5.1.2)
- Konzentration auf die Kernkompetenzen des Fahrzeugherstellers
- Erhöhte Flexibilität bei den Produktionsmengen sowie beim Produktionsmix
- Reduzierung der Fixkostenbelastung und somit Senkung des Investitionsrisikos in logistische Anlagen (z. B. Lager)
- Know-how Vorsprung des Dienstleisters
- Als Benchmark für interne logistische Prozesse
- Flexibilität bei der Flächenbelegung (Atmende Fabrik)
- Transportkostensenkung durch Materialstrombündelung (vgl. Abschn. 8.7.3)
- Reduzierung der Anliefermengen beim Fahrzeughersteller durch Downsizingfunktionen des Dienstleisters (vgl. Abschn. 6.5.2)
- Erhöhung der Anlieferfrequenz durch Rundläufer (Shuttle) LKWs (vgl. Abschn. 8.7.1)
- Reduzierte Materialbestände bei gleichzeitiger Erhöhung der Versorgungssicherheit

Analysen von Studien über Outsourcing-Projekte zeigen, dass Erfolg und Misserfolg maßgeblich von der richtigen Bewertung der Auswirkungen auf Strategie-, Prozess- und Kostenebene eines Unternehmens während der Entscheidungsphase abhängen (Alicke u. Eitelwein 2004, S. 17). Häufig verzichten Logistikmanager auf das Erstellen eines umfassenden Outsourcing-Konzepts bzw. kreieren Ausschreibungsunterlagen mit Lücken. Dies führt zu vielen Rückfragen im Ausschreibungsprozess bzw. zu unvollständigen Angeboten. Auch das laufende Controlling von Outsourcing-Projekten mit Hilfe geeigneter Kennzahlensysteme in Form von Service Level Agreements stellt Probleme bei der Umsetzung dar.

5.2 Lieferantenlogistikmanagement

Durch die zunehmende Verlagerung von Wertschöpfung innerhalb eines globalen Wertschöpfungsnetzwerkes steigen die logistischen Anforderungen an die Lieferanten. Gleichzeitig hängt die logistische Prozessfähigkeit des Fahrzeugherstellers immer mehr von der logistischen Prozessfähigkeit seiner Lieferanten ab. Dementsprechend müssen die Lieferanten in die Logistikprozesse integriert und im Hinblick auf die gestellten Anforderungen qualifiziert werden. Die logistische Lieferantenbewertung schafft im Rahmen des Lieferantenmanagements Transparenz über die logistische Leistungsfähigkeit von Lieferanten und ist die Grundlage für deren logistische Förderung und Entwicklung (vgl. Abb. 5.6).

Die beim Lieferantennominierungsprozess festgelegten Produktionsstandorte, welche den unterschiedlichen Lieferantenangeboten zu Grunde liegen, ergeben entsprechende logistische Implikationen im Bereich Transport, Lagerung und Umschlag. Mit der Lieferantenauswahl werden folglich zentrale Eckpunkte des spätern Logistiknetzwerkes festgeschrieben. Die Bewertung der logistischen Leistung eines Lieferanten muss daher bereits im Rahmen des Lieferantenauswahlprozesses

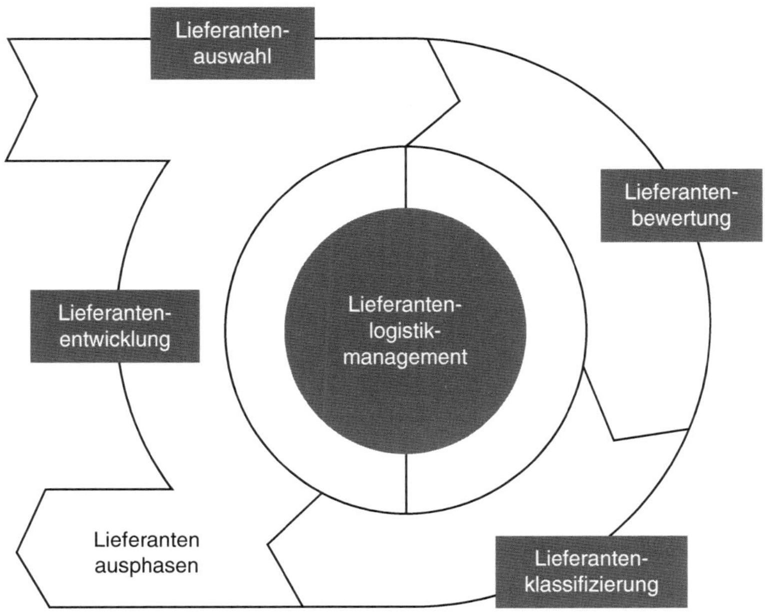

Abb. 5.6 Zyklus des Lieferantenlogistikmanagements (Hubmann 2001, S. 274)

berücksichtigt werden. Durch die Festlegung des Lieferanten werden sowohl die Logistikkosten als auch die Logistikleistungen vorbestimmt.

Ziel des Lieferantenlogistikmanagements ist die optimale logistische Anbindung des Lieferanten an die OEM Wertschöpfungsprozesse. Hierbei gilt es das Spannungsfeld aus Versorgungsrisiko und logistischer Komplexität aufzulösen (Jacobi et al. 2004, S. 15).

Folgende Fragestellungen sollen mit Hilfe des Lieferantenlogistikmanagements gelöst werden:

- Wie kann das Versorgungsrisiko minimiert und die logistische Prozessfähigkeit abgesichert werden?
- Welche Anforderungen werden an die logistische Leistungsfähigkeit und die logistischen Potenziale zur Kosteneinsparung an den Lieferanten gestellt?
- Mit Hilfe welcher Methoden können logistische Aspekte Eingang in die Lieferantenbewertung finden?
- Wie können Lieferanten nach logistischen Kriterien klassifiziert werden?

5.2.1 Absicherung der Logistikprozessfähigkeit

Mit Hilfe des Lieferantenlogistikmanagements erfolgt die Sicherstellung der logistischen Prozessfähigkeit und -stabilität des Lieferanten bereits im Rahmen des Produktentstehungsprozesses. Der Lieferant soll logistisch befähigt und bei Bedarf hinsichtlich der geforderten Logistikleistung entwickelt werden, so dass er die logistischen Anforderungen des OEM erfüllen kann. Folgende logistischen Ziele werden hierbei verfolgt:

- Sicherstellung einer exzellenten Versorgungsqualität unter Berücksichtigung zukunftsorientierter Logistikkonzepte
- Steigerung der Versorgungsleistung in den Produktionsstätten sowie der logistischen Leistung der Lieferanten
- Nachhaltige Verbesserung der Logistikprozesse zwischen dem OEM und seinen Partnern
- Optimierung und gegenseitige Unterstützung bei der täglichen Zusammenarbeit zwischen den Logistikabteilungen aller OEM Standorte und dem Lieferantennetzwerk
- Schaffung von Standardabläufen in Bezug auf die Zusammenarbeit zwischen der OEM Logistik und dem Beschaffungsmarkt

Die logistischen Fähigkeiten eines Zulieferers stellen einen Aspekt beim Auswahlprozess zukünftiger Lieferanten dar und müssen in enger Abstimmung mit dem strategischen Einkauf in den Nominierungsprozess einfließen. Neben den logistischen Auswahlkriterien werden bereits vor SOP die logistischen Anforderungen für den Serienprozess definiert. Folgende Schwerpunkte kennzeichnen die Aufgaben des Lieferantenlogistikmanagements im Serienprozess:

- Tägliche Messung des Anlieferverhaltens (Mengen- und Termintreue, Falschlieferungen) und der Versorgungsleistung der Lieferanten
- Überwachung der Flexibilität, Kommunikations- und Reaktionszeit der Lieferanten im operativen Dispositionsprozess
- Einleitung von geeigneten Maßnahmen bei Abweichung vom Sollzustand (Eskalationsprozess)
- Umfassende Bewertung der logistischen Leistung aller Lieferanten und Nutzung dieser Ergebnisse für die kontinuierliche Verbesserung von Produkt und Prozess sowie für zukünftige Projekte
- Unterstützung der Lieferanten zur Erreichung der anspruchsvollen Logistikziele durch definierte Problemlösungsprozesse
- Nachhaltige Optimierung durch permanente Zusammenarbeit und Monitoring der vereinbarten Maßnahmen

Zur Steigerung der Logistikprozessqualität müssen regelmäßige Messungen bezüglich der Einhaltung der logistischen Anforderungen durchgeführt werden. Bei Abweichungen werden in Zusammenarbeit mit den Lieferanten entsprechende Maßnahmen eingeleitet. Im Idealfall können diese Informationen automatisiert über ERP-Systeme tagesaktuell erfasst und periodisch ausgewertet werden. Die Ergebnisse der Analyse werden laufend über das Internet sowohl OEM intern als auch für die Lieferanten eingesehen. Über Ampelfunktionen kann schnell analysiert werden wo Schwachstellen bei der Lieferantenlogistikleistung bestehen, um durch geeignete Gegenmaßnahmen die Logistikleistung der Lieferanten laufend zu steigern.

5.2.2 Logistische Anforderungen an den Lieferanten

Wiederkehrende Bewertungskriterien der Logistik sind (Müssigmann 2007, S. 54 f.; Arnold 2004, S. 110 f.; Janker 2008, S. 89 ff. und S. 111; Hartmann 2004, S. 52):

- Terminzuverlässigkeit (Einhaltung der vereinbarten Liefertermine)
- Mengentreue (Einhaltung der vereinbarten Liefermenge)
- Lieferzeit (Zeitspanne zwischen der Auftragserstellung und der Auftragserfüllung)
- Lieferflexibilität (Reaktionsfähigkeit der Lieferanten auf veränderte Mengen und Termine)
- Informationstechnik (Vorhandensein einer IT-Infrastruktur für eine schnelle Informationsbereitstellung)
- Kommunikationsleistung (Informationsbereitschaft und Gewährleistung einer offenen Kommunikation)
- Innovationsleistung (Fähigkeit zur Umsetzung neuer Logistikkonzepte)

Die logistischen Anforderungen an einen Lieferanten sollen am Beispiel der BMW Group verdeutlicht werden:

Allgemeine logistische Anforderungen

- Informationspflicht der Lieferanten bezüglich der logistischen Ansprechpartner sowie logistischer Abläufe und Strukturen im Unternehmen
- Anzeigepflicht bei Standortverlagerung des Lieferanten
- Information über IT-Systemänderung und Organisationsänderungen mit logistischer Relevanz

Informationsprozess

- Möglichkeit des automatisierten Datentransfers durch EDI bzw. WebEDI
- Automatische Datenübernahme der Abrufinformationen in das Lieferanten ERP-System
- Anforderungen bezüglich der Systemdurchgängigkeit beim Produktionsplanungs- und -steuerungssystem

Sub-Lieferanten-Management

- Management des Sub-Lieferanten Supply Networks
- Verantwortung für die Entwicklung des Sub Supply Networks

Produktionsprozess

- Durchgängige Gestaltung des Produktionsplanungs- und -steuerungssystems mit abgestimmten Planungsrhythmen
- Sicherstellung des FIFO-Prinzips (First In First Out) im gesamten Materialfluss
- Gewährleistung der mit dem Einkauf vereinbarten Produktionskapazitäten
- Kapazitätsplanung für Serienanlauf und -auslauf

Versorgungsprozess

- Planung der Teileumfänge gemäß den Anforderungen aus dem Verpackungshandbuch
- Avisierung der Lieferumfänge beim Transportdienstleister mit zeitgerechter Warenbereitstellung
- Anforderungen hinsichtlich Leergutabwicklung und Leergutkontenabgleich
- Einhaltung der vorgegebenen Liefertermine und Abrufmengen
- Anforderungen bezüglich Notversorgungskonzepte

5.2.3 Methoden der logistischen Lieferantenbewertung

Die Lieferantenbewertung dient als Entscheidungsgrundlage bei der Auswahl von Lieferanten im Rahmen des Nominierungsprozesses (Hartmann 2008, S. 21). Im Hinblick auf ein zielorientiertes Lieferantenmanagement unterstützt die logistische Lieferantenbewertung die Identifikation leistungsfähiger Lieferanten, indem die potenzielle logistische Leistungsfähigkeit und die aktuelle logistische

Lieferleistung (bei Serienlieferanten) transparent gestaltet wird (Hartmann 2004, S. 94 f.) Die Lieferantenbewertung zur Kontrolle von Lieferanten zielt darauf ab, Defizite in den logistischen Prozessen aufzudecken und diese zu beseitigen. Außerdem ist die Leistungsstärke bestehender Lieferanten kontinuierlich zu verbessern, indem im Rahmen der logistischen Lieferantenentwicklung Maßnahmen zur Fehlerabstellung eingeleitet werden (Janker 2008, S. 78). Folgende Methoden für die Bewertung der logistischen Leistungsfähigkeit eines Lieferanten werden im Rahmen des Lieferantenmanagements eingesetzt:

Logistische Selbstauskunft durch Fragebogen Die Lieferantenselbstauskunft wird häufig als erste Stufe zur Gewinnung von Informationen über die Leistungspotenziale eines Lieferanten eingesetzt. Bei der Lieferantenselbstauskunft handelt es sich um eine meist mehrseitige schriftliche Befragung der Lieferanten, in der auch logistische Fragestellungen zur Vorauswahl eines Lieferanten abgefragt werden (Heß 2008, S. 286). Der Lieferant macht hierbei nach eigenem Ermessen Angaben über die von den OEM-Fachbereichen abgefragten logistischen Leistungsanforderungen. Die Schwierigkeit liegt darin Detailfragen so allgemeinverständlich zu formulieren, dass keine Fehlinterpretationen entstehen. Erweist sich ein Lieferant über alle Bewertungsbereiche hinweg als geeignet, folgt im Anschluss eine Auditierung durch die Fachstellen bei Neulieferanten.

Logistik-Audit Die logistische Auditierung, der im oberen Bereich der Vorschlagsliste priorisierten Lieferanten, erfolgt um die Angaben der vorausgegangenen Befragung zu überprüfen bzw. weitere Informationen vor Ort zu erheben. Ein Logistik-Audit ist eine systematische und unabhängige Prüfung, um die Ausgestaltung des Logistiksystems des Lieferanten zu untersuchen. Mögliche Auditobjekte sind das gesamte Logistiksystem, spezielle Logistiksubsysteme (z. B. der Lagerbereich), logistische Prozesse (z. B. die Lieferabrufdatenübermittlung), Schnittstellen oder technische Verfahren im Bereich der Logistik (z. B. die Verpackungstechnik) (Pfohl 2004, S. 266 f.). Ein Logistik-Audit untersucht die Logistikprozesse und -systeme auf ihre Leistungsfähigkeit und Schwachstellen, wobei ein Auditor bei Bedarf Maßnahmen zur Verbesserung einleitet (Stölzle 2008, S. 1109). Um die logistische Grundfähigkeit gemäß den Anforderungen des OEMs sicherzustellen, erfolgt die systematische Durchführung eines Soll-Ist-Vergleiches anhand einer standardisierten Checkliste bei den Lieferanten vor Ort (Pfohl 2004, S. 262 ff.). Aufgrund der aufwendigen Datenerhebung wird eine Auditierung in der Regel nur für erfolgskritischen A- und B-Lieferanten organisiert (Appelfeller u. Buchholz 2005, S. 44). Die Auditierung wird im Team – üblicherweise besetzt durch Mitglieder aus den Bereichen Einkauf, Entwicklung, Logistik und Qualitätssicherung – durchgeführt, um möglichst alle Anforderungen zu berücksichtigen und eine umfassende Bewertung sicherzustellen (Eckseler 1999, S. 159). Die Bewertungsergebnisse werden zu einem Rating zusammengefasst, was eine anschließende Gruppierung und Klassifizierung der Lieferanten ermöglicht. Üblicherweise werden die Lieferanten in die Klassen A, B und C eingeteilt. Diese Eingruppierung ist letztendlich ausschlaggebend für die Vergabeentscheidung.

Erhält ein Lieferant ein A- oder B-Rating, ist er zur Vergabe freigegeben. Erweist er sich dagegen als C-Lieferant, bedeutet dies, dass er für die anstehende Vergabe gesperrt ist. Zusätzlich gibt es neben der durchschnittlichen Gesamtbewertung noch Musskriterien, die unabhängig vom Rating als Pflichtkriterien erfüllt sein müssen. Bei der Bestimmung des Gesamt-Ratings über alle Fachbereiche findet das sog. Hürdenprinzip seine Anwendung. Es besagt, dass das schlechteste Ergebnis das Gesamt-Rating bestimmt. Es findet somit keine Kompensation innerhalb der Fachbereichsergebnisse statt.

Logistikkennzahlensystem Um in komprimierter Form über logistische Sachverhalte des Lieferanten zu informieren, werden Kennzahlen eingesetzt. Hierbei handelt es sich um quantitative Größen, die messbare Sachverhalte in verdichteter Form wiedergeben (Küpper 1993, S. 39). Logistische Kennzahlen dienen als Indikatoren zur Messung der Effizienz und Effektivität logistischer Systeme des Lieferanten (Pfohl 2004, S. 207 f.).

Ein logistisches Kennzahlensystem muss die logistische Denkweise als horizontale Querschnittsfunktion verinnerlichen. Kennzahlen werden bei der Lieferantenbewertung als Analysefunktion eingesetzt, um beobachtbare und messbare Sachverhalte beim Lieferanten möglichst adäquat zu beschreiben. Häufig werden Zielvorgaben durch den OEM vordefiniert, welche durch den Lieferanten erreicht werden müssen um im Lieferantennominierungsprozess zu bestehen. Problematisch ist die Bewertung neuer Lieferanten, da hier häufig Erfahrungswerte im logistischen Serienbetrieb fehlen. Prinzipiell fügt sich das logistische Kennzahlensystem in ein umfassendes betriebswirtschaftliches Bewertungssystem mit den Bereichen Qualität, Einkauf, Technik ein und muss daher als integriertes und hierarchisches Kennzahlensystem sinnvoll aufeinander abgestimmt sein. Abbildung 5.7 zeigt ein Beispiel für ein gestuftes logistisches Kennzahlensystem aus der Nutzfahrzeugindustrie.

5.3 Supplier Relationship Management

5.3.1 Netzwerkfähigkeit im Logistikbereich

Aufgrund des Logistikansatzes des Supply Chain Managements ist nicht mehr die bereichsbezogene Sichtweise (konzentriert auf einzelne Funktionsbereiche) Gegenstand der logistischen Optimierungsbestrebungen, sondern die durchgängige Betrachtung von unternehmensübergreifenden Prozessen (Kuhn u. Hellingrath 2002, S. 119). Das Wertschöpfungssystem im Automobilbau setzt sich im Wesentlichen aus dem Produktionsnetzwerk sowie aus dem Logistiknetzwerk zusammen. Das Logistiknetzwerk koordiniert die wertschöpfenden Partner (Schraft u. Westkämper 2005, S. 23). Durch die zunehmende Vernetzung der Produktions- und Logistikpartner bei gleichzeitiger Steigerung der Interaktionshäufigkeit werden die Handlungsmöglichkeiten des strategischen Logistikmanagements neben den eigenen

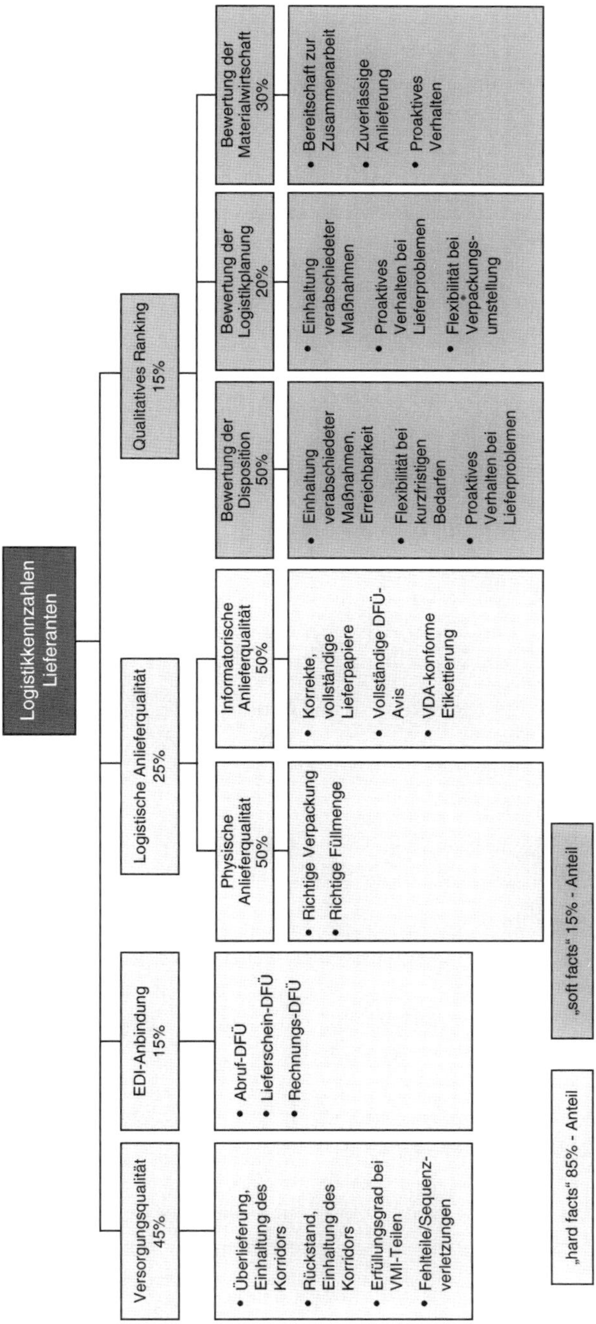

Abb. 5.7 Logistikkennzahlen System zur Lieferantenbewertung am Beispiel der MAN Nutzfahrzeuge AG (Quelle: MAN)

Fähigkeiten auch durch die der Marktpartner bestimmt. Globale Logistikstrategien werden entscheidend vom Potenzial der Netzwerkpartner geprägt zukünftige Handlungsmöglichkeiten im Logistikmanagement rechtzeitig zu identifizieren und zielorientiert umzusetzen (Kirsch 1997, S. 157).

Unter der Netzwerkfähigkeit im Logistikbereich versteht man das Vermögen eines Unternehmens, sich simultan mit unterschiedlichen Lieferanten in verschiedenen Richtungen materialflusstechnisch so zu vernetzen, dass für jede vom Kunden nachgefragte Leistung immer eine optimale Lösung angeboten werden kann. Der Aufbau von Netzwerkfähigkeit bietet die Möglichkeit Erfolgspotenziale zu realisieren, die besonders schwer imitierbar sind und somit langfristige Wettbewerbsvorteile für ein Unternehmen sicherstellen (Ramsay 2001, S. 45).

Das Finden einer optimalen betriebswirtschaftlichen Logistiklösung innerhalb eines Netzwerkes wird vermehrt von den Restriktionen der einzelnen Netzwerkpartner bestimmt. Der Aufbau von Lieferantenkooperationen ist weitgehend ein Management der diversen Restriktionen aus den einzelnen Unternehmen. Je größer ein Netzwerk desto schwieriger wird es aufgrund der steigenden Beschränkungen eine gute Gesamtlösung zu finden. Zusätzlich erschweren die unterschiedlichen Sichtweisen von OEM und Zulieferer eine optimale Gestaltung des Logistiknetzwerkes. Während der OEM seine Lieferanten aus seiner Unternehmenssicht sieht, befindet sich der Lieferant im Zielkonflikt der Belieferung mehrerer Fahrzeughersteller. Diese haben unterschiedliche Zielvorgaben und Rahmenbedingungen, welche sich nur bedingt ergänzen. Gleichzeitig steigen mit der Benutzung externer Wertschöpfungsquellen die Koordinationskosten, wie z. B.

- die Aufwendungen für das Erkennen und Gewinnen leistungsfähiger Modul- und Systemlieferanten,
- die Kosten verbunden mit dem Datenaustausch im Rahmen der Produktionsplanung und -steuerung und
- die Informationsbeschaffungskosten zur Erlangung der Prozesstransparenz z. B. beim Tracking und Tracing von Materialflüssen (Arnold u. Eßig 2002, S. 242).

Zur Konstruktion optimaler Netzwerke im Logistikbereich werden unterschiedlichste Lösungsverfahren eingesetzt. Typische Problemstellungen, welche mittels geeigneter OR-Verfahren gelöst werden, sind Transport-, Umlade- und Maximalflussprobleme, Kürzeste-Wege-Probleme, Bottelneck-Probleme sowie Standort-Probleme in logistischen Netzwerken (Domschke 2007, S. 31).

5.3.1.1 Materialfluss-Netzwerke

Zur Bündelung von Kompetenzen durch ein globales Lieferantennetzwerk ist neben der Kompetenzauswahl- und der informationstechnischen Integration die Planung, Umsetzung und Steuerung von Materialflüssen von Bedeutung. Entscheidungen über die Struktur und den Aufbau von Materialfluss-Netzwerken sind mittel- bis langfristig geprägt. Nicht optimal getroffene Entscheidungen sind durch die langfristige Kapitalbindung vertraglicher Ausgestaltungen und die infrastrukturellen

Auswirkungen der Lager- und Umschlagspunkte innerhalb des Netzwerkes nur schwer korrigierbar (Kruse u. Hoferichter 2005, S. 28). Aufgrund der hohen Anzahl von Netzwerkmitgliedern sowie deren Vernetzung potenziert sich die Schwierigkeit Reaktionen nachzuvollziehen bzw. vorherzusagen. Hinsichtlich der Planungsintensität der unterschiedlichen Netzwerkmitglieder gilt das Paretoprinzip, nachdem ca. 20% der Netzwerkmitglieder bereits 80% des Systemoutputs determinieren. Diese A-Bereiche sollten den Planungsschwerpunkt bei der Material- und Informationsflussplanung bilden. Wobei auch weitere Kriterien wie etwa die intensive Überwachung anlaufkritischer Lieferanten und deren Logistikprozesse berücksichtigt werden müssen.

Eine erfolgskritische Frage hierbei, ist die Auswahl einer geeigneten Steuerungsphilosophie innerhalb eines globalisierten Logistiknetzwerkes. Unabhängig von der Wahl einer konkreten Steuerungsphilosophie gilt allgemein – in Analogie zum Subsidiaritätsprinzip der Disposition – folgende Erkenntnis. Eine Zentralsteuerung des Logistiknetzwerkes darf nur Aufgaben übernehmen, die für die beteiligten Unternehmen von Vorteil sind und nicht von einem Logistiknetzwerkpartner ausgeführt werden können (Gudehus 2006, S. 24 f.). Die Steuerung sollte so dezentral wie möglich und darf nur so zentral wie nötig sein.

Ein weiterer wichtiger Planungsbereich ist die Frage, wie das Materialfluss-Netzwerk auf Veränderungen der Struktur bzw. der externen und internen Dynamik reagiert. Daraus resultierende Kosten- und Leistungsänderungen müssen bewertet und abgewogen werden (Kruse u. Hoferichter 2005, S. 32).

5.3.1.2 Informationsfluss-Netzwerke

Mit der zunehmenden Vernetzung der Materialflüsse steigt auch die Bedeutung der Informationsnetzwerke. Der problemlose Zugang der Netzwerkpartner durch eine Informationsplattform wird somit zum Schlüsselfaktor des Erfolgs (Krog et al. 2002, S. 45). Die Integration der Lieferanten im Rahmen eines Supplier Relationship Managements bedeutet, dass bestehende ERP-Systeme der Netzwerkpartner zukünftig zusammenarbeiten müssen um Daten auszutauschen. Die modular aufgebauten ERP-Systeme bilden heute zwar alle wichtigen Unternehmensfunktionen und -bereiche ab, tragen jedoch nur zur Lösung von Teilproblemen bei. Diesen Systemen fehlen zumeist eine überbetriebliche Ausrichtung sowie eine Integrationsmöglichkeit betriebsübergreifender Prozesse. Ergänzend einzusetzende unternehmensübergreifende IT-Systeme, welche den Datenaustausch zwischen den Unternehmen organisieren, werden unter dem Begriff Advanced Planning Systems (APS) zusammengefasst. APS erheben den Anspruch, die geforderte integrierte Planung des gesamten Supply Networks zu ermöglichen, indem modernste Informationstechnologien zum Einsatz kommen (Kuhn u. Helingrath 2002, S. 128). Die Advanced Planning Systems bauen ein Modell der Logistiknetzwerke auf und verwenden dieses für Planungsläufe und Planungsszenarien. Das Supply Chain Modell kann dabei auf unterschiedlichen Aggregationsstufen angelegt werden, je nachdem welche Planungsprozesse unterstützt werden sollen. Ziel ist eine simultane Planung aller relevanten logistischen Aufgabenstellungen und die Synchronisation von Absatz, Produktion, Beschaffung, Distribution und Transport über die gesamte Supply Chain zu erreichen. Konkrete Anwendungslösungen unterscheiden das Supply Chain Planning, das eine lang- bis mittelfristige Planung und Optimierung der Bedarfe, Kapazitäten und Bestände verfolgt, im Vergleich zu den eher kurzfristig orientierten Supply Chain Execution Systemen (Arnold u. Eßig 2002, S. 250).

Der hierzu erforderliche Datenaustausch zwischen den Netzwerkpartnern erfolgt abhängig vom Datenvolumen entweder über Direktverbindungen wie EDI oder aber durch internetbasierte Lösungen wie WebEDI oder E-Mail (vgl. Abschn. 6.9.2). Immer wichtiger wird der zeitnahe Datenaustausch im Idealfall in Echtzeit, um die Reaktionszeiten der Lieferanten zu reduzieren und dem Kunden kurze Lieferzeiten zu gewährleisten (Alicke 2005, S. 177).

Hauptziel ist es häufig zunächst IT-Systeme zu harmonisieren um Schnittstellenkosten zu reduzieren. Den ersten Betrachtungsfokus stellen dabei interne IT-Beschaffungsnetzwerke dar, die den Datenaustausch zwischen Abteilungen, Werken und Unternehmen innerhalb der Konzernstruktur ermöglichen sollen. Harmonisierung bedeutet hierbei nicht immer eine Reduzierung von IT-Systemen. Auch eine Vereinheitlichung der Beschaffungsprozesse innerhalb der einzelnen IT-Systeme kann unter Umständen einen ähnlich hohen Nutzen bei geringerem Aufwand nach sich ziehen.

Um Lieferantendaten systemübergreifend auswerten zu können, bietet sich der Aufbau eines Data Warehouse Systems an (vgl. Abschn. 2.4.1). Dieses stellt eine wichtige IT-technische Grundlage für die aktuell vielfach angestrebte, gesamthafte Analyse aller logistikrelevanten Kosten dar (Appelfeller u. Buchholz 2005, S. 15). Das Ziel der Netzwerkfähigkeit im IT Bereich wird durch das extrahieren relevanter Informationen aus den Transaktionssystemen der Logistik erreicht, die dann anschließend nach einem Datentransfer in ein zentrales Data Warehouse geladen werden. Das Data Warehouse mit den darauf basierenden Datenwürfeln (Data Marts, Cubes) bildet die Grundlage aller zur Entscheidungsfindung oder Analyse benötigten Planungsdaten in Form von Kennzahlensystemen, die nach unterschiedlichsten Dimensionen in sehr kurzer Zeit bewertet werden können (Klug et al. 2001c, S. 29 f.).

5.3.1.3 BMW Partnernetzwerk

Das sog. Partnernetzwerk von BMW stellt ein Beispiel für ein Supplier Relationsship Management Modell dar (Richter 2005, S. 8 f.). Dabei handelt es sich um ein mehrdimensionales Integrationsmodell bei dem die jeweiligen Kompetenzen der Netzwerkpartner mit den Kernkompetenzen der BMW Group kombiniert werden (vgl. Abb. 5.8). Das Partnermodell kombiniert Reaktionsschnelligkeit und Spezial Know-how kleiner und mittlerer Unternehmen mit der Finanzkraft, der globalen Ausrichtung sowie der Absatzmacht eines Automobilkonzerns (Mößmer et al. 2007, S. 7).

Die Basis des Partnermodells bildet ein allgemein praktiziertes, mehrstufiges Beschaffungsmodell. Die Komplexität der Beschaffung wird durch den Aufbau

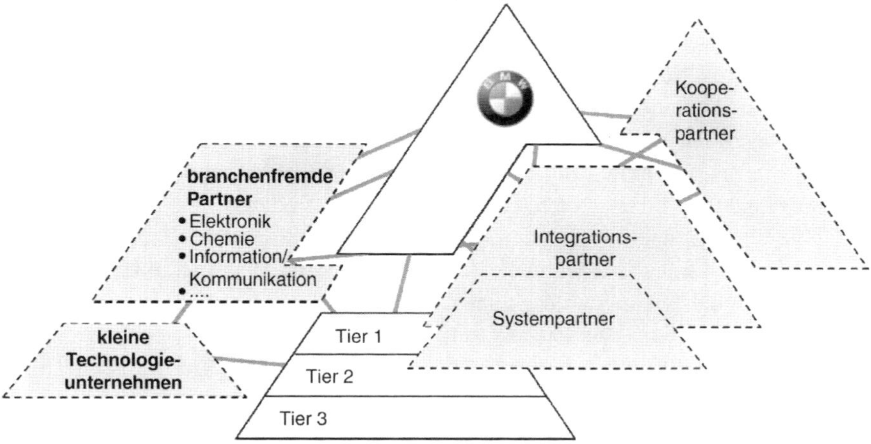

Abb. 5.8 Das Partnernetzwerk-Modell der BMW Group

einer Zulieferpyramide reduziert, an deren Spitze die 1-Tier Lieferanten stehen. Diese werden wiederum durch Komponenten- und Teilelieferanten beliefert (vgl. Abschn. 5.1.2). Bedeutende Direktlieferanten agieren als sog. Systempartner, die im Rahmen des Produktentstehungsprozesses für geeignete Fahrzeugumfänge zunehmend in die Entwicklung und Lieferung kompletter Systeme bzw. Module integriert werden (vgl. Abschn. 4.2). Neben der Konzept- und Serienentwicklung übernimmt der Systempartner die Planung (Lieferantenauswahl) und Koordination des untergeordneten Teillogistiknetzwerkes. Hierdurch kann die Komplexität des OEM Logistiknetzwerkes drastisch reduziert werden, da Subsysteme autonom von den Systempartnern gesteuert werden.

Beim Integrationspartner steigt der Leistungs- und Lieferumfang, so dass diese die Entwicklung und/oder Fertigung eines kompletten Fahrzeugmodells verantworten. Diese Auftragsfertiger (Little OEM) übernehmen im Auftrag der großen Automobilhersteller für einzelne Modelle und Modellreihen die Entwicklung und häufig auch die Fertigung der Fahrzeuge. Diese Vorgehensweise wird besonders bei Nischenmodellen (z. B. Cabrios) angewandt (Saatmann 2007, S. 141). Aufgrund der strategischen Bedeutung von System- und Integrationspartnern müssen diese frühzeitig im Rahmen des Produktentstehungsprozesses integriert werden. Diese Einbindung erfolgte häufig zu spät, was viele OEM veranlasst hat, bereits in der Konzeptphase enger und intensiver mit Lieferanten zusammenzuarbeiten.

Weitere Partnerschaften ergeben sich durch Kooperationspartner, d. h. mit anderen Fahrzeugherstellern und Lieferanten. Dies macht besonders dann Sinn, wenn die Investitionskosten, wie z. B. in der Motorenentwicklung und -fertigung besonders hoch sind. Zielsetzungen sind üblicherweise die Reduzierung der Kosten durch Aufteilung der Entwicklungsaufwendungen und Erschließung von Skaleneffekten bei gemeinsamer Teile- und Ressourcennutzung in der Produktion. Hieraus ergeben sich logistisch erschwerte Anforderungen, da im Rahmen von Produktionsverbünden komplexere Lieferbeziehungen auftreten, wenn die vertikale Wertschöpfung über mehrere Werke verteilt wird (Rinza u. Boppert 2007, S. 23).

Um die Innovationsfähigkeit zu erhalten und zu stärken wird auch eine Zusammenarbeit mit branchenfremden Partnern angestrebt. Durch den Innovationstransfer aus anderen Branchen können radikal neue Lösungskonzepte erarbeitet werden. Beispiel hierfür sind Erfahrungen in der Wasserstofftechnologie aus der Luft- und Raumfahrttechnik, die im Fahrzeugbau Verwendung finden.

Kleine Technologieunternehmen aus den unterschiedlichsten Bereichen finden ebenfalls im BMW Partnernetzwerk ihren Platz. Ziel ist die Unterstützung interessanter technischer Lösungen durch den OEM, da vielen kleinen Unternehmen häufig die Kapitalstärke und der Zugang zum Netzwerk fehlt, obwohl sich vielversprechende Produkt- und Prozessinnovationen in ihrer Produktpipeline befinden. Dieser schöpferische Pool soll für markenprägende OEM-Leistungen genutzt werden.

5.3.2 Supplier Collaboration

Supplier Collaboration ist das geeignete Instrument des Supply Chain Management, um Liefernetzwerke ganzheitlich zu planen und zu steuern (Gehr 2007, S. 23). Durch die informatorische und prozessuale Harmonisierung der Planungs- und Steuerungsfunktionen sollen die Logistikprozesse gemeinschaftlich verbessert, Kosten gesenkt und Know-how zwischen den Partnern ausgetauscht werden (Baumgarten et al. 2004, S. 66 ff.). Eine umfassende und integrierte Betrachtung im Vergleich zur traditionellen isolierten Planung und Steuerung erschließt Synergiepotenziale. Angestrebt wird Transparenz über Bedarfe, Bestände und Kapazitäten bei den Lieferanten und Vorlieferanten sowie über Transportaktivitäten zwischen den Netzwerkpartnern zu erhalten. Gleichzeitig sollen Engpasssituationen frühzeitig erkannt und durch ein proaktives Handeln vermieden werden. Hierzu werden interaktive Kommunikations- und Informationsplattformen eingesetzt, welche die Dispositionsprozesse für Lieferanten und interne Anwender transparent auf einer Oberfläche vereinen (Steglich 2002, S. 60). Durch geeignete Softwaretools können somit alle wichtigen Planungs- und Steuerungsaufgaben wie teilebezogene Kapazitätsabsicherung, permanente Messung und Visualisierung der Lieferperformance bis hin zur Engpassabwicklung und Bestandsoptimierung IT-technisch visualisiert und integriert werden. Diese Vision erfordert neben der Integration der IT-Systeme eine mehrstufige und interdependente Abstimmung der Planungspartner bei der Änderungen der Logistikdaten möglichst zeitnah weitergegeben werden (Bretzke 2007, S. 15). Folgende Planungs- und Entscheidungsaufgaben im Zusammenspiel zwischen dem Fahrzeughersteller, seinen Lieferanten und den Logistikdienstleistern müssen hierzu geklärt werden:

- Wie muss die Bedarfsplanung zwischen den Netzwerkpartnern abgestimmt werden?
- Welche Anforderungen ergeben sich an die Materialdisposition durch Lieferantennetzwerke?

- Wie müssen Kapazitäten im vernetzten Kontext einer Supplier Collaboration geplant und bereitgestellt werden?
- Wie sieht eine optimale Verteilung der Bestände innerhalb des Lieferantennetzwerkes aus?
- Wie verändern sich internationale Transportnetzwerke durch Global Supplier Collaboration?

5.3.2.1 Forecast Collaboration

In der Automobilindustrie werden Materialbedarfe vom OEM über das gesamte Zuliefernetzwerk durch ein mehrstufiges System übermittelt. Ausgangsbasis bildet die Fahrzeugprogrammplanung des OEM (vgl. Abschn. 9.3). Die Primärbedarfe werden über Stücklistenauflösung und nach Abgleich mit der aktuellen Bestandssituation in den Nettosekundärbedarf auf Teileebene aufgelöst (vgl. Abschn. 9.4). Dieser dient als Ausgangsbasis zur Übermittlung der Bedarfszahlen an die Lieferanten beginnend mit dem langfristigen Lieferabruf, über den mittelfristigen Feinabruf bis hin zum kurzfristigen Produktionsabruf (vgl. Abschn. 8.2.1).

Das Planungssystem innerhalb des Liefernetzwerkes ist ein Sukzessivplanungsansatz bei dem ausgehend vom OEM die Sekundärbedarfe an die vorgelagerten Lieferstufen weitergegeben werden. Diese Abrufdaten werden meist direkt an die internen ERP-Systeme für die Planung des eigenen Materialbedarfs übergeben. „Die einzelnen Bedarfsplanungsläufe der Unternehmen, die an den Lieferketten beteiligt sind, erfolgen zeitlich unkoordiniert bzw. sequenziell durch die Kette, mit abweichender Häufigkeit, mit unterschiedlich langen Zeithorizonten und aufgrund unabgestimmter Basisdaten“ (Dörr 2007, S. 49). Diese klassische Vorgehensweise beinhaltet die üblichen Probleme einer Lieferkette – mit einer Zeitverzögerung der Informationsweitergabe sowie Verfälschung der Ursprungsbedarfe was zur Verstärkung von Bestandsschwankungen bei gleichzeitig geringer Änderung des Kundenbedarfs entlang der Lieferkette führt (sog. Bullwhip Effekt) (Simchi-Levi et al. 2004, S. 20 ff.). Zusätzlich führt eine mehrstufige Weitergabe von Bedarfszahlen zu einer Verkürzung der Bedarfshorizonte durch Abzug der Informationsdurchlaufzeit sowie durch die gängige Praxis, dass die Fahrzeughersteller sowie die Lieferanten nicht den vollständigen, ihnen zur Verfügung stehenden Horizont an die vorgelagerten Lieferstufen weitergeben (Baumgarten et al. 2002, S. 38).

Mögliche Lösungsansätze im Rahmen einer Forecast Collaboration zur Reduzierung obiger Probleme lauten wie folgt (Frey et al. 2007, S. 54 ff.):

- Offene Kommunikation von teilebezogenen fehlerfreien und vollständigen Bedarfszahlen
- Zeitnahe, mindestens tägliche Bedarfsrechnung um die Reaktionsflexibilität zu steigern
- Einfrieren von Abrufdaten für einen bestimmten Zeitraum
- Verbesserung der Datenqualität der Bedarfszahlen
- Verkürzung von Wartezeiten und Prozesszeiten auf den Bedarfsplanungsstufen

- Plausibilitätsprüfung der Abrufzahlen zum frühzeitigen Erkennen von Falschbedarfen
- Erstellen von Langfristbedarfsprognosen auf Eigenschaftsebene der Endprodukte zum besseren Abschätzen der Langfristbedarfe
- Visualisierung des Ursprungsbedarfs über alle Lieferanten ohne Verzerrung durch Losgrößen bzw. Eigenoptimierungen
- Integration von Logistikdienstleistern in die Bedarfsplanung
- Kollaborative Abstimmung der Planungshorizonte und -rhythmen (Bretzke 2007, S. 15)

5.3.2.2 Capacity Collaboration

Im Rahmen der Produktionsplanung erfolgt die Kapazitätsplanung in Liefernetzwerken im Anschluss an die Materialbedarfsplanung (vgl. Abschn. 9.5). Hierbei geht es um die Zuordnung der Materialbedarfe zu den im Netzwerk verteilten Ressourcen (Maschinen, Mitarbeiter, etc.), um so den terminierten Kapazitätsbedarf, anhand der vom Kunden geforderten Abrufe, zu bestimmen.

Das Ziel eines Kapazitätsmanagements in Liefernetzwerken ist die unternehmensübergreifende Planung der erforderlichen Kapazitäten unter Berücksichtigung der Restriktionen aller Netzwerkpartner. Die Capacity Collaboration beinhaltet die Ermittlung und den Abgleich des Kapazitätsbedarfs mit den Kapazitätsangeboten der relevanten Fertigungswerke einschließlich der kritischen Zulieferer (Nayabi et al. 2006, S. 22). Kapazitätsüber- bzw. -unterangebote im mittel- bis langfristigen Planungshorizont sollen identifiziert werden, um so Kosten für kurzfristige Sonderaktionen zu vermeiden. Investitions- und Desinvestitionsentscheidungen zum Kapazitätsauf- und -abbau müssen rechtzeitig angestoßen werden um die Lieferfähigkeit sicherzustellen (Langemann u. Mielke 2003, S. 42). Durch die frühzeitige Übermittlung der Kapazitätsbedarfe an den Lieferanten kann die eigene Produktion stabilisiert und geglättet werden. Kosten für kurzfristige Anpassungsmaßnahmen wie z. B. Mehr- und Wochenendarbeit oder Sonderfahrten können somit vermieden werden (Herold 2005, S. 39).

Neben den externen Lieferanten gilt es auch interne Lieferanten am eigenen Werkstandort bzw. in Verbundwerken zu steuern. Durch die Plattformstrategie, welche kontinuierlich zu einer Gleichteile- und Modulstrategie weiterentwickelt wurde (vgl. Abschn. 3.5.2), steigt die Anzahl weltweiter Bedarfsträger in Form von Produktionsstandorten unterschiedlicher Fahrzeugmarken und Regionen, die gleichzeitig auf dieselben knappen Kapazitätsressourcen zugreifen (Krog et al. 2002, S. 46). Die Verteilung einer Modellreihe auf mehrere Werkstandorte bietet im Modellzyklus Vorteile. Zum einen können Kapazitätsschwankungen durch Verschiebungen im Netzwerk besser aufgefangen werden. Zum anderen wird über die flexible Zusammenstellung der Fahrzeugvarianten im Produktionsprogramm eine hohe Auslastung der Fahrzeugwerke erreicht.

Schwerpunkt der Planung im Rahmen der Capacity Collaboration bilden dynamische Kapazitätsengpässe, die nach dem Ausgleichsgesetz der Planung der

Gesamtoutput eines Netzwerks determinieren (Gutenberg 1983, S. 164 f.). Mit Hilfe geeigneter Planungssoftware muss laufend überwacht werden ob die durch die Liefereinteilung (vgl. Abschn. 8.2.1.1) vorgegebenen Lieferumfänge und Liefertermine sowie der sich hieraus ergebende Kapazitätsbedarf beim Lieferanten eingehalten werden können. Übersteigt der lieferabrufinduzierte Kapazitätsbedarf eines Monats die vom Lieferanten bereitgestellte Kapazität, wird der daraus entstehende Handlungsbedarf durch die Software signalisiert (z. B. über eine Ampelfunktion durch Rotlicht) (Steglich 2002, S. 60). Um drohende Versorgungsengpässe frühzeitig zu vermeiden, müssen die Disponenten entsprechende Maßnahmen ergreifen. Die Chancen, einen Produktionsengpass zu verhindern sind umso höher, je früher darüber informiert und reagiert wird und je vollständiger die relevanten Fakten allen Beteiligten bekannt sind (Fander u. Grammer 2002, S. 8).

Der Kapazitätsabgleich zwischen Kapazitätsnachfrage und -angebot gestaltet sich allerdings innerhalb eines Netzwerkes um so schwieriger, da die Anzahl an Restriktionen bzw. der Informationsbedarf zur Generierung einer befriedigenden Lösung um ein Vielfaches höher ist. Zusätzlich erschwert wird das Planungsproblem bei einer Mehrquellenbelieferung. Hierdurch ergibt sich ein mehrstufiges Allokationsproblem welche Abrufmengen auf welche Lieferanten verteilt werden. Neben der grundsätzlichen Berücksichtigung der aktuellen Kapazitätsauslastungssituation im Lieferantennetzwerk können für diese Verteilung darüber hinaus Entscheidungskriterien wie Transportaufwand oder regionale Besonderheiten herangezogen werden (Schuh 2006, S. 117 f.). Ein weiteres Problem, das als ein typisches Beispiel von Netzwerkrisiken angesehen werden kann, ist die Offenlegung der eigenen Kapazitätsauslastung der Netzwerkpartner. Die Information (z. B. zu geringe Auslastungssituation) könnte der OEM für spätere Preisverhandlungen zu seinen Gunsten einsetzen (Jahns 2005, S. 56). Verstärkt wird dieses Problem durch die Tatsache, dass zwischen Kunde und Lieferant Kapazitätszusagen im Rahmen des Lebenszyklus einer Fahrzeugbaureihe auf Basis von Jahresstückzahlen vereinbart werden. Dieser zu geringe Detaillierungsgrad der Kapazitätsplanung führt dazu, dass Engpässe oft zu spät identifiziert und häufig kostenintensive Anpassungsmaßnahmen ergriffen werden (Baumgarten et al. 2002, S. 38).

Kürzere Lebenszyklen der Fahrzeugmodelle, steigende Anzahl von Neuanläufen, steilere Anlauf- und Auslaufkurven, aber auch werks- und konzernübergreifende Gleichteileverwendung benötigen neben der flexiblen Planung von Kapazitäten auch das Vorhalten von strategischen Kapazitätsreserven, die im Netzwerk verteilt werden müssen.

Ein erweiterter Ansatz des Capacity Collaboration erfordert auch die Berücksichtigung von Kapazitätsrestriktionen beim Transporteur, der bis heute nicht im Rahmen einer Supply Chain Planung berücksichtigt wird (Baumgarten et al. 2002, S. 42). Somit kann der Spediteur auf Änderungen des benötigten Frachtraumvolumens, die regelmäßig bis zur Verladung auftreten, dispositiv nicht mehr reagieren. Ein untertägiger Redispositionsbedarf, der einen Fahrzeugwechsel oder die volumen- bzw. gewichtsmäßige Integration passender Frachten in den bestehenden Tourenplan erfordert, wird erschwert. Die Folge sind ungenutzte Frachtraumreserven, was die Transportkosten unnötig erhöht.

5.3.2.3 Order Collaboration

Ziel ist die Visualisierung aller Fahrzeugauftragsdaten sowie deren Änderungen zwischen dem Händler über den Automobilhersteller bis hin zu den Lieferanten. Jede Veränderung soll möglichst zeitnah an die Partner weitergeleitet werden, um eine optimale Auftragstransparenz zu erreichen. Dadurch können alle beteiligten Supply Chain Partner ihre Aktivitäten direkt an der Kundennachfrage ausrichten und abstimmen und unnötige Qualitätsverluste in der Informationsweitergabe vermeiden (Holweg u. Pil 2004, S. 120 f.). Der große Vorteil der Verfügbarmachung realer und zeitunverzögerter Auftragsdaten ist der Verzicht auf Prognosedaten. Der Einsatz von Prognosemodellen ist zeit- und kostenintensiv. Jede Prognose birgt die Gefahr der Unsicherheit und bildet eine der Ursachen für die selbstverstärkende Dynamik von Logistikketten mit überproportional steigenden Beständen entlang der Supply Chain (Lee et al. 1997, S. 95). Durch fehlende Verbindung der IT-Systeme und Synchronisation der Rechnerläufe wird das Bestandsproblem bedarfsseitig verstärkt. Es kann davon ausgegangen werden, dass die Übermittlung der Bedarfe pro Lieferstufe bis zu einer Woche Zeit in Anspruch nimmt. Auftragsinformationen sind, bis zu ihrem Eintreffen, veraltet und spiegeln das tatsächliche Fahrzeugprogramm des OEM nur noch bedingt wider (Baumgarten et al. 2002, S. 38).

Im Rahmen einer bedarfsgesteuerten Direktanlieferung von Lieferanten (vgl. Abschn. 8.3.1 und 8.3.2) werden nach dem Just-in-Time Prinzip nur diejenigen Komponenten, Module und Systeme gefertigt und angeliefert, welche auch tatsächlich vom Fahrzeughersteller auf Basis realer Kundenaufträge weitergegeben wurden. Dies setzt voraus, dass der Kundenauftrag die Basis der Produktionsplanung und -steuerung beim OEM bildet, wie es im Rahmen einer Build-to-Order Produktions- und Logistikstrategie umgesetzt wird (vgl. Abschn. 9.1.2).

Ein wesentlicher Baustein der Order Collaboration ist das Online Ordering der Fahrzeughändler. Hierbei kann der Händler web-gestützt seine Fahrzeugbestellung beim OEM platzieren (vgl. Abschn. 9.2). Vorab erfolgt eine Baubarkeits- und Terminprüfung auf Basis realer Kapazitätsdaten des OEM und seinen Lieferanten. Ausstattungsänderungen können hinsichtlich ihrer Auswirkungen auf den Liefertermin geprüft werden. Durch die Direktanbindung besteht die Möglichkeit den Auftragseingang in Echtzeit durchzuführen, was wesentlich zu einer Verkürzung der Lieferzeit bei erhöhter Termintreue führt (Meyr 2004a, S. 460).

5.3.2.4 Inventory Collaboration

Ziel des Bestandsmanagements in Liefernetzwerken ist die Sicherstellung einer reibungslosen Versorgung aller Partner mit den benötigten Materialien. Der klassische Zielkonflikt zwischen einer hohen logistischen Leistung (niedriger Lieferverzug, hoher Servicegrad) bei gleichzeitig geringen bestandsrelevanten Logistikkosten muss in Liefernetzwerken um die unternehmensübergreifende Koordination von Zielen und Interessen zur ganzheitlichen Planung und Steuerung von Beständen ergänzt werden (Schuh 2006, S. 838 ff.). Prinzipiell kommt Beständen innerhalb komplexer Netzwerke eine besondere Bedeutung zu. „Komplexe Systeme mit allzu eng verkoppelten Teilsystemen und Leistungsstellen sind schwerfällig, störanfällig und nicht mehr beherrschbar. Sie lassen sich auch mit Hilfe noch so genauer Simulationsverfahren nicht entscheidend verbessern.“ (Gudehus 2006, S. 25). Nach dem Entkopplungsprinzip der Logistiknetzwerke ermöglicht das Zwischenschalten von Beständen das komplexe Gesamtsystem so in Teilnetzwerke zu zerlegen, dass sich Rückstaus, Rückkopplungen und Störungen eines Teilsystems nur mit ausreichend geringer Wahrscheinlichkeit auf die anderen Teilnetzwerke auswirken. Bestände haben daher innerhalb dieser systemischen Betrachtung einen durchaus positiven Effekt durch die Leistungssteigerung des Gesamtnetzwerkes.

Eine Realisationsalternative zur dezentralen Steuerung der Bestände ist der Supplier Managed Inventory (SMI) Ansatz, bei dem die dispositive Verantwortung für die Materialbestände auf den Zulieferer übertragen wird (vgl. Abschn. 8.4). Hierzu muss der Lieferant mit den bestandsführenden Systemen des Kunden vernetzt und klare Entscheidungsregeln (z. B. Min-, Max-Bestände) definiert werden. Neben den aktuellen Bestandsdaten werden eine Vielzahl zusätzlicher bestandsrelevanter Informationen übermittelt wie z. B. Transitbestände, Lagerbewegungen, Änderungen der Nettobedarfe, Terminverschiebungen, Abfertigung auf Lieferantenseite sowie Transport-Verspätungen (Keller 2006, S. 59).

5.3.2.5 Transportation Collaboration

Transportsysteme sind immer auf bestimmte Liefervolumen- und Lieferfrequenzanforderungen abgestimmt (vgl. Abschn. 6.7.2). Durch die laufend steigende Anzahl der Netzwerkpartner und die zunehmende durchschnittliche Transportentfernung zu den Lieferanten, gewinnt der Bereich des Transportmanagements an Bedeutung. Steigende Frachtkosten bedingt durch Global Sourcing (vgl. Abschn. 5.1.3), geringere durchschnittliche Sendungsgrößen bei einer gleichzeitigen Steigerung der Lieferfrequenz, erfordern umso mehr die Realisierung von Kosteneinsparungspotenzialen im Frachtmanagement. Einer der Hauptansatzpunkte ist die Bündelung von Transportströmen um durch Degressionseffekte sinkende Frachtkosten zu ermöglichen (vgl. Abschn. 8.7.3.1). Durch eine engere Kooperation der Transportpartner im Rahmen einer Transport Collaboration kann schneller auf Anforderungen der OEM bei Änderungen der Lieferabrufe reagiert und durch die gemeinsame Nutzung von Logistikressourcen die Kosten gesenkt werden (Zäpfel u. Wasner 2002, S. 54).

Ziel ist die Verwirklichung einer Transportkosteneinsparung bei zusätzlicher Steigerung der Materialverfügbarkeit für die Produktion. Hierfür sind das Materialdispositions- sowie das Frachtmanagement sowohl unternehmensintern als auch -übergreifend innerhalb des Netzwerkes aufeinander abzustimmen (vgl. Abschn. 8.7.3.4). Dies setzt allerdings voraus, dass die Verantwortung der Inbound-Transporte beim Unternehmen selbst liegt, was häufig durch eine Umstellung der Lieferkonditionen auf *Ab-Werk* erreicht wird.

Hauptproblem einer Logistikoptimierung ist die Unterschiedlichkeit der Sichtweisen und Ziele der Logistikpartner. Während der Disponent teilegruppen- und versorgungsspezifisch agiert, bieten sich Einsparungen im Frachtmanagement durch zeitliche und räumliche Bündelung von Liefermengen gleicher bzw. räumlich konzentrierter Lieferanten. Die Lösung dieses Problems bietet häufig der Einsatz softwaregestützter Planungstools. Hierbei geht es um die optimale Abstimmung der Nachfrage nach Frachtkapazitäten durch den Disponenten und des Auffindens tarifoptimierter Angebote der Logistikdienstleister in einem internationalen Kontext.

5.4 Prototypen- und Versuchsteilelogistik

Der Prototypenbau dient als Schnittstelle zwischen Entwicklung und Serienproduktion, was bei immer kürzeren Fahrzeugentstehungszeiten zu erhöhten Anforderungen in der Teilelogistik führt. Ein Problembereich der Prototypenlogistik ist die konstruktions- und termingerechte Anlieferung der Versuchsteile, was aufgrund der hohen Änderungsdynamik in dieser Phase der Produktentstehung eine besondere Herausforderung darstellt. Jedes Bauteil im Versuchsbau, das für eine bestimmte Prototypenbaustufe beschafft werden soll, wird zunächst in der virtuellen Umgebung des sog. Digital Mock Up (DMU) auf seine Verbaubarkeit hin überprüft (vgl. Abb. 5.9). Der Einsatz des DMU ist im Versuchsbau deshalb besonders effektiv, weil hier nach den von der Konstruktion geplanten Verbauständen der Bauteile

Abb. 5.9 Bearbeitung DMU-Modell im Cave (Quelle: Audi)

(As-Plannend) der letztendlich wirklich zu verbauende Stand (As-Built) in Abhängigkeit von Beschaffungsmöglichkeiten, Fertigungszeiten, Bauteilkomplexität und Kapazitäten festgelegt wird. Durch den Einsatz von DMU-Modellen kann die Planungsbasis für die Versuchsteile- und Prototypenlogistik drastisch verbessert werden, da keine falsch gefertigten Bauteile nachgearbeitet werden müssen.

Einen kritischen Erfolgsfaktor stellt die Informationslogistik dar. Das Wissen, welche Bauteile zu einer Prototypenbaustufe montiert werden, wird über Stücklisten verwaltet. Die Verwaltung aller Teile für das Gesamtfahrzeug wäre zu komplex, so dass es nötig ist, das Gesamtfahrzeug zunächst in Fahrzeug-Zonen einzuteilen.

Für die Teileanlieferung werden analog dem Seriengeschäft (vgl. Abschn. 8.2) Lieferabrufe für Prototypenteile generiert. Der Lieferabruf enthält alle wichtigen Informationen zu einem Versuchsteil (Teilenummer, Änderungsstand, Bauteilbezeichnung, Menge, Liefertermin) und ist die Voraussetzung für eine ordnungsgemäße Verbuchung der Teile im Warenwirtschaftssystem sowie für die Bezahlung der Lieferantenforderungen. Liefertermine müssen durch den Lieferanten bestätigt bzw. in gegenseitiger Absprache abgeändert werden.

Teile sind bei der Anlieferung mit Aufklebern zu versehen. Zusätzlich ist zur Identifikation und Klassifikation der Versuchsteile eine eindeutige Kennzeichnung des Teileentwicklungsstandes nötig, um Falschverbauten im Prototypenaufbau und bei der Erprobung zu vermeiden. Üblicherweise wird zur Sichtbarmachung des aktuellen Entwicklungstandes des Bauteiles ergänzend zur Sachnummer ein Änderungsindex angegeben, der laufend durchnummeriert wird und die physische Bauteiländerung dokumentiert. Weitere Anforderungen an das Bauteil hinsichtlich spezifischer Prüfverfahren müssen durch entsprechende Dokumentationen (Messprotokolle) nachgewiesen sowie durch Teilekennzeichnung signalisiert werden.

5.5 Vorserienlogistik

Etwa 8 Monate vor dem Beginn der Serienproduktion werden die Bauteile und Fahrzeuge an die Vorserie übergeben (vgl. Abb. 5.10). Ziel ist die Überführung des Versuchsteile- und Prototypen-Stadiums in seriennahe Bedingungen sowie die Vorbereitung für die Serienbedingungen der Nullserie. Produktions- und Logistikprozesse werden in der Vorserie ausgetestet und sukzessive in die Serienorganisation integriert. Die Trennung von Vorserienlogistik und -lagern von der Serienlogistik ermöglicht eine gezielte Optimierung der Anlaufprozesse (vgl. Abb. 5.11). Die Vorserienlogistik kann parallel zur Ramp-Up Phase in die Serienlogistik überführt werden. Folgende Herausforderungen ergeben sich hierbei aus Sicht der Vorserienlogistik:

- Hohe Dynamik aufgrund zahlreicher Produkt- und Prozessanpassungen
- Schwierigkeiten aufgrund der Komplexität in der Vernetzung vieler Partner
- Beherrschung der hohen Teileänderungsraten während des Serienanlaufs
- Durchgängige und zeitnahe Information und Koordination der Zulieferer über geplante Produkt- und Prozessänderungen

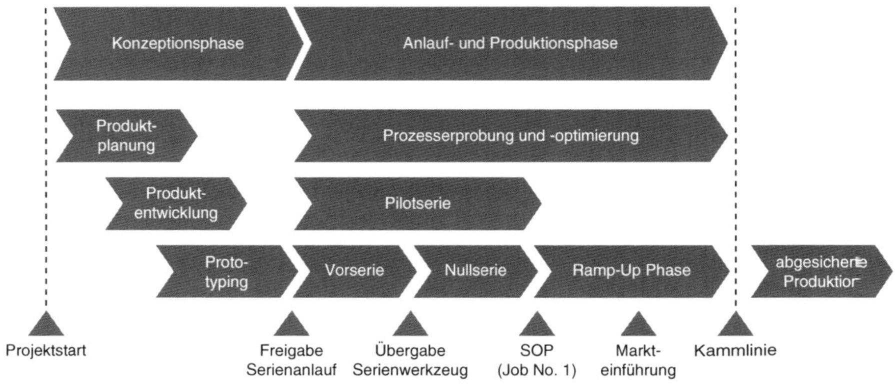

Abb. 5.10 Abgrenzung Prototypen- und Vorserienphase (Fitzek 2006, S. 63)

Die Teilebeschaffung erfolgt bei Teilen aus Nichtserienwerkzeugen durch die Entwicklungs- und Konstruktionsabteilung und bei Teilen aus Serienwerkzeugen durch die Vorseriendisposition der Logistik. Häufig kommt es zu Rückständen im Aufbau der Fahrzeuge, da aufgrund der hohen Änderungsraten mit unterschiedlichen Werkzeug- und Teileständen sowohl beim OEM als auch beim Zulieferer gearbeitet wird. Der Reifegrad eines Fahrzeuges in der Vorserie wird unter anderem am Herstellwerkzeug der Teile bemessen. Ein erfolgskritischer Punkt der Vorserienlogistik ist die Werkzeuglogistik. Das schnelle Erreichen eines Fahrzeugreifegrades mit Serienwerkzeugen ist für die Absicherung der Teileverfügbarkeit daher unerlässlich.

Abb. 5.11 Stationäre Vorserienmontage Motoren (Quelle: Audi)

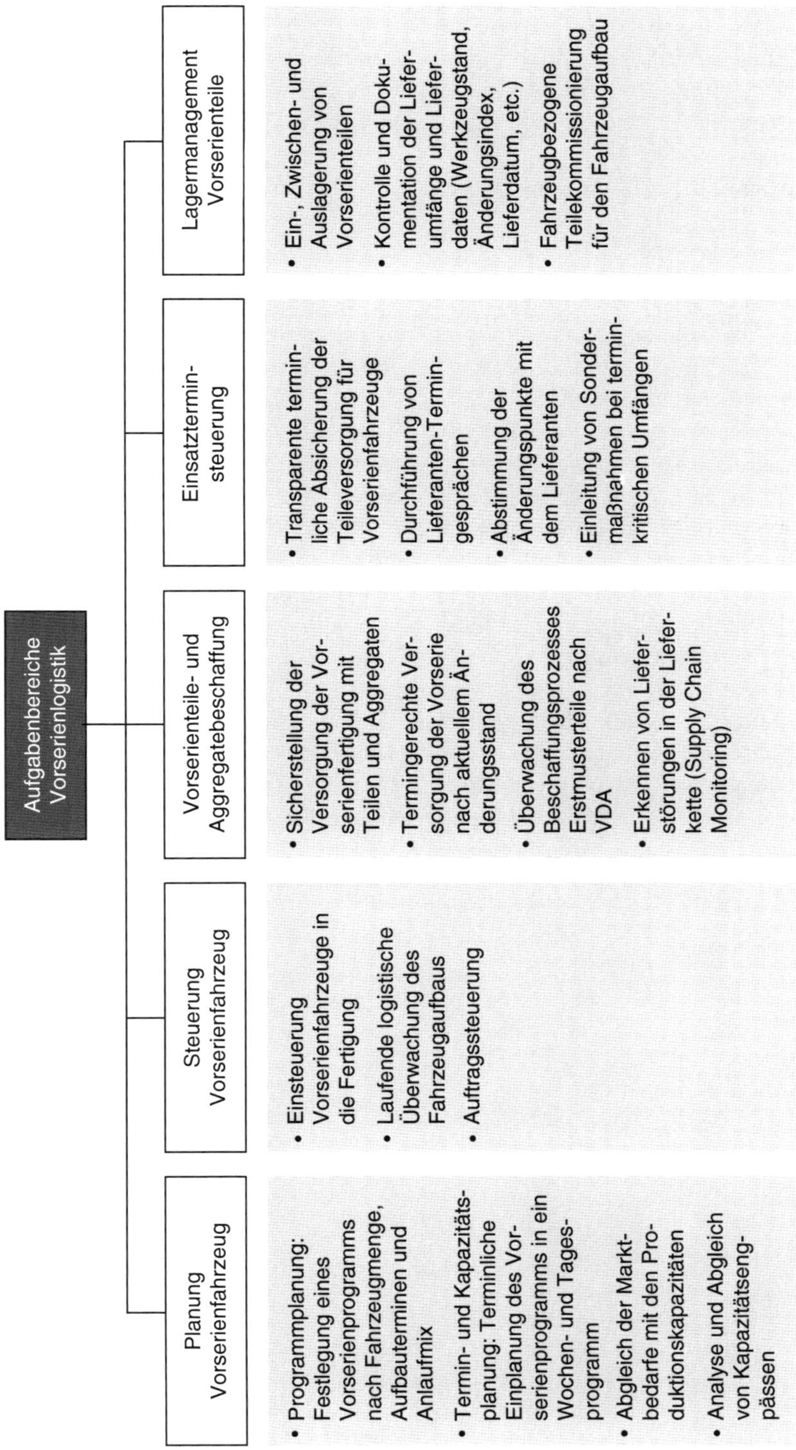

Abb. 5.12 Aufgabenbereiche der Vorserienlogistik

Weitere Ziele der Vorserienlogistik sind:

- Termingerechte Versorgung der Vorserie mit den aktuellen Bauteilen
- Ausschließliche Anlieferung von Teilen aus Serienwerkzeugen
- Ausschließliche Verwendung von Serienbehältern (Standard- und Universalbehälter)
- Simulation der JIT-/JIS-Serienprozesse und Bereinigung möglicher Fehlerquellen
- Sicherstellung der Einsatztermintreue und Kundenzufriedenheit

Das Aufgabengebiet der Vorserienlogistik ist breit gefächert und kann in die Hauptbereiche Planung und Steuerung Vorserienfahrzeug, Vorserienteile- und Aggregatebeschaffung, Einsatzterminsteuerung sowie Lagermanagement Vorserienteile gegliedert werden (vgl. Abb. 5.12).

Vorserienteile müssen vom Lieferanten durch gesonderte Vorserienaufkleber gekennzeichnet werden. Die farbliche Gestaltung und Differenzierung der Labels ermöglicht eine schnelle und verwechslungssichere Teile-Identifikation. Bei der Sachnummer ist darauf zu achten, dass der aktuelle Entwicklungsstand eindeutig mit Hilfe einer technischen Änderungsstandnummer identifiziert werden kann. Alle logistischen Prozesse vom Transport, über den Umschlag bis hin zur Lagerung erfolgen ausschließlich änderungsstandsbezogen. Eine anschließende Verknüpfung zwischen dem Vorserienfahrzeug und dem Einbauteil ermöglicht die eindeutige Zuordnung aller logistischen Prozesse zum Fahrzeug.

Die Vorserienlogistik übernimmt auch Änderungsaufgaben in der laufenden Serie. Fahrzeuge werden aufgrund von technischen Vorschriften, Produktkostenoptimierungen und Modellpflegen laufend verändert (Herold 2005, S. 40). Für die Steuerung des Einsatztermins und die termingerechte Einsteuerung der technisch geänderten Teile ist die Vorserienlogistik zuständig.

Kapitel 6
Aufgabenbereiche der Logistikplanung

Unter der Logistikplanung im Produktentstehungsprozess versteht man die Zusammenfassung aller Maßnahmen – beginnend mit dem Fahrzeugprojektstart bis hin zum Produktionsstart (SOP) – welche die Materialstrukturen und -prozesse inklusive der hierfür nötigen Informationsflüsse festlegen. Planungsschwerpunkt bildet der Materialfluss zwischen den Lieferwerken, über die externen und internen Transport-, Umschlags- und Lagerprozesse bis hin zum Verbauort nach dem Line-Back Planungsprinzip. Die bereits in Abschn. 4.4.1 beschriebenen Logistikstufen werden im folgenden Kapitel unter planerischer Sicht detailliert behandelt. Hierbei geht es in erster Linie um die Darstellung von Planungskonzepten sowie geeigneten Planungsmethoden, wie sie im Tagesgeschäft eines Logistikplaners in der Automobilindustrie eingesetzt werden.

6.1 Behälterplanung

6.1.1 Behälterarten

Behälter sind Logistikhilfsmittel wie Gestelle, Paletten, Gitterboxen, Kunststoffkisten mit deren Hilfe Güter geschützt sowie der Transport, der Umschlag und die Lagerung vereinfacht werden. Die in der Praxis eingesetzten Behältertypen sind aufgrund der spezifischen Anforderungen und Einsatzbereiche im Materialfluss hinsichtlich ihrer Form, Abmessung und Werkstoff sehr heterogen. Prinzipiell können allerdings die in der Automobilindustrie eingesetzten Behälter nach den Kriterien Größe und Umschlagsfähigkeit sowie Universalität des Einsatzes differenziert werden. Hieraus ergibt sich die in Abb. 6.1 dargestellte Behältermatrix mit vier Grundtypen von Behältern.

Kleinladungsträger Unter einem Kleinladungsträger (KLT) versteht man ein nicht unterfahrbares Transport- und Ladehilfsmittel, welches manuell und/oder automatisch umgeschlagen werden kann. In KLTs werden meist Klein- und schüttgutfähige Massenteile aufbewahrt. Üblicherweise werden in der Automobilindustrie

F. Klug, *Logistikmanagement in der Automobilindustrie,*
DOI 10.1007/978-3-642-05293-4_6,

Abb. 6.1 Klassifikation Ladungsträger

vorwiegend nach VDA und ISO standardisierte Kleinladungsträger verwendet. Durch den Lean Management Trend zu kleineren Umschlags- und Bereitstellungsmengen am Verbauort (Downsizing) steigt der Bedarf an eingesetzten KLTs in der Automobilindustrie laufend (vgl. Abschn. 7.3). Für die Automobilbranche bilden KLTs das optimale Mehrwegverpackungssystem. Die Behälter sind aus farbigem Kunststoff gefertigt, stapelbar, poolfähig sowie schlag- und stoßfest. Eine kammartige Verrippung des Unterbodens ermöglicht eine hohe Steifigkeit bei geringem Eigengewicht. Hebeschächte und Zentrierbohrungen am Behälter ermöglichen ein automatisiertes Behälterhandling. Ein Kleinladungsträger darf bei manuellem Handling zur Einhaltung ergonomischer Anforderungen ein gewisses Füllgewicht nicht überschreiten.

Großladungsträger Großladungsträger (GLT) sind unterfahrbare Transport- und Ladehilfsmittel, die häufig für die Verpackung von Großteilen eingesetzt werden. Das Behälterhandling erfolgt, aufgrund der Abmessung und des Gewichts der Ladungsträger, ausschließlich mittels Flurförderzeuge (z. B. Gabelstapler). Großladungsträger gibt es in verschiedenen Abmessungen, mit oder ohne Klappe, teilweise klappbar und mit unterschiedlichen Stapelfaktoren sowie Tragkräften. Ein Beispiel für einen gebräuchlichen Standard-GLT stellt die Euro-Gitterbox-Pool-Palette (Gitterboxpalette) nach DIN 15155 dar (vgl. Abb. 6.2). Dieser Ladungsträger kann im Poolverfahren frei getauscht werden. Beim Tausch einer befüllten Palette gegen eine Leerpalette entstehen Paletten-Tauschgebühren bzw. Paletten-Verzögerungsentgelte, falls die Rückgabefrist nicht eingehalten wird. Die Gitterbox besitzt eine Außenabmessung von 1.240 mm × 835 mm × 970 mm. Die Be- und Entnahme von

Abb. 6.2 Euro-Gitterbox nach DIN 15155

Teilen wird durch eine Klappe erleichtert. Die Gitterbox hat ein Eigengewicht von 90 kg und eine Tragkraft von 1.000 kg und kann fünffach gestapelt werden.

Standardladungsträger Standardladungsträger (Universalladungsträger) sind Behälter mit standardisierten und vorgegebenen Abmessungen die sich häufig an der DIN-Norm orientieren. Sie sind keiner bestimmten Teilefamilie zugeordnet und besitzen keine festen Einbauten. Standardladungsträger können universal und flexibel eingesetzt werden, da sie nicht für ein spezielles Teil oder eine Teilegruppe entwickelt wurden. Aus diesem Grund werden Standardladungsträger (Standardbehälter) auch als Universalladungsträger (Universalbehälter) bezeichnet. Ziel ist die werk- und unternehmensübergreifende Anwendung durch das Setzen von Standards die meist branchenweit eingesetzt werden (vgl. Abb. 6.2).

Für Kleinteile werden in der deutschen Automobilindustrie standardisierte Kleinladungsträger nach VDA-Empfehlung 4500 verwendet (VDA 4500). Dieser Kunststoffbehälter kann als Lager- und Transportbehältnis sowohl manuell als auch automatisch (in automatischen Kleinteilelagern) gehandhabt werden. Aufgrund der standardisierten Abmessungen von KLTs können diese modularisiert eingesetzt werden. Folgendes Beispiel zeigt die Abmessungen des in der Automobilindustrie eingesetzten VDA-R-KLT Behälters (vgl. Tab. 6.1).

Diese Modularisierung basiert auf der Abstimmung der Behälterabmessungen auf der Europaletten- (1.200 mm × 800 mm) bzw. Industriepalettennorm (1.200 mm × 1.000 mm). Die poolfähigen Mehrwegbehälter können volumenoptimiert und verlustfrei im Verbund (KLT-Gebinde) gestapelt werden. Transport-, Lager- und Umschlagskosten werden hierdurch reduziert. Ein selbstsichernder KLT-Turm wird

Tab. 6.1 Abmessungen der VDA-R-KLT Behälter (VDA 4500, S. 7)

Kurzbezeichnung	KLT-Nennmaße L × B × H (mm)	Farbe
6429	600 × 400 × 280	RAL 5003
6415	600 × 400 × 147	RAL 5003
4329	400 × 300 × 280	RAL 5003
4315	400 × 300 × 147	RAL 5003
3215	300 × 200 × 147	RAL 5003

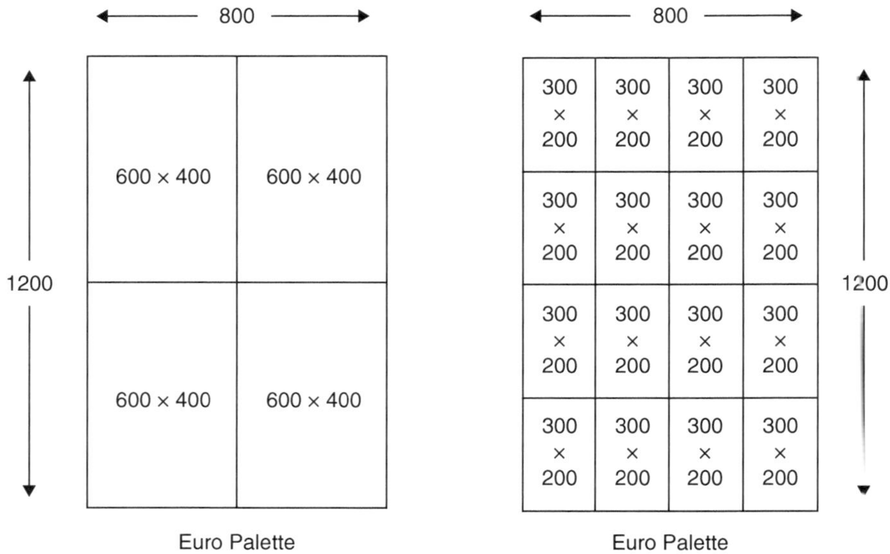

Abb. 6.3 Modularisierung von Kleinladungsträgern nach VDA-Empfehlung

durch die kreuzweise Stapelung von KLTs in mehreren Lagen auf einer Trägerpalette aufgebaut, welche z. B. beim KLT 6429 (3215) pro Lage aus vier (sechzehn) Behältern besteht (vgl. Abb. 6.3). Den Abschluss bildet eine Abschlussplatte zur gleichmäßigen Auflastverteilung im Turm mit Sicherungs- und Schutzfunktion. Ein KLT-Gebinde wird als vollständige Ladeeinheit gehandhabt, gestapelt und gelagert. Der selbstsichernde und formschlüssige Behälterverbund eines KLT-Turms vermeidet zusätzliche Ladungssicherungen in Form von Stretchen, Schrumpfen und Umreifen. Neben den materialflusstechnischen gibt es durch den Einsatz von Ladeeinheiten auch informationsflusstechnische Vorteile, da keine Einzelauflistung der Verpackungskomponenten beim Lieferschein und dem Speditionsauftrag nötig ist (vgl. Abschn. 8.7.1). Die farbigen Kunststoffbehälter sind als Lager- und Transportbehälter sowohl für den manuellen als auch den automatisierten Umschlag wie etwa in einem Automatischen Kleinteilelager (AKL) einsetzbar.

Spezialladungsträger Spezialladungsträger (Sonderladungsträger) sind alle Transportbehälter bzw. Transportgestelle, die für ein bestimmtes Teil oder eine Teilegruppe speziell entwickelt, konstruiert und gefertigt wurden. Die Aufnahmevorrichtungen sind aus Metall, Kunststoff oder Holz in Form von Zahnleisten, Einzelaufnahmen oder Mehrfachaufnahmen gefertigt. Im Gegensatz zum Standardbehälter sind Spezialbehälter nur für bestimmte, definierte Teile bzw. Baugruppen einsetzbar. Spezialbehälter werden aus unterschiedlichen Gründen eingesetzt:

- Spezifische Geometrien der Bauteile, d. h. die Teilegeometrie oder Oberflächenbeschaffenheit erlaubt keinen Standardbehälter
- Eine automatisierte Bestückung oder Entnahme der Teile erfordert Spezialbehälter mit höherer Positioniergenauigkeit (z. B. Karosseriebau)

- Hohe Qualitätsansprüche, d. h. ein Standardbehälter kann keine vollständige Sicherheit für die Anlieferqualität gewährleisten
- Wirtschaftlichkeit, d. h. ein Standardbehälter ist nur einsatzfähig mit hohem Aufwand an Zusatzverpackung (innen), welcher bezogen auf die Gesamtnutzungsdauer die einmaligen Investitionskosten von Spezialbehältern übersteigt
- Spezifische Ergonomieansprüche bei der Teilebeschickung und -entnahme
- Erhöhte Gewichts- und Volumen- bzw. Funktionsanforderungen des Bauteils

Spezialladungsträger können auch nach den eingesetzten Materialien in Stahl-, Kunststoff-, Holz- und Pappbehälter eingeteilt werden. Zu den Sonderfällen gehören Standardbehälter mit Gefache oder Schaumzwischenlagen, die aufgrund ihrer teilespezifischen Einbauten auch zu den Spezialladungsträgern gezählt werden.

6.1.2 Auswahlkriterien und Anforderungen für Behälter

Die Auswahl eines bestimmten Behälters für ein spezifisches Teil bzw. Teilefamilie wird unter der simultanen Berücksichtigung einer Vielzahl von Kriterien getroffen. Nachfolgend sind die gängigsten Hauptauswahlkriterien Technik, Qualität, Wirtschaftlichkeit, Ergonomie, Sicherheit, Ökologie sowie spezifische logistische Rahmendaten aufgeführt:

Technische Kriterien Technische Gründe sind hauptsächlich verursacht durch den Einsatz von automatischen oder halbautomatischen Handhabungsgeräten, mit denen der Behälter bestückt und/oder entladen wird. Aus diesem Grund ist es erforderlich, dass sich die Teile in einer definierten Position im Gestell befinden. Folgende technischen Auswahlkriterien für Behälter können angeführt werden:

- Statische, dynamische und klimatische Belastbarkeit
- Lebensdauer der Behälter, die meist auf einen Modellzyklus ausgelegt ist
- Handhabungsgerechter Aufbau
- Nicht-Entflammbarkeit der Behälter (besonders im Karosseriebau bei Funkenflug)
- Modularisierter und standardisierter Aufbau
- Feuchtigkeitsschutz der Teile
- Stapelbarkeit (max. Stapellast oder Stapelfaktor) und Klappbarkeit
- Rollenbahntauglichkeit
- Uneingeschränkte Handhabbarkeit mit dem Stapler
- Integrierte Gabelführung zur automatischen Aufnahme des Behälters
- Stapelung soll formschlüssig ausgeführt werden
- Ebene Oberflächen und große Zugangsklappen

Qualitätskriterien Oberstes Ziel der Qualitätskriterien ist die beschädigungsfreie Anlieferung von einwandfreien Teilen am Verbauort. Um entsprechende Qualitätsvorgaben einzuhalten muss der Behälter eine Schutzfunktion erfüllen. Diese schirmt das Bauteil vor negativen Umwelteinflüssen ab. Der nach innen gerichtete

Schutz bezweckt die vollständige Erhaltung des Gebrauchswertes des verpackten Materials. Der Behälter hat das Bauteil dementsprechend gegen Verlust, Beschädigung und Diebstahl zu schützen. Dazu muss der Behälter die beim Transport, beim Umschlag und bei der Lagerung auftretenden statischen und dynamischen Kräfte sicher aufnehmen können. Weiterhin müssen meteorologischen Einflüssen auf das Bauteil wie Temperatur, Luftfeuchtigkeit, Niederschlag und Sonneneinstrahlung berücksichtigt werden. Dies kann zusätzlich zu einer äußeren auch noch eine innere Verpackungsmaßnahme erfordern. Der nach innen und außen zu gewährleistende Schutz stellt Anforderungen an die Festigkeit, Beständigkeit und Dichtigkeit von Transportverpackungen. Das Verrutschen, gegenseitige Berühren oder Verhaken von Bauteilen soll weitestgehend vermieden werden.

Ökonomische Kriterien Hierbei geht es um die Zielkonkurrenz möglichst kostengünstiger Entwicklung, Beschaffung, Produktion und Betrieb von Behältern bei maximaler Logistikleistung. Aufgrund der Querschnittsfunktion der Logistik stellt dieses Auswahlkriterium eine besondere Hürde in der Behälterplanung dar. Folgende Punkte sind bei einer Wirtschaftlichkeitsbetrachtung zu beachten:

- Bildung rationeller Ladeeinheiten unter Berücksichtigung von Standardabmessungen
- Minimales Eigengewicht
- Ein-Mann Bedienung des Behälters
- Optimaler Behälterfüllgrad ohne Beeinträchtigung der Teilequalität
- Umschlagsgerechter Aufbau zur Reduzierung der Transport-, Lager- und Handhabungskosten
- Günstige Teileentnahme mit geringer Auspackzeit
- Universelle Einsetzbarkeit des Behälters über alle Produktionswerke

Ergonomie- und Sicherheitskriterien Die Ergonomie und Arbeitssicherheit hat die Aufgabe, Arbeitsplätze nach ergonomischen Kriterien zu gestalten und somit eine Gesundheitsgefährdung des Arbeitnehmers zu vermeiden. Dabei bilden die Rahmenbedingungen des gesamten Anliefer-, Umschlags- und Bereitstellungskonzeptes die Grundlage für die Behälterplanung. Zum Beispiel ist bei der Entnahme von Teilen aus einem Behälter auf Teilegewicht, Beuge- und Drehbewegungen des Rumpfes zu achten. Um ungleichmäßige und hohe Krafteinwirkungen zu vermeiden, werden Behälter auf höhenverstellbaren Schrägstellflächen positioniert.

Ökologische Kriterien Diese werden hauptsächlich durch die Umweltverträglichkeit sowie Recyclingfähigkeit der eingesetzten Stoffe bestimmt. Hierbei müssen bei der Auswahl und Konstruktion der Behälter eine Vielzahl von abfallwirtschaftlichen Zielsetzungen der Umweltgesetzgebung Berücksichtigung finden.

- Einwegverpackungen sind prinzipiell zu vermeiden
- Vermeidung, Verminderung und Verwertung von Packmitteln
- Recyclingfähige Materialien
- Keine Verbundstoffe und Beschichtungen (z. B. Wachs, Paraffin, etc.)
- Nur Polyäthylen (PE) und Polypropylen (PP) für Zusatzverpackungen (Folien, Beutel, Hartschaum) sowie Schutz- und Isolierkappen verwenden

- Nur Kunststoff (PP) oder Stahl Umreifungsbänder als Spannbänder einsetzen
- Recyclingfähige und eindeutig gekennzeichnete Materialien in Naturfarben
- Korrosionsschutzpapier muss frei von papierproduktionsschädlichen Stoffen und mit RESY-Symbol gekennzeichnet sein
- Einsatz von nach UN-Vorschrift hitzebehandeltem oder begastem und gekennzeichnetem Holz

Transport-, Umschlags- und Lagerkriterien Die logistische Handhabung der Bauteile verlangt Transport-, Lager- und Umschlagsbehälter grundsätzlich so zu entwickeln, dass sie leicht, rationell und sicher gegriffen, aufgenommen, bewegt, abgesetzt und gestaut werden können. Behälter üben dementsprechend einen maßgeblichen Einfluss auf die Wirtschaftlichkeit der Logistikkette aus. Ein leichtes Behälterhandling mit flächen- und raumsparendem Transport und Lagerung sind oberste Ziele der Behälterplanung. Behälterform und -festigkeit müssen ein lückenloses Nebeneinander-, sowie auch das sichere Übereinanderstauen zulassen. Behälterabmessungen sowie die aufzunehmenden Bauteilgewichte sind möglichst auf die Abmessungen und die Tragfähigkeit von Frachtträgern abzustimmen.

Durch die Kombination geeigneter Identifikationstechnologien (Barcode, RFID) übernimmt der Behälter auch eine Identifikations- und Informationsfunktion. Ziel ist eine lückenlose Echtzeiterfassung der Behälterbewegungen entlang der logistischen Kette (vgl. Abschn. 8.9).

Folgende Vorgaben logistikrelevanter Kriterien können beispielhaft aufgeführt werden:

- Umpacken vermeiden (Transporteinheit = Lagereinheit = Umschlagseinheit = Bereitstellungseinheit = Verbrauchseinheit)
- Einfache Behälterhandhabung (manuell oder automatisiert)
- Raum- und Flächennutzung optimieren
- Wahl der optimalen Art des Bauteilezugriffes innerhalb des Behälters (wahlfrei, seriell)
- beschädigungsfreies, problemloses Handling durch Flurförderzeuge (DIN 15140)
- Falt- und klappbare Behälter reduzieren Leerguttransporte
- Einfache Teileentnahme und problemloses Handling der Versandeinheiten
- Keine festen Einbauten
- Ladeeinheitshöhe mit max. 1.000 mm
- Optimierte Frachtraumnutzung durch stapelbare, standardisierte und auf den Frachtträger abgestimmte Behälterabmessungen
- Schnelle und problemlose Be- und Entladbarkeit der Transportfahrzeuge durch Flurförderzeuge
- Einheitliche Identifikation (z. B. immer Stirnseite des Behälters)

Sonderkriterien für CKD Belieferung

- Mechanische Beanspruchung wie Serienbehälter
- Erhöhte Temperaturbeständigkeit (−30 bis +60°C)
- Erhöhte Luftfeuchtigkeitsbeständigkeit (30 bis 100%)

- Erhöhte Transport und Lagerzeit (bis zu 6 Monate)
- Anpassung der Verpackungsgrößen an die fixierten Verpackungs-Losgrößen
- Maximale Höhe einer Ladeeinheit darf 1.100 mm nicht überschreiten
- Verpackungsentwicklung unter Berücksichtigung der Innenmaße eines 40-Fuß Seecontainers (L × B × H) 11.998 mm × 2.350 mm × 2.330 mm (ohne Tür) bzw. 11.998 mm × 2.261 mm × 2.286 mm (mit Tür)
- Gewährleistung der Überstapelbarkeit gleicher Liefer-/Ladeeinheiten bis Container-Innenhöhe von 2.286 mm
- Einweg Kartonage Abmessungen basieren auf einem modularisierten Abmessungssystem abgestimmt auf die Frachtträger

6.1.3 Berechnung des Behälterbedarfs

Grundlage für die Berechnung des Behälterbedarfs ist das logistische Mengengerüst eines Fahrzeugmodells, welches mehrstufig von der Plattform bis zum einzelnen Bauteil aufgegliedert wird. Dieses logistische Mengengerüst bestimmt die Anzahl der Bauteile, die in Behälter verpackt werden müssen.

Der Behälterbedarf muss im Rahmen des Produktentstehungsprozesses berechnet werden und dient als Grundlage der Beschaffungsplanung von Standard- und Spezialbehältern. Die Berechnung des zu beschaffenden Behälterbedarfs pro Teil ergibt sich nach folgender Formel:

$$\begin{aligned}&\mathit{Behälterbedarf}\ [\mathit{Stück}]\\&= \frac{\mathit{Umlaufzeit}\ [\mathit{Tage}] \cdot \dfrac{\mathit{Aufträge}\ [\mathit{Stück}]}{\mathit{Tag}\ [\mathit{Tage}]} \cdot \dfrac{\mathit{Teile}\ [\mathit{Stück}]}{\mathit{Auftrag}[\mathit{Stück}]} \cdot \dfrac{\mathit{Verbaurate}\ [\%]}{100}}{\mathit{Behälterinhalt}\ [\mathit{Stück}]}\\&\quad + \mathit{Sicherheitsaufschlag}\ [\mathit{Stück}]\end{aligned}$$

Die Berechnungsparameter werden wie folgt definiert:

Umlaufzeit: Die Umlaufzeit beschreibt einen kompletten Umlauf eines Behälters im Voll- und Leergutstatus. Die Umlaufzeit in Tagen ist abhängig von den jeweiligen Logistikaktivitäten die im Behälterkreislauf durchlaufen werden.
Fahrzeugaufträge pro Tag: Dieser vertriebs- und produktionsplanungsabhängige Berechnungsfaktor beschreibt die durchschnittliche Zahl an Fahrzeugen die pro Tag gefertigt werden.
Teile pro Fahrzeugauftrag: Diese technische Komponente gibt an, wie viele Bauteile in einem Fahrzeug verbaut werden (z. B. ein Lenkrad pro Fahrzeug).
Verbaurate: Mit Hilfe der Verbaurate wird die durchschnittliche Häufigkeit des Verbaus eines Teiles beschrieben, der von der kundenindividuellen Spezifikation des Fahrzeuges abhängt. So schwankt die Verbaurate zwischen 100% bei Serienausstattungen und wenigen Prozent bei Sonderausstattungen.
Behälterinhalt: Im Rahmen der Behälterplanung erfolgt die Festlegung der Teileanzahl pro Behälter, die durch reale oder virtuelle Packversuche (vgl. Abschn. 6.1.4) ermittelt werden kann.

Bis auf die Berechnungsfaktoren Teile pro Fahrzeugauftrag, der sich auf Grund der Konstruktionsvorgaben eines Fahrzeuges ergibt und Behälterinhalt sind die Faktoren Umlaufzeit, Fahrzeugaufträge pro Tag sowie die Verbaurate stochastische Größen und von Zufallsschwankungen beeinflusst. Um dies entsprechend in der Berechnung des Behälterbedarfs zu berücksichtigen, wird für die endgültige Berechnung des Behälterbedarfs noch ein Sicherheitsaufschlag benötigt der sich auf Basis, der individuellen Logistikkette berechnet. Für den Sicherheitsaufschlag gilt:

Sicherheitsaufschlag $= f_1$ *(Standardabweichung* f_2 *(Umlauftage, Fahrzeugaufträge pro Tag, Verbaurate))*

Je größer die Schwankungsbreite der stochastischen Größen Umlauftage, Fahrzeugaufträge pro Tag sowie Verbaurate, um so größer muss der Sicherheitsaufschlag für die Behälterbedarfsberechnung angesetzt werden. Prinzipiell sollte anstatt der in der Praxis üblichen festen Zuschlagswerte (z. B. 30% Sicherheitsaufschlag beim Behälterbedarf) eine Monte-Carlo Simulation durchgeführt werden. Hierbei wird bei der Berechnung der Behälterbedarfe nicht wie üblich mit festen Eingangswerten kalkuliert sondern mit Wahrscheinlichkeitsverteilungen. Diese Eingangsverteilungen dienen der zufallsgesteuerten Auswahl eines Planungswertes entsprechend der in der Verteilung angegebenen Wahrscheinlichkeit und zur Berechnung eines stochastischen Behälterbedarfes. Durch mehrmaliges Wiederholen der softwaregestützten Berechnungsprozedur ergibt sich entsprechend den Eingangsverteilungen eine Ausgangsverteilung für den Behälterbedarf. Diese Wahrscheinlichkeitsverteilung für den Behälterbedarf gibt Aufschluss über die Schwankungsbreite des zu erwartenden Bedarfes sowie die Prognostizierbarkeit des Behälterbedarfes. Hohe Schwankungsbreiten zeigen die Unsicherheit bei der logistischen Prozessfähigkeit an und führen letztendlich zu einem erhöhten Sicherheitsaufschlag um diese Unsicherheit zu kompensieren.

Der Behälterinhalt stellt periodenbezogen eine feste Planungsgröße dar, ändert sich allerdings in aller Regel während des Produktentstehungsprozesses sowie im laufenden Seriengeschäft bei der Durchführung von Füllgradoptimierungen. Grund hierfür sind konstruktive Änderungen des Bauteils während der Planungsphase, die entsprechende Auswirkungen auf die Teilanordnung im Behälter sowie die Packungsdichte haben können. Eine frühzeitige Ermittlung verlässlicher Packdichten und Behälterfüllgrade mit Hilfe der virtuellen Verpackungsplanung lange vor SOP ist eine wichtige Voraussetzung zur Reduktion der Behälterinvestitionen (vgl. Abschn. 6.1.4).

Einflussfaktoren der Umlaufzeit-Berechnung Die Berechnung der Umlaufzeit eines Behälters ist in der betrieblichen Praxis häufig eine besondere Herausforderung. Grund sind die vielen stochastischen Einflussfaktoren, die zur Bestimmung der Gesamtumlaufzeit führen. Ausgangsbasis jeder Planung bildet eine Behälterumlaufanalyse, welche die einzelnen Prozessstufen mit Zeitanteilen sowie gegebenenfalls Störgrößen beschreibt (vgl. Abb. 6.4).

Folgende Größen sollen beispielhaft als Einflussfaktoren aufgeführt werden:

Transportdauer Hier sind sowohl die Vollguttransportdauer vom Lieferanten bis zum Wareneingang des Fahrzeugherstellers als auch die Leerguttransportdauer vom

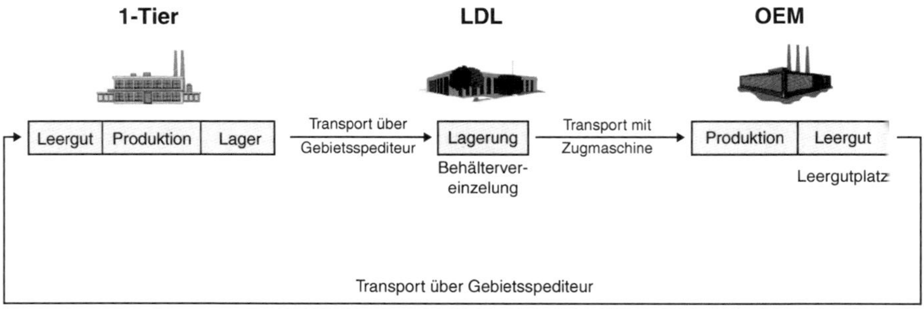

Behälterprozesskette

Lieferant	Transport Lieferant -> LDL	Lagerbestand LDL	Montage OEM	Leergutplatz OEM	Transport OEM -> Lieferant	Gesamt
3 Tage	2 Tage	2 Tage	2 Tage	3 Tag	2 Tage	14 Tage

Abb. 6.4 Umlauftageberechnung Behälterkreislauf

Leergutlager des OEM bis zum Lieferanten zu berücksichtigen. Innerhalb Deutschlands beträgt die Dauer des Vollguttransports im Regelfall einen Tag und die Dauer für Rückfrachten – auf Grund des komplexeren Leergutablaufs – durchschnittlich zwei Tage. Ganz entscheidend wird die Transportdauer von der Art des gewählten Transportkonzeptes bestimmt (vgl. Abschn. 6.7.2).

Lagerbestand Hier ist sowohl der Lagerbestand beim Abnehmer als auch der Lagerbestand beim Lieferanten zu betrachten. Je höher der Lagerbestand desto länger benötigt ein Behälter im FIFO-Prinzip diesen Bestand zu durchlaufen.

Leergutmanagement Das Leergutmanagement ist abhängig von der gewählten Versorgungs- und Umschlagsstrategie des Lieferanten mit Leergut. Während bei Direkttransporten (vgl. Abschn. 6.7.2.1) ein 1:1-Tausch zwischen Voll- und Leergut vorgenommen wird, der zu geringen Leergutdurchlaufzeiten führt, ist die Umschlags- und Transportdauer bei Sammelrundtouren (vgl. Abschn. 6.7.2.2) bzw. Sammelgut-Transporten (vgl. Abschn. 6.7.2.3) wesentlich höher. Das Einsammeln, Lagern und Verteilen von Leergut beim Lieferanten, Spediteur sowie Automobilhersteller spielt eine entscheidende Rolle bei der Planung des Behälterbedarfs. Die Höhe des Leergutpuffers und somit die durchschnittliche Leergutlagerzeit hängt direkt von dem Anlieferrhythmus der Leergutlieferungen ab. Diese müssen von jedem Lieferanten mit dem OEM Versorgungswerk entsprechend abgestimmt und synchronisiert werden.

Behälterpulkbildung Es ergibt sich ein Unterschied des Behälterbedarfes durch das angewendete Produktionsverfahren. Durch die Fertigung in Losgrößen werden Materialströme und folglich auch Behälter gebündelt. Die Weitergabe der Behälter erfolgt nicht nach Befüllung eines Einzelbehälters sondern pulkweise in ganzzahligen Vielfachen. Es entstehen zeitliche Verzögerungen sowie Bündelungseffekte welche zu Diskontinuitäten im Materialfluss führen.

Gleichzeitig wird der Transport häufig nicht behälterweise abgewickelt. Um die Transportkapazitäten entsprechend auszulasten, werden Abrufmengen und Behältermengen gebündelt und in größeren Transportlosen zunächst gepuffert, befördert und umgeschlagen. Diese Verzerrungen und Verzögerung des Materialflusses müssen bei der Behälterbedarfsplanung berücksichtigt werden.

Lager- und Bereitstellungsorte Gleiche Behälter können an unterschiedlichen Lagerorten eingelagert werden. Darüber hinaus kann das gleiche Bauteil an unterschiedlichen Bedarfsorten bereitgestellt werden (z. B. Serien-, CKD- oder Ersatzteile). Dies ist besonders relevant bei Plattform- und Gleichteilen (vgl. Abschn. 3.5.2), die modell- und werkübergreifend Verwendung finden. Je mehr Lager- und Bereitstellungsorte innerhalb des logistischen Netzwerkes vorhanden sind, desto höher ist der Behälterbedarf. Hierbei müssen die individuellen Umlaufzeiten der Einzelkreisläufe (z. B. CKD-Kreislauf) Berücksichtigung finden.

Verfügbarkeit Behälter sind während des Durchlaufs nicht immer verfügbar. Reparaturen oder die Sperrung von Teilen durch die Qualitätssicherung sind Beispiele für die Entnahme von Behältern aus dem Kreislauf. Diese Störungen, die regulär oder ungeplant auftreten, müssen ebenfalls als Mehrbedarf in die Bedarfsberechnung für neu zu beschaffende Behälter einfließen.

Weitere Einflussfaktoren stellen die Fertigungsorganisation (Fließ- oder Werkstattfertigung), der Anlieferzyklus sowie die Teilevarianz dar. Probleme treten in der Praxis dann auf, wenn Behälter zweckentfremdet werden. Hierdurch werden dem Behälterkreislauf Behälter entzogen, die zur Aufrechterhaltung des logistischen Voll- und Leergutkreislaufs benötigt werden. Die Folge sind Fehlbehälter die zu erheblichen Mehrkosten führen können. Folgende zweckentfremdete Zeitanteile beim Lieferanten können beispielhaft angeführt werden:

- Der interne Fertigungsumlauf beim Lieferanten über die vertraglich vereinbarte Zeit hinaus
- Zwischenlagerung von Halbfabrikaten
- Über den aktuellen Lieferabruf hinausgehende Lagerhaltung beim Lieferanten
- Einsatz von OEM-Behältern für den Materialkreislauf der eigenen Vorlieferanten
- Ersatzteilbevorratung
- Losgrößenfertigung des Lieferanten die über die OEM-Lieferabruf Bedarfe hinausgeht

6.1.4 Prozess der Standardbehälterplanung

Die Auswahl eines geeigneten Standardbehälters erfolgt mit Hilfe von Packversuchen, die entweder beim Automobilhersteller selbst oder über einen Dienstleister abgewickelt werden. Generell können zwei Verfahren unterschieden werden:

Reale Packversuche Beim realen Packversuch werden Prototypen-, Vorserien- bzw. Serienteile im Rahmen eines physisch durchgeführten Packversuches optimal im Behälter angeordnet. Optimal bedeutet in diesem Zusammenhang den maximal möglichen Behälterinhalt zu realisieren bei gleichzeitiger Berücksichtigung unterschiedlicher Restriktionen, wie z. B. Qualitätsanforderungen, Handlingsanforderungen bei der Teileentnahme. Nachteilig ist der Einsatz von realen Teilen, die erst spät im Produktentstehungsprozess zur Verfügung stehen sowie im Prototypenstadium sehr teuer sind. Darüber hinaus ist die menschliche Methode des Probierens selbst bei erfahrenen Planern hinsichtlich der Leistungsfähigkeit begrenzt. Mit Hilfe von softwaregestützten Planungstools können zu einem frühen Projektzeitpunkt die Packungsdichten bis zu 20% verbessert werden, bei gleichzeitiger Reduzierung der Versuchszeit.

Virtuelle Packversuche Mit der Verbreitung der Idee der virtuellen Fabrik (vgl. Abschn. 2.1) und der damit verbundenen Einführung neuer Softwaretechnologien wird die Vorgehensweise der manuellen Packversuche immer mehr durch virtuelle Packversuche abgelöst. Spezielle Software ermöglicht durch den Einsatz erprobter Berechnungs- und Optimierungsalgorithmen eine Pack- und Volumenoptimierung der Standardbehälter. Nach der Erfassung von 3D-Daten der Planungsobjekte und der Einstellung verschiedener Planungsparameter, wie z. B. Vorzugslage, Bauteileabstände, Gewichtsbeschränkungen, mit und ohne Gefache, wird eine optimale räumliche Anordnung der baugleichen Packobjekte im Standardbehälter ermittelt (vgl. Abb. 6.5). Durch die vollständige Berücksichtigung der Bauteilegeometrie lassen sich auch komplexe Teile bestmöglich Platz sparend verpacken. Durch den Einsatz softwaregestützter Planungstools können automatisch Vorschläge zum Verpacken identischer Bauteile generiert werden, die anschließend in Verpackungsreports bereitgestellt werden.

Die Durchführung von virtuellen Packversuchen in einer frühen Planungsphase dient nicht nur der Ermittlung wichtiger Planungskennzahlen und der Untersuchung der Auswirkungen auf andere Prozessbeteiligte. Auch die betriebswirtschaftliche Bewertung von Verpackungskonzepten, die es rechtfertigen Änderungen am Fahrzeug im Rahmen eines Design for Logistics durchzuführen (vgl. Abschn. 3.3), spielt

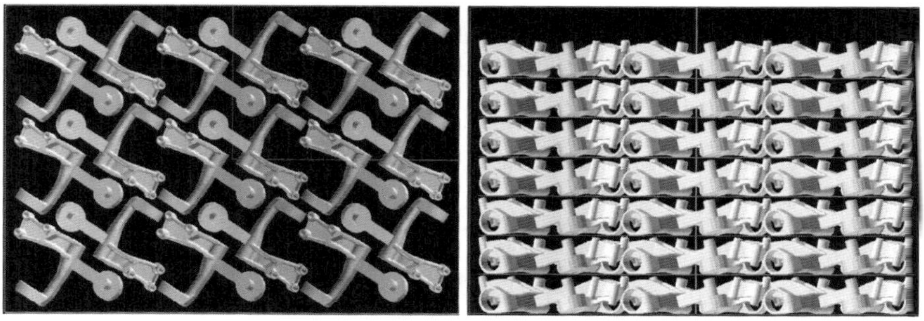

Abb. 6.5 Beispiel virtueller Packversuch einer Getriebestütze mit der Planungssoftware PackAssistant (Quelle: Fraunhofer SCAI)

hierbei eine Rolle (Bracht u. Bierwirth 2004, S. 94). Weitere Vorteile, die sich durch den Einsatz virtueller Packversuche ergeben, sind:

- Virtuelle Packversuche sind unabhängig von der physischen Teileverfügbarkeit (teure und verspätet verfügbare Prototypenteile)
- Berechnung einer optimierten Behälterauslastung, die weit über den Planungswerten realer Packversuche liegt
- Frühzeitige Ermittlung des Behälterinhaltes, der alle weiteren Parameter in der logistischen Kette bestimmt (Transport, Lagerung, Umschlag, Behälterbedarf)

6.1.5 Prozess der Spezialbehälterplanung

Zur Beschreibung der Prozessabläufe der Behälterplanung werden in der Praxis Planungsleitfäden eingesetzt, welche den prinzipiellen Ablauf bei der Entwicklung und Planung von Spezialbehältern beschreiben. Diese dienen erfahrenen Verpackungsplanern als Nachschlagewerk bzw. sollen die Einarbeitungszeit für neue Verpackungsplaner minimieren. Ein Planungsleitfaden für Spezialbehälter soll einen Überblick hinsichtlich der Planungsprozesse, der eingesetzten Methoden und der Schnittstellen der Verpackungsplanung geben.

Der Planungsprozess für Spezialbehälter kann in folgende Hauptplanungsphasen unterteilt werden:

- Ermittlung der Verpackungsanforderungen
- Entwicklung Behälterkonzept und Behälterkonstruktion
- Beschaffung der Spezialbehälter
- Behälterabstimmung und Behälterabnahme
- Erstellung und Einpflege der Verpackungsdaten

Phase 1: Ermittlung der Verpackungsanforderungen Mit Hilfe der Definition der Verpackungsanforderungen werden die Anforderungen der im Planungsprozess beteiligten Partner (Fertigungsplanung, Verpackungsplanung, Versorgungsplanung, Qualitätsmanagement, Lieferant, etc.) an den Behälter erfasst und aufeinander abgestimmt. Ausgangsbasis bildet eine Bauteile- und Logistikprozessanalyse. Hierzu ist es nötigt, dass rechtzeitig CAD-Geometriedaten für das Bauteil von der internen Entwicklung bzw. von externen Entwicklungslieferanten und Ingenieurdienstleistern zur Verfügung gestellt werden. Gleichzeitig müssen die Anlagenkonzepte sowie die Taktungslisten der Fertigungsplanung verfügbar sein, um die technischen sowie organisatorischen Rahmenbedingungen zu bewerten. Die zukünftigen Einsatzbedingungen (z. B. Presswerk, Karosseriebau, Lackiererei, Montage) spielen hier ebenso eine Rolle wie auch das logistische Mengengerüst mit den jeweiligen Bereitstellungsorten. Beispielsweise benötigen Pressteile, die im Karosseriebau automatisiert durch einen Handhabungsroboter aus dem Behälter entnommen werden, einen höhere Positioniergenauigkeit der Teile als im Montagebereich bei manueller Entnahme. Diese prozessspezifischen Parameter müssen im Rahmen der

SE-Arbeit (vgl. Abschn. 4.2) erfasst und laufend an die aktuellen Planungsstände angepasst werden. Es gilt sich zunächst einen Überblick über die zu verpackenden Bauteile zu verschaffen, die Geometrie abzumessen und kritische Aufnahmepunkte bzw. Kollisionspunkte der Bauteile zu analysieren. In dieser ersten Planungsphase werden entsprechend der Bauteilanforderungen grobe Füllgradanalysen durchgeführt, welche in der Folgephase genauer spezifiziert werden.

Je später die Spezialbehälterplaner in den PEP eingebunden werden, desto geringer ist die konzeptionelle Freiheit für die Spezialbehälterplanung. Im Rahmen des Design for Logistics Konzeptes (vgl. Abschn. 3.3) ist es nötig, konstruktivbedingte Logistikkosten zu reduzieren. Design for Logistics bedeutet die konstruktionssynchrone Berücksichtigung logistischer Aspekte durch Nutzung der im Rahmen der gegebenen Design- und Konzeptvorgaben eines Fahrzeugprojektes existierenden Freiheitsgrade. Somit kann der Spezialbehälterplaner für logistisch relevante Aktivitäten Einfluss auf den Planungsprozess nehmen, um die kostenoptimale Alternative in Abstimmung mit den anderen Planungsbereichen zu ermitteln. Neben den eigentlichen Investitionskosten der Behälter geht es um die Abschätzung der durch den Behälter bedingten Transport-, Umschlags- und Lagerkosten. Dabei kann es durchaus sinnvoll sein, mehr in die Investition eines Behälters zu stecken (z. B. um die Packdichte zu erhöhen) wenn dieser Betrag durch spätere Kosteneinsparungen in der Serie überkompensiert wird. Die laufenden Transportkosten (Handlingskosten) über die Fahrzeuglaufzeit können durchaus das zwanzigfache (zehnfache) der ursprünglichen Behälterinvestition ausmachen. Konstruktive Änderungen bedingt durch logistische Anforderungen der Behälterplanung sind daher aus betriebswirtschaftlicher Sicht sinnvoll.

Zum Auffinden geeigneter Behälterkonzepte können Entscheidungsbäume eingesetzt werden. Entscheidungsbäume unterstützen den Planer bei der Konzeptentwicklung, der Konzeptbewertung und der Auswahlentscheidung von Behältern. Aufgrund der Anforderungen an den Behälter trifft der Planer eine Vielzahl von Auswahlentscheidungen wie z. B. ob es sich um Mehrweg- oder Einwegverpackung handelt, ob ein Stahl- oder Kunststoffbehälter notwendig ist oder ob Zusatzverpackungen in Form von Tiefziehfolien zum Einsatz kommen. Folgende Kernfragen sind für das Auffinden eines geeigneten Behälterkonzeptes von Bedeutung:

- Welche Hauptfunktionen muss der Behälter erfüllen?
- Welche Nebenfunktionen muss der Behälter erfüllen?
- Welche Prozess-, Qualitäts- und Ergonomieanforderungen werden an das Behälterkonzept gestellt?
- Wie verhalten sich Funktionserfüllung zu Aufwand und Nutzen?
- Wie kann das Behälterkonzept im Vergleich zum Vorgängerbehälter verbessert werden?
- Was kann man von bereits umgesetzten und bewährten Behälterkonzepten übernehmen bzw. vereinheitlichen?

Phase 2: Entwicklung Behälterkonzept und Behälterkonstruktion Zunächst müssen alternative Behälterkonzepte definiert werden, welche die Methodik und

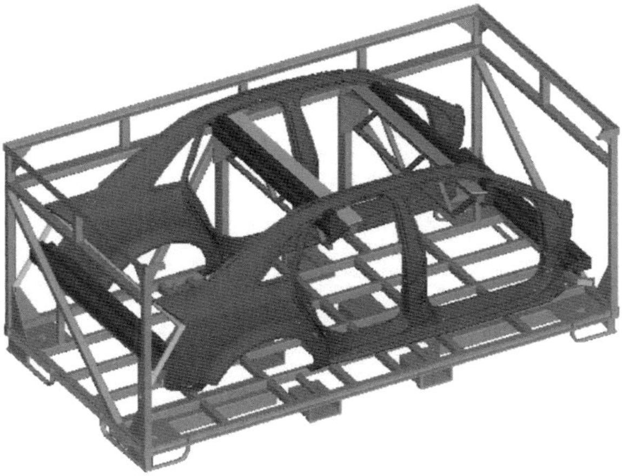

Abb. 6.6 Beispiel CAD-Behälterdaten Seitenwandrahmen (Quelle: Audi)

den Grundaufbau des Spezialbehälters grob beschreiben. Das durch Abwägen der Chancen und Risiken ausgewählte Behälterkonzept dient anschließend als Grundlage der computergestützten Konstruktion des Behälters im Rahmen der virtuellen Fabrik (vgl. Abschn. 2.1). Virtuelle Behälterplanung steht für eine rechnergestützte Behälterentwicklung, bei der auf Basis des 3D-Modells der Bauteile ein Behältermodell dimensioniert und gestaltet wird (vgl. Abb. 6.6).

Der aktuelle Stand der Technik bietet die hierzu erforderliche Verknüpfung vorhandener IT-Instrumente für die Konstruktion von Bauteilen und für die Behälterentwicklung. Die IT-gestützte Behälterkonstruktion kann entweder intern erfolgen, oder über den Behälterlieferanten bzw. Planungsdienstleister fremdvergeben werden. Wichtig ist eine automatisierte und zeitnahe Bereitstellung von Änderungen der Konstruktionsdaten des Bauteils für den Behälterkonstrukteur. Der Einsatz einer parametrisch assoziativen Konstruktion ist in diesem Zusammenhang von Vorteil, so dass der Änderungsaufwand bei der Behälterplanung, ausgelöst durch Geometrieänderungen des Bauteils, gering gehalten werden kann. Durch die Beeinflussung der Behältergestalt über geometrische Parameter können z. B. die Querstreben eines Behälters automatisch in Abhängigkeit einer Hauptstrebenänderung angepasst werden. Ein kritischer Planungsbereich ist die Abschätzung des dynamischen Zusammenspiels zwischen Bauteil und Behälter im Transport-, Lager- und Umschlagsprozess. Durch die realen Bedingungen des Alltags (z. B. Behältervibrationen durch Transport) kann das statisch abgesicherte Konzept der Behälterplanung versagen, was zu Beeinträchtigungen der Teilelage im Behälter bis hin zur Teilebeschädigung führen kann. Behälteraufnahmen sind daher besonders stabil und redundant auszulegen.

Durch das Zusammenführen der CAD-Daten für Bauteil und Behälter können anschließend virtuelle Packversuche durchgeführt werden. Hierdurch wird eine realistische Einschätzung der Einsatzbedingungen vor Ort möglich. Besondere Schwerpunkte bilden neben den ergonomischen Untersuchungen der Be- und Entladung des Behälters, der Erreichbarkeits- und Kollisionsuntersuchung auch die Bestimmung des exakten Behälterinhaltes. Eine frühzeitige realistische Bestimmung der Packdichte führt zu verlässlichen Planungsdaten (vgl. Abschn. 6.1.3). Alle Transport-, Lager- und Umschlagsprozesse werden durch diesen Parameter bestimmt. Je höher die Packdichte desto geringer sind die durch den Behälter verursachten Logistikkosten pro Bauteil.

Empirische Untersuchungen zeigen, dass bei der Dimensionierung und Auslegung von Spezialbehältern das konstruktive Optimierungspotenzial noch nicht vollständig ausgeschöpft wird. Die Folge ist eine große Spezifität und Variantenvielfalt der Behälter mit schlechtem Nutzlast-/Totlast-Verhältnis bei gleichzeitigen hohen Instandhaltungs- und Reparaturkosten (AVIF 2006). Spezialbehälter verschiedener Baureihen, die für die gleichen Bauteile verwendet werden, weisen oft erhebliche Unterschiede beim Behälterkonzept, der Ausstattung und der Bauweise auf. Diese Spezifität zeigt sich bei der Bodenkonstruktion, den Behälterwänden, dem Behälterdach sowie bei den Teileaufnahmen im Behälter. Eine Modularisierung der Spezialbehälter in Form eines Baukastenprinzips stellt einen möglichen Lösungsweg zur Kosteneinsparung bei der Spezialbehälterplanung und Behälterinvestition dar. Dabei werden vordefinierte Behälterkomponenten parametrisch konstruiert und im Behälterplanungssystem abgelegt. Der Behälterplaner kann bei der Neuplanung auf eine standardisierte Baukastenbibliothek zugreifen aus der er den Spezialbehälter aufbaut. Mit dem Grundrahmen beginnend, gefolgt von den Seitenwänden und dem Behälterdach sowie den Teileaufnahmen kann der Behälter sukzessive aufgebaut werden. In Abb. 6.7 ist ein modulares Behälterkonzept für Großladungsträger aufgeführt (AVIF 2006).

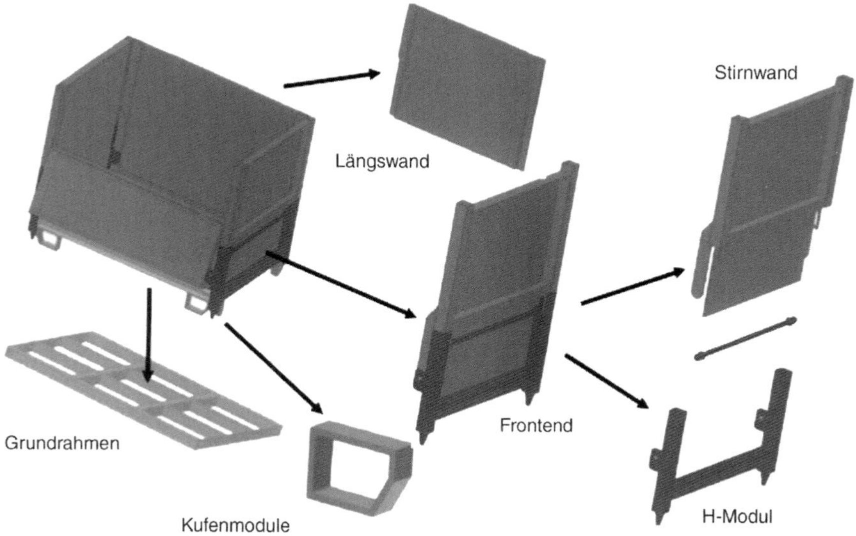

Abb. 6.7 Beispiel eines modularen Behälterkonzepts

Zusätzlich zur Standardisierung der Behälterbauteile sollten auch nur wenige Standardabmessungen für Spezialbehälter-Grundflächen Verwendung finden (z. B. 1.200 mm × 1.000 mm, 1.400 mm × 1.200 mm, 1.600 mm × 1.200 mm, 1.800 mm × 1.200 mm). Hierdurch reduziert sich der Logistikaufwand in der Logistikkette, da die Logistiktechnik nur auf bestimmte Grundmasse ausgelegt werden muss.

Phase 3: Beschaffung der Spezialbehälter Um den Beschaffungsprozess zu starten, ist eine Angebotsanforderung an den Einkauf weiterzuleiten. Diese basiert auf einem durch die Behälterplanung erstellten Lastenheft mit der Beschreibung der technischen Anforderungen und Prämissen sowie den logistischen Rahmenbedingungen für den Spezialbehälter. Vorab wurde der zu beschaffende Behälterbedarf ermittelt (vgl. Abschn. 6.1.3). Der Einkauf prüft und erweitert gegebenenfalls die Liste der von der Behälterplanung gewünschten Lieferanten und führt nach einer Finanz- und Kapazitätsanalyse eine Ausschreibung durch. Nachdem der Einkauf alle Angebote erhalten hat, leitet er diese an den Spezialbehälterplaner weiter. Nach dem Erhalt der Angebote sind diese vom Planer auszuwerten. Nach Prüfung und Auswertung der Angebote erfolgt die Preisverhandlung sowie im Anschluss daran die Nominierung des Behälterlieferanten.

Bei den Beschaffungsphasen der Behälter muss nach Planungsstand bzw. Produktentstehungsphase unterschieden werden. Daher wird der Behälterbeschaffungsprozess sowohl für den Muster- als auch für den Serienbehälter durchlaufen. Analog der Teileentwicklung unterscheidet man Behälter entsprechend ihres Planungsgrades in folgende Behältertypen:

Musterbehälter Ein Musterbehälter wird in der Prototypenbauphase des Fahrzeuges eingesetzt, um die Behälterkonzepte hardwaretechnisch darzustellen und zu bewerten. Neue Musterbehälter werden jeweils nötig nach der Anpassung der Behälter an neue Teilestände, bei Änderungswünschen nach Behälterpräsentationen, als Referenz für Fertigungsanlagen, als Prüflehre sowie zur Analyse unterschiedlicher Planungsalternativen.

Referenzbehälter Referenzbehälter werden mit Hilfe der Serienanlagen gefertigt und dienen zur Überprüfung der Maßhaltigkeit von Serienbehältern.

Serienbehälter Ist die Freigabe für die Referenzbehälter erteilt, werden die Serienbehälter produziert. Ziel ist die Versorgung der Vorserie bereits mit Serienbehältern um frühzeitig möglichst seriennahe Fertigungs- und Logistikbedingungen zu schaffen. Die Lieferlose pro Woche schwanken je nach Komplexität der Behälter und Größe des Behälterlieferanten. Zunächst werden kleinere Behälterstückzahlen geliefert, die sich wöchentlich steigern. Um die Qualität der Serienbehälter sicherzustellen, wird eine Kontrollfirma beauftragt, die vor der Auslieferung des Behälterbauers die Behälter nach OEM-Richtlinien kontrolliert. Die Prüfung konzentriert sich auf Maßgenauigkeit, Funktion, Lackierung und eingesetzter Materialien. Ebenfalls hat eine Sichtprüfung der Schweißnähte zu erfolgen.

Phase 4: Behälterabstimmung und Behälterabnahme Nach dem Vorliegen der ersten Behältermuster wird der aktuelle Behälterplanungsstand den tangierenden

Planungsbereichen (Logistikplanung, Produktion, Lieferant, Arbeitssicherheit, Qualitätssicherheit, Montageplanung, Bereitsteller, Konstruktion) vorgestellt. Hierbei wird abgeklärt, ob alle Anforderungen der einzelnen Abteilungen berücksichtigt wurden. Die Behälterpräsentation wird direkt am zukünftigen Einsatzort organisiert. Nach Begutachtung des aktuellen Planungsstandes werden nötige Änderungen protokolliert. Nach Einarbeitung der Änderungsvorschläge wird der neue Planungsstand erneut präsentiert, bis der vorgestellte Behälterplanungsstand gemeinschaftlich verabschiedet wird. Für die Behälterabstimmung ist es zwingend erforderlich, dass – für den Behälterbauer sowie für die Behälterpräsentation – genügend Musterteile zur Verfügung stehen, um möglichst serienahe Bedingungen zu schaffen.

Um das dynamische Verhalten des Behälters zu testen müssen Transportversuche und bei Bahntransporten Auflaufversuche (Rangierstöße) durchgeführt werden. Dies ist besonders bei Behältern mit großen Abmessungen und schweren Teilen wichtig (z. B. bei Motorengestellen). Dabei wird der Behälter ca. einen Meter von der Waggonrückwand aufgestellt. Dann wird der Waggon auf eine definierte Geschwindigkeit beschleunigt (6 und 8 km/h). Mit dieser Geschwindigkeit läuft er dann auf einen gebremsten Waggon auf. Die detaillierte Betrachtung der dynamischen Belastungen kann mit Hilfe von Hochgeschwindigkeitskameras gefilmt und anschließend genauer analysiert werden.

Phase 5: Erstellung und Einpflege der Verpackungsdaten Hat der Planungsstand des Spezialbehälters serienreife erlangt, so sind die Behälterdaten (Zeichnungsnummer, Abmessungen, Inhalt, etc.) in die entsprechenden Behälter-Informationssysteme einzupflegen. Diese Daten dienen dem Serienbetrieb für alle logistischen Prozesse wie z. B. der Materialdisposition, dem Leergutmanagement, der Wareneingangserfassung und der Materialbereitstellung. Zusätzlich zum Behälter können auch Verpackungshilfsmittel Verwendung finden, um die zu transportierenden Bauteile vor Verlust, Beschädigungen und Schmutz zu schützen, wie z. B. Kunststoffzwischenlagen oder Schräggittermatten. Diese Packmittel werden gleichzeitig mit den Behälter-Stammdaten eingepflegt.

Die Beschreibung der Bauteileverpackung erfolgt rechtsverbindlich für den Lieferanten in Form sog. Verpackungsdatenblätter. Das meist elektronisch übermittelte Datenblatt enthält alle gemäß VDA 4931 erforderlichen Daten über alle Verpackungskomponenten (VDA 5007, S. 23 f.). Optional können eine Kurzbeschreibung des Verpackungsvorganges, Fotos der entsprechenden Verpackung bzw. bei komplizierten Vorgängen eine Filmsequenz beigefügt werden. Das Verpackungsdatenblatt wird mit dem hinterlegten Gültigkeitsdatum an den Lieferanten übermittelt und erst durch seine Bestätigung gültig. Das Verpackungsdatenblatt bildet die Grundlage für die Verpackungsvereinbarung, welche mit dem Lieferanten festgelegt wird, und muss dementsprechend im Liefervertrag (Bestandteil der Einkaufsbedingungen) sowie bei den laufenden Lieferabrufen nach SOP berücksichtigt werden. Der Lieferant verpflichtet sich laut Verpackungsvereinbarung anzuliefern und eventuelle Mehrkosten, die durch Anlieferung in nicht-verpackungsdatenblattkonformen sowie mit dem OEM nicht abgestimmten Ausweichverpackungen (z. B. Einwegverpackung) erfolgen, zu übernehmen (z. B. Umpackkosten beim OEM).

6.2 Logistische Planung des Arbeitsplatzes

Die optimale Verfügbarkeit des Materials am Arbeitsplatz (Zeit, Menge, Qualität, Ergonomie) ist das oberste Ziel einer Versorgungsplanung, da dieser den logistischen Engpass, den größten Wertschöpfungsanteil und gleichzeitig die höchste Kapitalbindung besitzt. Das Material muss am Arbeitsplatz rechtzeitig in ausreichender Menge und Qualität so zur Verfügung gestellt werden, dass der Fertigungsmitarbeiter befähigt wird maximale Leistung zu erbringen. Für diese Planungsaufgabe müssen Fragen des logistikoptimierten Layouts, der ergonomischen Anforderungen an den Arbeitsplatz sowie der Art der Materialanstellung geklärt werden.

6.2.1 Logistikoptimiertes Layout

Die Layoutgestaltung am Arbeitsplatz hat das Ziel der optimalen Verfügbarkeit des angestellten Materials um die Wertschöpfung und Produktivität an den kapitalintensiven Arbeitsplätzen zu maximieren. Grundsätzlich ist jeder Materialfluss am Arbeitsplatz – bis auf das Greifen, das Zuführen und das Positionieren der Bauteile – zu vermeiden (Dickmann 2007, S. 111). Der prinzipielle Aufbau eines logistikoptimierten Layouts im Automobilbau wird in Abb. 6.8 beispielhaft für die Fahrzeugendmontage veranschaulicht.

Damit der Montagemitarbeiter seinen direkten Arbeitsbereich am Fahrzeug nicht verlassen muss und sich vollständig auf seine wertschöpfenden Aufgaben konzentrieren kann, besteht die Herausforderung für die Logistik darin, die Bereitstellung der benötigten Montageteile derart zu verdichten, dass alle Teile im direkten

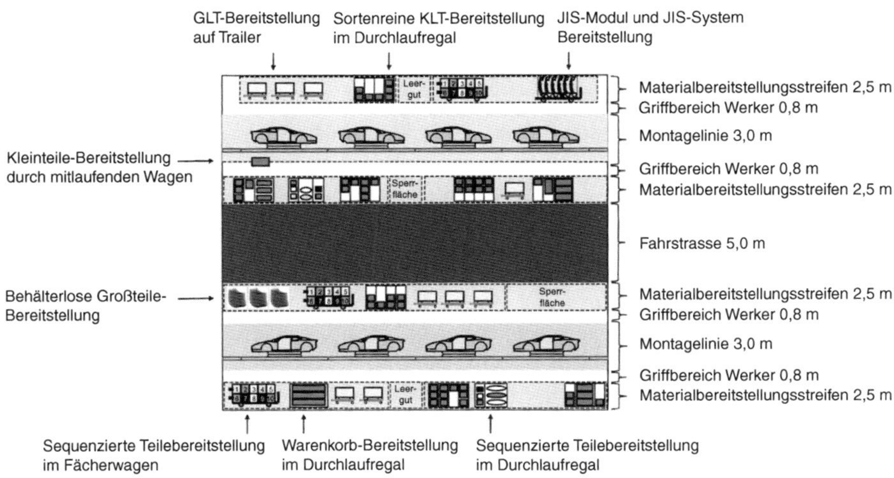

Abb. 6.8 Logistikoptimiertes Layout in einer Fahrzeugmontage

Griffbereich *Werkerdreieck* des Produktionsmitarbeiters integriert werden. Der Mitarbeiter ist nicht in seinen wertschöpfenden Arbeitsschritten unterbrochen und kann den Arbeitsfluss kontinuierlich aufrechterhalten (vgl. Abschn. 7.3.2). Nur ein stetiger und stabiler Produktionsfluss mit wenig schwankenden Prozesszeiten für die einzelnen Arbeitsschritte führt letztendlich zu einer hohen Produktivität und Arbeitsqualität.

Generell sollte der Material-Griffbereich der Werker von 0,8 m nicht überschritten werden, was bei der Planung der Materialbereitstellungsstreifen an der Montagelinie entsprechend zu berücksichtigen ist (vgl. Abb. 6.8). Jede noch so kleine Reduzierung bei den Geh- und Greifwegen führt bei niedrigen Taktzeiten und einer durchschnittlichen Produktionszeit eines Fahrzeugmodells von sechs Jahren zu erheblichen Einsparungen. Die Materialverdichtung bei der Flächenbewirtschaftung wird besonders durch den Einsatz modular aufgebauter (Stecksystem), rollbarer Durchlaufregale erreicht, wobei eine kleinstmögliche und ideale Teilepräsentation für den Montagemitarbeiter anvisiert wird. Bereitstellregale im Durchlaufsystem fungieren keineswegs als Lager, sondern dienen der Synchronisation zwischen dem getakteten Routenverkehr bei der Materialanlieferung und dem Verbau des Teils nach Kundentakt. Um Bestandstransparenz zu erhalten, werden die benötigten Materialien ab dem Supermarkt (vgl. Abschn. 6.5.2) auf die Montagelinie hin ausgebucht. Der Bestand in solch einem Durchlaufregal erstreckt sich dabei auf einen Versorgungszyklus im Montage- und Fertigungsprozess, wobei dieser zusätzlich noch mindestens einen Versorgungszyklus als Sicherheitsbestand und als Schwankungsgröße umfasst. Dieser Sicherheitsbestand gewährleistet die Versorgungssicherheit von variantenreichen Teileumfängen mit starken Bedarfsschwankungen. In diesem Zusammenhang kommt den Kleinladungsträgern eine besondere Rolle und Funktion im Rahmen der verdichteten Materialbereitstellung zu (vgl. Abschn. 7.3.4). Neben der Generierung von Freiflächen durch verkleinerte Ladungsträger, erlauben diese ein vereinfachtes Handling, da die Materialien ohne Hilfsmittel zu bewegen und leichter zu greifen sind.

Ein weiterer Punkt bei der Planung logistikoptimierter Layouts ist die Berücksichtigung der Visualisierung logistischer Zustände durch ein Andon-System (vgl. Abschn. 7.3.2). Unter den Andon-Verfahren versteht man unterschiedliche Arten von Visualisierungstechniken, welche dazu beitragen dem Mitarbeiter laufend Informationen über den Fertigungs- und Logistikzustand zu übermitteln. Die Nähe des Materials bei der verdichteten Materialanstellung am Arbeitsplatz ermöglicht es, einfache Verfahren der Bestandsüberwachung einzusetzen. So kann durch den direkten Kontakt zwischen Arbeiter und dezentralem Bestand am Bedarfsort auch die Bestandsüberwachung von der Person übernommen werden, die auch der Verbraucher ist. Dies geschieht über sichtbare Maximalgrenzen bei Behältnissen, um etwaige Überbestände zu vermeiden, sowie durch Minimalgrenzen zur Steuerung von Notfallsituationen. Zusätzlich dienen Flächenkennzeichnungen am Hallenboden, Höhenmarkierungen für die Stapelung von Ladungsträgern, Signallampen und Andon-Boards (vgl. Abschn. 7.3.2) zur Effizienzsteigerung am Arbeitsplatz.

Um Werkerkollisionen zu vermeiden, muss jeder Montagemitarbeiter seine Arbeitsinhalte bauraumfokusiert, innerhalb des vorgegebenen Taktes erledigen. Die

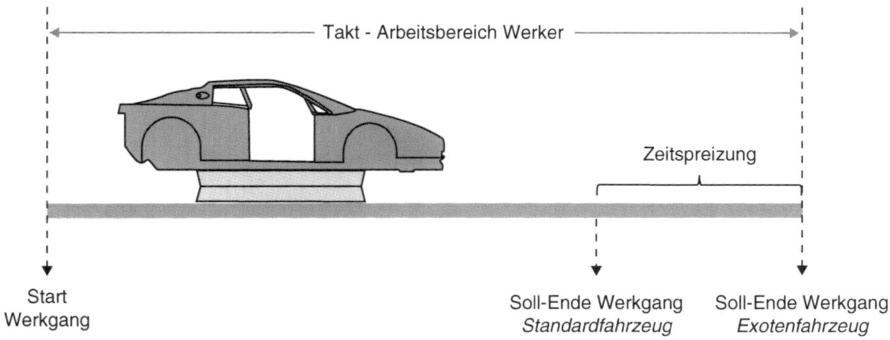

Abb. 6.9 Visualisierung Zeitspreizung

Zeitspreizung zwischen der Montage von Standard- sowie Exotenteilen ist daher zu minimieren, um die Auslastung des Mitarbeiters zu optimieren. Der Planungsablauf beginnt in einem ersten Schritt mit der Aufnahme der Auslastung (Zeitspreizung, Verschwendung, Ausgleichszeiten) jedes Arbeitsplatzes, über mehrere Arbeitsgruppen hinweg. Davon ausgehend können identifizierte Verschwendungen beseitigt werden. Die einzelnen Bandabschnitte der Montagelinie werden in Takte unterteilt, welche mittels Bodenmarkierungen visualisiert werden (vgl. Abb. 6.9). Diese Unterteilung der Takte schafft die notwendige Transparenz zur Darstellung von Abweichungen (Nacharbeit) und der Verschwendung durch Zeitspreizung. Die Abgrenzung der Takte erfolgt durch flächige Farbmarkierungen. Zusätzlich kommen farblich gekennzeichnete Punkte zum Einsatz, um die jeweilige Austaktung bzw. Zeitspreizung darzustellen. Diese Markierungen bilden die Basis für einen kontinuierlichen Verbesserungsprozess.

6.2.2 Ergonomische Anforderungen

Um eine Gesundheitsgefährdung der Arbeitnehmer zu vermeiden, erfolgen alle Logistikplanungsaufgaben am Arbeitsplatz unter der Berücksichtigung ergonomischer Kriterien. Das Material soll so bereitgestellt werden, dass der Werker die Teile auf möglichst kurzem Wege und ohne körperliche Anstrengung (z. B. eine Armlänge) greifen kann. Daher müssen Bauteile entnahmefertig, lageoptimiert und eindeutig identifizierbar bereitgestellt werden (Boppert 2008, S. 66). Bei der logistischen Arbeitsplatzgestaltung dienen Körpermasse und Körperkräfte als Grundlage zur Einrichtung eines Arbeitsplatzes und zur Vermeidung von Zwangshaltungen. Arbeitsplätze müssen grundsätzlich personenunabhängig genutzt werden, ohne die Gefahr gesundheitlicher Schäden hervorzurufen. Einen besonderen ergonomischen Planungsschwerpunkt aus Logistiksicht bildet die Materialentnahme. Die speziellen Entnahmemöglichkeiten sind mit Hilfe abgestimmter Ergonomiezonen zu definieren. Der Griffbereich des Werkers zur Materialentnahme wird hierfür zwischen

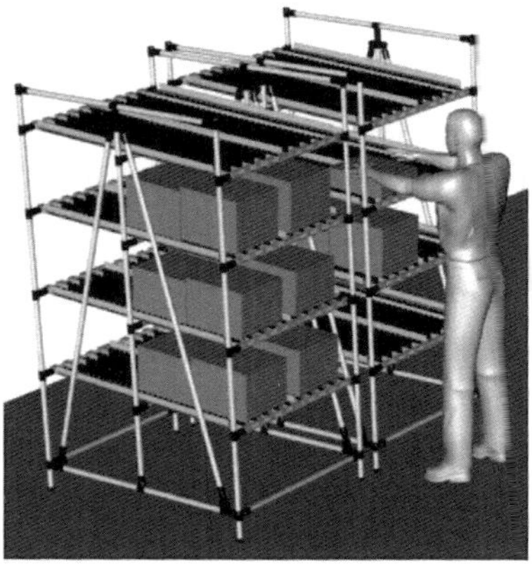

Abb. 6.10 Optimaler Griffbereich für die Teileentnahme

0,2 bis 0,8 m festgelegt. Dementsprechend ergibt sich für die Einrichtung der Ergonomiezone eine maximale Entnahme- bzw. Regalhöhe von 1,6 m und eine standardisierte Regaltiefe von maximal 0,8 m. Gleichzeitig ist bei der Teileentnahme auf das Teilegewicht sowie Beuge- und Drehbewegungen des Rumpfes zu achten. Streck- und Bückhaltungen zur Teileentnahme sind weitestgehend zu vermeiden (vgl. Abb. 6.10).

Um ungleichmäßigen und hohen Krafteinwirkungen entgegenzuwirken, werden Behälter auf höhenverstellbare und zur Entnahmerichtung geneigte Anstellmittel aufgesetzt. Die ergonomische Planung kann heute softwaregestützt im Rahmen der virtuellen Fabrik durchgeführt werden (vgl. Abschn. 2.1). Hierbei können ergonomische Belastungen des Mitarbeiters durch geeignete Menschmodelle und durch das Zusammenspiel der Teiledaten (CAD-Daten) sowie der Fertigungsumgebung analysiert werden. Häufig erfolgt die Bewertung der Belastungssituation mittels Ampelschaltung und setzt sich aus Belastungshöhe und Belastungsdauer zusammen. Die Ampelfunktion hat dabei folgende Risikoabschätzung:

- Rot: Hohes Risiko einer Erkrankung oder Verletzung – dies ist bei der Planung auszuschließen.
- Gelb: Mögliches Risiko einer Erkrankung oder Verletzung – bei der Planung weitestgehend auszuschließen.
- Grün: Niedriges Risiko einer Erkrankung oder Verletzung – was empfehlenswert ist.

6.2.3 Materialanstellung

Aufgrund der gestiegenen Materialvielfalt bei gleichzeitiger Reduzierung der Flächenangebote am Arbeitsplatz hat sich in den letzten Jahren eine Vielzahl neuer Arten der Materialanstellung herausgebildet. Wurde früher sortenrein und in größeren Bereitstellmengen Material angestellt, geht heute der Trend zu kleineren

	geringe Variantenanzahl	hohe Variantenanzahl
Kleinteile	• Sortenreine KLT-Bereitstellung im Durchlaufregal • KLT-Turm-Bereitstellung • Kleinteile-Bereitstellung durch mitlaufenden Wagen • Externe C-Teile Bereitstellung	• Sequenzierte Bereitstellung im Durchlaufregal • Warenkorb-Bereitstellung • Kleinteile-Bereitstellung durch mitlaufenden Wagen • Externe C-Teile Bereitstellung
Großteile	• GLT-Bereitstellung auf Trailer • Behälterlose Großteile-Bereitstellung	• Sequenzierte Bereitstellung im Fächerwagen • Warenkorb-Bereitstellung • JIS-Modul und JIS-System Bereitstellung

Abb. 6.11 Arten der Materialanstellung

Bereitstellungsmengen, welche sequenziert angeliefert werden. Es erhöht sich zunächst der Aufwand im gesamten Prozess der Materialbereitstellung aus Sicht der Logistik, da in höherer Frequenz mit kleineren Mengen bewirtschaftet werden muss. Darüber hinaus steigt allerdings die Produktivität im direkten Fertigungsprozess, was die Mehraufwendungen der Logistik in der Regel überkompensiert.

Die unterschiedlichen Verfahren der Anstellung des Materials werden am Beispiel der Montage verdeutlicht, können aber beliebig auf die anderen Gewerke im Automobilbau ausgedehnt werden. Für eine stabile und sichere Linienversorgung werden vier Gruppen der Materialanstellung in verdichteter Form zur Verfügung gestellt, die sich nach Abhängigkeit von der Teilegröße und der Variantenanzahl der Montageteile ergeben (vgl. Abb. 6.11). Aus dieser Matrix der Materialanstellung lassen sich folgende Grundtypen ableiten:

Sortenreine KLT-Bereitstellung im Durchlaufregal Eine verdichtete Materialbereitstellung sowie die Reduzierung der durchschnittlichen Bestände am Verbauort erfordern kleinere Bereitstellungsmengen und somit auch kleinere Behälterinhalte und -größen. Der Trend zum Standard-Kleinladungsträger kann durch die generelle Forderung Standard- vor Spezialbehälter und Kleinladungs- vor Großladungsträger ausgedrückt werden. Das Downsizing der Anliefer-, Umschlags- und Bereitstellungsmengen in Form von KLTs hat entweder bereits beim verantwortlichen Lieferanten zu erfolgen, oder es obliegt dem montagenahen Supermarkt eine KLT-Vereinzelung durchzuführen (vgl. Abschn. 6.5.2). Der verbauortnahe Supermarkt fungiert in diesem Zusammenhang als Pufferbestand für die Fahrzeugfertigung, indem dort die entsprechenden Montageteile mehrerer benachbarter Arbeitstakte

Abb. 6.12 KLT-Kommissionierung in den Fächerwagen (Quelle: Scherm Gruppe)

zur stabilen Linienversorgung vorgehalten und vorbereitet werden. Nach dem verbrauchsgesteuerten Abruf werden die KLTs direkt von der Palette (KLT-Gebinde) bzw. aus einem KLT-Durchlaufregal gepickt und für die entsprechenden Fahrkreise zusammengestellt (vgl. Abb. 6.12). Die KLTs werden hier in Durchlaufregalen gelagert, deren unterste Ebene zur ergonomieoptimierten Entnahme der Behälter mit ausziehbaren Stellplätzen ausgerüstet ist. Die Durchlaufregale gewährleisten das FIFO-Prinzip. Die Rollenbahnen sind pro Kanal individuell auf die einzulagernden Behältermaße einstellbar. Das Lager bildet weitestgehend die Montagelinie durch haltestellen-orientierte Regaleinteilungen ab. Das Layout des Supermarktes ist ein Spiegelbild der zu versorgenden Bandabschnitte der Montagelinie. In Ausnahmefällen erfolgt eine Bereitstellung der KLTs in Gebindeform direkt an der Linie. Generell ist eine vereinzelte Bereitstellung an der Linie der geblockten KLT-Turm Bereitstellung vorzuziehen.

Zusätzlich wird – um die Flächenausnutzung der Materialbereitstellungsstreifen zu optimieren – eine standardisierte Regaltechnik auf Rollenbasis eingesetzt. Die Verwendung von standardisierten und modularisierten Rollregalen bietet neben der Möglichkeit zur Individualisierung des Arbeitsplatzes, entsprechend den gegebenen Rahmenbedingungen, auch die Möglichkeit zur individuellen Anpassung von Bereitstellungsregalen auf die taktspezifischen Anforderungen. Durch den Einsatz von Rollregalen kann flexibel auf Umtaktungen an der Montagelinie sowie Haltepunkt-

Optimierungen (siehe Abschn. 7.3.5) reagiert werden. Der Einsatz von Durchlaufregalen sowohl im Supermarkt als auch am Materialbereitstellungsstreifen an der Montagelinie ermöglicht eine durchgängige Realisierung des FIFO- (First in – First out) Prinzips bei Materialumschlag und -anstellung.

Kleinteile-Bereitstellung durch mitlaufenden Wagen Kurze Griffweiten für Montagematerial bei gleichzeitig hoher Grifffrequenz erfordern fahrzeugnahe und mitlaufende Bereitstellungsmöglichkeiten. Hierzu werden fahrbare Wägen eingesetzt, die mittels Magneten oder einfachen Haken an das Fahrzeug gehängt werden bzw. auf den Schubplattenbändern mitlaufen und somit eine synchronisierte Teilebereitstellung ermöglichen. Für die Werkzeug- und Kleinteilebereitstellung besteht die Möglichkeit schienengeführte Wägen einzusetzen. Diese sind taktgebunden und werden nach dem Erreichen des Taktendes durch federunterstütztes, selbstständiges Zurückfahren ohne Aufwand für Ab- bzw. Ankoppeln in den Ausgangszustand zurückgesetzt. Hierdurch lassen sich unergonomische Bewegungen und unnötige Laufwege reduzieren. Die mitfahrenden Wägen werden in den bandnahen Supermärkten bestückt. Die Anlieferung kann über Routenzüge oder Fahrerlose Transportsysteme erfolgen.

Sequenzierte Bereitstellung im Durchlaufregal bzw. Fächerwagen Beim Überschreiten einer gewissen kritischen Grenze der Variantenvielfalt eines Teiles muss dieses aufgrund des hohen Flächenbedarfs bei sortenreiner Anstellung vorab sequenziert werden. Dabei wird zwischen Großteile-Bereitstellung im Fächerwagen und einer Kleinteile-Bereitstellung im Durchlaufregal unterschieden. Die eingesetzten Kommissionierstrategien, -technologien sowie der Logistikablauf werden in Abschn. 6.5.1 erörtert.

Ist die Verwendungshäufigkeit der einzelnen Positionen sehr heterogen bietet sich eine Trennung zwischen Schnelldreher und Langsamdreher Bereitstellung an. Hierbei werden die Langsamdreher (Exoten) bedarfsgesteuert im Supermarkt sequenziert während die Schnelldreher (Renner) verbrauchsgesteuert in sortenreinen KLT- bzw. GLT-Behältern zugesteuert werden.

Ein Problem der Verlagerung von Sequenzierungsabläufen in den Supermarkt, die früher durch den Werker am Band erledigt wurden, ist die fehlende Fahrzeugnähe. Während der Mitarbeiter am Band in der Regel schon beim Einbau (z. B. bei Farbteilen) erkennt, wenn er das falsche Teil (z. B. A-Säule) gegriffen hat, ist dies im Supermarkt nicht der Fall. Hierdurch ist es nötig durch geeignete Methoden die Kommissioniersicherheit zu erhöhen.

Warenkorb-Bereitstellung Mit Hilfe der sequenzgerechten vorkommissionierten Bereitstellung von sog. Car-Sets (Warenkörben), wird es dem Montagemitarbeiter ermöglicht seinen Taktbereich nicht zu verlassen, um sich so rein auf die wertschöpfenden Einbautätigkeiten zu konzentrieren. Bei der Warenkorb (Car-Set, Kit) Bildung handelt es sich um eine vorkommissionierte und fahrzeugspezifische Bereitstellung von Bauteilen (vgl. Abschn. 6.5.2). Der Warenkorb ordnet das zu greifende Material in der Reihenfolge der Verbaureihenfolge an. Danach ist die Linienbedienung entweder auf einen Warenkorb pro Fahrzeug taktübergreifend ausgelegt, oder für mehrere Fahrzeuge pro Takt. Der Unterschied zur sequenzierten Bereitstellung einer Teileposition von Montagematerial liegt bei der Warenkorb-Bildung in der fahrzeugspezifischen Zusammenstellung mehrerer unterschiedlicher Montageumfänge. Man unterscheidet zwischen einer Voll- und Teilkommissionierung, bei der alle bzw. nur eine begrenzte Anzahl der zu verbauenden Teile bereitgestellt werden. Häufig werden nur kleinere und mittlere Teile im Warenkorb kommissioniert. Sehr kleine Normteile wie Schrauben, Scheiben und Muttern sowie schwere und große Teile werden separat bereitgestellt (Muckelberg 2006, S. 53).

Die Materialversorgung und -bereitstellung erfolgt über einen bandnahen Supermarkt, der die erforderlichen Montageteile mehrerer benachbarter Arbeitsstationen bevorratet. Im Rahmen eines getakteten Routenverkehrs, abgestimmt auf die jeweilige Verbaurate, werden die Warenkörbe bandnah bzw. fahrzeugintegriert bereitgestellt.

GLT-Bereitstellung auf Trailer Für den innerbetrieblichen Transport über längere Strecken werden Schleppzüge (sog. Trailer) eingesetzt (Koether 2001, S. 32). Bei der Trailer-Bereitstellung werden mehrere Lastanhänger (Trailer) mit Hilfe manuell bedienter Schlepper oder einem Fahrerlosen Transportsystem-Schlepper gezogen. Die Anhänger bestehen aus einem Stahlrahmen mit vier Rollen (Frame-on-Wheels) und Deichsel und sollten möglichst flexibel für die Aufnahme unterschiedlicher Behälterabmessungen ausgelegt sein. Bei den Bereitstellungspunkten stehen jeweils zwei Behälter pro Sachnummer (Zwei-Behälter-Prinzip). Der Fertigungsmitarbeiter entnimmt aus dem Greifbehälter die entsprechenden Materialien. Ist der Behälter vollständig entleert, wird er auf einer speziell gekennzeichneten Fläche zwischengepuffert und durch den vollen Reservebehälter ausgetauscht. Bei der nächsten Anlieferung durch den getakteten Routenzug wird der nun leere Reserveplatz durch einen Vollbehälter aufgefüllt und der Leerbehälter mit Trailer an den Schleppzug gekuppelt und entsorgt. Durch die rollbare Behälterbereitstellung ist es dem Montagemitarbeiter möglich den Austausch eines Leer- gegen einen Vollbehälter selbstständig durchzuführen. Wartezeiten und Unterbrechungen bei einem staplergestützten Austausch der GLTs durch den Materialbereitsteller entfallen.

Behälterlose Großteile-Bereitstellung Im Gegensatz zu herkömmlichen Bereitstellungsvarianten von Großteilen, in schwer handhabbaren und flächeneinnehmenden Großladungsträgern, werden bei diesem Ablauf Großteile behälterlos in spezifischen Regal- und Wagengestellen angestellt. Da besonders die Großladungsträger, durch Abmessung und Gewicht, Ressourcen bei der Teilebereitstellung binden, ist die Möglichkeit einer behälterlosen Großteilebereitstellung von besonderer Bedeutung. Allerdings müssen bei der behälterlosen Materialanstellung von Montageteilen bestimmte Einsatzvoraussetzungen erfüllt werden. Danach muss die Ausgestaltung der Regale auch nach ergonomischen Aspekten erfolgen. Es gilt, dem Montagemitarbeiter optimale arbeitswissenschaftliche Arbeitsbedingungen, hinsichtlich des Handlings der betreffenden Montageteile nach Größe und Gewicht, zu schaffen. Die Teilequalität darf durch den Umschlagsprozess keinesfalls beeinträchtigt werden. Die Vorgehensweise zur behälterlosen Bereitstellung von Großteilen basiert zunächst auf der Identifikation der in Betracht kommenden

Fahrzeugkomponenten (z. B. Dachhimmel), sowie einer Planung der Bereitstellungsalternativen (z. B. Wagen oder Regal), bei gleichzeitiger Abstimmung mit der getakteten Anlieferung aus dem Supermarkt.

Externe JIS-Modul und JIS-System Bereitstellung Bei der Just-in-Sequence Modul bzw. Just-in-Sequence System Bereitstellung werden die Module und Systeme (vgl. Abschn. 3.5.1) von den JIS-Lieferanten entsprechend der Sequenzabrufe fertigungssynchron angeliefert und angestellt (vgl. Abschn. 8.3.2). Aufgrund der Größe der Bauteile bei begrenzter Fläche an der Linie wird die Bereitstellung in sehr kurzen Intervallen (z. B. alle 20 Minuten) mit hoher Lieferfrequenz durchgeführt. Für die Anlieferung sowie für den Austausch Leer- gegen Vollgut ist der externe Lieferant bzw. ein Logistikdienstleister zuständig. Erst mit der Anstellung des Materials in den Sequenzspezialbehältern unmittelbar bzw. direkt am Verbauort erfolgt der Gefahrenübergang vom Lieferanten zum Fahrzeughersteller (vgl. Abb. 6.13).

Externe C-Teile Bereitstellung C-Teile meist mit einem Teilewert von unter einem Euro, machen einen Großteil des Bereitstellungsspektrums aus. Der Aufwand je Beschaffungs- und Bereitstellungsvorgang ist jedoch überproportional zum Teilewert. Um die Bereitstellungskosten von DIN-, Standard-, Katalog- und Kleinteilen zu reduzieren, wird dieser Bereich häufig über den Hersteller dieser Teile bzw. durch einen Logistikdienstleister abgewickelt (Ihme 2006, S. 308). Durch den Einsatz eines verbrauchsgesteuerten und computergestützten Nachschubsystems können die Beschaffungskosten reduziert werden.

Abb. 6.13 Just-in-Sequence Bereitstellung Sitze Fahrzeugendmontage (Quelle: Daimler)

Die C-Teile werden in KLTs gelagert. Jeder KLT ist mit einem Barcode versehen, der Behälterinformationen wie Kundennummer, Verbrauchsort, Artikelnummer und Menge enthält (vgl. Abschn. 6.3.2). Ist der Behälter leer, wird durch den Materialabrufer das Barcode-Etikett eingescannt und direkt an das Logistikzentrum des Dienstleisters/Herstellers gesendet. Die Zeitintervalle für die Nachversorgung werden im System festgelegt, ständig geprüft und überwacht. Das Logistikzentrum lagert die abgerufenen Behälter aus und kommissioniert diese für den Automobilhersteller. Nach der Materialkontrolle über Waagen werden die Kommissionen auf die bereitstehenden Wechselbrücken verladen und über das Distributionsnetz an das zur Empfängeradresse nächstgelegene Depot weitertransportiert. Aus diesem Depot wird die Versorgung der Bedarfsorte mit den Vollbehältern übernommen. Für die Abwicklung der innerbetrieblichen Logistik werden dem Dienstleister in der Regel interne Einrichtungen und Flächen in der Werkhalle des OEMs zur Verfügung gestellt.

6.3 Materialabrufplanung

Der Materialabruf generiert den Abrufimpuls zum Materialnachschub am Arbeitsplatz. Er sollte synchronisiert zum Materialverbrauch erfolgen und möglichst einfach generiert werden. Bündelungseffekte durch Zusammenfassung von Abrufmengen sowie zeitliche Verzögerungen bei der Generierung des Abrufimpulses sind zu vermeiden. Generell kann zwischen einem bedarfs- bzw. verbrauchsgesteuerten Materialabruf mit einer push- und pullorientierten Abrufphilosophie unterschieden werden (vgl. Abb. 6.14) (Klug 2006b, S. 188 ff.).

Aus der Unterscheidung zwischen bedarfs- und verbrauchsgesteuertem Materialabruf folgt, ob die bereitgestellten Materialien stückzahlgenau und ohne Restmenge

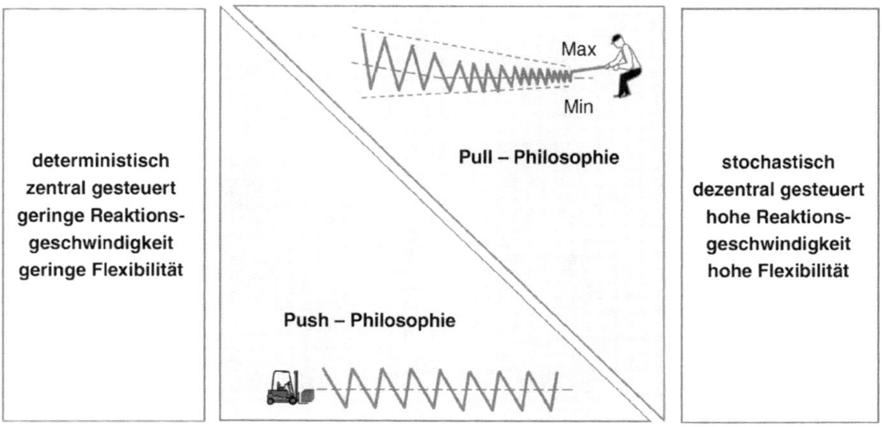

Abb. 6.14 Push- und pullorientierte Abrufphilosophien

(bedarfsgesteuert) bzw. gebindeorientiert entsprechend der Abrufzyklen in ganzen Behältereinheiten (verbrauchsorientiert) bereitgestellt werden.

6.3.1 Bedarfsgesteuerter Materialabruf

Der bedarfs- oder programmgesteuerte Materialabruf entspricht der sog. Push-Philosophie. Bei der pushorientierten Abrufphilosophie wird, ausgehend von der Fahrzeugprogrammplanung, exakt und deterministisch berechnet, welche Materialmengen am Verbauort zeitpunktgenau bereitgestellt werden müssen. Auf Basis dieser Planung wird ein interner und/oder externer Abruf erteilt, der das Material in die logistische Kette schiebt. Bedarfsgesteuert heißt das Verfahren deshalb, weil der nach der Materialbedarfsplanung (vgl. Abschn. 9.4) berechnete Teilebedarf des jeweiligen Fertigungsbereiches (Presswerk, Karosseriebau, Lackiererei, Montage) als Auslöser des Materialabrufes fungiert.

Unter einem bedarfsorientierten (programmorientierten) Materialabruf in der Fahrzeugmontage versteht man die automatische und exakte Ermittlung bereitstellungsspezifischer Bedarfe auf Basis des gebauten Fahrzeugtagesprogramms. Dieser Materialabruf generiert sich aus den, durch das Produktionsplanungssystem berechneten, terminierten Nettosekundärbedarfen (vgl. Abschn. 9.4.3). Auf Basis einer Materialbedarfsplanung mittels Stückliste mit anschließendem Bestandsabgleich wird deterministisch berechnet wie groß der Sekundärbedarf an Bauteilen, Komponenten, Modulen und Systemen für den konkreten Bauauftrag des Kundenfahrzeuges ist. Auf dieser Grundlage werden die Abrufmengen für die zu produzierenden Hausteile bzw. die extern zu beschaffenden Kaufteile berechnet, abgerufen, produziert und produktionssynchron zur Fahrzeugfertigung angeliefert und bereitgestellt. Bekanntester Vertreter für einen bedarfsgesteuerten Abrufimpuls ist der produktionssynchrone Just-in-Sequence Abruf (vgl. Abschn. 8.2.1).

Eine zentrale Zwangssteuerung übernimmt die Aufgabe der Zusteuerung der Teile bzw. Behälter. Das interne softwaregestützte PPS-System des Fahrzeugherstellers startet entsprechend dem Planungs- bzw. Fertigungsfortschritt der Fahrzeuge die Abrufimpulse. Der bedarfsgesteuerte Materialabruf erfolgt zeitversetzt entsprechend der jeweiligen Vorlaufzeit und unter Berücksichtigung der Sicherheitspuffer. Die Berechnung der Vorlaufzeit orientiert sich am vorgelagerten Logistik- und Fertigungsprozess. Bei Kaufteilen handelt es sich um die externe Wiederbeschaffungszeit, welche nötig ist um den Beschaffungsumfang bereitzustellen. Bei Hausteilen müssen die internen Vorlaufzeiten der Fertigung und Bereitstellung berücksichtigt werden.

Beim Einsatz bedarfsgesteuerter Materialabrufverfahren ergeben sich folgende Vor- und Nachteile sowie Einsatzvoraussetzungen:

Vorteile des bedarfsgesteuerten Materialabrufs

- Hohe Variantenvielfalt der bereitgestellten Materialien möglich
- Steigerung der Mitarbeiterproduktivität am Arbeitsplatz durch reduzierte Entnahmezeiten für das bereitgestellte Material

- Exakte Bereitstellung der Bedarfsmenge führt zu niedrigen Beständen und folglich geringeren Lagerkosten
- Flächeneinsparung durch fahrzeugspezifische Materialbereitstellung
- Keine Gefahr der technischen Veralterung von zwischengepufferten Beständen
- Möglichkeit größerer Variation der Abrufmengen

Nachteile des bedarfsgesteuerten Materialabrufs

- Hoher steuerungstechnischer Planungsaufwand
- Exakte Zusteuerung zeitpunktgenau zum Verbauort nötig
- Bei Störungen sofortiger Materialabriss innerhalb der Logistikkette

Rahmenbedingungen des bedarfsgesteuerten Materialabrufs

- Implementierung des Bring-Prinzips
- Hohe Variantenvielfalt der abgerufenen Teilepositionen
- Hohe Sequenzstabilität in der Fahrzeugfertigung nach der Auftragssteuerung mit stabiler Reihenfolge (vgl. Abschn. 9.6)
- Bereitstellung von 100% i. O.-Teilen nötig

6.3.2 Verbrauchsgesteuerter Materialabruf

Der verbrauchsgesteuerte Materialabruf entspricht der sog. Pull-Philosophie. Bei einer Pullabrufphilosophie wird der Impuls über die Nachlieferung von Material nicht über eine zentrale Stelle – wie beim bedarfsgesteuerten Abruf – sondern dezentral über den Mitarbeiter vor Ort initiiert. Dieser löst eine Nachbestellung aus, wenn ein vorher vereinbarter Mindestbestand unterschritten wird. Es wird also nicht wie beim bedarfsgesteuerten Verfahren im voraus berechnet wann etwas benötigt wird. Dieses stochastische Verfahren macht die Materialversorgung von der aktuellen dezentralen Situation vor Ort abhängig. Eine Nachlieferung des Materials wird ausschließlich durch den Verbrauch in der nachgelagerten Stelle bestimmt. In einem verbrauchsgesteuerten Regelkreis übernimmt die vorgelagerte Wertschöpfungsstufe die Nachlieferung. Verbrauchsgesteuert heißt das Verfahren deshalb weil der Verbrauch des Materials auf der jeweiligen Logistikstufe den Nachschub der vorgelagerten Logistikstufe anstößt. Der Materialverbrauch ergibt sich durch eine Fertigungs- (z. B. Montage) oder Logistiktätigkeit (z. B. Warenkorbbildung) des Mitarbeiters, für die er entsprechendes Material benötigt, das am Arbeitsplatz bereitgestellt wurde. Diese Materialentnahme ist abhängig von der gerade durchzuführenden Fertigungsaufgabe am Fahrzeug bzw. den Logistiktätigkeiten im Bereitstellungsprozess und wird losgelöst von einer zentralen Planung der Fahrzeugreihenfolge durchgeführt. Somit bestimmt der Mitarbeiter durch seine Arbeitsaufgabe und -geschwindigkeit am Bereitstellungsort den Rhythmus der Nachlieferung. Der Mitarbeiter vor Ort löst die Nachlieferung aus, was eine ressourcenintensive zentrale Steuerung, wie beim bedarfsgesteuerten Verfahren, überflüssig macht. Dieser

Abrufimpuls kann über mehrere Fertigungs- und Logistikstufen erfolgen. Damit entstehen vermaschte selbststeuernde Regelkreise, die eine Dezentralisierung der Bestandskontrolle ermöglichen (Zäpfel 2000, S. 229). Diese dezentrale Selbststeuerung führt tendenziell zu flexibleren Materialflüssen, die sich schneller an die aktuellen Gegebenheiten anpassen können.

Die verbrauchsgesteuerte dezentrale Generierung des Abrufimpulses kann in unterschiedlichen Formen erfolgen:

- Fehlender Behälter auf einer markierten Fläche mit Sollbehälteranzahl
- Bereitstellung eines leeren Behälters
- Herausschieben einer roten Fahne am Regal
- Abtrennen einer Karte vom Behälter und Einstecken in den Briefkasten
- Unterschreiten einer Behältermarkierung welche einen bestimmten Meldebestand anzeigt
- Aufleuchten einer Signallampe
- Elektronische Generierung eines Abrufimpulses durch Scannung des Barcodes
- Elektronische Generierung eines Abrufimpulses durch Unterschreiten einer bestimmten Anzahl von KLTs im Regalfach durch Sensoren

Das bedeutendste verbrauchsgesteuerte Verfahren ist das Kanban-System, das mit der zunehmenden Verbreitung des Toyota Produktionssystems einen hohen Bekanntheitsgrad auch außerhalb der Automobilindustrie erlangt hat. Entsprechend der Impulsgenerierung des Abrufs können Karten-, Behälter-, Signal- und E-Kanban-Verfahren unterschieden werden (vgl. Abschn. 8.2.2). Beim klassischen Kanban (japanisch Pendel- oder Anzeigekarte) wird der Abrufimpuls über eine Karte gesteuert. Die Kanban-Karte wird bei Anbruch eines Montagebehälters aus diesem entnommen und in einen Kanban-Briefkasten gesteckt. Auf der Kanban-Karte sind teilespezifische Informationen hinterlegt wie z. B. Teilenummer, Quelle, Senke, Standardmenge pro Behälter und die laufende Nummer des Kanbans. Der für diesen Fahrkreis zuständige Materialbereitsteller entleert die entsprechenden Briefkästen nach Vorgabe einer maximalen Entleerungszeit. Gleichzeitig wird das von seiner letzten Rundtour abgerufene Material bereitgestellt und das angefallene Leergut entsorgt. Die Fahrkreiszyklen mit den vorgegebenen maximal garantierten Wiederbeschaffungszeiten sind auf die Behälterreichweiten abgestimmt, so dass Nullbestände in der Montage vermieden werden. Die Versorgung der Teile für den Kanban-Kreislauf erfolgt häufig über einen bandnahen Supermarkt (vgl. Abschn. 6.5.2).

Nachteile welche sich beim Einsatz des klassischen Karten-Kanbans, ergeben sind die Bündelung der Einzelabrufe (Kanban-Karten) sowie die Zeitverzögerung bei der Bedarfsweitergabe an die Materialnachschubquelle (vgl. Abb. 6.15). Bündelungseffekte treten über den gesamten Kanban-Kreislauf auf. Zunächst werden aus ablauforganisatorischen Gründen mehrerer Sachnummern in einem bestimmten Taktbereich gesammelt, da sich die Anzahl der Entleerungspunkte (Kanban-Briefkästen) reduziert, was den Entnahmevorgang durch den Materialabrufer vereinfacht. In einem zweiten Schritt werden mehrere Kanban-Briefkästen entsprechend den zur Teilebereitstellung gebildeten Fahrkreisen gebündelt. In einer

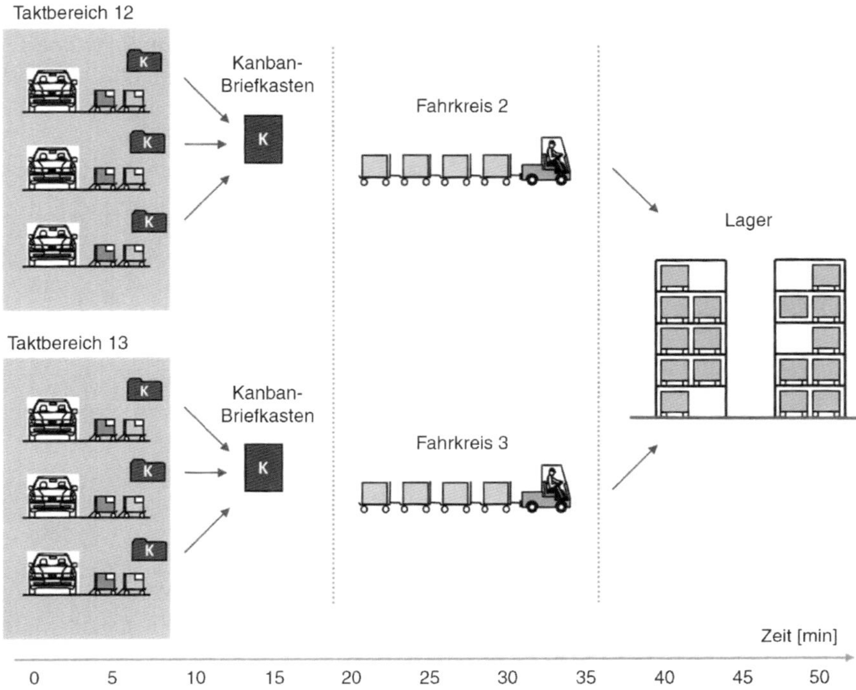

Abb. 6.15 Bündelungseffekte und Zeitverzögerungen beim Karten-Kanban

dritten Stufe erfolgt die Weitergabe der über mehrere Fahrkreise gesammelten Kanban-Karten an das zuständige Nachschublager im letzten Abrufzyklus. Jede Bündelungsstufe führt dazu, dass das ursprüngliche Abrufsignal mit der jeweiligen Einzelbedarfsmenge (Kanban-Karte) verfälscht wird und durch die Batch-Bildung zyklische Abrufschwankungen mit Spitzenbedarfen entstehen. Um Versorgungsengpässe bei der Materialbereitstellung zu vermeiden, müssen sich die Logistikkapazitäten (Materialabrufer, Materialbereitsteller und Lageristen) an diesen maximalen Abrufspitzen orientieren, was die durchschnittliche Kapazitätsauslastung senkt. Letztendlich führt dies zu einem Mehrbedarf an logistischen Ressourcen bei verringerter Transparenz über den aktuellen Materialbedarf in der Montage. Um die Abrufschwankungen und den Ressourceneinsatz zu reduzieren, bedarf es einer Glättung und Nivellierung des Fahrzeugprogramms (vgl. Abschn. 7.3.1). Die Zeitverzögerung bei der mehrstufigen Weitergabe einer Kanban-Karte führt dazu, dass sich die Schwankungsbreite bei den Wiederbeschaffungszeiten erhöht, was tendenziell über erhöhte Bestände an der Montagelinie kompensiert werden muss (vgl. Abb. 7.11). Weitere Nachteile eines Karten-gestützten Kanban-Systems sind die Möglichkeit von Mehrfachabrufen bei barcodegestützten Belegen, der manuelle Aufwand beim Belegfluss sowie der mögliche Verlust der Karten.

Beim Einsatz verbrauchsgesteuerter Materialabrufverfahren ergeben sich folgende Vor- und Nachteile sowie Einsatzvoraussetzungen:

Vorteile des verbrauchsgesteuerten Materialabrufs
- Hohe Flexibilität bei der Fahrzeugprogrammplanung und Fahrzeugsteuerung
- Geringe Durchlaufzeit
- Selbststeuernde Materialflussprozesse durch Kopplung des Material- und Informationsflusses
- Hohe Lieferfähigkeit, Prozesssicherheit und Termineinhaltung
- Geringe Bestände in der logistischen Kette gebunden
- Hohe Transparenz des Materialflusses
- Geringer Sicherheitsbestand nötig
- Wenig Aufwand bei der Betriebsdatenerfassung

Nachteile des verbrauchsgesteuerten Materialabrufs
- Anwendbarkeit nur bei stabilen Materialflüssen – stark schwankende Produktionsmengen sind nicht steuerbar
- Nur bei begrenzter Variantenvielfalt einsetzbar
- Bei Störung führt geringer Pufferbestand zum Ausfall aller nachfolgenden Fertigungsstufen

Rahmenbedingungen des verbrauchsgesteuerten Materialabrufs
- Implementierung des Holprinzips für die jeweils nachfolgende Verbrauchsstelle
- Qualifizierte und flexibel einsetzbare Mitarbeiter welche Steuerungsaufgaben übernehmen
- Hohe Anlagenverfügbarkeit bei geringen Rüstzeiten
- Begrenzte Anzahl von Varianten
- Bereitstellung von 100% i. O.-Teilen
- Definition von Minimal- und Maximalbeständen zur Bestandssteuerung (Supermarkt und Montagelinie)
- Flussorientierte Anordnung der Logistikstufen
- Geglättete kontinuierliche Materialflüsse (geringe Schwankungen der Abrufstückzahlen)
- Kurze, möglichst einheitliche Transportzyklen (getaktete Versorgung)
- Kleine und konstante Bereitstellungslosgrößen
- Sensibilisierung aller Mitarbeiter (Information, Schulung)

Dimensionierung eines Kanban-Systems Für die Dimensionierung eines Kanban-Systems muss festgelegt werden, wie viel Material bzw. Behälter sich im Kanban-Kreislauf befinden müssen, damit die Versorgungssicherheit der Arbeitstakte gewährleistet wird. Bei der Kanban-Steuerung werden Bedarfsschwankungen nicht, wie bei den klassischen Verfahren der Materialversorgung, über die Variation der Beschaffungslosgröße ausgeglichen. Eine Anpassung kann ausschließlich über die Steigerung bzw. Reduzierung der Umlauffrequenz eines Kanban-Behälters innerhalb seines Voll- und Leergutzyklus erreicht werden. Dies ist auch der Grund warum die Bedarfsmenge nur innerhalb einer bestimmten Schwankungsbreite variieren darf, da nach Überschreiten einer kritischen Grenze die Versorgungskette abreißt. Prinzipiell könnte dieser Versorgungsengpass durch erhöhte Behälter- und Bestandsmengen im Kreislauf kompensiert werden. Diese Vorgehensweise der Kompensation von Bedarfsschwankungen durch hohe Bestandsmengen entspricht allerdings nicht dem Kanban-Ziel einer bestandsarmen Materialsteuerung mit hoher Versorgungssicherheit.

Der Umlaufbestand eines Kanban-Regelkreises definiert sich über die Anzahl der Karten bzw. Behälter welche im gesamten System gebunden sind. Für die Berechnung der optimalen Anzahl von Karten im Regelkreis gilt folgende Formel (Wildemann 2000a, S. 283):

$$\begin{aligned}&\mathit{Anzahl\ Karten}\\&=\frac{\mathit{Verbrauch\ pro\ Zeiteinheit}\cdot\mathit{Wiederbeschaffungszeit}+\mathit{Sicherheitsbestand}}{\mathit{Standardmenge}}\end{aligned}$$

Standardmenge	Behälterinhalt eines Kanban-Behälters (Anforderungsmenge einer Kanban-Karte)
Verbrauch pro Zeiteinheit	Anzahl Teile, die pro Planungseinheit auf der logistischen Stufe verbraucht werden
Wiederbeschaffungszeit	Zeit bis ein entnommener Behälter wieder aufgefüllt werden kann
Sicherheitsbestand	Dient der Abdeckung von Bedarfsschwankungen bzw. Störungen des Behälterflusses im Kreislauf

Bei obiger Berechnungsformel wird davon ausgegangen, dass die Kanban-Karte bei der Entnahme des ersten Teils in den Kanban-Briefkasten zum Abruf gelegt wird. Erfolgt der Abruf erst wenn der Behälter vollständig geleert wurde, muss noch eine Standardmenge (Karte) für den Gesamtkreislauf ergänzt werden (Zäh u. Möller 2007, S. 128).

Für die Berechnung der Wiederbeschaffungszeit gelten die selben Aussagen wie bei der Umlauftageberechnung der Behälterbedarfsplanung (vgl. Abschn. 6.1.3). Sie setzt sich aus der Bearbeitungszeit des Fertigungsloses beim Lieferanten, der Rüst- und Wartezeit sowie der Anliefer- (Vollgut) und Ablieferzeit (Leergut) des Behälters zusammen (Zäpfel 2000, S. 232). Aus obiger Formel ergibt sich, dass der Kartenbedarf bei längeren Wiederbeschaffungszeiten steigt. Die Wiederbeschaffungszeit begrenzt daher zusätzlich die Einsatzfähigkeit eines Kanban-gestützten Abrufsystems. Somit spielt auch die Stabilität des Behälterkreislaufes eine Rolle für die Kanban-Bedarfsplanung. Allgemein gilt je größer die Schwankungsbreite der Umlaufzeiten desto größer muss der Sicherheitsbestand gewählt werden. Grundsätzlich kann man feststellen, dass die Kanban-Tauglichkeit mit steigendem Sicherheitsbestand abnimmt (Jodlbauer 2007, S. 191).

6.4 Interne Transportkonzepte

Die Auswahl eines geeigneten Transportkonzepts hängt von den Bestimmungsfaktoren Transportgut, Transportmenge, Transportfrequenz, Transportstrecke sowie den strukturellen und gesetzlichen Rahmenbedingungen des Logistiksystems ab. Im Folgenden werden die wichtigsten in der Automobilindustrie eingesetzten Transportmittel Stapler, Schlepper und Fahrerloses Transportsystem näher erörtert. Weitere häufig im internen Transport eingesetzten Fördermittel sind Rollenbahnen, Tragketten-Förderer, Rollen-Förderer, Gurt-Förderer, Power-and-Free Förderer, Paternoster, Schleppketten-Förderer mit schienengeführten Wagen, Stauketten-Förderer, Hubtische, Krane, Hängebahnen und pneumatische Förderer. Hauptunterscheidungsmerkmal der unterschiedlichen Konzepte ist die Frage ob der Fördergutstrom kontinuierlich (Stetigförderer) bzw. unterbrochen (Unstetigförderer) erfolgt. Gleichzeitig wird weiter in flurgebundene und flurfreie Fördermittel unterschieden. Für eine detaillierte Beschreibung der vielfältigen Fördermittel wird auf die entsprechende Fachliteratur verwiesen (Gudehus 2007b; Ten Hompel et al. 2007; Martin 2006; Koether 2001; Schulte 2005; Heiner 1984).

6.4.1 Stapler-Transport

Stapler stellen eines der flexibelsten innerbetrieblichen Transportsysteme im Unternehmen dar (Koether 2001, S. 29 ff.). Gabelstapler dienen dem Aufnehmen, Heben, Transportieren, Senken und dem Abstellen von Behältern im innerbetrieblichen Materialfluss. Haupteinsatzgebiete sind das Auf- und Abstapeln von Paletten und Behältern, das Be- und Entladen von LKWs sowie die Ein- und Auslagerung in den Bereichen Wareneingang und Lager. Abhängig von ihrer Antriebsart können elektrische, verbrennungsmotorische und hybride Staplerantriebe unterschieden werden. Die Fahrtroute eines Staplers entspricht dem Taxi-Prinzip bei dem Material an einem Beladepunkt aufgenommen, anschließend transportiert und am Entladepunkt wieder abgesetzt wird.

Für die Materialbereitstellung können je nach Einsatzort, Transportgut und Transportentfernung unterschiedlichste Bauformen von Staplern eingesetzt werden:

- Handgabel-Hubwagen für kürzere Transportwege z. B. beim Behälterhandling im Wareneingang
- Elektro-Gehgabel-Hubwagen ohne und mit Standplattform z. B. für den Behältertausch Leer- gegen Vollgut innerhalb einer Kommissionierzone (Greifbehälter unten, Nachschubbehälter oben)
- Gegengewichtsstapler in unterschiedlichsten Nutzlastklassen z. B. für die Be- und Entladung von LKWs im Wareneingang (vgl. Abb. 6.16)
- Schubmaststapler bei beengten Bereitstellungssituationen z. B. im Supermarkt
- Seitenstapler z. B. für die Bahnverladung von Rohkarossen bei einer Werkverbundfertigung

Abb. 6.16 Beispiel Staplerbereitstellung für Schwergutteile (Quelle: BLG Logistics)

Nachteilige Effekte durch den Einsatz des Gabelstaplers ergeben sich durch die Unfallgefahr aufgrund der vermehrten Kreuzungsverkehre. Zusätzlich erfordert der Transport von großen, sichtbehinderten und sperrigen Behältern ein Rückwärtsfahren was die Unfallgefahr und die Transportzeit steigert sowie gerade bei längeren Fahrten aus ergonomischer Sicht für den Fahrer eine Gefahr darstellt. Ein weiterer Nachteil beim Staplereinsatz ist seine begrenzte Behälterkapazität, die pro Hub aufgenommen werden kann.

Mit steigender Transportentfernung sowie größerem Transportvolumen sinkt die Vorteilhaftigkeit des Staplereinsatzes. Darüber hinaus ergeben sich neue Forderungen im Bereich der Schlanken Logistik, die den Einsatzbereich von Staplern in der Praxis einschränken (vgl. Abschn. 7.3.5).

6.4.2 Schleppzug-Transport

Aufgrund der negativen Effekte bei Stapler-Transporten sowie dem Trend zur Bereitstellung immer kleinerer Behälter in höherer Frequenz wird vermehrt auf eine staplerlose bzw. staplerarme Materialanstellung gesetzt. Für den innerbetrieblichen Transport über längere Strecken werden daher meist Schleppzüge eingesetzt (Koether 2001, S. 32). Bei der Schleppzug- (Trailer-, Routen-, Dolly-) Bereitstellung werden mehrere Lastanhänger (Trailer) mit Hilfe manuell bedienter Schlepper oder einem Fahrerlosen Transportsystem-Schlepper gezogen. Die Anhänger bestehen aus einem Stahlrahmen mit vier Rollen (Frame-on-Wheels) und Deichsel und sollten möglichst flexibel für die Aufnahme unterschiedlicher Behälterabmessungen

Abb. 6.17 Beispiel Schleppzug-Transport (Quelle: MAN)

ausgelegt sein (vgl. Abb. 6.17). Abhängig vom Einsatzbereich in der Halle oder im Außenbereich können elektro-, verbrennungsmotor- oder hybridgetriebene Schlepper unterschieden werden. Die Fahrtroute eines Schleppzugs entspricht dem Busprinzip, bei dem unterschiedliche Be- und Entladepunkte innerhalb einer Rundtour bedient werden. Bei den Materialumschlagspunkten stehen jeweils zwei Behälter pro Sachnummer (Zwei-Behälter-Prinzip) bereit. Der Fertigungsmitarbeiter entnimmt aus dem Greifbehälter die entsprechenden Materialien. Ist der Behälter vollständig entleert, wird er auf einer speziell gekennzeichneten Fläche zwischengepuffert und durch einen vollen Reservebehälter selbstständig durch den Mitarbeiter ausgetauscht. Bei der nächsten Anlieferung durch den getakteten Routenzug wird der nun leere Reserveplatz durch einen Vollbehälter aufgefüllt und der Leerbehälter mit Trailer an den Schleppzug gekoppelt und entsorgt. Durch die Zusammenfassung unterschiedlicher Sachnummern mit schwankenden Materialabrufen ändert sich bei jeder Fahrt die Beladung der Routenzüge. Die gleichmäßige Auslastung der einzelnen Fahrkreise gilt es im Sinne einer beruhigten Logistik durch geeignete Steuerungsmechanismen zu gewährleisten (Boppert et al. 2007, S. 353).

Die Schleppzugbereitstellung bietet gegenüber der Staplerbereitstellung beim Vorhandensein entsprechender logistischer Rahmenbedingungen Vorteile. Die zentrale Aufgabe des Schleppzugs basiert auf der Sicherstellung eines kontinuierlichen und gleichmäßigen Materialflusses im Prozessablauf und der Kompensierung von Bedarfsschwankungen an der Montagelinie (vgl. Abschn. 7.3.5). Im Gegensatz zum

Stapler werden beim getakteten Routenverkehr vorgegebene Materialmengen in vorgegebenen Zyklen bereitgestellt. Dies führt insgesamt zu geringeren Materialschwankungen bei der Materialbereitstellung und letztendlich zur Vermeidung des internen Bullwhip Effekts. Aufgrund des erhöhten Transportvolumens pro Fahrt reduziert sich auch die Anzahl der innerbetrieblichen Fahrten und folglich die Anzahl von Kreuzungsverkehren. Neben einer Reduzierung der Unfallgefahr ermöglicht dies eine Beruhigung des innerbetrieblichen Materialflusses bei gestiegener Transparenz. Gleichzeitig kann die Breite der Fahrstraße drastisch reduziert werden, da beim Frontgabelstapler größere Wenderadien nötig sind und der Schleppzug im Einbahnstraßenverkehr bereitstellt. Zusätzlich führt das erhöhte Transportvolumen pro Fahrt zu Mengendegressionseffekten wie die Reduzierung der Personalkosten und des Investitionsvolumens pro bereitgestellten Behälter.

Folgende Planungsparameter müssen bei der Festlegung einer Bereitstellung mit Schleppzug festgelegt werden:

- Anzahl der Schleppzüge, die eingesetzt werden
- Festlegung der benötigten Zugkraft und die max. Anzahl Lastanhänger die pro Schleppzug gehandelt werden (in der Regel max. vier Anhänger)
- Bestimmung und Vereinheitlichung der Anhängerabmessungen bzw. der Behältergrundmaße welche transportiert werden können
- Festlegung der statischen bzw. dynamischen Fahrroute (Fahrpläne) mit den jeweiligen Be- und Entladepunkten (Haltestellen, Bahnhöfe, Supermärkte)
- Festlegung der statischen bzw. dynamischen Routenfrequenz

Auf Basis der Fahrroute mit den jeweiligen Be- und Entladepunkten wird ein Ladeplan für den Schleppzug festgelegt, wobei die Trailer nach ihrem Platz im Zug sukzessive durchnummeriert werden. Auch die zu transportierenden Teilenummern, sowie die Mengen und Anordnungen der Behälter werden gekennzeichnet. Der Prozessablauf des Schleppzugverkehrs, samt Bahnhöfen und definierten Haltestellen bzw. Takten, ist nach den Routen sichtbar zu visualisieren. Der Kreislauf der Trailerzüge erfolgt im Einbahnstraßenverkehr und muss so definiert werden, dass es zu wenigen Kreuzungsverkehren mit anderen Schleppzügen sowie weiteren innerbetrieblichen Transport- und Personenbewegungen kommt (vgl. Abb. 6.18).

Prinzipiell hängen die Möglichkeiten und die Vorteilhaftigkeit des Schleppzugeinsatzes von den logistischen Rahmenparametern des geplanten Einsatzbereiches ab. Neben den Vorteilen einer Schlanken Logistik durch den Einsatz von Schleppzügen steigt tendenziell mit zunehmender Transportstrecke bei erhöhtem Transportvolumen die Wahrscheinlichkeit für einen Schleppzugeinsatz.

6.4.3 Fahrerloses Transportsystem

Fahrerlose Transportfahrzeuge (FTF) sind flurgebundene Fördermittel mit eigenem Fahrantrieb, welche automatisch gesteuert und berührungslos geführt werden (VDI 2510) (vgl. Abb. 6.19). Ein Fahrerloses Transportsystem (FTS) integriert darüber

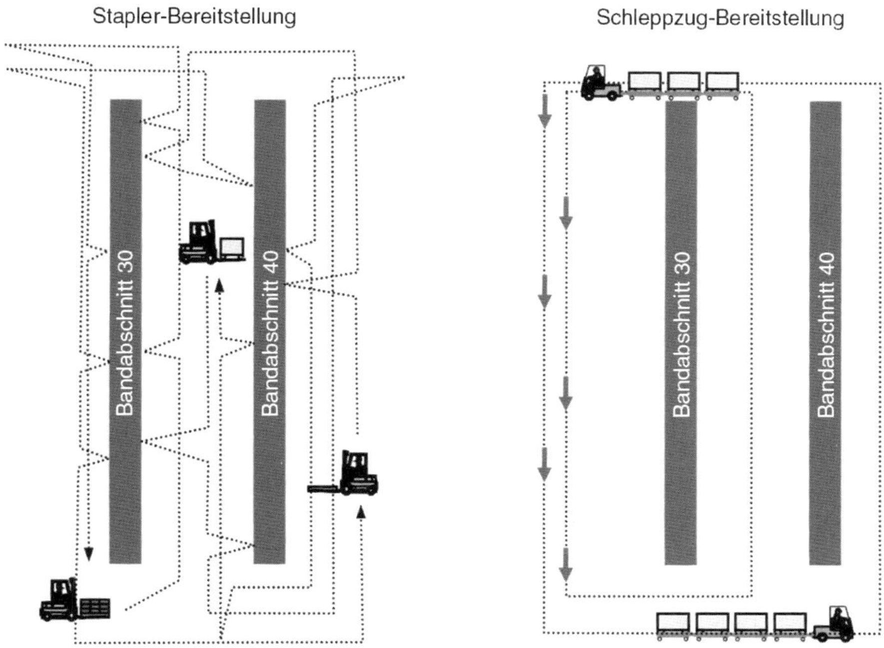

Abb. 6.18 Vergleich Stapler- und Schleppzug-Bereitstellung

Abb. 6.19 Automatisierte Materialbereitstellung mittels FTS (Quelle: BMW)

hinaus die Komponenten Leitsteuerung, Einrichtungen zur Standortbestimmung, Lageerfassung, Datenübertragung sowie die Infrastruktur mit weiteren peripheren Einrichtungen.

Der Verzicht auf einen Fahrer macht Sensoren zur Erkennung von Hindernissen oder Personen im Fahrweg erforderlich. Die interne Steuerung von Fahrerlosen Transportsystemen wird mit Hilfe von optischen oder induktiven Verfahren, Magnetmarken und Transpondern durchgeführt. Aufgrund der Vielzahl der Systemkomponenten eines Fahrerlosen Transportsystems hängt die Gesamtleistung und -zuverlässigkeit von den Eigenschaften der Teilsysteme sowie deren Integration ab (Ullrich et al. 2005, S. 690). Fahrerlose Transportfahrzeuge existieren in einer Vielzahl von Bauformen. Neue Generationen innovativer Steuerungs- und Sensorsysteme ermöglichen unterschiedlichste Anwendungen in der Automobillogistik. Der große Vorteil eines FTS liegt in der Flexibilität bei gleichzeitiger Verkehrsberuhigung und Stabilisierung der Montage. Überholen, manuelles Entladen sowie Sequenzänderungen in Notfällen sind möglich. Ein deutlicher Nachteil der FTF sind die eingeschränkten Ladekapazitäten, erhöhter Flächenbedarf sowie die Bauteilvolumenbeschränkung bei hohen Investitionskosten. Zusätzlich ist der Steuerungsaufwand deutlich komplexer im Vergleich zu einfacheren manuellen Transportlösungen. Beispiele für Einsatzbereiche Fahrerloser Transportsysteme sind:

- Transport und Bereitstellung von Coils im Presswerk
- Transport von Pressteilebehältern zwischen Pufferlager und Bedarfsort
- Transport von Rohkarossen im Karosseriebau bei der Montage von Türen- und Klappen
- Bereitstellung von Vollgut und Entsorgung von Leergut in der Automobilmontage
- Transport von Warenkörben, die im Supermarkt kommissioniert wurden und anschließend an der Montagelinie bereitgestellt werden
- Als Werkstückträger in der Motoren- und Getriebemontage sowie zum Transport zwischen den einzelnen Arbeitsstationen
- Transport und Montage von Fahrwerk und Karosse in der Hochzeitsstation
- Transport von Komplettfahrzeugen im Prüf- und Finishbereich

6.4.4 Flurungebundene Transportkonzepte

Kran Die Vorteile eines Krans liegen in der vertikalen und horizontalen Bewegung des Transportgutes, wobei die Richtung beliebig ist und die Bewegung simultan ausgeführt werden kann (Martin 2006, S. 212). Besonders beim Transport schwerer Lasten, bei niedriger Transportfrequenz in der Fläche, werden Kräne eingesetzt.
Ein wichtiger Einsatzbereich für Kräne ist das Presswerk. Hier werden tonnenschwere Presswerkzeuge sowie Stahlcoils und Platinenpakete im Flächentransport umgeschlagen. Dies erfolgt mit Hilfe von Laufkränen (Brückenkräne), welche flurfrei über dem Arbeitsraum des Presswerks montiert werden. Die Transportgüter

können mit Hilfe der Krankatze sowie des Hubwerkes frei im Raum verfahren werden. Folgende Einsatzbereiche für Kräne im Presswerk sind üblich:

- Be- und Entladung von LKWs und Zügen mit Stahlcoils und Presswerkzeugen
- Transport Presswerkzeuge vom Entladepunkt, über die Zwischenpuffer bis hin zur Pressenstrasse
- Transport Stahlcoils zur Bandschneideanlage sowie Entsorgung der Platinenpakete
- Bereitstellung von Platinen für die Pressenstrassen
- Werkzeugwechsel an den Pressenstrassen

Weitere häufige Einsatzbereiche sind Motoren-, Getriebe-, Fahrwerkfertigung bei der oft schwergewichtige Module und Systeme mit Hilfe von Brücken-, Portal- oder Säulenkrane bewegt werden (vgl. Abb. 6.20). Auch für die Kommissionierbereiche kann es nötig sein Krane einzusetzen, wenn die zulässigen Gewichtsgrenzen beim Heben von Bauteilen überschritten werden.

Hängeförderer Hierbei handelt es sich um flurfreie Förderer mit linienförmigem Materialfluss, welche die Fördergüter über eine an der Hallendecke oder an Stützen befestigten Schiene transportieren (Koether 2001, S. 22 ff.). Zu den Hängeförderern zählen Kreisförderer, Power-and-Free Förderer und Elektrohängebahnen. Neben der primären Transportfunktion übernehmen Hängeförderer auch

Abb. 6.20 Beispiel Krantransport von Achssystemen in der Fahrzeugendmontage (Quelle: Daimler)

Lagerpufferfunktionen. Dabei werden die verschiedenen Transportgüter im Hängeförderer zwischengespeichert und bei Bedarf abgerufen. Zur Verteilung, Zusammenführung und Sortierung des Transportguts kann ein Ringverkehr mit Verzweigungen eingesetzt werden. Vertikalverkehre erfolgen mittels Heber oder bei geringen Steigungs- und Gefällstrecken bis 5% aus eigener Kraft (Martin 2006, S. 210). Der große Vorteil der Hängeförderer ist die Flurungebundenheit, so dass nicht genutzte Hallendeckenbereiche durch die Förderstrecken belegt werden können. Nachteile der Hängeförderer sind die meist hohen Investitions- und Wartungskosten sowie die komplexe Steuerungslogik. Bei einer Änderung der Be- und Entladepunkte fallen hohe Umbaukosten an.

Folgende Einsatzbereiche für Hängeförderer in der internen Transportlogistik sollen beispielhaft aufgeführt werden:

- Transport von Schweißgruppen an die Aufbaulinie im Karosseriebau
- Transport der lackierten Rohbautür vom ersten Takt der Montage zur Türmontage, innerhalb der Türmontage sowie von der Türmontage bis zum Einbautakt in der Fahrzeugmontage (vgl. Abb. 6.21)
- Transport von Fahrzeugen mit Niveauregulierung in der Fahrzeugendmontage

Rohrpostanlagen Eine Sonderlösung im Bereich der flurungebundenen Materialbereitstellung stellt der Materialtransport mittels pneumatischer Rohrpostanlagen dar. Hierbei werden mit Hilfe von luftdruckbetriebenen Rohrpostanlagen Serien- und Ersatzteile von 5 bis 10 kg mit einer Geschwindigkeit von 6 bis 10 m/s automatisiert intern transportiert. Der Vorteil dieser Anlagen sind geringere Investitionskosten

Abb. 6.21 Türtransport mittels Hängeförderer (Quelle: Volkswagen)

im Vergleich zu herkömmlichen Transportanlagen (EHB, Rollenförderer, etc.), die hohe Verfügbarkeit sowie der zentrale Antrieb per Luftverdichter, der zu geringen Instandhaltungskosten führt.

Einsatzbeispiel ist die Vereinzelung und der schnelle Transport eines Schließsystems. Die Anlieferung der unterschiedlichen Schließsysteme (Tür-, Heckklappe, Zünd-, Handschuhkastenschloss) wird gebündelt an einem Ort organisiert. Diese müssen an die jeweiligen Einbauorte verbracht werden. Zünd- und Handschuhfachschloss und Schlüssel werden über ein Rohrleitungssystem am Verbauort in der Cockpitvormontage bereitgestellt. Hierdurch wird ein schneller und verwechslungssicherer Transport im FIFO-Prinzip ermöglicht.

6.5 Interne Umschlagskonzepte

6.5.1 Kommissionierung

6.5.1.1 Funktion und Bedeutung

Der innerbetriebliche Materialfluss erfordert wechselnde Mengen und Zusammensetzungen an Teilen. Zu diesem Zweck ist es notwendig Logistikeinheiten aufzulösen und deren inhaltliche Zusammenstellung zu ändern. Diese Aufgabe wird durch die Kommissionierung durchgeführt. Unter der Fertigungskommissionierung versteht man das fertigungsbezogene Zusammenstellen von bestimmten Montageteilen aus einer bereitgestellten Gesamtmenge aufgrund einer Bedarfsinformation (VDI 3590). Die Kommissionierung stellt das elementare Bindeglied zwischen den vorgelagerten Lagerungsprozessen und den nachgelagerten Fertigungsprozessen dar. Aufgrund ihrer systemischen Bedeutung mit einem hohen Vernetzungs- und Interaktionsgrad innerhalb des innerbetrieblichen Logistiknetzwerkes stellt die Kommissionierung die anspruchsvollste Aufgabe der innerbetrieblichen Automobillogistik dar (Gudehus 2007b, S. 685). Die Herausforderung der Kommissionierplanung liegt in der Auswahlentscheidung der richtigen Verfahren, Technik und Strategien. Den Schwerpunkt der fertigungsbezogenen Kommissionierung bildet die Fahrzeugmontage, die im Folgenden ausschließlich betrachtet wird.

Steigende Variantenvielfalt bei den bereitzustellenden Materialien sowie zunehmende Knappheit von Logistikflächen an der Montagelinie führen bei einer fahrzeugneutralen und sortenreinen Bereitstellung des Materials zu einem stark erhöhten Flächenbedarf in der Fertigung, weil alle Teile am Bereitstellungsort in allen Varianten bereitgestellt werden müssen. Mehr Teile am Takt bedeuten auch durchschnittlich längere Wege zwischen dem Bereitstellort der zu montierenden Teile und dem Fügeort, was den Anteil der nicht-wertschöpfenden Zeitanteile des Mitarbeiters an der Montagelinie steigert. In den letzten Jahren wurde daher bei den Fahrzeugherstellern vermehrt in die optimierte Teilebereitstellung durch Kommissionierung investiert, um die Produktivität an der Montagelinie zu steigern. Somit steigt die Zahl der zu verarbeitenden Kommissionieraufträge bei gleichzeitiger Abnahme

Abb. 6.22 Auswahlkriterien für die Bestimmung eines Kommissioniersystems

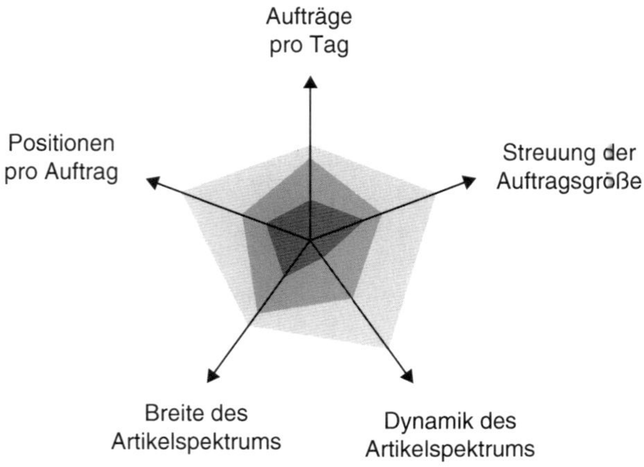

der durchschnittlichen Kommissionierauftragsgröße. Kommissioniersysteme werden vorwiegend für die produktionssynchrone Materialversorgung eingesetzt, um eine effiziente und effektive Integration der benötigten Fahrzeugkomponenten, in optimierter Zusammenstellung und vereinfachter Handhabungsfolge, in den Fertigungsprozessen zu gewährleisten.

Bedarfsinformationen in Form von Kommissionieraufträgen werden durch die Montage ausgelöst, so dass sich eine interne Kunden (Montage) – Lieferanten (Kommissionierung) Beziehung ergibt. Materialabruf, Kommissionierung, Materialtransport und Materialanstellung müssen optimal aufeinander abgestimmt werden, um eine synchronisierte Anlieferung der Kommissionierumfänge zu realisieren. Dadurch lassen sich nicht nur die Nachbearbeitungskosten und Nachbearbeitungszeiten verringern, sondern auch Durchlaufzeiten beschleunigen, was die interne und externe Kundenzufriedenheit erhöht. Das Kommissioniersystem ist ein integraler Bestandteil im Kundenauftragsprozess, indem es zur Einhaltung der Montage-Perlenkette und letztendlich zur Termintreue bei der Fahrzeugauslieferung beiträgt (Laffert 2000, S. 83).

Die Kommissionierleistung ist abhängig vom Kommissionierverfahren, den eingesetzten Flurförderzeugen, dem Auftragsumfang, dem Kommissioniersystem, der Artikelgröße und ihrem Gewicht, dem Sortimentsumfang und der Art der IT-technischen Unterstützung. Für die individuelle Auswahl eines geeigneten Kommissioniersystems muss die Artikelstruktur und -dynamik eingehend untersucht und anhand geeigneter Auswahlkriterien bestimmten Kommissionierklassen zugewiesen werden (vgl. Abb. 6.22).

6.5.1.2 Kommissionierstrategie

Die Auswahl einer geeigneten Kommissionierstrategie erfolgt bei der einstufigen Kommissionierung anhand der Hauptkriterien Breite des Artikelspektrums sowie Positionen pro Kommissionierauftrag (vgl. Abb. 6.23). Die einstufige Kommissionierung, bei der jeder Kommissionierauftrag vollständig durch einen Mitarbeiter

	hohe Artikelanzahl	geringe Artikelanzahl
hohe Anzahl Auftrags-positionen	• Dynamische Bereitstellung • Ware zum Mann • Sequenzielle Auftragsbearbeitung	• Statische Bereitstellung • Mann zur Ware • Sequenzielle Auftragsbearbeitung
geringe Anzahl Auftrags-positionen	• Statische Bereitstellung • Mann zur Ware • Parallele Auftragsbearbeitung	• Statische Bereitstellung • Mann zur Ware • Sequenzielle Auftragsbearbeitung

Abb. 6.23 Auswahlmatrix Kommissionierstrategie (Kummetsteiner 1997, S. 167)

abgearbeitet wird, ist der Regelfall in der Montagekommissionierung. Somit kann eine kurze Bearbeitungs- und Bereitstellungszeit entsprechend den Anforderungen einer Schlanken Logistik gewährleistet werden (vgl. Kap. 7).

Statische Kommissionierung Hierbei bewegt sich der Kommissionierer zu den Waren im Lagerbereich (Mann- zur-Ware Prinzip) und entnimmt die benötigten Montageteile entsprechend des Kommissionierauftrages. Das Fortbewegen des Kommissionierers findet entweder zu Fuß oder mit Hilfe eines fahr- und hubfähigen Regalbediengeräts bzw. mittels Kommissionierstapler statt. Dieses Prinzip kann sinnvoll eingesetzt werden, wenn eine hohe und stark schwankende Kommissionierleistung für geometrisch unterschiedliche Teile gefordert ist. Generell ergeben sich folgende Vor- und Nachteile einer Kommissionierung nach dem Mann-zur-Ware Prinzip (Gudehus 1973, S. 137).

Vorteile
- alle Artikel direkt im Zugriff
- mit geringem Investitionsaufwand realisierbar
- flexibel gegenüber stark schwankenden Anforderungen
- kürzere mittlere Auftragsdurchlaufzeiten
- Abwicklung von Eilaufträgen möglich

Nachteile
- lange Laufwege und reduzierte Produktivität
- hohe ergonomische Belastung des Mitarbeiters, da keine optimale Gestaltung des Greifplatzes möglich

- erschwerter Materialnachschub
- erschwerter Abtransport Leergut

Dynamische Kommissionierung Dabei werden die Ladungsträger aus dem Kommissionierlager (meist automatisiert) ausgelagert und dem Kommissionierer an einem zentralen Greifplatz bereitgestellt (Ware-zum-Mann Prinzip). Während des Kommissioniervorgangs wird der Arbeitsplatz nicht verlassen. Der Kommissionierer entnimmt die laut Kommissionierauftrag geforderte Anzahl pro Teileposition. Nach der Teileentnahme wird eine Rückmeldung und Rückeinlagerung des Behälters angestoßen. Für die Entnahme können ergonomische Hilfsmittel installiert werden. Die Realisierung eines solchen Prinzips ist nur bei automatischen Lagern mit speziellen Kommissionierplätzen sinnvoll. Prinzipiell ergeben sich folgende Vor- und Nachteile einer Kommissionierung nach dem Ware-zum-Mann Prinzip (Gudehus 1973, S. 137).

Vorteile
- hohe Kommissionierleistung aufgrund entfallender Wegzeiten
- keine Leerwege
- Einsatz von Entnahmehilfsmitteln sowie Bearbeitungen möglich
- optimale Gestaltung der Entnahmeplätze möglich
- leichter Abtransport leerer Ladehilfsmittel
- einfachere Entsorgung des Leerguts

Nachteile
- hohe Investitionskosten für Fördermittel und Steueranlagen
- jeweils nur wenige Artikel im direkten Zugriff
- mangelnde Flexibilität bei schwankenden Anforderungen
- längere mittlere Auftragsdurchlaufzeit
- Stillstand bei Anlagenausfall

Sequenzielle Kommissionierung Hierbei wird ein Auftrag von einem Kommissionierer vollständig und nacheinander abgearbeitet. Hierzu kann es erforderlich sein, dass der Kommissionierer unterschiedliche Lagerbereiche bzw. Greifbereiche innerhalb des Supermarktes (GLT und KLT) aufsucht.

Vorteile
- kein Nachsortieren der Ware
- kein Konsolidierungsprozess notwendig

Nachteile
- lange Durchlaufzeit des Auftrages
- lange Wegzeiten besonders bei einer lagerbereichsübergreifenden Kommissionierung
- eventuell verschiedene Transportmittel bei umfangreichen Aufträgen notwendig

Parallele Kommissionierung Ein Auftrag wird in verschiedene Kommissionieraufträge geteilt und von mehreren Kommissionierern gleichzeitig bearbeitet. Durch die Parallelisierung der Ablaufprozesse kann die Durchlaufzeit eines Kommissionierauftrags drastisch reduziert werden.

Vorteile
- kurze Bearbeitungszeit für den einzelnen Auftrag
- Spezialisierung der Kommissionierer auf bestimmte Artikelspektren und Lagerbereiche

Nachteile
- eventuell Nachsortieren/Umpacken notwendig
- Konsolidierung und Warenausgangskontrolle notwendig

6.5.1.3 Kommissioniertechnik

Die Frage der optimalen Kommissioniertechnik kann nicht pauschal beantwortet werden. Letztendlich muss in jedem Automobilwerk in Abhängigkeit der baulichen Gegebenheiten, der zu kommissionierenden Mengen und Varianten, der Lagerstrukturen sowie der Materialbereitstellungsstrategien für jedes einzelne Teil eine individuelle Kommissionierstrategie festgelegt werden. Die Möglichkeit der Vernetzung zwischen dem Materialfluss der Kommissionierung und dem Informationsfluss des Warenwirtschaftsystems stellt ein entscheidendes Auswahlkriterium dar. Alle Kommissioniervorgänge sollten möglichst zeitnah zum Teilebedarf an der Montage erfolgen, was eine schnelle Bedarfsmeldung ohne Verzerrung der Bedarfsmengen und -zusammensetzungen erfordert. Auch die Anforderung an die Kommissioniersicherheit entscheidet über die ausgewählte Technologie und den damit verbundenen Investitionsbedarf. Die unterschiedlichen Kontrollmechanismen während des Kommissioniervorgangs wie etwa

- die visuelle Kontrolle der Teile und Reihenfolge (bei sequenzierten Teilen),
- ein Abgleich mit einer Kontrollliste,
- ein Vergleich-Scan zwischen Teil und Kommissionierliste sowie eine
- Gewichtskontrolle, bei der das Sollgewicht berechnet und mit dem Ist-Gewicht verglichen wird,

entscheiden über den Automatisierungsgrad beim eingesetzten Verfahren. Folgende Technologien werden vorwiegend im Bereich der Montagekommissionierung eines Automobilwerkes eingesetzt:

Pick-by-List Beim klassischen Verfahren der Kommissionierung wird mit einer gedruckten Kommissionierliste (Pickliste) gearbeitet. Die jeweiligen Artikel mit Bedarfsmenge werden entsprechend dem Papierbeleg gepickt. Durch das Abhaken der einzelnen Positionen einer Pickliste und der Quittierung beispielsweise durch Abzeichnen der abgeschlossenen Kommissionierliste erfolgt eine Selbstkontrolle des Kommissioniervorgangs. Wurden alle Positionen abgearbeitet, wird eine Rückmeldung im Lagerverwaltungssystem initiiert. Nachteil beim Einsatz von papiergestützten Verfahren ist der hohe Totzeitanteil zur Identifizierung der nächsten Entnahmeposition sowie das aufwendige Handling der Liste (Ten Hompel u. Schmidt 2005, S. 46).

Pick-by-MDE Ein mit Artikel- und Bestandsdaten hinterlegter Leitrechner übernimmt hierbei das Management der Kommissionieraufträge, welche zeit- und wegoptimiert zur Verfügung gestellt werden (Martin 2006, S. 371). Die Kommissionieraufträge werden dabei per Datenfunk über ein Mobiles Datenerfassungs-(MDE) Gerät angezeigt. Entnommene Artikel werden auf dem MDE bestätigt und Fehlmengen können eingegeben werden. Die Rückmeldung der Entnahme kann zeitnah an das Materialwirtschaftssystem durchgeführt werden. Durch die meistens direkte Verbindung des MDE-Geräts zum Lagerverwaltungssystem kann der aktuelle Status der Kommissionierung laufend verfolgt werden. Bestandsdaten können ohne zusätzliche Dateneingabe aktualisiert und entnahmenah verbucht werden. MDE-Geräte sind oft mit Barcodescannern – meist in Kombination mit RFID-Lesegeräten – ausgestattet. Hierdurch kann nach der Entnahme des Artikels ein Abgleich-Scan zwischen Barcode Teilenummer Kommissionierliste sowie Barcode Teilenummer Regalfach realisiert werden.

Pick-by-Light Die zu greifende Fachposition wird mit Hilfe von Signalleuchten visualisiert. Darüber hinaus wird durch ein Ziffern-Display die Anzahl der zu pickenden Positionen mitgeteilt. Nach Abschluss jeder Position wird über eine Bedientaste quittiert. Gleichzeitig kann mit Hilfe einer Korrekturtaste die Mengenangabe nach oben und unten verändert werden. Nach der Quittierung der Entnahme wird diese an das Lagerverwaltungssystem zeitnah zurückgemeldet. Simultan kann die Entnahme per Lasersensor überwacht und registriert werden, so dass die Rückmeldung entfällt sowie die Kommissioniersicherheit steigt.

Pick-by-Voice Die Kommunikation zwischen Kommissionierauftrag und Mitarbeiter ist sprachgesteuert. Mit Hilfe eines kabellosen Headsets, welches über einen Pocket-PC (Talkman) angeschlossen ist, erfolgt die Übermittlung der Arbeitsanweisungen. Zunächst wird mitgeteilt in welchem Regal das Material entnommen werden soll. Vor Ort nennt der Kommissionierer eine am Regalfach angebrachte Prüfziffer oder -buchstaben. Wurde die richtige Prüfziffer genannt, wird der Kommissionierer angewiesen, wie viele Einheiten er aus dem Regal entnehmen muss. Es wird nach der Entnahme mittels Schlüsselwörter rückgemeldet. Die sprachgeführte Kommissionierung kann zusätzlich durch den Einsatz von RFID-Systemen unterstützt werden (vgl. Abschn. 6.9.1). Die Prüfzifferneingabe per Stimme erledigt dann ein mittels Sprachbefehl aktiviertes Auslesen des integrierten Transponders und Übermittlung der Informationen zurück ans Lagerverwaltungssystem. Durch das parallele Ablaufen der Pick- und Rückmeldungsfunktion können Effizienzsteigerungen erzielt werden. Durch Sprachführung des Kommissionierers werden beide Hände für das Picken eingesetzt, was die Kommissionierleistung steigert. Die Spracherkennung arbeitet mittlerweile prozesssicher und schnell, unabhängig von Dialekten und Akzenten und filtert Lärmquellen heraus (Martin 2006, S. 372).

6.5.1.4 Logistikablauf Kommissionierung

Ein Kommissionierprozess zur Teileversorgung der Fahrzeugmontage setzt sich aus folgenden Ablaufschritten zusammen:

1. Generierung des Kommissionierauftrages
2. Bereitstellung des Kommissionierauftrages (in Papierform oder durch elektronische Medien)
3. Materialbereitstellung der Materialien in geeigneten Bereitstellungseinheiten am Greif- bzw. Nachschubplatz
4. Bereitstellung leerer Kommissionierbehälter
5. Annahme Kommissionierauftrag aus dem Drucker bzw. in elektronischer Form (MDE, Touchscreen, Display, etc.)
6. Erfassung Lagerort der Teileposition
7. Festlegung und Finden des Weges zum Lagerort
8. Fahrt bzw. Gehen zum Entnahmeort
9. Identifikation des Lagerfaches aus dem das Material zu entnehmen ist
10. Kontrollierte Entnahme der geforderten Materialposition und -menge aus dem Greifbehälter
11. Gehen zum Kommissonierbehälter
12. Einlegen der Teile in funktionsgerechte Sammelbehälter
13. Bei einer mehrstufigen Kommissionierung Zusammenführen der Sammelbehältnisse bzw. der Materialien an einem Sammelplatz
14. Kontrolle der kommissionierten Teile
15. Rückmeldung Kommissionierauftrag
16. Freigabe Kommissionierbehälter für Abtransport und Bereitstellung Montage

Um die Wegzeiten des Kommissionierers zu minimieren, werden für die Generierung der Entnahmereihenfolge der Kommissionieraufträge Berechnungsalgorithmen eingesetzt. Hierbei werden gängige Verfahren des Operations Research verwendet.

6.5.2 Supermarkt

Unter einem Supermarkt versteht man ein fertigungsnahes Logistiksystem (Flächen, Regale, Auftragsdrucker, etc.) für den Umschlag von Montagematerial, um es portioniert, sortiert und sequenziert in kurzen Lieferzyklen produktionssynchron am Verbauort der Montage bereitzustellen. Die ersten Supermärkte wurden bereits 1953 bei Toyota (Toyota City) eingeführt (Ohno 1993, S. 52 ff.). Der Begriff wurde von Taiichi Ohno geprägt, indem er die Prinzipien amerikanischer Supermärkte auf die interne Materialversorgung übertrug. Im Supermarkt bekommt der Kunde was er braucht, wann er es braucht und in der Menge, die er braucht. Entnommene Ware wird anschließend sofort wieder aufgefüllt. Analog hierzu wird im Logistiksupermarkt fertigungssynchron genau das Material entnommen, welches für die nachgelagerte Fahrzeugmontage benötigt wird. Die Wiederbefüllung der

Supermarktbestände erfolgt durch die Belieferung sortenreiner Behälter und Gebinde durch externe bzw. interne Lieferanten.

6.5.2.1 Aufgabenbereiche Supermarkt

Allgemein können vier Hauptaufgabenbereiche eines Supermarktes unterschieden werden:

- Bedarfsgesteuerte Kommissionierung von fahrzeugspezifischen Warenkörben
- Bedarfsgesteuerte Sequenzierung von Fahrzeugteilen
- Verbrauchsgesteuerter Materialnachschub für die Montagelinie
- Portionierung von Logistikeinheiten (Downsizing)

Bedarfsgesteuerte Warenkorb-Kommissionierung Bei der Warenkorb (Car-Set, Kit) Bildung handelt es sich um eine vorkommissionierte und fahrzeugspezifische Bereitstellung von Bauteilen. Der Warenkorb ordnet das zu greifende Material in der Reihenfolge der Verbaureihenfolge an. Danach ist die Linienbedienung entweder auf einen Warenkorb pro Fahrzeug taktübergreifend ausgelegt, oder für mehrere Fahrzeuge pro Takt. Der Unterschied zur sequenzierten Bereitstellung einer Teileposition von Montagematerial liegt bei der Warenkorb-Bildung in der fahrzeugspezifischen Zusammenstellung mehrerer unterschiedlicher Montageumfänge. Es kann zwischen einer Voll- und Teilkommissionierung differenziert werden, bei der entweder alle bzw. nur eine begrenzte Anzahl der zu verbauenden Teile bereitgestellt werden. Häufig werden nur kleinere und mittlere Teile im Warenkorb kommissioniert. Sehr kleine Normteile wie Schrauben, Scheiben und Muttern sowie schwere und große Teile werden separat bereitgestellt (Muckelberg 2006, S. 53). Der Fertigungsmitarbeiter entnimmt nacheinander die Teile nach einem vorgegebenen Entnahmeschema – beispielsweise von oben links nach unten rechts – und verbaut diese umgehend. Eine teilespezifische Fachzuordnung ermöglicht es, Fehlteile auf allen Stufen der Bereitstellungskette – bei der Kommissionierung im Supermarkt, beim internen Transport sowie bei der Anstellung des Materials am Verbauort – sofort zu erkennen. Gegenmaßnahmen können frühzeitig ergriffen werden, was die Fehlteilehäufigkeit sowie die Gefahr eines Bandstopps drastisch reduziert. Ein weiterer Schritt zur Steigerung der Kommissioniersicherheit ist die zusätzliche Verwendung von teilespezifischen Aussparungen (z. B. konturgeformte Tiefziehfolien) im Warenkorb.

Der bedarfsgesteuerte Abrufimpuls für den Kommissionierauftrag erfolgt mit einer zeitlichen Vorlaufverschiebung für die Kommissionierung, den internen Transport und die Materialanstellung. Entsprechend der Montageauflage wird nach Stücklistenauflösung ein bedarfsgesteuerter Kommissionierauftrag generiert (vgl. Abschn. 6.3.1). Nach Abschluss des Kommissioniervorgangs und Fertigmeldung der Kommissionierung wird der Warenkorb über eine geeignete Flurfördertechnik (z. B. FTS oder Schleppzugverkehr) zeitpunktgenau auf einer definierten Übergabefläche bereitgestellt. Der Montagemitarbeiter am Band fixiert den Warenkorb innerhalb des Fahrzeugs (Innenraumteile) bzw. außen am Fahrzeug (Außenteile). Am letzten Arbeitsplatz des Warenkorbbandabschnittes wird der leere Warenkorb durch den Mitarbeiter entnommen und für den Rücktransport zum Supermarkt bereitgestellt.

Bedarfsgesteuerte Sequenzierung (Supply in Line Sequence – SILS) Eine weitere wichtige Aufgabe eines Supermarktes besteht in der Sequenzierung von Montageumfängen. GLT- und KLT-Sequenzierung werden räumlich separiert, da die Bereitstellung sowie Lagertechnik unterschiedlich gehandhabt werden muss. Die eingesetzten Kommissionierstrategien, -technologien sowie der Logistikablauf wurden bereits in Abschn. 6.5.1 erörtert. Eine wesentliche Wegzeiteinsparung bei der bedarfsgesteuerten Sequenzierung ergibt sich durch den Einsatz einer blockweisen Kommissionierung. Dabei werden die einzelnen Fachpositionen eines Sequenzgestells nicht seriell durchlaufen sondern sachnummerspezifisch kommissioniert (vgl. Abb. 6.24). Der Kommissionierauftrag (Pickliste) listet die Sachnummer mit den jeweiligen Fachnummern auf, in denen diese Teileposition eingelegt wird. Durch diese Vorgehensweise steigt auch die Kommissioniersicherheit. Wurde vorher bereits ein Teil in ein falsches Fach eingelegt, kann dies bei der nachfolgenden Befüllung durch die Belegung des Faches erkannt werden.

Ist die Verwendungshäufigkeit der einzelnen Positionen sehr heterogen bietet sich eine Trennung zwischen Schnelldreher und Langsamdreher Bereitstellung an. Es wird separiert nach den Langsamdrehern (Exoten), welche bedarfsgesteuert im Supermarkt sequenziert werden und den Schnelldrehern (Renner), welche verbrauchsgesteuert in sortenreinen Behältern zugesteuert werden.

Ein Problem der Verlagerung von Sequenzierungsabläufen in den Supermarkt, welche früher durch den Werker am Band erledigt wurden, ist die fehlende Fahrzeugnähe des Kommissionierers. Während der Mitarbeiter am Band oft beim Einbau (z. B. bei Farbteilen) schon erkennt, wenn er das falsche Teil (z. B. A-Säule) gegriffen hat, ist dies im Supermarkt nicht mehr unmittelbar möglich. Deshalb bedarf es zusätzlicher Sicherungskonzepte wie z. B. durch die Planung eines Poka Yoke

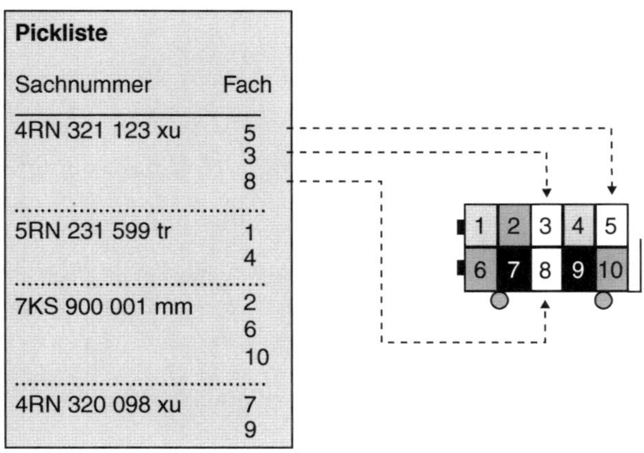

Abb. 6.24 Blockweise Kommissionierung

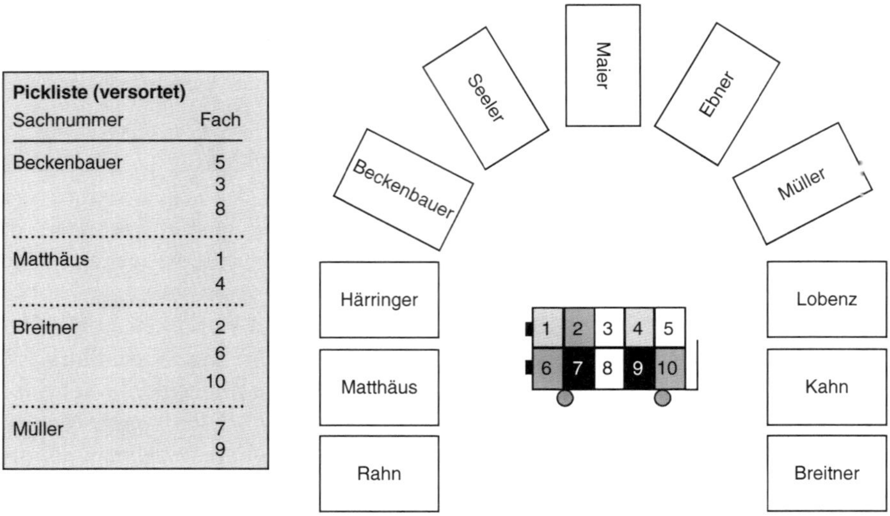

Abb. 6.25 Versortung komplizierter Sachnummern

Systems (vgl. Abschn. 7.3.2), um die Kommissioniersicherheit zu gewährleisten. Einen wichtigen Beitrag hierzu liefert die Versortung von Sachnummern, da diese durch neun bis zwölfstellige Nummern schwer zu erfassen sind sowie zur Ermüdung und folglich Fehleranfälligkeit beim Kommissionieren führen. Eine einfache Möglichkeit der Versortung ist die eindeutige Zuweisung von einfachen Schlüsselbegriffen zu jeder Sachnummer. Die Kommissionierliste ist dann nicht mehr nach Sachnummern sondern nach einprägsamen Begriffen (z. B. Fußballer, Blumen, etc.) aufgebaut (vgl. Abb. 6.25). Die Versortung von Sachnummern ist allerdings hinsichtlich der Variantenvielfalt der Teile begrenzt (ca. 15 bis 20 Varianten).

Eine weitere Möglichkeit der Vereinfachung von Kommissionierabläufen bei hoher Variantenvielfalt ist die Kommissionierung nach Lagerplatz. Hierbei werden auf dem jeweiligen Kommissionierauftrag lediglich die Regalgasse sowie das zugehörige Lagerfach durch die Lagerebene und Fachnummer für jede Pickposition angegeben.

Weitere Möglichkeiten zur Erhöhung der Kommissioniersicherheit bei der Teilesequenzierung sind die

- Belabelung jedes Bauteils mit einem Barcode, welcher nach dem Einlegen ins Fach mit der jeweiligen Fachnummer gegengescannt wird,
- der Einsatz von Transpondern auf den Bauteilen (vgl. Abschn. 6.9.1) sowie
- die Verwendung von Poka-Yoke Behältern (vgl. Abschn. 7.3.2), bei denen durch die Ausformung des Behälters nur ein spezifisches Teil mit der entsprechenden Geometrie eingelegt werden kann.

Verbrauchsgesteuerter Materialnachschub Um kurze Bereitstellzyklen für Kleinteile zu gewährleisten, läuft die KLT-Nachschubversorgung verbauortnah über den Supermarkt. Der Supermarkt fungiert in diesem Zusammenhang als Pufferbestand für die Fahrzeugfertigung, indem dort die entsprechenden Montageteile mehrerer benachbarter Arbeitstakte zur stabilen Linienversorgung vorgehalten und vorbereitet werden (vgl. Abschn. 6.2.3). Nach dem verbrauchsgesteuerten Abruf werden die hochdrehenden KLTs direkt von der Palette (KLT-Gebinde) bzw. bei langsamdrehenden Umfängen aus einem KLT-Durchlaufregal gepickt und für die entsprechenden Fahrkreise zusammengestellt. In der Regel dienen die Regalfächer über dem Kommissionierbereich als Nachschublagerplatz. Das Layout des Supermarktes ist ein Spiegelbild der zu versorgenden Bandabschnitte der Montagelinie.

Portionierung Unter Portionierung versteht man die Vereinzelung von Gebinden oder das Umpacken von Logistikeinheiten gleichartiger Güter in kleinere Behälter (sog. Downsizing).

Beim Downsizing werden Einzelteile und Baugruppen vom Großladungsträger auf mehrere Kleinladungsträger verteilt. Die Reduzierung der Bereitstellmenge führt gleichzeitig zu einer erhöhten Transportfrequenz. Dieser Vorgang widerspricht zwar dem Grundprinzip einer durchgängigen Beibehaltung der Logistikeinheit, steigert allerdings die Produktivität am Arbeitsplatz durch die Reduzierung der Greifwege sowie das vereinfachte Behälterhandling bei der Materialanstellung. Durch Verkleinerung der angestellten Behälterabmessungen (Downsizing) sollen nicht nur die Materialbestände so weit wie möglich reduziert, sondern auch durch die hoch integrierte Materialanstellung an der Linie die Laufwege der Werker verringert werden. Dadurch wird eine Trennung der wertschöpfenden Tätigkeiten aus dem Montageprozess, von den nicht-wertschöpfenden Tätigkeiten aus den Logistikprozessen vorgenommen. Folglich kann sich der Montagemitarbeiter vorwiegend auf die Einbautätigkeiten der Fahrzeugfertigung konzentrieren, da dieser für die Materialentnahme aus den verschiedenen Bereitstellungsvarianten (Wägen, Regale) nicht sein Werkerdreieck, d. h. den Taktbereich, verlassen muss (vgl. Abschn. 7.3.2). Zusätzlich verringert sich hierdurch der Umlaufbestand und der Flächenbedarf an den Montagelinien (Rother u. Shook 2006, S. 42 ff.).

Neben dem Umpacken aus GLTs zählt zum Bereich der Portionierung die Vereinzelung von Gebinden (z. B. KLT-Türme) um Einzelteile bzw. Einzelbehälter für die Kommissionierung, Warenkorbbildung sowie die verbrauchsgesteuerte Einzel-KLT Bereitstellung an der Montagelinie zu generieren.

6.5.2.2 Planungsparameter Supermarkt

Zur Einrichtung eines Supermarktes bedarf es einer klar strukturierten Ablauforganisation. Nach der Festlegung der zu handhabenden Teileumfänge, hinsichtlich ihrer Geometrie (Groß-/Mittel-/Kleinteile), Bedarfsmengen (Renner/Exoten), Verbrauchsstetigkeiten (XYZ-Teile) und Tätigkeiten im Supermarkt, muss anhand des ermittelten Logistikflächenbedarfs die Verfügbarkeit der bestehenden Logistikflächen überprüft und bewertet werden. Der Aufbau des Supermarktes richtet sich nach der erforderlichen Adressierung und Visualisierung der verbrauchs- und bedarfsgesteuerten Materialien am Bereitstellort. In diesem Zusammenhang ist auch das geeignete Abrufverfahren der Fahrzeugumfänge für die Versorgungs- und Entsorgungsprozesse (Leergut) des Supermarktes sowie der Montagelinie festzulegen (vgl. Abschn. 6.3). Die Auswahl der erforderlichen Betriebsmittel erfolgt nach den Gestaltungsmerkmalen der Lagertechnik (vgl. Abschn. 6.6), Behälterkonzept (vgl. Abschn. 6.1) und dem Konzept der Materialanstellung (vgl. Abschn. 6.2.3). Außerdem erfordert eine stabile Linien- und Supermarktversorgung die Entwicklung abgestimmter Transportkonzepte (vgl. Abschn. 6.4), in Form getakteter Routenverkehre, wobei darauf zu achten ist, dass durch die Anordnung des Supermarktes die Transportstrecken minimiert werden. Die Greifzonen im Supermarkt für das Behälter- und Teilehandling entsprechen denen der Montagelinien, mit einem Griffbereich von 0,2 bis 0,8 m, und einer Entnahmehöhe von minimal 0,8 m und maximal 1,6 m. Die Bestandsreichweite im Supermarkt ist zwar aufgrund seiner Puffer- und Versorgungsfunktion größer, als die der Montagelinie, die Reichweite ist aber mit dem Kundentakt des Montageprozesses entsprechend verknüpft (vgl. Abschn. 7.3.1). Das durchschnittliche Bestandsniveau im Supermarkt gewährleistet eine Teileversorgung von etwa vier bis sechs Stunden. Die Versorgung des Supermarktes mit extern angelieferten Beschaffungsumfängen wird durch die direkte Bereitstellung des angelieferten Materials gewährleistet, so dass sich der Supermarkt im Idealfall (Greenfield-Werk) zwischen den Andockstationen bzw. LKW-Hallen der anliefernden LKWs sowie den Montagelinien befindet. Beim Bereitstellungskonzept Supermarkt werden durchgängig visuelle Kontrollen eingebaut. Dadurch können Bestandsniveaus im Supermarkt bzw. in spezifischen Behältnissen sofort erkannt und durch die Vorgabe von Maximal- und Minimalgrenzen geregelt werden. Aufgrund der Parallelfahrweise beim Neuanlauf eines Fahrzeuges ist es sinnvoll Flächenreserven im Supermarkt vorzuhalten, welche beim erhöhten Sequenzierungs- und KLT-Bereitstellungsbedarf in der Anlaufphase eines Neufahrzeuges genutzt werden können.

Folgende Ziele und Vorteile werden mit der Einführung eines Supermarktes zur Teileversorgung verbunden:

- Trennung zwischen den logistischen und produktiven Prozessen
- Verkürzte Weg- und Suchzeiten für den Montagemitarbeiter erhöht die Produktivität
- Kürzere Bereitstellungswege für das Montagematerial, weil die Anlieferung nicht mehr an jedem Arbeitsplatz gesondert stattfindet, sondern zentral über den Supermarkt.
- Schnelle Reaktion auf Änderungen im Fahrzeugprogramm
- Ausschließliche Verwendung von Serienverpackungen (keine Ausweichverpackung) durch das vollständige Umpacken im Supermarkt
- Reduzierung von Falschteilen durch konturgeformte Warenkörbe führen zu reduzierten Nacharbeitskosten
- Reduzierung der Bestände an der Linie und somit des Flächenbedarfs der Materialanstellung
- Schnelle flexible Reaktionsfähigkeit auf Störungen und Prozessabweichungen

6.5.2.3 Logistikablauf Supermarkt

Folgende prinzipiellen Ablaufschritte können beim internen Umschlagskonzept Supermarkt unterschieden werden (vgl. Abb. 6.26):

1. Anlieferung und Stapler-Entladung der Groß- und Kleinladungsträger über Andockstation bzw. LKW-Halle. Im Idealfall wurden die Colli bereits abladestellenspezifisch vorsortiert (vgl. Abschn. 6.8.1).
2. Übernahme des angelieferten Materials in den Verfügungsbereich des Unternehmens durch den Wareneingang (vgl. Abschn. 6.5.3) und Zwischenpufferung der GLTs und KLT-Türme im jeweiligen Vollgut-Puffer.
3. Bestückung der GLT-Schleppzüge (Trailerzüge) nach Ladeplan und getrennt nach Fahrkreisen (vgl. Abschn. 6.4.2) im Idealfall direkt aus dem Bestandspuffer des Wareneingangs.
4. Entnahme KLT-Gebinde (KLT-Turm) aus Vollgut Puffer und Bereitstellung für die KLT-Fahrkreisversorgung. Vereinzelung und Sequenzierung der KLTs entsprechend der Bereitstellungsreihenfolge im Fahrkreis und Befüllung der Fächerwägen. Zusätzlich wird für bestimmte Kleinteileumfänge eine Einzelteil-Sequenzierung organisiert.
5. Stapler-Versorgung der GLT-Umschlagsbereiche (Großteile Sequenzierung, Großteile Warenkorbbildung, behälterlose Großteile Bereitstellung, Umpacken

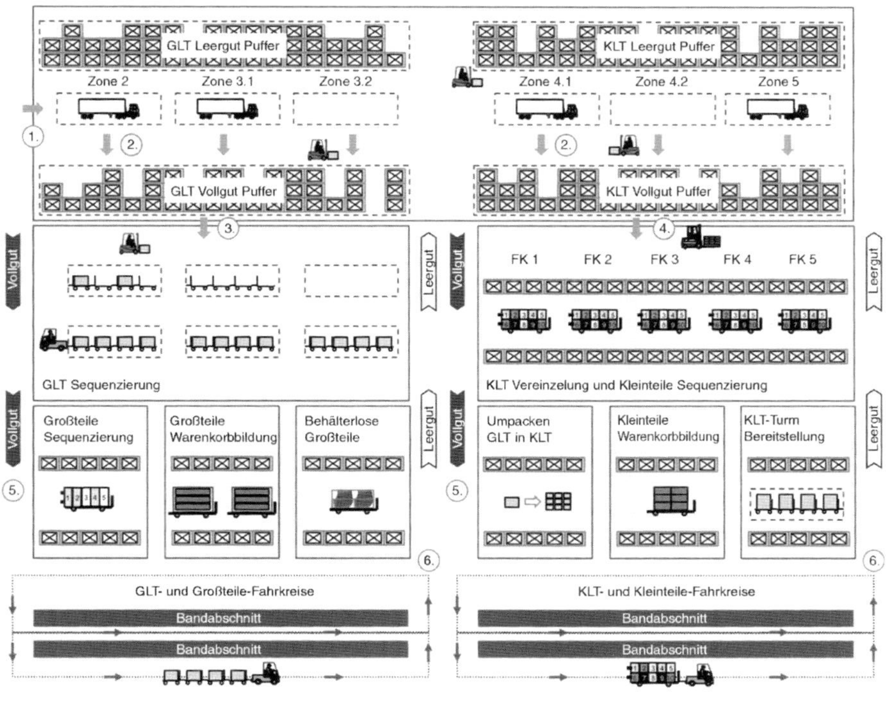

Abb. 6.26 Logistikablauf Supermarkt

GLT in KLT) und der KLT-Umschlagsbereiche (Kleinteile Warenkorbildung und KLT-Turm Bereitstellung). Bei der Stapler Rundtour durch die aufgeführten Supermarktbereiche findet zugleich ein Austausch der Vollbehälter gegen Leerbehälter statt, die bei der Rückführung im GLT- bzw. KLT-Leergutpuffer zwischengelagert werden.

6. Im Rahmen der Linienversorgung, als getakteter Routenverkehr (vgl. Abschn. 7.3.5), wird das Leergut an der Montagelinie sukzessive eingesammelt und auf dem Rückweg zum Supermarkt, in den dafür vorgesehenen GLT- bzw. KLT-Leergutpuffer für die Leergutabholung bereitgestellt.

6.5.3 Wareneingang

Die organisatorische Funktion des Wareneingangs ist die Übernahme der angelieferten Materialien vom Lieferanten bzw. Spediteur in den Verfügungsbereich des Unternehmens. Der Wareneingang stellt die Schnittstelle zwischen außerbetrieblicher und innerbetrieblicher Materiallogistik dar. Konkrete Aufgaben welche im Rahmen der organisatorischen Arbeiten durchgeführt werden, sind Entladen, Puffern, Aus- und Umpacken, Sortieren, Zusammenstellen und Waren für die Einlagerung vorzubereiten (Martin 2006, S. 319). Mit der Materialvereinnahmung wird neben der physischen Übergabe der Ware vom Lieferanten bzw. Spediteur auch die administrative Bearbeitung und IT-technische Erfassung aller Lieferungen abgewickelt (vgl. Abb. 6.27).

Für den Standort des WE bieten sich generell eine zentrale Lösung, eine dezentrale Abwicklung oder eine Kombination beider Konzepte an (Schulte 2005, S. 336 f.). Der Trend geht zum dezentralen Wareneingang, um die internen Informations- und Materialflüsse zu beschleunigen. Gleichzeitig können die Werksverkehre und Standzeiten der LKWs verringert werden. Durch die Dezentralisierung werden die Anlieferzeiten reduziert und eine bessere Synchronisation von Materialanlieferung, -vereinnahmung und Materialanstellung am Bedarfsort erreicht (vgl. Abschn. 7.2.2).

Folgende Ziele werden bei der Materialvereinnahmung im Wareneingang verfolgt:

- Möglichst automatische Erfassung der Materialdaten (Push-Button-Receiving)
- Entzerrung und Glättung der LKW Anlieferung
- Vermeidung von Stausituationen an den LKW-Parkplätzen und Entladezonen
- Reduzierung von LKW-Stand- und Prozessabwicklungszeiten
- Erhöhung der Transparenz bei den zulaufenden LKWs
- Nutzung verschiedener Informationsflüsse und Vermeidung von Umschlägen

Logistikablauf Wareneingang

1. Zusteuerung LKW (bzw. Wagon) zu den Abladestellen durch den administrativen Wareneingang
2. Annahme, Prüfung und Bearbeitung der Frachtpapiere und Lieferscheine

Abb. 6.27 Beispiel Wareneingangserfassung mittels MDE-Gerät (Quelle: Scherm Gruppe)

3. Überprüfung der Übereinstimmung von Bestellung und Lieferung hinsichtlich Warenart, -menge und Liefertermin (Prüfung Lieferschein (Soll) gegen Ist-Situation)
4. Prüfung der Behälter auf Übereinstimmung mit Verpackungsvorschrift, korrekte Kennzeichnung und Beschädigung
5. Freigabe zur Entladung der Behälter an einer bestimmten Entladestelle
6. Entladung der angelieferten Behälter (in der Regel mittels Gabelstapler) sowie Sichtprüfung der Lieferung auf Identität, Menge, Gewicht, Ladungsträger und Qualität
7. Bei Vorliegen einer Material- und/oder Behälterdifferenz werden durch Differenzmeldungen Mehr- oder Mindermengen protokolliert (Weiterleitung an Lieferant und Rechnungsprüfung)
8. Bei Beschädigung des Materials Benachrichtigung der Qualitätssicherung, die über Rücklieferung, Verschrottung oder Umpacken des Materials entscheidet (Generierung Transportschadensmeldung)
9. Bei Materialanlieferung in falschen, beschädigten oder gefälschten Behältern oder bei Anlieferung des falschen Packloses, wird das Material in die vorgeschriebenen Ladungsträger umgepackt (Erfassung Umpackaufwand bzw. Behälter- und Reparaturkosten)
10. IT-technische Buchung von Material und Behältern im System nach quittiertem Lieferschein

11. Eventuell Ausdruck eines Warenanhängers nach VDA 4902 (falls noch nicht vorhanden oder nicht nach VDA Standard) und Bezettelung der Behälter (vgl. Abschn. 6.9.1.1)
12. Freigabe des Materials zur Einlagerung bzw. Direktverwendung in der Fertigung und Transfer der Wareneingangsdaten zur Rechnungsprüfung

Neben den Standardaufgaben im Wareneingang gibt es eine Vielzahl von Sonderaufgaben wie beispielsweise die Bearbeitung von Zollgut und Reklamationen sowie der Anstoß von Versandaufträgen bei Transportschäden oder falsch gelieferter Ware. Die Qualitätskontrolle begrenzt sich auf eine Stichprobenkontrolle, was durch die Festlegung bestimmter Qualitätsstandards (ppm-Raten) mit den Lieferanten vertraglich vereinbart wurde (vgl. Abb. 6.28).

Auf Basis von firmeninternen Regelungen wird eine Prüfung der Beschaffenheit des angelieferten Materials durch die Qualitätssicherung angestoßen. Die Prüfungen erfolgen als einfacher Sichtvergleich bzw. als Laborprüfung (Ten Hompel u. Schmidt 2005, S. 26).

Klassische Aufgaben der Warenvereinnahmung bzw. des Wareneingangs, die früher intern abgewickelt wurden, werden zunehmend auf eine frühere Stufe in der Beschaffungslogistik verlagert. Ermöglicht wird dies durch den Einsatz neuer logistischer Anlieferkonzepte, mobiler Datenerfassung sowie durch die Verlagerung von Logistikdienstleistungen an externe Partner (vgl. Abschn. 8.7.1.1).

Abb. 6.28 Sichtprüfung in der Wareneingangskontrolle (Quelle: BLG Logistics)

6.6 Interne Lagerkonzepte

Die Lagerfunktion ist für das Aufbewahren und Bereithalten von Material, Halbfabrikaten und Endprodukten zuständig. Dem Lager kommt die Aufgabe zu, unterschiedliche Anliefer- und Abliefergeschwindigkeiten der Logistikeinheiten auszugleichen. Hierdurch erfolgt eine Harmonisierung zwischen Materialflussquellen und -senken um eine geforderte Versorgungssicherheit zu gewährleisten. Ziel ist die Minimierung bzw. Eliminierung der Bestände und Handlingsfunktionen durch optimale Abstimmung von Anlieferungs- und Verbrauchsprozessen.

Eine Klassifizierung der differenzierten Lagerstufen, welche im Automobilwerk eingesetzt werden, kann nach folgenden Kriterien erfolgen:

- Räumliche Entfernung vom Bedarfsort: Pufferlager Montagelinie, Verbauortnahes Pufferlager, Kommissionierlager Supermarkt, Entkopplungslager zwischen den Gewerken, Wareneingangslager
- Gelagertes Teilespektrum: Kleinteilelager, Türenlager, Platinenlager, Pressteilelager, Achsenlager, Motorenlager, Getriebelager, Cockpitlager, Bordnetzlager, usw.
- Fertigungsbereich: Presswerklager (Platinen, Coils, Werkzeuge), Rohkarossenlager (Rohkarossenspeicher, Anbauteilespeicher), Lackierereilager (Farbsortierspeicher), Montagelager (Kleinteile-Lager, Modullager)
- Lagertyp: Flächenlager, Regallager, Zeilenlager, Blocklager
- Automatisierungsgrad: Manuelles Lager (z. B. Kommissionierlager), teilautomatisches Lager (z. B. montagenahes Blocklager), vollautomatisches Lager (z. B. Kleinteilelager, Hochregallager, Motorenlager)

6.6.1 Lagerarten

Aus den verschiedenen Möglichkeiten der Gestaltung und Anordnung der Lagerplätze ergeben sich unterschiedlichste Lagerarten (Gudehus 2007b, S. 583). Für die konkrete Umsetzung einer Lagerart bedarf es der Ausführung von Lagerplätzen, Regalen, Lagergeräten, Zu- und Abfördertechnik und der Lagersteuerung, was insgesamt durch die Lagertechnik beschrieben wird. Abbildung 6.29 zeigt die gängigsten Lagertechniken für die in der Automobilindustrie vorherrschende Lagerung von Stückgütern. Bezüglich der konkreten Ausgestaltungskriterien sowie der Vor- und Nachteile der jeweiligen Lagertechniken wird auf die entsprechende Fachliteratur verwiesen (Gudehus 2007b; Arnold u. Furmans 2007; Ten Hompel et al. 2007; Koether 2001; Martin 2006; Ten Hompel u. Schmidt 2005).

Aus der Vielzahl unterschiedlichster Ausgestaltungsformen automobiler Lager wird beispielhaft ein verbauortnahes Montagelager sowie ein Kommissionier- und Nachschublager beschrieben:

Verbauortnahes Montagelager Dabei handelt es sich um ein Boden- bzw. Regallager, welches für das kurzfristige Zwischenpuffern von Großladungsträgern (vgl.

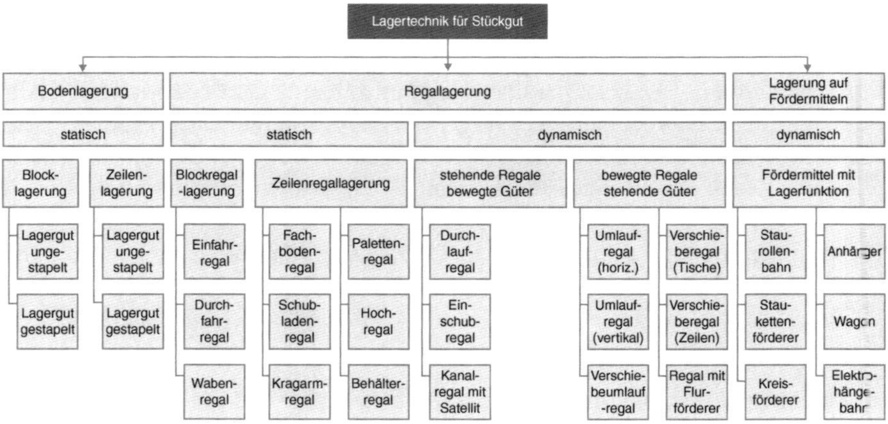

Abb. 6.29 Arten der Lagertechnik für Stückgüter (Ten Hompel et al. 2007, S. 56)

Abschn. 6.1.1) eingesetzt wird. Sie dienen dem Ausgleich zwischen Bereitstellungszyklen an der Linie sowie den schwankenden externen Anlieferzyklen und -frequenzen der Lieferanten. Aufgrund der geforderten Synchronisation der Materialflüsse muss sich das Pufferlager möglichst nahe an den Verbauorten befinden, um kurze Transport- und Reaktionszeiten bei der Bereitstellung zu gewährleisten.

Bei der Bodenblocklagerung werden zu einer oder beiden Seiten Blocklagerplätze angeordnet. Die Behälter werden zu einem kompakten Block gruppiert, d. h. unmittelbar über-, hinter- und nebeneinander gelagert (Ten Hompel u. Schmidt 2005, S. 107) Die Lagerplätze werden aus kombinierten Ein- und Auslagergassen mit Hilfe eines Front- oder Schubmaststaplers bedient (vgl. Abb. 6.30).

Durch die Blocklagerung ergeben sich folgende Vor- und Nachteile (Gudehus 2007b, S. 592 ff.; Martin 2006, S. 337 f.):

Vorteile Blocklagerung
- Flexible Lagerung
- Keine Investition für Regale
- Kurze Zugriffszeit
- Bei ausreichender Anzahl Lagergeräte kurze Räumzeiten
- Einfache Veränderbarkeit der Platzaufteilung

Nachteile Blocklagerung
- Begrenzte Stapelhöhe
- Nur die oberste Einheit kann ohne Zusatzaufwand entnommen werden
- Begrenzter Platzfüllungsgrad bei artikelreiner Platzbelegung
- Kein wahlfreier Einzelzugriff möglich, folglich hohe Umstapelarbeit bei unsortiertem Lagergut
- Verletzung des FIFO-Prinzips bei kombinierten Ein- und Auslagergängen
- Bei großem Lagerbestand lange Fahrwege für die Lagerbedienung
- Verdrückungsgefahr bei zu hoher Stapelung

Abb. 6.30 Beispiel Bodenblocklagerung (Quelle: Takeo)

Bei Anlieferspektren mit geringem Bedarfsvolumen und hoher Variantenanzahl werden häufig Regallager eingesetzt. Diese bestehen aus einzelnen Fachmodulen, die einen oder mehrere Lagerplätze enthalten. Die Gestaltung des Fachmoduls variiert mit der Größe, Form und dem Gewicht des einzulagernden Behälterspektrums, der gewählten oder möglichen Bedientechnik, der geforderten Ein- bzw. Auslagerleistung und den räumlichen Gegebenheiten (Ten Hompel u. Schmidt 2005, S. 109). Die Fachmodule sind in einer Regalkonstruktion neben- oder übereinander zu Regalscheiben zusammengefügt. Zwei Regalscheiben bilden zusammen mit der Regalgasse ein Gangmodul.

Die Regallagerung kann als Zeilen- oder Blocklagerung erfolgen. Die Zeilenlagerung ist gekennzeichnet durch den wahlfreien Direktzugriff auf jeden Behälter zu jeder Zeit ohne Umlagerung. Bei der Blocklagerung werden die Lagereinheiten hinter- und übereinander in mehreren Regalscheiben gelagert. Hierdurch wird kein wahlfreier Zugriff gewährleistet. Durch die Regallagerung ergeben sich folgende Vor- und Nachteile (Gudehus 2007b, S. 595 ff.; Martin 2006, S. 339 ff.):

Vorteile Regallager

- Einzelzugriff auf jede Ladeeinheit bei einfachtiefer Lagerung
- Füllungsgrad bis 100% bei Einzelplatzlagerung und freier Lagerordnung
- Gute Flächennutzung bei größerer Regalhöhe
- Kurze Fahrwege für die Lagerbedienung

- Geringe Zugriffszeiten
- Flexible Nutzbarkeit bei wechselnder Bestandsstruktur
- Kurze Räumzeit bei ausreichender Anzahl Lagergeräte

Nachteile Regallager
- Geringere Tragfähigkeit pro Lagerplatz
- Hohe Investitionen für Regale und Lagertechnik

Kommissionier- mit Nachschublager Im Kommissionierlager werden aus einer bereitgestellten Gesamtmenge, z. B. von Paletten- oder Behältereinheiten, Teilmengen nach vorgegebenen Bedarfsinformationen entnommen und zu einem Kommissionierauftrag zusammengestellt (Martin 2006, S. 312). Das Kommissionierlager erfüllt die so genannte Präsenzfunktion. Das Kommissionierlager kann in Lagerzonen mit bestimmten Teilsortimenten eingeteilt werden. Diese Differenzierung kann aufgrund der zu lagernden Artikel, der Auftragsstruktur oder der Art des Materialabrufs erfolgen (Schulte 2005, S. 248). Das Lager wird üblicherweise in feste Lagerplatzzonen für A-, B- und C-Artikel eingeteilt. Somit lassen sich die umschlagsstärksten Teile am leichtesten erreichen (Mann-zur-Ware Prinzip). Die Zuordnung und Position der Artikel muss dynamisch je nach Fahrzeugprogramm anpassbar sein. Aufgrund der hohen Durchsatzleistung der Montage-Kommissionierung ist eine räumliche Trennung von Beschickung und Entnahme von Vorteil (Gudehus 2007b, S. 706). Als Lagertypen werden für Kommissionierlager Bodenlager, Regallager, Fachbodenlager, Umlaufregallager und Durchlaufregallager eingesetzt.

Das Nachschublager dient der verbrauchsgesteuerten Versorgung des Kommissionierlagers. Es kann sich entweder in unmittelbarer Nähe bzw. räumlich entfernt vom Kommissionierlager befinden.

6.6.2 Logistikablauf Lager

Der Kernlagerprozess setzt sich aus den folgenden Teilprozessen zusammen (Gudehus 2007b, S. 583):

- Einlagern der Lagereinheiten mit einem Lagergerät
- Aufbewahren und Bereithalten der Lagereinheiten auf den Lagerplätzen
- Auslagern der Lagereinheiten mit dem Lagergerät nach FIFO-Prinzip

Der Ablauf des Lagerprozesses ist abhängig vom jeweiligen Automatisierungsgrad (manuell, halbautomatisch, vollautomatisch). Folgende Prozessbeschreibung bezieht sich, aufgrund der höheren Komplexität der Abläufe, auf ein vollautomatisiertes Hochregallager (HRL). Für die Lagerstellplätze im Europalettenformat erfolgt eine einfachtiefe Einlagerung über mehrere Lagergassen mit Hilfe von automatischen Regalbediengeräten, welche im Doppelspiel die Ein- und Auslagerung der Behälter abwickeln.

Einlagern Das Lagergut wird bei größeren Lagern über mehrere Aufsetzpunkte zugeführt und im Reißverschlussverfahren auf eine Haupteinlagerungsstrecke konsolidiert. Vor der eigentlichen Einlagerung werden die Behälter einer Konturkontrolle zur Lagerfähigkeit unterzogen. Hierdurch sollen Behälterschäden sowie überstehendes Material durch Falschverpackung erkannt werden. Beides kann bei einem automatisierten Handlingsablauf innerhalb des Lagers zu erheblichen Beschädigungen führen.

Vor der Einlagerung muss das Lagergut am Identifikationspunkt (I-Punkt) einer Identitätskontrolle unterzogen werden, bei der die Übereinstimmung zwischen Teilenummer, Menge und Behälter überprüft wird. Der Einlagerbeleg am Behälter wird gescannt. Durch Sichtkontrolle des Behälters und der Ware wird ein Abgleich mit dem Behälterbeleg durchgeführt. Bei Kleinteilen und Schüttgut wird durch Nachwiegen die im Behälter enthaltene Menge ermittelt und anschließend mit der Sollmenge auf dem Einlagerbeleg verglichen. Bei Abweichungen kann die tatsächliche Menge im IT-System erfasst und ein neuer Einlagerbeleg generiert werden. Gleichzeitig wird für den Einlagerungsbehälter am I-Punkt der Lagerplatz im Hochregallager vergeben. Die Vergabe des Lagerplatzes wird anhand einer Vielzahl von Kriterien realisiert (vgl. Abb. 6.31). Einflüsse aus den physischen Anforderungen seitens des Lagergutes, der betriebstechnisch-optimalen Lageroperation sowie aus der sicherheitstechnischen und rechtlichen Betrachtung sind simultan zu berücksichtigen (Ten Hompel u. Schmidt 2005, S. 30 ff.)

Nach Freigabe des Behälters wird dieser über eine Förderstrecke zum Lagerbereich transportiert. Ab diesem Zeitpunkt ist der Behälter IT-technisch erfasst und kann jederzeit auf der Förderstrecke identifiziert werden. Der Behälter wird dabei zur lückenlosen Ortung auf einen virtuellen Lagerort gebucht. Über ein Tracking und Tracing System ist dadurch die schnelle Ortung einzelner Behälter möglich (Ten Hompel u. Schmidt 2005, S. 29). Die physische Einlagerung (Auslagerung) übernimmt ein Regalbediengerät (RBG). Für die Lastaufnahme sind die RBGs mit Teleskopgabeln bestückt, welche auf die entsprechenden Behälterdimensionen und Behältergewichte ausgelegt sind. Nach Abschluss der Einlagerung wird der

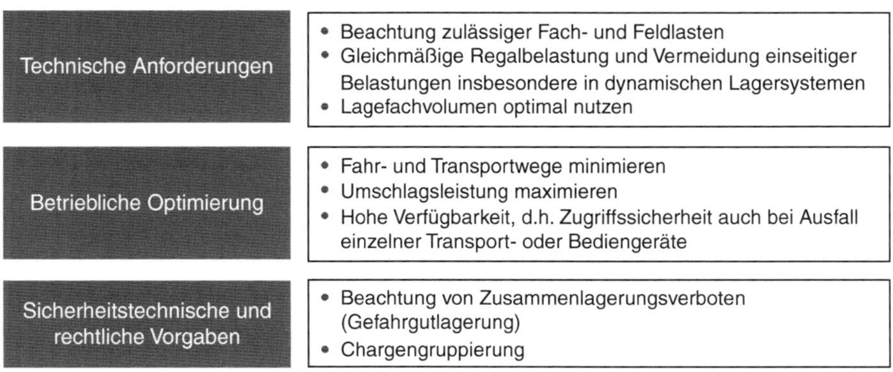

Abb. 6.31 Kriterien der Lagerplatzzuordnung (Ten Hompel u. Schmidt 2005, S. 31)

Einlagerungsauftrag mit Lageplatz und Einlagerzeit an das Lagerverwaltungssytem (LVS) rückgemeldet.

Aufbewahren und Bereithalten Nach der Einlagerung beginnt die Kernfunktion des Lagers, die Zeitüberbrückung zwischen dem Ein- und Auslagerungsprozess. Abhängig vom zeitlichen und mengenmäßigen Verlauf der Lagerein- und Lagerabgangskurven baut sich ein dynamischer Bestand auf und ab, der über das Lagerverwaltungssystem in Echtzeit laufend überwacht wird.

Auslagern Die Auslagerung wird durch entsprechende Auslieferungsaufträge der Fertigung bzw. Nachschubaufträge interner Lagerstufen ausgelöst. Hierbei werden die aktuell vorliegenden Auslagerungsaufträge nach einer Prioritätsliste abgearbeitet. Für dringende Fälle kann die vom Lagerverwaltungssystem berechnete Priorisierung manuell abgeändert werden. Der Auslagerungsprozess wird analog der Einlagerung in umgekehrter Richtung mit Hilfe des Regalbediengerätes durchgeführt. Nach der Auslagerung wird eine Rückmeldung an das IT-System sowie die Freigabe des Lagerplatzes veranlasst. Für alle auszulagernden Behälter wird am Kontrollpunkt (K-Punkt) ein Auslagerbeleg erstellt und am Behälter angebracht. Behälter werden nach der Auslagerung auf mehrere Auslagerstrecken mit entsprechenden Abnahmepunkten verteilt bzw. auftragsspezifisch konsolidiert.

6.7 Externe Transportkonzepte

Der externe Transport gewährleistet die räumliche Überbrückung der benötigten Materialien zwischen dem Fahrzeughersteller und seinen Logistikpartnern. Es müssen Fragen nach der optimalen Auswahl eines Frachtträgers sowie des externen Transportkonzepts geklärt werden. Ausgangsbasis der Planung ist eine Analyse der zu erwartenden Transportströme. Dies bildet die Grundlage für eine transportvolumenabhängige Zuweisung der Teilespektren zu den Haupttransportkonzepten Direkt-, Sammelrundtour- und Sammelgut-Transport.

6.7.1 Auswahl Frachtträger

Generell kommen bei der Auswahl eines optimalen Frachtträgers im Bereich der nationalen Inbound- und Outbound-Transporte die Verkehrsträger LKW, Bahn, Flugzeug und Binnenschiff in Frage. Bei einer Erweiterung der Betrachtung auf internationale meist multimodale Transportketten wird zusätzlich die Seeschifffahrt im Short Sea- und Deep Sea-Bereich eingesetzt.

6.7.1.1 Lastkraftwagen

Der Straßengüterverkehr ist mit Abstand das bedeutendste Verkehrssystem in Deutschland und der EU. Mit über 70% des gesamten deutschen und europäischen

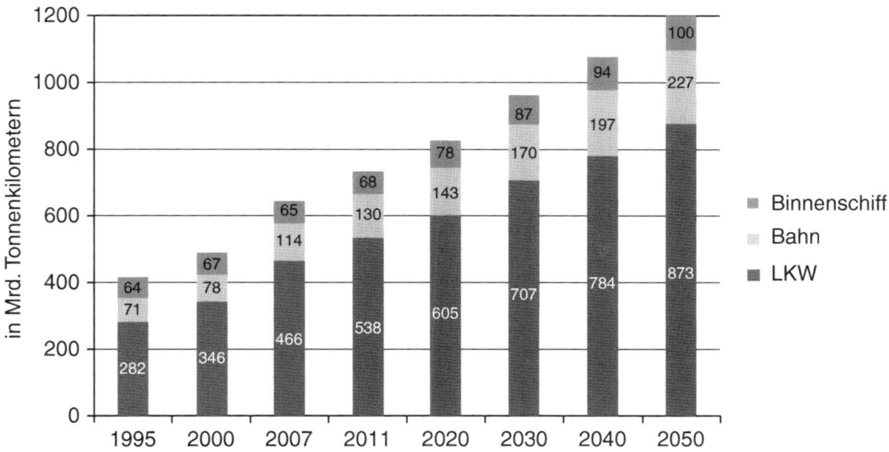

Abb. 6.32 Entwicklung des Güterverkehrs in Deutschland bis 2050 (Quelle: VDA 2008, S. 103)

Güterverkehrs bleibt der Lastkraftwagen (LKW) unangefochtener Spitzenreiter bei der Frachtträgerwahl (VDA 2008, S. 103). Diese Entwicklung wird aufgrund der großen Vorteile des LKWs gegenüber den Frachtträgern Bahn und Binnenschiff auch weiterhin anhalten (vgl. Abb. 6.32).

Diese herausragende Stellung des LKWs im nationalen Güterverkehr gilt auch für die Automobilindustrie, da die immer komplexeren Transportnetzwerke der Automobilindustrie nur durch flexible, schnelle und kostengünstige Verkehrsträger bedient werden können. Durch das dicht ausgebaute deutsche Straßennetz ist mit dem LKW ein umfassender Flächenverkehr möglich. Im Nahverkehr ist der Zeitvorteil gegenüber der Bahn besonders deutlich (Ihme 2006, S. 145).

Folgende Vor- und Nachteile können für den LKW-Transport aufgeführt werden:

Vorteile LKW-Transport

- hohe Netzdichte, Flächenverkehr
- gute Erreichbarkeit vieler Empfangsorte
- hohe Flexibilität in der Fahrplangestaltung
- gute Frequenz und Bequemlichkeit
- relativ flexibel für alle Güter einsetzbar
- gute Verfügbarkeit von Frachtträgern
- relativ hohe Geschwindigkeit
- ideal für Direkttransporte im Punkt-zu-Punkt Transport

Nachteile LKW-Transport

- Verkehrsdichte und Lenkzeiten reduzieren die Geschwindigkeit
- Abhängigkeit von Witterungen und Verkehrsstörungen
- begrenztes Transportvolumen
- steigende Entgelte für Straßennutzung
- Ausschluss bestimmter Gefahrgüter

- keine zeitgenauen Fahrpläne
- politische Restriktionen (Fahrverbote, Umweltzonen, Geschwindigkeitsbegrenzungen)
- räumlich begrenzter Landverkehr

6.7.1.2 Eisenbahn

Etwa 18% des Güterverkehrsaufkommens in Deutschland wird per Bahn transportiert (vgl. Abb. 6.32). Für den Gütertransport per Bahn muss unterschieden werden zwischen Einzelwagenverkehr und Ganzzugverkehr. Im Wagenladungsverkehr werden die separaten Waggons einzelnen Kunden mit bestimmten Destinationen zugeordnet. Die beladenen Wagen werden dann gesammelt und zu ganzen Güterzügen für eine Zielregion zusammengestellt. Dabei ist ein Umrangieren oft unerlässlich, bei dem bis zum Erreichen des Zielbahnhofs ein Wagen oft mehrmals in Rangierbahnhöfen umgestellt und neuen Zügen zugeordnet wird (Ihme 2006, S. 148). Durch das vor dem Transport notwendige Sammeln der Wagen und das Umrangieren liegt die Transportzeit bei diesem System oft bei mehreren Tagen. Auch die Sendungsverfolgung wird hierdurch erschwert. Im Ganzzugverkehr fahren komplette Wagengarnituren zielrein von einem Versandbahnhof im Streckenverkehr zu einem Zielbahnhof. Hierbei können aber auch einzelne Wagen in Zwischenbahnhöfen abgekoppelt werden. Die Automobilindustrie nutzt Ganzzüge vorwiegend für den Zwischenwerksverkehr, bei dem große (z. B. lackierte Karosserien) und schwere Umfänge (z. B. Motoren, Getriebe, Achsen) über weite Strecken in regelmäßigen Abständen mit großem Frachtaufkommen transportiert werden. Solche Blockzüge haben zwischen 16 und 20 Waggons. Häufig werden in der Automobilindustrie Schiebewandwagen eingesetzt, bei denen durch das Öffnen der Schiebewand ein Drittel bzw. die Hälfte der Wagenseite für die Be- und Entladung mittels Gabelstapler oder Kran frei zugänglich ist (Ihme 2006, S. 149).

Folgende Vor- und Nachteile können für den Bahn-Transport aufgeführt werden:

Vorteile Bahn-Transport
- hohe Sicherheit
- hohe Zuverlässigkeit (Fahrpläne)
- gute Massenleistungsfähigkeit
- kostengünstiger Transport großer Gütermengen über lange Distanzen (bei größeren Entfernungen um circa 10 bis 15% kostengünstiger als LKW)
- ökologisch (Energieverbrauch um Faktor drei geringer als Straßenverkehr)
- höhere Nutzlast als LKW und größere Kapazitäten (Blockzug entspricht ca. 20–25 LKWs)

Nachteile Bahn-Transport
- kein Flächenverkehr möglich
- geringere Anpassungsfähigkeit an individuelle Transportbedürfnisse
- Netzzugang wird erschwert (Stilllegung und Abbau von Nebenstrecken, Güterbahnhöfen und Anschlussgleisen)

- Streikanfälligkeit durch starke Gewerkschaftsvereinigung
- hohe Kosten für privaten Gleisanschluss
- geringere zeitliche Flexibilität durch Konsolidierung und Fahrpläne sowie geringe mengenmäßige Flexibilität durch bestimmte Volumenvoraussetzungen
- Verlader beklagen organisatorische Defizite und mangelnde Serviceangebote der Bahn
- erhöhte Ladungssicherung durch Längsstöße bei Rangiervorgängen
- Probleme bei der Durchführung grenzüberschreitender Transporte (z. B. unterschiedliche Spurweiten, Stromsysteme, Signaltechniken, Lichtraumprofile)
- nicht genug Wettbewerb vorhanden, der für mehr Flexibilität, eine höhere Frequenz und eine kürzere Lead Time sorgen würde

Haupteinsatzbereich der Bahn ist die Fertigfahrzeugdistribution. Jeder zweite PKW wird heute in Deutschland per Bahn ausgeliefert (VDA 2008, S. 106). Kostenvorteile beim Bahn-Transport ergeben sich erst ab einer gewissen Transportmenge und einer kritischen Transportentfernung von über 300 km, da technisch bedingt durch die Bündelung zu Einzelwagen-Zügen Fixkosten entstehen (vgl. Abb. 6.33).

Die Automobilindustrie verlangt von der Bahn mehr Flexibilität und die Möglichkeit kleinerer Ladungen, darüber hinaus benötigt eine reibungslose Distribution eine höhere Frequenz und mehr Transparenz. Auch die Interoperabilität der europäischen Eisenbahnsysteme wird für eine effiziente Automobillogistik benötigt. Nach wie vor bestehen erhebliche Kompatibilitätsprobleme bei den Stromsystemen, bei der Signalisierung, bei den Spurweiten, beim Lichtraumprofil und bei den Zug- und Stoßeinrichtungen (Ihme 2006, S. 148).

Prinzipiell zeigte sich in den letzten Jahren, dass die Bemühungen den Anteil der Schiene im Transportportfolio der Automobilindustrie zu erhöhen meist politisch motiviert waren, letztendlich aber die hohen logistischen Anforderungen der Branche mit dem Frachtträger Bahn nur in Teilbereichen bzw. unzureichend befriedigt werden konnten.

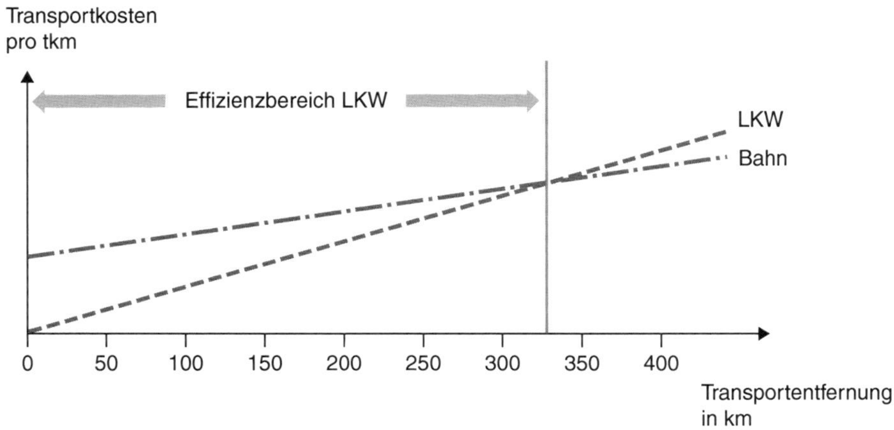

Abb. 6.33 Wirtschaftlichkeitsvergleich der Frachtträger LKW und Bahn (VDA 2008, S. 105)

6.7.1.3 Binnenschiff

Die Binnenschifffahrt, die hauptsächlich im Massengutverkehr eingesetzt wird, bewegt in Deutschland ca. zehn Prozent der Transportmenge (vgl. Abb. 6.32). Insgesamt werden 68% der Transportleistung auf dem Rhein erbracht (Ihme 2006, S. 152 f.). Bisher wird die Binnenschifffahrt in der deutschen Automobilindustrie für die Fertigfahrzeugdistribution (vgl. Abschn. 10.3.2) auf dem Rhein zwischen Basel und Rotterdam genutzt, ebenfalls auf der Donau für Transporte in Richtung Südost-Europa (vgl. Abb. 6.34). Gleichzeitig besetzt die Binnenschifffahrt in der Inbound-Logistik für schwere und terminunkritische Materialien (z. B. Stahlcoils) eine Nischenposition.

Folgende Vor- und Nachteile können für den Binnenschiff-Transport aufgeführt werden:

Vorteile Binnenschiff-Transport
- niedrige Transportkosten
- hohes Ladungsgewicht
- keine strengen Restriktionen wie im Straßenverkehr (z. B. Fahrverbote)
- Entlastung Straßenverkehr

Nachteile Binnenschiff-Transport
- lange Transportzeiten
- Abhängigkeit von Wasserstand, Eisgang, Nebel
- eingeschränktes Streckennetz

Abb. 6.34 Binnenschiff-Transport von Fertigfahrzeugen (Quelle: BLG Logistics)

6.7.1.4 Short Sea-Schiff

Short Sea-Schiffe werden in der regionalen Küstenschifffahrt eingesetzt. Sie verbinden Häfen innerhalb Europas im Kurzstreckenbereich. Short Sea-Schiffe können als Alternative zur Straße oder Bahn genutzt werden. Beispiele für Short Sea-Hauptrouten sind Deutschland/UK, Deutschland/Skandinavien, UK/Frankreich, Spanien/Zeebrügge, Iberische Halbinsel/Skandinavien/UK/Irland. Für den Transport in Amerika wird nur die Verbindung zwischen den USA und Mexiko für Short Sea genutzt, da das Bahnnetz sehr gut ausgebaut ist.

Folgende Vor- und Nachteile können für den Short Sea-Transport aufgeführt werden:

Vorteile Short Sea-Transport
- niedrige Transportkosten und Umgehung von Maut
- hohe Verlässlichkeit und Zukunftsfähigkeit
- hohes Transportvolumen über lange Strecken
- Substitut zur Bahn im Hauptlauf
- internationaler Verkehr unproblematisch
- Vermeidung von Streiks (kann Länder mit hoher Streikanfälligkeit wie Frankreich umgehen)

Nachteile Short Sea-Transport
- geringe Transportgeschwindigkeit und längere Laufzeiten
- mangelnde Zuverlässigkeit und Flexibilität

6.7.1.5 Deep Sea-Schiff

Deep Sea-Schiffe bedienen den globalen Markt mit Hochsee-Transportleistungen. Deep Sea-Schiffe sind die wichtigste Verbindung Europas in die Welt. Sie dienen dem Langstreckentransport. Vorwiegend werden Containerschiffe eingesetzt, welche bis zu 12.000 20-Fuss ISO-Container (TEU – Twenty Foot Equivalent Unit) aufnehmen können (vgl. Abb. 6.35). Die Hochseeschifffahrt wird aus Sicht des Fahrzeugherstellers sowohl in der Inbound-Logistik (z. B. Materialanlieferung asiatischer Zulieferer) als auch im Outbound-Bereich (Fertigfahrzeugdistribution) eingesetzt und gewinnt mit der zunehmenden Globalisierung weiter an Bedeutung.

Folgende Vor- und Nachteile können für den Deep Sea-Transport aufgeführt werden:

Vorteile Deep Sea-Transport
- gute Massenleistungsfähigkeit über lange Distanzen
- niedrige Transportkosten
- hohes Ladegewicht und -volumen
- zeitgenaue Fahrpläne

Abb. 6.35 Containerschiff im Northsea Terminal Bremerhaven (Quelle: BLG Logistics)

- Containertransporte im intermodalen Verkehr
- einzig sinnvolle Exportmöglichkeit für die Fertigfahrzeugdistribution (z. B. in USA)

Nachteile Deep Sea-Transport
- lange Transportzeiten führen zu geringer Flexibilität
- mangelnde Pünktlichkeit
- Probleme mit Anschlusstransporten (Hinterlandverkehre)
- feste Routen im Linienverkehr
- aufwendiger Schutz der Ladung gegen Salz- und Kondenswasser nötig

6.7.1.6 Flugzeug

Der Transport von Beschaffungsmaterial und Fertigfahrzeugen per Flugzeug ist aufgrund der hohen Kosten eher die Ausnahme. Prototypen und Prototypenteile, terminkritische Ersatzteile, Messefahrzeuge sind Frachtbeispiele hierfür. Das Flugzeug kommt immer dann zum Einsatz, wenn die Präferenz der geringen Transportzeit den Nachteil erhöhter Transportkosten kompensiert, was bei terminkritischen Transporten in Sondersituationen der Fall ist.

Folgende Vor- und Nachteile können für den Flugzeug-Transport aufgeführt werden:

Vorteile Flugzeug-Transport
- hohe Transportgeschwindigkeit und -kapazität
- global nutzbar mit ausreichenden Knotenpunkten
- hohe Transportsicherheit
- Entfall seemäßiger Verpackung

Nachteile Flugzeug-Transport
- inflexibel aufgrund fixierter Abflugzeiten
- hohe Kosten (deshalb eher kleine Sendungen, zeitkritische und hochwertige Güter)
- kondenswassergeschützte Transportverpackung
- 90% der Gesamttransportzeit für Vor- und Nachlauf, Umschlag, Zollabfertigung
- Nachtflugverbote

6.7.1.7 Kombinierter Ladungsverkehr

Der kombinierte oder intermodale Verkehr beinhaltet den Transport von Gütern durch den Einsatz von zwei (bimodal) oder mehreren (multimodal) Frachtträgern ohne Wechsel des Transportbehälters. Der kombinierte Ladungsverkehr (KLV) ist einerseits erforderlich da für die meisten Verkehrsmittel nur begrenzte Reichweiten gelten und ein Transport der Güter von Sender bis Empfänger nicht möglich ist. Gleichzeitig werden mit einer multimodalen Transportkette die spezifischen Vorteile der unterschiedlichen Verkehrsmittel gezielt genutzt, was allerdings besondere Überlegungen zur Vereinfachung des Ladungsumschlags beim Wechsel der Frachtträger erfordert (Ihme 2006, S. 154).

Die Automobilhersteller nutzen unter anderem den KLV im Bereich des Gebietsspediteurwesens. Hierbei wird Stückgut per LKW im Sammelgut-Transport (vgl. Abschn. 6.7.2.3) regional konsolidiert, um dann anschließend für den Hauptlauf auf die Bahn umgeschlagen zu werden (vgl. Abb. 6.36). Die erhöhten Aufwendungen durch den Wechselbrücken- bzw. Container-Umschlag rechnen sich in der Regel nur bei weiter entfernten Konsolidierungsgebieten. Auch der Transportprozess in der internationalen Fahrzeugdistribution erfolgt heute größtenteils mehrstufig und multimodal (vgl. Abschn. 10.3.2). Beim Seetransport werden drei- bis vierstufige Abläufe im multimodalen Verkehr eingesetzt. Für den Hauptlauf wird der Seeweg mit Schiffstransport gewählt. Im Vor- und Nachlauf wird die Konsolidierung bzw. Dekonsolidierung der Fertigfahrzeuge per LKW und/oder Bahn abgewickelt.

Durch welches Transportmittel, beziehungsweise welche Kombinationen schließlich die Anlieferung erfolgt, bestimmen hauptsächlich die Kriterien Transportkosten und -zeit. Nach Aufzählung der Vor- und Nachteile der einzelnen Frachtträger lässt sich insgesamt feststellen, dass durch den KLV die positiven Eigenschaften der gewählten Verkehrsmittel gezielt genutzt und kombiniert werden können.

Abb. 6.36 Warenumschlag im bimodalen Transport LKW-Bahn (Quelle: Kuehne + Nagel)

Nachteilig können sich jedoch die Umschlagsprozesse durch Zeitaufwand und Beschädigungsrisiko oder Wartezeiten an Umschlagbahnhöfen auswirken. Darüber hinaus kann sich auch durch die Aufspaltung des Transportprozesses in eine mehrstufige Transportkette der Transportweg verlängern, mit der Folge, dass Kosten und Energieverbrauch steigen, weil im Extremfall Wege zurückgelegt werden müssen, die in entgegen gesetzter Richtung zum Zielort führen (VDA 2008, S. 105).

6.7.2 Auswahl Transportkonzept

Der externe Transport ist für die räumliche Überbrückung zwischen Lieferant und Fahrzeughersteller bei den Inbound-Transporten bzw. zwischen OEM und Händler bei den Outbound-Transporten verantwortlich. Gleichzeitig sind Zwischenwerksverkehre im Werkverbund nötig, um Wertschöpfungsumfänge wie z. B. Motoren, Getriebe, Achsen und Pressteile aus anderen Werkstandorten ins Montagefahrzeugwerk zu transportieren.

Entsprechend dem Line-Back Planungsprinzip (vgl. Abschn. 4.4.1) erfolgt die Beschreibung der Transportkonzepte anhand der Inbound-Logistik, kann aber prinzipiell beliebig auf die Outbound- und Inhouse-Transporte übertragen werden. Im

Inbound-Bereich werden beim externen Transport die Aufgabenbereiche der Materialdisposition, des Logistikdienstleisters sowie der Lieferanten vernetzt. Für die Auswahl eines geeigneten Transportkonzeptes im Rahmen der Logistikplanung im Produktentstehungsprozess ist es zunächst nötig, das zu erwartende Transportvolumen zu analysieren. Für die Berechnung der zukünftigen Transportvolumina sind folgende Planungsdaten nötig:

- Anzahl geplanter Fahrzeuge über Laufzeit
- Anzahl benötigter Teile und der sich daraus abgeleitete Behälterbedarf pro Fahrzeug
- Verpackungsdaten des Bauteils insbesondere der Behälterinhalt sowie Behälterabmessungen und Stapelfaktor

Auf Basis dieser Planungsdaten können die zukünftig zu erwartenden Transportströme prognostiziert werden. Die langfristige Transportplanung muss aufgrund von Volumenverschiebungen in der Inbound-Logistik laufend überprüft werden. Im kurzfristigen Bereich der Transportplanung und -steuerung bestimmt die Fahrzeugprogrammplanung mit den abgeleiteten Lieferabrufen die Transportprozesse (vgl. Abschn. 8.7.1). Wird das geplante Teilespektrum entsprechend dem dadurch verursachten Transportvolumen in Form einer ABC-Analyse aufgetragen, ergibt sich folgendes logistisches Mengengerüst (vgl. Abb. 6.37). Die Klassifizierung basiert

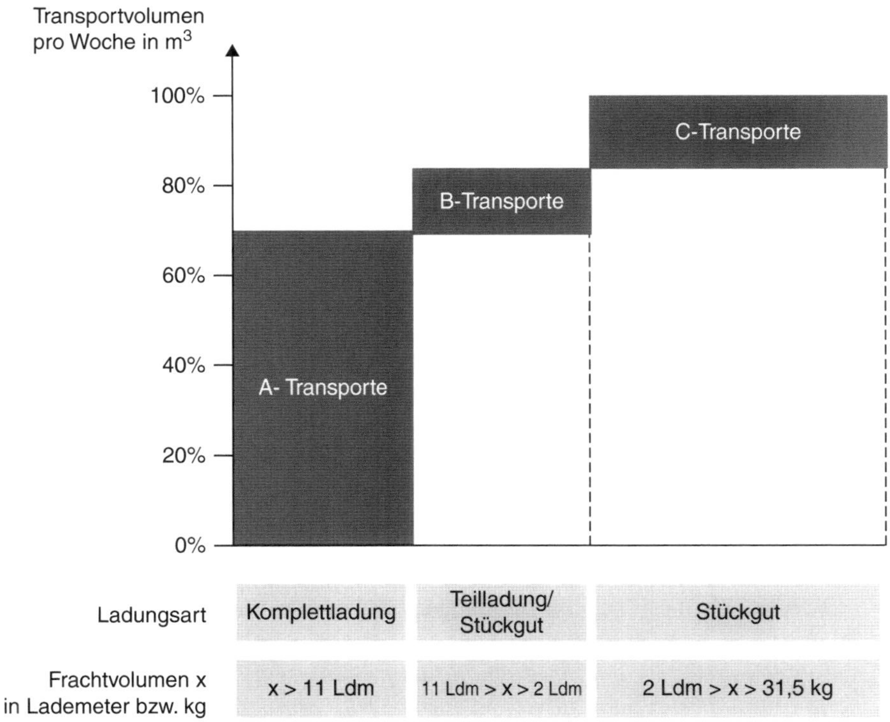

Abb. 6.37 ABC-Analyse der Inbound-Transporte

auf dem zukünftig zu erwartenden Liefervolumen pro Lieferadresse und Woche für jeweils einen Werkstandort des OEMs (Hartel 2006a, S. 48).

Neben dem Transportvolumen spielen noch weitere Kriterien für die Auswahl einer geeigneten Transportform eine wichtige Rolle. Hierzu zählen unter anderem folgende Kriterien (VDA 5010, S. 41):

- Transportstrukturdaten: Transportentfernung, Variantenanzahl, Behälterart
- Lieferhäufigkeit: Lieferrhythmus des Lieferanten
- Ladungsstruktur: Platzbedarf, Gewicht, Sperrigkeit, Stapelbarkeit
- Produktionsstandort des Lieferanten: Möglichkeit der Integration des Standortes in eine Rundtour
- Stabilität des Transportvolumens: Schwankungen bei den Lieferabrufen über die Planperiode
- Kombinierbarkeit der Transportvolumina: Störungsfreie, kontinuierliche Zusammenfassung von Stück- und Teilladungen

Anhand der obig aufgeführten Transportauswahlkriterien können durch Unterstützung eines Entscheidungsbaums (vgl. Abb. 6.38) folgende Transportkonzepte ausgewählt werden (vgl. Abb. 6.39):

- Bei den A-Transporten handelt es sich um volumenintensive Lieferbeziehungen, bei denen mehrmals täglich Komplettladungen angeliefert werden. Der Transport wird über Direkttransporte abgewickelt.
- B-Transporte weisen ein mittleres Transportvolumen auf und bewegen sich im Teilladungs- bzw. bei kleineren Volumina im Stückgutbereich (31,5 bis etwa 2000 kg). Der Transport erfolgt über direkte Sammelrundtouren bzw. im Stückgutbereich über Sammelguttransporte.
- C-Transporte weisen geringe Transportvolumina pro Lieferant auf mit einer großen Zahl von Frachtrelationen. Diese Gruppe umfasst den klassischen Stückgutbereich, der über Sammelguttransporte vereinnahmt wird.

6.7.2.1 Direkttransporte

Direkttransporte sind einstufige Transportketten bei denen das gelieferte Material ausgehend vom Lieferanten ohne Zwischenstufen direkt beim Automobilhersteller angeliefert wird. Voraussetzung ist ein hohes Liefervolumen bei konstanter Anlieferfrequenz. Aufgrund der degressiven Frachttarife stellen Direktlieferungen im Komplettladungsbereich die kostengünstigste Transportvariante dar. Direkttransporte werden vorwiegend bei folgenden Anlieferkonzepten eingesetzt:

- Bedarfsgesteuerte JIT-/JIS-Anlieferungen bei denen mehrmals täglich Komplettladungen produktionssynchron angeliefert werden. Die LKWs fahren direkt an die Entladestelle des Fahrzeugwerkes und entladen ohne Zeitverzug. Dabei erfolgt ein 1:1 Tausch bei dem Vollgut gegen die gleiche Anzahl Leergut getauscht wird (vgl. Abschn. 8.3.1 und 8.3.2).

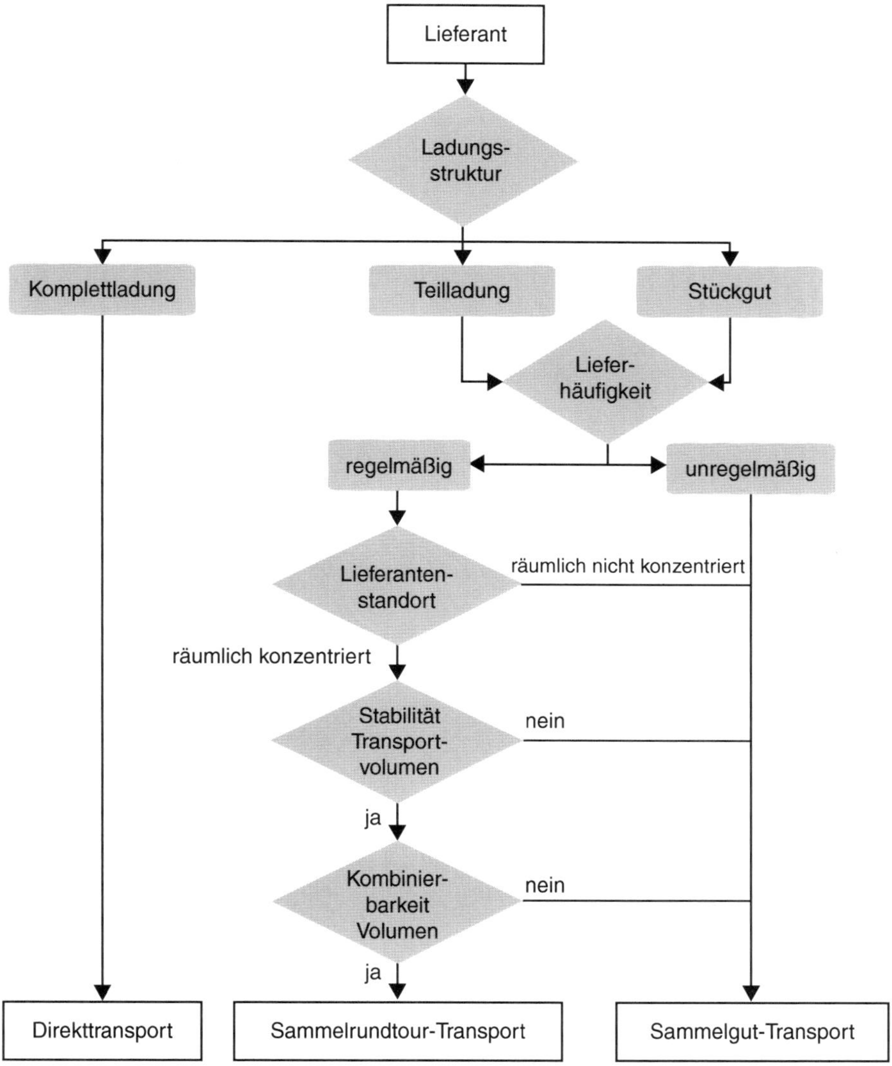

Abb. 6.38 Entscheidungsbaum Transportkonzept Zuordnung (VDA 5010, S. 41)

- Verbrauchsgesteuerte LKW-Anlieferungen bei denen Materialien über ein externes Kanban-Verfahren abgerufen werden (vgl. Abschn. 8.3.3).
- Anlieferung von Komplett- und Teilladungen welche in einem Transshipment Terminal zu Komplettladungen konsolidiert wurden (vgl. Abschn. 6.8.1).
- Anlieferung von Komplettladungen aus einem Außenlager zur Versorgung der Fertigung (z. B. Coils und Platinen) (vgl. Abschn. 6.8.3).

Handelt es sich um ausgeglichene Vollgut- und Leergut-Frachtvolumina werden meist Rundläufer LKW eingesetzt. Bei der Verwendung von klappbarem Leergut reduziert sich das Frachtvolumen im Leergutrücklauf, so dass der Einsatz von

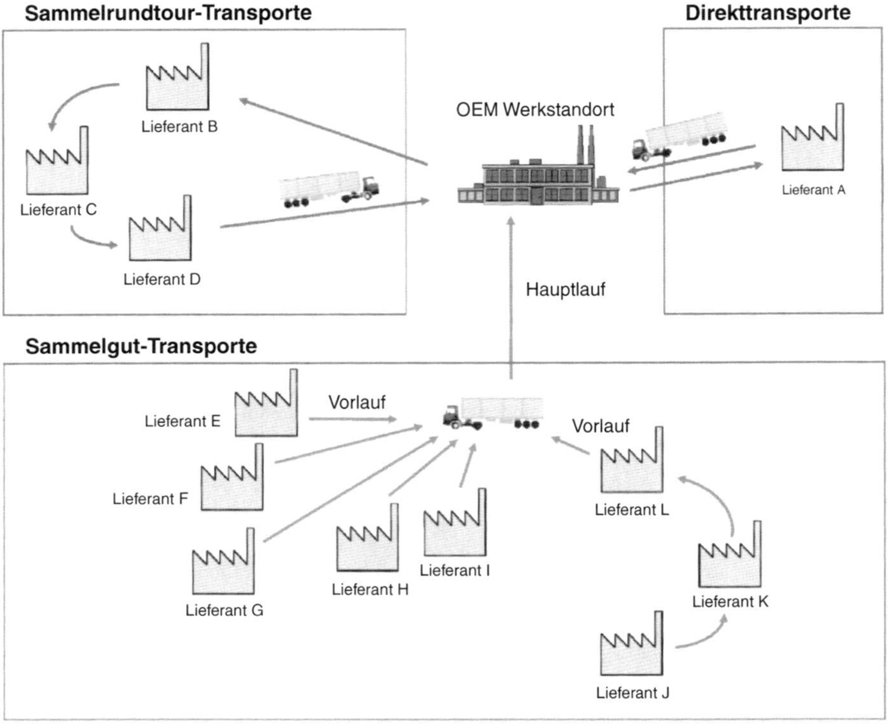

Abb. 6.39 Transportkonzepte Inbound-Logistik

Rundläufer LKWs im Direkttransport nicht immer wirtschaftlich ist (Hartel 2006a, S. 49 f.). In solchen Fällen empfiehlt sich die Beauftragung von One-Way Fahrten, bei denen nicht ein kompletter Rundlauf ausgeführt wird, sondern lediglich der Vollguttransport und bei jeder x-ten Lieferung (abhängig vom Klappfaktor der Ladungsträger) auch die Rückführung des Leerguts. Durch die Zwischenpufferung des Leergutes erhöhen sich die Umlauftage des Behälters, was den durchschnittlichen Behälterbedarf steigert (vgl. Abschn. 6.1.3). Zusätzlich werden Flächenkapazitäten für die Zwischenpufferung des Leergutes gebunden.

Durch den Einsatz von Direkttransporten im Komplettladungsbereich ergeben sich folgende Vorteile:

- Reduzierung der Frachtkosten durch die Nutzung von Skaleneffekten
- Reduzierung der Anlieferungen führt zur Vereinfachung der Transportsteuerung
- Vereinfachtes Materialhandling bei der Warenvereinnahmung
- Weniger abzufertigende LKWs im Wareneingang

6.7.2.2 Sammelrundtour-Transporte

Bei Sammelrundtour-Transporten werden Teilladungen (Teilpartien) von einer überschaubaren Zahl von Lieferanten in geographischer Nähe sequenziell abgeholt und zu einer Komplettladung zusammengestellt. Auf dieser Tour werden Sendungen von mehreren Lieferanten konsolidiert und entweder über einen Umschlagspunkt (Vorlauf Milk-Run) oder ohne Umschlag (Hauptlauf Milk-Run) direkt zum OEM Werkstandort transportiert. Bei der Rundtour findet ein 1:1 Behältertausch Voll- gegen Leergut statt. Analog dem englischen Milchmann – der täglich frische Milch und Milchprodukte in einer fest vorgegebenen Rundtour anliefert sowie gleichzeitig die Leergefäße mitnimmt – bezeichnet man die Sammelrundtour auch als Milk-Run (vgl. Abb. 6.40). Man unterscheidet statische und dynamische Milk-Runs. Bei statischen Sammelrundtouren werden die Lieferanten in einem fixen Zyklus, mit festgelegten Routen und konstanten Liefervolumen bedient. Aufgrund der Stabilität der Transportrahmenbedingungen werden fixe Routen zusammengestellt und in fest vorgegebenen Frequenzen abgefahren. Dadurch lassen sich die Wareneingangskapazitäten besser planen, da die LKW-Anlieferungen beim OEM regelmäßig erfolgen. Bei dynamischen Milk-Runs ändern sich optional die Abholzyklen, die angefahrenen Lieferanten und/oder die Lademengen pro Lieferant in größerem Umfang. Bei dynamischen Milk-Runs avisiert der Lieferant seine zu transportierende Menge mit Volumen und Gewicht. Die Anzahl der in einer Rundtour angefahrenen Lieferanten ist abhängig von den jeweiligen Liefermengen und der Entfernung der Lieferanten untereinander. Für die Terminplanung sind neben der Transportzeit pro Anlaufstation der Rundreise ein Zeitfenster für den Beladevorgang und eventuelle Wartezeiten zu berücksichtigen (Wildemann 2001a, S. 70).

Hauptaufgabe der dynamischen Milk-Run Planung ist die auslastungsorientierte Konsolidierungsplanung. Hierbei werden entsprechend der Liefervolumina, bedingt durch die Lieferabrufe des OEMs sowie den logistischen Restriktionen (Lieferantenstandorte, Verkehrsinfrastruktur, Ladezeiten, Anlieferzeitpunkt OEM, etc.), die Transportrouten so festgelegt, dass eine maximale Frachtraumauslastung erreicht wird. Durch die Bündelung von Transportvolumen mehrerer Lieferanten können

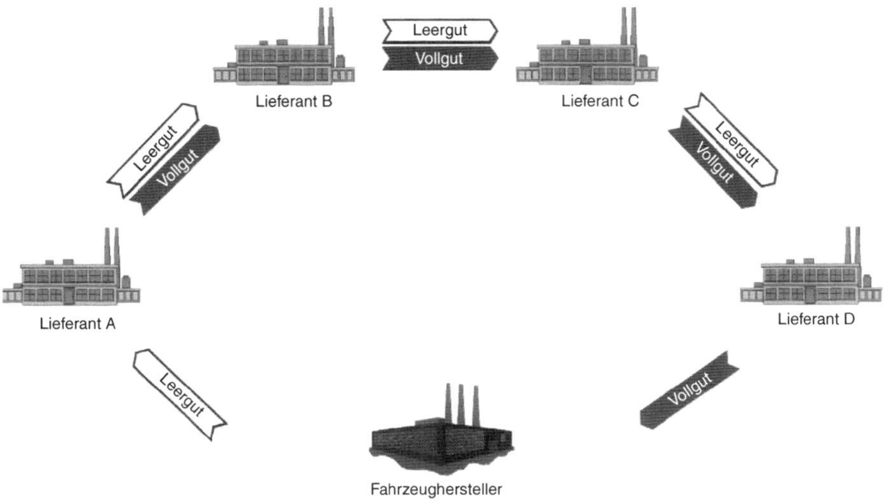

Abb. 6.40 Logistikablauf Milk-Run

Kapazitätsauslastung und Lieferfrequenz durch den Ausgleich von hochvolumigen, leichten und geringvolumigen, schweren Teilen gesteigert werden (Hartel 2006a, S. 50 f.). Für eine Konsolidierungsplanung werden folgende Planungseckdaten benötigt:

- Transportmengen und Transportstetigkeit der Lieferabrufe
- Standorte der Lieferanten
- Zeitpunkte der Warenvereinnahmung beim Lieferanten
- Anlieferzeitpunkte im Werk

Generell ist zwischen der kurzfristigen und einer langfristigen Tourenplanung zu unterscheiden. Die langfristige Rundtourenplanung wird häufig selbst durch den OEM übernommen und legt die Rahmendaten fest. Die Rahmentouren sind in regelmäßigen Zeitabständen in Abhängigkeit möglicher Parameteränderungen zu überprüfen. Durch Änderungen beim Fahrzeugprogramm und der sich hieraus abgeleiteten Lieferabrufe unterliegen die Transportmengen sowie deren Zusammensetzung laufenden Schwankungen. Die kurzfristige lokale Transportsteuerung und -kontrolle wird in der Regel durch den Logistikdienstleister übernommen.

Durch die Bündelung von Teilladungen zu Komplettladungen können entsprechende Kostenvorteile realisiert werden. Dies ist allerdings nur möglich, wenn bestimmte Grundvoraussetzungen bei der Sendungsstruktur erfüllt sind. Hierzu zählt die Stabilisierung der Transportmengen, was eine konstant hohe Frachtraumauslastung ermöglicht (Hartel 2006a, S. 51). Basis hierfür bildet zunächst die Stabilisierung des Fahrzeugprogramms im Rahmen der mittel- und kurzfristigen Produktionsplanung durch das Verfahren der Produktionsglättung und -nivellierung (vgl. Abschn. 7.3.1).

Für die Planung eines Milk-Runs im Rahmen des Produktentstehungsprozesses müssen folgende Planungsschritte durchlaufen werden (Wildemann 2004, S. 37):

1. Ermittlung der Lieferanten mit Volumen und Gewicht im geografischen Konzentrationsfeld (abhängig vom jeweiligen Stand des Lieferantennominierungsprozesses des Strategischen Einkaufs sowie dem Stand der Behälterplanung)
2. Selektion der potenziellen Milk-Run Lieferanten: Herausfiltern der Komplettladungs-Lieferanten (A-Transporte) sowie Kleinst-Lieferanten (C-Transporte) durch ABC-Analyse der geplanten Frachtvolumina (Volumen- und Gewichtsgrenzwerte)
3. Überprüfung der vorselektierten Milk-Run Lieferanten in Abstimmung mit der Vorseriendisposition hinsichtlich Milk-Run Relevanz (keine *Frei-Haus* Lieferanten, zukünftige Relevanz)
4. Festlegung Milk-Run Restriktionen (Richtwerte für Gewicht und Volumen in Abhängigkeit der Maximalladewerte bei Richt-Anlieferhäufigkeit, Definition des Schwankungskorridors, maximale Anzahl Milk-Run Lieferanten)
5. Bildung von Milk-Run Optionen unter Berücksichtigung der Milk-Run Restriktionen (maximale Anzahl integrierter Lieferanten, Gewicht und Volumen, Zeitfenster)
6. Optionen-Auswahl (Kriterien: Anzahl der Milk-Runs, optimale Auslastung der Milk-Runs)

7. Ausplanung der Milk-Runs: Route, Soll-Zeitplan mit Zeitfenstern, Volumen-Kontingente und evtl. Anpassung der Ausplanung (z. B. Nicht-Erfüllung der Zeitrestriktionen)
8. Potenziale-Ermittlung und Entscheidung zur Umsetzung
9. Umsetzung: Einladung zum Lieferanten-Workshop, Milk-Run Schedule, Lieferanten-Workshop, Versenden der Versandanweisungen, Testlauf
10. Laufendes Milk-Run Controlling nach SOP

6.7.2.3 Sammelgut-Transporte

Hierbei werden Stückgut und/oder Teilladungen, bei denen die Voraussetzungen zur Bildung von Milk-Runs nicht gegeben sind, von einer größeren Anzahl von Lieferanten in definierten Zeitperioden zu Sammelladungen zusammengestellt und durch den sog. Gebietsspediteur im Automobilwerk des OEMs angeliefert. Die Verantwortung für die Inbound-Transporte von Lieferungen aus einer definierten Region wird an einen einzigen Spediteur übergeben. Somit wird es möglich entsprechend dem Fahrzeugprogramm auch Teilladungen und Stückgut in hoher Frequenz transportkostenoptimiert anzuliefern. Durch die Volumenbündelung von Sendungen werden Synergieeffekte genutzt. Lieferungen werden so zusammengefasst, dass sich eine optimale Laderaumauslastung der eingesetzten Frachtträger ergibt. Die Lieferabrufe und -einteilungen der einzelnen OEM Werkstandorte müssen hierfür entsprechend aufeinander abgestimmt werden.

Die gesamte Transportkette ist ein- bzw. zweimal gebrochen und setzt sich aus Vor- und Hauptlauf zusammen. Der Transport der Güter vom Lieferanten zum Konsolidierungspunkt (Sammelpunkt) des Spediteurs erfolgt entweder durch den Gebietsspediteur selbst (Selbsteintritt) oder durch andere Versandspediteure, welche den Vorlauf im Flächenverkehr abwickeln. Neben dem einstufigen Vorlauf mit Direktanlieferung im Zentralhub besteht die Möglichkeit in einem zweistufigen Verfahren zunächst die Anliefermengen in einem regionalen Hub zu konsolidieren. Anschließend werden mehrere regionale Liefermengen in einem Zentralterminal zusammengefasst und umgeschlagen. Der Vorlauf kann einerseits durch Direktanlieferungen im Konsolidierungspunkt (Hub) des Gebietsspediteurs oder über Sammelrundtouren erfolgen. Teilweise werden die Lieferabrufe über mehrere OEM Fahrzeugwerke gebündelt und im Vorlauf vereinnahmt. Hierdurch können Mengenvorteile realisiert werden, was die Frachtkosten senkt. Dieser Effekt wird durch das Drittgeschäft des Gebietsspediteurs verstärkt, der auf Basis seiner im Einzugsgebiet ansässigen Speditionskunden ein zusätzliches eigenes Frachtaufkommen generiert (Bretzke 2008, S. 182). Problematisch sind Schwankungen der Transportmengen und -entfernungen, was durch intelligente Planung und Steuerung der Transporte im Vorlaufnetzwerk entsprechend kompensiert werden muss. Beim Sammelgutverkehr spricht man von Vorlauf Milk-Runs, die nach dem gleichen Grundprinzip wie ein Hauptlauf Milk-Run ablaufen (vgl. Abschn. 6.7.2.2).

Nach der Konsolidierung der Teillieferungen im Umschlagspunkt des Gebietsspediteurs werden die einzelnen Ladeeinheiten nach Zielgebieten bzw. Empfängerwerken sortiert und entsprechend den jeweiligen OEM-Werkrelationen gebündelt bereitgestellt. Die Konsolidierung der Warenströme zu Komplettladungen geschieht durch ein Cross-Docking Verfahren (vgl. Abschn. 6.8.1). Die bis zu einem vorgegebenen Zeitpunkt konsolidierten Werkssammelladungen werden im Anschluss in den Hauptlauf-Frachtträger verladen. Im Sammelpunkt des Gebietsspediteurs wird der Frachtträger gewechselt. Meist werden für die Abwicklung der Vor- und Hauptlauftransporte LKWs verwendet, da diese besonders im Nahverkehr Vorteile aufweisen (vgl. Abschn. 6.7.1.1). Für weiter entfernte Sammelgebiete besonders im europäischen Ausland werden auch Bahnverkehre für den Hauptlauf eingesetzt, sofern die Laufzeitanforderungen der jeweiligen OEM Fertigungsstandorte dies zulassen. Dabei handelt es sich häufig um Ganzzüge im Nachtsprung. Im Hauptlauf wird die Ware dann im Streckenverkehr direkt zu den jeweiligen Werkstandorten transportiert. Die Ware muss entsprechend der vom OEM vorgegebenen Zeitfenster angeliefert und entladen werden. Nach der Entladung des Vollguts im Empfängerwerk wird gemäß den Lieferabrufen der Lieferanten im Gebietsspeditionsbereich entsprechendes Leergut als Rückfracht geladen. Dieses wird in Umkehrung zur Vollgutanlieferung über die Vorläufe an die jeweiligen Lieferanten verteilt (vgl. Abschn. 8.8).

Der Gebietsspediteur übernimmt die Aufgaben eines Sammelgutspediteurs und muss darüber hinaus in besonderem Maße dazu qualifiziert sein, hohe Anforderungen bezüglich absoluter Termintreue, kurzer Beförderungszeiten und der Abwicklung stark schwankender Transportmengen sowie eines sich ändernden Spektrums von Lieferstellen zu bewältigen (Schulte 2005, S. 185). Gebietsspediteure benötigen eine entsprechende Größe um das Frachtvolumen im Flächenverkehr effizient abwickeln zu können. Große Spediteure können das eigene Netzwerk unter Nutzung einer standardisierten Infrastruktur durch die Realisierung von Bündelungs- und Optimierungspotenzialen effizienter bewirtschaften. Je mehr Liefervolumen sowie Werkstandorte aus Sicht des OEMs integriert werden, desto größer ist das Potenzial zur Realisierung von Skaleneffekten. Große Automobilkonzerne, wie etwa der VW-Konzern, können daher aufgrund des hohen Inboundvolumens erheblich mehr Transportkosteneinsparungen realisieren als kleinere Wettbewerber.

Für die Planung eines Gebietsspediteurwesens müssen die Mengen- und Termingerüste der Zulieferteile und Lieferanten erhoben werden. Folgende Planungsparameter einer Sendungsstrukturanalyse müssen bei der Planung eines Gebietsspediteurwesens Berücksichtigung finden (Parbel 1984, S. 8):

- Transportvolumen und -gewichte
- Lieferanten- und OEM Werksstandorte
- Verkehrsinfrastruktur
- Lieferintervalle abhängig vom Abrufverhalten des OEMs
- Art der Ladeeinheiten und Sendungsstruktur
- Spediteure im Einzugsbereich

Allgemein können die in Abb. 6.41 dargestellten Vorteile durch die Einführung eines Gebietsspediteurwesens angeführt werden:

Gebietsspediteur	OEM	Lieferant
• Stabile Pläne (Termine, Transportvolumen) • Enger Kontakt zwischen OEM und Lieferant • Wegoptimierung • Langfristige Zusammenarbeit • Sichere Zahlungseingänge • Verringerte Akquisitionsaufwendungen • Festgelegte Aufgabenbereiche • Übernahme von zusätzlichen Funktionen • Hohe Kapazitätsauslastung	• Geringe Anzahl von Anlieferspediteuren • Geregelte Rückführung von Leergut • Entspannung Verkehrssituation am Werksgelände • Vereinfachter Wareneingang • Vereinfachtes Transportdatenmanagement • Einfachere Terminsteuerung • Schnellere Bereitstellung von Sonderlieferungen • Verlagerung von Routinefunktionen • Reduzierung Transportkosten • Abgegrenzte Verantwortungsbereiche • Reduzierung Logistikaufwand	• Reduzierung Logistikaufwand • Nähe zum Spediteur • Einfachere Kostenkalkulation • Vereinfachung Warenvereinnahmung durch Spediteur • Höhere Termintreue • Geregelte Leergutrückführung • Verlagerung Transportrisiko

Abb. 6.41 Vorteile des Gebietsspediteurwesens (Wildemann 2001b, S. 169)

6.8 Externe Lager- und Umschlagskonzepte

Ziele externer Lagerungs- und Umschlagsprozesse sind die ressourcenarme Materialanlieferung bei hoher Versorgungssicherheit sowie eine sendungsbezogene Auskunftsfähigkeit unter Berücksichtigung von Werks- und Gesamtprozessstrukturen. Als externe Lager- und Umschlagssysteme haben sich Transshipment Terminals, Lieferantenlogistikzentren sowie Außenlager in der Inbound-Logistik der Automobilhersteller etabliert.

6.8.1 Transshipment Terminal

Transshipment Terminals (TTs) sind Umschlagssysteme, die im Rahmen eines mehrstufigen Anlieferprozesses Sammel- und Verteilfunktion übernehmen. Hauptaufgabe ist die Vereinnahmung, Pufferung, Sortierung und Versand von Transporteinheiten (Behälter, Gebinde, etc.). Transshipment Terminals sind keine externen Lagerstufen. Die eingehende Ware wird meist noch am selben Tag konsolidiert, geroutet, verladen und versendet. Dieser dynamische Bestandspuffer dient der Entkopplung der Lieferanten- und Fahrzeughersteller-Materialströme (vgl. Abb. 6.42).

Die Vorteile eines TTs liegen insbesondere in der Realisierung von Kosteneinsparungen, die sich aus der Bündelung der Güterströme beim Transport ergeben, und in der Sicherstellung einer termin- und sequenzgenauen Anlieferung selbst bei kurzfristigen Programmabrufen und hoher Teilevielfalt.

Für die Funktion des Transshipment Terminals gibt es in der Automobillogistik eine Vielzahl von synonymen Begrifflichkeiten, wie z. B. Logistikcenter, Cross-Dock,

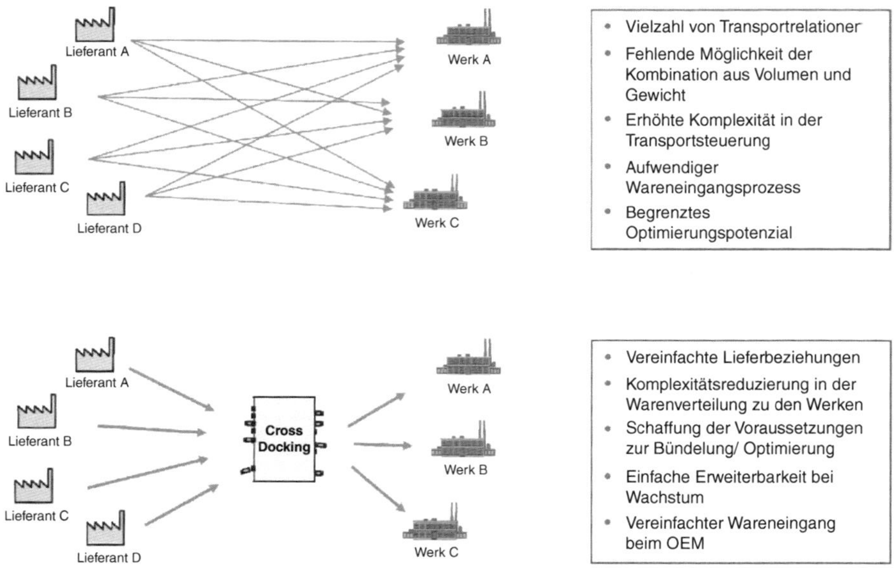

Abb. 6.42 Prinzipien und Vorteile des Transshipment Konzepts (Hartel 2006a, S. 52)

Konsolidierungscenter, Umschlagszentrum, Versorgungszentrum, Transit-Terminal, Produktionsversorgungszentrum, Supplier Logistics Centre, Supply in Line Sequence (SILS) Centre, Logistisches Dienstleistungszentrum oder Warenverteilzentrum.

Die Grundaufgabe eines Transshipment Terminals besteht in der Konsolidierung und Sortierung der Materialströme in mengen- und zeitmäßiger Hinsicht, so dass eine optimierte Anlieferung der Waren am Werkstandort des Automobilherstellers realisiert werden kann. Die vormals hohe Anzahl von LKW-Anlieferungen mit Mischladungen werden im TT zunächst konsolidiert und die Lieferungen abladestellenspezifisch sortiert. Die Versorgung des Werkes erfolgt mit Rundläufer-LKWs welche im Regelfall nur noch eine Abladestelle im Werk anfahren. Durch die Zwischenschaltung eines Transshipment Terminals in der Inbound-Logistik ergeben sich folgende Vorteile:

- Reduzierter Flächenbedarf im Werk durch Steigerung der Anlieferfrequenz
- Schnellere Abwicklung der anliefernden LKWs führt zu reduzierten Standzeiten und Standgeldern
- 1:1 Vollgut-/Leerguttausch führt zu einer vereinfachten Behältersteuerung bei reduziertem Leergutflächenbedarf auf dem Werksgelände
- Reduzierung des Verkehrsaufkommens auf dem Werkgelände
- Vereinfachte Zusteuerung der Inbound-LKWs führt zu einer verbesserten Disponierbarkeit der Materialanlieferung
- Einfache Erweiterbarkeit der Umschlagskapazitäten nach dem Prinzip der multiplen Betriebsgrößenvariation bei Steigerung des Transportvolumens

Der eigentliche Warenumschlag innerhalb des Transshipment Terminals findet nach dem Prinzip des sog. Cross-Dockings statt. Der aus der US-amerikanischen Logistikpraxis stammende Begriff des Cross Docking bezeichnet den Vorgang, dass die LKWs auf der einen Seite eines TTs andocken und dort der Wareneingang durchgeführt wird, während an der gegenüberliegenden Seite LKWs mit den Lieferungen für die einzelnen Abnahmepunkte beladen werden (Schulte 2005, S. 495). Die Kapazität der Inbound- und Outbound-Docks muss entsprechend aufeinander abgestimmt sein. Neben den eingehenden Vollgutströmen wird das Transshipment Terminal für die Rückführung des Leerguts vom Werk an die Lieferanten und für die Lieferung von Ersatzteilen an Händler und Werkstätten genutzt.

Neben der primären Warenumschlagsfunktion, besonders im Zusammenhang mit der Fremdvergabe des Managements eines Transshipment Terminals, können weitere Aufgaben übernommen werden. Beispiele hierfür sind die Planung der Materialzulieferungen, Optimierung der Transitzeiten sowie die Übernahme von Controllingfunktionen in Form von Abweichungsreports und Kostenanalysen (Jacobi et al. 2004, S. 80).

Allgemein kann folgender Ablauf im Transshipment Terminal beschrieben werden:

Logistikablauf Transshipment Terminal

1. Avisierung der eingehenden LKW Anlieferungen im TT
2. Andocken der Inbound-LKW – räumlich getrennt von den gegenüberliegenden Outbound-Docks
3. Entladung der eingehenden LKWs und Vereinzelung der Ladung
4. Vereinnahmung der Ware im Rahmen eines vorgezogenen Wareneingangs (vgl. Abschn. 8.7.1.1).
5. Bedarfsgerechte Sortierung der angelieferten Materialien entsprechend den Abrufen der Verbrauchsstellen im Werk
6. Relations- bzw. abladestellenspezifische Bündelung der Logistikeinheiten (Routing)
7. Bereitstellung der Logistikeinheiten zur Abholung in den entsprechenden Warenausgangszonen
8. Nach Erreichen der Kapazitätsgrenze bzw. vorgegebener Terminschranken wird die Verladung der Frachtstücke in die Outbound-LKWs angestoßen

Logistische Vorteile:

- Geringere Verweildauer bei der LKW-Entladung im Werk, da nur eine Abladestelle angefahren werden muss
- Bessere Disponierbarkeit und Terminsteuerung der Inbound- und Outbound-LKWs (Vermeidung von Über- und Unterlieferungen)
- Einsparung durch verstärkte Blockung
- Reduzierung von Standgeldern insbesondere mit der kombinierten Einführung eines Trailer Yard Systems (vgl. Abschn. 8.7.1)
- Geringere Bestände im Werk durch erhöhte Umschlagsfrequenz

- Reduzierung der Anzahl von Transportbeziehungen führt zur Steigerung der durchschnittlichen Transportvolumen und in der Folge zu sinkenden Frachtkosten
- Erhöhtes durchschnittliches Anliefervolumen bei reduzierter Anlieferfrequenz führt zu vereinfachten und beruhigten Abläufen bei der Warenvereinnahmung an der Entladestelle
- 1:1 Vollgut-/Leerguttausch führt zu schlanken Leergutrückführungsprozessen
- Reduzierung Leergutflächenbedarf im Werk
- Reduzierung LKW-Aufkommen im internen Werkverkehr

Neben dem einstufigen Transshipment Terminal Konzept zur Bündelung von werkspezifischen Lieferströmen, kann ein zweistufiges Konzept eingesetzt werden. Dabei werden lieferantennah für bestimmte Beschaffungsregionen – analog dem Gebietsspediteurwesen – Materialströme gebündelt (vgl. Abschn. 6.7.2.3). Über ein zweites werknahes Cross-Docking werden die Inbound-Ströme der regionalen ersten Cross-Docking Stufe abladestellenspezifisch sortiert. Die Cross-Docks dienen als Transportnetzwerkknoten für die eingehenden Transporte der OEM-Produktionsstandorte. Eine zyklische Materialabholung mit festen Routenverkehren über einen mehrstufigen Cross-Dock Ablauf sorgt für einen stabilen und getakteten Inbound-Transportprozess im Rahmen einer durchgängigen Schlanken Logistik (vgl. Abschn. 7.3.8).

Aufgrund der hohen Investitions- und Betriebskosten eines Transshipment Terminals bedarf es eines hohen Umschlagsvolumens, um durch die entsprechende Fixkostendegressionen wirtschaftlich arbeiten zu können. Große Automobilhersteller mit einer Vielzahl von Produktionsstandorten und einer konsequenten Plattformstrategie haben durch die Einführung eines zweistufigen Transshipment Terminal Konzeptes wesentlich größere Potenziale zur Kosteneinsparung als kleinere Mitwettbewerber. Durch eine herstellerübergreifende Nutzung eines mehrstufigen Cross-Dock-Systems könnten bisher noch ungenutzte Einsparungspotenziale realisiert werden, zumal es eine erhebliche Überschneidung bei den Lieferantenstrukturen in der Automobilindustrie gibt.

6.8.2 Lieferantenlogistikzentrum

Unter einem Lieferantenlogistikzentrum (LLZ) versteht man ein abnehmer- bzw. verbauortnahes Lagerzentrum mit dem Ziel einer optimierten Montageversorgung des Fahrzeugherstellers bei minimalen Beständen am Verbauort. Hauptlagerspektren sind Norm- und Kleinteile (B-/C-Teile) mit geringer Varianz. Im LLZ werden vormals separat angesiedelte Lagerstandorte von Lieferanten zusammengefasst. Lagerpositionen und organisatorische Strukturen werden fusioniert und einem unabhängigen Logistikdienstleister als Betreiber übergeben. Der Standort des LLZs kann sich entweder auf dem oder außerhalb des Werksgeländes befinden. Durch die Integration eines Dienstleisters wird zunächst der Anlieferprozess durch eine Zwischenstufe komplexer. Gleichzeitig werden aber durch das Zusammenlegen der

Mengenströme vieler Akteure und aufgrund der Spezialisierung des betreibenden Dienstleisters, effizientere Prozesse, z. B. schnellere Umschlagsvorgänge, und damit geringere variable Lager- und Umschlagskosten realisiert. Zusätzlich müssen die beteiligten Lieferanten weniger Fixkosten für die Bereitstellung notwendiger Ressourcen für Spitzenbedarfe vorhalten, da sich durch die Zusammenlegung ein Pooleffekt ergibt, welcher zur Kompensation individueller Schwankungen bei den Lagerbedarfen führt (Roth 2007, S. 252 f.). Die Ansiedelung erfolgt häufig in unmittelbarer Nähe zum Verbauort – meist sogar auf dem Werksgelände des Automobilherstellers (Schraft u. Westkämper 2005, S. 35). Ziel ist die Auflösung der traditionellen zweistufigen Lagerhaltung zwischen dem Lieferanten und dem OEM. Mit Hilfe einer einstufigen Lagerung wird trotz reduzierter Bestände in der Logistikkette die Versorgungssicherheit des OEM gesteigert. Die Bestandstransparenz steigt durch eine enge informationstechnische Abstimmung. Darüber hinaus können durch das Outsourcing logistischer Funktionen weitere operative Einsparungen erzielt werden.

Das Lieferantenlogistikzentrum ist als Konsignationslager konzipiert. Das LLZ dient als Puffer zwischen der wirtschaftlichen Losgrößenfertigung des Lieferanten sowie den fahrzeugspezifischen Materialabrufen des OEM. Durch die Entkopplung der Lagernachschubversorgung von der Teileanlieferung beim Fahrzeughersteller besteht für den Lieferanten die Möglichkeit Bedarfsmengen zu bündeln und losgrößenoptimiert zu fertigen (Graf et al. 2005, S. 8). Diese können dann in Form von Komplettladungen frachtkostenoptimiert angeliefert werden.

Die Steuerung eines LLZ wird über das sog. Supplier Managed Inventory (SMI) System abgewickelt. Folgender Grundablauf charakterisiert ein SMI-System:

- Der Lieferant erhält die Bestands- und Bedarfsdaten des OEMs zeitnah durch selbstständige Einsicht eines SMI-Programms übermittelt.
- Auf Basis dieser Informationen plant der Lieferant den Anlieferprozess mit den jeweiligen Liefermengen und Anlieferzeitpunkten. Die Entscheidung wann, wie viel und welche Ware er liefert, trifft der Lieferant autonom. Ein Bestandskorridor mit Minimal- und Maximal-Bestandsreichweite wird für den Lieferanten vom OEM vorgegeben. Innerhalb dieser Dispositionsgrenzen entscheidet der Lieferant frei über die Lagerbewirtschaftung.
- In Abhängigkeit der aktuellen Planungsgrößen (Bedarfsmengen, Transportkosten, Liefertreue, etc.) werden zyklisch die Korridorgrenzen (Min-, Max-Bestand) berechnet.
- Vor der Anlieferung wird der OEM, durch Eintrag der geplanten Liefermenge mit Lieferdatum und -zeitpunkt in die SMI-Software, über den ankommenden Transport benachrichtigt.
- Bei Ankunft werden die Waren ohne weitere Prüfung in das Lieferantenlogistikzentrum eingelagert.

Die Weitergabe von Bestands- und Bedarfsinformationen in Echtzeit erweitert die Logistiktransparenz auf Hersteller- und Zulieferererseite, wodurch Bestände reduziert und gleichzeitig die Versorgungssicherheit gesteigert werden kann. Zu den kurzfristigen Bestands- und Bewegungsdaten werden dem Lieferanten zusätzlich die klassischen Lieferabrufe für seine Langfrist- und Mittelfristplanung übermittelt.

6.8.3 Außenlager

Außenlager sind externe Vorratslager zur Versorgung der Fertigung des Fahrzeugherstellers. Durch die gestiegene Flächenknappheit im Automobilwerk selbst werden Lagerfunktionen vermehrt nach außen gegeben. Dies ist besonders dann der Fall, wenn es sich um Brownfield-Werke handelt, bei denen historisch gewachsene Werkstrukturen in Kombination mit gestiegenen Produktionsumfängen, zu einer massiven Flächenknappheit am Werkstandort geführt haben.

Ein weiterer Treiber des Außenlagerkonzeptes ist der Trend zum Global Sourcing (vgl. Abschn. 5.1.3). Die Zahl der ausländischen Lieferanten sowie die durchschnittliche Entfernung zwischen Liefer- und Abnehmerwerk nehmen laufend zu. Ein Außenlager dient daher zur Absicherung logistischer Unsicherheiten, die vermehrt bei ausländischen Lieferanten auftreten. Aufgrund der größeren Entfernung steigt die Gefahr eines Nullbestandes. Unwägbarkeiten im Bereich Transport, Umschlag und Behältermanagement führen dazu, dass tendenziell mehr Bestände vor Ort aufgebaut werden müssen, als dies bei regional bzw. national angesiedelten Lieferanten der Fall wäre. Der Bestand dient als Puffer für mögliche Schwankungen innerhalb der globalen Logistikkette, welche meist im multimodalen Verkehr abgewickelt wird. Außenlager sind häufig in einem zweistufigen System der Lageranlieferung eingebunden, bei dem neben dem herstellernahen Außenlager ein Warenausgangslager beim Lieferanten betrieben wird. Außenlager befinden sich oft in unmittelbarer Nähe des zu beliefernden Fahrzeugwerkes, wie z. B. im Industriepark eines Fahrzeugherstellers (vgl. Abschn. 8.5). Waren früher die Außenlager im regionalen Umfeld des Fahrzeugwerkes verstreut, werden diese heute vermehrt zentral geführt, um entsprechende Skaleneffekte zu realisieren. Das Lager kann vom OEM selbst oder über einen Logistikdienstleister bewirtschaftet werden. Im Fall des LDL übernimmt dieser die operativen Prozesse der Wareneingangserfassung, die Einlagerung, die Lagerverwaltung, die Auslagerung und Anlieferung im Werk. Der Betrieb eines Außenlagers durch einen Logistikdienstleister hat den Vorteil der Erhöhung der Lagerkapazitäten ohne Aufbau von Fixkosten für den Lagerstandort. Das Auslastungsrisiko für den OEM kann dadurch reduziert werden und die Flexibilität bei der Planung logistischer Abläufe bleibt erhalten. Zusätzlich können Leistungs- und Kostengrößen des externen Lagerstandortes für interne Benchmarking-Prozesse eingesetzt werden.

6.9 Informations- und Kommunikations-Konzeptplanung

Für die optimale Gestaltung der Materialflüsse im Rahmen der Logistikplanung ist es erforderlich, dass diese nicht isoliert vom zugehörigen Informationsfluss betrachtet werden. Materialflüsse werden durch die Informationsflüsse koordiniert und im Idealfall synchronisiert. Dazu bedarf es zuverlässiger und möglichst zeitnaher Informations- und Kommunikations-Konzepte.

6.9.1 Auswahl der Identifikationstechnologie

Identifikationssysteme gelten als Schnittstelle zwischen IT-Systemen und dem Materialfluss. Sie erfassen physische Merkmale (z. B. aufgedruckte Zeichen) und ordnen diese vordefinierten Informationen (z. B. Sachnummern) zu. In der Logistik werden vor allem zeichenbasierte Verfahren eingesetzt. Der Barcode ist die klassische Massenidentifikationstechnologie in der Automobilindustrie. Vermehrt finden aber auch induktive Verfahren im Rahmen der Radiofrequenz-Identifikation (RFID) Eingang in die Automobillogistik.

6.9.1.1 Barcode

Der Barcode ist wegen seines hohen Standardisierungsgrades und der geringen Kosten ein weltweit verbreitetes Kennzeichnungssystem (Kortmann 2006, S. 26). Es existieren unterschiedlichste Barcode-Symbologien, die mit einer Abfolge von Balken verschiedener Breite bis zu 252 alphanumerische Zeichen kodieren können (Strassner 2005, S. 56). In der eindimensionalen Strichcode-Darstellung sind nur wenige Daten kodierbar. Informationen über die Art eines Artikels können nur in Form der European Article Number (EAN) gespeichert werden. Hierbei ist es nicht möglich eine eindeutige Seriennummer für eine Teilenachverfolgung zu vergeben (Kortmann 2006, S. 26). Wesentlich mehr Informationen können bei 2D-Systemen auf sehr viel weniger Fläche untergebracht werden. Mit Hilfe von 2D-Barcodes können bis zu 2300 Zeichen (Data Matrix) verschlüsselt werden. Diese Systeme verwenden Stapelcodes oder Matrixcodes und erreichen eine höhere Datenkapazität. Mit nur einem Scannvorgang werden alle logistisch relevanten Daten erfasst (z. B. PDF 417). Logistische Abläufe werden dadurch vereinfacht. Durch die geringere Größe von 2D-Barcodes können diese auch an kleineren Bauteilen aufgebracht werden. Im Gegensatz zu den eindimensionalen Barcodes benötigen 2D-Systeme allerdings aufwendigere und auch teurere Scanner sowie modifizierte Druckertreiber. Beispiele für den Einsatz von Barcodes in der Automobillogistik sind der Odette Transport Label sowie der Global Transport Label zur Warenauszeichnung.

Odette Transport Label Der vorherrschende Standard bei der Warenauszeichnung in der europäischen Automobilindustrie ist der 1986 eingeführte Odette Transport Label (OTL 1). In Deutschland ist dieser Standard unter dem VDA 4902 Standard bekannt (vgl. Abb. 6.43).

Laut VDA Empfehlung dient der Warenanhänger der Kennzeichnung von Produkt- (Ladungsträger) und Transportverpackungen (Ladeeinheit) im unternehmensinternen Materialfluss und auf dem Transportweg zwischen Warenlieferant, Spediteur

Abb. 6.43 Beispiel Warenanhänger (Quelle: TEC-IT)

und Warenempfänger. Auf dem OTL 1 bzw. VDA-Warenanhänger sind Barcodes aufgedruckt, welche die in Klarschrift dargestellten Informationen verschlüsseln und mittels Scannprozess automatisiert lesbar machen. Der Warenanhänger beinhaltet im oberen Bereich die Versanddaten sowie im unteren Bereich die Produktionsdaten der Ware. Eine individuelle Anpassung des Standards ist möglich und beispielsweise bei einer Just-in-Sequence Anlieferung (vgl. Abschn. 8.3.2), bei der Zusatzinformationen (z. B. eine Sequenznummer) erforderlich sind, auch nötig.

Global Transport Label Ziel des Global Transport Labels (GTL) ist die weltweite Vereinheitlichung der unterschiedlichen Barcode-Etiketten in der Automobilindustrie. Trotz europäischer Odette-Norm unterscheiden sich die Labels im Detail voneinander. Das GTL Label wurde von den großen Verbänden der Automobilindustrie in Europa (Odette International), Nordamerika (AIAG) und Japan (Jamia/Japia) verabschiedet. Internationale Standards werden aufgrund der zunehmenden globalen Ausrichtung der automobilen Wertschöpfungskette immer bedeutender. Nationale und regionale Standards werden hierbei immer mehr in Frage gestellt. Folgende Vorteile können durch den Einsatz eines GTL realisiert werden (Horn 2003, S. 28 f.):

- Flexibler Aufbau des Labels mit variabler Belegungsoption bestimmter Bereiche für die Logistikprozesspartner
- Eigenständige Definition der Supplier Area durch den Lieferanten
- Unterstützt neue Anlieferkonzepte (Kanban, Just-in-Time)
- Einsatz des zweidimensionalen Barcodes PDF-417 zur Verschlüsselung von Lieferscheininformationen mit Korrektur-Modus, mit dem beschädigte Codes beim Auslesen rekonstruiert werden können

- Jede Transporteinheit erhält eine eigene weltweit eindeutige Identifikationsnummer (Licence Plate), zusammengesetzt aus der internationalen Unternehmensnummer und einer fortlaufenden Nummer, welche der Lieferant vergibt
- Eindeutige Identifikation der Ware über Identifikationsnummer ermöglicht Bezettelung der Ware bereits in der Fertigung (beim Warenversand wird die Lieferscheinnummer mit der Identifikationsnummer verheiratet und per EDI übermittelt)
- Vereinfachung der Abläufe im Wareneingang des OEMs durch IT-technische Zuordnung der Ware zu den übermittelten Lieferscheindaten (über Identifikationsnummer)
- Tracking und Tracing möglich

6.9.1.2 Radio Frequency Identification

Die Architektur eines Radio Frequency Identification (RFID)-Systems stellt Abb. 6.44 grafisch dar (Strassner 2005, S. 58).

Ein Sender, Transponder (Kunstwort aus *Trans*mitter und Res*ponder*) oder auch RFID-Tag genannt, der mit Daten gespeist werden kann, wird am zu identifizierenden logistischen Objekt angebracht. Ein RFID-Tag ist die Sendeeinheit in einem RFID-System, auf ihm können Daten über das Objekt gespeichert werden, an dem er befestigt ist. Die grundlegenden Bauteile sind ein Mikrochip auf dem sich die Daten befinden, eine Spule oder Antenne die als Kopplungselement zur Verbindung mit der Lese-Schreibeinheit dient, das Transpondergehäuse, bzw. der Transponderträger

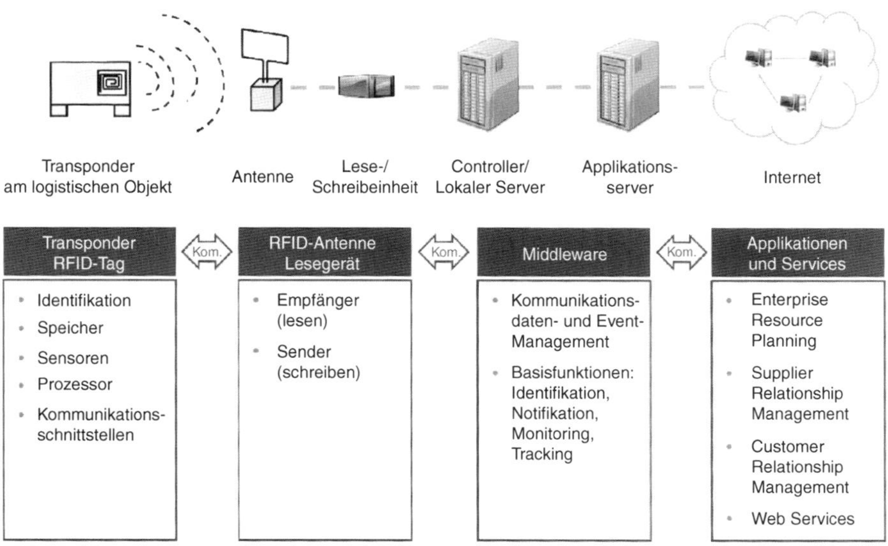

Abb. 6.44 Architektur eines RFID-Systems

und ein Kondensator (Obrist 2006, S. 18). Nach der Art ihrer Energieversorgung können Transponder in passive und aktive Transponder unterteilt werden (Finkenzeller 2006, S. 23).

Der passive Transponder ist die einfachste Variante von RFID-Transpondern. Er besitzt keine eigene Energiequelle und bleibt passiv, also arbeitet nicht, bis er von einer externen Energiequelle gespeist wird. Diese Energiezufuhr wird durch eine Scannereinheit gewährleistet, die ein permanentes Hochfrequenzsignal aussendet. Kommt ein passiver Transponder in die Reichweite einer Lese-Schreibeinheit (Scanner) wird er durch Energiezufuhr über induktive Kopplung aktiviert. Je nach Auslegung des Transponders werden eine Tag-Identität oder zuvor gespeicherte Daten übermittelt (VDA 5520, S. 13). Die bezogene Energie wird sowohl zum Betrieb des Mikrochips als auch zur Erzeugung eines Antwortsignals, das vom Scanner erfasst wird, verwendet. Bei dieser Transponderart werden nicht-flüchtige Speicher benutzt, wie zum Beispiel ROM (Read Only Memory) oder PROM (Programmable Read Only Memory), die die gespeicherten Daten auch im passiven Zustand erhalten können (Franke u. Dangelmaier 2006, S. 20; Kortmann 2006, S. 22).

Im Falle eines aktiven Transponders ist zusätzlich eine Batterie zur Stromversorgung gegebenenfalls auch ein Datenspeicher und eine Sensorik integriert (vgl. Abb. 6.45). Aktive Transponder sind in der Lage permanent und gleichmäßig Energie zur Versorgung größerer, flüchtiger Datenspeicher auf denen Programme oder sogar eigene Betriebssysteme installiert werden können, zu liefern. Um Energie zu sparen, begibt sich der aktive Transponder außerhalb des Sendefelds eines Scanners in den Stand-by-Modus. Nachteilige Eigenschaften dieses Transpondertyps sind die größere Bauart, höhere Kosten und die sinkende Lebenszeit bei häufiger Benutzung (Franke u. Dangelmaier 2006, S. 26).

RFID-Systeme lassen sich auch nach den verwendeten Frequenzbereichen unterscheiden in Low Frequency (100–135 kHz), High Frequency (13,56 MHz), Ultra High Frequency (868 MHz in Europa, 915 MHz in den USA, 950 MHz in Asien) sowie Super High Frequency Systeme (2,45 GHz) (vgl. Abb. 6.46) (Jansen u. Meyering 2006, S. 36 f.).

Durch die Platzierung des Transponders in Reichweite der Lese- und Schreibeinheit, können Informationen übertragen werden. Die Datenübertragung erfolgt durch elektrische, magnetische oder elektromagnetische Felder, nach dem Prinzip der induktiven Kopplung, wobei Spulen oder Antennen als Kopplungselemente dienen (Obrist 2006, S. 17). Durch Prüfsummenverfahren werden die ausgelesenen Daten

Abb. 6.45 Beispiel RFID-Transponder IT 67 (Quelle: Intermec)

Arbeitsfrequenz	Unter 135 kHz	13,56 MHz	860 bis 960 MHz	2,45 GHz
Funktionsprinzip	Induktive Kopplung über Spulen		Backscatter-Kopplung oder Erzeugung eigener elektromagnetischer Wellen	
Energieversorgung	Passiv	Passiv und semiaktiv	Passiv und aktiv	i.d.R. aktiv
Lese- und Schreib-eigenschaften	Read-Only und Read-Write	Fast ausschließlich Read-Write	Read-Only, Write-Once-Read-Many und Read-Write	i.d.R. Read-Write
Reichweite	Niedrig (z.B. 0,1m)	Niedrig (z.B. 1m)	Hoch (z.B. 5m, passiv)	Sehr hoch (z.B. 100m, aktiv)
Einfluss von Metall	Starke Abschwächung des magnetischen Feldes, Verstimmung der Resonanzfrequenz		Reflexion an Metalloberflächen, Wirbelstromverluste, Verstimmung der Resonanzfrequenz	
Einfluss von Flüssigkeiten	Niedrig		Hoch	Sehr hoch
Pulkleseeigenschaften	Technisch möglich (derzeit wenig realisiert)	Möglich (theoretisch bis 100 Stück)	Möglich (theoretisch bis 500 Stück, praktisch 60 Stück)	Möglich (theoretisch bis 500 Stück)
Speicherkapazität	z.B. Read-Only 64 bit; Read-Write, passiv bis 2 kbit; Read-Write, aktiv 32 kByte			
Datenübertragungs-raten	Niedrig (typisch 4 kbit/s)	Mittel (z.B. 106 kbit/s, ISO 15693)	Hoch (z.B. bis 140 kbit/s)	Sehr hoch
Transponder-bauformen	Glasröhrchen, Stick, Nagelform	Label	Label, Kunststoff-Gehäuse	
	Coin, Karte, Disc			
ca. Preis je Transponder	0,5€ - 1€ passiv	0,4€ – 0,7€ passiv, 6€ mit Temperatursensor	0,2€ -0,7€ passiv (Label), 2€ -6€ passiv (Gehäuse), 60€ mit Temperatursensor	30€ bis 50€ aktiv

Abb. 6.46 Frequenzbereiche von RFID-Anwendungen

überprüft, was dazu führt, dass fehlerhaft ausgelesene oder unvollständige Daten als solche erkannt und ignoriert werden (Finkenzeller 2006, S. 209 und S. 439).

Die Lese-/Schreibeinheit (Scanner) dient dem Auslesen der vom Transponder bereitgestellten Informationen, in manchen Fällen ist auch ein Beschreiben des RFID-Tags möglich. Hierzu ist sowohl der Scanner, als auch der Transponder mit einem Koppelelement, einer Antenne oder Spule, ausgestattet. Diese bilden die Schnittstelle zwischen RFID-Tag und Scanner. Durch das Erzeugen einer hochfrequenten Sendeleistung durch die Lese-Schreibeinheit werden die Transponder aktiviert und die für das Senden von Daten notwendige Energie zur Verfügung gestellt. Scanner können fest installierte oder auch mobile Einheiten sein. Die empfangenen und dekodierten Daten werden über eine weitere Schnittstelle vom Lesegerät an einen Computer übertragen (Obrist 2006, S. 20). Eine zwischengeschaltete Softwarelösung (Middleware) bündelt die von Scannern gesammelten Daten und filtert sie nach vorgegebenen Regeln. Mögliche Kapazitätsengpässe bei der Datenverarbeitung und dadurch resultierende Leistungseinbußen, der zur Weiterverarbeitung benötigten betrieblichen Informationssystemen, werden folglich vermieden (Strassner 2005, S. 58).

6.9.1.3 RFID-Einsatzbeispiele in der Automobilindustrie

Transponder bieten je nach Bauart unterschiedlich große Speicherkapazität und eröffnen damit grundsätzlich die Möglichkeit, neben reinen Identitätsdaten auch logistikrelevante Status- und Prozessdaten auf dem Transponder zu hinterlegen (VDA 5520, S. 12). Der RFID-Einsatzbereich in der Automobilindustrie spannt sich vom Einsatz im Bereich des Lieferantenmanagements im Rahmen einer Supply Network Collaboration (vgl. Abschn. 5.3.2) über die Fahrzeugsteuerung der Fertigung bis hin zur Fertigfahrzeugverfolgung in der Distributionslogistik (vgl. Abb. 6.47).

Nachfolgend werden beispielhaft potenzielle bzw. bereits realisierte Einsatzbereiche der berührungslosen Radiofrequenztechnologie dargestellt.

Warenanlieferung und Warenvereinnahmung Beim Verladen der mit Transpondern ausgestatteten Behältern wird bereits beim Automobilzulieferer mittels am Frachtträger (z. B. LKW-Sattelzug) angebrachten Scannern die Fracht auf Richtigkeit geprüft. Die erfassten Daten werden anschließend zu einem Lieferschein zusammengefasst und auf dem Transponder gespeichert, der sich am Fahrzeug befindet. Verlässt der LKW das Werk des Lieferanten, werden die Lieferscheindaten automatisch von einer am Werksausgang installierten Antenne empfangen und anschließend via Datenfernübertragung (DFÜ) als Lieferavis an den Automobilbauer übermittelt (vgl. Abschn. 8.7.1). Gleichzeitig werden die Daten an das Lagerverwaltungssystem übertragen, das den Warenausgang beim Lieferanten bucht. Zusätzlich kann bei Bedarf ein Zollbescheid an die zuständige Behörde generiert und übermittelt werden (Schmidt 2006, S. 73).

Beim Durchfahren des Werkstors des Automobilherstellers an dem sich ein RFID-Gate befindet, kann der ankommende LKW automatisch im Wareneingang registriert werden. Dabei wird die komplette Ladung stückgenau erfasst. Zur

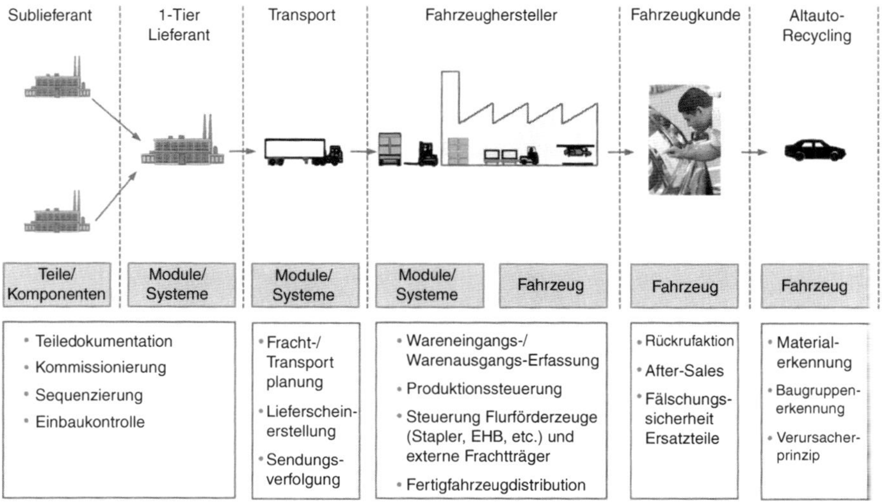

Abb. 6.47 Einsatzbereiche RFID in der Automobillogistik (in Anlehnung an VW)

Erfassung der gelieferten Ware ist eine Sichtung bzw. das Abladen der Colli nicht mehr nötig (Franke u. Dangelmaier 2006, S. 125). Der elektronische Lieferschein, der auf dem LKW-Transponder gespeichert ist, kann nun ausgelesen und an das Warenwirtschaftssystem des OEMs übermittelt werden. Bei zentraler Datenverwaltung, werden die zugehörigen Informationen zur Transponder-Identifikationsnummer beispielsweise aus dem EPCglobal™ Netzwerk bezogen (Strassner et al. 2005, S. 183). Die erhaltenen Lieferdaten werden automatisch mit den Bestelldaten abgeglichen. Der LKW-Fahrer kann relativ zeitnah zur Entladestelle oder auf eine Warteposition geleitet werden.

Durch die Installation eines RFID-Scanner-Verbunds auf dem Werksgelände, ist jederzeit eine Lokalisierung des Frachtträgers möglich. Am Zielpunkt wird mittels eines weiteren RFID-Lesegeräts, die Ankunft des LKW registriert und dem Fahrer, wenn nötig, durch ein Warnsignal mitgeteilt, dass er den falschen Entladepunkt angefahren hat. Eine Annahmebestätigung kann zum Beispiel direkt per EDI (vgl. Abschn. 6.9.2.2) an den Lieferanten übermittelt werden (Schmidt 2006, S. 60 f.).

Ein weiteres Einsatzgebiet für die RFID-Technologie im Wareneingang stellt die Eingangskontrolle dar. Kontrolliert werden hierbei qualitative und quantitative Merkmale einer Lieferung, wobei auf Grund des hohen Aufwands in der Praxis nur selten exakte Kontrollen vollzogen werden. Die Mengenkontrolle wurde bisher manuell oder halbautomatisch durch den Einsatz von Barcodes durchgeführt, was ein erhöhtes Risiko durch die Fehlerquelle Mensch in sich birgt. Die oft rauen Transport- und Lagerbedingungen können zusätzlich die Lesbarkeit der Barcodes beeinflussen. Beim Einsatz eines RFID-gesteuerten Wareneingangs kann die manuelle quantitative Erfassung der Lieferung durch ein vollautomatisches Scannen ersetzt werden. Hierzu muss im Wareneingangsbereich ein RFID-Lesegerät platziert sein, das die mit Transpondern versehenen Artikel, Verpackungen und/oder Ladungsträger registriert. Durch die Anbindung des RFID-Systems an ein Warenwirtschaftssystem können Bestelldaten abgeglichen, der Eingang verbucht und somit eine schnelle Verfügbarkeit der Ware sichergestellt werden. Entscheidungen über die Wahl des internen Transportmittels, die Wahl des Bestimmungsortes oder auch Entscheidungen über Rücksendung von Waren können vor Ort getroffen werden (Strassner et al. 2005, S. 183). Neben dem Ausschalten der Fehlerquelle Mensch ist besonders das zeitliche Einsparungspotenzial hervorzuheben. Durch die Fähigkeit von RFID ohne optischen Kontakt und mit Pulkerfassung zu scannen, können die Ladungsträger ohne Kontrolle und besondere Ausrichtung in Sekunden stückgenau erfasst werden. Eine Erhöhung der Durchlaufgeschwindigkeit und generell eine effizientere Nutzung des Wareneingangs kann erreicht werden (Franke u. Dangelmaier 2006, S. 125). Mischladungen müssen nicht mehr zeitaufwendig vereinzelt werden sondern können im Pulk erfasst werden (VDA 5007, S. 13).

Ist die Lieferung im Wareneingang verbucht, kontrolliert und für gut befunden worden, kann sie zum festgelegten Bestimmungsort transportiert werden. Der nach der Wareneingangskontrolle ermittelte Lagerplatz wird nun als elektronischer Transportauftrag zur Wareneinlagerung an einen Lagerarbeiter bzw. ein Transportsteuerungssystem (z. B. Staplerleitsystem oder FTS-Steuerung) übermittelt. Über ein am Flurförderfahrzeug installiertes RFID-Lesegerät kann direkt beim Aufladen überprüft werden, ob es sich um das im Transportauftrag angegebene Material handelt. Darüber hinaus kann jederzeit visualisiert werden, welches Fahrzeug mit welcher Ware unterwegs ist. Die Route des Förderfahrzeugs wird durch das angeschlossene Leitsystem vorgegeben. Hierzu ist eine ständige Positionsbestimmung des Fahrzeugs nötig, welche durch ein verteiltes Transpondernetz in den Werkshallen gewährleistet wird. Ein weiterer am Lagerplatz vorhandener Transponder kann zum einen der Überprüfung, ob das richtige Material eingelagert wird, und zum anderen der Aktualisierung der Bestände im Lagerverwaltungssystem (LVS) dienen (Schmidt 2006, S. 62).

Teileidentifikation in der Montage BMW setzt die RFID-Technologie für die automatische Identifikation von Kabelbäumen ein. Der Just-in-Sequence Lieferant zeichnet die täglich gelieferten Kabelbäume mit Transpondern an der wieder verwendbaren Transporttasche aus. Die Tags enthalten Daten zur Identifikation der verschiedenen Kabelbaumvarianten. Bei der Anlieferung werden die Kabelbäume erfasst und eingelagert. Zum Einbau wird der passende Kabelbaum nach vorheriger Identifizierung in die Montage eingesteuert und vor dem Einlegen in die Karosse verifiziert. Kosten für den Suchaufwand, Qualitätsdokumentationen sowie Fehlverbauten, die im Extremfall die Verschrottung eines ganzen Fahrzeugs bedeuten können, werden reduziert (Strassner 2005, S. 4 f.).

Auch im Bereich der Radmontage benutzt BMW ein RFID-System. Entscheidend ist nicht nur, dass der richtige Reifensatz am richtigen Fahrzeug montiert wird, sondern dass sich auch das richtige Rad an der richtigen Position befindet (vgl. Abb. 6.48). Das automatische Fördersystem liefert RFID-gesteuert die richtigen Räder am richtigen Verbauort an (Hager 2007, S. 45).

Fahrzeugsteuerung im Fertigungsprozess Ziel einer RFID-gestützten Fertigung ist die durchgängige Verfügbarkeit aller steuerungsrelevanten Daten. Dies erfordert eine durchgängige und schnittstellenfreihe Erfassung relevanter Daten vom Presswerk über den Karosseriebau und die Lackiererei bis hin zur Endmontage. Hierzu werden Transponder bereits zu Beginn des Fertigungsprozesses eingesetzt

Abb. 6.48 Beispiel Bauteil-Identifikation mittels RFID-Tag (Quelle: Intermec)

Entweder werden diese direkt an der Karosserie oder aber am Transportträger (Skid) angebracht. Bei der Fertigung von Automobilen sind die erhöhten Anforderungen an den Transponder zu beachten, da er die Karosserie durch sämtliche Fertigungsprozesse wie z. B. Lackiererei begleitet. Hohe Temperaturschwankungen, Feuchtigkeit und Störfelder müssen berücksichtigt werden (Schmidt 2006, S. 68). In der Lackiererei werden alle notwendigen Fertigungsdaten wie Fahrzeugtyp, Wagenfarbe und Auftragsnummer des zu lackierenden Fahrzeugs, auf den am Skid angebrachten Transponder geschrieben und an die einzelnen Steuerungen in den Anlagenbereichen übertragen. Hierbei handelt es sich um spezielle Hochtemperatur-Transponder, die Temperaturen bis 210°C standhalten und dabei sendefähig bleiben. Um den metallischen Einflüssen, die in keiner Fertigung zu vermeiden sind, entgegen zu wirken, werden vermehrt Systeme im 13,56 MHz-Bereich eingesetzt, die eine deutlich höhere Datenübertragungsrate als 125 kHz LF-Systeme haben und trotzdem außerhalb industrieller Störfelder liegen. Der Einsatz von hoch entwickelten und kostenintensiveren Transpondern ist somit nötig (Schmidt 2006, S. 68).

Bei Einlauf der lackierten Karosse in die Montage wird ein Transponder auf der Motorhaube oder am Fahrzeugdach angebracht, aus dem beim Erreichen der Arbeitsstationen die notwenigen Daten ausgelesen werden. Parallel werden die für die Bearbeitung nötigen Informationen bzw. Arbeitsanweisungen zurück an die Stationen übertragen, wo sie von den Montagemitarbeitern über ein Terminal abgelesen werden. Der Fertigungsmitarbeiter quittiert am Terminal seine erledigten Arbeitsschritte oder erfasst eventuelle Störungsmeldungen (Strassner 2005, S. 102). Prozessdaten aus den einzelnen Arbeitsschritten, wie zum Beispiel Anzugsdrehmomente von automatischen Schraubstationen, Bremsdaten, Füllstände oder Spureinstellungen können eindeutig einem Fahrzeug zugeordnet und dem überlagerten Qualitätssteuerungssystem zur Verfügung gestellt werden. (Gottsauner 2006, S. 28). Gleichzeitig besteht für sicherheitsrelevante Fahrzeugkomponenten, wie Airbags oder Bremsanlagen, eine gesetzliche Dokumentationspflicht. Durch die automatische Erfassung über Transponder kann die Pflichtdokumentation deutlich vereinfacht werden, da sie parallel zur RFID-gestützten Produktionssteuerung laufen kann. Nach Beendigung der Montage werden die Transponder an den Ausgangspunkt zur Wiederverwendung rückgeführt (Finkenzeller 2006, S. 441).

Auslieferung Fertigfahrzeuge Land Rover verwendet aktive RFID-Tags, um fertig gestellte Fahrzeuge auf dem Werksgelände schnell aufzufinden. Die so genannte *Secured Gate Release*, bei der die Fahrzeuge bevor sie verladen werden ein Gate durchfahren müssen, um zu prüfen ob das Fahrzeug zur Verladung freigegeben wurde, stellt im Rahmen des Qualitätsmanagements sicher, dass keine falschen oder unfertigen Fahrzeuge versehentlich verladen werden. Die Fahrzeugerfassung bei Gate-Passagen sowie bei der Ein- und Auslagerung erfolgt nicht mehr manuell durch Einscannen des Barcodes bzw. manuelle Eingabe der Fahrgestellnummer sondern automatisch durch Auslesen der Transponderdaten (VDA 5520, S. 12). Simultan wird auch die Distribution der Fahrzeuge mit dieser Technologie optimiert. Nicht nur der Transportweg der Fahrzeuge kann dadurch besser nachvollzogen werden,

RFID hilft auch die zahlreichen Knotenpunkte der Distributionskette vom Hersteller zum Kunden wie Auto-Terminals und Häfen besser zu organisieren (vgl. Abschn. 10.3.2). Somit kann die Verweildauer der Fahrzeuge verkürzt, durch den schnelleren und reibungsloseren Durchlauf Bestände minimiert und infolgedessen Lagerkosten und Liegegelder vermindert werden.

Der Einsatz von Transpondern bietet nicht nur die Möglichkeit zur automatischen Fahrzeugidentifikation, sondern grundsätzlich auch zur Fahrzeugortung durch Triangulation (aktive Transponder) bzw. über Ortungssysteme in vom Logistik-Personal mitgeführten MDEs (passive Transponder). Damit lässt sich das Fahrzeug problemlos innerhalb der Antennenreichweite lokalisieren und Suchzeiten von nicht korrekt abgestellten Fahrzeugen verringern (VDA 5520, S. 12). Die Kennzeichnung mit Tags kann einige Nachteile des herkömmlichen Papierlabels, das an der Windschutzscheibe angebracht wurde, beseitigen. Papierlabels sind bei schlechtem Wetter schwerer zu lesen und können bei starker Sonneneinstrahlung ausbleichen. Darüber hinaus gibt es bei den Papierlabels unterschiedliche Standards, was wiederum das Lesen erschwert. Jedes einzelne Label zu scannen ist bei großen Terminals, mit mehreren zehntausend Fahrzeugen, enorm zeitaufwendig und ineffizient. Durch den aktiven RFID Tag kann ein Fahrzeug genau bis zu seinem Stellplatz verfolgt und damit ohne großen Aufwand schnell aufgefunden werden. Ein weiterer enormer Vorteil der Tags ist die zusätzliche Sicherung der Fahrzeuge. Bewegt sich ein Fahrzeug zum Beispiel nachts wird dies automatisch erfasst und ein Alarm ausgelöst. Durch die RFID-Technologie werden nicht nur Zeit und dadurch Kosten eingespart, die Parkareale können durch bessere und leichtere Organisation effektiver genutzt werden.

Weitere Beispiele für RFID-Einsatzbereiche in der Automobilindustrie:

- Die Speicherung von Datensätzen zur Qualitätssicherung bei der Motorenfertigung bei Ford in Essex (UK). Die Speicherung von qualitätsrelevanten Daten im Transponder des Montageträgers überwacht die Sicherstellung der durchgeführten Qualitätskontrollen vor der Auslieferung (Strassner et al. 2005, S. 186)
- Durch den Einsatz von RFID in der Werkzeuglogistik können deutliche Vorteile in der Transparenz der Betriebsmittelbestände sowie der Werkzeugeinsatzplanung realisiert werden. Hierzu müssen die Werkzeuge mit Transpondern versehen und ein Scannernetz im Lagerbereich sowie am Einsatzort installiert werden. Die erfassten Daten können so ins angeschlossene Werkzeugmanagementsystem übertragen und verarbeitet werden. Hierbei wird eine automatische Ortung sowie Instandhaltungsplanung von Werkzeugen möglich (Strassner et al. 2005, S. 190)
- Durch die Kennzeichnung von Flurförderzeugen mit RFID-Transpondern und der damit verbundenen Ortung, ist eine Ansteuerung von Anlagen möglich. Tritt ein gekennzeichnetes Transportmittel in einen bestimmten Bereich ein, können vordefinierte Ereignisse zur Anlagensteuerung automatisch ausgelöst werden. Zusätzlich können mittels RFID die Auslastung und Position der Flurförderzeuge erfasst bzw. dokumentiert werden. RFID-gestützte

Flurfördertechnik dient als Koppelelement zu den datentechnischen Leit-, Führungs- und Managementebenen.

6.9.1.4 Vergleich Barcode und RFID

Vorteile von Barcodes sind deren Kosteneffizienz, hohe Standardisierung und weite Verbreitung (vgl. Tab. 6.2). Dem stehen relativ geringe Datenkapazitäten pro Etikett (meist gerade ausreichend um eine Seriennummer zu speichern) sowie die Anfälligkeit der Labels bezüglich Zerstörung, Feuchtigkeit und Verschmutzung als Nachteile gegenüber. Gerade da Barcodes nur mit Sichtkontakt gescannt werden können und daher an der Außenseite eines Identifikationsobjekts angebracht werden müssen, ist dieses Risiko erheblich (Weigert 2006, S. 29).

Vorteile der RFID-Systeme sind hohe Lese- und Schreibgeschwindigkeiten, die Möglichkeit der Pulkerfassung (Simultanes Auslesen von mehreren Transpondern), die hohe Speicherkapazität, die variable Datenspeicherung und die Lesbarkeit der Daten über Funk und ohne Sichtkontakt. Gegenüber Umwelteinflüssen sind die RFID-Tags sehr unempfindlich, allerdings können Flüssigkeiten und Metalle deren Funktionalität beeinflussen. Lange Lebensdauer und Mehrfachverwendung sind weitere Vorteile, stehen aber den hohen Kosten – sowohl für die Tags als auch für deren Implementierung – gegenüber (Kortmann 2006, S. 28).

Verschiedene Anwendungen stellen unterschiedliche Anforderungen an Auto-ID-Systeme, deshalb kann man trotz der wesentlich erweiterten Funktionen von RFID-Systemen davon ausgehen, dass Barcodes mittelfristig nicht durch RFID vollständig ersetzt werden, sondern je nach Anwendung entschieden wird, welches System besser geeignet ist (Obrist 2006, S. 36).

Tab. 6.2 Vergleich Barcode- und RFID-Identifikationstechnik (Strassner 2005, S. 55; Obrist 2006, S. 36)

Vergleichskriterien	Barcode	RFID
Datenkapazität pro Label	Bis zu 2.335 alphanumerische Zeichen (2D-Codes)	Bis zu 33.000 alphanumerische Zeichen
Lesbarkeit durch Personen	Meist zusätzliche Klarschrift	Nicht möglich
Pulkerfassung	Nicht möglich	Möglich
Labelposition bei Erfassung	Direkte Sichtverbindung erforderlich	Funkübertragung ohne direkten Sichtkontakt
Lesegeschwindigkeit	Gering (ca. 4 s)	Sehr schnell (ca. 0,5 s)
Umgebungseinflüsse	Schmutz, Feuchtigkeit	Metall, Flüssigkeiten
Fälschbarkeit	Leicht möglich	Schwierig
Wiederbeschreibbarkeit	Nicht beschreibbar	Wiederbeschreibbar
Kosten	Sehr kostengünstig (pro Label ab 0,01 € und niedrige Investitionskosten)	Relativ teuer (pro Label ab 0,2 € und hohe Investitionskosten)

6.9.2 *Auswahl Datenstandard und Kommunikationstechnologie*

6.9.2.1 Datenstandard

Für einen elektronischen Datenaustausch ist es nötig dass alle Partner die transferierten Daten identisch lesen und verstehen. Datenformate definieren für den Datenaustausch, welche Informationen in welcher Form übertragen werden. Unterschiedliche Datenformate erhöhen die Betriebskosten und senken die Flexibilität auf Änderungen zu reagieren. Besonders die Automobilzulieferer, welche in der Regel an mehrere Automobilhersteller liefern, müssen verschiedene Datenvorgaben der OEMs erfüllen, was zu erhöhten IT-Kosten führt. Damit Sender und Empfänger von Nachrichten das gleiche Datenformat verwenden, wurden Standardformate und -protokolle entwickelt, die es erlauben innerhalb der Automobilindustrie vereinfacht Daten auszutauschen. Diese Datenstandards müssen hinsichtlich der Syntax und der Semantik eindeutig definiert werden. Während die Syntax die logische Abfolge übertragener Zeichen wie z. B. die Länge von Datenfeldern und Trennsymbole festlegt, beschreibt die Semantik die Bedeutung der einzelnen Datensegmente.

Aus Sicht der deutschen Automobilindustrie spielen drei Datenstandards eine wesentliche Rolle im Datenaustausch zwischen Automobilhersteller, Zulieferer und Logistikdienstleister:

- VDA – Verband der Automobilindustrie
- ODETTE – Organisation for Data Exchange by Tele Transmission in Europe
- EDIFACT – Electronic Data Interchange for Administration, Commerce and Transport

VDA Standard Die Basis und Referenz für spezifische Anforderungen der Fahrzeugindustrie an den Nachrichtenaustausch bilden die im Verband der Automobilindustrie (VDA) erarbeiteten und veröffentlichten VDA-Empfehlungen (vgl. Abb. 6.49). Darüber hinaus veröffentlicht der VDA auch Verwendungsempfehlungen für die Odette-Nachrichtentypen und weiteren Odette-Standards (z. B. Odette-Warenanhänger) sowie für Odette-Subsets von Edifact-Nachrichtentypen.

Der vom VDA ins Leben gerufene Arbeitskreis Vordruckwesen beschäftigte sich zunächst mit der Standardisierung und Normierung von Papierbelegen. In einem weiteren Schritt ging man dazu über, auch die in der Datenfernübertragung (DFÜ) eingesetzten Datenelemente und Nachrichtentypen zwischen deutschen Automobilherstellern, Lieferanten und Logistikdienstleistern festzulegen. Innerhalb der deutschen Automobilbranche können elektronische Nachrichten standardisiert ausgetauscht werden. Durch die Vorgabe von festgelegten und genormten Feldern erfolgt eine eindeutige und vereinfachte Kommunikation innerhalb der Automobilindustrie. Die VDA Nachrichtentypen bestehen der einfacheren Handhabung wegen nur aus Muss-Feldern mit festen Satzlängen (Weid 1995, S. 36 f.).

Zur beispielhaften Beschreibung eines standardisierten elektronischen Datenaustausches in der Automobilindustrie soll der in Abb. 6.50 dargestellte Lieferprozess dienen. Jeder Materiallieferung geht eine Liefervorschau (VDA 4905) voraus

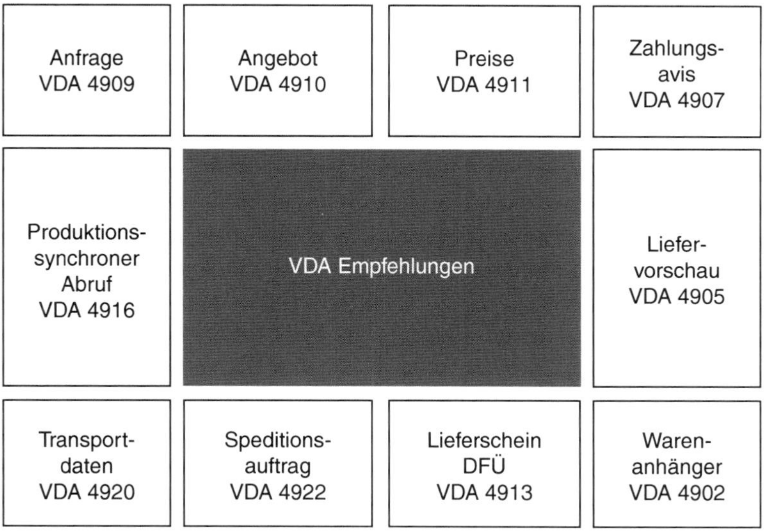

Abb. 6.49 Beispiele für VDA Empfehlungen

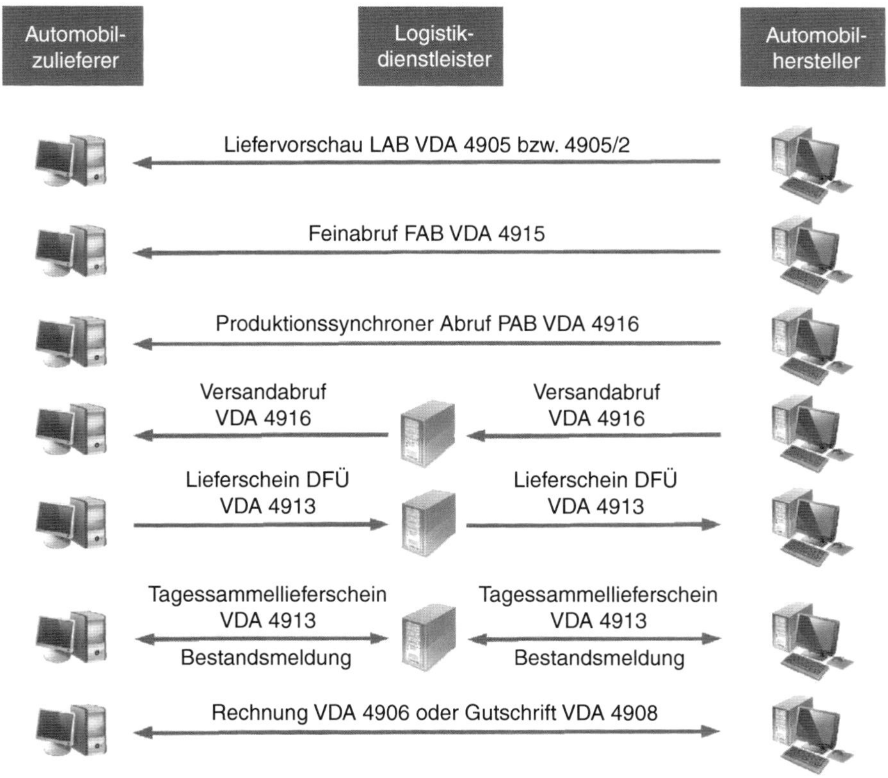

Abb. 6.50 VDA-Empfehlungen zum elektronischen Datenaustausch

um den Lieferanten über die in den folgenden Monaten und Wochen anzuliefernden Umfänge zu informieren. Diese Liefervorschau dient dem Lieferanten zur Disposition seiner eigenen Produktionsressourcen bzw. zur Steuerung seiner Vormaterialanlieferung (vgl. Abschn. 8.2.1). Mit Hilfe des Feinabrufs (VDA 4915) bzw. des Produktionssynchronen Abrufs (VDA 4916) wird der eigentliche Lieferabruf generiert, bei dem mengen- und zeitgenaue Informationen der Warenanlieferung übermittelt werden. Kurz nach dem Versand der Ware erfolgt eine Avisierung durch den Lieferanten durch die Übermittlung einer Lieferschein DFÜ (VDA 4913) an den Abnehmer. Dieser elektronische Lieferschein enthält Informationen zur Lieferung, zum Transport und zum Materialfluss. Nach Eingang der Teilelieferung beim OEM erhält der Lieferant täglich einen Tagessammellieferschein (VDA 4913). Dieser informiert gebündelt, über die an einem Tag verbauten Teile einschließlich der Nachbestellungen. Zusätzlich können Bestandsinformationen zwischen den Logistikpartnern ausgetauscht werden. Den Abschluss des Informationsflusses bildet die Abrechnung. Hierbei wird zwischen einer Fakturierung (VDA 4906) und dem Gutschriftenverfahren (VDA 4908) unterschieden.

Odette Standard Die Odette Dachorganisation wurde im Jahre 1984 von der europäischen Automobilindustrie gegründet. Sie ist unter anderem in der europäischen Automobilindustrie für die Standardisierung logistischer Verfahren zuständig. Der Odette Nachrichtenstandard stellt die Weiterentwicklung der nationalen VDA-Empfehlungen im europäischen Rahmen dar und umfasst ca. 25 Nachrichtentypen. Mögliche Kommunikationsteilnehmer sind alle europäischen Automobilhersteller sowie deren Zulieferer, was Odette zu einem internationalen branchenabhängigen Standard macht. Die Kommunikationsinhalte sowie die Struktur der zu übertragenden Daten orientieren sich vorwiegend an dem im Folgenden dargestellten internationalen Edifact Standard, da Odette zu einem Edifact Subset weiterentwickelt wurde.

Edifact Standard Neben den bereits genannten Datenformaten kommen darüber hinaus bei den Automobilherstellern auch Edifact-Nachrichtentypen zum Einsatz, die nicht auf VDA- oder Odette-Empfehlungen basieren. Edifact wurde als branchenunabhängiger internationaler Standard definiert und stellt eine Art Weltnorm (ISO-Norm) dar. Folgende Ziele wurden bei der Entwicklung des Edifact Standards verfolgt:

- weltweite Gültigkeit
- Eindeutigkeit der Bedeutung der Datenelemente
- Branchenneutralität
- Anwendungsunabhängigkeit
- Unabhängigkeit von Rechnerhardware und Kommunikationsnetzen

Edifact wurde von einer Arbeitsgruppe der Vereinten Nationen sowie der Europäischen Gemeinschaft in den 80er Jahren entwickelt und 1987 von der ISO (International Organisation for Standardization) als ISO 9735 übernommen. Somit ist mit Edifact ein gültiger Standard entwickelt worden, der auch in die EN- und DIN-Normen übernommen wurde und damit ein weltweit ratifiziertes Regelwerk darstellt, das den elektronischen Austausch von Handelsdokumenten im Rahmen eines branchenübergreifenden, internationalen Geschäftsverkehrs ermöglicht. Ein besonderer Vorteil von Edifact ist dass die Schnittstellen auf ein Minimum reduziert werden und ein einheitlicher Datenaustausch über die komplette Wertschöpfungskette realisiert werden kann.

Seit der Entstehung von Edifact wurde eine Vielzahl möglicher Nachrichten definiert, so dass mittlerweile über 220 verschiedene Nachrichtentypen existieren, die nahezu jeden denkbaren Geschäftsprozess abbilden können. Zu den am häufigsten verwendeten Nachrichtentypen gehören

- ORDERS (Bestellung)
- DESADV (Lieferavis)
- INVOIC (Rechnung)
- PAYMUL (Multipler Zahlungsverkehr)

Aufgrund der zunehmenden Internationalisierung der Automobilindustrie gewinnt der Vorteil der weltweiten Gültigkeit eines Standards an Bedeutung, was zu einer steigenden Verbreitung führt. Nachteil der Lösung verschiedenster Anforderungen an die unterschiedlichen branchenspezifischen Geschäftsprozesse, ist ein Pool von Nachrichtentypen, der nahezu jeden erdenklichen Vorgang abbilden kann. Daraus resultieren ein Überangebot an Funktionalität und folglich mehr potenzielle Fehlerquellen sowie ein erhöhter Implementierungsaufwand. Um diese Problematik zu umgehen, wurden so genannte Subsets eingeführt. Diese stellen eine genau definierte Untermenge aus der Vielzahl von Edifact Nachrichten dar und sind auf die individuellen Bedürfnisse einer bestimmten Anwendergruppe ausgerichtet, ohne vom eigentlichen Standard abzuweichen. Genehmigte Subsets halten sich an alle Regeln und Normen gemäß Edifact und unterstützen auf Basis einer begrenzten Auswahl an Nachrichtentypen den branchenübergreifenden weltweiten Datentransfer.

6.9.2.2 Datenaustausch

Electronic Data Interchange Electronic Data Interchange bezeichnet als Sammelbegriff alle elektronischen Verfahren zum asynchronen und vollautomatischen Austausch von strukturierten Informationen zwischen Anwendungssystemen unterschiedlicher Institutionen im Logistiknetzwerk. Als strukturierte Information werden alle Daten bezeichnet, die sich in Form von Formularen abbilden lassen und zwischen den Partnern routinemäßig ausgetauscht werden. Mit Hilfe von Electronic Data Interchange (EDI) wird ein schneller, zuverlässiger und synchronisierter Informationsfluss gewährleistet, der die Leistungsfähigkeit der gesamten Lieferkette erheblich verbessert. Ein schneller Austausch von Daten bedeutet schnellere Reaktion auf Änderungen, so dass im Idealfall der Material- und Informationsfluss in Echtzeit gekoppelt werden kann. Im Gegensatz zum papiergebundenen Datenaustausch ermöglicht EDI den Partnern strukturiert Nachrichten zwischen ihren Anwendungsprogrammen auszutauschen. Die Daten werden im Idealfall automatisch in einem IT-System generiert, versandt und anschließend von einem Empfängersystem weiterverarbeitet. Voraussetzung sind allerdings einheitliche Datenformate bei Sender und Empfänger sowie EDI-fähige ERP-Systeme.

Ein EDI-System besteht prinzipiell aus einem Konverter und einer Telekommunikationssoftware, welche über eine Schnittstelle mit dem innerbetrieblichen ERP-System verbunden ist. Beim Senden von Daten übersetzt der Konverter des EDI-Systems die zu übertragenden Daten vom Inhouse-Format in ein Standardformat (z. B. VDA, ODETTE, EDIFACT). Nach Dateneingang beim Empfänger werden diese mit seinem Konverter in das eigene Inhouse-Format seines ERP-Systems konvertiert. Traditionell werden zur Datenübertragung via EDI Point-to-Point Verbindungen (Punkt-zu-Punkt) oder private VANs (Value Added Network) genutzt.

Bei der Point-to-Point Verbindung wird der Datenaustausch direkt und unmittelbar zwischen den Systemen der EDI-Partner abgewickelt. Diese Kommunikationsform setzt eine hohe Verfügbarkeit der Datenverarbeitungs- bzw. Kommunikationssysteme voraus, da beide Seiten permanent sende- und empfangsbereit sein müssen. Eine Point-to-Point Verbindung ist sinnvoll, wenn es sich bei den ausgetauschten Daten um zeitkritische Informationen mit hohen Datenvolumen handelt (z. B. Produktionssynchroner Materialabruf). Neben der Möglichkeit Standleitungen für einen ständigen Online-Zugriff zu mieten, können so genannte Wählleitungen eingesetzt werden, die bei Bedarf punktuell auf- und abgebaut werden.

Bei Store-and-Forward Verfahren mit Value Added Networks (VAN) erfolgt der Datenaustausch nicht direkt zwischen den Systemen der EDI-Partner, sondern indirekt über ein Mailbox-System, das von einem Service Provider, auch VAN genannt, betrieben wird. Hierbei findet der Datenaustausch zwar zeitlich versetzt statt, dafür müssen die EDI-Anwender nur eine Verbindung aufbauen, um alle Partner zu integrieren.

Die durchgängige Substitution papierbasierter Aktivitäten über die gesamte automobile Wertschöpfungskette stellt ein großes Optimierungspotenzial in der Automobilindustrie dar. Zwar besitzen viele Zulieferer eine EDI-Schnittstelle (EDI-Konverter) für den Datenaustausch mit den Automobilherstellern (ca. 90%), der Anbindungsgrad für Geschäftsprozesse zu den eigenen Lieferanten liegt allerdings bei weniger als 20%. EDI Fähigkeit ist ein wichtiges Kriterium für die Lieferantenbewertung. Ohne den Einsatz von EDI sind Logistikkonzepte wie Just-in-Time nicht möglich, da hierfür eine schnellere, korrektere und kostengünstigere Interaktion zwischen den Geschäftspartnern benötigt wird.

Web Electronic Data Interchange Basierend auf dem Kerngedanken des elektronischen Datenaustausches per EDI haben sich in den letzten Jahren parallel mit der zunehmenden Verbreitung des Internets verschiedene Möglichkeiten zur elektronischen Datenübertragung unter Verwendung des World Wide Web entwickelt, die sich vom klassischen EDI abgrenzen. WebEDI ist eine Verbindung aus klassischem EDI auf Betreiberseite und elektronischen Formularen auf der Anwenderseite. Ist das klassische EDI die optimale Form des Datenaustausches für große Direktlieferanten, zielt der Datenaustausch über das Internet vorrangig auf die Vereinfachung der Kommunikation mit vielen kleineren, oft global verstreuten Zulieferunternehmen mit kleineren Datenaustauschvolumen. Gleichzeitig bietet WebEDI eine Plattform für den Datenaustausch auf der zweiten und dritten Ebene der Zulieferkette.

Im Gegensatz zum klassischen EDI werden die Daten bei der Übertragung via WebEDI nicht direkt von System zu System übermittelt. Über ein zwischengeschaltetes Web Portal werden Daten ausgetauscht. Der Anbieter eines WebEDI-Systems stellt seinen Geschäftspartnern eine Website zur Verfügung, auf der sie mittels eines herkömmlichen Web-Browers vorher definierte Transaktionen auf elektronischem Wege abwickeln können. Alle Lieferanten können somit unabhängig von ihrer Größe einheitlich behandelt werden und mit identischen und standardisierten Daten (z. B. Lieferabrufen) versorgt werden. Zusätzlich kann das Datenmanagement bei der Warenanlieferung beim Automobilhersteller durchgängig auf elektronische Medien umgestellt werden. Elektronisch gesendete Lieferscheindaten treten an die Stelle der bisherigen manuellen Datenerfassungen (Horn 2002, S. 71).

WebEDI ist eine Client/Server-Anwendung. Der WebEDI-Server Betreiber bereitet EDI-Daten als Web-Formular auf und stellt diese den Beschaffungspartnern, zusammen mit Nachrichtenformularen für die Datenerfassung über das Internet bzw. Extranet, zum Abruf bereit. Diese können sich auf dem Portal einwählen und dort direkt die für sie bestimmten Daten ansehen, bearbeiten und zurücksenden. Der Datenaustausch wird über Formulare abgewickelt. Die Extensible Markup Language (XML) dient in diesem Zusammenhang als Grundlage der Beschreibung von EDI Dokumenten. Das Schnittstellenformat beschreibt und strukturiert Daten, die über das Internet ausgetauscht und verlustfrei weiterverarbeitet werden. Mit Hilfe von XML lassen sich Daten bzw. Dokumente grafisch aufbereitet im Internet darstellen. Zudem ist XML ein universelles Datenformat, das Daten strukturiert und als offener Standard zusätzlich die Anbindung an unterschiedliche IT-Systeme erlaubt (Deiseroth et al. 2008, S. 47). Zur Übertragung der Datenpakete wird das jeweilige Inhouse-Format des OEM eigenen ERP-Systems über einen Konverter in XML umgewandelt und in dieser Form an das Web Portal übertragen und im Eingangskorb des Lieferanten hinterlegt. In der Regel bekommt der Lieferant über E-Mail eine Benachrichtigung darüber. Der Automobilzulieferer kann diese XML-Dateien als Formular aufbereiten, einsehen und mit Hilfe einer Turn-Around Funktion beispielsweise eine Auftragsbestätigung generieren. Der Lieferant hat in den meisten Fällen die Möglichkeit sich die Nachrichten auszudrucken, teilweise ist zudem ein Download der Daten möglich (Nollau u. Ziegler 2002, S. 51 ff.).

6.9.2.3 Kommunikationsplattform

Für die Übertragung von Daten können die Kommunikationsdienste der nationalen Dienstleister eingesetzt werden (z. B. in Deutschland die Telekom mit ISDN oder Datex-P). Die Übertragung von hochsensiblen Daten in der Automobilindustrie erfordert allerdings neue Standards mit Abhörsicherheit und Authentifizierung von Sender und Empfänger. Ein Branchennetzwerk der europäischen Automobilindustrie stellt das European Network Exchange (ENX) dar.

ENX ist ein internetbasiertes, geschlossenes Branchennetzwerk mit verschlüsselten Datennetzen auf der Basis virtueller Verbindungen, sog. Virtual Private Networks (VPN). Ziel ist die Standardisierung von Kommunikation bei Netzwerkumgebungen, Protokollen und Übertragungstechniken. Mit Hilfe von ENX sind universelle Kommunikationsdienste über alle Plattformen möglich, wobei Verschlüsselung und Authentifizierung die Vertraulichkeit garantieren sollen. Der Zugriff wird erst nach Registrierung und Zuweisung einer Registriernummer (IP-Adresse) durch den VDA gewährt. Erst nach dem Austausch der IP-Adresse wird eine Verbindung aufgebaut, so dass keine unberechtigten Dritten zugreifen können. An einem Punkt wird ENX mit dem internen Unternehmensnetz verbunden und kann wie das normale Web genutzt werden. Innerhalb des ENX bildet jedes Unternehmen sein eigenes VPN, wodurch erhöhte Sicherheit auch gegenüber den anderen ENX-Teilnehmern erreicht wird. ENX soll zukünftig durch den Zusammenschluss mit den anderen großen Automobilnationen (USA, Japan, Asien) zu einem Global Automotive Network Exchange (GNX) ausgebaut werden.

Kapitel 7
Lean Logistics

7.1 Lean Management in der Logistik

Schlanke Methoden und Konzepte in Produktion und Logistik verändern – seit ihrer Entwicklung in den vierziger Jahren des letzten Jahrhunderts bei Toyota in Japan – die Logistikprozesse in der Automobilindustrie weltweit. Nicht ein theoretisch fundiertes Konzept bildet hierbei die Grundlage, sondern eine über Jahrzehnte entwickelte und ständig verfeinerte Methodik auf Basis von betrieblichen Erfahrungen und Untersuchungen in der Automobilindustrie. Seit den achtziger Jahren wird der *Toyota Way* verstärkt auch im europäischen Sprachraum verbreitet. Mit der Veröffentlichung der MIT Studie im Rahmen des International Motor Vehicle Program des Massachusetts Institute of Technology 1990 durch James P. Womack, Daniel T. Jones und Daniel Roos, wurde der Produktivitätsrückstand europäischer und amerikanischer Automobilhersteller zu japanischen Herstellern auch eindrucksvoll durch eine empirische Großstudie belegt (Womack et al. 1990). Zur Beschreibung dieses ganzheitlichen Ansatzes, der neben Produktion und Logistik alle Bereiche des Unternehmens durchdringt, wurde von den Initiatoren der MIT-Studie der Begriff Lean Management geprägt.

Eines der Hauptziele und Grundvoraussetzung für eine erfolgreiche Umsetzung der Lean Philosophie ist die nachhaltige Vermeidung von Verschwendungen aller Art im Unternehmen. Es werden nach Toyota sieben Arten der Verschwendung (Muda) unterschieden (vgl. Abb. 7.1). Verschwendung bzw. Muda nach Toyotas Definition bezeichnet alles außer dem Minimum an Aufwand für Betriebsmittel, Material, Teile, Platz und Arbeitszeit, das für die Wertsteigerung eines Produktes unerlässlich ist (Becker 2006, S. 278). Die Basis vieler Ansätze zur Verschwendungsvermeidung im Rahmen des Lean Managements beinhaltet eine Vielzahl logistischer Gestaltungsprinzipien, welche in den Folgekapiteln nach einer Definition sowie der Beschreibung allgemein gültiger Basisprinzipien anhand des *Prinzipienhauses der Schlanken Logistik* (vgl. Abb. 7.2) genauer beschrieben werden.

F. Klug, *Logistikmanagement in der Automobilindustrie*,
DOI 10.1007/978-3-642-05293-4_7, © Springer-Verlag Berlin Heidelberg 2010

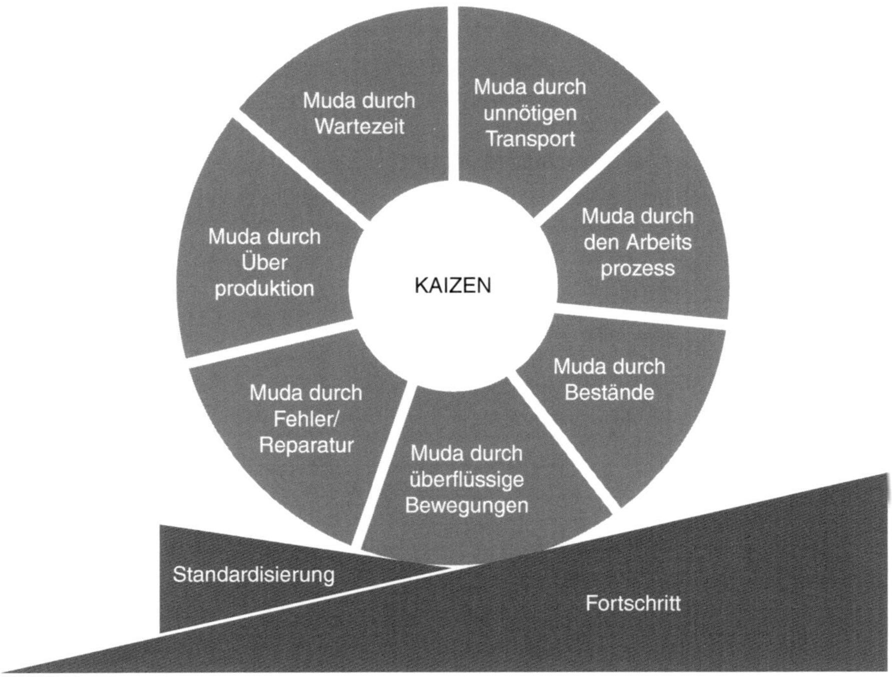

Abb. 7.1 Die sieben Verschwendungsarten nach Toyota (Liker 2004, S. 28 f.)

7.2 Grundlagen einer Schlanken Logistik

7.2.1 Definition Schlanke Logistik

Das Ziel einer Schlanken Logistik ist die Schaffung einer Hochleistungslogistik, die einerseits die hohen Produktivitätsanforderungen der Fertigung erfüllt und gleichzeitig die Quelle strategischer Wettbewerbsvorteile durch kurze Durchlaufzeiten bei hoher Flexibilität ist. Lean Logistics verbindet und koordiniert die kundenorientierten Wertschöpfungsprozesse einer schlanken Fabrik optimal miteinander. Unter der Schlanken Logistik versteht man eine synchronisierte, flussorientierte und getaktete Logistik, die sich retrograd und ziehend am Kundenbedarf ausrichtet. Sie ist weiterhin gekennzeichnet durch stabile und durchlaufzeitoptimierte Logistikaktivitäten, mit deren Hilfe die hohe Produktivität einer Schlanken Fabrik realisiert werden kann.

7.2.2 Grundprinzipien einer Schlanken Logistik

Aus der Vielzahl von bisher durchgeführten Praxisprojekten im Bereich der Automobilindustrie – sowohl bei den Herstellern als auch in der Zulieferindustrie –

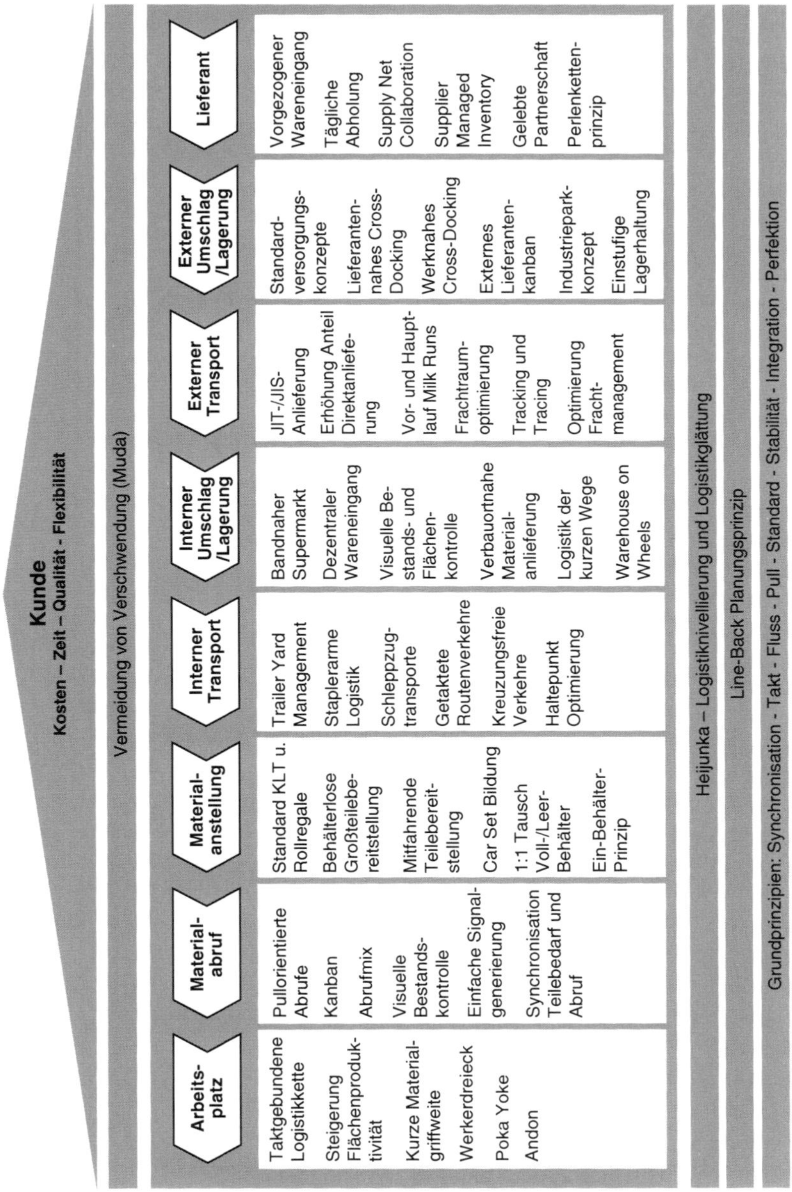

Abb. 7.2 Prinzipienhaus der Schlanken Logistik

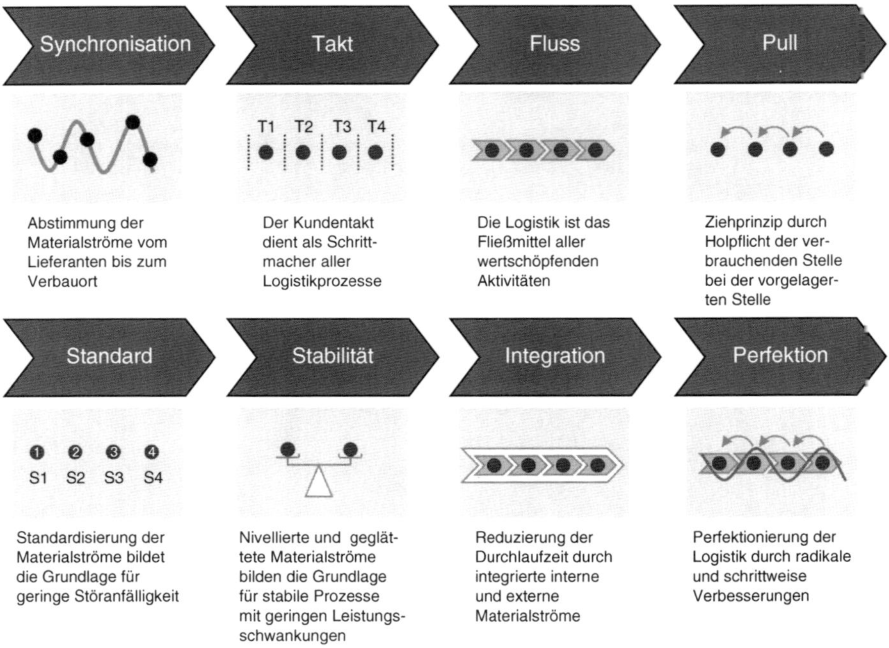

Abb. 7.3 Grundprinzipien einer Schlanken Logistik

können immer wiederkehrende Basisprinzipien abgeleitet werden (vgl. Abb. 7.3). Diese sind charakterisiert durch Allgemeingültigkeit, auch wenn deren Umsetzung jeweils unternehmens- bzw. gewerkespezifisch erfolgt.

Synchronisation Die Abstimmung der Materialströme zwischen den einzelnen Bausteinen eines logistischen Netzwerkes ist die Hauptforderung einer synchronisierten schlanken Logistik. Damit soll eine stabile Versorgung der Produktion mit den richtigen Teilen, in der richtigen Menge, am richtigen Ort, zum richtigen Zeitpunkt, in der richtigen Qualität und zu den richtigen Kosten gewährleistet werden.

Ziel der Synchronisation ist es, jeden Kundenauftrag im Rahmen der vorgegebenen Zeit- und Kostenziele zu erfüllen. Mittels der Synchronisation des Produktions- und Logistikprozesses werden die Aktivitäten des Wertschöpfungsprozesses genau nach den Marktanforderungen bestimmt und somit eine kundennahe Produktion ermöglicht. Überproduktion als schlimmste Art der Verschwendung wird damit vermieden (vgl. Abschn. 7.1). Durch die logistische Synchronisation werden die Bereiche Programmplanung sowie Montage- und Teileversorgungsprozess eng miteinander verzahnt. Hierdurch können nachhaltig die Lagerbestände gesenkt, die Prozesssicherheit und Produktqualität erhöht und der Servicegrad verbessert werden. Zusätzlich wird durch die Synchronisation vermieden, dass ungenutzte Kapazitäten in Fertigung (z. B. in der Lackiererei) und Logistik (z. B. bei den Lagerkapazitäten) vorgehalten werden müssen, die letztendlich Verschwendung bedeuten. Je synchronisierter die Logistikprozesse desto kürzer sind die Durchlaufzeiten und desto geringer die durchschnittlichen Bestandsniveaus im Unternehmen. Als Schrittmacher (Pacemaker) der Synchronisationsprozesse dient das Taktprinzip.

Takt Der Takt dient als Rhythmus- und Impulsgeber für alle Produktions- und Logistikprozesse im Unternehmen. Ausgangsbasis der Taktberechnung ist der Kundentakt, welcher den Herzschlag aller Logistikaktivitäten im Unternehmen darstellt. Der Kundentakt ist eine Bezugszahl, mit deren Hilfe die Produktions- bzw. Logistikrate der Vertriebsrate angepasst wird. Der Kundentakt berechnet sich aus der zur Verfügung stehenden Nettofertigungszeit pro Planungsperiode dividiert durch das Produktionsvolumen in Fahrzeugen pro Planungsperiode (Rother u. Harris 2004, S. 13 f.).

Alle Materialflüsse im Unternehmen werden mit Hilfe des Taktprinzips aufeinander abgestimmt. Der Takt kann zwar entsprechend der Kundenachfrage periodisch angepasst werden, muss allerdings während der Planungsperiode (z. B. Schicht) unverändert auf einem fest vorgegebenen Taktniveau verharren. Dabei wird es der Logistik ermöglicht, sich auf die spezifischen Mengen- und Flexibilitätsanforderungen einzustellen, was Sicherheitsbestände, -flächen und Verschwendung vermeidet (vgl. Abschn. 7.3.1). Zusätzlich kann mit Hilfe der Taktzeit die Kapazitätsplanung im Unternehmen durchgeführt und vereinfacht werden (Liker 2004, S. 94). Anhand der gesamten Produktionsdurchlaufzeit (Fertigungsdauer) pro Fahrzeug und der Taktzeit, als Zeitdauer eines Fahrzeugs pro Arbeitsstation, kann die Anzahl an Arbeitsstationen für den gesamten Herstellungsprozess ermittelt werden.

Ziel einer Taktvariation bei Änderung der Kundennachfrage ist die atmende Fabrik, die es ermöglicht auf Basis flexibler Arbeits- und Betriebszeitenmodelle innerhalb definierter Bandbreiten volumenflexibel auf Absatzänderungen zu reagieren.

Fluss Hauptfokus des Lean Logistics ist es, alle wertschöpfenden Aktivitäten optimal miteinander zu verknüpfen. Das logistische Flussprinzip zwischen den Aktivitäten – also die fortlaufende Bewegung aller Materialien und Fertigprodukte – bildet die oberste Maxime (Womack u. Jones 2004, S. 65 ff.). Zu spät geliefertes Material führt zu Arbeitsunterbrechungen wohingegen Stausituationen mit Beständen entstehen, wenn zu früh bereitgestellt wird (Bretzke 2008, S. 7). Ein stetiger Produktionsfluss erfordert daher, dass neben den wertschöpfenden Arbeitsvorgängen auch die Logistikprozesse gegenseitig aufeinander abgestimmt werden. Eine Reorganisation der Fertigung nach den Prinzipien der Fließfertigung bildet die Grundlage einer flussoptimierten Logistik und bedarf folglich einer simultanen Planung der Fertigungs- und Logistikprozesse. Dabei darf nicht die Werkstruktur den Logistikfluss bestimmen, sondern das Flussprinzip ist der Maßstab einer logistikgerechten Werkstrukturplanung (form follows flow), was bei der Werkstrukturplanung – besonders bei Greenfield-Werken – entsprechend zu berücksichtigen ist.

Das Idealziel einer flussoptimierten Produktion und Logistik stellt das sog. One-Piece Flow System dar. Fertigungs- und Transportlose werden aufgelöst, so dass innerhalb einer One-Piece Flow Strecke die Werkstücke jeweils direkt nach der Bearbeitung immer einzeln und sofort zum nächsten Arbeitssystem transportiert werden. Fertigungslose werden während des Fertigungs- und Logistikdurchlaufs vereinzelt, um am Ende wieder komplettiert zu werden (Lödding 2005, S. 99).

Durch kleine Transportlosgrößen und enge Prozessverzahnung wird ein kontinuierlicher Materialverarbeitungs- sowie Teileversorgungsprozess realisiert.

Grundvoraussetzung einer Flussoptimierung der Materialflüsse sind kurze Rüstzeiten. Für diese Zielerreichung wurde vorwiegend durch Shigeo Shingo das SMED (Single-Minute Exchange of Die)-Konzept entwickelt (Shingo 1989, S. 43 ff.). Hierbei werden nicht wertsteigernde Werkzeugwechselzeiten (Wartezeiten und Leerläufe) eliminiert, um Rüstzeiten und Rüstkosten drastisch zu verringern.

Pull Die Pull Philosophie für die Materialsteuerung bedeutet, dass nur dann Material bereitgestellt, transportiert und umgeschlagen wird, wenn ein Bedarf der nachgelagerten logistischen Stelle vorhanden ist (Liker 2004, S. 104 ff.). Somit wird nicht auf Basis einer – meist ungenauen – Prognose vorproduziert, sondern nur das bereitgestellt was wirklich zeitnah benötigt wird. Durch Anwendung des Pull Prinzips können kapitalintensive Lager- und Umlaufbestände auf ein Minimum reduziert werden, so dass nur noch geringe Sicherheitspuffer für eine effiziente und verschwendungsfreie Produktion benötigt werden. Weiterer Vorteil des Verfahrens ist seine Dezentralität und hohe Reaktionsfähigkeit, da nicht über ein zentrales MRP-System die Entscheidung für die Logistik getroffen wird, sondern durch den Mitarbeiter vor Ort.

Die Pull-Philosophie eines Lean Logistics Ansatzes basiert auf einer durchgängigen Kundenorientierung, die über die Materialsteuerung in der Fertigung hinausgeht. Der Endkunde generiert durch seinen Kundenauftrag beim Händler den Steuerungsimpuls für den gesamten Materialfluss (Holweg u. Pil 2004, S. 6). Dieser Impuls zieht sich im Idealfall über die gesamte logistische Kette, so dass über alle Distributions-, Produktions- und Beschaffungsstufen hinweg nach Kundenbedarf im Rahmen einer Build-to-Order Strategie gehandelt wird (vgl. Abschn. 9.1.2).

Standard Standardisierung führt neben dem Erreichen einer hohen und gleichmäßigen Qualität auch zu einer Vereinheitlichung und Vereinfachung von Logistikprozessen. Das Schaffen von Standards ermöglicht die Vermeidung von Sonderabläufen, die immer mit erhöhtem Ressourcenaufwand abzuwickeln sind. Die Standardisierung betrifft alle logistisch relevanten Bereiche der Behälter-, Lager-, Transport-, Umschlags- und Bereitstellungsplanung. Ziel ist die weitestgehende Abdeckung laufender logistischer Prozesse im Unternehmen durch vordefinierte Standardablaufverfahren, die in sog. Standard-Arbeitsblättern als Best Practice Lösung dokumentiert werden. Das Erreichte besitzt allerdings nur kurze Gültigkeit und muss laufend durch kontinuierliche Verbesserung (Kaizen) an die aktuellen Gegebenheiten angepasst werden.

Stabilität Alle bisher aufgeführten Basisprinzipien wie Synchronisation, Takt, Fluss, Pull und Standard führen gemeinschaftlich zu stabilen und robusten Logistikprozessen. Beruhigte und stabile Materialflüsse bewirken im Unternehmen eine Erhöhung der Planbarkeit bei simultaner Reduktion der Störanfälligkeit logistischer Prozesse (Harrison 1997, S. 75). Gerade durch die gestiegene Dynamik der logistischen Systeme in der Automobilindustrie sind stabile Logistiksysteme die Grundvoraussetzung für Kostenwirtschaftlichkeit bei gleichzeitiger Steigerung der Leistungsfähigkeit. Stabilität bedeutet allerdings keinen Verzicht auf Flexibilität. Gerade in der Verbindung beider Prinzipien liegt die Stärke einer Schlanken Logistik.

Integration Jede Schnittstelle bedeutet Wartezeit und Ressourcenmehraufwand. Daher muss eine schnittstellenreduzierte, durchgängige Logistik oberste Planungsmaxime sein. Reibungsverluste, organisatorische Abstimmungsprozesse und Datenkonvertierungen können vermieden werden. Integrative Prozesse stellen die Basis für durchlaufzeitoptimierte Logistikaktivitäten im Unternehmen dar.

Perfektion Perfekte Logistikabläufe erfordern Fehlererkennung am Ort der Entstehung und dessen sofortige und konsequente Beseitigung. Aufgrund der hohen Dynamik bei der Modellvielfalt und Modellwechselhäufigkeit der Automobilindustrie können Prozesse immer nur vorläufige Standards darstellen, die es laufend zu optimieren gilt (Womack u. Jones 2004, S. 115). Die Perfektion im Logistikdenken findet nie ein Ende, da sie aufgrund der hohen Marktdynamik nur Ziel aber nie Endergebnis darstellen kann. Perfektion ist immer dann erreicht, wenn nichts mehr weggelassen werden kann ohne den Kundennutzen zu schmälern.

7.3 Gestaltungsprinzipien einer Schanken Logistik

7.3.1 Produktionsglättung als Ausgangsbasis einer beruhigten Logistik

Die Automobilindustrie des 21. Jahrhunderts ist durch eine expansive Modellpolitik geprägt, bei der identische Fahrzeuge äußerst selten vom Band laufen. Diese hohe Produktvarianz verbunden mit volatilen Kundenmärkten führt zu starken Fluktuationen bei den Kundennachfragen. Eine ungefilterte Weitergabe des Vertriebs- zum Produktionsprogramm hätte stark schwankende und unruhige Fertigungs- und Logistiksysteme zur Folge, die nur mit entsprechendem Mehraufwand und Verschwendung betrieben werden könnten. Notwendige Bedingung eines schlanken Logistikprozesses ist ein geglättetes und nivelliertes Produktionsprogramm, um Schwankungen und Unterbrechungen im Logistikfluss zu beseitigen (Womack u. Jones 2004, S. 75). Das abgeleitete nivellierte Fahrzeug- und Aggregateprogramm ist kurzfristig aus Stabilitätsgründen von der Kundennachfrage entkoppelt, bei mittel- bis langfristiger Kongruenz zwischen Kundennachfrage und Produktionsangebot (vgl. Abb. 7.4). Dieses von Toyota entwickelte Heijunka-Konzept der Produktionsglättung und -nivellierung beinhaltet nicht nur eine Nivellierung des Produktionsvolumens, sondern auch den Ausgleich beim Produkt-Mix. Dieses Steuerungsinstrument strebt einen ausgeglichenen Produktionsmix insofern an, als dass die Produktion unterschiedlicher Fahrzeuge gleichmäßig über einen definierten Zeitraum verteilt wird (Hütter 2008, S. 73). Beide Ausgleichsprinzipien führen im Ergebnis zu einer Stabilisierung und gleichmäßigen Auslastung des Logistiksystems. Die Schwankungen in der Kundennachfrage

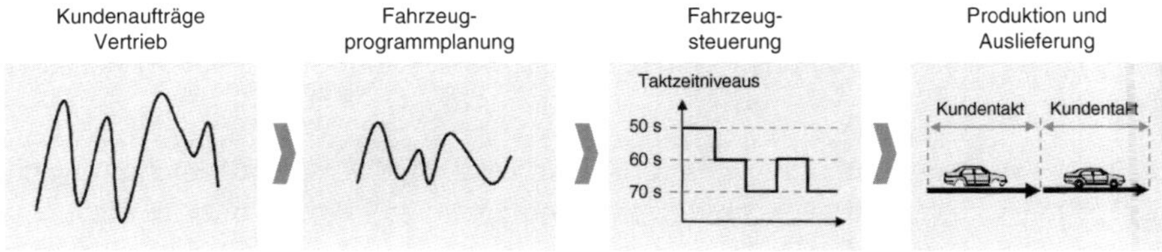

Abb. 7.4 Montage auf Basis nivellierter Taktzeitniveaus

werden vom Produktions- und Logistiksystem gefiltert. Die Umsetzung des Heijunka Konzepts erfolgt in der Festlegung verbindlicher Spielregeln zwischen Vertrieb, Programmplanung und Produktionssteuerung. Hierbei gilt es Restriktionen bei der Einplanung der Kundenfahrzeuge im Rahmen der Programmplanung zu berücksichtigen (vgl. Abschn. 9.3).

Ziel ist, die Bestellmenge einer Periode auf die einzelnen Tage so zu nivellieren, dass an jedem Tag möglichst die gleiche Menge bei gleicher Zusammenstellung an Fahrzeugen produziert wird. Dies ermöglicht eine Taktung der Produktions- und Logistikprozesse, so dass die Fahrzeuge über alle Arbeitsstationen hinweg mit einer gleichmäßigen Durchsatzgeschwindigkeit gefertigt werden können. Die Schwankungen der eingehenden Kundenaufträge werden durch Glättung des Produktionsprogramms auf ein durchschnittliches Niveau gebracht, welches als Ausgangsbasis zur Berechnung des Kundentakts nach folgender Formel dient:

$$Kundentakt = \frac{zur\ Verfügung\ stehende\ Nettoproduktionszeit\ pro\ Planperiode}{benötigte\ Fahrzeuge\ pro\ Planperiode}$$

Diese Taktzeit darf aus Gründen der Stabilität und Synchronisation zwischen Fertigungs- und Logistikprozessen nicht beliebig variiert und muss über die Planperiode (z. B. innerhalb einer Schicht) konstant gehalten werden. Die Taktung kann lediglich fest vorgegebene diskrete Taktzeitniveaus (z. B. 50s, 60s oder 70s) annehmen, welche hinsichtlich des Ressourcenbedarfs abgestimmt sind. Die Nivellierung der Produktion und auch der Logistik findet an einem bestimmten Prozess des Wertstroms statt, dem so genannten Schrittmacherprozess – in der Regel handelt es sich um die Fahrzeugendmontage (Hütter 2008, S. 73). Neben der Glättung der Arbeitstakte an der Montagelinie bedarf es zusätzlich der Harmonisierung aller Wertschöpfungsstufen innerhalb des Fertigungsprozesses sowie der hierfür nötigen Teileversorgungsprozesse.

Damit bestimmt der Kundentakt als Rhythmusgeber die gesamte Taktung aller logistischen Prozesse (vgl. Abb. 7.5). Retrograd ergibt sich aus der Taktung der Montage eine bestimmte Bereitstellungsmenge der Materialien pro Zeiteinheit. Änderungen der Taktung führen somit zwangsläufig zu Änderungen beim Materialbedarf sowie beim Bereitstellungsrhythmus. Der Betrieb logistischer Versorgungsprozesse erfolgt ausschließlich in fest vorgegebenen Logistikmengen und Rhythmen. Dies ermöglicht eine verschwendungsfreie Synchronisation zwischen

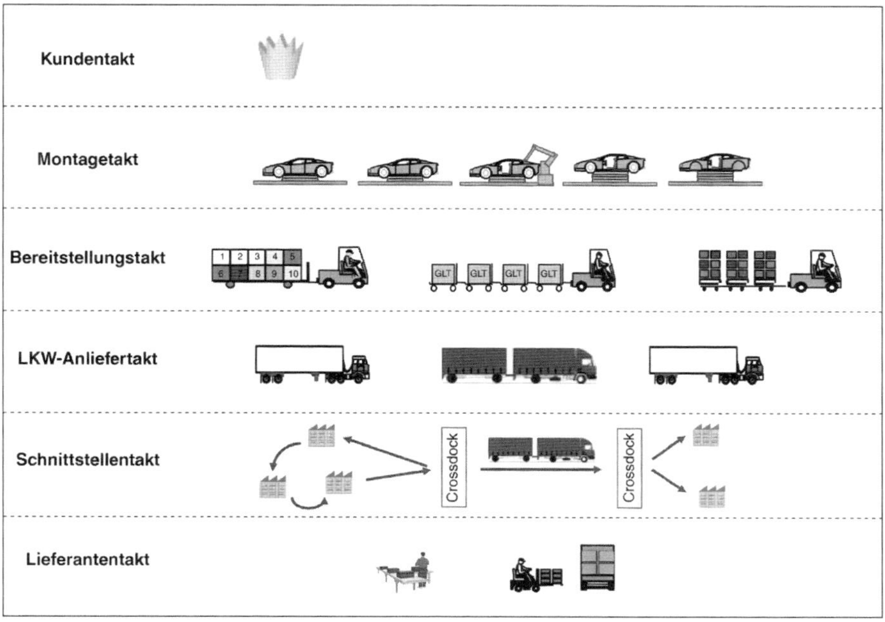

Abb. 7.5 Synchronisierte Taktung des gesamten Logistiknetzwerkes

den Fertigungs- und Logistikprozessen. Für die Bereitstellung bedeutet dies, dass die Taktung der Routenverkehre bei einer staplerfreien Materialanstellung (vgl. Abschn. 7.3.5) auf das aktuelle Taktniveau der Montagelinie dynamisch angepasst werden muss. Dabei berechnet sich der Bereitstellungstakt aus der Transportkapazität unter Berücksichtigung des Behälterinhalts und stellt jeweils ein ganzzahliges Vielfaches des Kundentaktes dar. Alle vorgelagerten Logistik- und Wertschöpfungsstufen vom Warenumschlag im Supermarkt über die Warenvereinnahmung im Wareneingang, den externen Transport bis hin zum Lieferanten müssen nach dem Taktprinzip optimal aufeinander abgestimmt werden. Diese Synchronisation wird ausschließlich über alle Stufen durch den Impulsgeber des Kundentaktes erreicht.

Werkstrukturen (Fertigung auf mehreren Etagen, enge Gänge, beschränkte Deckenlasten, knappes Flächenangebot, Aufzugstransporte usw.) sowie weitere organisatorische Rahmenbedingungen in der Aufbau- und Ablauforganisation stehen häufig dem Ziel einer harmonisierten und geglätteten Logistik entgegen. Flexibilitätsreserven müssen deshalb innerhalb der logistischen Kette aufgebaut werden, die es ermöglichen restriktionsbedingte Schwankungen zu kompensieren. Ein wichtiges Flexibilitätspotenzial sind flexible Arbeits- und Betriebszeiten. Dies wird unter anderem durch einen flexiblen Mitarbeitereinsatz (Shojinka) erreicht, was zu einer erhöhten Flexibilitäts- und Qualifikationsanforderung der Mitarbeiter führt. Der Effizienzgewinn eines flexiblen Mitarbeitereinsatzes zeigt sich auch beim Modellwechsel bzw. der Produktpflege, die sich schneller abwickeln lassen (Becker 2006, S. 311). Flexibilitätsreserven ermöglichen es Schwankungen (Engpässe,

Störungen, Überlieferungen, etc.) innerhalb der logistischen Kette zu glätten und das Aufschaukeln der Mengenschwankung nach dem Bullwhip Effekt bereits beim Verursacher zu kompensieren oder zumindest zu dämpfen.

Ein weiterer Stabilisierung- und Glättungsfaktor in der Logistikkette ist der Einsatz neuerer Verfahren der Produktionssteuerung mit stabiler Auftragsfolge (vgl. Abschn. 9.6). Damit bildet die frühzeitige Festlegung einer fixen Montagereihenfolge im Rahmen der Montage-Perlenkette eine notwendige Stabilitätsbedingung. Ein intelligentes System aufeinander abgestimmter Steuerungsparameter beruhigt den gesamten Wertschöpfungsprozess. Das Planungsprinzip der Perlenkette wirkt als Stabilisierungsinsel die systemimmanent und schnell auf Störungen reagieren kann. Zusätzlich stellt ein gering schwankendes Produktions- und Logistiksystem die Grundvoraussetzung für den erfolgreichen Einsatz eines pullorientierten Materialsteuerungssystems dar (vgl. Abschn. 9.6.5).

Entsprechend dem Line-Back Prinzip (vgl. Abschn. 4.4.1) werden in den Folgekapiteln für jede Stufe der logistischen Kette – ausgehend vom Arbeitsplatz – die Hauptbausteine einer Schlanken Logistik beschrieben, wie sie heute in den Fertigungsstandorten der Automobilindustrie Verwendung finden.

7.3.2 Arbeitsplatz

Taktgebundene Logistikkette Entsprechend dem Line-Back Prinzip ist der Kundentakt der Taktgeber der gesamten Logistikkette ausgehend vom Verbauort des Materials am Arbeitsplatz bis hin zum Lieferanten. Dieses Taktprinzip muss sich stufenweise und synchronisiert über alle Stufen der Logistikkette hinwegsetzen.

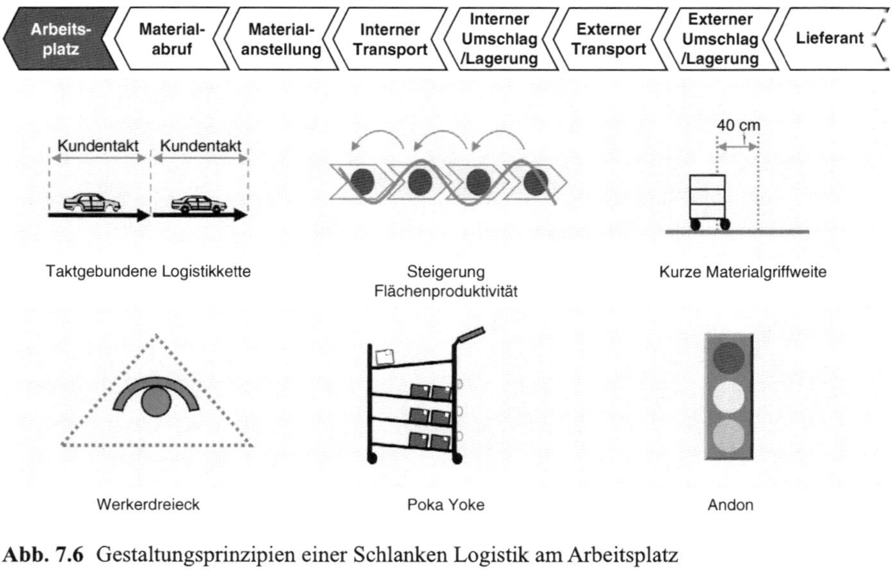

Abb. 7.6 Gestaltungsprinzipien einer Schlanken Logistik am Arbeitsplatz

Daraus lässt sich folgende Forderung für eine taktgebundene synchronisierte Logistikkette ableiten:

Teileentnahmetakt am Arbeitsplatz = Bereitstellungstakt am Verbauort = Anliefertakt des verbauortnahen Supermarkts = externer Anliefer- und Transporttakt = Lieferantentakt

Zwar bleibt das Taktprinzip über die Logistikkette erhalten trotzdem wechselt die gehandelte Logistikeinheit, die immer ein ganzzahliges Vielfaches der kleinsten Einheit des Teileentnahmetaktes am Verbauort darstellt. Aus Wirtschaftlichkeitsüberlegungen ist es sinnvoll Pufferbestände zwischen den Taktbereichen aufzubauen um kurzfristige mengenmäßige und zeitliche Schwankungen zu kompensieren. Puffer haben auch wertschöpfende Effekte, die sich wie folgt beschreiben lassen (Bretzke 2008, S. 7):

- Puffer beruhigen und verstetigen die Prozesse, indem störende Umwelteinflüsse kompensiert werden (Schockabsorption).
- Puffer verhindern die Ausbreitung lokaler Störungen auf die gesamte Logistikkette (Dominoeffekt).
- Puffer ermöglichen die Ausschöpfung von Skaleneffekten in Produktion und Logistik sowie eine Verstetigung der Kapazitätsauslastung auf einem hohen Niveau.

Durch den Aufbau von Pufferbeständen darf allerdings nie die mittelfristige Kundenorientierung nach der Pull-Philosophie verloren gehen.

Steigerung Flächenproduktivität Der Kundenwunsch nach gestiegener Fahrzeug- und Ausstattungsvielfalt führt unmittelbar zu einem erweiterten Flächenbedarf am Arbeitsplatz. Auch die traditionelle Ausdehnung von Fertigungsflächen im Fahrzeugwerk, aufgrund konstruktiv – und daher auch produktionstechnisch – anspruchsvolleren Fahrzeugen, führt zwangsläufig zu einer steigenden Verknappung des Gutes Logistikfläche. Einzige Möglichkeit ein erhöhtes Materialaufkommen bei begrenzter Fläche zu managen ist eine Steigerung der Flächenproduktivität. Dies wird einerseits durch die Erhöhung der Teilebereitstellungsdichte und andererseits durch Steigerung der Umschlagshäufigkeit pro Flächeneinheit erreicht. Eine verdichtete Materialbereitstellung mit kurzen Anlieferzyklen ermöglicht beide Forderungen gleichzeitig zu erfüllen.

Durch die Erhöhung der Flächenproduktivität des Materials reduziert sich der durchschnittliche Bestand und somit proportional der Flächenbedarf bei zusätzlicher Steigerung der Transparenz. Darüber hinaus verkürzt sich die Montagelinie, werden Freiflächen für den Aufbau von Supermärkten geschaffen (vgl. Abschn. 6.5.2) sowie die direkte Ansiedelung von Lieferanten an der Montagelinie im Rahmen eines Kondominium Konzeptes (vgl. Abschn. 3.6.1) ermöglicht.

Kurze Materialgriffweite Eine taktbezogene, optimierte Bereitstellung des Montagematerials am Arbeitsplatz ist die Basis der hohen Produktivität und Flexibilität heutiger Montagelinien in der Automobilindustrie (Mehrproduktfließlinie). Die Produktionszeit ist aufgrund der hohen Ressourcen- und Kapitalbindung höher zu bewerten als die ressourcenverminderte Logistikzeit. Dies führte dazu, dass mit steigender Investition im Montagebereich die Anforderungen an die Logistik hinsichtlich einer verbauoptimierten Bereitstellung gestiegen sind (Klug u. Mühleck 2008, S. 38 f.). Anbauteile und auch Werkzeuge sollten sich möglichst verwendungs- und einbaunahe am Fahrzeug befinden und mit dem kontinuierlichen und getakteten Fertigungsfluss synchronisiert sein. Das im Supermarkt (vgl. Abschn. 6.5.2) realisierte Downsizing bei dem kleinere Logistikeinheiten geschaffen und bereitgestellt werden sowie die Vorkommissionierung von Bauteilen in Warenkörben führt zu einer durchschnittlichen Reduzierung der Greifwege. Der Logistikmehraufwand im Supermarkt wird in der Regel durch eine Produktivitätssteigerung am Arbeitsplatz überkompensiert.

Eine wichtige Grundlage für die Reduzierung der Materialgriffweite bildet der Einsatz einer Regaltechnik, die sich optimal und flexibel auf die technischen und logistischen Anforderungen am Arbeitsplatz anpassen lässt (vgl. Abb. 7.7). Am besten geeignet sind hierfür modular aufgebaute Regalsysteme, welche individuell und schnell an das jeweilige Arbeitssystem angepasst werden können. Darüber hinaus ermöglicht der Einsatz eines standardisierten und multifunktionalen Selbstbausystems eine laufende Anpassung des Arbeitsplatzes im Rahmen eines kontinuierlichen Verbesserungsprozesses.

Werkerdreieck Der Montagemitarbeiter soll während der wertschöpfenden Einbautätigkeit den Montagebereich für erforderliche Materialentnahmen nicht verlassen. Leerwege und unnötige Bewegungen (Muda) müssen weitestgehend eliminiert werden. Zur Bewegungsanalyse ist es erforderlich die einzelnen Bewegungselemente (z. B. Teileentnahme, Teilehandling, Teilemontage) sowie die

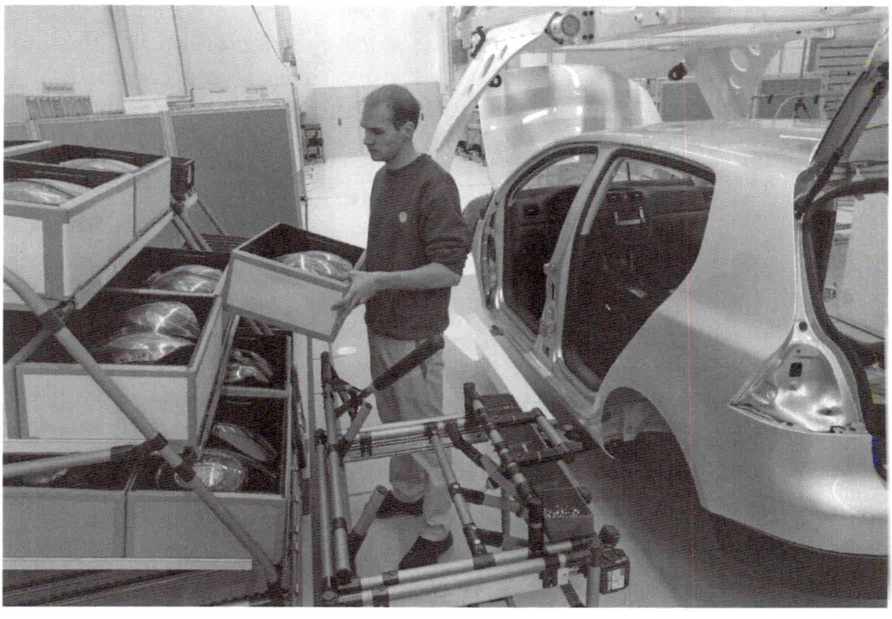

Abb. 7.7 Modulare Regaltechnik (Quelle: Volkswagen)

Summe der Laufwege pro Arbeitsplatz in einem Bewegungsablaufdiagramm zu erfassen (sog. Spaghetti Diagramm). Die Basis hierfür bildet eine unternehmensübergreifende Wertstromanalyse, welche die Rahmenbedingungen und Vorgaben für die Arbeitsplatzbewertung setzt (Tapping et al. 2002). Weitere Parameter der Ist-Aufnahme sind die Anzahl der Werkzeuge pro Arbeitsplatz und die Anzahl der bereitgestellten Teile am Verbauort. Simultan erfolgt eine Trennung in wertschöpfende und nicht-wertschöpfende Tätigkeiten, wobei die Ergebnisse in einem Auslastungsdiagramm dargestellt werden. Zusätzlich können sämtliche Arbeitsabläufe gefilmt und in einer anschließenden Gruppenbesprechung mit den beteiligten Mitarbeitern ausgewertet werden, um mögliche Best-Practice Standards abzuleiten.

Mit Hilfe des sog. Werkerdreiecks wird der ideale verschwendungsarme Bewegungsablauf innerhalb der Montage beschrieben. Hieran orientiert sich die Teileanordnung am Arbeitsplatz, um optimale ergonomische Arbeitsbedingungen zu schaffen. Eine notwendige Voraussetzung ist das sog. 5S-Housekeeping-Prinzip, wonach Sauberkeit und Ordnung am Arbeitsplatz die Grundlage für ein fehlerfreies und effizientes Arbeiten darstellen (Imai 1997, S. 21 f.). Die optimale Arbeitsplatzorganisation wird über eine konsequente Anwendung und ständige Wiederholung der Schritte Aussortieren, Arbeitsplatz säubern, Arbeitsmittel ergonomisch anordnen, Anordnung zum Standard machen sowie der Einhaltung dieser Regeln bei gleichzeitiger kontinuierlicher Verbesserung erreicht.

Die Seiten eines Werkerdreiecks ergeben sich aus den folgenden Bewegungsabläufen:

Kathete 1: Aufnahme des benötigten Bauteils aus dem entsprechenden Bereitstellungsregal bzw. Rollbehälter auf dem Materialbereitstellungsstreifen und Verbringung des Bauteils zum Verbauort am Fahrzeug.

Hypotenuse: Teilemontage am Fahrzeug gemäß Verbaureihenfolge, wobei sich das Fahrzeug samt Werker aufgrund der eingesetzten Mitfahrskids (vgl. Abschn. 9.7.4) in Bandrichtung fortbewegt.

Kathete 2: Nach Abschluss des Montagevorgangs begibt sich der Werker wieder zum Ausgangspunkt seines Montagezyklus (Werkerdreieck) am Bereitstellungsstreifen.

Je flacher das Werkerdreieck (bandnahe Bereitstellung) und je geringer die Dreiecksfläche (materialintensive Bereitstellung), desto weg- und somit zeitoptimierter ist der Bewegungsablauf. Idealfall ist die werkerintegrierte Fertigung bei der sich der Mitarbeiter auf ergonomieoptimierten und frei verfahrbaren Sitzen direkt am Fahrzeug bewegt. Montageteile und Handhabungsgeräte werden hierbei automatisch und greifoptimiert mitgeführt (vgl. Abb. 7.8).

Um Werkerkollisionen zu vermeiden, muss jeder Montagemitarbeiter seine Arbeitsinhalte bauraumfokusiert, innerhalb des vorgegebenen Taktes (Eintakter) erledigen. Die Zeitspreizung zwischen der Montage von Standard- sowie Exotenteilen ist zu minimieren, um die Auslastung des Mitarbeiters zu maximieren (vgl. Abb. 6.9). Dies muss durch die Fahrzeugsteuerung bei der Bildung der Montage-Perlenkette (vgl. Abschn. 9.6.1) sowie durch eine verdichtete Materialbereitstellung unterstützt werden.

Abb. 7.8 Ergonomieoptimierte und werkerintegrierte Montage (Quelle: Audi)

Poka Yoke Der Grundgedanke von Poka Yoke, als *narrensicherer Mechanismus*, ist eine Methode, die mit Hilfe technischer Vorkehrungen und Einrichtungen eine sofortige Fehlererkennung und Fehlerbeseitigung ermöglicht. Mit Hilfe der Poka Yoke Philosophie werden automatisch Fehler erkannt und somit Falschmontagen bzw. Falschverbauten von Teilen ausgeschlossen. Durch den Einsatz von Poka Yoke als Mechanismus zur präventiven Fehlervermeidung wird einerseits die Nacharbeit der Fahrzeuge reduziert und andererseits die Arbeit des Werkers am Montageband vereinfacht, so dass sich dieser rein auf die wertschöpfenden Tätigkeiten konzentrieren kann. Poka Yoke benötigt zwar den Einsatz technischer Hilfsmittel zur frühzeitigen Fehlererkennung und Fehlervermeidung, allerdings zu verhältnismäßig geringen Kosten, bei gleichzeitig schneller Umsetzungsfähigkeit in der Logistik. Die Grundgedanken eines Poka Yoke Projektes in der Logistik sollen anhand des folgenden Praxisbeispiels beschrieben werden.

Einsatzbeispiel Poka Yoke Regal Die Investition in technische Einrichtungen zur Fehlervermeidung rechnet sich häufig dann, wenn die Fehlerfolgekosten besonders hoch sind. Der Einbau von Farbvarianten im Fahrzeug ist bei der hohen Anzahl unterschiedlicher und ähnlicher Farbvarianten (besonders bei den Grautönen) von besonderer Bedeutung. Ein falsch eingebautes Teil, das erst im Prüf- und Finishbereich entdeckt wird, kann zu hohen Folgekosten bei der Demontage führen. Noch später entdeckte Fehler implizieren noch aufwendigere Nacharbeitungsprozesse beim Händler bzw. die Unzufriedenheit der Kunden bei Nichtentdeckung vor Auslieferung.

Das Risiko sowie die damit verbundenen Folgekosten können durch den Einsatz eines Poka Yoke Regals in der Montage vermieden werden. Hierbei wird in einem

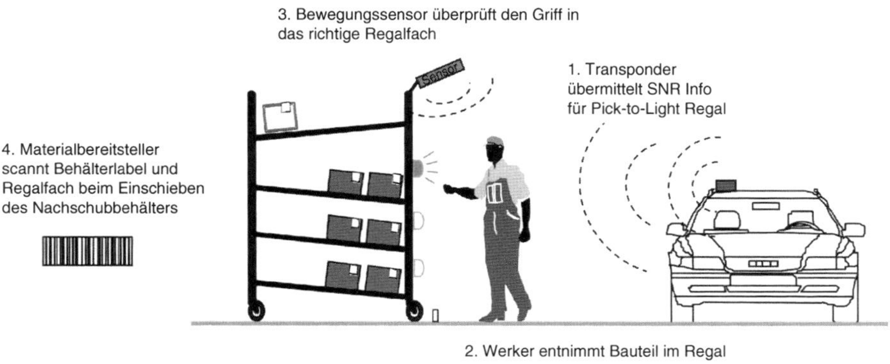

Abb. 7.9 Poka Yoke Montageregal

ersten Schritt das benötigte Montageteil, durch den sich am Fahrzeug montierten Transponder (vgl. Abschn. 6.9.1.2) berührungslos abgefragt (vgl. Abb. 7.9). Die Information zur Entnahme des richtigen Teils im richtigen Montagefach erfolgt durch ein Pick-by-Light Regal, welches dem Montagemitarbeiter die exakte Entnahmeposition mittels Signallampe anzeigt (vgl. Abschn. 6.5.1.3). Während der Entnahme des Teils wird durch einen oberhalb des Regals angebrachten Bewegungssensor der Greifprozess überwacht und beim Griff in das falsche Regalfach durch einen Signalton gewarnt. Zusätzlich wird beim Materialnachschub durch den Materialbereitsteller das Risiko der Falschbefüllung eines Nachschubbehälters durch das Abscannen des Regalfachs und des Behälterlabels vermieden.

Durch diesen Ablauf ergibt sich eine weitestgehende Fehlerfreiheit des logistischen Ablaufs, der immer ein Restrisiko in sich birgt (z. B. falsche Bezettelung des Behälters). Daher müssen bei jedem Poka Yoke Projekt die Investitionskosten für mehr Prozesssicherheit gegen die Reduzierung der Fehlerfolgekosten (einschließlich Umsatzeinbußen in Form unzufriedener Kunden) abgewogen werden.

Andon Unter den Andon-Verfahren versteht man unterschiedliche Arten von Visualisierungstechniken. Ziel des Andon-Prinzips ist eine zeitnahe Übermittlung aller steuerungsrelevanten Informationen von Fertigung und Logistik an die Mitarbeiter. Beispiele für logistikrelevante Visualisierungen sind:

- Visualisierung von Materialbestandsniveaus
- Visualisierung der Mengenleistung innerhalb der Produktionslogistik (Soll-/Ist-Stückzahl Fahrzeugmontage)
- Visualisierung von Fehlteilen
- Aktuelle nivellierte Taktzeit
- Visualisierung von Minder- und Überbeständen
- Information und Motivation von Mitarbeitern an Schautafeln
- Verbesserungsaktivitäten im Team

Mit Hilfe von sog. Andon-Boards, die für alle Fertigungs- und Logistikmitarbeiter ersichtlich sind, können laufend Informationen über den aktuellen Stand der Schichtleistung hinsichtlich geplanter (Soll-Fahrzeuge) und bereits gebauter (Ist-Fahrzeuge)

Fahrzeuge abgefragt werden. Darüber hinaus werden sämtliche Störungen in der Produktion angezeigt, welche in letzter Konsequenz zu einem Bandstop führen könnten. Ein Band-Stop System beinhaltet neben der Visualisierung von Problemen auf dem Andon-Board (Aufleuchten einer Leuchte mit der Nummer des betroffenen Arbeitsplatzes), auch die Möglichkeit für jeden Werker, die gesamte Montagelinie beim Auftreten von Problemen im Produktionsprozess anzuhalten. Durch das Ziehen einer am Arbeitsplatz angebrachten Reißleine (Andon-Leine) durch den Montagemitarbeiter werden durch optische (z. B. durch Signalleuchten auf großflächigen Displays) und akustische Signale (z. B. durch das Spielen einer spezifischen Hintergrundmusik) Ablaufprobleme angezeigt. Nach Fehleridentifikation und -meldung wird zunächst versucht das Problem mit Unterstützung des zuständigen Gruppensprechers bzw. Linienbetreuers zu beheben. Gelingt es nicht den Fehler innerhalb einer vordefinierten Wegstrecke zu beseitigen, wird das Montageband gestoppt und ein Fachteam zur Lösungsfindung hinzugezogen. Um die Gesamtverfügbarkeit der Montagelinie durch den Andon-Stopp nicht zu beeinträchtigen sind entsprechende abschnittsweise Entkopplungspuffer und kleine Akkumulatoren in der Montagelinie zu integrieren

Ziel eines Andon-Systems ist die 100% Weitergabe von Qualität, womit Folgefehler und somit Folgekosten vermieden werden. Allgemein gilt, dass nur Gutteile angenommen, produziert und weitergegeben werden dürfen. Jede Abweichung vom Normprozess muss über geeignete Andon-Verfahren zeitnah visualisiert werden.

7.3.3 Materialabruf

Pullorientierte Abrufe mittels Kanban Der verbrauchsgesteuerte Materialabruf entspricht der sog. Pull-Philosophie. Bei der pullorientierten Abrufphilosophie wird

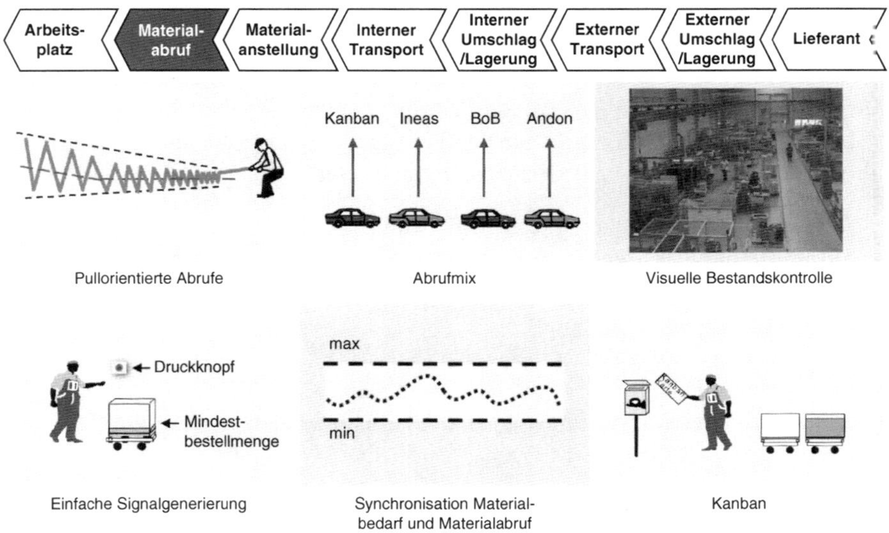

Abb. 7.10 Gestaltungsprinzipien einer Schlanken Logistik beim Materialabruf

ausgehend vom Materialbedarf an der Montagelinie ein Abrufimpuls ausgelöst. In einem verbrauchsgesteuerten Regelkreis übernimmt die vorgelagerte Wertschöpfungsstufe die Steuerung der Nachlieferung. Bei der Verbrauchssteuerung (vgl. Abschn. 6.3.2) mittels Kanban bilden zwei aufeinanderfolgende Arbeitsprozesse einen verknüpften selbststeuernden Regelkreis, bestehend aus einem teileverbrauchenden Arbeitsprozess, dem Kunden (=Senke), und einem vorgelagerten Teile erzeugenden Arbeitsprozess, dem Lieferanten (=Quelle). Die Kanban-Karte dient als Abrufimpuls und beinhaltet alle relevanten Informationen für das abgerufene Bauteil (z. B. Sachnummer, Art und Menge der Teile, Herkunfts- und Bestimmungsort, etc.). Das Kanban-System basiert auf einem System vermaschter selbststeuernder Regelkreise, da jeder Arbeitsprozess zugleich als Quelle und Senke fungiert, und durch einen vorwärtslaufenden Materialfluss und einen rückwärtslaufenden Informationsfluss miteinander verbunden ist. Das Ziehen des benötigten Materials vom Bedarfsort ermöglicht eine flussorientierte und synchronisierte Logistik. Die unterschiedlichen Realisationsalternativen eines Kanban-Systems werden in Abschn. 8.2.2 erörtert.

Abrufmix Jedes Materialabrufverfahren weist gewisse Stärken und Schwächen auf, so dass die alleinige Verwendung eines Verfahrens den heterogenen Anforderungen der Logistik nicht gerecht werden würde. Das Spektrum möglicher Verfahren reicht einerseits von den pullorientierten Verfahren, die bevorzugt eingesetzt werden, zu den pushorientierten Verfahren. Gleichzeitig ist der Technisierungsgrad gängiger Verfahren sehr unterschiedlich. Neben dem klassischen einfachen Karten-Kanban werden elektronische Konzepte (e-Kanban) mit hoher Prozesssicherheit (z. B. durch Einsatz von RFID) verwendet. Welches Verfahren am besten geeignet ist kann nicht pauschal beantwortet werden, da die jeweiligen logistischen Rahmenbedingungen wie z. B. die Abrufmenge, die Anzahl der abgerufenen Varianten oder die minimale und maximale Abrufmenge für die Auswahlentscheidung ausschlaggebend sind. Die Lean Philosophie versucht sich durch Verbesserungsprozesse laufend auf die aktuellen Gegebenheiten einzustellen, wobei die Einfachheit der Lösung und nicht die ausgefeilte Informations- und Kommunikationstechnik im Vordergrund der Entscheidung steht.

Trotz der Verwendung unterschiedlicher Abrufverfahren, die jeweils auf die teilespezifischen Anforderungen abgestimmt sind, bedarf es der Einhaltung von Standards bei der Materialabruforganisation. Die zugrunde liegende Ablauflogik muss unternehmensweit vereinheitlicht sein. Nur dies ermöglicht eine wirtschaftliche Planung und Realisierung einer schlanken Logistik.

Visuelle Bestandskontrolle Die Nähe des Materials am Arbeitsplatz ermöglicht es einfache Verfahren der Bestandsüberwachung einzusetzen. So kann durch den direkten Kontakt zwischen Arbeiter und dezentralem Bestand am Bedarfsort auch die Bestandsüberwachung von der Person übernommen werden, die auch der Verbraucher ist. Dies geschieht über sichtbare Maximalgrenzen bei Behältnissen, um etwaige Überbestände zu vermeiden, sowie durch Minimalgrenzen zur Steuerung von Notfallsituationen. Weiter dienen sowohl Flächenkennzeichnungen am Hallenboden, als auch Höhenmarkierungen für die Stapelung von Ladungsträgern zur Effizienzsteigerung am Arbeitsplatz. Eine einfache visuelle Kontrolle der Bestände ist einem IT-technischen Verfahren immer vorzuziehen, da es zuverlässiger, kostengünstiger und schneller ist, was letztendlich auch zu mehr Akzeptanz in der Anwendung durch die Mitarbeiter führt.

Einfache Signalgenerierung Die Erzeugung des Abrufsignals muss zeitnah und synchron zum Materialverbrauch erfolgen. Die Lean Philosophie favorisiert im Gegensatz zu den bedarfsgesteuerten, deterministischen Verfahren (vgl. Abschn. 6.3.1) die verbrauchsgesteuerte, stochastischen Materialabrufverfahren, da diese nur dann aktiv werden, wenn auch tatsächlich ein Verbrauch eingetreten ist. Im Idealfall erfolgt die Signalgenerierung des Materialabrufs in Echtzeit. Jede Verzögerung des Abrufsignals führt zu einem erhöhten Materialbestand an der Montagelinie um die zeitliche Verzögerung zu kompensieren und einen Fehlbestand zu vermeiden.

Synchronisation Materialbedarf und Materialabruf Die Synchronisationskette einer schlanken Logistik hat ihren neuralgischen Punkt in der Abrufgenerierung. Aufgrund des Bullwhip Effektes ist es besonders wichtig in der frühen Phase einer logistischen Kette Informationen unverzerrt und unverzögert weiter zu geben. Alle Abrufe spiegeln im Idealfall den tatsächlichen Teilebedarf unter Berücksichtigung der Diskontinuität logistischer Einheiten (Behälter, Transportlosgröße, Handlingseinheit) wider.

Jede Verzögerung zwischen dem Bedarf an Teilen sowie der Generierung des Abrufimpulses führt zwangsläufig zu einem Mehrbestand an der Montagelinie (vgl. Abb. 7.11). Je länger die Erfassungszeit desto höher ist der durchschnittliche Bestand im Fertigungs- und Logistiksystem um die Informationsverzerrung zu kompensieren. Der Einsatz eines Line-Runner Systems wirkt sich besonders nachteilig auf die Bestandssituation an der Montagelinie aus. Hierbei wird in zyklischen Abständen (entsprechend dem Laufweg der Mitarbeiter) durch Sichtkontrolle der Materialabrufer beim Unterschreiten eines Meldebestandes ein Abrufimpuls generiert. Dies erfolgt in der Regel durch das Abscannen des jeweiligen Behälters mittels MDE-Gerät. Aufgrund der zyklusorientierten, zeitverzögerten Abarbeitung

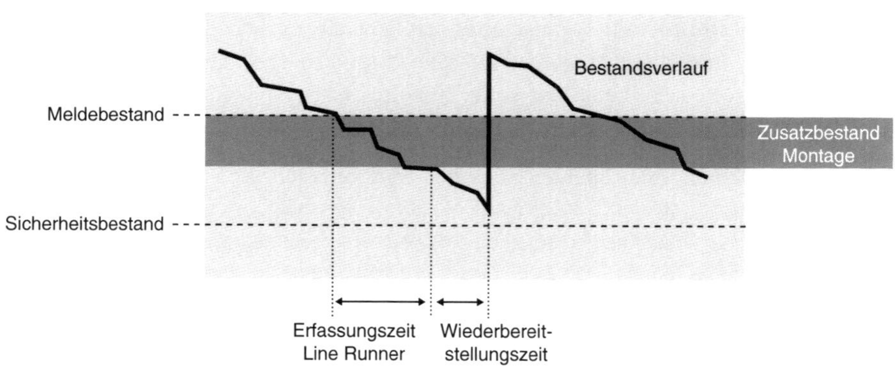

Abb. 7.11 Mehrbestand durch Abrufverzögerung

des Abrufbereichs führt diese Vorgehensweise zu Verzögerungen und folglich zu erhöhten Beständen an der Linie.

7.3.4 Materialanstellung

Standard KLT im Rollregal Eine verdichtete Materialanstellung sowie die Reduzierung der durchschnittlichen Bestände am Verbauort erfordern kleinere Bereitstellungsmengen und folglich kleinere Behälterinhalte und -größen. Der Trend zum Standard-Kleinladungsträger kann durch die prinzipielle Forderung Standard- vor Spezialbehälter und Kleinladungs- vor Großladungsträger ausgedrückt werden. Durch die Reduzierung der Behältergröße am Arbeitsplatz können nicht-wertschöpfende Bewegungen des Montagemitarbeiters reduziert werden. Hierfür werden die Behälterinhalte auf die jeweiligen Verbauraten mit dem Kundentakt abgestimmt und in geeigneten Standard-Kleinladungsträgern im Rollregal bereitgestellt. Diese synchronisierte Behältergenerierung hat dabei entweder bereits beim verantwortlichen Lieferanten zu erfolgen, oder es obliegt dem montagenahen Supermarkt ein Downsizing durchzuführen (vgl. Abschn. 6.5.2.1).

Ein weiterer Vorteil kleiner Ladungsträger ist die effektivere Nutzung der knappen Bereitstellungsflächen bei gleichzeitig höherer Transparenz am Arbeitsplatz. Dadurch wird es möglich sortenrein trotz hoher Variantenvielfalt bereitzustellen. Zusätzlich wird – um die Flächenausnutzung der Materialbereitstellungsstreifen zu optimieren – eine standardisierte Regaltechnik auf Rollenbasis eingesetzt. Die Verwendung von standardisierten und modularisierten Rollregalen bietet neben der

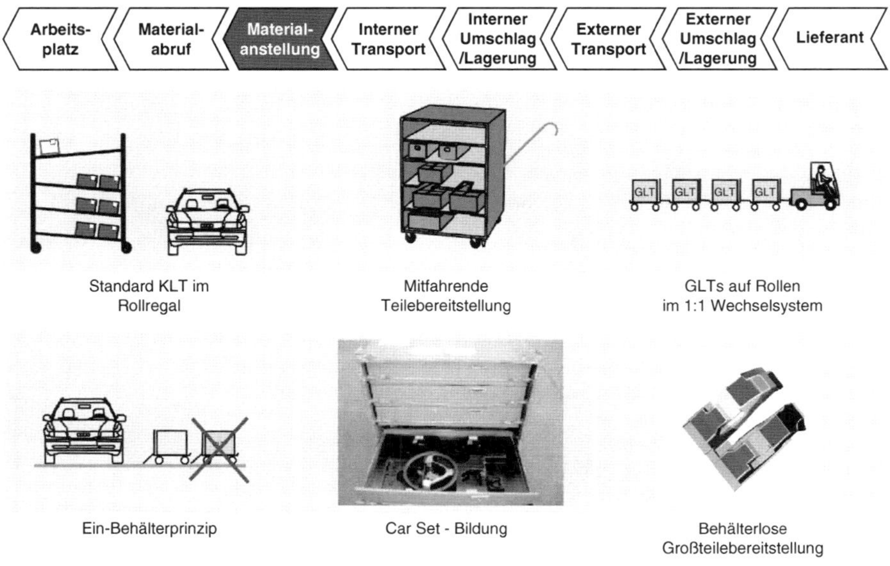

Abb. 7.12 Gestaltungsprinzipien einer Schlanken Logistik bei der Materialanstellung

Möglichkeit zur Individualisierung des Arbeitsplatzes, entsprechend den gegebenen Rahmenbedingungen, auch die Möglichkeit zur individuellen Anpassung von Bereitstellungsregalen, -wagen oder Warenkörben. Durch den Einsatz von Rollregalen kann flexibel auf Umtaktungen an der Montagelinie sowie Haltepunkt-Optimierungen der Flurförderzeuge (siehe Abschn. 7.3.5) reagiert werden.

Mitfahrende Teilebereitstellung Kurze Griffweiten für Teile und Werkzeuge, bei gleichzeitig hoher Grifffrequenz, erfordern fahrzeugnahe und mitlaufende Bereitstellungsmöglichkeiten. Hierzu werden fahrbare Wägen eingesetzt, die mittels Magneten oder einfachen Haken an das Fahrzeug gehängt werden bzw. auf Mitfahrskids automatisch mitlaufen und eine synchronisierte Teilebereitstellung ermöglichen. Hierdurch lassen sich unergonomische Bewegungen und unnötige Laufwege reduzieren. Mithilfe der mitfahrenden Teilebereitstellung kann die Einhaltung der Taktgrenzen und das *Blinde Greifen* von Material und Werkzeugen, sogar als beidhändige Materialaufnahme erreicht werden. Werkerkollisionen und Beschädigungen am Fahrzeug werden hiermit reduziert.

Die Bestückung der mitfahrenden Wägen erfolgt in den bandnahen Supermärkten (vgl. Abschn. 6.5.2). Die Anlieferung wird in der Regel über Schleppzüge (vgl. Abschn. 6.4.2) oder Fahrerlose Transportsysteme realisiert (vgl. Abschn. 6.4.3).

Eine weitere Möglichkeit der Materialanstellung besteht im Positionieren von Warenkörben im Fahrzeuginnenraum. Fahrzeuginnenraumteile werden durch die vorgegebene Zwangsfolge der sequenzierten Teile bewegungsoptimiert entnommen und Fehlverbauten verringert.

Für die Werkzeug- und Kleinteilebereitstellung besteht die Möglichkeit schienengeführte Wägen einzusetzen. Diese sind taktgebunden und werden nach dem Erreichen des Taktendes durch federunterstütztes, selbstständiges Zurückfahren ohne Aufwand für Ab- bzw. Ankoppeln in den Ausgangszustand zurückgesetzt.

GLTs auf Rollen im 1:1 Wechselsystem Der direkte Austausch eines Leerbehälters gegen einen Vollbehälter mit gegenläufigem An- und Abtransport stellt die effizienteste Methode im Behältermanagement dar. Generell sollte der Behälter immer offen, ohne Deckel und ohne Packbänder am Verbauort bereitgestellt werden. Die Entsorgung von Behältern über spezielle Leergutkreisläufe sind nicht-wertschöpfende Tätigkeiten. Beim klassischen Ablauf der Leergutentsorgung über den Leergutplatz fallen zusätzlich Vereinzelungs-, Sortierungs- und Bündelungsaktivitäten an, die bei einer direkten Ver- und Entsorgung des Bereitstellungstaktes über den Supermarkt entfallen (vgl. Abschn. 6.5.2.3). Durch den Einsatz von Rollwägen als Ladehilfsmittel für die GLT-Bereitstellung wird die Flexibilität des Behälterhandlings am Arbeitsplatz gesteigert. Der Wechsel Vollgut gegen Leergut kann selbstständig durch einen Mitarbeiter ohne Warten auf den Materialbereitsteller durchgeführt werden, was den Flussgrad des Materials und die Teileverfügbarkeit im Gegensatz zur Staplerbereitstellung erhöht.

Ein-Behälterprinzip Verzögerungen bei der Weitergabe des Materialabrufs sowie Schwankungen bei den Bereitstellungszyklen müssen über Mehrbestände an der Montagelinie ausgeglichen werden. Ein zeitnaher Materialabruf, z. B. mittels elektronischen Kanban (vgl. Abschn. 8.2.2), gepaart mit getakteten Routenverkehren in kurzen Anlieferzyklen (vgl. Abschn. 7.3.5) ermöglichen den Materialbedarf an der Linie mit dem Anlieferzeitpunkt besser zu synchronisieren. Dadurch wird es möglich auf den Pufferbehälter bei Großladungsträgern zu verzichten, der Schwankungen und Unsicherheiten beim Bereitstellungsprozess ausgleichen soll. Der klassische Greifbehälter mit dem sich dahinter oder darüber befindlichen Nachschubbehälter (Zwei-Behälterprinzip) wird auf ein einfaches Ein-Behälterprinzip reduziert. Dies erfordert allerdings die Kennzeichnung der Behälter mit einem Meldebestand (Restmenge) bei dem der Werker den Nachschubimpuls aktiviert. Durch eine zeitnahe Materialanstellung wird trotz reduzierter Bestände die Versorgungssicherheit gewährleistet. Ein Umpacken der Restmenge bei Anlieferung des Nachschubbehälters muss allerdings vom Qualitätsmanagement begutachtet und genehmigt werden, was den Einsatzbereich des Teilespektrums im Ein-Behälterprinzip entsprechend einschränkt.

Car-Set Bildung Mit Hilfe der sequenzgerechten vorkommissionierten Bereitstellung von sog. Car-Sets (Warenkörben), wird es dem Montagemitarbeiter ermöglicht seinen Taktbereich nicht zu verlassen, um sich so auf die wertschöpfenden Einbautätigkeiten zu konzentrieren. Dem Werker werden alle für den Arbeitsgang nötigen Teile in einem Warenkorb griffbereit bereitgestellt. Es fällt kein Suchaufwand für Teile an, was die Taktzeit am Band reduziert und die Produktivität steigert. Die Transparenz an der Linie wird erhöht und Verbaufehler reduziert, da die zu verbauenden Teile exakt vorgegeben sind (Muckelberg 2006, S. 53). Die Materialversorgung und -bereitstellung erfolgt über einen bandnahen Supermarkt, der die erforderlichen Montageteile mehrerer benachbarter Arbeitsstationen bevorratet (vgl. Abschn. 6.5.2). Im Rahmen eines getakteten Routenverkehrs, abgestimmt auf die jeweilige Verbaurate werden die Warenkörbe bandnah bzw. fahrzeugintegriert bereitgestellt.

Behälterlose Großteilebereitstellung Im Gegensatz zu herkömmlichen Bereitstellungsvarianten von Großteilen, in schwer handhabbaren und flächenintensiven Großladungsträgern, werden bei dieser Bereitstellungstechnik Großteile behälterlos in spezifischen Regal- und Wagengestellen bereitgestellt. Da besonders die Großladungsträger, durch Abmessung und Gewicht, Ressourcen bei der Teilebereitstellung binden, ist die Möglichkeit einer behälterlosen Großteilebereitstellung von besonderer Bedeutung. Durch die fehlenden Behälter kann die Teilebereitstellungsdichte erhöht und eine Flexibilisierung der Bereitstellungsmenge erreicht werden. Allerdings müssen bei der behälterlosen Materialanstellung von Montageteilen bestimmte Einsatzvoraussetzungen erfüllt sein. Danach muss die Ausgestaltung solcher Bereitstellregale auch nach arbeitswissenschaftlichen Aspekten erfolgen. Es gilt, dem Montagemitarbeiter optimale ergonomische Arbeitsbedingungen, hinsichtlich des Handlings der betreffenden Montageteile, zu schaffen. Analog soll nach ökonomischen und ergonomischen Gesichtspunkten der Materialansteller für den Bestückungsvorgang der Bereitstellregale mehrere Teile in einer Bewegung umpacken können. Bei beiden Handlingsprozessen darf die Teilequalität nicht beeinträchtigt werden. Zusätzlich müssen erforderliche

Umpack- und Sequenzbildungsprozesse im montagenahen Supermarkt berücksichtigt werden.

7.3.5 *Interner Transport*

Trailer Yard Management Unter einem Trailer Yard versteht man einen fertigungsnahen LKW-Auflieger Puffer auf dem Gelände oder in unmittelbarer Nähe des Fertigungsstandortes (vgl. Abschn. 8.7.1.4). Dieses Verfahren der Transportsteuerung ermöglicht eine Entkopplung des LKW-Anlieferprozesses von dem LKW-Entladungsprozess. Ziel ist eine flexible synchronisierte Zusteuerung der Trailer (Auflieger) an die werksinternen Entladestellen entsprechend dem Fertigungsfortschritt. Der Trailer-Puffer garantiert eine schnellere Abfertigung der ankommenden LKWs, reduziert die Standzeiten und verbessert die, besonders in Brownfield-Werken vorherrschende, angespannte innerbetriebliche Verkehrssituation. Die entkoppelten Trailer werden der Fertigung als bereitgestellt gemeldet. Die Fertigung ruft gemäß dem aktuellen Pufferbestand und dem Fertigungsfortschritt (Taktzeit) die Trailer ab.

Trotz der Vision einer vollsynchronisierten Logistikkette ist es nötig Pufferfunktionen einzubauen, welche als Entkopplungspunkte zwischen zwei unterschiedlich gesteuerten Logistikteilketten dienen. Dies ist gerade an der Schnittstelle zwischen der externen LKW-Anlieferung und der internen Materialbereitstellung von großer Bedeutung. Die LKW-Anlieferzyklen werden durch die aktuelle Verkehrssituation sowie Touren- und Ladungsoptimierungen bestimmt, so dass die Anlieferfrequenz

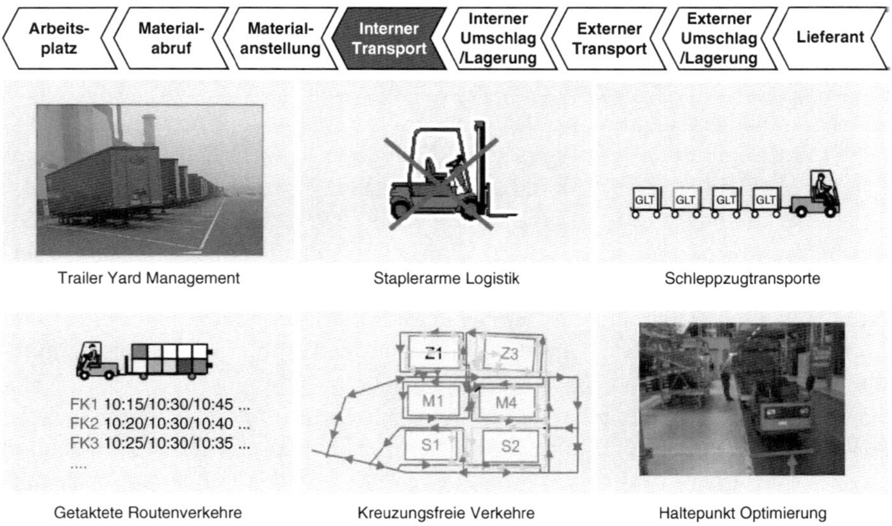

Abb. 7.13 Gestaltungsprinzipien einer Schlanken Logistik beim internen Transport

kurzfristig nicht mit dem Teilebereitstellungsbedarf der physischen Logistik übereinstimmen kann.

Staplerarme Logistik durch Schleppzugtransporte Während früher der Stapler die Materialbereitstellung in Automobilwerken dominierte, kommen heute immer mehr Schleppzugtransporte zum Einsatz (vgl. Abschn. 6.4.2). Aufgrund der negativen Effekte der Staplerbereitstellung (vgl. Abschn. 6.4.1) sowie dem Trend zur Bereitstellung immer kleinerer Behälter in höherer Frequenz wird vermehrt auf eine staplerlose bzw. staplerarme Materialbereitstellung gesetzt. Dabei werden Großladungsträger auf Stahlrahmen mit Rollen (Frame-on-Wheels) bzw. spezielle Sequenzierungsbehälter und Fächerwägen mittels elektrischer Schlepper im Busprinzip transportiert. Der vermehrte Einsatz von Schleppzügen, dient in erster Linie der weitestgehend staplerfreien Bandversorgung, um die staplerinduzierten Unfallgefahren signifikant zu minimieren. Außerdem weisen Schleppzüge ein höheres Fassungsvermögen, Flexibilität und Anpassungsfähigkeit auf. Der große Vorteil ist die bei entsprechendem Bereitstellungsvolumen – und gleichzeitig kurzen Bereitstellungszyklen – wirtschaftlichere Anstellung der Teile. Die Taktung der Logistikkette erfordert die Versorgung von kleineren Mengen in kürzeren Zyklen, was den Gabelstaplereinsatz unwirtschaftlich macht. Die kontinuierliche und hochfrequente Anlieferung beim Schleppzug ermöglicht eine Standardisierung der Arbeitsprozesse und eine gleichmäßige Kapazitätsauslastung. Der Ladeplan des Schleppzuges ist insofern zu optimieren, dass Bewegungsabläufe an den Be- und Entladepunkten (im Lager, im Supermarkt, an der Montagelinie) weitestgehend reduziert werden, um etwaige Verschwendungen in Form nicht-wertschöpfender Aktivitäten, zu vermeiden.

Getaktete Routenverkehre Die Schleppzug-Bereitstellung wird durch die Regelmäßigkeit fester Routenverkehre mit festen Fahrplänen beruhigt was simultan die Transparenz des Logistikablaufs erhöht. Einsatzvoraussetzung für das Schleppzugsystem ist die Integration eines Trailerbahnhofs im Supermarkt zur stabilen Bandversorgung (vgl. Abb. 6.26). Die Fahrpläne müssen mit dem gerade gültigen Kundentakt abgestimmt werden. Durch die Einrichtung eines getakteten Schleppzug-Systems erfolgt eine Glättung von Abrufspitzen. Je kürzer der Zyklus der Trailerzüge angesetzt wird, desto geringer wirken sich Abrufspitzen aus. Abrufschwankungen am Verbauort werden daher – analog dem Kanban-Prinzip – nicht durch eine Anpassung der Transportlosgröße erreicht, sondern über eine dynamische Änderung der Anlieferfrequenzen. Die dynamische Anpassung der Routenfrequenz und eventuell der Transportstrecke wirkt somit als Puffer- und Stabilisierungsfunktion gegenüber Abrufschwankungen am Arbeitsplatz. Hierdurch können bereits beim internen Transport logistische Schwankungen kompensiert werden, was das Entstehen eines internen Bullwhip Effekts verringert.

Kreuzungsfreie Verkehre Die größere Transportkapazität pro Schleppzug – im Vergleich zum Stapler – verringert das Verkehrsaufkommen an Flurförderzeugen. Zusätzlich ist die Transportstrecke im Vergleich zur Staplerbereitstellung nicht mehr frei wählbar, da mit Hilfe der Schleppzüge immer fest vorgegebene Routen mit fixierten Haltepunkten zyklisch abgefahren werden. Beides führt zu einer beruhigten und fehlerreduzierten Materialbereitstellung. Die Verringerung der Kreuzungswahrscheinlichkeit senkt gleichzeitig die Wartezeiten bei den Transportvorgängen sowie die Unfallgefahr (vgl. Abb. 6.18). Deshalb muss bereits in der Planungsphase der Routenverkehre auf Einbahnstraßenregelung und möglichst kreuzungsfreien Verkehr geachtet werden.

Haltepunkt Optimierung Das Ziel einer taktgebundenen und materialintensiven Bereitstellung erfordert die Komprimierung früher oft verstreuter Materialbereitstellungspunkte. Jeder Haltepunkt der Routenzüge bedeutet zunächst einen fixen Zeitverlust den es zu minimieren gilt. Darüber hinaus steigt allerdings bei Reduzierung der Haltepunkte die durchschnittliche Entfernung zum Bereitstellungsort. Deshalb muss zwischen den Stopppunkten der Schleppzüge und der wegoptimierten Bereitstellung an den jeweiligen Arbeitstakten ein Ausgleich gefunden werden, was dazu führen kann, dass Regale an der Linie verschoben bzw. die Linienseite gewechselt wird. Eine Analyse des durchschnittlichen Verbrauchs pro Regal gibt hierüber Aufschluss. In der Regel werden pro Haltepunkt mehrere KLT und mehrere Regale beliefert. Die Haltepunkte sind durch farbige Markierungen auf der Fahrstraße klar zu kennzeichnen und durch die Schleppzugfahrer einzuhalten.

7.3.6 Interner Umschlag und interne Lagerung

Bandnaher Supermarkt Der Supermarkt stellt ein zentrales Element einer schlanken Materialversorgung dar und übernimmt vielfältige logistische Aufgaben. Neben

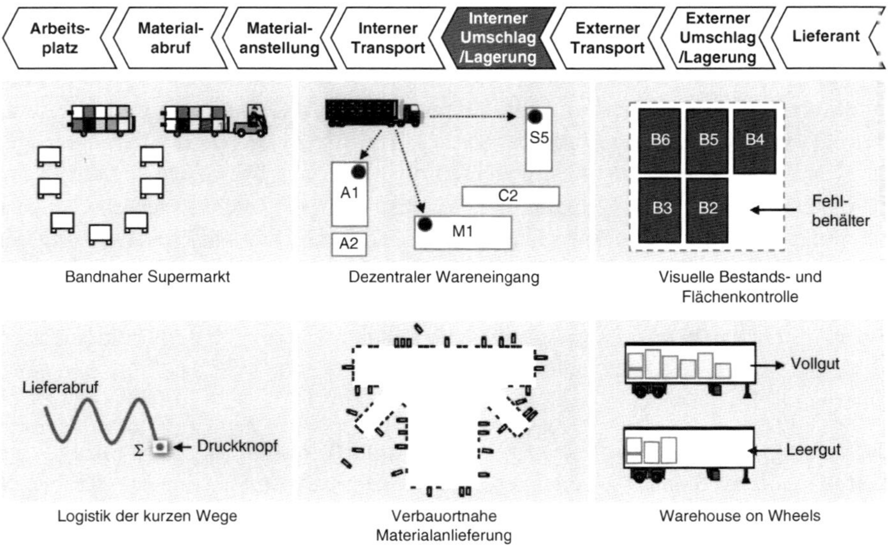

Abb. 7.14 Gestaltungsprinzipien einer Schlanken Logistik beim internen Umschlag und bei der internen Lagerung

der Bestandsreduzierung gilt die Verlagerung von Beständen vom Verbauort in den verbauortnahen Supermarkt als eine der Grundvoraussetzungen einer Schlanken Logistik. Unter einem Supermarkt versteht man ein fertigungsnahes Logistiksystem (Flächen, Regale, Auftragsdrucker, etc.) für den Umschlag von Montagematerial, um es portioniert, sortiert und sequenziert in kurzen Lieferzyklen produktionssynchron am Verbauort der Montage bereitzustellen. Im Logistiksupermarkt wird fertigungssynchron genau das Material entnommen, welches für die nachgelagerte Fahrzeugmontage benötigt wird. Die Wiederbefüllung der Supermarktbestände erfolgt durch die Belieferung sortenreiner Behälter und Gebinde durch externe bzw. interne Lieferanten. Die Hauptaufgaben eines Supermarktes können in vier Bereiche untergliedert werden (vgl. Abschn. 6.5.2.1):

- Bedarfsgesteuerte Kommissionierung von fahrzeugspezifischen Warenkörben
- Bedarfsgesteuerte Sequenzierung von Fahrzeugteilen
- Verbrauchsgesteuerter Materialnachschub für die Montagelinie
- Portionierung von Logistikeinheiten (Downsizing)

Das Konzept einer schlanken Materialbereitstellung erfordert zwar einen punktuellen Mehraufwand im logistischen Vorbereitungsprozess (Sequenzierung, Downsizing, Teileentnahme aus Behälter, usw.) wird aber meist durch die große Produktivitäts- und Flexibilitätsverbesserung im direkten Fertigungsbereich überkompensiert. Alle logistischen Aufgaben im Supermarkt müssen möglichst bedarfsortnah erfolgen, so dass eine Integration in den Fertigungsbereich nötig ist. Gleichzeitig muss aber die externe Materialanlieferung direkt bzw. nahe dem Supermarkt gewährleistet werden. Diese erfolgt vorzugsweise über einen dezentralen Wareneingang.

Dezentraler Wareneingang Unnötige Transporte stellen eine der sieben Verschwendungsarten nach dem Toyota Produktionssystem dar (vgl. Abschn. 7.1). Der zentrale Umschlag des über die Inbound-Transporte angelieferten Materials erfordert zusätzliche Transportwege, die es zu vermeiden gilt. Die Idee des dezentralen Wareneingangs fordert die möglichst weg- und somit zeitnahe Bereitstellung des angelieferten Materials am bandnahen Supermarkt. Jeder Supermarkt muss über einen eigenen Wareneingang verfügen, der die klassischen Funktionen des Wareneingangs (vgl. Abschn. 6.5.3) übernimmt. Die Dezentralisierung führt zu einer Beschleunigung der Informations- und Materialflüsse bei simultan erhöhter Transparenz im Logistikablauf.

Visuelle Bestands- und Flächenkontrolle Hierin spiegelt sich das Andon-Prinzip des direkten Bereichs wider, das auf die gesamte logistische Kette ausgedehnt werden kann (vgl. Abschn. 7.3.2). Ziel ist die einfache Erfassung logistischer Zustände (z. B. Behälter fehlt auf Fläche) häufig ohne Einsatz einer investitionskostenintensiven technischen Lösung. Beispiele für Lean Lösungen im Bestands- und Flächencontrolling sind:

- Farbig gekennzeichnete Pufferflächen mit den Umrissen der sich darauf befindlichen Behälter – durch die Anzahl der Leerflächen kann die aktuelle Bestandssituation erkannt werden.

- Füllstandsmarkierungen bei der Bodenblocklagerung von mehrfach übereinander gestapelten Behältern – durch das Anbringen von Höhenmarkierungen kann der Füllstand eines Lagers abgelesen werden bzw. kann der Nachschubimpuls bei Unterschreiten einer Sollmenge ausgelöst werden.

Logistik der kurzen Wege Die Hauptforderung einer *Logistik der kurzen Wege* besteht in der weitestgehenden Vermeidung von Transport-, Umschlags- und Lageraufwand über die gesamte logistische Kette hinweg. Die logistikorientierte Gestaltung der Werkslayouts trägt daher entscheidend zum Ziel einer verschwendungsfreien Fabrik bei (vgl. Abschn. 1.2). Das Werkslayout muss dabei den logistischen Anforderungen folgen (form follows flow) und nicht umgekehrt. Ein Hauptproblem bei der Umsetzung logistikorientierter Strukturen ist der hohe Anteil alter Brownfield-Werke bei den Automobilherstellern, welche oft über Jahrzehnte historisch gewachsen sind und dazu führen, dass logistischer Mehraufwand entsteht. Bei der früher vorherrschenden hohen Eigenfertigungstiefe war die Produktion der Treiber für die Anforderungsdefinition neuer Fabriklayouts. Heute in Zeiten geringer Fertigungstiefe und somit hohem Anliefervolumen ist die Logistik einer der Haupttreiber für die Werkslayoutplanung. Eine *Logistik der kurzen Wege* wird zum entscheidenden Gestaltungsprinzip der Produktion.

Verbauortnahe Materialanlieferung Diese Forderung führt zur Schaffung neuer Hallenlayouts, die nach dem Prinzip der *Logistik der kurzen Wege* gestaltet sind. Ein schlankes Hallenlayout ermöglicht durch viele Außenflächen Andockmöglichkeiten für LKW Anlieferungen, um die angelieferten Materialien möglichst nah an den späteren Verbaupunkt zu bringen. Beispiele für eine verbauortnahe Materialanlieferung, welche bereits diskutiert wurden, sind die Opel-Montage in Rüsselsheim (vgl. Abschn. 1.1) bzw. die BMW-Montage in Leipzig (vgl. Abschn. 1.2).

Warehouse on Wheels Die schlankste Form der Schnittstelle zwischen LKW-Anlieferung und Materialbereitstellung am Verbauort ist die Anlieferung über ein Warehouse on Wheels Konzept. Hierbei wird der Vollladungs-LKW verbauortnah angedockt, so dass im Idealfall nur noch über eine Entfernung von wenigen Metern die Materialbereitstellung direkt aus dem LKW erfolgen kann. Voraussetzung hierfür sind Rollbehälter, auf denen vorsequenzierte Teile synchron zum Fertigungsfluss bereitgestellt werden. Die Leer-Behälter werden in einen zweiten Trailer, der sich unmittelbar neben dem Voll-LKW befindet, zurückgeführt. Ist der LKW vollständig entladen, dient er für die Rückführung der Leergutbehälter über einen Rundläufer LKW. Der Leergut LKW wird dann wieder gegen einen Vollgut LKW ausgetauscht, der über ein Trailer Yard System bzw. direkt vom Lieferanten oder Logistikdienstleister bereitgestellt wird.

7.3.7 Externer Transport

JIT-/JIS-Anlieferung Die sortenreine Just-in-Time (JIT) bzw. sequenzgenaue Just-in-Sequence (JIS) Anlieferung ist ein Baustein der Just-in-Time Philosophie, die besonders durch Toyota geprägt wurde. Die JIT-/JIS-Anlieferung bezeichnet

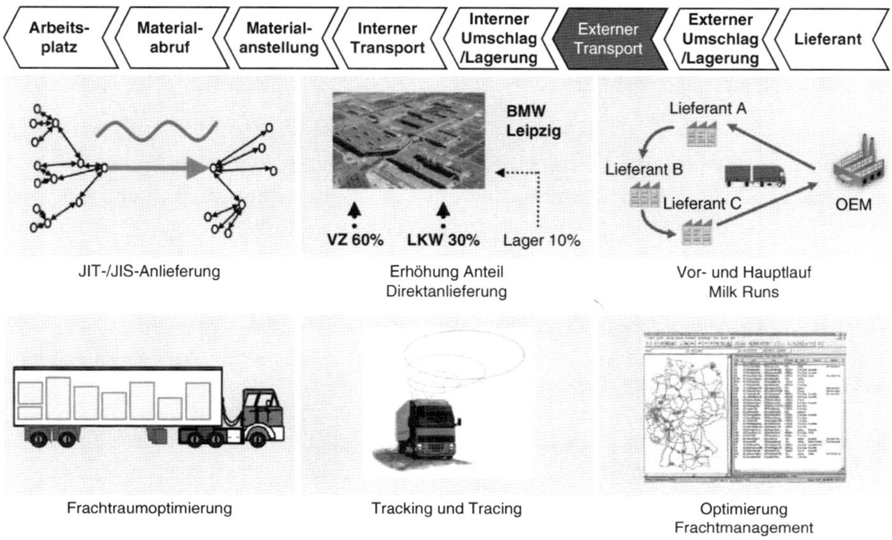

Abb. 7.15 Gestaltungsprinzipien einer Schlanken Logistik beim externen Transport

ein Organisationsprinzip, das die mengen- und zeitgenaue Abstimmung sowohl der internen als auch der externen Materialflüsse zum Ziel hat. Hierbei werden Module und Systeme (z. B. Cockpit, Frontend, Sitze) von einem externen Lieferanten vormontiert und dann bedarfs- und zeitpunktgenau direkt am Verbauort angeliefert. Der produktionsinduzierte Zulieferbedarf des OEMs und das Bereitstellungs- und Lieferangebot des Zulieferers sind dabei synchronisiert. Dieser lagerlose Zulieferprozess verwendet lediglich dezentrale Materialpuffer (Graf u. Hartmann 2004, S. 124 ff.). Die Einsatzvoraussetzungen sowie der logistische Ablauf bei der JIT-/JIS-Anlieferung werden in Abschn. 8.3.1 bzw. 8.3.2 näher beschrieben.

Erhöhung Anteil Direktanlieferung Dem klassischen Lager – bei dem Material über mehrere Tage auf den Abruf aus der Fertigung wartet – kommt in der Schlanken Logistik eine untergeordnete Bedeutung zu. In der Folge muss bei der Planung neuer Werklayouts sowie externer Anlieferkonzepte die Erhöhung der Direktanlieferquote verstärkt berücksichtigt werden (vgl. Abschn. 8.3). Direktanlieferungen sind einstufige Transportketten bei denen das gelieferte Material ausgehend vom Lieferanten ohne Zwischenstufen direkt beim Automobilhersteller angeliefert wird (vgl. Abschn. 6.7.2.1). Voraussetzung ist ein hohes Liefervolumen bei konstanter Anlieferfrequenz. Aufgrund der degressiven Frachttarife stellen Direktanlieferungen im Komplettladungsbereich die kostengünstigste Transportvariante dar. Hierdurch kann zusätzlich die Komplexität der Inbound-Logistik reduziert werden, da die internen Abwicklungsprozesse über Wareneingang, Einlagerung, Auslagerung sowie langer interner Transporte zum Verbauort entfallen und auch die Steuerung der Direktanlieferung über automatisierte Abrufsysteme vereinfacht werden kann. Durch die Direktanlieferung können Bestände und somit Flächenbedarfe in der Prozesskette minimiert werden. Dies ist besonders im Bereich der bandnahen Fläche von großer Bedeutung, da es sich hier um knappe und teure Flächen handelt. Mit Hilfe der

Direktanlieferung können nicht-wertschöpfende Flächenbedarfe beim OEM drastisch reduziert werden. Dies wird durch eine Verringerung der Bestandsreichweite an der Linie erreicht, was eine Erhöhung der Anlieferfrequenz zur Folge hat.

Vor- und Hauptlauf Milk Runs Eine Möglichkeit auch im Teilladungsbereich die Frachtauslastung zu optimieren stellt die Bildung von Milk Runs dar (vgl. Abschn. 6.7.2.2). Durch Sammelrundtour-Transporte werden Teilladungen von einer überschaubaren Zahl von Lieferanten sequenziell gebündelt. Auf dieser Tour werden Sendungen von mehreren Lieferanten konsolidiert und entweder über einen Umschlagspunkt (Vorlauf Milk-Run) oder ohne Umschlag (Hauptlauf Milk-Run) direkt zum OEM Werkstandort transportiert. Bei der Rundtour findet ein 1:1 Behältertausch Voll- gegen Leergut statt. Es wird möglich die Lieferfrequenz zu erhöhen bei gleichzeitig geringeren Frachtkosten.

Frachtraumoptimierung Auch Standards bei der Planung, Auswahl und beim Einsatz der Behälter im Transportmanagement bergen Einsparungspotenziale. Der vermehrte Einsatz von Standardbehältern, welche auf die Frachtraumabmessungen der Frachtträger abgestimmt sind, erhöht die Frachtraumauslastung und senkt die Frachtkosten (vgl. Abschn. 8.7.3.3). Weitere Maßnahmen welche die Frachtraumauslastung erhöhen sind die Steigerung des Behälterfüllgrads, die Vermeidung von Mischpaletten, die Definition von Mindestanliefermengen, die Vermeidung von Ausweichverpackungen sowie der Einsatz von Doppelstock-LKW.

Tracking und Tracing Eine synchronisierte und bestandsarme Logistik erfordert bessere Informationen über den Materialfluss. Die Grundidee ist die Substitution von Beständen innerhalb der logistischen Kette durch bessere Informationen. Hierzu dient das Tracking und Tracing um die Transparenz des externen Anliefer- und Umschlagsprozesses zu verbessern (vgl. Abschn. 8.9). Unter Tracking versteht man die aktuelle Bestimmung des Logistikstatus einer Materialbewegung zu einem definierten Zeitpunkt. Werden mehrere Logistikstati einer Materialbewegung im Zeitablauf zusammengefasst so spricht man vom Tracing bei dem im Nachlauf eine Materialhistorie rekonstruiert wird. Ziel des Einsatzes eines Tracking und Tracing (T&T)-Systems in der Automobilindustrie ist, die Materialströme von der Beschaffungs- über die Produktions- bis hin zur Distributionslogistik transparent zu gestalten, um diese möglichst optimal zu steuern.

Optimierung Frachtmanagement Prinzipiell fordert das Lean Logistics Konzept immer kleinere Colli in höherer Frequenz anzuliefern und umzuschlagen, was tendenziell die Transportkosten erhöht. Daher ist es besonders wichtig mit geeigneten Maßnahmen gegenzusteuern, um Transportkostensteigerungen zu vermeiden. Ziel ist die Verwirklichung einer Transportkosteneinsparung bei gleichzeitiger Steigerung der Materialverfügbarkeit in der Fertigung. Einer der Hauptansatzpunkte zur Optimierung der Transportkosten ist die Bündelung von Materialströmen. Hieraus ergeben sich größere Transportvolumina und durch die degressiven Frachttarife auch günstigere Frachtkosten pro Transporteinheit (vgl. Abschn. 8.7.3.1) Problematisch bei der Umsetzung ist die Tatsache, dass die Bereiche Dispo- und Frachtmanagement häufig nicht optimal aufeinander abgestimmt sind. Hauptproblem ist die Unterschiedlichkeit der Sichtweisen und Ziele. Während der Disponent teilegruppen- und versorgungsspezifisch agiert, bieten sich Einsparungen im Frachtmanagement durch zeitliche und räumliche Bündelung von Liefermengen gleicher bzw. räumlich konzentrierter Lieferanten. Die Lösung dieses Problems kann durch den Einsatz softwaregestützter Planungstools unterstützt werden. Hierbei geht es um die optimale Abstimmung der Nachfrage nach Frachtkapazitäten durch den Disponenten und das Auffinden tarifoptimierter Angebote der Logistikdienstleister (vgl. Abschn. 8.7.3.4).

7.3.8 Externer Umschlag und externe Lagerung

Standardversorgungskonzepte Standardisierung bildet die Grundlage für beruhigte und somit beherrschbare Prozesse. Die Vielfalt und Spezifität der Versorgungskonzepte in einem Automobilwerk macht es schwierig Abläufe zu bewerten und zu steuern. Die Klassifizierung aller im Alltag vorkommenden Versorgungskonzepte mit den jeweiligen Aktivitäten für Anlieferung, Umschlag und Bereitstellung bildet die Grundlage für eine effektive und effiziente Logistik. Sie geben einerseits Planungssicherheit durch die Definition von Struktur- und Prozessbedingungen sowie andererseits Betriebssicherheit und Stabilität durch die Orientierung der Mitarbeiter an Soll-Prozessen. Alle Beteiligten im Anlieferprozess, wie OEM, Lieferant und Logistikdienstleister können durch den Einsatz unternehmensübergreifender Standards ihre Effizienz steigern und gemeinschaftlich Synergiepotenziale nutzen.

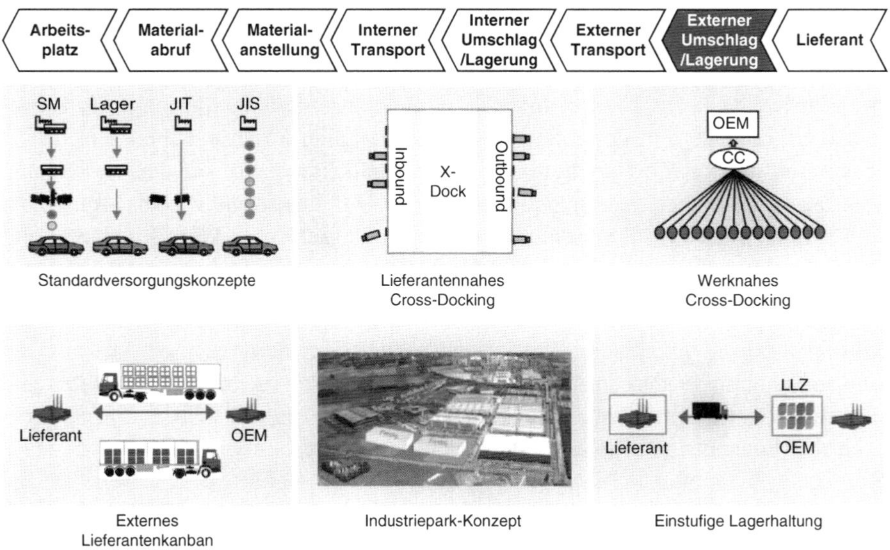

Abb. 7.16 Gestaltungsprinzipien einer Schlanken Logistik beim externen Umschlag und bei der externen Lagerung

Lieferantennahes und werknahes Cross-Docking Die Durchlaufzeitreduzierung eines Lean Logistics Konzeptes wird über die Verkürzung der Zykluszeiten der Logistiktakte erreicht. Dies führt dazu, dass geringere Anliefermengen in hoher Anlieferfrequenz nötig sind, was den Einsatz neuer Konzepte bei den Inbound-Transporten erfordert (Jones et al. 1997, S. 158 f.). Eine Möglichkeit zur Bündelung der Transportströme bei gleichzeitiger Reduzierung des Frachtträgereingangs stellt ein mehrstufiges Cross-Docking System dar (vgl. Abschn. 6.8.1). Die Cross-Docks dienen als Transportnetzwerkknoten für die Inbound-Transporte der Produktionsstandorte. Eine zyklische Materialabholung mit festen Routenverkehren über einen mehrstufigen Cross-Dock Ablauf sorgt für einen stabilen und getakteten Inbound-Transportprozess. Die Vorteile eines Cross-Docking Systems liegen insbesondere in der Realisierung von Kostenvorteilen, die sich aus der Bündelung der Güterströme beim Transport ergeben und in der Sicherstellung einer termin- und mengengenauen Anlieferung selbst bei kurzfristigen Programmabrufen und hoher Teilevielfalt.

Beim zweistufigen Cross-Docking werden zunächst lieferantenah Materialströme OEM-werkspezifisch gebündelt. Die Anlieferung erfolgt in der Regel über feste Routenverkehre im Milk-Run Prinzip. Ziel ist die tägliche Abholung beim Lieferanten selbst bei kleinen Liefermengen. Durch den 1:1 Vollgut- und Leerguttausch kann ein durchgängiger Einsatz kleiner Ladungsträgereinheiten vom Lieferanten bis zum Verbauort realisiert werden. Im Cross-Docking werden nur komplette Paletten gehandelt, eine Vereinzelung findet ausschließlich im Supermarkt statt. Über ein zweites Cross-Docking werden die Inbound-Ströme der regionalen ersten Cross-Docking Stufe abladestellenspezifisch sortiert. Die Wirtschaftlichkeit mehrstufiger Cross-Docking Systeme hängt vom Gesamtfrachtvolumen ab, das über dieses System abgewickelt wird.

Externes Lieferanten-Kanban Verbrauchsgesteuerte Verfahren des Materialabrufs (vgl. Abschn. 6.3.3) können über die betriebliche Grenze hinaus ausgeweitet werden. Der Materialverbrauch des Abnehmers bestimmt die Anliefertermine und Anlieferrhythmen des Lieferanten. Der Vorteil dezentraler pullorientierter Steuerungsverfahren liegt in der Entlastung einer zentralen Materialdisposition, da die Verantwortung für die Nachlieferung der verbrauchten Teile auf den Lieferanten übertragen wird. Gleichzeitig kann auch die LKW Disposition auf den Lieferanten übergehen, so dass ein autonomer Ablauf entsteht, der durch klare Rahmenvorgaben (Min-/Max-Bestände, Mindestanlieferzyklen, Komplettladungen, etc.) seitens des OEMs vorgegeben ist (vgl. Abschn. 8.3.3).

Industriepark-Konzept Ein Industriepark aus Sicht der Automobilindustrie ist eine abnehmernahe, gemeinschaftliche Ansiedelung von mehreren Lieferanten und Logistikdienstleistern in Nähe zum Fahrzeughersteller (vgl. Abschn. 8.5). Die werknahe und konzentrierte Positionierung von Lieferanten im Umfeld zur Fahrzeugmontage des Abnehmers bietet eine Vielzahl strategischer Vorteile. Eine werknahe Ansiedelung wichtiger JIT-/JIS-Lieferanten sowie Logistikdienstleister in einem Industriepark ermöglicht es, die Philosophie der *Logistik der kurzen Wege* (vgl. Abschn. 1.2) auch auf die Stufe zwischen OEM und 1-Tier Lieferant zu erweitern. Durch die Nähe zum Werk kann auf Änderungen und Störungen schnell reagiert werden, was das Vorhalten von Sicherheitsbeständen unnötig macht. Darüber hinaus ergibt sich eine transparente Logistikkette, die aus Sicht des OEMs geplant und auf ihre Wirtschaftlichkeit hin laufend überwacht werden kann. Die Philosophie einer Schlanken Logistik erfordert eine nahe Ansiedelung der Lieferanten, was dem Trend der Internationalisierung in den Lieferantenbeziehungen entgegenwirkt.

Einstufige Lagerhaltung Mehr Transparenz durch kurze Wege in der Logistik führt zu weniger Beständen. Die zweistufige Lagerhaltung (Fertigwarenlager beim Lieferanten und Wareneingangslager beim OEM) wird im Rahmen einer Lean Logistics Strategie obsolet. Dies wird allerdings nur erreicht, wenn Informationen (Lieferabruf, Bestandsdaten, Transportdaten, etc.) intensiv ausgetauscht werden und dadurch dem Lieferanten die Möglichkeit gegeben wird, dass er frühzeitig Planungsänderungen vom OEM mitgeteilt bekommt. Erst dann sind die Lieferanten in der Lage ihre Lieferflexibilität über Produktionsflexibilität (Taktzeitveränderung und Rüsten) und nicht durch Fertigwarenbestände zu generieren. Grundidee ist die Substitution von Beständen durch Information.

7.3.9 *Lieferantenmanagement*

Vorgezogener Wareneingang Ziel bei der Warenabholung ist die Verlagerung von Wareneingangsfunktionen des OEMs zum Lieferanten. Im Rahmen eines vorgezogenen, informatorischen Wareneingangs besteht die Möglichkeit bereits bei der Abholung der Ware beim Automobilzulieferer Abweichungen zwischen

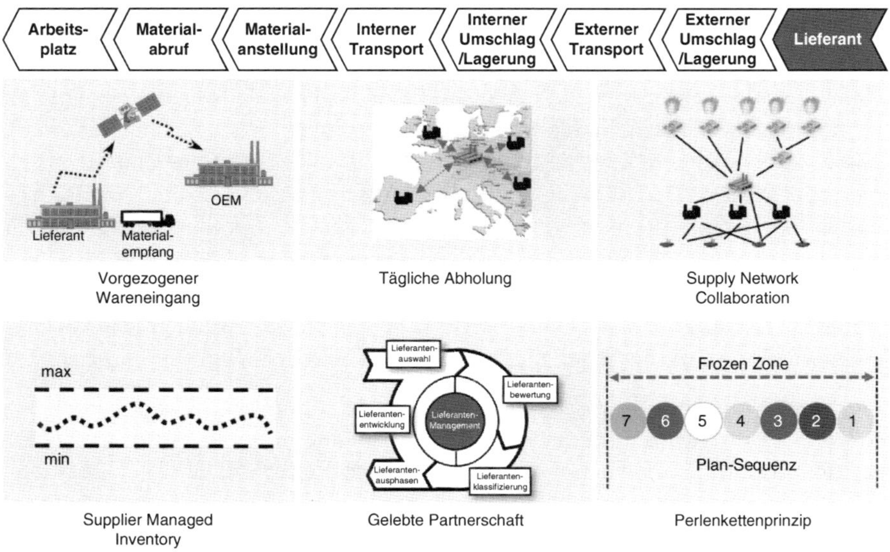

Abb. 7.17 Gestaltungsprinzipien einer Schlanken Logistik beim Lieferantenmanagement

Liefer-/Versandabruf und bereitgestellter Ware zu erkennen (vgl. Abschn. 8.7.1.1). Zunächst wird eine Sichtprüfung zur Identitäts-, Mengen- und Verpackungskontrolle nach Teilenummer und Stückzahl durch den Versandspediteur durchgeführt, welcher die Ware beim Lieferanten sichtet. Anschließend wird der Warenanhänger am Behälter (vgl. Abschn. 6.9.1.1) mittels MDE-Gerät gescannt und die bereitgestellte Gesamtmenge je Sachnummer mit der Abholliste verglichen. Über-, Unter- und Falschlieferungen müssen möglichst vor Ort behoben und die Versandpapiere angepasst werden. Ist das abzuholende Material nicht verfügbar, wird der Materialdisponent des OEMs informiert, um geeignete Gegenmaßnahmen einzuleiten. Je früher Abweichungen zwischen Soll- und Ist-Versand im Rahmen eines umfassenden Abweichungsmanagements erkannt werden, desto mehr Zeit bleibt, um auf Störungen im logistischen Ablauf reagieren zu können. Eine späte Feststellung von Problemen bei der Warenanlieferung erst im Wareneingang des Werkes reicht oft nicht aus um wirtschaftliche Entstörstrategien einzuleiten.

Tägliche Abholung Basierend auf einer Lieferantenproduktion, die entsprechend dem Kundentakt des OEMs ausgerichtet ist, sollte jeder Lieferant mindestens einmal täglich angesteuert werden (vgl. Abb. 7.5). Zudem werden die abgerufenen Teile nach Versandabrufen auf Mischpaletten bereitgestellt, wobei die Ladung auf einer fest definierten Übergabefläche zur Abholung vorbereitet wird. Hierzu ist es nötig auch bei der Warenvereinnahmung beim Lieferanten schlanke Logistikmethoden einzusetzen. Ein schnelles Andocken, eine verzögerungsfreie Beladung der Behälter und Übermittlung der Frachtpapiere bildet die Voraussetzung für verschwendungsfreie Vereinnahmungsprozesse beim Lieferanten.

Supply Network Collaboration Auch die Idee der Supply Network Collaboration, also der partnerschaftlichen Zusammenarbeit aller Logistikelemente (Lieferanten, Logistikdienstleister, OEM), lässt sich in eine Lean Philosophie der Logistik integrieren (Hines 1996, S. 14). Durch die zunehmende Vernetzung der Produktions- und Logistikpartner bei gleichzeitiger Steigerung der Interaktionshäufigkeit werden die Handlungsmöglichkeiten einer Schlanken Logistik neben den eigenen Fähigkeiten auch durch die Potenziale der Marktpartner bestimmt. Erst wenn Informationen zwischen den Partnern ausgetauscht werden, können Unsicherheiten und Bestände reduziert werden. Der Bullwhip Effekt wird durch die Angleichung von Taktzeiten und Losgrößen über das gesamte Logistiknetzwerk abgeschwächt. Durch die ganzheitliche Betrachtung im Vergleich zur traditionellen isolierten Planung und Steuerung werden Synergiepotenziale erschlossen. Ziel ist die Transparenz über Bestände, Bedarfe und Kapazitäten bei den Lieferanten und Vorlieferanten zu erhalten sowie das frühzeitige Erkennen von Engpasssituationen (vgl. Abschn. 5.3.2).

Supplier Managed Inventory Mit Hilfe eines Supplier Managed Inventory (SMI) Systems geht die Bestandsverantwortung vom Hersteller auf den Lieferanten über. Dem Lieferanten werden Bestands- und Bedarfszahlen des OEMs zeitnah übermittelt, so dass er auf dieser Basis den Anlieferprozess mit den jeweiligen Liefermengen und Anlieferzeitpunkten selbstständig plant (vgl. Abschn. 6.8.2). Durch die Entkopplung des Prozesses der Materialentnahme beim OEM und dem

Anlieferprozesses durch den Lieferanten wird es möglich, trotz kleiner Bedarfsmengen in hoher Entnahmefrequenz, in wirtschaftlichen Losgrößen beim Lieferanten zu produzieren und anzuliefern.

Gelebte Partnerschaft Gelebte Partnerschaft beginnt bereits bei der Produktplanung, welche den Auslöser für spätere materialflusstechnische Prozesse darstellt. Daher müssen strategisch wichtige Lieferanten bereits in den frühen Phasen des Produktentstehungsprozesses im Rahmen eines Simultaneous Engineering eingebunden werden (vgl. Abschn. 4.2). Ziel der logistischen Partnerschaft mit dem Zulieferer ist eine störungsfreie Versorgungspipeline. Mit Hilfe des Lieferantenlogistikmanagements erfolgt die Sicherstellung der logistischen Prozessfähigkeit und -stabilität des Partners (vgl. Abschn. 5.2.1). Der Lieferant soll logistisch befähigt und bei Bedarf hinsichtlich der geforderten Logistikleistung gefördert werden, so dass er die logistischen Anforderungen des OEMs erfüllen kann. Im Hinblick auf ein zielorientiertes Lieferantenmanagement unterstützt die logistische Lieferantenbewertung die Identifikation leistungsfähiger Marktpartner, indem die potenzielle logistische Leistungsfähigkeit und die aktuelle logistische Lieferleistung (bei Serienlieferanten) transparent gestaltet werden (vgl. Hartmann 2004, S. 94 f.) Die Lieferantenbewertung zur Kontrolle von Zulieferern zielt darauf ab, Defizite in den logistischen Prozessen aufzudecken und diese zu beseitigen. Außerdem ist die Leistungsstärke bestehender Lieferbeziehungen kontinuierlich zu verbessern, indem im Rahmen der logistischen Lieferantenentwicklung Maßnahmen zur Fehlerabstellung eingeleitet werden (Janker 2008, S. 78).

Perlenkettenprinzip Das Einfrieren der geplanten Fahrzeugsequenz in der Montage (Montage-Perlenkette) im Rahmen der Produktionssteuerung mit stabiler Auftragsfolge (vgl. Abschn. 9.6.2) gibt dem Lean Logistics die nötige Ruhe und Planungssicherheit, damit eine beruhigte und geglättete Logistikkette im Unternehmen aufgebaut werden kann. Durch die Produktionssteuerung mit später Auftragszuordnung wird es möglich den Lieferabruf an die Lieferanten nicht erst wie früher üblich bei Einlauf in die Montagelinie zu übermitteln sondern bereits einige Tage zuvor (vgl. Abschn. 8.2.1.3). Die Lieferanten haben folglich einen Informationsvorsprung, da sie den sachnummerbezogenen Teilebedarf auf Basis von Fahrzeugaufträgen für die Optimierung der eigenen Fertigung nutzen können. Die frühzeitige Determinierung des Materialflusses führt zu einer Beruhigung des gesamten Logistiknetzwerkes (Grinninger u. Meißner 2006, S. 56). Des Weiteren können durch die Ausweitung des abgerufenen Fahrzeugpulks die Logistikprozesse optimiert werden. Die Disposition im Warenausgang des Lieferanten zur Versandvorbereitung der Waren sowie die Transport-, Anliefer- und Bereitstelllose werden hierdurch angepasst.

Teil II
Logistikmanagement im Kundenauftragsprozess

Kapitel 8
Beschaffungslogistik im Automobilbau

8.1 Standardanlieferkonzepte

Mit Hilfe eines Anlieferkonzepts wird die spezifische Ausgestaltung eines Logistikprozesses vom Lieferanten bis zum Fahrzeughersteller festgelegt. Innerhalb der Automobilindustrie hat sich, getrieben von der gestiegenen Produktvielfalt, eine große Vielzahl von individuellen Anlieferkonzepten entwickelt. Jedes Anlieferkonzept ist geprägt durch seine strukturellen Rahmenbedingungen sowie unterschiedliche Logistikstrategien der Fahrzeughersteller. Um Logistikprozesse möglichst effizient und effektiv zu gestalten, bedarf es einer Standardisierung der im Unternehmen eingesetzten Anlieferkonzepte (vgl. Abschn. 3.6.3). Die gestiegene Prozessvielfalt wird mit Hilfe der Standardisierung reduziert indem ähnliche Prozessabläufe zu einer Klasse zusammengefasst und anschließend vom Logistikablauf her einheitlich behandelt werden. Erprobte Anlieferkonzepte sollen im Sinne eines Baukastensystems zur Verfügung gestellt und jeweils fallspezifisch eingesetzt werden (vgl. Abb. 8.1).

Erst durch die Standardisierung und die damit verbundene Erhöhung der Wiederholhäufigkeit wird ein effizienter und effektiver Ressourceneinsatz im Unternehmen ermöglicht (Imai 1997, S. 19 f.). Standardanlieferkonzepte bilden daher die Grundlage für eine wirtschaftliche Planung, Umsetzung und Kontrolle der Materialanlieferung im Unternehmen. Sie geben einerseits Planungssicherheit durch die Definition von Struktur- und Prozessbedingungen sowie andererseits Betriebssicherheit und Stabilität durch die Orientierung der Mitarbeiter an Soll-Prozessen. Alle Beteiligten im Anlieferprozess, wie OEM, Lieferant und Logistikdienstleister können durch den Einsatz unternehmensübergreifender Standards ihre Effizienz steigern und gemeinschaftlich Synergiepotenziale nutzen.

Die in Abb. 8.1 dargestellten Standardanlieferkonzepte stellen Grundtypen einer Vielzahl individueller Ausprägungsformen dar. Die Auswahl eines bestimmten Anlieferkonzeptes wird bestimmt von den entscheidungsrelevanten Parametern des Logistikprozesses, wie z. B. die Anlieferfrequenz, Transportvolumen, Teilegewicht, Behälter und Lieferantenstandort. Hauptgliederungskriterium ist die Frage ob eine Lagerstufe bei der Anlieferung zwischengeschaltet wurde (Direkt- oder Lageranlieferung) bzw. um welche Art von Lieferabruf es sich handelt (bedarfs- oder verbrauchsgesteuerter Lieferabruf). Zur besseren Einordnung konkreter Anlieferformen

F. Klug, *Logistikmanagement in der Automobilindustrie*,
DOI 10.1007/978-3-642-05293-4_8, © Springer-Verlag Berlin Heidelberg 2010

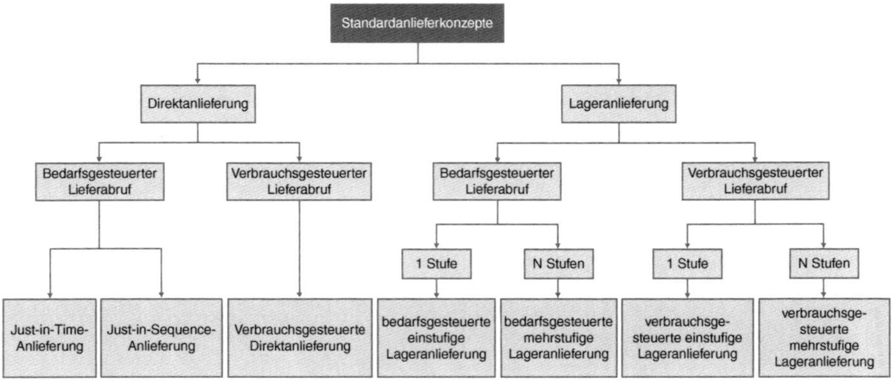

Abb. 8.1 Standardanlieferkonzepte in der Beschaffungslogistik

werden im Nachfolgenden die in der automobilen Praxis am häufigsten vorkommenden Anlieferkonzepte dargestellt. Jedes Konzept kann in seiner konkreten Umsetzung individuell vom beschriebenen Grundtyp abweichen. Trotzdem bleibt die Grundstruktur der Ausgestaltung von Material- und Informationsflüssen erhalten. Um die jeweiligen Konzepte besser einordnen und vergleichen zu können, werden diese im Folgenden anhand von sechs Grundfragen und den sich hieraus abgeleiteten Grundmerkmalen eines Anlieferkonzeptes beschrieben.

- Welcher Art ist der Lieferabruf für die beim Lieferanten abgerufenen Teilespektren?
- Wo befindet sich der Lieferstandort?
- Welche Transportart wurde bei der Anlieferung gewählt?
- Welche Lagerstufen wurden bei der Anlieferung zwischengeschaltet?
- Wo wird im OEM-Werk die Ware angeliefert?
- Wie werden die Anlieferteile im Behälter angeordnet?

Durch die Kombination der jeweiligen Ausprägungen für diese sechs Beschreibungsmerkmale eines Anlieferkonzeptes ergibt sich eine zweidimensionale Bewertungsmatrix. Der sich hieraus abgebildete Morphologische Kasten (vgl. Abb. 8.4) dient in den Folgekapiteln zur Strukturierung und Systematisierung automobiler Anlieferkonzepte. Diese Kombinationen sind die im Tagesgeschäft am häufigsten vorkommenden Ausprägungen. Neben diesen Archetypen von Anlieferkonzepten gibt es in der Automobilindustrie eine Vielzahl spezifischer Kombinationsmöglichkeiten, auf die im Rahmen eines Grundlagenwerkes nicht näher eingegangen werden kann.

8.2 Lieferabrufsysteme

Lieferabrufsysteme sind vernetzte Systeme und Verfahren zur Abwicklung der Materialdisposition und -anlieferung zwischen dem Automobilhersteller und seinen externen und internen Lieferanten (Thaler 2001, S. 183 ff.). Lieferabrufsysteme ermöglichen, durch die Generierung von Lieferabrufen, den Ausgleich von

Fahrzeugprogrammschwankungen über die Variation der Bestellumfänge bzw. Bestellzeitpunkte beim Zulieferer. Die Genauigkeit der vom Fahrzeughersteller an den Lieferanten übermittelten Materialbedarfe nimmt umso weiter ab, je weiter die Bedarfe in der Zukunft liegen. Um eine gewisse Planungssicherheit für den Lieferanten zu geben, werden die Abweichungen von den geplanten Abrufmengen als maximal zulässige Schwankungsbreite vorgegeben. Die Lieferanten sind verpflichtet nach Erhalt der Lieferabrufe diese auf Plausibilität und Durchführbarkeit zu prüfen und diese entsprechend abzustimmen bzw. zu bestätigen. Lieferabrufe stellen die zentrale Größe zur Steuerung der Lieferanten dar. Prinzipiell können bedarfsgesteuerte und verbrauchsgesteuerte Lieferabrufe unterschieden werden.

8.2.1 Bedarfsgesteuerter Lieferabruf

Der bedarfs- oder programmgesteuerte Lieferabruf entspricht der sog. Push-Philosophie (vgl. Abschn. 6.3.1). Bei der pushorientierten Abrufphilosophie wird ausgehend von der Fahrzeugprogrammplanung berechnet, welche Materialmengen am Verbauort bereitgestellt werden müssen (vgl. Abschn. 9.3). Auf Basis dieser ermittelten Mengen wird eine externe Liefervorschau (Kaufteile) bzw. eine interne Fertigungsvorschau (Hausteile) generiert. Die Abrufsystematik für externe Lieferanten lässt sich mit geringen Modifikationen auf die internen Lieferanten übertragen, so dass sich alle weiteren Ausführungen ausschließlich auf die externen Lieferanten beziehen. Bedarfsgesteuert heißt das Verfahren deshalb, weil die deterministische Materialbedarfsplanung (vgl. Abschn. 9.4) als Auslöser des Lieferabrufs fungiert.

Das Fahrzeugprogramm bildet die Grundlage für die tägliche werksübergreifende Sekundärbedarfsberechnung auf Teilebasis (vgl. Abschn. 9.4.3). Nach Abgleich der Lager- sowie Transitbestände ergibt sich der sog. Nettosekundärbedarf an Haus- und Kaufteilen. Anschließend wird auf Sachnummernebene der Lieferant (Single Sourcing) bzw. die Lieferanten (Multiple Sourcing) unter Berücksichtigung der Lieferquoten bestimmt. Diese Bedarfsmengen generieren in Abhängigkeit individueller Lieferantenparameter (z. B. Lieferzeit, Häufigkeit der Abruferstellung, ganze Behälter, Wochentage der Anlieferung, Losgrößen, Lieferrückstände, manuelle Korrekturen etc.) den Lieferabruf des Fahrzeugherstellers. Bedarfsgesteuerte Lieferabrufe sind deterministisch, d. h. es wird im Vorfeld der Anlieferung exakt festgelegt zu welchem Zeitpunkt, welche Mengen der einzelnen Sachnummern anzuliefern sind. Gemäß dem Planungshorizonttheorem nachdem mit zunehmendem Planungshorizont die Genauigkeit der Planung abnimmt, verwendet man für den Lieferabruf ein mehrstufiges Verfahren differenziert nach Fristigkeit und Detaillierung der Abrufdaten. Langfristige Prognosedaten bezüglich der Bedarfsmengen werden mit zunehmender Reduzierung der verbleibenden Restzeit bis zum Einbau des Materials ins Fahrzeug immer weiter verfeinert. Gleichzeitig werden die Plankundenaufträge mit zunehmendem Bestelleingang bei den Fahrzeughändlern durch Endkundenaufträge ersetzt (vgl. Abschn. 9.1.3). Der Lieferabruf entwickelt sich somit vom Prognose-Lieferabruf (Build-to-Forecast) zum Kunden-Lieferabruf (Build-to-Order).

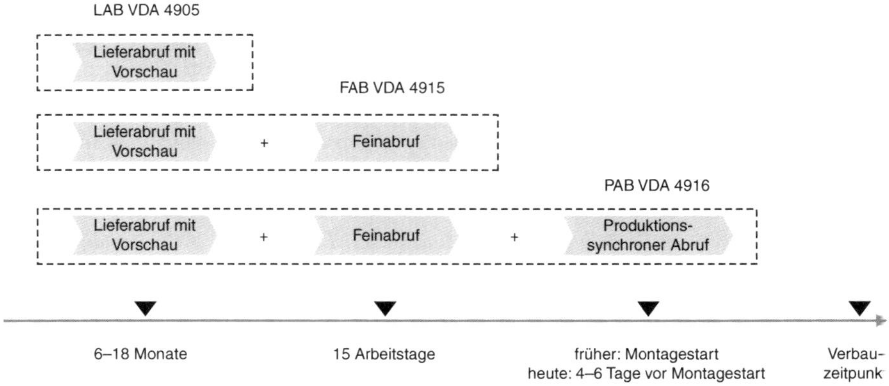

Abb. 8.2 Mehrstufiges bedarfsgesteuertes Lieferabrufsystem

Der gesamte Lieferabruf teilt sich in die Planungs- und Abrufstufen Liefervorschau, Feinabruf und Produktionsabruf auf (vgl. Abb. 8.2). In der Regel werden die Abrufmengen für die ersten acht Wochen vor dem eigentlichen Plan-Liefertermin auf Tagesbasis ausgewiesen. Die weiteren Abrufperioden fassen die Stückzahlangaben der Abrufmengen auf Wochen- bzw. Monatsbasis zusammen. Diese Planung wird im wöchentlichen Zyklus rollierend fortgeschrieben wobei eine Schwankungsbreite von ±20% üblich ist. Der sog. Feinabruf legt den kurzfristigen Planungshorizont bis maximal 15 Tage vor Anlieferung und Verbau der Materialien tagesgenau fest. Die Mengenabweichungen liegen hier bei ±5%. Liefer- und Feinabruf sind gekoppelt, da der alte Abruf jeweils vollständig durch einen neuen Abruf ersetzt werden muss.

8.2.1.1 Lieferabruf mit Vorschau

Grundlage jedes Lieferabrufes bildet die mit dem Lieferanten individuell ausgehandelte Rahmenvereinbarung. Hierbei werden die Mengen- sowie Terminrestriktionen der Lieferungen sowie weitere Lieferparameter wie z. B. Preise, Funktionen, Qualitätsanforderungen, Lieferkonditionen und Abnahmeverpflichtungen vertraglich vereinbart. Der Lieferabruf ist das Ergebnis eines dispositiven Planungsprozesses und gibt dem Lieferanten eine Vorschau auf das zu erwartende Mengengerüst für die nächsten sechs bis zwölf Monate – in Sonderfällen sogar bis zu 18 Monate. Die unverbindliche Liefervorschau dient dem Lieferanten zur Planung der eigenen Produktion und Materialbeschaffung. Analog dem OEM müssen auch beim Lieferanten alle Planungsstufen vom Fertigungsprogramm über die Materialbedarfsplanung bis hin zur Termin- und Kapazitätsplanung durchlaufen werden. Vormaterialien und Personalkapazitäten werden entsprechend disponiert und beschafft. Die Personalbedarfsplanung erfolgt mit einem gewissen Vorlauf, da der Abgleich zwischen Kapazitätsbedarf und -angebot kurzfristig nicht beliebig variierbar ist. Gleichzeitig benötigt auch die Anpassung der Maschinenkapazitäten beim Lieferanten gewisse Vorlaufzeiten wie z. B. die Beschaffung von Neuanlagen zum Kapazitätsaufbau.

Die Liefervorschau basiert aufgrund des langen Planungshorizonts von bis zu 18 Monaten auf Prognosedaten (vgl. Abschn. 9.1.3), was zu Schwankungen und absatzabhängigen Anpassungen zwischen den einzeln übermittelten Vorschauen führt. Die Liefervorschau ist zeitlich in sog. Liefereinteilungen gestaffelt, in denen vom OEM mitgeteilt wird, wann eine bestimmte Materialmenge angeliefert werden muss. Die ersten Liefereinteilungen sind aufgrund der geforderten Planungssicherheit fixiert, während die langfristigen Liefermonate eine Vorschaufunktion mit Korrekturmöglichkeit besitzen. Die aktuellen Lieferabrufe haben eine ersetzende Funktion bei der jeweils die letzten Abrufe überschrieben und damit ungültig werden. Die Liefermengen enthalten lediglich teilebezogene Sachnummernbedarfe ohne Fahrzeugbezug.

Darüber hinaus wird mit jedem Lieferabruf eine Fortschrittszahl übermittelt, welche die kumulierten Liefer- (Lieferant) und Empfangsmengen (OEM) ab einem definierten Zeitpunkt berücksichtigen. Diese Fortschrittszahl beinhaltet alle vom Lieferanten positiv bzw. negativ (Rückstand) verbuchten Lieferungen ab einem Stichtag (z. B. ab dem 1.1 des jeweiligen Kalenderjahres) bis zum Erstellungstag des aktuellen Lieferabrufs. Hieraus kann aus der Differenz der Versand-Fortschrittszahl des Lieferanten sowie der Empfangs-Fortschrittszahl beim Automobilhersteller der aktuelle Transportbestand abgeleitet werden.

Der Lieferabruf ist nach VDA 4905 bzw. DELINS (Odette) standardisiert. Zusätzlich zur VDA-Empfehlung 4905 wird meist parallel der VDA Lieferabruf 4905/2 auf Basis Odette-DELINS sowie der Edifact Standard DELFOR dem Lieferanten zur Übermittlung angeboten (vgl. Abschn. 6.9.2.1).

8.2.1.2 Feinabruf

Lieferanten, welche logistisch enger an den OEM gebunden sind, werden üblicherweise 15 Tage vor Liefertermin neben dem Lieferabruf mit dem Feinabruf nach VDA 4915 versorgt. Zusätzlich zur VDA-Empfehlung 4915 wird üblicherweise der Odette CALOFF bzw. Edifact Standard DELFOR dem Lieferanten zur Verfügung gestellt (vgl. Abschn. 6.9.2.1).

Unter einem Feinabruf versteht man einen sachnummernspezifischen, tagesgenauen Abruf auf Basis der beim Fahrzeughersteller eingeplanten Fahrzeugaufträge. Feinabrufe werden aus den Tagespaketen (vgl. Abschn. 9.3.3) der Produktionsplanung errechnet und nicht weiter verfeinert. Damit ist die Zuordnung von Sachnummern zu Fahrzeugaufträgen bzw. Produktionsnummern für einen gesamten Tagesbedarf sichergestellt. Feinabrufe (FAB) werden mindestens einmal wöchentlich, maximal einmal täglich an den Lieferanten übermittelt. Der Feinabruf wird unter Berücksichtigung der aktuellen Tageswerte täglich neu gerechnet und gesendet und dient dem Lieferanten als Produktionsauftrag, zur Steuerung seiner Verfügbarkeitskontrolle und zum Versand. Probleme im betrieblichen Alltag sind die häufig vorkommenden Schwankungen beim Feinabruf gegenüber den Planzahlen des Lieferabrufes. Ursache hierfür ist der Einsatz unterschiedlicher Dispositionssysteme beim OEM (Kimmich u. Wahl 2007, S. 60).

8.2.1.3 Produktionssynchroner Abruf

Ausschließlich für die auftragsbezogene Sequenzsteuerung der Just-in-Sequence Lieferanten (vgl. Abschn. 8.3.2) wird ein Produktionssynchroner Abruf nach VDA-Empfehlung 4916 generiert. Der Produktionssynchrone Abruf (PAB) erfolgt mehrmals täglich und übermittelt den sachnummerbezogenen Teilebedarf auf Basis von Fahrzeugaufträgen. Grundlage bildet die operative Fahrzeugprogrammplanung mit den Wochen- bzw. Tagesproduktionspaketen (vgl. Abschn. 9.3.3). Der fahrzeugbezogene und reihenfolgegenaue Sequenzabruf wird durch die eindeutige Zuordnung der Sachnummer zur Fahrzeug-Ident-Nummer generiert. Der Abruf beinhaltet die Sachnummer, die Fahrzeugnummer im Sinne eines konfigurierten Kundenauftrages sowie eine Reihenfolgeinformation (Sequenznummer). Somit wird der Abruf exakt auf die Montagereihenfolge der Fahrzeuge abgestimmt. Neben der VDA-Empfehlung 4916 wird gewöhnlich der Odette bzw. Edifact Standard SYNCRO bzw. DELJIT von den Fahrzeugherstellern zur Übermittlung angeboten (vgl. Abschn. 6.9.2.1). Produktionssynchroner Abruf und Feinabrufe sind wesentliche Bausteine der JIS-Anlieferstrategie. Neben der eigentlichen Produktionsinformation werden zusätzliche logistische Informationen übermittelt.

Um den Steuerungs-, Transport- und Umschlagsaufwand zu reduzieren, werden für eine bestimmte Anzahl von Fahrzeugen (z. B. 20 Fahrzeuge) die Abrufe zu einem sog. Pulk-Abruf zusammengefasst. Dieser Abruf dient der Fertigung und Disposition im Warenausgang des Lieferanten, zur Versandvorbereitung der Ware sowie der Definition des Transport-, Anliefer- und Bereitstellungsloses. Für die Anlieferung beim OEM werden enge Zeitfenster vorgegeben (Soll-Wareneingangstermin).

Prinzipiell wird beim Produktionssynchronen Abruf zwischen einer Sequenzvorschau (Plan-Sequenzabruf) und dem Sequenzabruf (Ist-Sequenzabruf) unterschieden. Die Vorschaudaten werden rollierend als Tagesprogramm fahrzeugspezifisch übermittelt. Diese Vorschaudaten können generell zu jedem beliebigen Zählpunkt an den Lieferanten übermittelt werden. In der Regel erfolgt die Übermittlung der Vorschaudaten vier bis acht Tage vor dem physischen Teileverbau in der Montage. Aufgrund von Fertigung-, Qualitäts- und Logistikproblemen beim OEM sowie beim Lieferanten kann es nach der Übermittlung der Sequenzvorschau zu Änderungen beim geplanten Fahrzeugprogramm kommen, was dazu führt, dass bereits eingeplante Fahrzeuge nicht freigegeben bzw. aus dem Fertigungsprozess ausgeschleust werden. Weitere Ursachen können Stücklistenfehler (vgl. Abschn. 9.4.2) oder Nicht i. O.-Teile der Lieferanten sein. Diese Verwirbelung der geplanten und eingefrorenen Montage-Perlenkette (vgl. Abschn. 9.6.1) hat zur Folge, dass sich die Sequenz der geplanten Karossen bis zum Einlauf in die Montage noch verändert. Für jeden Lieferanten werden daher – abhängig vom Lieferumfang sowie seinem Standort – Statusabrufpunkte definiert. Gängige Statuspunkte (Zählpunkte) sind Einplanung Rohbaustart, Rohbaustart, Rohbauende, Lackstart, Lackende, Einlauf Karossenlager, Auslauf Karossenlager, Einlauf Montagelinie. Erst mit dem Statuspunkt Einlauf Montagelinie kann eine 100%-Synchronisation des abgerufenen Teils mit dem Fahrzeug durchgeführt werden. Ab hier wird die Reihenfolge der Fahrzeuge durch eine fixierte Montage-Perlenkette nicht mehr geändert.

Erreicht das Fahrzeug im Fertigungsprozess den jeweiligen Statuspunkt, so wird über die JIS-Abrufsysteme ein automatischer Sequenzabruf generiert und an den Automobilzulieferer per DFÜ übermittelt. Der Sequenzabruf verfeinert die Informationen der Sequenzvorschau z. B. durch die Übermittlung der Einbaumontagelinie oder eines Sollwareneingangstermins zur Anlieferkoordination beim OEM.

Ob eine Anpassung bei Änderung der Abrufdaten zwischen Sequenzvorschau und Sequenzabruf (Produktionsimpuls) möglich ist, hängt vom Produktionsstandort des JIS-Lieferanten ab. Je weiter der Lieferant vom Lieferwerk des Fahrzeugherstellers entfernt ist, desto weniger ist er in der Lage auf Sequenzänderungen zu reagieren (vgl. Abschn. 8.3.2). Die Anlieferung über ein Long-Range Sequencing System erfordert deshalb häufig eine Rückkommissionierung oder Resequenzierung der Lieferumfänge vor Ort. Diese Aufgabe kann durch den Fahrzeughersteller, einen beauftragten Logistikdienstleister bzw. durch den Lieferanten selbst am Werkstandort des OEMs bzw. in einem werknahen Industriepark erfolgen.

Neben dem Serienabruf muss das Abrufsystem Nachbestellungen zulassen. Falls ein Teil falsch bestellt, falsch geliefert oder beschädigt wurde, wird manuell eine Nachbestellung mit entsprechendem Statusvermerk im Sequenzabruf über die benötigten Teile ausgelöst. Bei einem Ausfall der DFÜ, eines Rechnersystems oder des Netzwerkes erhalten die Lieferanten die Statusmeldungen per Fax und können damit die benötigten Teile den Fahrzeugen zuordnen.

8.2.2 Verbrauchsgesteuerter Lieferabruf

Der verbrauchsgesteuerte Lieferabruf entspricht der sog. Pull-Philosophie (vgl. Abschn. 6.3.2). Bei der pullorientierten Abrufphilosophie wird ausgehend vom Materialbedarf einer nachgelagerten logistischen Stufe (Kunde) ein Abrufimpuls bei der vorgelagerten logistischen Stufe (Lieferant) ausgelöst. Verbrauchsgesteuert heißt das Verfahren deshalb, weil der Verbrauch des Materials auf der jeweiligen Logistikstufe den Nachschub der vorgelagerten Logistikstufe anstößt. Die Materialentnahme erfolgt in Abhängigkeit vom Teileverbrauch des Automobilherstellers. Dieses Holprinzip vermeidet im Vergleich zum bedarfsgesteuerten Lieferabruf das mehrfache Eingreifen einer zentralen Materialsteuerung. Der Abruf wird dezentral durch den Mitarbeiter vor Ort generiert, was die Reaktionsgeschwindigkeit erhöht. Die Einbindung von Lieferanten über ein verbrauchsgestütztes Lieferabrufsystem funktioniert besonders effizient, wenn die Lieferanten in der Nähe des Abnehmers angesiedelt sind (Lödding 2005, S. 207). Je schneller auf Materialflussanforderungen reagiert werden kann, desto weniger Bestände sind in einer logistischen Kette nötig, um Schwankungen zu kompensieren. Zusätzlich handelt es sich beim verbrauchsgesteuerten Lieferabruf um ein dispositionsloses Verfahren, da der Abruf dezentral und ausschließlich durch den Verbrauch der nachgelagerten Stufe generiert wird. Um die mittel- bis langfristige Planung des Lieferanten zu unterstützen, erhält dieser einen unverbindlichen Lieferabruf nach VDA 4905, der als Bedarfsprognose für seine Vormaterialbeschaffung und Kapazitätsplanung dient. Die verbindliche Dimensionierung der Abrufe wird allerdings kurzfristig über den verbrauchsgesteuerten Abruf festgelegt. Die Dispositionsverantwortung liegt beim Lieferanten.

Gemäß der Übertragung des verbrauchsgesteuerten Abrufsignals an interne Zulieferbereiche bzw. externe Lieferanten kann zwischen einem internen und externen Abruf unterschieden werden. Nachfolgende Überlegungen beziehen sich auf den externen Lieferabruf, können allerdings analog auf eine interne verbrauchsgesteuerte Bereitstellung in der Produktionslogistik übertragen werden.

Das wichtigste verbrauchsgesteuerte Verfahren ist das Kanban-System, das international einen hohen Bekanntheitsgrad erlangt hat. Kanban bezeichnet ein verbrauchsorientiertes, dezentrales Steuerungsverfahren das erstmals in den fünfziger Jahren des letzten Jahrhunderts bei Toyota in Japan entwickelt und eingesetzt wurde (Ohno 1993, S. 55). Ziel eines externen Lieferanten-Kanbans ist es, trotz niedriger Umlaufbestände eine hohe Versorgungssicherheit, hohe Termintreue sowie hohe Flexibilität bei der Materialanlieferung und -bereitstellung zu erreichen. Der Lieferant liefert nur dann, wenn tatsächlich ein Bedarf beim OEM vorliegt.

Für die Einsatzvoraussetzungen eines Kanban-Systems, seine Vor- und Nachteile gegenüber dem bedarfsgesteuerten Verfahren sowie für die Dimensionierung eines Kanban-Kreislaufs (Anzahl Karten) sei auf die Ausführungen in Abschn. 6.3.2 verwiesen. Alle Aussagen des bereits erörterten internen Kanban-Materialabrufs können analog auf den externen Lieferabruf übertragen werden.

Für die Generierung und Übermittlung eines verbrauchsgesteuerten externen Lieferabrufes können unterschiedliche Verfahren eingesetzt werden, welche im Folgenden kurz beschrieben werden:

Karten-Kanban Kanban als japanischer Begriff für Karte bzw. Signal basiert in seinem Ursprung auf einem kartengestützten System. Kanban–Karten entsprechen der Bezettelung eines Kanbanbehälters und stellen somit steuerungstechnisch die kleinste bewegbare und steuerbare Einheit im Kanban-Kreislauf dar (Gerlach u. Dickmann 2007, S. 191). Der große Vorteil eines kartengesteuerten Systems liegt in seiner Einfachheit. IT-technische Unterstützung ist nicht nötig, so dass entsprechende Investitionskosten eingespart und IT-technische Datenprobleme vermieden werden. Allerdings besteht die Gefahr des Kartenverlusts. Da jede Karte einer Standardmenge an Material entspricht, führt dies unmittelbar zu einer Reduktion der Bestände im Nachschubsystem. Im Extremfall kann ein Kartenverlust zum Abreißen der Versorgungskette führen. Besonders beim Lieferanten-Kanban, bei dem die Karten meist über größere Entfernungen transportiert werden, ist die Gefahr einer Störung des Kanban-Systems sehr hoch. Häufig werden daher Karten-gestützte Systeme lediglich bei einer Ansiedelung der Lieferanten in unmittelbarer Nähe zum Automobilhersteller eingesetzt. So besteht beispielsweise beim Kondominium (vgl. Abschn. 3.6.1), bei dem sich der Lieferant direkt an der Hauptmontagelinie befindet, die Möglichkeit mit einem Karten basierten System zu arbeiten.

Zur Karten-Kanban Steuerung sind Kanban-Tafeln mit dem Prinzip der Ampelsteuerung entwickelt worden (vgl. Abb. 8.3). Die Karten werden an den Tafeln von links nach rechts eingesteckt. Abhängig von den jeweiligen Rüstkosten und

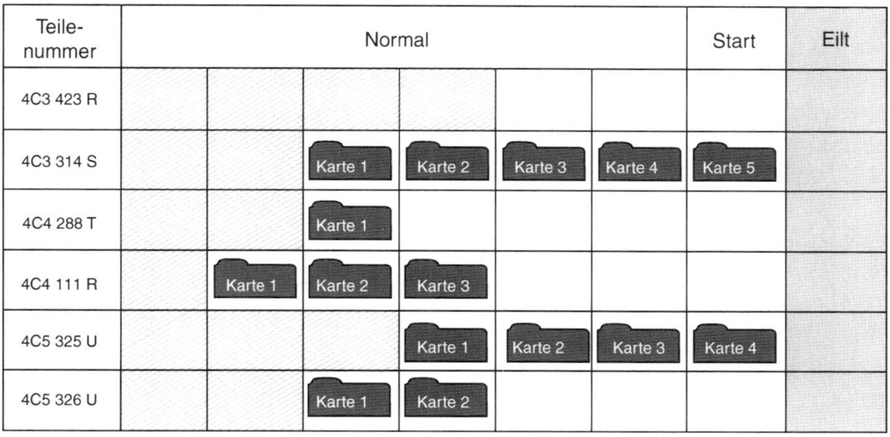

Abb. 8.3 Kanban-Tafel mit Ampelfunktion

Wiederbeschaffungszeiten werden teilespezifische Sammelmengen definiert, innerhalb welcher nicht nachgeliefert wird. Erst bei Erreichen einer fixierten Mindestabrufmenge kann (Start) bzw. muss (Eilt) abgerufen und nachgeliefert werden. Neben den sachnummerspezifischen Bestandsgrenzen können zusätzliche Priorisierungen für die Lieferabrufe festgelegt werden (z. B. Lieferpriorität sinkt von oben nach unten). Diese Sammelmengen müssen bei der Berechnung der Wiederbeschaffungszeit berücksichtigt werden, da es zu zeitlichen Verzögerungen bei der Weitergabe der kartengestützten Lieferabrufe kommt (vgl. Abschn. 6.3.2).

Behälter-Kanban Beim Behälter-Kanban dient der Behälter selbst als Abrufimpuls. Hierbei wird der verbrauchte leere Behälter vom OEM an den Lieferanten zurückgesandt. Es müssen mindestens zwei Kanbanbehälter im Umlauf sein, sodass der leere Behälter vom produzierenden Lieferanten aufgefüllt werden kann, während der volle den verbrauchenden Kunden bedient. Je größer die Entfernung und die Schwankungen der Materialbedarfe desto mehr Behälter werden im Kanban-Kreislauf gebunden. Der leere Behälter dient automatisch als Lieferabruf für den Lieferanten, die identische Mengen der erhaltenen Leerbehälter als Vollbehälter zurückzusenden. Somit wird die Gefahr einer falschen Übermittlung des Abrufimpulses im Vergleich zur Karte drastisch reduziert. Gleichzeitig erfolgt mit dem Behälter-Kanban eine noch engere Kopplung des Informationsflusses (leerer Behälter) an den Materialfluss (voller Behälter) was die Lieferzeit und die durchschnittlichen Materialbestände in der logistischen Lieferkette reduziert.

Signal-Kanban Beim Signal-Kanban oder Sicht-Kanban wird auf Sicht nachproduziert. Das Signal kann auf unterschiedlichste Weise generiert werden. Im einfachsten Fall ist es das Fehlen eines Behälters auf einer gekennzeichneten Bodenfläche bzw. im Kanal eines Regalfachs. Wird ein Behälter entnommen, so ist dies z. B. durch farbige Bodenmarkierungen sofort ersichtlich. Da beim externen Kanban kein unmittelbarer Sichtkontakt zum Zulieferer besteht (außer beim Kondominium und Modularen Konsortium) sollte der Abrufimpuls möglichst zeitunverzögert an den Lieferanten übertragen werden. Eine Möglichkeit ist der Einsatz einer Web-Kamera, zur laufenden Überwachung des Kanban-Bereichs. Der Lieferant kann über eine Webcam per Internet erkennen ob und eventuell wie viele Behälter aus einer Fläche bzw. aus einem Regal entnommen wurden und sofort die entsprechende Nachproduktion veranlassen.

Elektronisches Kanban Beim elektronischen Kanban (e-Kanban) werden die physischen Karten in einem Kanban-Regelkreis durch Bestände und Aufträge im IT-System ersetzt (Dickmann 2007, S. 340 ff.). Abfließende Bestände werden auf einem Konto gesammelt und beim Erreichen einer Mindestauftragsmenge wird ein elektronischer Lieferabruf beim Lieferanten generiert. Neben dieser Bestellbestandslogik sollte eine Visualisierung des Umlaufbestandes möglich sein. Dieser untergliedert sich in den Lagerbestand, die Lieferabrufe und in die Sammelmengen. Die Erfassung der Verbrauchsmengen beim OEM kann durch unterschiedliche Technologien erfolgen:

- Durch den Einsatz von Schaltern als Sensoren in Durchlaufregalen. Beim Entfernen des vorderen Behälters und beim Nachrutschen des hinteren Behälters wird dabei automatisch über einen Sensor ein Impuls ausgelöst und in ein elektronisches Abrufsignal umgesetzt.
- Durch die Betätigung von Abruftasten beim Fahrzeughersteller wird ein elektronisches Signal generiert und automatisch an den Lieferanten übermittelt.
- Durch das Scannen von Barcodes auf dem Warenbegleitschein, mittels MDE-Gerät, wird ein automatischer Nachschubauftrag beim Lieferanten bzw. Logistikdienstleister ausgelöst.

Der elektronische Abruf wird drahtlos (DECT-Funk, Bluetooth, Infrarot) oder drahtgebunden an einen PC-kompatiblen Controller übertragen und dort für die Weiterleitung (z. B. per LAN, Intranet oder Internet) an das jeweilige Materialwirtschaftssystem oder an den externen Logistikdienstleister weitergeleitet.

Es besteht auch die Möglichkeit, dass die Lieferanten – mit relativ geringem Implementierungsaufwand, per Internetanwendung direkt auf das Warenwirtschaftssystem des Herstellers zugreifen. Relevante Parameter der Materialsteuerung, wie z. B. Teilenummer, Bestandsniveau und Teileverbrauch, werden in regelmäßigen Abständen vom Lieferanten abgefragt. Auf Basis dieser Informationen löst der verantwortliche Mitarbeiter des Lieferanten die Nachlieferung innerhalb der vereinbarten Steuergrenzen selbstständig aus (Jacobi et al. 2005, S. 68 f.).

Vorteil des e-Kanban ist die zeitnahe und unverzerrte Übermittlung der aktuellen Bestands- und Verbrauchsdaten, so dass keine Bündelungseffekte innerhalb der logistischen Kette auftreten können (vgl. Abschn. 6.3.2). Nachteil des e-Kanban-Verfahrens ist die Entkopplung des Informations- vom Materialfluss. Somit können Störungen die im physischen Realprozess auftreten nicht sofort erkannt werden. Gleichzeitig besteht die Gefahr fehlerhafter ERP-Daten, die zu Fehlsteuerungen führen können.

8.3 Direktanlieferung

8.3.1 Just-in-Time Anlieferung

Die Just-in-Time Anlieferung ist ein Baustein der Just-in-Time Philosophie, die besonders durch Toyota geprägt wurde. Just-in-Time (JIT) bezeichnet ein Organisationsprinzip, das die mengen- und zeitgenaue Abstimmung sowohl der internen als auch der externen Materialflüsse zum Ziel hat. Durch die integrierte Planung, Steuerung und Kontrolle der Material- und Informationsflüsse entlang der gesamten Wertschöpfungskette wird eine hohe Markt- und Kundenorientierung angestrebt, die sich in einem nachfragegerechten Lieferservice für qualitativ hochwertige Leistungen konkretisiert. Die JIT-Philosophie strebt eine verschwendungsfreie Produktion der vom Kunden gewünschten Fahrzeuge an (vgl. Abschn. 7.1). Dies wird durch die enge Abstimmung zwischen Hersteller und Zulieferer erreicht, der sich verpflichtet die vom Automobilhersteller geforderten Lieferumfänge zum richtigen Zeitpunkt, in der gewünschten Menge und in der geforderten Qualität anzuliefern. Trotz des hohen Planungs- und Steuerungsaufwands bei der Implementierung einer JIT-Anlieferung bietet diese eine Vielzahl von Vorteilen gegenüber der traditionellen Lageranlieferung (vgl. Abschn. 8.4). Durch die Direktanlieferung können Bestände und somit Flächenbedarfe in der Prozesskette minimiert werden. Besonders im Bereich der bandnahen Flächen ist dies von großer Bedeutung, da es sich hier um knappe und folglich teure Flächen handelt. Mit Hilfe der JIT-Anlieferung können nicht-wertschöpfende Flächenbedarfe beim OEM drastisch reduziert werden. Dies wird durch eine Verringerung der Bestandsreichweite an der Linie erreicht, was eine Erhöhung der Anlieferfrequenz zur Folge hat. Zusätzlich kann die Komplexität der internen Logistik reduziert werden, da die Verantwortung für die Materialbereitstellung an den Lieferanten bzw. an einen externen Logistikdienstleister übertragen wird.

Voraussetzung für eine erfolgreiche Implementierung einer JIT-Philosophie ist die intensive und enge Kooperation zwischen OEM und Zulieferer bzw. dem Logistikdienstleister auf einer partnerschaftlichen Basis. Folgende vier Grundsätze

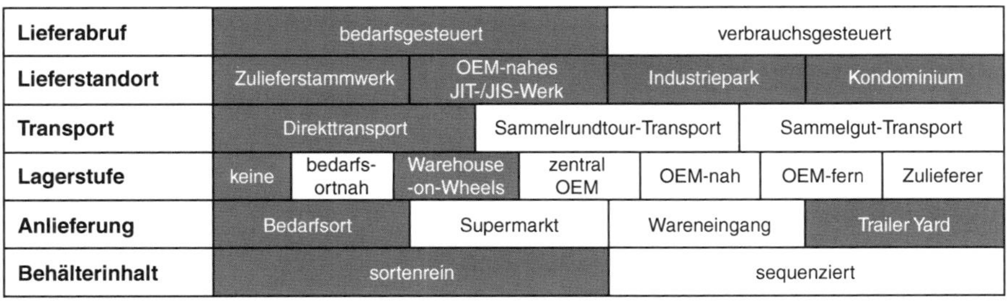

Abb. 8.4 Standardausprägungen Just-in-Time Anlieferung

charakterisieren die Grundidee einer JIT-Philosophie. (Wildemann 2000b, S. 51 f.; Wildemann 1997, S. 466 ff.):

- Bestände sind gebundene Kapazitäten
- Bestände verdecken Fehler
- Zeit – insbesondere Lieferzeit, Durchlaufzeit und Wiederbeschaffungszeit – stellt einen eigenständigen Wettbewerbsfaktor dar
- Nicht Funktions- sondern Flussoptimierung ermöglicht eine JIT-Anlieferung und JIT-Produktion

Die Just-in-Time Anlieferung als einer der zentralen Bausteine der JIT-Philosophie zählt zu den produktionssynchronen Anlieferkonzepten mit zentraler Steuerung. Der Begriff Just-in-Time Anlieferung wird als Überbegriff der hier dargestellten sortenreinen JIT-Anlieferung sowie der im nächsten Kapitel erörterten sequenzorientierten Just-in-Sequence (JIS) Anlieferung verwendet. Das Zielsystem einer JIT-Anlieferung (vgl. Abb. 8.5) ist sehr komplex, was den hohen Anspruch bei der Implementierung von Just-in-Time Systemen in der Automobilindustrie widerspiegelt.

Bei der reinen Just-in-Time (JIT) Anlieferung handelt es sich um ein bedarfsgesteuertes Logistikkonzept mit kontinuierlicher (täglicher oder mehrfach täglicher) Direktanlieferung am Bedarfsort des Abnehmers. Der produktionsinduzierte Zuliieferbedarf des OEMs und das Bereitstellungs- und Lieferangebot des Zulieferers sind

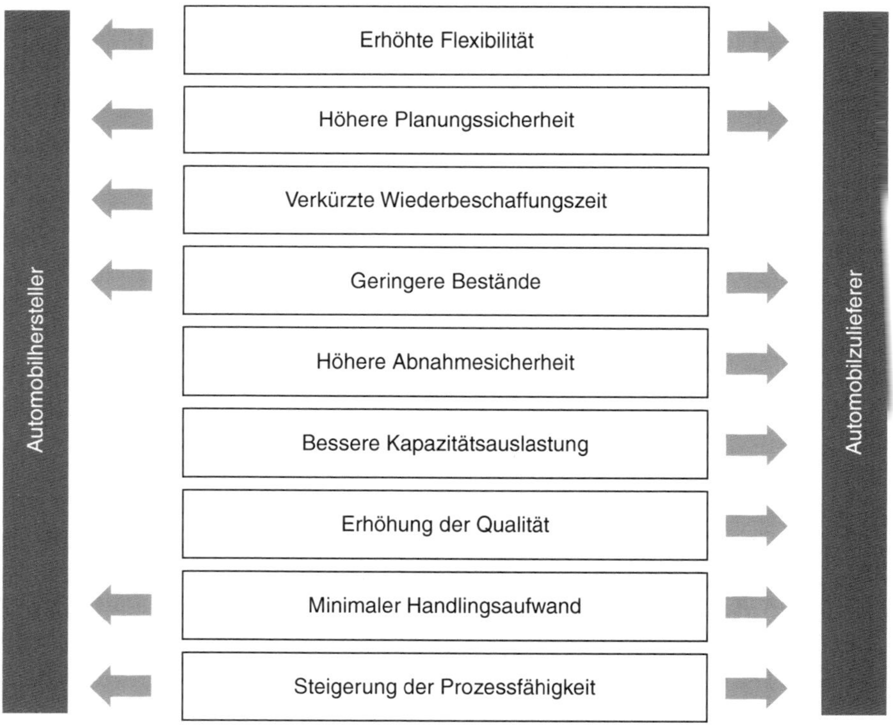

Abb. 8.5 Zielsystem einer JIT-Anlieferung (Wildemann 1988, S. 17)

dabei vollständig synchronisiert. Dieser lagerlose Zulieferprozess verwendet lediglich dezentrale Materialpuffer (Graf u. Hartmann 2004, S. 124 ff.). Die Ware wird sortenrein in Standard- oder Spezialbehältern angeliefert. Im Versandpuffer des Lieferanten werden die Trailer entsprechend dem Produktionssynchronen Abruf mit den sortenreinen Behältern beladen (jeweils nur eine Sachnummer bzw. eine Farbvariante pro Behälter). Durch die zeitnahe JIT-Anlieferung wird eine Synchronisation der Fertigungsprozesse zwischen dem OEM und seinen Zulieferern realisiert. Während des Anliefer-, Umschlags- und Bereitstellungsprozesses findet kein Behälterwechsel statt, so dass kein zusätzliches Teilehandling beim Umpacken erforderlich ist.

Die JIT-Anlieferung erfordert einen hohen Planungs- und Steuerungsaufwand und stellt gemeinsam mit der JIS-Anlieferung die höchste logistische Integrationsstufe für einen externen Lieferanten dar. Aufgrund des erheblichen Steuerungsaufwands und der hohen Anforderung an die Synchronisation der Prozesse an die gesamte Lieferkette kommt die JIT-/JIS-Anlieferung vor allem bei großvolumigen, hochwertigen Lieferumfängen mit hohem Umschlagsvolumen zum Einsatz. Dieses Anlieferspektrum bindet Kapital und erfordert einen erhöhten Ressourceneinsatz bei Lagerung, Transport und Umschlag. Während die JIT-Anlieferung aufgrund der sortenreinen Anlieferung nur bei begrenzter Variantenanzahl einsetzbar ist, stellt die JIS-Anlieferung variantenreiche Lieferumfänge bereit. Für die Realisierung von Just-in-Time Anlieferkonzepten müssen folgende Voraussetzungen gegeben sein (Wildemann 2001b, S. 156):

- Begrenzte Anzahl von Lieferanten (in der Regel Single Sourcing)
- Langfristige vertragliche Absicherung über Rahmenvereinbarungen
- Direkte und enge informations- und kommunikationstechnische Verknüpfung
- Hohe Prozessfähigkeit der Material- und Informationsflüsse
- Gleichmäßiger Verbrauch und Vorhersagbarkeit des Bedarfs
- Absolute Verlässlichkeit in Bezug auf Qualität der Lieferung, Liefermenge und Termintreue

Aufgrund des hohen Inbound-Volumens erfolgen die Anlieferung und der Warenumschlag über Rundläufer LKWs im Direkttransport (vgl. Abschn. 6.7.2.1). Dieser Shuttle LKW verkehrt in regelmäßigen Zyklen zwischen dem Liefer- und Abnehmerwerk. Für die Anlieferung werden enge Zeitfenster definiert. Der Warenumschlag sollte möglichst verbauortnah erfolgen. Entfernte Übergabepunkte können durch eine automatisierte Fördertechnik mit dem Einbaupunkt verbunden werden. Im Idealfall dockt der LKW in unmittelbarer Nähe zum Verbrauchsort an der Montagelinie an. Diese Andockstellen befinden sich an der Hallenwand der Montagegebäude. Dies ermöglicht die Realisierung eines Warehouse on Wheels (WoW) Konzepts, insbesondere wenn der Eigentumsübergang für den OEM so spät wie möglich erfolgt, wodurch Transportwege und Bestände erheblich verringert werden. Beim WoW Konzept werden üblicherweise zwei Andockstationen pro Belieferungspunkt verwendet. Eine Andockstation mit dem Vollgut-Trailer dient als direkte Entnahmequelle der Behälter. Das anfallende Leergut wird im zweiten Trailer gebündelt. Ist der Vollgut-Trailer entleert und durch den 1:1-Tausch am Arbeitsplatz auch der Leergut-Trailer voll, erfolgt ein Trailer-Austausch. Dieser wird entweder durch den

Zulieferer bzw. seinen Logistikdienstleister realisiert oder bei Einsatz eines Trailer Yard Managements durch den OEM selbst (vgl. Abschn. 8.7.1.4).

Die JIT-Anlieferung direkt ab Lieferant kam bisher bei einem verbauort- bzw. werknahen Fertigungsstandort des Lieferanten zum Tragen. Durch die räumliche Nähe des Lieferanten zum Werk war es möglich die entsprechenden JIT-Umfänge im Rahmen der Vorlaufzeit zu fertigen, umzuschlagen und zeitgerecht anzuliefern. Die Vorlaufzeit – welche auch als Steuerzeit bezeichnet wird – ergibt sich aus der zeitlichen Differenz zwischen dem Materialabruf und dem Zeitpunkt des Materialbedarfs an der Linie. Durch den Einsatz der Fertigungssteuerung bei stabiler Auftragsreihenfolge (vgl. Abschn. 9.6) konnte die Vorlaufzeit zwischen JIT-Abruf und Anliefertermin drastisch ausgedehnt werden. Dies ermöglicht mehr Planungsspielraum für die Lieferanten bezüglich ihrer Standortwahl und der angewandten Logistikkonzepte.

Besteht zwischen Lieferant und dem zu beliefernden Werk eine größere räumliche Distanz, so kann eine Lagerstufe zwischengeschaltet werden. Dieses Pufferlager kann sich auf dem Fertigungsgelände des Abnehmers oder außerhalb befinden z. B. im werknahen Industriepark. Die Verantwortung obliegt dem Lieferanten oder einem beauftragen Logistikdienstleister. Somit kann die reine Produktion der JIT-Teile in dem jeweiligen Montagewerk des Lieferanten durchgeführt werden. Von dort aus werden die JIT-Teile meist verbrauchsgesteuert zum Lagerstandort transportiert. Die Auslagerung und Bereitstellung der angeforderten JIT-Teile beim Abnehmer erfolgt dann bedarfsgesteuert über den Lieferanten selbst bzw. den beauftragten Dienstleister.

Durch die Reduzierung der Bestände in der gesamten logistischen Kette steigt das Versorgungsrisiko beim Automobilhersteller. Ein Ausfall des Zulieferers hat unmittelbare Folgen, die unter Umständen zum Montagebandstopp beim Fahrzeughersteller führen können. Dieses Risiko wird durch eine erhöhte Prozessfähigkeit sowie über geeignete Notfallkonzepte für Material- und Informationsfluss-Unterbrechungen kompensiert.

8.3.2 Just-in-Sequence Anlieferung

Bei der Just-in-Sequence Anlieferung handelt es sich analog der Just-in-Time Anlieferung um ein bedarfsgesteuertes Logistikkonzept mit kontinuierlicher (täglicher oder mehrfach täglicher) Direktanlieferung am Bedarfsort des Abnehmers. Der produktionsinduzierte Zulieferbedarf des OEMs und das Bereitstellungs- und Lieferangebot des Zulieferers sind vollständig synchronisiert. Die JIS-Anlieferung beinhaltet die wesentlichen Elemente der JIT-Anlieferung mit dem Unterschied, dass die Anlieferung der Beschaffungsumfänge nicht sortenrein sondern sortengemischt und sequenziert in Spezialbehältern erfolgt. Diese Beschaffungsform ist für komplexe, großvolumige und kundenspezifische Module und Komponenten geeignet, die aufgrund ihrer hohen Varianz sequenz- und zeitpunktgenau am Verbauort zur Verfügung stehen müssen. Typische Beispiele für sequenzierte Lieferumfänge sind Frontends, Sitze, Türverkleidungen, Stoßfänger und Dachhimmel. Aufgrund der

Lieferabruf	bedarfsgesteuert	verbrauchsgesteuert					
Lieferstandort	Zulieferstammwerk	OEM-nahes JIT-/JIS-Werk	Industriepark	Kondominium			
Transport	Direkttransport	Sammelrundtour-Transport	Sammelgut-Transport				
Lagerstufe	keine	bedarfs-ortnah	Warehouse -on-Wheels	zentral OEM	OEM-nah	OEM-fern	Zulieferer
Anlieferung	Bedarfsort	Supermarkt	Wareneingang	Trailer Yard			
Behälterinhalt	sortenrein	sequenziert					

Abb. 8.6 Standardausprägungen Just-in-Sequence Anlieferung

hohen Variantenanzahl und des hohen Flächenbedarfs ist eine Vorfertigung meist nicht wirtschaftlich. Durch die gestiegene Komplexität und Variantenvielfalt der produzierten Fahrzeuge (vgl. Abschn. 3.4.1) hat die JIS-Anlieferung die sortenreine JIT-Anlieferung zunehmend verdrängt.

Für die lagerlose Anlieferung werden verbauortnahe Pufferbestände eingesetzt, um eine wirtschaftliche Anlieferung und Teilebereitstellung zu gewährleisten. Zur Komplexitätsreduzierung im Anlieferkonzept, produziert der Lieferant zunächst standardisierte und nicht auftragsbezogene Grundmodule bzw. Grundsysteme vor. Möglichst spät erfolgen dann die letzten Bearbeitungsschritte, um die fahrzeugspezifischen Module und Systeme zu komplettieren (Graf u. Hartmann 2004, S. 128). Die reihenfolgeorientierte Kommissionierung findet entweder in der Nähe des Bedarfsortes (z. B. Industriepark) oder in einem vom Bedarfsort aus synchronisierten Zulieferwerk bzw. zwischen diesen beiden Punkten statt (Pfohl 2004, S. 130). Die Reihenfolge der Teilevarianten im Sequenzbehälter entspricht exakt der Entnahme- und Einbausequenz an der Montagelinie. Zur Realisierung der abnehmernahen Just-in-Sequence Anlieferung haben in den vergangenen Jahren vor allem Industrieparkkonzepte an Bedeutung gewonnen (vgl. Abschn. 8.5.1).

Die Montage, Sequenzierung und Anlieferung der Teileumfänge wird auf Basis des Feinabrufs bzw. des Produktionssynchronen Abrufs durchgeführt (vgl. Abschn. 8.2.1). Über diese zentrale Abrufsteuerung wird der gesamte logistische Hauptprozess überwacht. Um die Planungs-, Steuerung-, Fertigungs- und Logistikzeiten beim Lieferanten berücksichtigen zu können, bedarf es eines zeitversetzten Sequenzabrufs (Steuerzeit). Während früher der Produktionssynchrone Abruf nach VDA 4916 erst beim Einlauf der lackierten Karosse in die Vorsteuerstrecke der Montagelinie generiert wurde (vgl. Abschn. 9.7.4), erfolgt dieser Impuls heute bereits einige Tage vor Montagestart im Rahmen der Produktionssteuerung mit stabiler Auftragsfolge (vgl. Abschn. 9.6). Gleichzeitig wurde die Zuordnung des Kundenauftrages zum Fahrzeug von der Rohbauauflage nach dem Prinzip einer verspäteten Auftragszuordnung in die Montage verschoben. Diese versetzte Taufung ermöglicht heute mehr Planungsspielraum für die Lieferanten. Erhöhte Vorlaufzeiten bieten dem Lieferanten die Möglichkeit verstärkt mittels Long-Range Supply-in-Line Sequence bzw. Long-Distance Just-in-Sequence anzuliefern. Die Lieferumfänge werden hierbei in der Regel bereits am Niedriglohnstandort produziert und von dort aus sequenziert im OEM-Werk über größere Transportentfernungen angeliefert. Hierdurch können neben den Bestands- auch die Lohnkosten gesenkt werden, da neben den Fertigungs- und Montagetätigkeiten auch die lohnintensiven Sequenzierungsaufgaben im Ausland ohne Zwischenlagerung stattfinden. In der deutschen Automobilindustrie existieren bereits heute zahlreiche Beispiele für Long-Distance JIS-Anlieferungen aus dem kostengünstigen Ausland (Hartel 2006b; Voigt 2008).

Durch die Einhaltung einer stabilen Perlenkette bei den Automobilproduzenten ergibt sich eine Vorlaufzeit von vier bis sechs Arbeitstagen zwischen JIS-Abruf und Bedarfstermin beim OEM (vgl. Abschn. 9.6.1). Dabei ist die Auswahl des Fertigungsstandortes sehr stark vom Kundenauftragsfluss und der Einhaltung einer stabilen Montage-Perlenkette des OEMs abhängig, was letztendlich die geografischen Grenzen der JIS-Lieferantenwerke determiniert.

Für die Auswahl einer Anlieferung nach dem Long-Range Sequencing müssen die Vor- und Nachteile des Anlieferkonzeptes entsprechend abgewogen werden (Hartel 2006b, S. 84). Im Vergleich zur oft mehrstufigen Transportkette bei der klassischen JIS-Anlieferung über Stammwerk und OEM-nahes JIS-Werk werden die Teile bei der Long-Range JIS-Anlieferung direkt vom Lieferanten in LKWs verladen und an das Montageband des Automobilherstellers geliefert. Somit werden Bestände reduziert und ein Doppelhandling mit den damit verbundenen Logistikpersonalkosten durch Wareneingang, Lagerhaltung und Versand vermieden. Ein weiterer Vorteil resultiert aus der Auslagerung personalintensiver Wertschöpfung wie die Sequenzbildung nach Mittel- und Osteuropa. Zusätzliches Einsparpotenzial sind die Bündelungseffekte. Statt zahlreicher eigen- oder fremdbetriebener kleinerer JIT-/JIS-Fertigungsstandorte in der Nähe des jeweiligen Automobilproduzenten, betreibt der Zulieferer nur einen zentralen Standort. Von dieser Fertigungsstätte können unterschiedliche OEMs mit Standorten in verschiedenen Ländern beliefert werden. Einzelschwankungen bei den Abrufmengen der Fahrzeugmodelle und OEMs können kombiniert werden, was aufgrund des Pooleffektes zu stabileren und durchschnittlich höheren Kapazitätsauslastungen an den Produktionsstandorten führt. Der Lieferant reduziert somit seine Abhängigkeit von einem spezifischen OEM und ist in der Lage, losgelöst von einem Fahrzeuglebenszyklus, zu investieren (vgl. Abb. 8.7).

Vorteile	Nachteile
• Vermeiden von Doppelhandling in der Prozesskette vom Zulieferwerk über JIS-Werk bis OEM	• Erhöhtes Versorgungsrisiko durch längere Distanzen
• Reduzierung der Bestände durch Wegfall einer Logistikstufe	• Sicherheitsbestände in OEM-Nähe
• Synergienutzung durch JIS-Bündelung für die Versorgung mehrerer OEM-Werke	• Steigende Transportkosten, etwa durch Entfernung und nicht klappbare Ladungsträger
• Geringere Abhängigkeit eines JIS-Standorts von einem OEM-Werk durch Risikostreuung	• Sinkende Lohnkosteneffekte im Zeitverlauf durch Arbeitskosten-Annäherung West-Ost
	• Gefahr von Transportschäden, wie bei lackierten Bauteilen

Abb. 8.7 Vor- und Nachteile einer Long-Distance JIS-Anlieferung (Hartel 2006b, S. 84)

Neben den Kosteneinsparungen müssen auch erhöhte Risiken bei der Anlieferung Berücksichtigung finden. Das Versorgungsrisiko in der Belieferung zählt zu den größten Risiken der Long-Distance Anlieferung. Ursachen dafür sind die große Entfernung und die mangelhafte Infrastruktur in Niedriglohnländern. Die weitere Umsetzung einer Long-Distance Just-in-Sequence Strategie wird durch die zukünftige Entwicklung der Logistikkosten geprägt. Einerseits werden die Personalkosten reduziert, andererseits wird teilweise die realisierte Einsparung durch gestiegene Transportkosten kompensiert. Gründe dafür sind nicht nur erhöhte Fracht- und Steuerungskosten – durch längere Transportstrecken – sondern auch die reduzierte durchschnittliche Packungsdichte der angelieferten Materialien. Wurde früher über kurze Distanzen mit geringer Packungsdichte in JIS-Gestellen und über längere Distanzen in der Vormaterialversorgung mit Standardbehältern angeliefert, erfolgt bei der Long-Distance Versorgung die Anlieferung über die gesamte Transportstrecke mit Spezialbehältern, welche häufig aufgrund der komplexen geometrischen Struktur des Lieferumfangs eine geringe Packungsdichte aufweisen.

Einer der wichtigsten Planungsparameter im Bereich der Long-Range JIS-Anlieferung ist das Thema Sequenzstabilität der Montage-Perlenkette (vgl. Abschn. 9.6.1). Bei der Fertigungssteuerung mit stabiler Auftragsreihenfolge wird die tatsächliche Reihenfolge der in die Montage eingelasteten Fahrzeuge bereits einige Tage vor Montagestart festgelegt und diese Information dem Lieferanten unmittelbar zur Verfügung gestellt. Hierzu werden die einzelnen Fahrzeugaufträge (Perlen) bereits bei der Produktionsplanung vor dem endgültigen Montagetermin in eine fest definierte Auftragsreihenfolge (Perlenkette) gebracht (Plan-Sequenz). Laufende Probleme im Fertigungsprozess bzw. bei der Teileversorgung führen allerdings dazu, dass es nach der Übermittlung des Sequenzabrufes noch Änderungen in der Reihenfolge gibt. Erst bei Einlauf der Karosse in die Montage steht die tatsächliche und endgültige Montagereihenfolge der Karossen fest (Ist-Sequenz). Je weiter entfernt ein Lieferant angesiedelt ist, desto geringer ist die Wahrscheinlichkeit, dass nach Ist-Reihenfolge angeliefert werden kann. Lange Transportzeiten, wie sie beim Long-Range JIS anfallen, führen dazu, dass der Lieferant nach Plan-Sequenz anliefert. Dies erfordert daher ein Rückkommissionieren oder Resequenzieren der Lieferumfänge kurz vor Anlieferung und Bereitstellung. Hierzu müssen die organisatorischen Abläufe sowie die Kostenübernahme zwischen Lieferant, LDL und OEM geklärt werden.

8.3.3 Verbrauchsgesteuerte Direktanlieferung

Bei der verbrauchsgesteuerten Form der Direktbelieferung werden, wie bei der JIT-/JIS-Anlieferung, die wertschöpfenden Einzelprozesse des Lieferanten und des Automobilherstellers eng miteinander verzahnt. Die verbrauchsgesteuerte Direktanlieferung ist ein verbrauchsgesteuertes Logistikkonzept mit kontinuierlicher Direktanlieferung am Bedarfsort des Abnehmers. Der Materialverbrauch des Abnehmers bestimmt die Anliefertermine und Anlieferrhythmen des Lieferanten. Um die mittel- bis langfristige Planung des Lieferanten zu unterstützen, erhält dieser einen

Lieferabruf	bedarfsgesteuert				verbrauchsgesteuert		
Lieferstandort	Zulieferstammwerk	OEM-nahes JIT-/JIS-Werk			Industriepark	Kondominium	
Transport	Direkttransport	Sammelrundtour-Transport			Sammelgut-Transport		
Lagerstufe	keine	bedarfs-ortnah	Warehouse -on-Wheels	zentral OEM	OEM-nah	OEM-fern	Zulieferer
Anlieferung	Bedarfsort	Supermarkt			Wareneingang	Trailer Yard	
Behälterinhalt	sortenrein				sequenziert		

Abb. 8.8 Standardausprägungen verbrauchsgesteuerte Direktanlieferung

unverbindlichen Lieferabruf nach VDA 4905 sowie in der Regel einen Feinabruf nach VDA 4915 der als Bedarfsprognose für seine Vormaterialbeschaffung und Kapazitätsplanung bzw. zur Produktionsplanung und -steuerung dient (vgl. Abschn. 8.2.1). Die verbindliche Dimensionierung der Abrufe wird allerdings kurzfristig über den verbrauchsgesteuerten Abruf gesteuert.

Die Anlieferung der Ware erfolgt sortenrein meist in Standardbehältern. Auf die Zwischenschaltung von Wareneingangsbuchung, Qualitätskontrollen und Zwischenlagerungen wird bei dieser Ausprägungsvariante verzichtet. So werden die Teile schon beim Zulieferer transport- und verbrauchsgerecht verpackt und ohne Wareneingangsprüfung beim Abnehmer angeliefert. Der Umschlag wird auf verbauortnahen Flächen abgewickelt, die direkt vom Lieferanten ein- bzw. mehrmals täglich verbrauchsorientiert aber nicht sequenzabhängig bewirtschaftet werden. Das eingehende Material wird fertigungsnah, auf pro Teileumfang fest zugeordneten Plätzen zwischengelagert, jedoch ohne die sonst übliche Lagererfassungsbuchung. Die Lieferumfänge werden anschließend in der Montage verbrauchsabhängig und direkt am Verbauort bereitgestellt. Da die Versorgungsfläche sich in unmittelbarer Nähe zur Fertigungslinie befindet, genügen einfache verbrauchsgesteuerte Abrufverfahren, wie z. B. das Behälter-Kanban, um die Nachschubversorgung zu sichern (vgl. Abschn. 8.2.2).

Die verbrauchsgesteuerte Direktanlieferung ist vorwiegend für großvolumige Lieferumfänge mit hohem Umschlagsvolumen und geringer Variantenvielfalt geeignet. Voraussetzung für das Funktionieren dieses Anlieferkonzeptes ist eine 100%-Qualität der Kaufteile. Unnötiges Handling wird durch die einheitliche Dimensionierung der vom Lieferanten versandten, vom Spediteur transportierten und vom Abnehmer weiterverarbeiteten logistischen Einheit erreicht. Die zu verfolgende Zielsetzung lautet deshalb für alle Direktanlieferungskonzepte:

$$\textit{Liefereinheit} = \textit{Transporteinheit} = \textit{Bereitstellungseinheit} = \textit{Verbrauchseinheit}$$

Anwendungsbeispiel Montageteileversorgung Cockpitvormontage Der betrachtete Lieferumfang ist die Instrumententafel eines Cockpits, die aufgrund ihrer großen Bauraumabmessungen einen transport-, umschlags- und lagerintensiven Umfang darstellt. Die Variantenvielfalt beschränkt sich bei drei Innenraumfarben und einer Links- sowie Rechtslenkerversion auf sechs Varianten die angeliefert und bereitgestellt werden müssen.

Das Abrufsignal wird durch den Montagemitarbeiter am Band durch einfaches Drücken eines Signaltasters generiert sobald ein Behälter leer wird. Daraufhin erhält der Materialbereitsteller ein optisches Signal für die Nachschubversorgung eines Vollbehälters. Dieser befindet sich auf einer verbauortnahen überdachten Freifläche. Für die Bewirtschaftung dieser Pufferfläche werden dezentrale Dispositionsverfahren angewandt. Der Materialbereitsteller erfasst einmal täglich zu einem fest vorgegebenen Termin den aktuellen Behälterbestand auf der Pufferfläche. Zusätzlich wird jede Entnahme eines Behälters protokolliert. Die Organisation der Pufferfläche erfolgt als Bodenlager in sortenreinen Zeilen. Das Leergut wird ebenfalls in Form einer Bodenblocklagerung gesammelt und für den Abtransport auf der verbauortnahen Freifläche zwischengepuffert. Vor der Entnahme des Vollbehälters wird der Leergutbehälter am Verbauort entsorgt und zwischengepuffert. Der Vollbehälter wird entsprechend des Signalabrufs der Cockpitvormontage verbrauchsgesteuert bereitgestellt. Hierbei vermerkt der Staplerfahrer den Behälterverbrauch auf einer manuell geführten Abrufliste. Alle über drei Schichten getätigten Abrufe werden einmal täglich an den Lieferanten übermittelt. Der verbrauchsgesteuerte Lieferabruf sowie die anschließende Bestätigung durch den Automobilzulieferer findet zu vordefinierten Zeitpunkten per Fax oder DFÜ (z. B. WEB-EDI) statt. Dieser ist verantwortlich für die Nachschubdisposition des verbrauchten Serienmaterials. Wichtigstes Kriterium der Materialdisposition für den Lieferanten sind die pro Teileposition festgelegten minimalen (Versorgungssicherheit) und maximalen (Flächenknappheit) Bestände auf der Pufferfläche, welche nicht zu unter- bzw. überschreiten sind. Hierzu ist es nötig eine ausreichende Vorlaufzeit zwischen dem Materialabruf und dem Verbau an der Linie zu gewährleisten, die es dem Lieferanten erlaubt eine kostenoptimale Frachtdisposition durchzuführen. Aufgrund der Frachtkostenoptimierung gilt hierbei die Prämisse, dass jeweils nur LKW-Komplettladungen angeliefert werden dürfen. Der Lieferant legt im Rahmen der Min/Max-Bestandsvorgaben fest, welche Varianten er zu welchem Zeitpunkt, in welcher Menge versendet und informiert täglich den Automobilhersteller über den Frachteingang und die Frachtzusammensetzung. Für die LKW-Anlieferung werden bestimmte Zeitfenster vereinbart. Bei der Anlieferung erfolgt ein 1:1 Tausch Voll- gegen Leergut.

Die Disposition der Behälterpufferfläche beim OEM liegt in der Verantwortung des Lieferanten und entlastet die Seriendisponenten des Automobilherstellers, die nur in Ausnahmesituationen (z. B. bei Sonderschichten) aktiv werden. Durch die direkte Einfahrt des LKWs ins Werk entfällt auch die Abwicklung und Steuerung über den LKW-Leitstand, was den transporttechnischen Koordinationsaufwand auf dem Werksgelände senkt (vgl. Abschn. 8.7.1.3). Auch die LKW-Avisierung und LKW-Steuerung geht auf den Lieferanten über. Der 1:1 Vollgut/Leerguttausch macht die aufwendige Steuerung eines eigenen Leergutkreislaufes überflüssig (vgl. Abschn. 8.8). Durch die einfache und direkte Abwicklung der Bestell-, Anliefer-, Umschlags- und Bereitstellungsaktivitäten können die Umlauftage, die ein Behälter durchschnittlich benötigt, drastisch reduziert werden. Dies hat neben geringeren Beständen in der logistischen Kette auch den Vorteil reduzierter Behälterinvestitionen, die sich direkt proportional aus den Umlauftagen berechnen (vgl. Abschn.

6.1.3). Begrenzt wird der Einsatz dieses schlanken Steuerungsverfahrens allerdings durch die Knappheit verbauortnaher Logistikflächen im Automobilwerk.

8.4 Lager-Anlieferung

Bei der Lageranlieferung werden eine oder mehrere Lagerstufen in der Lieferkette vom Lieferanten bis zum OEM zwischengeschaltet. Die Lagerstufe kann vom Fahrzeughersteller selbst, von seinem Lieferanten bzw. einem externen Logistikdienstleister betrieben werden. Der Lagerbestand befindet sich entweder im Eigentum des Abnehmers oder des Lieferanten. Ein Lager dient aus logistischer Sicht der Zeitüberbrückung und nimmt dabei eine Ausgleichsfunktion bezüglich Mengen und Zeit, eine Sicherungsfunktion und die Funktion der Sortimentsbildung ein. Aufgabe eines Lagers innerhalb des Materialflusssystems ist folglich das Bevorraten, Puffern und Verteilen von Gütern. Lagerstufen entkoppeln die Produktions- und Logistikprozesse des OEM von denen seiner Lieferanten. Die Lageranlieferung stellt die Versorgung der Fahrzeugfertigung sicher. Dem gegenüber stehen jedoch die Nachteile hoher Kapitalbindung, sinkender Liquidität, der Aufbau von alterungsgefährdeten Beständen und die Entstehung zusätzlicher Kosten für Lagerhaltung und Verwaltung der Bestände. Lagerhaltung und Lageranlieferung unterbricht den Güterfluss logistischer Prozessketten und sollte daher nur eingesetzt werden, wenn eine Direktanlieferung nicht sinnvoll ist. Der Einbau von Lagerstufen ist für folgende Anlieferbedingungen sinnvoll:

- Hohe Rüstkosten des Lieferanten führen zu Losgrößenfertigung
- Schwere Prognostizierbarkeit des Bedarfs
- Geringwertigkeit der Teile
- Entkoppelte Fertigungsprozesse des Lieferanten
- Große Räumliche Entfernung des Lieferanten
- Hohe Bedarfsschwankungen beim OEM, die nicht über die Lieferkette kompensiert werden können
- Stark schwankende Transportzeiten

Lieferabruf	bedarfsgesteuert				verbrauchsgesteuert			
Lieferstandort	Zulieferstammwerk		OEM-nahes JIT-/JIS-Werk		Industriepark		Kondominium	
Transport	Direkttransport			Sammelrundtour-Transport			Sammelgut-Transport	
Lagerstufe	keine	bedarfs-ortnah	Warehouse -on-Wheels	zentral OEM	OEM-nah	OEM-fern	Zulieferer	
Anlieferung	Bedarfsort		Supermarkt		Wareneingang		Trailer Yard	
Behälterinhalt	sortenrein				sequenziert			

Abb. 8.9 Standardausprägungen Lageranlieferung

Das Anlieferkonzept der verbrauchsgesteuerten Lageranlieferung ist gekennzeichnet durch eine einstufige und reichweitengesteuerte Lagerabwicklung. Der Lieferabruf erfolgt verbrauchsgesteuert (vgl. Abschn. 8.2.2). Häufig befindet sich das Lager in räumlicher Nähe beim Automobilhersteller oder auf dem Werksgelände. Bei Teilen, die nur in Losgröße hergestellt werden können oder eine geringe Vorhersagegenauigkeit der Nachfrage haben, eignet sich eine Versorgung in Form der einstufigen Lagerkette. In dieser Belieferungskette existiert ein einziges Lager zwischen Zulieferer und OEM, das im Idealfall vom Zulieferer oder von einem Logistikdienstleister betrieben wird (vgl. Abschn. 6.8.3).

Eine mehrstufige Lagerkette ist aufgrund der gestiegenen Lieferantenintegration mit einem verbesserten Informationsaustausch eher im Rahmen des Global Sourcings von Bedeutung (vgl. Abschn. 5.1.3). Die Anbindung weit entfernter Lieferanten vom Produktionsstandort des Fahrzeugherstellers über ein mehrstufiges Lagersystem ist dann sinnvoll, wenn die Versorgungsunsicherheiten einer multimodalen und internationalen mehrstufigen Transportkette kompensiert werden müssen.

Dem Lieferanten wird vorab eine unverbindliche Liefervorschau nach VDA 4905 übermittelt (vgl. Abschn. 8.2.1.1). Diese dient als Bedarfsprognose für seine Vormaterial- und Personaldisposition. Die verbindliche Dimensionierung der Lagerbestände wird allerdings über Bestände bzw. Bestandsreichweiten festgelegt. Die Bestandsdisposition des Lagers erfolgt mit Hilfe eines Supplier Managed Inventory (SMI) Ansatzes. Hierunter versteht man die Verlagerung der Verantwortung für Bestandshöhe und Verfügbarkeit im Lager auf den Lieferanten. In diesem Fall übernimmt der Automobilzulieferer die Lagerdisposition für den Automobilhersteller. Der Lieferant hat dabei direkten Zugriff auf den Bestand und die Lager- und Produktionsdaten seines Kunden. Ziel ist es die logistische Transparenz zu erhöhen. Für eine nahtlose Kommunikation bedarf es eines softwaregestützten Abwicklungssystems, was die DFÜ-Fähigkeit der Lieferanten voraussetzt. Nur wenn die Bestandstransparenz über die gesamte Anlieferkette für alle Teilnehmer gewährleistet wird, steigt die Versorgungssicherheit. Beim SMI werden dem Lieferanten alle relevanten Logistikdaten (aktueller Lagerbestand, aktuelle und geplante Nettobedarfe, Fehlmengen, Bestandsstati, Bestandsentwicklungen, etc.) online bereitgestellt. Zusätzlich können über die SMI-Systeme Lieferungen simuliert und avisiert werden (Keller 2006, S. 59). Durch die Bestands- und Bedarfsinformationen des OEM entscheidet der Lieferant autonom über den Zeitpunkt und die Nachschubmenge die geliefert wird. Der Lieferant liefert innerhalb fest vereinbarter Bestandsober- und -untergrenzen eigenverantwortlich an. Die vorgegebenen Bestände bzw. die hieraus abgeleiteten Bestandsreichweiten werden in Stückzahlen oder in Zeiteinheiten bereitgestellt (VDA 5010, S. 6). Unterschreitet der Lagerbestand die vorgegebenen Mengen bzw. Reichweiten wird der Lieferant benachrichtigt. Die Auslagerung der Teile im Lager wird über den Montageabruf des OEMs angestoßen. Jeder Bandabruf generiert einen unmittelbaren Auslagerungsauftrag im Lager. Die Versorgung der Bedarfsorte wird über LKW-Shuttle nach einem festen Tourenplan durchgeführt.

Bei der bedarfsgesteuerten ein- bzw. mehrstufigen Lageranlieferung wird die Anlieferung der Materialien am Lagerstandort über einen mehrstufigen bedarfsgesteuerten Lieferabruf koordiniert. Hierbei wird neben der Liefervorschau nach VDA 4905 zur Ressourcenplanung meist auch ein Feinabruf nach VDA 4915 für die Versandsteuerung des Lieferanten übermittelt (vgl. Abschn. 8.2.1). Bei der bedarfsgesteuerten Lageranlieferung handelt es sich um kleinere bis mittlere Frachtvolumina im Teilladungs- bzw. Stückgutbereich, welche über Sammelrundtour- (vgl. Abschn. 6.7.2.2) bzw. Sammelgut-Transporte (6.7.2.3) angeliefert werden und beim OEM über einen zentralen Wareneingang (vgl. 6.5.3) in sortenreinen Behältern abgewickelt werden.

8.5 Industrieparklogistik

8.5.1 Konzept der Industrieparklogistik

Die werknahe und konzentrierte Ansiedelung von Lieferanten in Industrieparks bietet eine Vielzahl strategischer Vorteile. Seit der Eröffnung des ersten Zulieferparks von Seat in Martorell (Spanien) 1992 haben sich Industrieparks als bedeutendes Logistikelement bei Direktanlieferkonzepten in der Automobilindustrie etabliert (Reichhart u. Holweg 2007, S. 52). Mittlerweile existieren europaweit mehr als 40 Industrieparks (Schraft u. Westkämper 2005, S. 55 ff.). Neue Automobilfabriken werden in der Regel durch Lieferantenparks ergänzt bzw. bereits in der Planung mit Erweiterungsoptionen ausgestattet. Auch bei Neuanläufen von Fahrzeugen wird die bestehende Werkstruktur hinsichtlich der Erweiterung durch Industrieparkkonzepte überprüft (Barth 2002, S. 53). Für das Logistikkonzept Industriepark sind unterschiedliche Begriffe wie Zulieferpark, Lieferantenpark oder Supplier Park zu finden.

Ein Industriepark aus Sicht der Automobilindustrie ist eine abnehmernahe, gemeinschaftliche Ansiedlung von mehreren Lieferanten und Logistikdienstleistern in unmittelbarer (werknaher Industriepark) bzw. mittelbarer (regionaler Industriepark) Nähe zum Fahrzeughersteller (vgl. Abschn. 3.6.1). Der Industriepark umfasst eine industriell nutzbare Fläche einschließlich Gebäuden und Infrastruktureinrichtungen. Die Nutzung der Infrastruktur im Industriepark erfolgt gemeinschaftlich und dient der Erbringung spezifischer Logistik- und Fertigungsprozesse für den OEM. Die Standortentscheidung eines Industrieparks wird durch einen ganzheitlichen Planungsansatz getroffen, die mit der Erstellung eines Erschließungs- und Ansiedlungsplans verbunden ist. Die Aufgaben beim Standortbetrieb umfassen die gemeinschaftliche Bereitstellung und Instandhaltung der Flächen, der Gebäude und der Infrastruktureinrichtungen. Die Infrastruktur soll hierbei das integrative Zusammenspiel zwischen Lieferanten und Logistikdienstleister unterstützen. Die angesiedelten Unternehmen führen einzelwirtschaftlich abnehmerspezifische Logistik- und Fertigungsprozesse durch (Gareis 2002, S. 20 f.). Die Ansiedelung von Lieferanten in der Nähe eines Fahrzeugherstellers wird häufig durch regionale Förderprogramme der Kommunen unterstützt, die ein Interesse an der Schaffung neuer Arbeitsplätze in der Region haben.

Ziele einer Industrieparklogistik sind die Bündelung von Materialströmen im Anlieferprozess des Automobilherstellers, die Erhöhung der Lieferflexibilität bei einer gleichzeitigen Steigerung der Versorgungssicherheit. Ein kontinuierlicher und vereinfachter Material- und Informationsfluss bringt Kosteneinsparungen und Serviceverbesserungen in der Beschaffungslogistik durch Reduzierung der Logistikkomplexität (Klug u. Vogl 2003, S. 28 f.). Zusätzlich kann durch die enge Verzahnung und Standardisierung der Lieferanten- mit der Fahrzeughersteller-Logistik die logistische Prozessfähigkeit gesteigert und in ihrer Folge eine erhöhte Lieferstabilität erreicht werden.

Das Standardanlieferkonzept der im Zulieferpark angesiedelten Lieferanten ist die direkte JIT-/JIS-Anlieferung an die Montagelinie des Herstellers. Volumenstarke Lieferumfänge in europäischen Industrieparks sind Cockpit, Kabelbaum, Abgasanlage, Sitz, Tank, Frontend-Modul, Türverkleidung, Dachhimmel, Stoßfänger, Teppich, Hinterachse und Räder (Schraft u. Westkämper 2005, S. 264). Frühere Konzepte der Direktanlieferung waren geprägt durch Optimierung und Anpassung an bestehende Infrastrukturen. Die Direktlieferanten siedelten sich in kleinen JIT-/JIS-Montagewerken im regionalen Umfeld des OEMs an. Die Folge war eine nicht gesteuerte räumliche Verteilung von dezentralen Fertigungen und logistischen Dienstleistungsfunktionen in der Region des Fahrzeugwerks. Die Anlieferung wurde früher unkoordiniert und jeweils einzeln durchgeführt. Industrieparks integrieren diese dezentralen Fertigungs- und Montagezentren, wodurch die Einzeltransporte zum OEM eliminiert werden. Häufig ist der werknahe Industriepark (vgl. Abschn. 3.6.1) über eine automatisierte Fördertechnik bzw. durch eine Verbindungsbrücke oder -tunnel mit dem Industriepark verbunden, so dass die Handlingsstufen einer LKW-Be- und Entladung entfallen. Auch die Inbound-Logistik der Lieferanten im Güterfernverkehr kann durch die verkehrsgünstige Anbindung von Industrieparks effizienter abgewickelt werden (Klug 2000b, S. 34). Während sich Zulieferer in der Vergangenheit aus eigener Initiative in räumlicher Nähe des Herstellerwerks ansiedelten, erfolgt die Entstehung eines Industrieparks im Rahmen einer gemeinschaftlichen Planung und ist das Ergebnis einer strategischen Entscheidung des Fahrzeugherstellers. Folgende weitere Gestaltungskriterien sind bei Industrieparks in der Automobilindustrie zu erkennen:

- Bevorzugte Ansiedelung von JIT-/JIS-Lieferanten mit großvolumigen und werthaltigen Modul- und Systemumfängen
- Bevorzugte Lieferanten des Industrieparks sind reine Montagebetriebe ohne tiefer greifende Wertschöpfung (Light Assembly)
- Neben den Endmontagetätigkeiten werden Sequenzierungsaufgaben und Warenkorbbildungen durch die Lieferanten bzw. die Logistikdienstleister übernommen
- Der Industriepark sollte möglichst optimal an das öffentliche Verkehrsnetz angeschlossen sein und integriert im Idealfall einen Umschlagbahnhof für den bimodalen Verkehr Straße-Schiene
- Die Mietverträge, welche die Betreibergesellschaften mit den Lieferanten abschließen, sind in der Regel auf einen Modelllebenszyklus (ca. fünf bis sieben Jahre) begrenzt

- Ein oder mehrere Dienstleister übernehmen die komplette Verantwortung für die Logistikkette vom Lieferanten bis zum Verbauort
- Gemeinsame Nutzung einer zentralen Infrastruktur wie Stromversorgung, Kantine, Werksschutz, Feuerwehr, Abwasser, Brauchwasser, Entsorgungs- und Recyclinganlagen, Personaldienstleistung, IT Support, Reparaturdienste, Medizinische Versorgung, Reinigung, Post, Kindergärten, Öffentliche Transportmittel
- Pay-on-Production Prinzip bei dem erst beim Verlassen des Fertigfahrzeuges nach dem letzten Qualitätscheck automatisch die Bezahlung für die gelieferten Umfänge ausgelöst wird (Becker 2005a, S. 32)

8.5.2 Gestaltungselemente eines Industrieparks

8.5.2.1 Hallenkonzept

Aufgrund der laufenden Änderungen im Fahrzeugwerk (Durchsatz, Modellwechsel, neue Derivate, Teile- oder Technologieänderungen, Umtaktung, Lieferantenwechsel, etc.) ist der Aufbau von anpassungsfähigen Strukturen das oberste Gestaltungsprinzip für einen Industriepark. Ziel ist die Bereitstellung einer modularen und freitragenden Halleninfrastruktur mit möglichst flexibler Hallenbelegung und wenigen festen Installationen, so dass die Trennwände der Hallenbereiche einfach verschoben werden können (Klug 2000b, S. 34). Dies ermöglicht einerseits eine schnelle Erweiterung bzw. Reduzierung der benötigten Flächen sowie die teile- und technologieunabhängige Belegung der Hallen ohne große Investitionen beim Mieterwechsel. Räumliche Trennungen haben auch sicherheitsrelevante Aspekte, wenn sich mehrere Lieferanten in einer Halle befinden und gleichzeitig in unterschiedlichen Schichtmodellen arbeiten. Die Hallenhöhen können gestuft und auf die jeweiligen Nutzungsbereiche (Fertigung, Montage, Büro-, Sozialfläche) abgestimmt sein. Um eine optimale Raumnutzung zu gewährleisten, werden als lichte Höhe der Gebäude meist 7,0 bis 7,5 m empfohlen (Schraft u. Westkämper 2005, S. 246). An die Hallen sollten jeweils räumlich getrennte und einem Hauptmaterialfluss folgende Be- und Entladebereiche gekoppelt sein. Um eine witterungsunabhängige Be- und Entladung zu ermöglichen, bedarf es geeigneter baulicher Maßnahmen vom Schleppdach bis hin zur eingehausten und beheizten LKW- bzw. Bahnverladehalle mit Schnelllauftoren. Neben den reinen Fertigungs- und Montageflächen müssen geeignete Büro- und Sozialräume für die Mitarbeiter bereitstehen. Auch hier ist bei der baulichen Auslegung auf eine möglichst flexible Nutzung der Flächen und Gebäude zu achten.

Bei der Hallenanordnung im Industriepark gibt es die beiden Möglichkeiten einer zentralen bzw. dezentralen Gebäudestruktur (Schraft u. Westkämper 2005, S. 245 f.). Eine zentrale Gebäudestruktur wird häufig bei flächenmäßigen Restriktionen oder bei Anbindung über eine Elektrohängebahn eingesetzt. Vorteil ist die einfache transporttechnische Vernetzung mit dem Hauptgebäude des OEM. Nachteile werden bei der Inbound-Logistik, der laufenden Flächenanpassung aufgrund neuer Lieferanten und den Erweiterungsmöglichkeiten gesehen. Dezentrale Gebäudestrukturen bei denen eine Halle jeweils mit einem oder nur wenigen Lieferanten besetzt wird, erlaubt eine bessere Anpassung der Hallenbereiche an die spezifischen Anforderungen der Mieter. Nachteilig sind der höhere Flächenbedarf sowie die damit verbundenen höheren Flächenkosten. Aufgrund der größeren Entfernungen zwischen den Lieferanten und dem Fahrzeugwerk wird eine Schleppzuganbindung realisiert. Beim Überschreiten einer kritischen Industrieparkfläche entstehen Probleme aufgrund der großen Entfernungen, da die Rundlaufzeiten der Schleppzüge zu lange sind bzw. auch öffentliche Straßen gekreuzt werden. Ab einer gewissen Entfernung der Lieferantenhallen zum OEM muss über eine LKW Anbindung nachgedacht werden.

8.5.2.2 Transportkonzept

Um einen kontinuierlichen Materialfluss im Rahmen von Direktanlieferkonzepten zu garantieren, ist es erforderlich geeignete Transportmittel auszuwählen. Diese sind in Abhängigkeit der zu transportierenden Volumina, der Transportentfernung, der Bauteilabmessungen und den Anliefermöglichkeiten innerhalb der Montagehalle (z. B. bauliche Restriktionen) zu bestimmen. Prinzipielle Möglichkeiten der transporttechnischen Anbindung sind Schleppzüge, Fahrerlose Transportsysteme, fest installierte Fördertechniken (z. B. Elektrohängebahn) oder LKWs. Manuell bediente Flurfördertechniken wie Schleppzüge haben den Vorteil einer hohen Anpassungsfähigkeit an die laufenden Veränderungen des Lieferspektrums sowie der Auf- und Abgabepunkte. Mit Hilfe von Elektrohängebahnen kann eine taktsynchrone Anbindung der Industrieparklieferungen erreicht werden. Aufgrund der hohen Investitionskosten einer Elektrohängebahn sind die Förderstrecken zu minimieren was die Ansiedelung mehrerer Lieferanten in einem Gebäude fördert. „Insgesamt zeigt sich jedoch, dass sich in einer Vielzahl der betrachteten Fälle diese Systeme relativ problemlos über eine Modelllaufzeit rechnen lassen und damit einen positiven Beitrag liefern. Bei einer realisierbaren Nähe zwischen Versorgungs- und Anlieferpunkten (bis 1.500 m), einer begrenzten Anzahl an Modulen (5 bis 10) sowie einer Fahrzeugstückzahl von mindestens 200.000 Fahrzeugen im Jahr sind diese Systeme auch schon im ersten Modellzyklus die optimale Lösung.“ (Schraft u. Westkämper 2005, S. 240). Es wird direkt am Verbauort oder an einem Bahnhof mit Weiterverteilung an den Montageort angeliefert.

8.5.2.3 IT-Konzept

Ein weiterer wichtiger Aspekt bei der Bestimmung der Infrastruktur ist die IT-technische Anbindung des Industrieparks. Dazu zählen die Bereitstellung sowie der Betrieb der allgemeinen informationstechnologischen Infrastruktur und Softwaredienstleistungen. Schnittstellen zur Kopplung der lieferanten- und dienstleistereigenen IT-Systeme sind zu definieren. Der Industriepark ist über Standleitungen mit den Warenwirtschaftssystemen des OEMs verbunden (Rinza 1999, S. 17). Eine zweite redundante Datenleitung steht für Notfälle zur Verfügung und gewährleistet eine hohe Ausfallsicherheit. Die Warenvereinnahmung beim Lieferanten im Industriepark erfolgt meist über die OEM-spezifischen Logistiksysteme, so dass der Automobilhersteller vollkommene Transparenz über die Materialbewegungen seiner Lieferanten besitzt.

8.5.2.4 Investoren- und Betreibermodell

Für den Aufbau eines Industrieparks ist ein erheblicher Finanzierungsbedarf notwendig. Somit ist für die erfolgreiche Umsetzung eines solchen Konzepts die Wahl des Investorenmodells von entscheidender Bedeutung (Schraft u. Westkämper 2005, S. 40 f.). Faktoren wie finanzielle Risiken, Nutzungsrisiko, gegenseitige Abhängigkeiten, Transparenz, Aufwand für den OEM, die Kontinuität des Investors und bestehende Fördermöglichkeiten müssen in diesem Zusammenhang abgewogen werden, um eine optimale Umsetzung zu garantieren. Bei den Investorenmodellen werden Public Private Partnership Konzepte zunehmen, da sich die Interessen unterschiedlicher Parteien wie Automobilhersteller, öffentliche Hand sowie Dienstleister und Lieferant sehr stark überschneiden (Schraft u. Westkämper 2005, S. 271).

Eng verbunden mit dem Investorenmodell ist die Bestimmung eines geeigneten Betreibermodells. Um ein passendes Betreibermodell für die Realisierung eines Industrieparkkonzepts auszuwählen, müssen verschiedene Kriterien bewertet und berücksichtigt werden. Wichtige Elemente aus Sicht des Automobilherstellers können hierbei der Aufwand beim Betrieb, die Möglichkeiten der Einflussnahme auf die Nutzung, Transparenz, Flexibilitätsanforderungen, Konfliktpotenzial, Akzeptanz des Industrieparks bei Lieferanten und die Kontinuität des Betreibers darstellen. Bei der Wahl des Betreiberkonzepts ist auch der Umfang der Betreiberleistungen entscheidend. Um einen reibungslosen Prozessablauf sicherzustellen, ist es wichtig allgemeine Serviceleistungen und logistische Leistungen zu definieren. Zu den allgemeinen Serviceleistungen zählen die Wartung von Handlingsgeräten und die Instandhaltung von Gebäuden. Die logistischen Dienstleistungen umfassen die physischen und administrativen Funktionen des Materialflusses vom Lieferanten über den Industriepark bis hin zur OEM Montagelinie. Beispiele hierfür sind LKW-Be und Entladung, Warenvereinnahmung, Lagerung, Sequenzierung, Transport und Bereitstellung an der Montagelinie sowie Leergutrückführung inklusive Reinigung und Instandhaltung.

8.5.3 *Bewertung von Industrieparkkonzepten*

Lieferantenparklösungen bieten für die beteiligten Parkparteien eine Reihe von Vorteilen. Nachstehend werden die mit der Realisierung von Industrieparkkonzepten verfolgten Nutzenpotenziale für die Automobilhersteller und die Lieferanten erörtert. Neben der betriebswirtschaftlichen Bewertung spielen auch regional- und wirtschaftspolitische Aspekte der öffentlichen Hand eine Rolle, auf die hier nicht näher eingegangen wird.

8.5.3.1 Nutzenpotenziale Automobilhersteller

Aus Sicht der Automobilhersteller lassen sich viele Nutzenpotenziale und Vorteile im Rahmen eines Industrieparks realisieren (vgl. Abb. 8.10). Die wichtigsten können wie folgt dargestellt werden:

Erhöhung der Versorgungssicherheit Eines der wichtigsten Nutzenpotenziale aus Sicht der Fahrzeughersteller betrifft die Erhöhung der Versorgungssicherheit (Pfohl u. Gareis 2005, S. 305 f.). Das gesteigerte Beschaffungsvolumen der OEM, hervorgerufen durch die Reduzierung der Fertigungstiefe und die kontinuierlich steigende Variantenvielfalt, tragen dazu bei, dass das Kriterium Versorgungssicherheit zunehmend an Bedeutung gewinnt. Eine dauerhafte Versorgungssicherheit ist für den Fahrzeughersteller aufgrund der hohen Stillstandskosten einer Montagelinie überlebensnotwendig. Industrieparks bilden die Basis für stabile Fertigungsprozesse. Dies wird erreicht durch

- überschaubare Versorgungsprozesse,
- eine einbautaktnahe JIS-Fertigung,

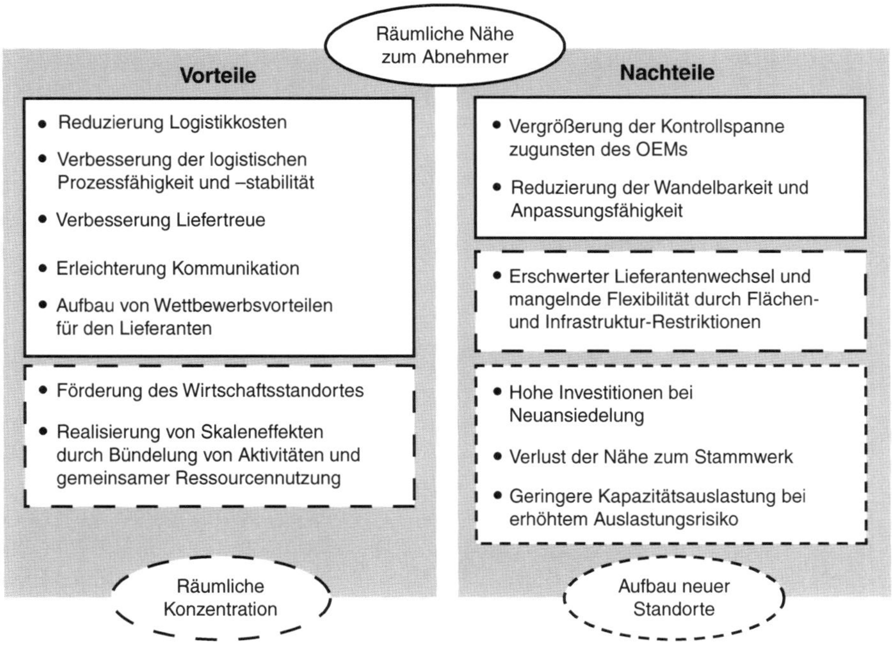

Abb. 8.10 Vor- und Nachteile eines Industriepark-Konzepts (Pfohl u. Gareis 1999, S. 19)

- wenige Handlingsstufen mit Verantwortung der Lieferanten bis zum Verbauort,
- eine schnelle Reaktion auf Änderungen und Störungen,
- eine kurze, direkte Kommunikation zwischen Lieferant und Kunde.

Die räumliche Nähe einer werknahen Lieferantenansiedlung verringert die Anzahl der Handlingsstufen und ermöglicht so transparente und effektive Versorgungsprozesse. Großvolumige und somit transportintensive Module und Systeme werden fertigungssynchron gefertigt und montiert, um anschließend direkt am Verbauort der Montagelinie bereitgestellt zu werden. Die Nutzung eines Industrieparks verkürzt Kommunikations-, Informations- und Transportwege. Hierdurch besteht auch mehr Flexibilität bei der Austaktung, da Lieferumfänge aufgrund der kurzen Abrufzeit der Lieferanten bereits sehr früh im Montageprozess verbaut werden können. Zugleich können Reaktionszeiten auf eventuelle Störungen verkürzt werden, wodurch die Versorgungs- und Prozesssicherheit und folglich die Anliefertermintreue gesteigert wird.

Reduzierung der Logistikkosten Ein weiteres Nutzenpotenzial aus Sicht der Fahrzeugbauer spiegelt sich in der Reduzierung der Logistikkosten. Durch kurze Wege ergeben sich optimale Möglichkeiten einer schlanken und kundenorientierten Produktion über mehrere Fertigungsstufen. In Industrieparks, verbunden mit lagerloser Direktanlieferung, können überflüssige Lagerbestände abgebaut und Sicherheitsbestände minimiert werden. Durch eine späte Wertschöpfung (wertmäßige Bestandsreduzierung) und späte Variantenbildung (volumenmäßige Bestandsreduzierung) verringern sich die Bestandskosten. Damit verbunden ist eine Verringerung der Durchlaufzeit, die auf die verbesserte Integration und die räumliche Nähe zwischen Hersteller und Lieferanten zurückzuführen ist.

Einen weiteren wesentlichen Aspekt stellt die Reduzierung der Transportkosten dar. Kurze Entfernungen zwischen Lieferant und Herstellerwerk ermöglichen eine drastische Senkung der Transportkosten. Haupteinsparungspotenzial ist der Entfall von Transporten großvolumiger Zusammenbauten über längere Distanzen. Da nicht vormontierte Teile ein wesentlich geringeres Transportvolumen beanspruchen, sinkt die Zahl der Transportbewegungen per LKW. Ein Beispiel hierfür ist das Tankmodul. Durch die Verlagerung von einfachen Montageprozessen (sog. Light Assembly) in den Industriepark, wie z. B. das Anschweißen des Tankstutzens an die Tankblase, kann das Frachtvolumen drastisch reduziert werden. Darüber hinaus verringert sich das Risiko für Transportschäden (Klug u. Vogl 2003, S. 29).

Neben sinkenden Frachtkosten hat die räumliche Nähe der Lieferanten im Industriepark auch enorme Auswirkungen auf die Behälter- und Handlingskosten. Auf Basis sehr kurzer durchschnittlicher Umlauftage eines Behälters (ca. 0,5 Tage) wird der Behälterbestand drastisch verringert. Da sich der Behälterbedarf direkt proportional zu den Umlauftagen entwickelt (vgl. Abschn. 6.1.3) können durch die Umlauftagereduzierung eines Behälters auch die Behälterinvestitionen vermindert werden. Dies ist besonders bei investitionsintensiven Spezialbehältern, wie sie bei JIS-Anlieferungen eingesetzt werden von Bedeutung (Klug 2000b, S. 34). Gleichzeitig können aufgrund der geringen Transportentfernungen und der damit verbundenen reduzierten Transportrisiken die Spezialbehälter vereinfacht und optimiert ausgelegt werden (Füllgraderhöhung, geringere Stabilität, einfache Be- und Entnahme der Teile, etc.).

Zusatzverpackungen wie Folien, Schaumteile, Schutzlacke oder Zwischenlagen entfallen aufgrund der kurzen Transportstrecke. Eine wesentliche Rolle nimmt auch die Reduzierung der Handlingskosten ein. Durch den Einsatz von einfacheren Verpackungskonzepten sowie dem Entfall von Handhabungsstufen durch die Direktanlieferung an der Montagelinie wird eine weitere logistische Kostenreduktion erreicht. Bei einer fördertechnischen Anbindung der Lieferanten können die Behälter oft vollständig entfallen, wenn die Module und Systeme in die Transportgehänge einer Elektrohängebahn eingeschoben werden. Aufgrund des kurzen geschlossenen Behälterkreislaufes wird die Leergutrückführung stark vereinfacht. Der geschlossene Kreislauf schließt Schwund aus und erhöht die Prozesssicherheit in Bezug auf die Leergutrückführung (Schraft u. Westkämper 2005, S. 208).

Weitere Einsparpotenziale ergeben sich durch die gemeinsame Nutzung spezifischer Logistikstrukturen, wie beispielsweise von gemeinsamen Lagern, Logistikdienstleistern oder durch die Konsolidierung von Güterverkehren. Die Bündelung der Aktivitäten führt zu einer Fixkostendegression und folglich zu Kosteneinsparungen durch Skaleneffekte.

Generierung von Synergieeffekten Grundsätzlich bietet die räumliche Nähe mehrerer Unternehmen zueinander eine Vielzahl von Potenzialen und Möglichkeiten zur Generierung von Synergieeffekten. Diese Potenziale können gesteigert werden, je größer die technologische und logistische Vernetzung der angesiedelten Lieferanten untereinander ist. Ziel ist die Ansiedelung von Lieferanten mit einem spezifischen Produktspektrum, die sich im Idealfall auf unterschiedlichen Stufen der Lieferpyramide befinden. Beispiel hierfür ist eine Sitzfertigung welche am Standort über einen 1-Tier Lieferanten durch eine Just-in-Sequence Montage realisiert wird. Gleichzeitig wird dieser Hersteller mit Kopfstützen, Armlehnen und Seitenpolstern eines 2-Tier Lieferanten sowie dieser wiederum durch einen 3-Tier Lieferanten mit Schaumteilen aus einer Produktion vor Ort beliefert. Alle drei Lieferanten sind räumlich konzentriert und über ein einfaches verbrauchsgesteuertes Abrufverfahren synchronisiert. Dies ermöglicht eine bestandsarme und schlanke Fertigung bei höchster Versorgungssicherheit und Flexibilität für den OEM.

Methoden des Komplexitätsmanagements, wie sie bereits im Produktentstehungsprozess diskutiert wurden (vgl. Kap. 3), können auch auf die Planung logistischer Netzwerke übertragen werden. Durch die räumliche Konzentration strategisch wichtiger Lieferanten im Industriepark wird der Planungs-, Steuerungs- und Kontrollaufwand für das Produkt Fahrzeug erheblich reduziert. Analog können aus logistischer Sicht die Bemühungen um eine Konsolidierung der Materialströme in einem Industriepark gesehen werden. Nicht mehr viele volumenschwache Materialströme sind zu planen und zu koordinieren sondern ein volumenstarker Hauptmaterialfluss zwischen Industriepark und OEM. Hierdurch wird die kritische Menge für investitionsintensive automatisierte Lösungen wie z. B. Elektrohängebahnen überschritten. Aufgrund der damit verbundenen Fixkostendegression kann mit geringen Transportstückkosten pro Modul kalkuliert werden.

Engere Lieferantenintegration Eine enge IT-technische Vernetzung, verbunden mit der direkten Nutzung der Warenwirtschaftssysteme des Fahrzeugherstellers durch die Lieferanten, bedeutet einen Informationsvorsprung der Industrieparklieferanten gegenüber den nicht angesiedelten Lieferanten. Laufende Probleme im Seriengeschäft werden unmittelbar vor Ort behoben. Die meist über Jahre gewachsene Zusammenarbeit führt zum Aufbau eines Vertrauensverhältnisses, was wiederum die Basis einer Verlagerung von mehr Wertschöpfung auf die Lieferanten vor Ort bildet. Zudem wirken sich persönliche Kontakte sowie eine schnelle Anwesenheit am Montageband des OEM bei Problemfällen positiv auf die Kommunikations- und Informationsflüsse aus.

Reduzierung des Verkehrsaufkommens Eng verbunden mit der Reduzierung der Transportkosten, ist die Verringerung des Verkehrsaufkommens. Durch die Bündelung der Anliefervolumen von dezentralen Versorgungszentren im Industriepark können die früheren Verkehre zwischen den externen JIS-Versorgungszentren und dem OEM eliminiert werden. In Industrieparkkonzepten erfolgt die Anlieferung häufig über spezielle Transportsysteme, wie z. B. über Elektrohängebahnen oder über nicht öffentliche Transportwege auf denen Schleppzüge zum Einsatz kommen. Diese Transportsysteme, verbunden mit kurzen Entfernungen, führen zu Verkehrsentlastungen und verringern wiederum die Warenvereinnahmungs-, Fracht- und Steuerungskosten.

Durch das Errichten von Umschlagbahnhöfen auf dem Gelände des Industrieparks besteht auch die Möglichkeit der Integration der Frachtträger LKW-Bahn und der Verlagerung der Güter auf die Schiene. Umschlagbahnhöfe dienen in erster Linie dem Güterumschlag im kombinierten Ladungsverkehr, aber auch der Abwicklung konventioneller Wagenladungseinzelverkehre (vgl. Abschn. 6.7.1.2).

8.5.3.2 Nutzenpotenziale Lieferanten

Neben den Herstellern profitieren auch Zulieferbetriebe von Industrieparkkonzepten. Die Bewertung der Nutzenpotenziale ist stark abhängig von der Ausgangssituation der Lieferanten vor Ansiedelung im Industriepark. Der Vergleich findet hierbei zu einem regionalen JIT-/JIS-Montagezentrum statt, welches sich im regionalen Umfeld des Fahrzeugwerkes befindet. Die wichtigsten Nutzenpotenziale können wie folgt zusammengefasst werden:

Senkung der Betriebskosten Durch Synergieeffekte bei der gemeinsamen Nutzung von Lagern, Logistikdienstleistungen und der Nutzung einer gemeinsamen Infrastruktur, wie beispielsweise den Montagehallen, Logistikpersonal oder der Kantine, können Lieferanten in Industrieparks ihre standortspezifischen Kosten im Vergleich zu einem separaten regionalen Fertigungs- und Montagezentrum senken. Auch bei den IT-Kosten kann durch gemeinsame Nutzung von Informations- und Kommunikations-Dienstleistungen durch mehrere Lieferanten eine Kosteneinsparung erreicht werden. Die Lieferanten können häufig IT-Dienstleistungen des OEMs nutzen, wie z. B. Telefon, Internet-Anbindung, Rechenzentrum, gemeinsame Netzwerkinfrastrukturen, Back-up Systeme, etc. (Schraft u. Westkämper 2005, S. 209). Durch das Anmieten von Hallenflächen im Vergleich zur Investition in ein regional ansässiges JIS-Werk können die Fixkosten durch variable Kosten kompensiert werden. Dies reduziert das Investitions- und Beschäftigungsrisiko für den Lieferanten.

Bei den Transportkosten ergibt sich die Möglichkeit der Bündelung von Inbound-Transporten über die im Industriepark ansässigen Lieferanten. Dies kann eventuell über das Inbound-Transportsystem des OEMs oder über den Logistikdienstleister vor Ort erfolgen. Dieser übernimmt die Konsolidierung der Teillieferungen sowie im Idealfall die Warenvereinnahmung, Lagerung und Bereitstellung der Waren nach Abruf der Montageaufträge durch die JIT-/JIS-Lieferanten.

Erhöhte Prozessstabilität und verbesserte Kommunikation Die räumliche Nähe der JIS-Lieferanten bedeutet aufgrund der stark reduzierten Transportzeiten die Möglichkeit einer späten Reaktion auf die Abrufzahlen des OEMs. Die disponible Zeit als Zeitspanne zwischen Sequenzabruf und Verbau eines Lieferumfangs abzüglich der Montage-, Sequenzierungs- und Transportzeit erhöht sich für den Lieferanten. Beim Produktionssynchronen Abruf (vgl. Abschn. 8.2.1.3) kann der Ist-Abruf bei Einlauf Montage des Fahrzeuges mit einer 100%-Sequenzstabiliät verwendet werden. Dies ermöglicht Kosteneinsparungen im Vergleich zu den Long-Range JIS-Lieferanten (vgl. Abschn. 8.3.2), welche auf Basis von noch ungenauen Plan-Abrufen agieren und eine Rückkommissionierung und Resequenzierung vor Ort durchführen müssen. Anfallende Nacharbeiten können ebenfalls vom Lieferanten selbst an der Montagelinie des OEM durchgeführt werden. Auf Probleme kann prinzipiell schnell reagiert werden. Notfallkonzepte, welche bei JIT-/JIS-Anlieferung nötig sind, können einfacher und effektiver umgesetzt werden. Durch die kurzen Wege erhöht sich die Reaktionszeit, reduziert sich die Durchlaufzeit und letztendlich die Lieferzeit für den Lieferanten. Kurze Wege bedeuten auch verbesserte Kommunikationswege. Persönliche Gespräche zwischen Lieferanten und OEM sind täglich problemlos möglich, was die Integrationstiefe des Lieferanten gegenüber Wettbewerbern steigert und auch der Schaffung von strategischen Wettbewerbsvorteilen dient.

Aufbau von Know-how Durch die Ansiedlung in Lieferantenparks und die fortschreitende Reduzierung der Fertigungstiefe der Fahrzeughersteller können Zulieferbetriebe ihre Kompetenzen ausdehnen. Vor allem Leistungsumfänge, die früher von den OEM selbst ausgeführt wurden, können nun von Lieferanten übernommen werden. Die im Industriepark gemachten Erfahrungen mit dem OEM können dazu beitragen Eintrittsbarrieren gegenüber anderen Wettbewerbern aufzubauen. Die Ansiedelung am Werkszaun des Fahrzeugherstellers gewährleistet lokale Präsenz an einem hochfrequentierten Ort, was den Bekanntheitsgrad und das Image des Lieferanten in der Automobilbranche steigern kann.

Vermeidung von Investitionen Abhängig vom Investorenmodell, ist es für angesiedelte Zulieferbetriebe möglich, Investitionen in Gebäude und Infrastruktureinrichtungen zu vermeiden. Dadurch wird das Risiko von Fehlinvestitionen gemindert. Für die Lieferanten sind keine Investitionen in Gebäude erforderlich und die Grundversorgung ist gewährleistet. Gleichzeitig kann durch die gemeinsame Nutzung von Infrastrukturen über mehrere Lieferanten bzw. Dienstleister ein

Kostenvorteil entstehen. Beispiel hierfür sind Elektrostapler mit Ladestation deren Auslastung durch die gemeinsame Nutzung im Rahmen des Pool-Effektes erhöht werden kann (vgl. Abschn. 8.7.2). Eine erhöhte Auslastung bedeutet Kostenvorteile bei den Flurförderstundensätzen für die jeweiligen Nutzer.

8.5.3.3 Nachteile Industrieparkansiedelung

Um eine umfassende Bewertung für eine Standortentscheidung zu treffen, ist es aus betriebswirtschaftlicher Sicht sinnvoll neben den Nutzenpotenzialen einer Industrieparkansiedelung auch die möglichen Risiken und Nachteile abzuwägen (Becker 2005a, S. 35 ff.). Dem Lieferanten wird in der Regel eine komplette Infrastruktur angeboten mit Halle, Logistik- und IT-Anbindung an das OEM-Werk. Die Investitionen seitens der Zulieferer in Lager und Montagelinien sind jedoch nicht zu unterschätzen, da häufig etablierte Montagestätten aufgegeben werden müssen, um Neuinvestitionen vor Ort zu tätigen. Dies ist nur über Life Cycle-Verträge mit den Fahrzeugherstellern möglich. Durch die OEM-spezifische Investition ergibt sich ein Abhängigkeitsverhältnis, was zu einer reduzierten Verhandlungsmacht führen kann. Darüber hinaus besteht aber die Möglichkeit bereits getätigte Investitionen für ein Fahrzeugprojekt über die Modelllaufzeit vollständig abzuschreiben. Abgeschriebene Lieferantenanlagen vor Ort führen somit zu Kostenvorteilen des angesiedelten Zulieferers bei der Neuausschreibung des Nachfolgemodells. Die fehlende Nähe zum Stammwerk führt auch zu einem Know-how Verlust der dezentralen Fertigungs- und Montagebetriebe. Gleichzeitig müssen eventuell zentrale Personalressourcen wie z. B. die Planungs- und Controllingfunktionen am Industrieparkstandort erneut bereitgestellt werden.

Neben den Vorteilen einer stärkeren Lieferantenintegration ergeben sich auch Nachteile durch die räumliche Nähe zum OEM und seinen Planungs- und Kontrollabteilungen. Die Fertigungs- und Logistikbedingungen sind vollständig bekannt, so dass der OEM eine vollkommene Kostentransparenz erhält, was seine Kontrollspanne erhöht. Ein weiterer Nachteil für den Lieferanten ergibt sich durch seine räumliche Trennung vom Stammwerk in Form reduzierter Kapazitätsauslastung im Stammwerk sowie der fehlenden gemeinsamen Nutzung von Ressourcen. Nachteilig ist die ausschließliche Festlegung des Standorts für die Lieferumfänge des OEMs. Schwankungen der Fahrzeugfertigung werden unmittelbar an den Lieferanten im Industriepark weitergegeben. Dieser hat in der Regel keine Möglichkeiten – im Gegensatz zur Stammwerkbelieferung bzw. eines zentralen Standortes in Osteuropa – diese Schwankungen durch andere Kundenaufträge zu kompensieren. Die Produktions- und Montagemengenbeschränkung führt zu einer Reduzierung der Skaleneffekte und zu reduzierten Maschinenauslastungen im Stammwerk. Die Suche nach Fachkräften gestaltet sich häufig schwierig, da der OEM als Fachkräftemagnet wirkt und das regionale Angebot meist vollständig aufsaugt. Zusätzlich ist das Lohnniveau, entsprechend der Metall-Tarifverträge des OEMs und der regionalen Wettbewerbssituation aufgrund der Ansiedelung weiterer Lieferanten, höher als eventuell in strukturschwachen Regionen in denen der Lieferant sein Stammwerk betreibt. Darüber hinaus passen sich, durch die räumliche Nähe der Mitarbeiter, die Gehaltsstrukturen der Lieferanten im Zeitablauf an, was die Personalkosten steigen lässt. Die Bereitschaft von Mitarbeitern vom Stammwerk in den neuen Industrieparkstandort zu wechseln ist begrenzt und abhängig von der räumlichen Entfernung zwischen dem Stammwerk und dem neuen Industriepark-Standort. Für die Durchführung von Dienstleistungen (z. B. Umpacken) werden vom OEM zertifizierte Dienstleister vorgeschrieben. Dies reduziert die Einsatzflexibilität und erhöht die Kosten beim Lieferanten. Eine Verlagerung des Produktionsstandortes vom Stammwerk in den Zulieferpark des OEMs kann zu einer Verschlechterung der Transportkostensituation führen. Konnte früher mit hohen Liefermengen im Stammwerk angeliefert werden, muss jetzt in kleineren Frachtvolumina im Teilladungs- bzw. Stückgutbereich angeliefert werden. Unter Umständen können auch die Transportentfernungen steigen.

8.5.4 Industriepark Anlieferspektrum

Aufgrund der begrenzten Ressource Fläche muss eine Auswahlentscheidung bei der optimalen Flächenbelegung mit dem Ziel einer maximalen Flächenproduktivität getroffen werden. Hierfür sind vorab geeignete Produktgruppen und Leistungsumfänge der Lieferanten festzulegen, welche sich besonders gut für eine Industriepark-Ansiedelung anbieten.

Im Rahmen des Produktentstehungsprozesses muss bereits beim Projektanstoß eines neuen Fahrzeuges (ca. drei Jahre vor Produktionsstart) überlegt werden, welche Teilespektren und welche Lieferanten sich für eine Ansiedelung im Industriepark eignen. Hierzu wird ein mehrstufiges Bewertungsschemata eingesetzt. Nach Auswahl eines geeigneten Teilespektrums mit Hilfe einer Portfolioanalyse erfolgt die stufenweise Ansiedelungsplanung mit den potenziellen und den später nominierten Lieferanten. Hierzu können Fragebögen sowie Planungsgespräche eingesetzt werden (Klug 2001a, S. 56).

Bei der Strukturierung, Bewertung und Auswahl mittels Portfolioanalyse müssen eine Vielzahl von Faktoren Berücksichtigung finden. Prinzipiell orientiert man sich an den Kriterien Komplexität des Anlieferumfangs, Fertigungs- und Montagetechnik, Volumen und Variantenvielfalt des Anlieferspektrums, Transportintensität, Steuerzeit, Lieferantenstandort, Versorgungssicherheit und weitere logistische Risiken. Zielbereich für die Ansiedelung ist ein Produktspektrum, das komplexe und variantenreiche, sehr voluminöse und damit transportintensive sowie versorgungskritische Baugruppen beinhaltet, die aufgrund hoher Verbauraten in großen Stückzahlen über den gesamten Modellzyklus des Fahrzeugs benötigt werden. Für die Positionierung innerhalb des Portfolios sind folgende Kriterien entscheidend (Rapp u. Klug 2001, S. 49 f.):

- Hohe Variantenvielfalt: Eine hohe Variantenvielfalt bedeutet vermehrten Flächenbedarf für die logistischen und fertigungstechnischen Aktivitäten. Zusätzlich entsteht aufgrund des Platzmangels an der Montagelinie bei variantenreichen Teilen ein Bedarf für Kommissioniertätigkeiten.

- Transportvolumen: Lieferanten von großvolumigen Teilen und hohem Tagesbedarf sind für eine werknahe Ansiedelung im Industriepark besonders geeignet. Hier wird zunächst das Anliefervolumen der potenziellen Industriepark-Lieferanten betrachtet.
- Flächenbedarf: Generell gilt, dass gewisse Mindestgrößen an Flächen im Industriepark aufgrund organisatorischer Bedingungen zu vergeben sind. Variantenvielfalt und Teilebedarfsvolumen pro Tag sowie der Wertschöpfungsgrad (Komplett-, Teilmontage oder reine Sequenzierung) sind die ausschlaggebenden Faktoren für die Flächenbedarfe.

Durch die Darstellung der Variantenvielfalt sowie des angelieferten Transportvolumens kann ein Portfolio aufgespannt werden, welches als dritte Dimension den Flächenbedarf im Industriepark für das jeweilige Anliefervolumen in Form von proportionalen Kreisen beinhaltet. Durch die integrierte Darstellung aller drei Bewertungskriterien ergibt sich das in Abb. 8.11 dargestellte Varianten/Volumen/Flächenbedarfs-Portfolio (Rapp u. Klug 2001, S. 50).

Gemäß dieser Abbildung kann die Eignung der Teilespektren für die Abwicklung über einen Industriepark wie folgt klassifiziert werden:

Feld I: Besonders geeignet für die Abwicklung über einen Industriepark sind Teile mit großer Varianz und hohem Transportvolumen (z. B. Frontend).

Feld II: Für Teile mit großer Varianz und geringem Transportvolumen (z B. Leitungsstrang) ist eine Abwicklung über einen Industriepark aufgrund der vorrangigen Sequenzierungsfunktion sinnvoll.

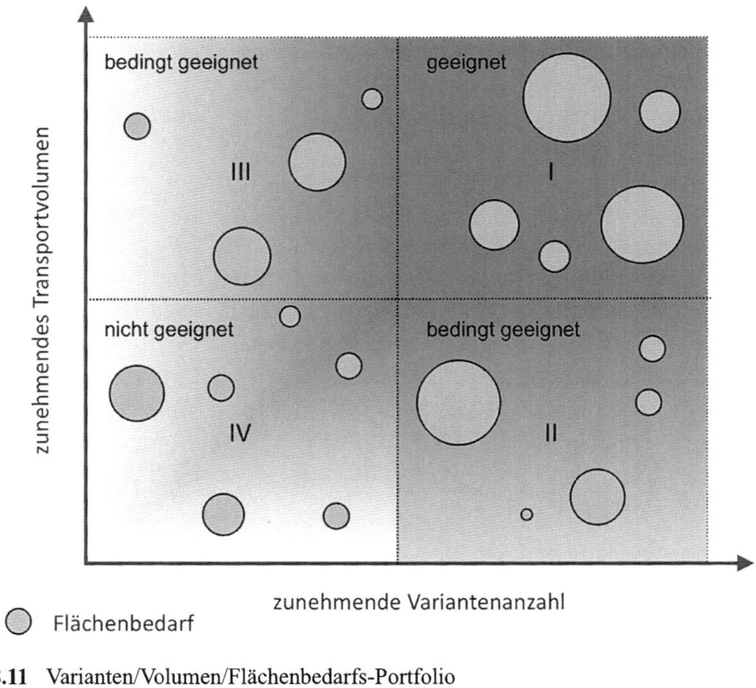

Abb. 8.11 Varianten/Volumen/Flächenbedarfs-Portfolio

Feld III: Die Abwicklung über einen Industriepark für Teile mit geringer Varianz und hohem Transportvolumen (z. B. Tank) ist nur bedingt geeignet und fokussiert die Umschlagsfunktion.

Feld IV: Für Teile mit geringer Varianz und geringem Transportvolumen (z. B. Normteile, Schließsysteme) ist eine Abwicklung über einen Industriepark nicht zu empfehlen (z. B. Norm- und Kleinteile).

Das Ergebnis der Portfolioanalyse ist eine Einteilung der einzelnen Zulieferteile in vier Sektoren. In den Sektoren mittleres Volumen/hohe Varianz bzw. mittlere Varianz/hohes Volumen ist zu prüfen, ob einzelne Teilespektren durch Steigerung des Integrationsgrades als Komplettmodul bzw. -system angeliefert werden können, eine Steigerung des Wertschöpfungsumfanges möglich ist oder ob eine sog. logistische Paketierung erfolgen kann. Das Ziel einer Logistik-Paketierung ist es Teilefamilien mit gleichem oder ähnlichem logistischen Ablauf zu einer Liefereinheit zusammenzufassen. Ein Beispiel sind die Innenraumverkleidungen der A-, B-, C- und D-Säulen, die als Warenkorb kommissioniert und Just-in-Sequence bedarfsgesteuert am Band bereitgestellt werden (vgl. Abschn. 6.5.2.1). Durch das Zusammenfassen kleinerer Flächenbedarfe im Industriepark kann die kritische Größe für eine Ansiedelung im Industriepark überschritten werden.

Als ergänzendes Bewertungskriterium kann die verfügbare Steuerzeit zwischen der endgültigen Festlegung der Produktionsreihenfolge bei Einlauf in die Montage (Ist-Sequenzabruf) und der Bereitstellung des Lieferumfangs am Band herangezogen werden (Rinza 1999, S. 18). Je höher die Kosten für eine Resequenzierung durch Änderung des Plan-Sequenzabrufes (vgl. Abb. 9.14), desto vorteilhafter ist eine späte Variantenbildung vor Ort. Zusätzlich müssen weitere logistische Risiken (Transport, Verpackung, Disposition, etc.) bei der Auswahl des Teilespektrums Berücksichtigung finden (Schraft u. Westkämper 2005, S. 265).

Problematisch bei einer umfassenden Abschätzung der Flächenbedarfe ist der Flächenmehrbedarf beim Modellwechsel einer Baureihe. Durch die Parallelfahrweise von Vorgänger- und Nachfolger-Modell wird mehr Hallenfläche benötigt. Entscheidenden Einfluss auf den Flächenbedarf hat hierbei die Nominierung von Neulieferanten durch den Strategischen Einkauf. Sowohl die Altlieferanten für das Vorgänger-Modell als auch die Neulieferanten für das Nachfolger-Modell benötigen Fläche. Nach Auslauf des Vorgänger-Modells werden diese Flächen dann wieder frei und müssen einer neuen Bestimmung zugeführt werden.

8.5.5 Industrieparklogistik am Beispiel GVZ Ingolstadt

In unmittelbarer Nähe zum Audi Stammwerk in Ingolstadt entstand das Güterverkehrszentrum Ingolstadt als eines der ersten Zulieferparkmodelle in Deutschland. Die Audi AG startete 1995 mit der Ansiedelung der ersten Modul- und Systemlieferanten vor den Werkstoren. Speziell die Ansiedelung von Lieferanten, deren Baugruppen komplex und variantenreich, sehr voluminös und damit transportintensiv sowie versorgungskritisch sind, stand im Vordergrund. In sehr kurzer Bauzeit wurde

Abb. 8.12 Verbindungsbrücke im GVZ Ingolstadt (Quelle: Audi)

das Güterverkehrszentrum (GVZ) unmittelbar neben dem Audi-Werksgelände realisiert. Bau- und Hausherr des GVZ ist die IFG Ingolstadt GmbH, eine Tochter der Stadt Ingolstadt.

Anlass für die Industrieparkgründung war der Produktionsstart des neuen A3, zu dem wichtige Systemlieferanten eng in die logistischen Aktivitäten integriert werden sollten. Weitere Einflüsse, die zur Gründung des Güterverkehrszentrums geführt haben, waren die zunehmende Modularisierung der Fahrzeuge bei weiter sinkender Fertigungstiefe, die Sicherung des Standorts Ingolstadt, die Bewältigung der steigenden Verkehrszuwächse, die Integration der Verkehrsträger Schiene und Straße, eine effizientere Gestaltung logistischer Abläufe und eine angestrebte Verkürzung der Informations-, Kommunikations- und Transportwege.

Die Anbindung der Lieferanten im Industriepark wurde über eine 415 m lange Stahlbetonbrücke realisiert, die das GVZ-Gelände direkt mit den drei Montagelinien des Audi-Werkes verbindet (vgl. Abb. 8.12). Der Transport der Lieferumfänge erfolgt mit Hilfe von elektro- bzw. hybridgetriebenen Zugmaschinen. Der kurze Weg vom Zulieferer zur Endmontagelinie ermöglicht eine sichere Versorgung und schnelle Reaktion auf Änderungen.

Die erste Stufe des GVZ bestand aus den beiden Hallen C und D mit einer Gesamtfläche von 30.000 m² (vgl. Abb. 8.13), die sich in unmittelbarer Nähe zur Versorgungsbrücke befinden. Heute ist der Industriepark der Audi AG mit insgesamt

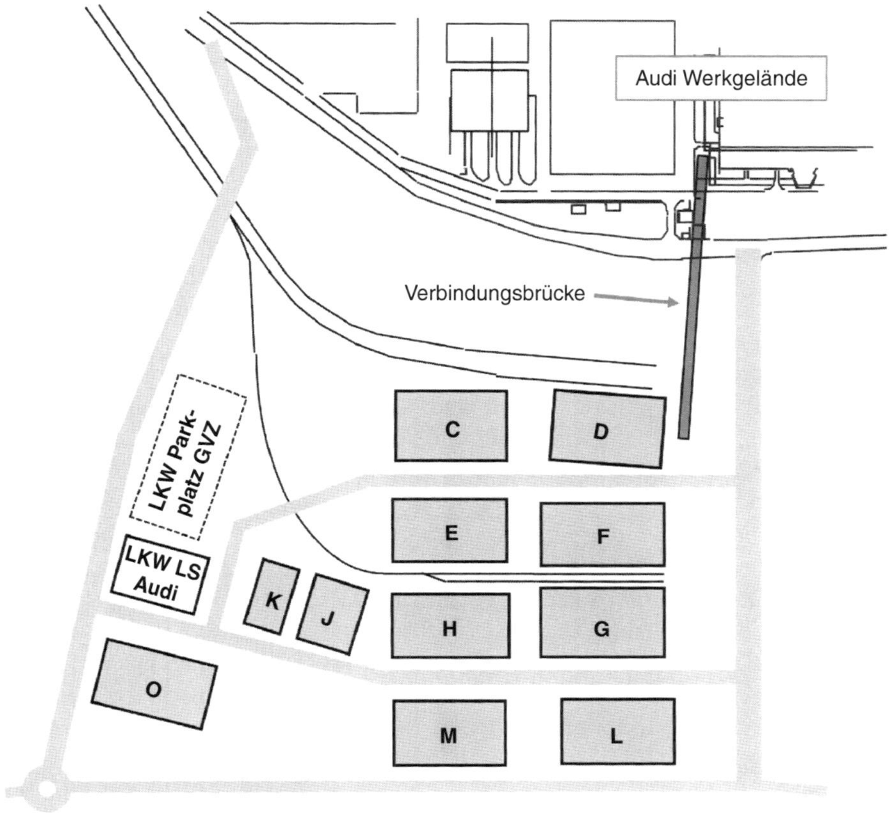

Abb. 8.13 Struktur des Audi Industrieparks in Ingolstadt

elf Hallen auf eine Hallenfläche von insgesamt 220.000 m² angestiegen. Dies setzt sich zusammen aus 140.000 m² Fläche für Produktion und Logistik, 60.000 m² Dienstleisterfläche und 20.000 m² Bürofläche. Derzeit sind im Industriepark über 3.000 Mitarbeiter beschäftigt. Folgende Abbildung stellt die Anordnung der Hallen und Gebäude des GVZ Ingolstadt dar.

Das Güterverkehrszentrum Ingolstadt gliedert sich in die folgenden Bereiche (vgl. Abb. 8.13):

- Umschlagsbahnhof und Containerterminal
- 5 Hallen für Montageumfänge
- 3 Konsolidierungszentren
- Brückenverbund zur Montage
- LKW-Leitstand mit Lkw Parkplatz und Tankstelle

Der Umschlagsbahnhof mit Containerterminal wird vorwiegend für den Güterumschlag im kombinierten Verkehr und zur Abwicklung des konventionellen Wagenladungsverkehrs genutzt. Er bildet das Bindeglied zwischen Nah- und Fernverkehr mit Direktanschluss an die Schienenstrecke zwischen München und Nürnberg. Die

Kapazität des Umschlagsbahnhofs, der auch von externen Unternehmen genutzt werden kann, beträgt ca. 30.000 Ladungseinheiten (Wechselbrücken und Container) pro Jahr.

In den Konsolidierungszentren wird, neben dem Materialumschlag für das ungarische Werk Györ, die CKD-Abwicklung für weitere ausländische Produktionsstandorte durchgeführt.

In den Montagezentren fertigen Modullieferanten die entsprechenden Baugruppen und liefern diese Just-in-Sequence an die Endmontagelinien von Audi. Die Sequenzierung und Anlieferung der Module und Systeme erfolgt entweder durch die Lieferanten selbst oder wird über Logistikdienstleister abgewickelt. Die Entfernungen zu Audi betragen dabei zwischen 600 und 2.000 m, abhängig nach Lage der Hallen auf dem Gelände des Güterverkehrszentrums. Zu den Leistungsumfängen der angesiedelten Lieferanten zählen unter anderem Türdämmungen und Türverkleidungen, Kraftstofftanks, Frontends und Stoßfänger.

Die Anlieferung wird ausschließlich über den Brückenverbund zur Audi Montage abgewickelt. Zwischen dem Werksgelände von Audi und dem GVZ befindet sich eine öffentliche Straße, die durch die Versorgungsbrücke überspannt wird. Diese Brücke stellt die direkte Verbindung zu der Montagelinie von Audi dar. Pro Tag werden hierüber ca. 1.000 Versorgungsfahrten mit Zugmaschinen organisiert.

Audi hat die Entscheidungshoheit bei der Planung und Auswahl von Lieferanten und Teilespektren. Hierbei werden laufend Logistikkostenoptimierungen durchgeführt. Ziel ist die weitere Förderung der Lieferantenintegration wie z. B. mit der Durchführung von gemeinsamen Workshops zur Kostenreduzierung und Prozessverbesserung.

8.5.6 Zukünftige Trends in der Industrieparklogistik

Erhöhung der Lieferantenintegration Eine gesteigerte Integrationstiefe bezieht sich sowohl auf die Wertschöpfungsprozesse des OEMs als auch zwischen den Lieferanten. So müssen zukünftig die Beschaffungsprozesse der Lieferanten noch besser abgestimmt und konsolidiert werden (z. B. Normteile, IT-Ausstattung, Büromaterial, etc.). Bislang wurden Einsparungspotenziale in der Inbound-Logistik durch die angesiedelten Direktlieferanten noch wenig oder gar nicht realisiert (Schraft u. Westkämper 2005, S. 257). Darüber hinaus bleiben derzeit noch viele Synergiepotenziale zwischen den Lieferanten ungenutzt. Dies betrifft eine bessere gemeinsame Nutzung von Infrastrukturen (Gebäude, IT-Netzwerke, Versorgungsleitungen, Trailer Yard, etc.), Ausrüstungen (Flurförderzeuge, Standardladungsträger, IT-Systeme, Notfallsysteme, etc.) sowie allgemeinen Dienstleistungen (Medizinische Versorgung, Reinigung, Müllentsorgung, Wartung und Instandhaltung, Feuerwehr, Werkschutz, Kantine, etc.).

Gleichzeitig muss neben der horizontalen Integration der 1-Tier Lieferanten auch die vertikale Integration mit den Lieferanten auf der zweiten und dritten Lieferstufe vorangetrieben werden. Erst durch eine sinnvolle logistische Paketierung ergeben sich Synergien bei der Sequenzierung und Bereitstellung in der Montage.

Neue Investoren- und Betreibermodelle Zukünftige Trends bei der Industriepark-Entwicklung werden auch durch die Schaffung neuer Betreibermodelle gesetzt. Häufig werden Industrieparks nicht von den Automobilherstellern selbst finanziert und betrieben. Investoren- und Betreibergruppen werden meist aus Kommune, logistischen Dienstleistern sowie dem OEM selbst gebildet. Das verstärkte Engagement der öffentlichen Hand zeigt auch das umwelt-, kommunal- und regionalpolitische Interesse eines Industrieparks. Neben der Reduktion der Lkw-Belastung für die Region geht es in erster Linie um die Schaffung neuer Arbeitsplätze.

Steigerung der Informationsintegration Die Basis des Erfolgs jedes Industrieparks liegt in der konstruktiven, pragmatischen und zielgerichteten Kommunikation aller beteiligten Parteien, so dass zukünftige organisatorische Konzepte wesentlich über Erfolg und Misserfolg dieses neuen Logistik-Ansatzes entscheiden werden. Hierzu wird besonders die Reorganisation der zur Steuerung und Kontrolle im Industriepark eingesetzten IT-Ressourcen und Strukturen beitragen. Erst die Vernetzung der Informationstechnologien zwischen OEM, Lieferanten und Logistikdienstleistern schafft die nötige Transparenz um alle Industrieparkprozesse effizient planen, steuern und kontrollieren zu können.

Stärkere Integration der Logistikdienstleister Weitere Einsparmöglichkeiten heutiger Industriepark-Lösungen werden durch eine verstärkte Zusammenarbeit zwischen Lieferanten und Logistikdienstleister (LDL) erreicht. Es gibt eine Vielzahl von logistischen Aufgaben, die der LDL in Industrieparks übernehmen sowie integrieren kann, wie z. B.:

- Gemeinsames Wareneingangslager im Lieferantenpark mit Bestandsführung und Bestandsmanagement
- Konsolidierung von eingehenden Transporten
- Gemeinsame Nutzung von Logistikflächen, etwa zur LKW-Entladung
- Materialvereinnahmung und Wareneingangserfassung
- Kommissionierung und Warenkorbbildung
- Auslagerung und Transport an die Montagelinie

Durch die integrierte und lieferantenübergreifende Abwicklung dieser logistischen Funktionen können Skaleneffekte realisiert sowie die Koordination aufgrund der einheitlichen und standardisierten Abwicklung verbessert werden. Durchgehende Wirtschaftlichkeitsbetrachtungen zeigen allerdings, dass erst durch die Verlagerung von Wertschöpfungsstufen auf den LDL bzw. die Lieferanten die geforderte Kosteneffizienz möglich wird. Eine reine Lager- und Sequenzierungsfunktion in Industrieparks bedeutet eine zusätzliche Handlingsstufe und somit Mehraufwand (Klug u. Vogl 2003, S. 30). Besonders die gemeinsame Nutzung von Logistikressourcen wie z. B. Stapler, Zugmaschinen und Bereitstellungspersonal durch einen Industriepark-Dienstleister kann erhebliche Kosteneinsparungen bringen.

Logistikdienstleister werden in Zukunft nicht nur logistische Aufgaben übernehmen sondern vermehrt auch die Produktions- und Montagetätigkeiten für den Lieferanten. Hierdurch ist eine Vor-Ort Ansiedlung der Direktlieferanten nicht mehr zwingend erforderlich. Damit verbunden ist auch die Möglichkeit die gesamte Produktionsplanung und -steuerung an den Dienstleister zu übergeben. Aufgaben wie die Materialbedarfsplanung und -disposition übernimmt der LDL im Auftrag des Lieferanten autonom vor Ort.

Eine weitere LDL-Integrationsstufe stellt die Übernahme der gesamten Industrieparklogistik durch einen einzigen Logistikdienstleister dar. Dadurch reduziert sich der Koordinations- und Abstimmungsaufwand. Gleichzeitig liegt die logistische Gesamtoptimierung und das Risikomanagement in einer Verantwortung (Becker 2005b, S. 45).

Reduzierung der Montagedominanz Die bisherige Belegung von Industrieparks ist zum überwiegenden Teil durch die Anforderungen der Montage geprägt. Automobilstudien prognostizieren allerdings eine drastische Reduzierung der Eigenwertschöpfungsumfänge bei den Karosseriestrukturen (FAST 2004). Bestätigt sich dieser Trend, so werden zukünftig auch mehr Karosseriebauumfänge mit den jeweiligen Lieferanten im Industriepark angesiedelt (Schraft u. Westkämper 2005, S. 257). Dies hat einerseits eine Anpassung der Infrastruktur an die Bedürfnisse der Technologien des Karosseriebaus zur Folge (z. B. Verbindungstechnologie) und andererseits bedarf es einer bisher nicht vorhandenen transporttechnischen Anbindung zwischen Industrieparkhallen und dem OEM-Karosseriebau.

8.6 CKD-Logistik

8.6.1 CKD-Verfahren

Um neue Absatzgebiete zu erschließen, bauten die Automobilhersteller in den letzten Jahren verstärkt Werke vor Ort auf – je nach staatlicher Vorschrift mit oder ohne nationalen Joint Venture Partner (Rinza u. Boppert 2007, S. 22). Überseewerke der OEMs arbeiten mehrheitlich in der Beschaffungslogistik nach dem CKD (Completely Knocked Down) -Verfahren, welche eine ausgefeilte Anlieferlogistik aus den Heimatmärkten mit einer lokalen Beschaffungslogistik kombiniert. Aufgrund der oft geringen produzierten Stückzahlen in den Überseewerken sind die hohen Investitionen in alle für die Herstellung eines Fahrzeuges benötigten Gewerke nicht rentabel.

Durch die CKD-Fahrzeugfertigung vor Ort kann frühzeitig ein Markenimage aufgebaut werden, um die zukünftigen Absatzchancen in Märkten mit großen Wachstumspotenzialen zu erhöhen. Darüber hinaus bestehen häufig restriktive Marktzugangsbarrieren vieler Entwicklungs- und Schwellenländer. Importverbote und Importzölle von bis zu 300% erfordern die Einfuhr von Fahrzeugteilen mit einem wesentlich niedrigeren Zollsatz. Zusätzlich werden die Märkte über sog. lokale Wertschöpfungsanteile (Local Content) reglementiert. Dieser lokale Anteil gibt den Mindestanteil der Fahrzeugkomponenten vor, die aus einheimischer Produktion stammen müssen. Diese staatlichen Mindestvorgaben müssen erreicht werden um finanzielle Restriktionen bei Nichteinhaltung zu vermeiden. Auf diese Weise soll die nationale Zulieferindustrie gestärkt und das automobile Know-how auf- bzw.

ausgebaut werden. Das CKD-Verfahren wird häufig als eine Markteintrittsstrategie verwendet. Wenn die steigenden Absatzstückzahlen eine vollständige Fahrzeugproduktion zu konkurrenzfähigen Preisen erlauben, wird die CKD-Montagestätte autonomer und sukzessiv zu einem vollwertigen Produktionsstandort mit Karosseriebau, Lackiererei und Presswerk ausgebaut. Beim CKD-Verfahren werden bestimmte Teile und Komponenten in genau festgelegte Montagestufen als Teilesätze (sog. Lots) verpackt und zur Montage in die entsprechenden Länder exportiert. Hierbei müssen die jeweiligen zoll- und steuerrechtlichen Vorschriften berücksichtigt werden. In den CKD-Werken werden diese Sätze mit lokal gefertigten Teilen komplettiert. Der Transport von Teilesätzen, bei denen immer eine fest vorgegebene Anzahl von Teilen pro Verpackungseinheit angeliefert wird, ist von der Teileanlieferung zu unterscheiden. Bei größeren Produktionsstückzahlen werden nicht Bausätze der Fahrzeuge sondern die einzelnen Bestandteile pro Fahrzeug in größeren Stückzahlen (Part by Part) verpackt und angeliefert. Die im CKD-Verfahren gelieferten Teile werden in der Serienproduktion disponiert und entnommen (Hausteile) bzw. von den Serienlieferanten (Kaufteile) beschafft. Tabelle 8.1 zeigt die unterschiedlichen Zerlegungsgrade eines Fahrzeuges in der Beschaffungslogistik der CKD-Fahrzeugwerke (Urban u. Stirzel 2006, S. 5).

Eine Zwischenstufe zwischen der traditionellen Fertigfahrzeugdistribution auf CBU Basis stellt die SBU bzw. SKD-Logistik dar. Hierbei werden nach der vollständigen Montage im heimischen Fahrzeugwerk die Fahrzeuge entsprechend den Vorschriften der jeweiligen Einfuhrbehörden bis zu einem gewissen Zerlegungsgrad demontiert (z. B. Reifen, Motor, Batterie). Die SKD-Methode wird vor allem bei kleineren Stückzahlen angewandt. Gegenüber dem Export von Fertigfahrzeugen,

Tab. 8.1 Zerlegungsstufen eines Fahrzeuges

	Bedeutung	Beschreibung
CBU	Completely Built Up	Komplett montiertes Fahrzeug, d. h. der Local Content beträgt 0%. Unterliegt den höchstmöglichen Abgaben, gilt aber oft als hochwertiger (da Import)
SBU SKD MKD	Semi Built Up Semi Knocked Down Medium Knocked Down	Individuell angepasste Zwischenform von CBU und CKD, teilweise werden nur noch wenige Bauteile montiert, SKD-Montagesätze bestehen aus der komplett ausgestatteten Karosserie, dem Aggregat und aus weiteren Fahrgestellteilen wie z. B. Räder, Tank oder Auspuff Beim MKD findet die Montage vor Ort aus einer noch größeren Anzahl Einzelteile statt. Es beinhaltet die lackierte, nicht ausgestattete Karosserie und weitere 1.000 bis 2.000 Teilepositionen in unterschiedlichen Zerlegungsgraden
CKD	Completely Knocked Down	Den höchsten Zerlegungsgrad stellen CKD-Montagesätze dar. Bei diesem System werden aus dem Stammwerk Karosserieteile und weitere Einzelkomponenten geliefert. Im CKD-Werk wird die Karosserie geschweißt und lackiert, das Aggregat und weitere Komponenten montiert

die als nicht stapelbares Stückgut auf Spezialschiffen (Car Carrier) und einer hohen Beschädigungsgefahr teuer transportiert werden müssen, ist die Versendung von SKD-Fahrzeugsätzen in Containern wesentlich einfacher und kostengünstiger.

8.6.2 Logistikkette CKD-Anlieferung

Die Planung der Fahrzeug- bzw. Teilebedarfe erfolgt auf Basis von Bedarfsanalyse und Vertriebsprognosen für die jeweiligen Exportländer. Neben den geplanten Absatzzahlen müssen in die Programmplanung auch die jeweiligen Local Content Bestimmungen mit einfließen. Die angebotene Varianten- und Ausstattungsvielfalt der Fahrzeuge ist im CKD-Bereich geringer als auf den heimischen Märkten. Nur vorgegebene Ausstattungskombinationen mit begrenzter Änderungsmöglichkeit sind verfügbar.

Am Beginn der logistischen CKD-Kette steht ein Lieferabruf des CKD-Montagewerkes. Aufgrund der langen Vorlaufzeiten zwischen Lieferabruf des Auslandswerks und der Anlieferung der Teilesätze vor Ort (Seeverkehr) wird die Steuerung der Beschaffungslogistik (aus Sicht des Auslandswerks) nach dem bedarfsgesteuerten Push-Konzept durchgeführt (vgl. Abschn. 8.2.1). Nach Eingang der sachnummerbezogenen Bestellungen in der CKD-Planung werden die benötigten Kaufteile bei den Teilelieferanten abgerufen und die Bedarfe für Hausteile an die internen Komponentenwerke übermittelt. An das CKD-Werk wird eine Auftragsbestätigung gesendet. Das zu versendende Material wird zunächst in CKD-Zentren konsolidiert, was häufig über einen logistischen Dienstleister abgewickelt wird. Dieser verbucht die vom Fahrzeugwerk bzw. von den Lieferanten eingegangenen Teile im Wareneingang und lagert sie anschließend ein. Nach dem CKD-Werkabruf werden die Teile entweder direkt ihren Überseeverpackungen zugeführt oder vorab konserviert. Die Teile werden hierzu gemäß dem Lieferauftrag nach FIFO ausgelagert, kommissioniert und an die zuständigen Mitarbeiter in den jeweiligen Packbereichen übergeben. Die Verpackung der Teile erfolgt satzweise in fest vorgegebenen Stückzahlen (Lot) nach Verpackungsvorschrift. Von Lieferanten angelieferte Umfänge sind bereits auftragsneutral in modularisierten Faltschachteln vorverpackt. Erst in einer zweiten Verpackungsstufe wird die Unterverpackung auftragsspezifisch zusammengestellt und umverpackt. Weitere Dienstleistungen, welche neben dem Verpackungsprozess generell von externen Partnern übernommen werden, sind:

- Entwicklung der teilespezifischen Verpackungen mit Verpackungsanweisungen
- Erstellung der Zollpapiere
- Disposition des Packmaterials
- Gewährleitung der Überseetauglichkeit

Für die Gewährleistung der Überseetauglichkeit müssen die Bauteile konserviert werden, um sie vor den Korrosionsgefahren beim Seetransport zu schützen. Verschiedene Klimazonen mit entsprechenden Temperaturschwankungen, in Verbin-

Abb. 8.14 Tauchkonservierung Seitenwandrahmen (Quelle: BLG Logistics)

dung mit salzhaltiger Luft, führen zur Bildung von Kondenswasser, welches zur Korrosion beitragen kann. Als Schutzverfahren kommen vorzugsweise Versiegeln, Härten und Konservieren zum Einsatz. Beim Versiegeln erfolgt eine Nahtabdichtung der Pressteile wie z. B. bei den Anbauteilen Türen und Klappen. Der beim strukturellen Kleben im Karosseriebau aufgebrachte Kleber (vgl. Abschn. 9.7.2) muss für CKD-Rohbauumfänge zusätzlich in speziellen Durchlauföfen ausgehärtet werden. Nach positiver Kontrolle der Bauteile werden diese dem Konservierungsprozess zugeführt.

Beim Konservieren wird eine gleichmäßige Schutzschicht auf die Bauteile aufgebracht. Dies erfolgt entweder durch ein Tauchverfahren (vgl. Abb. 8.14) oder über das direkte Aufsprühen eines dünnen Ölfilms auf die Bauteile (Sprühnebelkonservierung). Die Dicke der Schutzschicht richtet sich jeweils nach der Transportdauer und der Teilegeometrie. Nach dem Trocknen der applizierten Schutzschicht werden die Bauteile verpackt. Als Verpackungsmaterial kommen aufgrund der großen Entfernungen vorwiegend Einwegverpackungen in Form von Kartonagen und Holzverpackungen zum Einsatz (vgl. Abb. 8.15). Holzkisten werden in einer eigenen Schreinerei nach Verpackungsanweisung (Nagelbild) spezifisch gefertigt. Dies gilt sowohl für die Bauteileverpackungen als auch für komplette Fahrzeuggestelle für den Versand von Fahrzeugen im SKD-Bereich.

Die Packstücke werden nach Abschluss des Packprozesses kontrolliert, verschlossen und bezettelt. Das Versandetikett enthält neben einer Sendungs-ID

Abb. 8.15 Holzverpackungen im CKD Teileversand (Quelle: BLG Logistics)

auch eine Behälternummer, die eine eindeutige Identifizierung des Transportgutes und somit auch die Nachverfolgbarkeit im Rahmen eines Tracking- und Tracing-Systems ermöglicht (vgl. Abschn. 8.9). Die Packstücke werden zunächst in einer Stauzone (sog. Stuffing-Zone) konsolidiert und auf Vollständigkeit geprüft, um dann platzsparend in Überseecontainer verstaut zu werden (sog. Container-Stuffing). Die Versanddokumente werden erstellt. Zur optimalen Ausnutzung der Ladekapazitäten werden die hierbei eingesetzten Containerstaupläne meist über einen softwaregestützten Optimierungsalgorithmus generiert. Nach Freigabe der Verpackungseinheiten werden der Reederei im sog. Statement alle auftragsbezogenen Daten wie z. B. die Anzahl der Container, der Inhalt, die Gewichte und die Containergröße und -art übermittelt (Laffert 2000, S. 138). Je nach Fahrzeugtyp werden ungefähr drei bis fünf 40 Fuß (FEU – Forty Foot Equivalent Unit) Container für die Verpackung eines Fahrzeuges benötigt. Die Seecontainer werden vom Versandwerk zum Versandhafen transportiert, wo die Verschiffung zum Bestimmungshafen und die Zollabwicklung durchgeführt wird. Neben der Standardlogistikkette per Seeweg gibt es die schnelle und teure Anlieferung per Luftfracht für terminkritische Teile (z. B. elektronische Komponenten welche schnell veralten). Die Packstücke werden unter Berücksichtigung der Begrenzungsmaße des Flugzeugladeraums platzsparend auf Luftfrachtpaletten (Trägerbleche) zusammengefasst. Bei Notversorgungsstrategien in Form von Sonderflügen verursacht durch den Lieferanten (Falschteileanlieferung oder nicht verbaubare Teile durch unzureichende Verpackung) werden sämtliche Mehrkosten in der Regel an den Lieferanten weiterverrechnet (Flugkosten, Fahrten zum Flughafen, Mehrhandlings- und Materialkosten, Produktionslinienstopp usw.). Sobald die Teile das Zielland erreicht haben und vom Zoll freigegeben wurden, werden diese zum CKD-Werk transportiert und im Wareneingang vereinnahmt.

8.7 Transportsteuerung

8.7.1 Externe Transportsteuerung

Bereits im Produktentstehungsprozess ist für das Anlieferspektrum ein externes Transportkonzept festgelegt worden (vgl. Abschn. 6.7.2). Entsprechend dem Transportvolumen, der Transporthäufigkeit, dem Transportbehälter und der Transportentfernung wurde eine optimale Transportform gewählt (Direkttransport, Sammelrundtour-Transport, Sammelgut-Transport). Dies beinhaltet die Wahl des optimalen Frachtträgers, die optimale Auslastung der Frachtträger, die Wahl der Transportstrecke sowie die Auswahl des Umschlagterminals beim Sammelguttransport (Klaus u. Krieger 2000, S. 480). Im Rahmen der Beschaffungslogistik geht es um die kurzfristige Steuerung der Transporte anhand des vorgegebenen Transportkonzeptes.

Ziel der LKW-Steuerung ist eine aufwandsarme Materialanlieferung bei hoher Versorgungssicherheit, sendungsbezogener Auskunftsfähigkeit unter Berücksichtigung der logistischen Rahmenbedingungen in der Transportkette. Ausgangsbasis der Transportsteuerung bildet die Transportvorbereitung mit z. B. Angebotsformulierung, Frachtführerauswahl und Kapazitätsreservierung (Aberle 2003, S. 530). Aus Sicht des Kundenauftragsprozesses (vgl. Abschn. 9.2) steht die kurzfristige Steuerung der Transportvorgänge im Vordergrund. Diese Aufgabe wird durch alle beteiligten Transportpartner (Lieferant, Spediteur, OEM) gemeinschaftlich übernommen. Hauptaufgaben der zu steuernden Transportkette ist die Warenabholung beim Lieferanten, der eigentliche Warentransport, die Warenanlieferung sowie die Warenentladung beim OEM. Zunehmend werden für die komplexe Aufgabe der Transportsteuerung softwaregestützte Systeme eingesetzt. Hiermit kann der gesamte Transportprozess überwacht und gesteuert werden. Statusmeldungen des Transports wie *LKW in Anfahrt, Wartend im Wareneingang, LKW auf Abladestelle* und *LKW abgefertigt* erhöhen die Transparenz der Abläufe. Bei Störungen kann somit schneller eingegriffen werden.

8.7.1.1 Warenabholung beim Lieferanten

Für die Abholung der Waren werden dem Lieferanten laut Versandplan üblicherweise feste Abholzeiträume vorgegeben. Während der Lieferabruf (vgl. Abschn. 8.2.1) auf Anliefertermine beim OEM referenziert ist, bezieht sich der tagesaktuelle Versandabruf (VAB) ausschließlich auf die Abholtermine beim Zulieferer. Die Versandabrufe generiert der OEM gemäß der Frachtparameter (Transportzeit, Transporteinheit, Anlieferzeitfenster, Abholzeitfenster) in bilateraler Abstimmung mit den Spediteuren und Zulieferern. Der Lieferant überprüft die Teileverfügbarkeit für den Versand. Kann die angeforderte Menge für den OEM entsprechend dem Versandabruf bereitgestellt werden, wird dies bestätigt. Nötige Änderungen während des Abstimmungsprozesses werden im nächsten Versandabruf (VAB) berücksichtigt. Der Versandplan wird im Anschluss in Transportabrufe (TAB) überführt, welche an den Spediteur für seine Transport- und Tourenplanung gehen (VDA 5004, S. 18 f.). Das Ergebnis der Tourenplanung ist eine fahrzeugbezogene Abholliste, die der Spediteur dem Zulieferer übermittelt. Um die physische Abholung zwischen Lieferant und Spediteur zu koordinieren, bedarf es einer Anmeldung des Versandes der Ware laut Versandplan durch den Lieferanten (Avisierung). Dies erfolgt meist zwei Tage vor Anlieferung bzw. einen Tag vor Abholung bei dem vom OEM beauftragten Spediteur. Die Ware ist vom Lieferanten, zu einem bestimmten vom Anliefertermin abhängigen Zeitpunkt (Abholtermin Lieferant = Soll-Wareneingangstermin OEM – Transportzeit – Standzeit – Beladezeit), für den Spediteur zur Abholung bereit zu stellen. Innerhalb des vorgegebenen Zeitfensters muss der Beladeprozess beim Lieferanten abgeschlossen sein. Im Rahmen der Abholung vergleicht der Fahrer beim Zulieferer die Übereinstimmung von Abholliste mit den bereitgestellten Packstücken (VDA 5004, S. 4). Ziel bei der Warenabholung ist die Verlagerung von Wareneingangsfunktionen des OEMs zum Lieferanten. Im Rahmen eines vorgezogenen, informatorischen Wareneingangs besteht die Möglichkeit bereits bei der Abholung der Ware beim Automobilzulieferer Abweichungen zwischen Liefer-/Versandabruf und bereitgestellter Ware zu erkennen. Zunächst wird eine Sichtprüfung zur Identitäts-, Mengen- und Verpackungskontrolle nach Teilenummer und Stückzahl durch den Versandspediteur durchgeführt, welcher die Ware beim Lieferanten sichtet. Anschließend wird der Warenanhänger am Behälter (vgl. Abschn. 6.9.1.1) mittels MDE-Gerät gescannt und die bereitgestellte Gesamtmenge je Sachnummer mit der Abholliste verglichen. Über-, Unter- und Falschlieferungen müssen möglichst vor Ort behoben und die Versandpapiere angepasst werden. Ist das abzuholende Material nicht verfügbar, wird der Materialdisponent des OEMs informiert, um geeignete Gegenmaßnahmen einzuleiten. Je früher Abweichungen zwischen Soll- und Ist-Versand im Rahmen eines umfassenden Abweichungsmanagements erkannt werden, desto mehr Zeit bleibt, um auf Störungen im logistischen Ablauf reagieren zu können. Eine späte Feststellung von Problemen bei der Warenanlieferung erst im Wareneingang des Werkes reicht oft nicht aus um wirtschaftliche Entstörstrategien einzuleiten.

Nach Abschluss des physischen Beladevorgangs beim Lieferanten und Bestätigung der Frachtübernahme durch den Frachtführer erfolgt eine Statusmeldung an das Transportsteuerungssystem. Hierzu wird dem LKW eine eindeutige Nummer zugewiesen, die zur Identifikation des LKWs bei der weiteren externen und internen Transportsteuerung eingesetzt wird. Somit ist einerseits der aktuelle Transportstatus für die Transportpartner ersichtlich und andererseits kann hieraus ein geplanter Ankunftstermin berechnet werden. Weitere Transportstatusinformationen können bei Bedarf während der Transportdurchführung übermittelt werden.

Beim Versand der Ware sind bestimmte vorher festgelegte Versanddokumente zu erstellen. Diese dienen den – an der operativen Ausführung des am Versendungsprozesses – beteiligten Parteien entsprechende Informationen über den Versand-, Transport- und Anlieferprozess zur Verfügung zu stellen. Die angelieferten Waren müssen jeweils von den notwendigen Versanddokumenten (vgl. Abb. 8.16) begleitet sein, die eine einwandfreie Zuordnung und Abwicklung der Lieferung beim OEM ermöglichen.

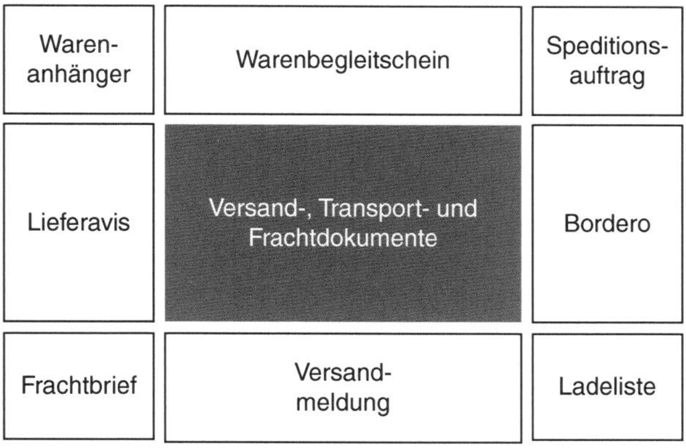

Abb. 8.16 Beispiele für Versanddokumente

Die wichtigsten Versanddokumente sind der Warenbegleitschein und der Speditionsauftrag (vgl. Abb. 8.17). Der Warenbegleitschein nach VDA 4912 (Lieferschein) wird vom Lieferanten ausgedruckt und dem Frachtführer ausgehändigt. Dieser Lieferschein wird anschließend bei der Warenvereinnahmung beim OEM vom Frachtführer an den Wareneingang übergeben (vgl. Abschn. 6.5.3). Gleichzeitig erfolgt eine elektronische vorab Übermittlung des Warenbegleitscheins (Lieferscheins) nach VDA 4913. Diese Meldung entspricht der Transportankündigung (Lieferavis) (ASN – Advanced Shipping Notice), welche die LKW-Anlieferung beim OEM avisiert. Abbildung 8.18 zeigt ein Beispiel für einen DFÜ-Warenbegleitschein nach VDA-Empfehlung. Hauptinformationen des Warenbegleitscheins sind Lieferantenname und -nummer mit der Anschrift, Informationen zum Empfänger

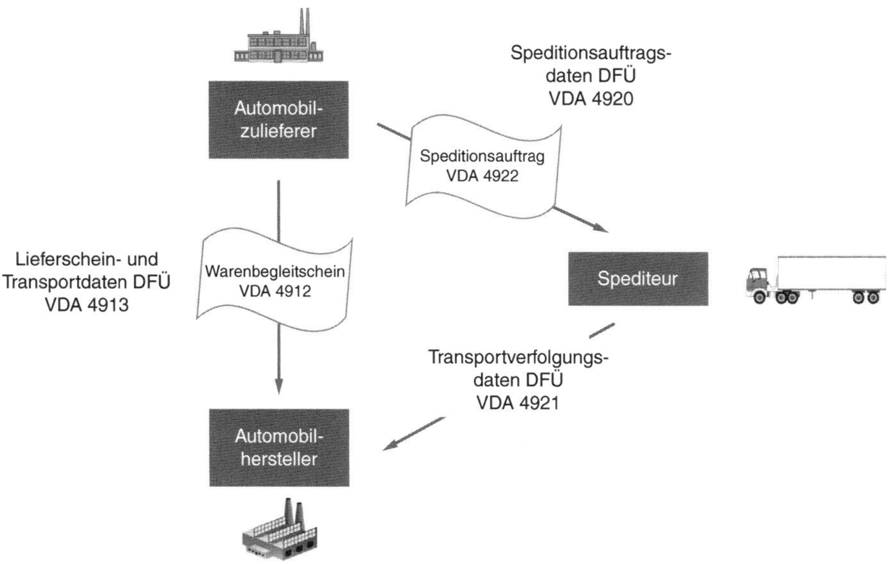

Abb. 8.17 Versanddatenmanagement nach VDA Empfehlung

```
DFUE - WARENBEGLEITSCHEIN          SENDUNGS-NR: 12345678                                   14.09.09 - 11:42
                                                                                                 Blatt 01.01
LIEFERANT -WERK: AN3               EMPFAENGER -WERK KUNDE: AN3            ABLADESTELLE:      AN345
          -NR:   AN3456789                    -NUMMER:     AN3456789      LAGERORT:          AN34567
NORD.                              MERCEDES-BENZ                          VERBRAUCHSSTELLE:  AN34567890123
HEIZUNGSFABRIKxxxx+xxxx3xxxx+¶XAVER AGxxx2xxxx+xxxx3xxxx+¶x               VERSANDART:        xxxx+xxxx1xxxx
BAHR CO.KG               +¶POSTFACH +¶TUEBINGER ALLEE, TOR 5              FRACHTFUEHRER:     xxxx+xxxx1xxxx
200010               +¶7250        +¶7032 SINDELFINGEN                         -NUMMER:      AN3456789
MÜHLACKER                          +¶xxxx+xxxx1xxxx+xxxx2xxxx+xxxx3xxxx+  SEND.-GEWICHT BR:  1234567
------------------------------------------------------------------------------------------------------------
LS-NR      SACHNUMMER KUNDE                        MENGE   ME  V/G  BEZEICHNUNG DER LIEFERUNG     BESTELL-NR
-DATUM     SACHNUMMER LIEFERANT                                ZUSATZDATEN LIEFERANT
-POS       PACKMITTEL -MENGE  -NUMMER KUNDE                    FUELLMENGE   -NUMMER LIEFERANT     KONSIGNATION
------------------------------------------------------------------------------------------------------------
12345678   A 201 505 02 55                       2040     ST   /G  Lüfterhaube                    50030
14.09.09   01.256.64.169 VP: 17 - 2032                         Sachbearbeiter: Meyer Abt: MV1
001                                                            120
           CHARGE: 1209M                GEFAHRGUT: 12345678
------------------------------------------------------------------------------------------------------------
********    E N D E    ********
```

Abb. 8.18 Beispiel eines DFÜ-Warenbegleitscheins nach VDA 4912 (Quelle: TEC-IT)

einschließlich der Abladestelle, die Anzahl der gelieferten Teile, die dazugehörigen Sachnummern sowie die Lieferscheinnummer.

Der Speditionsauftrag (Transportauftrag) nach VDA 4922 wird vom Lieferanten erstellt, durch den Spediteur ergänzt und bei der Warenanlieferung beim OEM dem Personal im Wareneingang ausgehändigt (Abliefernachweis). Der Speditionsauftrag kann als Frachtbrief verwendet werden und enthält Informationen zum Lieferanten, zum Spediteur und zum Warenempfänger sowie die Anzahl, den Inhalt und die Identifikationsnummer der Packstücke mit Gewichtsangaben. Der LKW-Fahrer muss den Empfang der Sendung auf dem Speditionsauftrag bzw. Frachtbrief bestätigen. Gleichzeitig wird eine elektronische Übermittlung der Speditionsauftragsdaten vom Lieferanten an den Spediteur nach VDA 4920 veranlasst.

8.7.1.2 Transportdurchführung

Der eigentliche Warentransport erfolgt abhängig vom Anlieferkonzept in einer einstufigen bzw. mehrstufigen Transportkette (vgl. Abschn. 6.7.2). Bei Anlieferung über Konsolidierungspunkte informiert der Fahrer den Gebietsspediteur. Bei Direktanlieferung (Komplettladung oder Direkt-Milk-Run) informiert der Fahrer den LKW-Leitstand des OEMs. Der Transport sollte gleichmäßig, standardisiert und transparent abgewickelt werden.

Dem Spediteur werden Zeitfenster für die Warenanlieferung im Fahrzeugwerk vorgegeben. Die Anzahl der zur Verfügung gestellten Zeitfenster entspricht in der Regel der durchschnittlichen Anzahl der Anlieferungen pro Tag. Das für die Anlieferung beim OEM geplante Zeitfenster muss durch den Spediteur bestätigt werden (bereits einen Tag vor Anlieferung) bzw. für andere Anlieferungen frei gegeben werden. Im Idealfall wird hierfür ein softwaregestütztes Transportsteuerungssystem eingesetzt. Kommt es zu Verzögerungen bei der LKW-Anlieferung müssen diese dem LKW-Leitstand des Automobilbauers mitgeteilt werden. Das Planungssystem muss flexibel auf die Einsteuerung von Zusatz-LKWs (z. B. für Sonderschichten) oder Eilanlieferungen ausgelegt sein. Mögliche Verschiebungen der Zeitfenster werden laufend berücksichtigt und eine priorisierte Abwicklung der einlaufenden LKWs wird dynamisch berechnet. Diese Informationen sollten möglichst transparent für alle Transportprozessbeteiligten zur Verfügung gestellt werden. Ziel der Zeitfenstersteuerung ist die Entzerrung und Glättung der täglichen und wöchentlichen LKW-Anlieferungen im Werk. Die LKW-Anlieferprozesse sollten weitestgehend mit den Materialbedarfen der Fertigungsbereiche synchronisiert sein. Dies führt zu einer bestandsarmen und gleichmäßigen Belastung der internen Logistikkette. Von der Einfahrt des LKWs am Werkstor über den administrativen Wareneingang, der Zusteuerung zu einem freien Ladeplatz bis hin zur Be- und Entladung können somit beruhigte Materialflüsse realisiert werden. Dies führt zu einer optimierten Auslastung der logistischen Stellen ohne Reservekapazitäten für Belastungsspitzen vorzuhalten. Gleichzeitig können unnötige Wartezeiten bei der internen Abwicklung für die Speditionen und folglich Standgeldforderungen vermieden werden.

8.7.1.3 Warenanlieferung über LKW-Leitstand

Der ankommende LKW meldet sich zunächst beim Werkschutz am Einfahrtstor oder beim werknahen LKW-Leitstand an, um eine Einfahrtserlaubnis für das Werksgelände zu erhalten. Der LKW-Fahrer füllt einen Passierschein (Uhrzeit, Kennzeichen) aus, der zusätzlich mit einer fortlaufenden Nummer versehen wird. Vor der Weiterfahrt wird dem LKW-Fahrer der Passierschein ausgehändigt. Mit Hilfe eines Frachtträgersteuerungssystems können alle LKWs visualisiert werden, welche sich auf der Anfahrt zum Werk bzw. im Werk befinden. Dadurch kann das Sicherheitspersonal überprüfen, ob die LKWs zufahrtsberechtigt sind. Zu frühe LKWs können abgewiesen werden, was die Anzahl der sich auf dem Werkgelände befindlichen LKWs verringert. Dies ist besonders bei Brownfield-Werken wichtig, da die beengte Verkehrssituation häufig zu langen Warte- und Durchfahrtszeiten führt.

Nach der Werkeinfahrt stellt der LKW-Fahrer sein Fahrzeug auf dem LKW-Warteplatz ab. Im administrativen Wareneingang nehmen die Mitarbeiter die Lieferpapiere des Fahrers entgegen. Es folgt zunächst eine Prüfung der LKW-Identifikation und Einhaltung des Zeitfensters. Wurden die Rahmenvorgaben erfüllt, erfolgt eine anschließende Prüfung der Frachtpapiere auf Richtigkeit des Empfangswerks und der werksinternen Abladestelle sowie auf Vollständigkeit. Vollständige Frachtpapiere umfassen den Original-Frachtbrief mit Durchschlägen, den Original-Lieferschein mit Durchschlag bzw. die DFÜ-Warenbegleitscheine, den LKW Passierschein sowie bei Zollsendungen die entsprechenden Zollpapiere. Die bereits per DFÜ übermittelten Lieferschein- und Transportdaten nach VDA 4913 werden im Warenwirtschaftssystem verbucht bzw. manuell korrigiert.

An die Überprüfung der Frachtpapiere schließt sich die Paginierung der Lieferpapiere mit einer fortlaufenden WE-Nummer an. Die WE-Nummer dient der eindeutigen Identifikation der Lieferpapiere. Der Original-Frachtbrief wird pro WE-Nummer mit einem Leergutstempel versehen, auf dem später, bei der Behälterkontrolle in den Lagerbereichen, die angelieferte Behälterzahl, der Behältertyp und eventuelle Behälterbeschädigungen vermerkt werden. Fehlerhafte Lieferpapiere werden für die Lieferantenbewertung erfasst. Bei Zollgut wird eine elektronische Verbindung zum Hauptzollamt hergestellt. Sobald die Ware vom Hauptzollamt freigegeben wird und die Entladereihenfolge feststeht, kann der LKW zur Entladestelle zugesteuert und entladen werden. Bei Materiallieferungen aus der EU wird häufig lediglich eine vom Lieferanten mitgeführte Rechnung an die Zollabteilung weitergeleitet.

Nach Abwicklung der administrativen Wareneingangsaufgaben (Soll-Erfassung) wird der LKW nach seiner Dringlichkeit und anhand der bereits erfassten Daten den LKW-Entladestellen im Werk zugesteuert. Für die optimale Zusteuerung des LKWs an die Abladestellen wird eine Entladeliste gedruckt sowie ein Routenplan erzeugt und an den Fahrer ausgehändigt. Nach Abschluss des administrativen Wareneingangs wird der Status der Lieferung von *Material auf Transport* auf *Material im Haus* gesetzt. Für die Priorisierung der Zusteuerung von LKWs zu den Abladestellen können folgende Kriterien verwendet werden:

- Ist das Zeitfenster für diesen LKW erreicht?
- Wie sehen die aktuellen Abrufe der Fertigung aus?
- Ist der Entladeplatz bei Ankunft des LKWs frei?
- Sind ausreichend Entladekapazitäten (Personal, Stapler) an der Abladestelle vorhanden?
- Wie sieht die aktuelle Taktzeit der Montagebänder aus?
- Sind ausreichende Freiflächen für das angelieferte Voll- bzw. Leergut vorhanden?
- Gibt es terminliche Restriktionen für die Abladung (z. B. Rundläufer-LKW)?

Die Anzahl der intern anzufahrenden Abladestellen ist begrenzt. So muss ein LKW bei Überschreiten einer kritischen Anzahl von Abladestellen an der letzten Abladestelle die Restladung komplett entladen, um die LKW Aufenthaltsdauer auf dem Werksgelände zu minimieren und den internen Werksverkehr zu reduzieren. Die anschließende Verteilung des Materials wird mit Hilfe innerbetrieblicher Schleppzüge vorgenommen.

Hat der LKW-Fahrer die maximale Anzahl an Abladestellen angefahren und sein Material entladen, kehrt er zum Wareneingang zurück, um dort die administrative WE-Bearbeitung abzuschließen. Dazu händigt der LKW-Fahrer dem Schalterpersonal den Original-Frachtbrief aus. Die Mitarbeiter prüfen die Leergutstempel auf dem Frachtbrief auf mögliche Behälterdifferenzen oder Behälterbeschädigungen. Wenn die Anzahl und der Typ der Ladungsträger auf den Leergutstempeln mit den Angaben auf dem Frachtbrief übereinstimmt und keine Behälterbeschädigungen vorliegen, so erhält der LKW-Fahrer einen Durchschlag des Frachtbriefs sowie den Passierschein abgestempelt zurück. Anschließend fährt der LKW bei Bedarf zum Leergutversand um leere Ladungsträger zu laden bzw. zum Werkstor um das Werksgelände zu verlassen. Bevor der LKW-Fahrer das Werk verlässt, gibt er den abgestempelten Passierschein an der Pforte ab. Der Pförtner vermerkt darauf zusätzlich die Ausfahrtszeit aus dem Werk.

8.7.1.4 Warenanlieferung über Trailer Yard

Unter einem Trailer Yard versteht man einen fertigungsnahen LKW-Trailerpuffer auf dem Gelände oder in unmittelbarer Nähe des Fahrzeugherstellers mit dessen

Hilfe die LKW-Anlieferprozesse von den LKW-Entladungsprozessen entkoppelt werden. Ziel ist eine flexible synchronisierte Zusteuerung der Trailer an die werksinternen Entladestellen analog dem Fertigungsfortschritt.

Die LKW-Zusteuerung zum Trailer Yard wird im Direktverkehr zwischen Lieferant und OEM über bedarfs- oder verbrauchsgesteuerte Lieferabrufe realisiert (vgl. Abschn. 8.2). Diese werden frachtkostenoptimiert zu Komplettladungen zusammengestellt. Nach Abfahrt des Trailers beim Lieferanten wird dieser beim Hersteller avisiert. Nach Ankunft im Werk fährt der LKW-Fahrer einen – vom Wareneingang zugewiesenen – freien Trailerplatz an und entkoppelt seinen Sattelauflieger mit Vollgut. Anschließend übernimmt die Zugmaschine einen Leerguttrailer der bereits zur Abholung am Trailer Yard zur Verfügung gestellt wurde (vgl. Abb. 8.19).

Unterschreitet der an der Abladestelle der Fertigung befindliche Trailer einen gewissen Mindestbestand bzw. zeitliche Reichweite, so wird vom Transportsteuerungssystem automatisch der Nachschubauftrag für einen Vollgut-Trailer im Yard generiert. Mit Hilfe von kleineren Zugmaschinen werden die abgerufenen Trailer zeitgerecht an den Abladestellen bereitgestellt. Im Idealfall wird das Trailer Yard System mit einem Warehouse on Wheels Konzept kombiniert (vgl. Abschn. 8.3.1).

Aufgabe der Transportsteuerung ist die Statusverfolgung (*Geplant, Fixiert, Transit, Yard, Entladung*) der Trailer. Es befindet sich immer eine feste Anzahl geplanter und fixierter Trailer im Gesamtkreislauf. Die geplanten Trailer dienen als Planungsvorlauf für den Lieferanten. Wird ein Trailer fest eingeplant (fixiert) so bekommt der Lieferant einen festen Zeitpunkt, zu dem dieser im Werk eintreffen muss, zugewiesen. Der Lieferant entscheidet autonom wie lange er für die Beladung und den Transportweg braucht. Nach Avisierung des Trailers erhält dieser den

Abb. 8.19 Beispiel Trailer Yard (Quelle: MAN)

Status *in Transit*. Nach dem Ankommen im Werk wird dieser auf *Yard* gesetzt und nach dem Bereitstellen auf dem Entladeplatz auf *Entladung* gebucht.

8.7.1.5 Direktanlieferung

Bei der bedarfs- bzw. verbrauchsgesteuerten Direktanlieferung (vgl. Abschn. 8.3) wird der Anliefer-LKW direkt an die entsprechende Abladestelle geleitet ohne über den LKW-Leitstand zu fahren. Um eine verzögerungsfreie und voll-synchronisierte Anlieferung zu gewährleisten, erhält der Rundläufer LKW das direkte Einfahrtsrecht auf dem Werksgelände. Aufgrund der hohen Frequenz der Anlieferung, häufig mehrmals täglich, kennt der LKW Fahrer den Anfahrtsweg zum Abladepunkt. Der LKW Fahrer fährt nur einen Entladepunkt an und belädt nach dem Abladen des Vollguts den LKW im 1:1 Tausch mit dem Leergut. Das angelieferte Material wird nach der Entladung zeitnah an den Verbauort verbracht.

8.7.1.6 LKW Entladung

Für eine optimale Entladung und Zusteuerung des Entladestaplers ist es zwingend erforderlich, dass die richtige LKW Halteposition im Ladebereich eingehalten wird. Hierzu dienen farbig markierte Haltelinien, welche die Sollposition für den LKW-Fahrer anzeigen. Nach dem Abplanen und der Freigabe zur Entladung werden die LKWs von Staplern entladen. Im Idealfall wurde der Stapler bereits über ein Staplerleitsystem (gekoppelt mit dem externen Transportsteuerungssystem) informiert, dass sich ein LKW für die Entladung im Zulauf befindet, so dass der Ladevorgang zeitunverzögert stattfinden kann. Hierbei handelt es sich um Stapler mit höherer Nutzlast (bis zu 6,5 t) mit längerer Gabel sowie um Stapler welche bei Bedarf für den Außenbereich (beheizte Kabine, Bereifung, etc.) geeignet sind. Die Entladung wird vorzugsweise als Seitenentladung durchgeführt, um den Zugriffsbereich auf die zu entladende Ware zu vergrößern sowie die Zustellzeit des Staplers aufgrund der geringeren Ladetiefe zu senken. Eine Heckentladung sollte nur bei räumlich beengten Strukturen bzw. bei automatischer Be- und Entladung angewandt werden. Die Stapler entladen den LKW und beladen ihn anschließend mit Leergut für die Rückbefrachtung. Anschließend werden die entladenen Behälter grob sortiert und im Wareneingang zur Warenvereinnahmung bereitgestellt. Im Anschluss erfolgt der operative Wareneingang bei dem geprüft wird, ob der physische Lieferumfang mit den Soll-Vorgaben der Entladeliste übereinstimmt (vgl. Abschn. 6.5.3). Sofern keine quantitativen und qualitativen Abweichungen zwischen den avisierten und gelieferten Materialien festgestellt werden können, wird der Status von *Material im Haus* auf *Wareneingang* gesetzt.

Nach Abschluss der Leergutbeladung, Übergabe der Leergut-Versandpapiere und Beplanung des LKWs kann der LKW abfahren. Die Abladestelle wird wieder für die Zusteuerung neuer LKWs frei gegeben.

8.7.2 *Interne Transportsteuerung*

Zunehmend werden zur internen Steuerung von Flurförderzeugen softwaregestützte Transportsteuerungssysteme eingesetzt (vgl. Abb. 8.20). Hauptziel ist die Einsparung unproduktiver Leer- und Suchfahrten. Die Einsparungspotenziale der verwendeten Systeme sind allerdings stark abhängig von den jeweiligen logistischen Rahmenbedingungen vor Ort (Mengengerüst, Be- und Entladepunkte, Hallenlayout, etc.). Die Wirtschaftlichkeit kann daher erst nach Untersuchung und Bewertung der individuellen logistischen Rahmenbedingungen nachgewiesen werden.

Folgende allgemeinen Einsparungseffekte können durch den Einsatz softwaregestützter Transportsteuerungssysteme realisiert werden, welche am Beispiel der Staplersteuerung näher erläutert werden:

Pool-Effekt Durch das Zusammenfassen mehrerer Stapler in einem Transportmittelpool können die Kapazitäten durchschnittlich besser ausgelastet werden. Grund ist die dynamische Verteilung von Aufträgen auf mehrere Fahrzeuge, so dass sich bei individuell schwankendem Transportbedarf ein Belastungsausgleich innerhalb des Staplerpools ergibt. Im realen Einsatz ist der Umfang der Poolbildung allerdings begrenzt, da technische und ablauforganisatorische Rahmenbedingungen den vollkommen flexiblen Einsatz von Staplern verhindern. So können beispielsweise Wareneingangsstapler mit hoher Traglast und langen Gabeln nicht uneingeschränkt in den meist engen räumlichen Bedingungen der Montage eingesetzt werden.

Abb. 8.20 Staplerleitsystem mit mobiler Datenerfassung (Quelle: Intermec)

Darüber hinaus besteht eine Zielkonkurrenz zwischen der Maximierung der Poolgröße und der Minimierung der Prozesszeiten der Bereitstellung (sog. Dilemma der Staplerpoolbildung). Mit steigender Poolgröße werden zunächst Leer- und Suchfahrtenanteile durch Einsatz eines Staplerleitsystems (SLS) durch den Pooleffekt reduziert. Größere Einsatzbereiche des Staplerfahrers bedeuten auch mehr Behälter und Teilepositionen, die es zu handhaben gilt und folglich ein geringeres Prozess Know-how des Staplerfahrers. Dadurch steigt der zeitliche Aufwand für die Bereitstellung, der ab einer kritischen Poolgröße den ursprünglichen positiven Einsparungseffekt sogar überkompensieren kann.

Simultan-Effekt Durch die gleichzeitige Berücksichtigung aller Transportaufträge kann mit Hilfe eines geeigneten Transportalgorithmus eine Optimierung der innerbetrieblichen Transportsituation erreicht werden. Simultan gehen verschiedene Rahmenbedingungen wie z. B. Entfernungen, Termine, Abrufprioritäten, Staplerkapazitäten in die Berechnung ein. Problematisch hierbei ist die häufige Verwendung ein und desselben Optimierungsalgorithmus in der SLS-Software für unterschiedlichste Problemstellungen und strukturelle Rahmenbedingungen. Das empfohlene Einsatzspektrum der Softwarehersteller reicht vom innerbetrieblichen Werksverkehr über die externe Transportlogistik bis hin zur Hafenlogistik. Prinzipiell gilt für alle Operations Research Verfahren, dass jeder Algorithmus seine Stärken und Schwächen besitzt, was eine individuelle Auswahl der Optimierungsverfahren und Parametrierung nötig macht. Ferner kann kritisch angemerkt werden, dass die eingesetzten Algorithmen zwar vom Grundkonzept her bekannt sind (üblicherweise eine sog. Savings-Heuristik), allerdings aus Wettbewerbsgründen nicht offen gelegt werden, was eine umfassende Bewertung der Leistungsfähigkeit erschwert.

Kombi-Effekt Der Kombi-Effekt ermöglicht das Zusammenfassen mehrerer Transportaufträge. Hierdurch werden Rundtouren analog dem externen Milk-Run Transportsystem (vgl. Abschn. 6.7.2.2) geplant und ausgeführt, die es ermöglichen Leer- und Suchfahrten zu reduzieren. Auch hier zeigen sich ähnliche Restriktionen wie beim Pool-Effekt. Nur gleiche Stapler Funktionstypen z. B. gleiche Nutzlastklassen können entsprechende Transportaufträge kombinieren. Auch setzt der Ladungsträger (z. B. KLT oder GLT) hier Grenzen der Kombinationsmöglichkeit. Zusätzlich ist es bei dieser Vorgehensweise nötig, dass kurzfristig ablauforganisatorische Änderungen (z. B. dynamische Fahrkreisänderungen) im laufenden Betrieb durchgeführt werden müssen, was z. B. aufgrund von Mindestbereitstellungszeiten bei der Materialversorgung an den Bereitstellungsorten nur begrenzt möglich ist.

Echtzeit-Effekt Durch das Disponieren von Transportaufträgen in Echtzeit können dem Staplerfahrer zeitnah Fahrauträge übermittelt werden, was eine schnelle Reaktion auf die zeitkritische Transportnachfrage ermöglicht. Hierdurch wird ein dynamisches Reagieren auf die aktuelle Bedarfssituation der Fertigung möglich. Dies ist ein wesentlicher Vorteil beim Einsatz von Staplerleitsystemen, dem allerdings hohe Investitionskosten (Terminals, Funkübertragung, Software) gegenüberstehen.

Bewertungsproblematik Staplerleitsystem Um eine zuverlässige Bewertung der Wirtschaftlichkeit eines Staplerleitsystems durchführen zu können, bedarf es einer detaillierten Abbildung und Bewertung des internen Transportnetzwerkes vor und nach dem Einsatz eines Staplerleitsystems. Schwerpunkt der Modellierung bildet die adäquate Evaluation der unproduktiven Leer- und Suchfahrten. Hierzu ist es nötig, die jeweiligen Zeitanteile beim aktuellen Staplerpooleinsatz mit Hilfe geeigneter Zeitaufnahmeverfahren, häufig einer Multimomentaufnahme, im Untersuchungsbereich zu erfassen. Dies bildet die Grundlage jeglicher Einsparungsberechnungen, da durch den Einsatz eines Staplerleitsystems lediglich der Leer- und Suchfahrtenanteil aber nicht die Umschlags- und Transportzeiten verändert werden können, welche generell den größten Anteil an der Gesamtstaplereinsatzzeit ausmachen.

In der Praxis zeigt sich, dass die wichtige Analyse der möglichen Einsparungspotenziale bei den Leer- und Suchfahrten eines Staplers sehr oft nur auf einer groben Schätzung basiert. Dabei werden oft Vergleichswerte früherer Projekte herangezogen und auf Basis von minimalen und maximalen Einsparungen von Seiten der Softwareanbieter argumentiert. Ein Beispiel dieser Marketingstrategie ist die Angabe von Einsparungseffekten von bis zu 40% der Gesamteinsatzzeit eines Staplerpools in der Automobilbranche bei tatsächlichen Zeitanteilen von maximalen, gewerkeabhängigen 10–30% Leer- und Suchfahrten in einem Automobilwerk, die unmöglich vollständig eingespart werden könnten.

Interne Staplerfahrten sind dynamische und stochastische Abläufe, die sich ideal mit Hilfe der Computersimulation abbilden lassen. Die Kosten für den Aufbau geeigneter Transportmodelle sind allerdings sehr hoch, so dass sich ein computergestütztes Simulationsmodell nur in Ausnahmefällen rechnet. Neben der bereits erwähnten Vergleichsschätzung auf Werks- oder Branchenbasis bietet sich durch den Einsatz sog. stochastischer Transportkettenmodelle eine kostengünstige und leistungsstarke Alternative an (Klug 2006a, S. 83 ff.).

8.7.3 Potenziale zur Transportkosteneinsparung

Die zunehmende Internationalisierung der Wertschöpfungs- und Logistikaktivitäten im Rahmen des Global Sourcings, der Global Production und der Global Distribution bedeuten in der Folge, dass die Transportaktivitäten zwischen den Wertschöpfungspartnern der Automobilindustrie laufend zunehmen. Die Folge sind kontinuierlich steigende Frachtkosten für den Fahrzeughersteller. Die allgemeine Herausforderung, getrieben durch die fortschreitenden Globalisierung, ist eine optimierte Planung, Gestaltung und Umsetzung von Transportnetzwerken unter dem Gesichtspunkt einer Gesamtkostenoptimierung (Total Cost of Ownership). Ein allgemein vorzufindendes Praxisproblem ist die einseitige Einsparung von *Ab-Werk* Preisen durch Verlagerung der Lieferanten – vorzugsweise ins osteuropäische oder asiatische Ausland. Dieser einseitigen Einsparung beim Materialpreis stehen, erhöhte Transportkosten aufgrund längerer und aufwendiger zu steuernder Frachtrelationen gegenüber.

Besonders im Bereich der Beschaffungslogistik findet sich noch erhebliches Potenzial zur Kosteneinsparung, da hier der Großteil der Transportkosten anfällt.

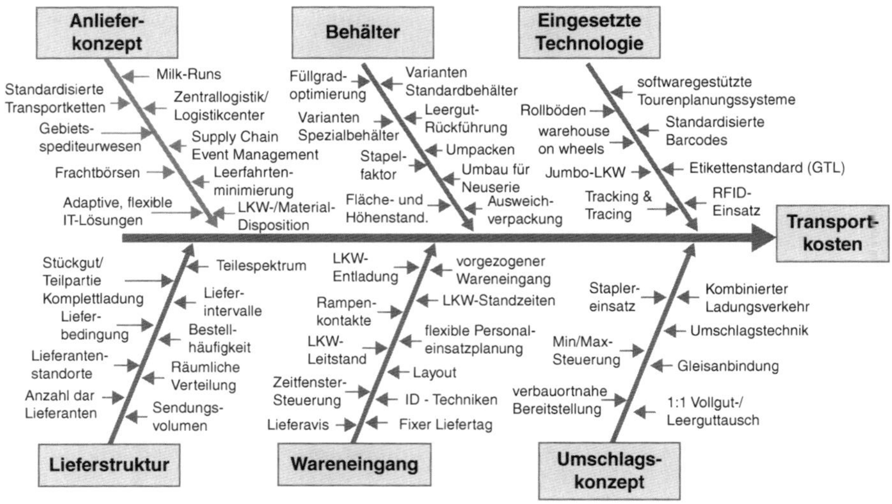

Abb. 8.21 Ishikawa Diagramm Transportkosten

Neben der Schwierigkeit der vernetzten Planung globaler Transportbeziehungen macht auch die Vielfalt an Einflussfaktoren einer optimierten Transportkostensteuerung häufig Probleme. Ansatzpunkte und Stellschrauben müssen daher intensiv analysiert um dann anschließend vernetzt optimiert zu werden (vgl. Abb. 8.21).

Ziel ist die Realisierung einer Transportkosteneinsparung bei gleichzeitiger Steigerung der Materialverfügbarkeit für die Produktion. Trotz der Individualität jedes Einsparungsprojektes im Bereich Transportmanagement können gewisse wiederkehrende Erfolgsfaktoren und Vorgehensweisen charakterisiert werden, welche im Folgenden beschrieben werden.

8.7.3.1 Frachtenbündelung

Eines der Hauptziele logistischer Optimierung ist die Bündelung von Materialströmen. Hieraus ergeben sich größere Transportvolumen und durch die degressiven Frachttarife auch günstigere Frachtkosten pro Transporteinheit. Bündelungseffekte werden zukünftig noch an Bedeutung gewinnen, weil Infrastrukturengpässe, Mautgebühren, restriktive Regelungen für die Einsatzzeiten von Fahrern, Energiekosten und ein wachsendes Umweltbewusstsein zwangsläufig zu einer Verteuerung von Transporten führen werden (Bretzke 2008, S. 67). Die bereits beschriebenen Verfahren der Direkt-, Sammelrundtour- und Sammelgut-Transporte (vgl. Abschn. 6.7.2) zielen alle auf die Nutzung von Synergien im Transportmanagement ab. Durch die Frachtbündelung verringert sich auch die Anzahl der abzuwickelnden LKWs, was weitere Einsparungsmöglichkeiten bei der Transportsteuerung (vgl. Abschn. 8.7.1) und beim Wareneingang (vgl. Abschn. 6.5.3) ermöglicht. Basis eines effizienten Transportmanagements ist eine optimale Transportplanung und Transportsteuerung. Die Transportplanung muss neben der mittelfristigen Rahmentourenplanung auch eine kurzfristige wöchentliche bzw. tägliche Planung auf Basis der Lieferabrufe beinhalten. Aufgrund der jeweils aktuellen Versandpläne und den hieraus abgeleiteten Transportabrufen (vgl. Abschn. 8.7.1.1) müssen die Transportmengenströme laufend analysiert werden. Die anschließende Bündelung möglichst vieler Materialströme über einzelne Anliefergebiete, Lieferzeiten und Lieferanten ist eines der obersten Ziele der Transportsteuerung. Eine Sendungsbündelung bietet mehr Wahlfreiheit bei der Generierung unterschiedlicher Volumen- und Gewichtskombinationen zur optimalen Auslastung der Frachtträger.

Zusätzliches Optimierungspotenzial ergibt sich aus der Tatsache, dass die meisten Lieferanten Materialabrufe von mehreren Produktionswerken des gleichen Automobilherstellers erhalten (Meyr et al. 2001, S. 43). Sendungen für unterschiedliche Empfangswerke könnten gleichzeitig beim Lieferanten abgeholt und erst im Konsolidierungspunkt des Gebietsspediteurs auf die werkspezifischen Frachtrelationen aufgeteilt werden. Durch eine werksübergreifende Abstimmung der Versandabrufe bei unveränderter Lieferfrequenz und gleichem Bestandsniveau könnten dadurch die Vorlaufkosten reduziert werden.

Die Skaleneffekte der Materialkonsolidierung lassen sich noch steigern, wenn es gelingt, den Anteil artikelreiner Ganzpaletten zu erhöhen. Durch die bessere Stapel- und Staubarkeit der Paletten kann die Frachtraumauslastung gesteigert werden. Auch im Paketbereich führt die werkübergreifende Bündelung und unternehmensweite Vergabe an einen KEP-Dienstleister zu einer Reduzierung der Frachttarife.

Neben der Bündelung von Materialströmen in den Zulauftransporten zum Fahrzeugwerk wird durch den Einsatz von Transshipment Terminals eine werknahe Bündelung der Inbound-Materialströme erreicht (vgl. Abschn. 6.8.1). Hierbei werden Teilelieferungen im Cross-Docking Verfahren angeliefert, abladestellenspezifisch sortiert und geroutet, um dann anschließend meist über Rundläufer-LKW gebündelt im OEM-Produktionswerk angeliefert zu werden. Standgelder wartender LKWs sowie werksinterne Stausituationen können vermieden werden. Transporte werden effizienter abgewickelt, wobei allerdings auch Mehrkosten durch den zusätzlichen Umschlagsprozess entstehen. Weitere Möglichkeiten zur Steigerung des Frachtvolumens pro Transport ergeben sich durch die:

- Reduzierung der Anzahl eingesetzter Spediteure bei den Inbound-Transporten
- Bildung von paarigen Verkehren
- Bildung von kombinierten One-Way Touren und Milk-Runs zur Reduktion der Leerkilometer
- Verteilung von Abgangs- und Empfangsländern
- Einhaltung der Verpackungsanweisungen
- Volumen- und gewichtsoptimierte Transportverpackung
- Erhöhung der Nutzlast durch Eigengewichtsreduzierung (Leichtbauweise)

Eines der größten bisher noch weitestgehend ungenutzten Potenziale zur Einsparung von Transportkosten liegt in der herstellerübergreifenden Bündelung von Materialströmen. Empirische Studien zeigen, dass ein Großteil der Automobilzulieferer vom gleichen Produktionsstandort aus unterschiedliche OEMs beliefern und teilweise durch die selben Logistikdienstleister bedient werden (Miemczyk u. Holweg

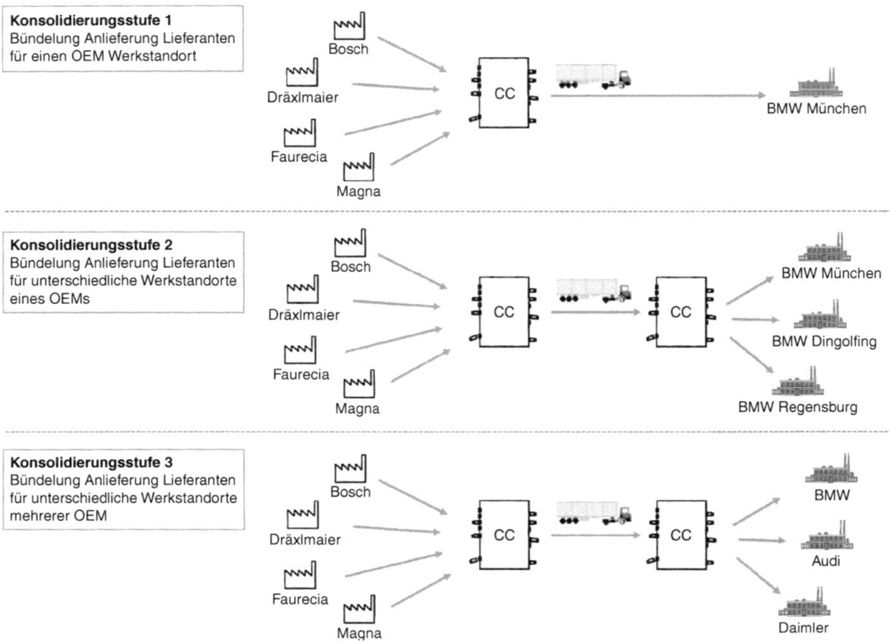

Abb. 8.22 Konsolidierungsstufen Inbound-Transporte

2004, S. 190). Gelingt es, diese Teilladungen bzw. das Stückgut über ein mehrstufiges Cross-Docking System (vgl. Abschn. 6.8.1) bzw. durch Sammelrundtouren (vgl. Abschn. 6.7.2.2) effizient zu bündeln, wäre ein weiterer Schritt im Bereich Frachtkostensenkung realisierbar. Abbildung 8.22 zeigt die prinzipiellen Stufen der Materialkonsolidierung im Bereich der Inbound-Transporte.

8.7.3.2 Optimierung Frachtkosten Sublieferanten

Stand früher in der Automobilindustrie die einstufige Optimierung der Transportbeziehungen zwischen Automobilhersteller (OEM) und Direktlieferanten (1-Tier) im Vordergrund, hat sich heute mit zunehmender Integration weltweit agierender Wertschöpfungs- und Logistikpartner der Betrachtungsfokus auf ein globales, mehrstufiges Transportnetzwerk erweitert. Potenzial zur Kosteneinsparung bietet eine übergreifende Transportplanung im Rahmen weltweiter Logistikstrukturen.

Ein erster wichtiger Schritt hierzu ist die Analyse der tatsächlich im Transportnetzwerk angefallenen Transportkosten. Während die direkten Transportkosten zwischen 1-Tier und OEM bekannt sind, müssen vorgelagerte Transportströme der Sublieferanten erst erfasst und bewertet werden. Die Analysephase wird häufig unterstützt durch den Versand von Fragebögen an die Lieferanten. Hierbei stehen z. B. Fragen eingesetzter Spediteure, tatsächlich gefahrener Frachtrelationen, verwendeter Behälter mit Abmessungen und Behälterinhalten sowie Liefertage und

-frequenzen im Vordergrund. Durch diese Selbstauskunft zur Transport- und Kostensituation bei der Materialanlieferung – meist noch unterstützt durch persönliche Gespräche – werden die tatsächlichen Transportkosten der Lieferanten transparent.

Nach der kritischen Analyse der Sendungsstruktur auf den vorgelagerten Transportstrukturen müssen im nächsten Schritt attraktive, volumenstarke Frachtrelationen bezüglich der Lieferbedingungen umgestellt werden. Die Übernahme der Transportverantwortung durch eine Umstellung der Lieferbedingungen auf *Ab-Werk* bildet die Grundlage zur Realisierung von Kosteneinsparungen durch Bündelung der Inbound-Materialströme. Erst dann entscheidet das Unternehmen selbst wie eingehende Materialflüsse kostenoptimal gestaltet werden. Für die Direktlieferanten des OEMs hatte die traditionelle *Frei-Haus* Lieferkondition für die Sublieferanten den Vorteil, tatsächliche Transportkosten gegenüber dem Fahrzeughersteller nicht offen legen zu müssen, was einerseits zu verdeckten Mehrkosten führen kann und andererseits eine ideale Möglichkeit für versteckte Preisaufschläge durch die Lieferanten bietet.

Generell gilt allerdings, dass je weiter stromaufwärts sich ein Lieferant in der Supply Chain befindet, desto kleiner seine Teilegröße und desto geringer sein Liefer- und somit Transportvolumen ist. Gleichzeitig sind 2-Tier und 3-Tier Lieferanten meist räumlich verstreuter angesiedelt, da die Wahrscheinlichkeit einer nahen OEM-Ansiedelung (wie z. B. von Modullieferanten im Industriepark) mit niedrigerem Beschaffungsvolumen sinkt. Alle diese Faktoren führen letztendlich dazu, dass die Möglichkeiten der Transportkostenoptimierung durch die Bündelung von Materialströmen bei den Sublieferanten stromaufwärts sinken (Boppert et al. 2007, S. 355 f.).

8.7.3.3 Optimierung Behälter- und Frachtträgermanagement

Auch Standards bei der Planung, Auswahl und beim Einsatz der Behälter im Transportmanagement bergen Einsparungspotenziale. Wichtige Faktoren zur Kostensenkung, wie z. B. die Steigerung des Anteils verwendeter Standardbehälter gegenüber den Spezialbehältern, scheitern oft an schlecht abgestimmten Abteilungszielen. Auch die zu hohe Typenanzahl der verwendeten Standardbehälter gilt als Kostentreiber.

Ein Vergleich der tatsächlich eingesetzten Behälter bei der Materialanlieferung und den in den Verpackungsanweisungen ausgewiesenen Soll-Konzepten zeigt häufig Abweichungen. Füllgradunterschreitung, Anlieferung mit Ausweichverpackungen, Unterschreitung von Mindestliefermengen sind Beispiele aus dem Praxisalltag, die zu erheblichem Mehraufwand führen. Besonders die Anlieferung in Kartonagen verursacht sehr oft Probleme (vgl. Abb. 8.23). Neben dem Mehraufwand für das Umpacken werden die Stapelfaktoren beim Transport aufgrund fehlender Stabilität der Colli reduziert, was folglich den Frachtraumbedarf und die Transportkosten steigert und gleichzeitig die Gefahr von Transportschäden erhöht.

Auch durch die Verbesserung der Frachtträgerplanung können Kosten eingespart werden. Als generelles Ziel gilt es die Frachtraumauslastung zu maximieren. Die LKW-Auslastung ist bedingt durch die Stapelbarkeit der Behälter sowie der

Abb. 8.23 Beispiele für Colli-Schäden beim Transport von Kartonagen (Quelle: Zentrum für Automobillogistik)

Abb. 8.24 Optimale Abstimmung der Abmessungen Colli und Frachtträger (Quelle: Scherm Gruppe)

Abstimmung der Behälterabmessungen auf den Frachtträger. Oft kann durch einfache Umstellungen auf Jumbo-LKWs bei geringen Mehrkosten die LKW-Auslastung um über 25% gesteigert werden (vgl. Abb. 8.24). Weitere Maßnahmen zur Frachtraumoptimierung sind:

- Einsatz von Doppelstock LKWs zur doppelstöckigen Beladung und variablen Innenraumgestaltung durch verfahrbare Hubböden
- Schnelles Ab- und Beplanen der LKWs
- Einsatz von 60-Tonnern (Giga-Liner) zur Verbesserung der Nutzlast (nur in den Ländern mit Straßenzulassung z. B. Finnland und Schweden)

Die Erstellung, Pflege und aktualisierte Übermittlung optimierter Verpackungsdaten nach VDA Standard bilden die Grundlage für eine sachgemäße Anlieferung der bestellten Waren durch die Lieferanten. Die Einhaltung der Behältervorgaben muss laufend überprüft und durch die Einführung eines Strafpunktesystems forciert werden.

8.7.3.4 Abstimmung zwischen Dispo- und Frachtmanagement

Eine Optimierung der Frachtkosten ist nur im Zusammenhang mit den Bestandskosten im Unternehmen zu sehen. Die Anlieferung von größeren Mengen mit reduzierter Lieferfrequenz führt zwangsläufig zu höheren Beständen im Unternehmen. Daher muss neben den Frachtkosten auch die Bestandssituation im Werk berücksichtigt werden. Bestände werden primär durch das Lieferabrufverhalten des Materialdisponenten verursacht. Die Bereiche Dispo- und Frachtmanagement sind allerdings sehr oft nicht optimal aufeinander abgestimmt. Hauptproblem ist die Unterschiedlichkeit der Sichtweisen und Ziele. Während der Disponent teilegruppen- und versorgungsspezifisch agiert, bieten sich Einsparungen im Frachtmanagement durch zeitliche und räumliche Bündelung von Liefermengen gleicher bzw. geografisch konzentrierter Lieferanten. Die Lösung dieses Problems ist häufig der Einsatz softwaregestützter Planungstools. Hierbei geht es um die optimale Abstimmung der Nachfrage nach Frachtkapazitäten durch den Disponenten und das Auffinden tarifoptimierter Angebote der Logistikdienstleister.

Generell ist zwischen den Frachtkosten im Haupt- und Vorlauf zu unterscheiden. Während die Hauptlaufkosten aufgrund ihrer weitgehend (mengen-)linearen Struktur innerhalb einer Entfernungsstufe nur vom Gesamtliefervolumen abhängen, sind die Vorläufe durch einen signifikanten Fixkostenanteil bestimmt (Meyr et al. 2001, S. 43). Dieser Fixkostenanteil (z. B. Anfahrts- und Wartezeiten) fällt bei jedem Anfahren des Lieferanten unabhängig von der Lademenge an. Geringere Liefermengen bei gesteigerter Abruffrequenz führen daher bei degressiver Frachtstaffel zwangsläufig zu erhöhten Vorlaufkosten. Für die Lösung des Zielkonfliktes zwischen der Minimierung der Lagerkosten im Unternehmen und der Minimierung der Vorlaufkosten bedarf es einer Gesamtkostenbetrachtung aus der Summe beider Kostenbestandteile. Das Ergebnis ist eine optimierte Lieferabruffrequenz, welche die Gesamtkosten minimiert (vgl. Abb. 8.25).

Zusätzlich muss die Planungsqualität der Lieferabrufe überprüft werden. Häufig sind Fehler innerhalb der eingesetzten ERP-Systeme die Ursache, etwa durch den Einsatz falscher Prognosemodelle bei der Materialbedarfsplanung oder eine mangelhafte Planung der Fahrzeugprogramme. In der Folge führen Änderungen der Planungsvorgaben zu starken Schwankungen bei den Anliefermengen. Fehlplanungen

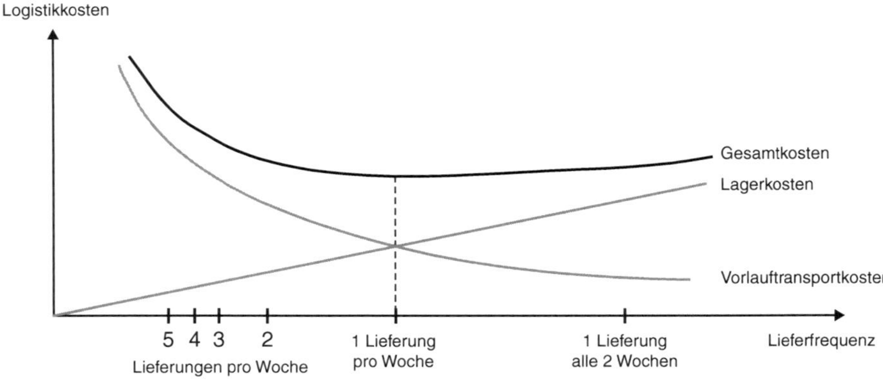

Abb. 8.25 Zielkonkurrenz Lager- versus Transportkosten

verursachen einen Anstieg von transportkostenintensiven Sonder- und Eilaufträgen. Die hohe Änderungshäufigkeit der Lieferabrufe trotz des Einsatzes einer Produktionssteuerung mit stabiler Auftragsfolge mit fixer Montage-Perlenkette (vgl. Abschn. 9.6) führt zu erhöhten Frachtkosten durch das Vorhalten von Reservekapazitäten sowie einer erschwerten auslastungsoptimierten Frachtkonsolidierung. Nur durch eine Optimierung des Abrufverhaltens der Materialdisponenten kann die hierfür notwendige Lieferabruf- und somit Frachtstabilität gewährleistet werden.

Praxisprojekte haben gezeigt, dass durch die Steigerung der Datenqualität der Dispositionssysteme erhebliche Einsparungen im Frachtkostenmanagement ermöglicht werden. Verbesserte Datenqualität führt zu stabileren Prozessen, die gleichzeitig kostengünstiger abgewickelt werden können, bei Steigerung der Versorgungssicherheit in der Produktion.

8.8 Behältersteuerung

Durch die sehr hohe Anzahl an Mehrwegbehältern, welche in der Automobilindustrie eingesetzt werden, ist die Steuerung des Behälterkreislaufs eine wichtige und komplexe logistische Aufgabe. Die Verfügbarkeit der Behälter ist die Grundvoraussetzung für einen funktionierenden Materialfluss. Erst durch eine intensive Planung, Steuerung und Kontrolle der Behälterkreisläufe lassen sich Bestände deutlich reduzieren (Bachmann 2006, S. 91).

Ziel der Behältersteuerung ist die Bereitstellung einer ausreichenden Menge an richtigen Behältern in einwandfreiem Zustand, zum richtigen Zeitpunkt, am richtigen Ort, zu minimalen Kosten unter Gewährleistung einer maximalen Versorgungssicherheit (Strassner 2005, S. 84). Die Schwierigkeit der Steuerungsaufgabe liegt darin, einen optimalen Ausgleich zwischen dem Behälterangebot des OEMs und dem sich aus den Versandabrufen ergebenden Behälterbedarf der Lieferanten zu finden. Hierbei reicht es nicht aus den Ausgleich zwischen Behälterangebot und

Behälterbedarf im Durchschnitt zu sichern, sondern dezentral und dynamisch für alle Stellen im Logistiknetzwerk und zu jedem Zeitpunkt zu gewährleisten. Gelingt dies nicht, müssen Ausweichverpackungen eingesetzt werden. Hieraus ergeben sich zusätzliche Handlingszeiten beim Be- und Umpacken, erhöhte Materialkosten durch Einwegverpackungen sowie die Gefahr einer Lieferverzögerung (Schmölzer u. Schöfer 2005, S. 57). Weitere Aufgaben der Behältersteuerung und -disposition sind:

- Schaffung von Transparenz bei Behälterströmen, -mengen und -standorten
- Optimierung der Behälterverfügbarkeit, Behälterumlauftage und -mengen
- Reduzierung der eingesetzten Ausweichverpackungen
- Reduzierung behälterbedingter Störungen im Logistik- und Fertigungsfluss
- Aufbau und Betrieb eines verursachungsgerechten Entgeltsystems für das Behältermanagement

Im betrieblichen Alltag gibt es eine Vielzahl von Problemen bei der Behälterdisposition. Problematisch ist die meist notorische Leergutknappheit, was häufig zu Problemen bei der Leergutversorgung der Lieferanten führt. Die Gründe dafür liegen unter anderem in einer fehlenden werksübergreifenden Abstimmung bei der Behälterbeschaffung und -versorgung der Lieferanten. Weitere Faktoren für Behälterengpässe sind:

- Zweckentfremdung von Ladungsträgern
- Fehlende zeitnahe Buchung der Behälterbewegungen
- Sperrung von Behältern durch die Qualitätssicherung
- Überschreitung der Leergut-Zustellzeiten durch den Spediteur
- Erhöhung der Lieferabrufe bei verbrauchsgesteuerter Leergutdisposition
- Verwechslung von verschiedenen Ladungsträgertypen
- Mangelhafte durchgängige Bestandsführung besonders bei mehrfachem Behälterumschlag im Gebietsspediteurwesen
- Unvollständige Verbuchung von Ladungsträgerbewegungen
- Keine lückenlose Ladungsträgerverfolgung

Mögliche Lösungsansätze zur effizienten Steuerung von Leergut in Logistiknetzwerken verspricht der Einsatz von Nutzungsentgelt-Modellen. Durch dieses System werden über Tagesmietpreise die Investitionskosten, Reinigungs- und Instandhaltungskosten sowie Steuerungskosten der Behälter auf die Nutzer umgelegt. Ziel ist eine verursachungsgerechte Kostenzuordnung bei der die entstandenen Kosten des Behältermanagements analog der Ressourcenbeanspruchung umgelegt werden. In der Regel stehen dem Automobilzulieferer die Behälter für einen vorgegebenen Zeitraum kostenfrei zur Verfügung (z. B. Transportzeit Leergut plus zwei Tage). Darüber hinaus werden Mietpreise von 0,01 bis über 3 € pro Tag und Behälter fällig (Schmölzer u. Schöfer 2005, S. 57). Empirische Studien belegen, dass durch die Einführung von Behältermieten niedrigere Bestandsreichweiten entstehen, im Vergleich zu Ladungsträgern welche mietfrei zur Verfügung gestellt werden. Behältermieten dienen daher neben der Refinanzierung des Behälterbestands auch der Bestandsdisziplinierung und -reduktion (Bachmann 2006, S. 90).

Der Behälterkreislauf beginnt mit der Zusteuerung des Leerguts an den Lieferanten. In der Automobilindustrie existieren push- sowie pullorientierte Verfahren der Leergutsteuerung (VDA 5007, S. 18 f.).

Beim pushorientierten Verfahren liegt die Verantwortung der Leergutversorgung bei der zentralen Leergutdisposition des OEMs. Der Behälterbedarf je Lieferant wird gemäß den Liefer- (vgl. Abschn. 8.2.1) bzw. Versandabrufen (vgl. Abschn. 8.7.1.1) fahrzeugprogrammgesteuert berechnet und durch den Leergutdisponenten gemäß der Vorlaufverschiebung zugesteuert. Häufig werden einfachere verbrauchsgesteuerte Meldebestandsverfahren eingesetzt. Hierbei wird bei Unterschreiten eines Behältermindestbestandes beim Lieferanten automatisch eine gewisse Menge an Leergut zugesteuert. Die Bedarfsprüfung der Leergutanforderungen basiert ausschließlich auf Vergangenheitsdaten und damit auf Erfahrungswerten. Bei zukünftigen Schwankungen der Lieferabrufmenge versagt dieses System und der Lieferant bekommt nicht die benötigte Behältermenge geliefert bzw. hat zu viel Behälterbestand im Unternehmen gebunden. Für eine grundlegende Verbesserung der Disposition beim Leergutversand empfiehlt sich jedoch ihre Automatisierung, was beispielsweise durch die Generierung von automatischen Versandvorschlägen für Lieferanten eines festgelegten Einzugsgebietes auf Basis der Lieferabrufe erfolgen kann.

Bei der pullorientierten Zusteuerung des Leerguts zieht der Lieferant den benötigten Leergutbedarf beim Fahrzeughersteller. Der Lieferant ist gemäß seiner Liefer- bzw. Versandabrufe (vgl. Abschn. 8.2.1) verantwortlich rechtzeitig Leergut beim OEM-Werk anzufordern. Die Höhe der jeweiligen Leergutabrufmenge je Arbeitstag wird vom Lieferanten vorgegeben, allerdings darf ein vorgegebener Maximalbestand im Behälterkreislauf nicht überschritten werden. Der Leergutabruf wird meist über ein webbasiertes Behältermanagementsystem des OEMs abgewickelt. Die Leergutbestellung wird vom OEM bestätigt und enthält außerdem Informationen bezüglich der geplanten oder erfolgten Bestellausführung durch den Behälterversender (VDA 5007, S. 20).

Zur optimalen Steuerung von Behältern bedarf es einer exakten physischen und informatorischen Erfassung der Bewegungen, bei der auch die Transport- sowie Bereitstellungsprozesse beim Lieferanten berücksichtigt werden. Hierzu dient ein buchhalterisches System auf Basis der doppelten Buchführung. Die Behälterdisposition wird durch das Führen von Behälterkonten unterstützt. Mit Hilfe softwaregestützter Behälterinformationssysteme können Behälterbestände mit Passiv- und Aktivkonten verwaltet werden. Aus den Passivkonten ist der Eigentümer der Behälter erkennbar und die Aktivkonten zeigen, wer die Behälter besitzt. Für jeden Partner des Behälterkreislaufes (OEM-Werk, Spediteur, Lieferanten-Werk) wird ein Konto mit Kontoauszügen geführt. Gemäß der Grundformel – *Anfangsbestand Behälter + Behälterzugang = Endbestand Behälter + Behälterabgang* – kann fortlaufend der aktuelle Behälterbestand berechnet werden. Dieser muss immer wieder durch physische Aufnahmen (z. B. Jahresinventur) abgeglichen werden. Im Wareneingang des Fahrzeugherstellers werden bei jeder Anlieferung die Vollbehälter erfasst und das jeweilige Behälterlieferkonto des Lieferanten entlastet. Beim Leergutversand wird das jeweilige Lieferkonto belastet. Bei eventuell auftretenden Unter- bzw. Über- oder Falschlieferungen ist der Lieferant verpflichtet, die zuständige Leergutsteuerung zu informieren. Für die Leergutbestellung beim Leergutversand bedarf es gewisser Vorlaufzeiten in Abhängigkeit des Lieferantenstandortes. Bei Behälterumstellungen muss der Leergutversand von der Logistikplanung informiert werden, wenn für das Behälterkonto des Lieferanten ein neuer Behältertyp angelegt werden muss. Die Kreislaufsteuerung auf Basis von Behälterkonten wird häufig IT-gestützt durchgeführt. Neben der Bestandsführung werden softwaregestützte Behältermanagementsysteme überwiegend für die Ermittlung des Behälterbedarfs (vgl. Abschn. 6.1.3), die Ermittlung der Behälterverfügbarkeit, die Kostenerfassung und Behälterabrechnung sowie zur Transportsteuerung eingesetzt.

Immer öfter wird die Steuerung der Behälterkreisläufe an Dienstleister vergeben, die im Bereich Leergutrücktransport und Instandhaltung eingesetzt werden. Die herstellerübergreifende Steuerung der Behälterströme im Standardbehälterbereich ermöglicht die Nutzung von Pool-Lösungen, in denen die Bestände und Kosten über Ausgleichseffekte reduziert werden können (Bachmann 2006, S. 90).

Bei der Behälterdisposition muss berücksichtigt werden, dass das gleiche Material im gleichen Behälter entsprechend dem Abnehmerwerk und/oder dem Bereitstellort unterschiedlich verpackt werden kann (z. B. Serien-, CKD- oder Ersatzteile). Zusätzlich erfolgt bei den derzeitigen Behältermanagementsystemen eine direkte Buchung der Behälter auf das Konto des Empfängers. Damit eine laufende Überprüfung des Buchbestandes und des aktuellen physischen Bestands erfolgen kann, muss der Behälter-Transitbestand mit den jeweiligen Transportzeiten miteinbezogen werden (VDA 5007, S. 11).

Für die Disposition der Packmittel sowie zur Berücksichtigung von individuellen Packvorschriften der einzelnen Teile wird ein sog. Handling Unit Management (HUM) eingesetzt. Damit wird neben dem Teil und Behälter auch die Verpackungsart mit allen nötigen Mehrwegkomponenten (z. B. Palette, Behälter, Abschlussdeckel) im System abgebildet. Durch die Vergabe einer identifizierenden Ladeeinheiten-Nummer kann das Gebinde (z. B. KLT-Turm mit Deckel auf Palette) an jeder Stelle des Logistikprozesses schnell und eindeutig erfasst werden. Über diese Nummer werden alle relevanten Informationen des Packstücks wie Packvorschrift, Inhalt, Lieferant, Teilenummer, Kunde, Chargenummer, usw. mitgeführt. Ein weiterer Vorteil der eindeutigen Identifikation einer Verpackungseinheit ist deren Einzelverfolgung in der Logistikkette. Hierdurch wird gewährleistet, dass bei den Umschlags-, Transport- und Lageraktivitäten innerhalb der Logistikkette das FIFO-Prinzip vollständig und zu jedem Zeitpunkt umgesetzt wird. Es kann die Liefer- und Transportabwicklung vereinfacht werden, da sich eine Einzelauflistung der Verpackungskomponenten auf dem Lieferschein, dem Speditionsauftrag und bei der Datenfernübertragung erübrigt (vgl. Abschn. 8.7.1.1).

Neben dem Kernprozess Behälterdisposition muss ein umfassendes Behältermanagementsystems eingesetzt werden, das über die operative Bewirtschaftung hinaus auch Aspekte der IT-Unterstützung, der Organisation, der Finanzierung sowie der Entwicklung berücksichtigt (Bachmann 2006, S. 88). Das sog. St. Galler Behälter-Management Modell (vgl. Abb. 8.26) dient hierbei als Beispiel einer Strukturierungshilfe für notwendige Maßnahmen zum Aufbau eines umfassenden Behälter-Management Systems (Hofmann u. Bachmann 2006).

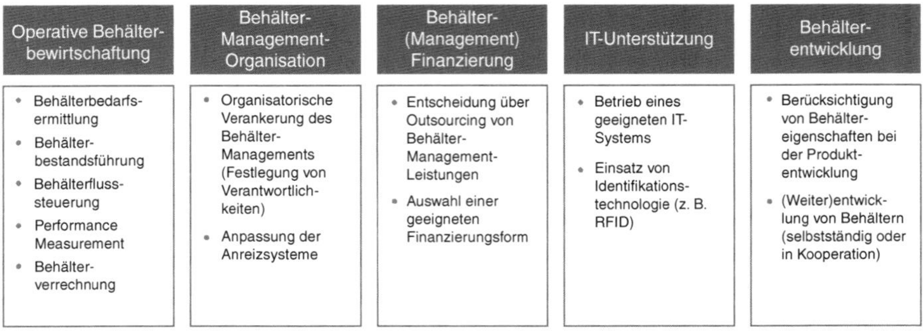

Abb. 8.26 St. Galler Behälter-Management Modell

8.9 Tracking und Tracing

Unter Tracking versteht man die aktuelle Bestimmung des Logistikstatus einer Materialbewegung zu einem definierten Zeitpunkt. Werden mehrere Logistikstati einer Materialbewegung im Zeitablauf zusammengefasst, so handelt es sich um Tracing bei dem im Nachlauf eine Materialhistorie rekonstruiert wird. Ziel des Einsatzes eines Tracking und Tracing (T&T)-Systems in der Automobilindustrie ist, die Materialströme von der Beschaffungs- über die Produktions- bis hin zur Distributionslogistik transparent zu gestalten, um diese möglichst optimal zu steuern. Tracking und Tracing setzt die eindeutige, übergreifende Bezugnahme auf die zu steuernden Materialien über alle Stufen der Logistikkette voraus. Schwerpunkte beim Tracking und Tracing sind die Transportoptimierung und dynamische Tourenplanung sowie die Sendungs- und Behälterverfolgung.

Ausgangsbasis der Verfolgbarkeit ist die eindeutige Identifikation von Material, Behältern und Frachtträgern. Hierbei wird prinzipiell auf die beiden Standardidentifikationstechnologien Barcode (vgl. Abschn. 6.9.1.1) und Radio Frequency Identification (vgl. Abschn. 6.9.1.2) zurückgegriffen.

Bei der RFID-Technologie werden Teile, Komponenten, Module bzw. Systeme mit Transpondern ausgestattet. Die Transponder enthalten je nach Ausführung eine Identifikationsnummer und Produktinformationen. Gleichzeitig können mehrere Teile mit einem weiteren Transponder für die Verpackungseinheit versehen werden. Diese Identifikationsschritte lassen sich stufenweise über Packstück-, Versandeinheit-, Container- bis zur Frachtträgerebene fortführen (vgl. Abb. 8.27). Die Kennzeichnung von Material und dessen Verfolgbarkeit ist somit auf mehreren Stufen mit unterschiedlichen Genauigkeiten möglich (Strassner 2005, S. 81). Jede logistische Ebene setzt unterschiedliche Technologien ein. Während auf der Frachtträgerebene (Ebene 5) GPS und GSM Technologien zum Einsatz kommen, arbeitet man bei Versandeinheiten und Containern mit aktiven bzw. auf Teile- und Packstückebene mit passiven Transpondern und Barcodes (vgl. Abschn. 6.9.1.2).

Durch das Vorgehen der Zuordnung von Einzelteilen zu Versandeinheiten und dem darauf folgenden Verheiraten mit dem Ladungsträger sind beispielsweise beim Auslesen des Paletten-Transponders alle Daten über den Inhalt verfügbar, was zu

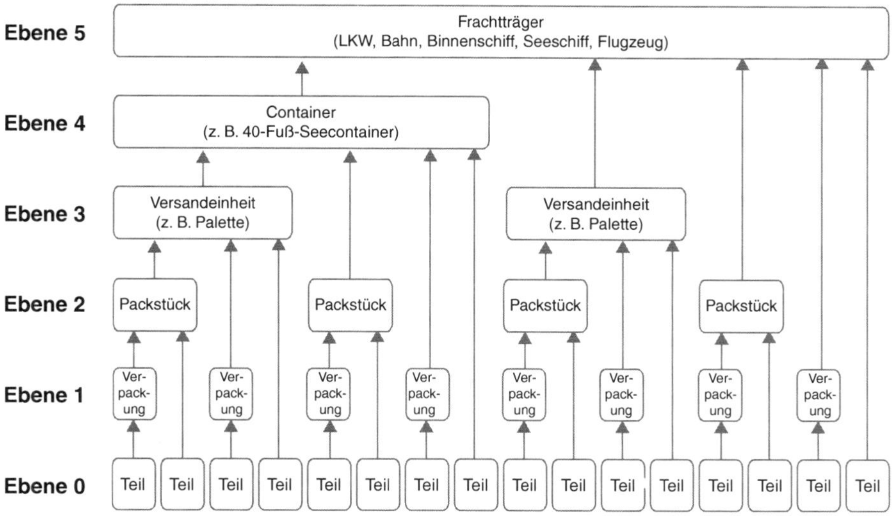

Abb. 8.27 ISO-Ebenenmodell logistischer Einheiten

verringertem Datenaufkommen und vereinfachter Informationsaufbereitung führt (Helmigh u. Jansen 2007, S. 7). Die RFID-Kennzeichnung ermöglicht die Güter an verschiedenen Stellen der Supply Chain voll automatisiert zu identifizieren und die Transponder mit zusätzlichen Daten zu speisen, oder die Daten im EPCglobal™ Netzwerk fortzuschreiben. Dies geschieht typischer Weise an wichtigen Umschlagspunkten und im Wareneingang und Warenausgang (Helmigh u. Jansen 2007, S. 7). Durch Ansätze wie das EPCglobal™ Netzwerk, ist es möglich Tracking und Tracing über die komplette Supply Chain lückenlos durchzuführen. Das Lesen der Daten vom Transponder (dot) oder aus dem EPC-Netzwerk, liefert Informationen über die Herkunft des Gutes oder die Stationen der Lieferkette, bzw. den letzten passierten Umschlagspunkt. Durch Kreuzpeilverfahren bei denen von mehreren Lese-/Schreib-Einheiten ein Transponder angesprochen wird, kann sein Standort im Unternehmen ermittelt werden (vgl. Abschn. 6.9.1.2). Um die Ortung von RFID-Transpondern außerhalb des Betriebsgeländes zu ermöglichen, ist die Kombination der RFID-Technologie mit anderen Technologien wie beispielsweise dem Global Positioning System (GPS) nötig. Bei einem mit Datenfunk ausgestatteten LKW kann über ein integriertes GPS-Modul die Position verfolgt und laufend überwacht werden (Franke u. Dangelmaier 2006, S. 85 f.).

Einsatzbeispiel Tracking und Tracing von Behältern Für eine effiziente Steuerung von Behälterkreisläufen bedarf es einer möglichst zeitunverzögerten Erfassung der Behälterbewegungen. Haupteinsatzbereiche von Tracking und Tracing Systemen sind neben dem Behältermanagement die Wareneingangs-/-ausgangssteuerung, die Auftragsüberwachung, das Bestandsmanagement, die Kommissionierung und die LKW-Steuerung. Mit fortschreitender Verbesserung der RFID-Technik wird sich auch das Anwendungsfeld der Tracking und Tracing Systeme weiter verbreiten.

Das folgende Beispiel eines RFID-gestützten Mehrweg-Behälterkreislaufs soll die Möglichkeiten eines Tracking und Tracing Verfahrens aufzeigen. Weitere Beispiele im Zusammenhang mit der Materialverfolgung in der automobilen Supply Chain wurden bereits ausführlich im Kapitel RFID-Einsatzbeispiele in der Automobilindustrie erörtert (vgl. Abschn. 6.9.1.3).

In einem Großversuch stattete der VW Konzern 12.000 Behälter mit aktiven Transpondern aus. Hierbei handelt es sich um Spezialgestelle für Pressteile (z. B. Tür, Motorhaube, etc.) die pro Ladungsträger Investitionen von 500 bis 1.500 € verursachen. Der Datenspeicher des aktiven Transponders hat eine Kapazität von 8 KB und verwendet die Frequenz von 868 MHz (UHF). Die Behälter werden für den Transport von Karosserieteilen zwischen dem Presswerk in Wolfsburg und den Fertigungswerken eingesetzt. Ziel war die Transparenz der Behälterströme zwischen den Golf-Produktionsstandorten Wolfsburg, Brüssel und Mosel zu steigern und damit die Behälterverfügbarkeit zu optimieren (vgl. Abb. 8.28). Folgende für die Automobilindustrie charakteristischen Probleme können beim Ladungsträgermanagement bei VW aufgeführt werden (Strassner 2005, S. 157 f.):

- Jährlich verschwinden durchschnittlich 5% der Gestelle aus dem Kreislauf. Die vermuteten Ursachen hierfür sind, dass die Gestelle z. B. bei Spediteuren falsch abgestellt oder einer nicht sachgemäßen Nutzung zugeführt werden.
- Regelmäßig müssen Behälter durch eine aufwendige manuelle Mitarbeitersuche aufgespürt werden. Die Behälter sind bis zu ihrem Auffinden unproduktiv und nehmen Lagerfläche in Anspruch.
- Um einen zuverlässigen Überblick über den Behälterbestand zu erhalten, sind manuelle Inventuren notwendig, da bei der Rückführung der Behälter in den Pool keine exakten Zählungen erfolgen.
- Es treten Fehler beim Versand auf. Als Folge erreichen Lieferungen den Bestimmungsort verspätet oder verursachen Zusatzkosten wegen Nachlieferungen, Sonderfahrten, Sonderverpackungen oder Produktionsausfällen.

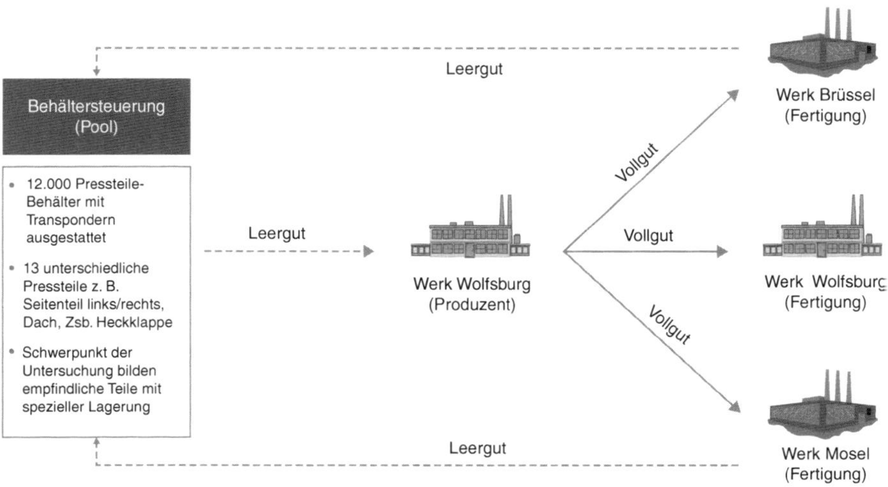

Abb. 8.28 Behälterkreislauf VW Großversuch Pressteile

Durch die Einführung eines Behälter-Trackings soll der Behälterumschlag zukünftig beschleunigt, Suchaktionen und Verzögerungen in der Produktion wegen fehlender Behälter vermieden und der Behälterbestand insgesamt reduziert werden (Strassner 2005, S. 157).

Neben den Transpondern wurden an wichtigen Punkten innerhalb der Behälter-Logistikkette (z. B. Ein- und Ausgänge im Presswerk und Leergutplätze) Antennen für das Lesen und identifizieren der Behälter installiert. Werden Pressteilebehälter durch das Hallentor (Gate) des Presswerks bewegt, so werden diese Behälterbewegungen automatisch erfasst und sowohl terrestrisch über Ethernet als auch per WLAN an den Leitrechner (Host) weitergegeben (vgl. Abb. 8.29). Diese Erfassungsstationen sind auch an den Standorten Brüssel und Mosel installiert. Zusätzlich wurden mobile Erfassungsstationen an Gabelstaplern eingesetzt. Somit können auch diese identifiziert und verfolgt werden. Eine VW eigene Software wertet die gewonnen Daten aus und visualisiert die Behälterströme und -mengen.

Durch die automatische Erfassung der Behälter können die Behälter nach Anzahl, Ort, Uhrzeit und Ladezustand laufend erfasst werden. Dadurch wird es möglich über eine permanente Inventur alle Behälterbestände online abzurufen. Durch das Rückrechnen von Datum und Uhrzeit der Registrierung an den unterschiedlichen Erfassungsstationen können auch die Ströme zwischen den Werkstandorten indirekt erfasst werden. Sowohl der Zwischenverkehr, als auch einzelne Areale und einzelne Behälterbewegungen sind hierbei darstellbar.

Zukünftig kann die eingesetzte RFID-Technologie auch für einen beleglosen Warenverkehr genutzt werden. Hierbei werden im Presswerk alle benötigten Daten wie beispielsweise Inhalt, Zieladresse und Füllmenge auf den Transponder geschrieben. Automatisch wird beim Beladen mit Behältern eine Ladeliste und beim Ausladen ein Lieferschein erstellt. Bei der Einfahrt des LKWs im Werk wird dieser automatisch erfasst und der Zugang kontrolliert sowie die Stapler für die Entladung zugesteuert.

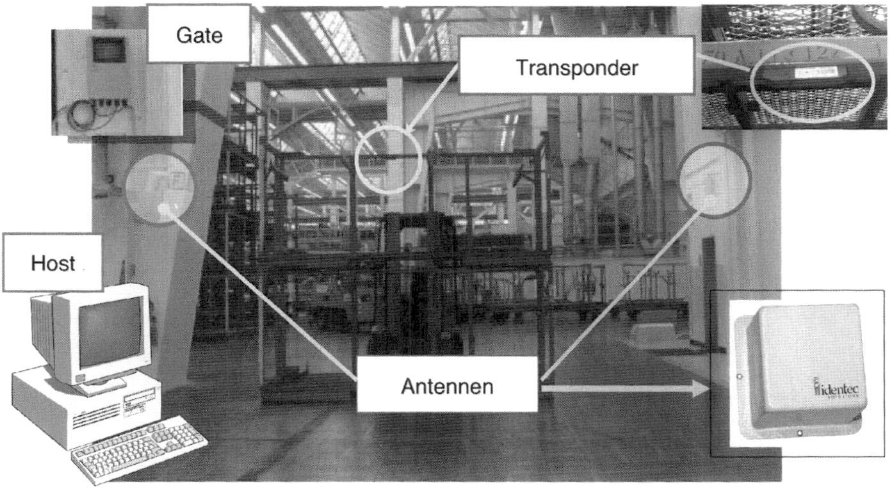

Abb. 8.29 Erfassung der Behälterbewegungen am Hallentor des Presswerks (Quelle: VW)

Im Rahmen des Pilotprojektes Pressteil-Behälter konnte der Behälterbestand, bei gleichbleibender Verfügbarkeit, reduziert werden (Strassner 2005, S. 93). Volkswagen verminderte im Untersuchungszeitraum den Suchaufwand um ca. 50%, die Falschlieferungen um ca. 65% und die Maschinenstillstandszeiten um ca. 20% (Weigert 2006, S. 41). Zusätzlich konnte durch eine vorausschauende Planung die Pressenbelegung optimiert werden. Durch den Rückruf vergessener Behälter werden die Umlauftage und gleichzeitig die Behälterinvestitionen verringert (vgl. Abschn. 6.1.3). Die Lokalisierung verschwundener Behälter reduziert den Behälterschwund (Strassner 2005, S. 161).

Prinzipiell ergibt sich durch den Einsatz eines Behälter-Tracking Systems eine verbesserte Materialflusskontrolle durch schnellere Reaktionsmöglichkeiten bei Verlust, Beschädigung oder Fehllieferungen sowie ein verbesserter Lieferservice. Darüber hinaus kann durch die Ortungsfunktion eines Tracking und Tracing Systems der Standort eines Behälters ermittelt werden und dadurch verlorene Behälter wieder aufgefunden bzw. der Verursacher des Schadens ermittelt werden (Obrist 2006, S. 49). Als weiterer Nutzen kann die bessere verursachungsgerechte Zuordnung von Kosten gesehen werden, die durch die permanente Lokalisierung der Transporthilfsmittel ermöglicht wird. Eine effizientere Nutzung der Behälter erhöht auch die Umlaufgeschwindigkeit und reduziert dadurch die benötigten Stellflächen (Franke u. Dangelmaier 2006, S. 89).

Kapitel 9
Produktionslogistik im Automobilbau

9.1 Planungskonzepte

Prinzipiell können zwei konträre Planungskonzepte im Produktions- und Logistikmanagement des Automobilbaus unterschieden werden. Build-to-Forecast (BTF) und Build-to-Order (BTO) stellen zwei Ausprägungen gängiger Planungsmodelle dar, welche in der Praxis eingesetzt werden und die Produktionslogistik in entscheidendem Maße beeinflussen. Beide Ansätze stellen Extremformen dar, welche im realen Planungsalltag immer als Mischformen auftreten.

9.1.1 Build-to-Forecast

Bei der Build-to-Forecast (BTF) Strategie erfolgt die Planung und Fertigung der Fahrzeuge auf Basis von Absatzprognosen. Vergangenheitswerte von Absatzzahlen werden in der Regel unter Berücksichtigung von aktuellen und zukünftigen Entwicklungen in die Zukunft extrapoliert. Hauptansatzpunkt einer BTF Strategie ist die Bündelung von Fahrzeugen zu fertigungsoptimierten Einheiten, welche aufgrund der Skaleneffekte kostengünstiger produziert werden. Bei einer durchgängigen Anwendung des BTF Konzeptes wird der prognostizierte Fahrzeugauftrag über die gesamte logistische Kette gepusht und anschließend beim Händler für den Endkunden bereitgestellt. Kostenminimierung und die effiziente Gestaltung der Fertigungsprozesse stehen hierbei im Vordergrund.

Wie alle Prognosemodelle hat eine Planung der Produktion auf Basis des BTF Ansatzes den Nachteil der sehr trägen Reaktion auf Marktveränderungen bzw. die Gefahr, dass – aufgrund von Prognosefehlern – nicht die Fahrzeuge beim Händler angeboten werden, welche der Endkunde tatsächlich wünscht. Diese Gefahr ist um so größer je dynamischer und individualisierter die Kundenmärkte sind. Je größer die Abweichung der Fahrzeugspezifikationen vorhandener Händlerfahrzeuge vom Kundenwunsch desto höhere Preisnachlässe müssen als Verkaufsanreiz gewährt werden. Zusätzlich wird dem Kunden der kostenlose bzw. preisreduzierte Einbau von Ausstattungskomponenten (specification upgrade), die Vereinbarung

F. Klug, *Logistikmanagement in der Automobilindustrie*,
DOI 10.1007/978-3-642-05293-4_9, © Springer-Verlag Berlin Heidelberg 2010

von besseren Finanzierungsmöglichkeiten, eine höhere Auszahlung für Eintauschfahrzeuge und ein spezielles After-Sales Angebot (z. B. gratis Serviceleistungen) offeriert (Frühbauer 2007, S. 33).

Gleichzeitig wird durch den Aufbau von anonymen Bestandsfahrzeugen eine Entkopplung der Produktion vom eigentlichen Kundenwunsch erreicht (Holweg u. Pil 2004, S. 14). Dies ermöglicht zwar stabile Fertigungs- und Logistikprozesse allerdings ohne die individuellen Kundenbedürfnisse zu berücksichtigen. Eine Steigerung der Produktionszahlen mit sinkenden Stückkosten führt zu einem Aufblähen der Logistikpipeline und dem Abverkauf der oft auf Halde produzierten Fahrzeuge mit geringen Margen. Ein gestiegener Zwischenlageraufwand der Fertigfahrzeuge in den Compounds (vgl. Abschn. 10.3.2) steigert die Bestandskosten. Zusätzlich erhöht die verlängerte durchschnittliche Lagerzeit bei BTF Fahrzeugen die Versicherungskosten aufgrund einer längeren Lagerdauer und steigert die Gefahr von Fahrzeugbeschädigung (Holweg u. Miemczyk 2002, S. 830). Simultan wird die Produktionsstückzahl aufgrund sinkender Margen gesteigert um die Renditeziele zu erreichen (vgl. Abb. 9.1). Der Verkauf von BTF Fahrzeugen führt dazu, dass kundenauftragsgetriebene Fahrzeuge in der Fahrzeugprogrammplanung (vgl. Abschn. 9.3) verdrängt werden, da der Kunde häufig aufgrund des gewährten Preisnachlasses und der sofortigen Verfügbarkeit auf sein individuelles Wunschfahrzeug verzichtet. Dies verzerrt zukünftige Planwerte, die auf den verkauften Fahrzeugen der Vergangenheit basieren. Darüber hinaus verdrängt das BTF Fahrzeug den tatsächlich platzierten kundenindividuellen Auftrag was letztendlich zu längeren Lieferzeiten und somit Kundenunzufriedenheit bzw. Kundenverlust führt (Holweg u. Pil 2004, S. 14 ff.).

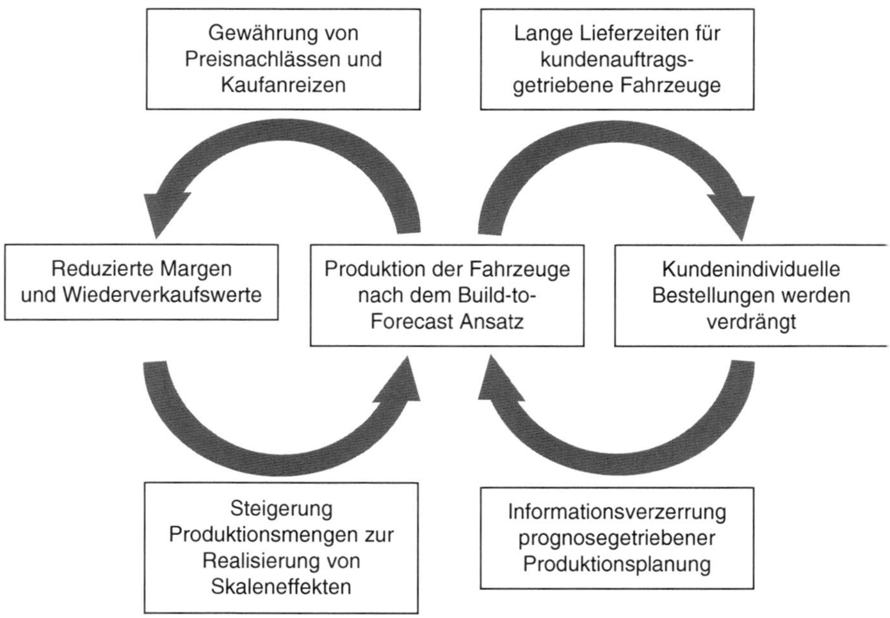

Abb. 9.1 Das Build-to-Forecast Syndrom (Holweg u. Pil 2004, S. 15)

Die Entkopplung des eigentlichen Kundenbedarfs von der Produktion führt zu einer Informationsverzerrung innerhalb der gesamten Supply Chain und in der Folge zu einer Filterung und Verzögerung von Mengenschwankungen und Nachfrageverschiebungen. Gleichzeitig wird ein Fahrzeugbestand innerhalb der Logistikpipeline aufgebaut, der eine Pufferfunktion übernimmt. Änderungen des Fahrzeugprogramms werden erst mit einer zeitlichen Verzögerung wirksam.

Die stabile standardisierte Nachfrage mit wenig Varianten, welche den BTF-Ansatz bevorzugt, verliert aufgrund veränderter Marktbedingungen zusehends an Bedeutung (vgl. Abschn. 3.2). Zukünftig werden daher diejenigen Fahrzeughersteller erfolgreich sein, die es schaffen Fahrzeuge in derjenigen Spezifikation zu bauen, welche vom Endkunden verlangt werden (Holweg u. Pil 2004, S. 7). Derzeit werden in Europa ca. 50% der Fahrzeuge nach dem BTF-Konzept gefertigt, was hohe Bestände in der Distributionspipeline bedeutet. Zusätzlich ist die Mindestlieferzeit mit 48 Tagen sehr hoch, obwohl die reine Fertigungszeit eines Fahrzeuges nur 3–4 Tage beträgt. In den USA wird fast ausschließlich auf Bestand produziert (ca. 90% BTF-Quote), was zu Lagerbeständen von mehr als zwei Monaten führt. Die Lagerbestände an Fertigfahrzeugen können in der Regel nur mit hohen Preisnachlässen abgesetzt werden (Baumgärtel et al. 2006, S. 7).

9.1.2 Build-to-Order

Bei der Build-to-Order (BTO) Strategie erfolgt die Planung und Fertigung von Fahrzeugen auf Basis von konkreten und individuellen Kundenaufträgen. Somit rückt der Endkunde wieder in den Planungsfokus der Fertigung. Hauptziele sind die Steigerung der Marktanteile bei steigenden Renditen sowie die Erhöhung der Änderungsflexibilität und Liefertreue bei gleichzeitiger Reduzierung der Fertigfahrzeugbestände (Gunasekaran u. Ngai 2005, S. 426). Erst nach Eingang eines Kundenauftrages wird mit der Fertigung des Fahrzeuges begonnen. Hierbei werden Kundenwünsche nach spezifischen Ausstattungen und Fahrzeugkonfigurationen gezielt befriedigt. Die BTO-Strategie orientiert sich ausschließlich an den Endkundenaufträgen, welche unverfälscht vom Händler an den Fahrzeughersteller weiter gegeben werden (Holweg u. Pil 2004, S. 108 f.). Häufig werden diese Informationen allerdings verzerrt durch individuelle Nachfrageprognosen der Händler, Sicherheitsaufschläge sowie lokale Optimierungen der Supply Chain Partner. Anfang der 90er Jahre war die BTO Strategie dem Premium Segment vorbehalten und entwickelte sich bis heute zur vorherrschenden Steuerungsstrategie deutscher Automobilhersteller (Rinza u. Boppert 2007, S. 17 f.).

Vorteile der BTO Strategie ergeben sich aus der kundenindividuellen Fertigung von Fahrzeugen durch geringeres Umlaufvermögen, reduzierte Material- und Fahrzeugbestände, ein besserer Modellmix sowie eine höhere Kundenzufriedenheit durch die ausschließliche Orientierung an den Kundenwünschen (Reithofer 2005, S. 271). Indem nur diejenigen Fahrzeuge gebaut werden, die der Kunde nachfragt, kann die Rentabilität gesteigert werden (Holweg u. Miemczyk 2003, S. 64). Weitere positive Auswirkungen sind neben den geringeren Beständen an Fahrzeugen in der Distributionspipeline auch bessere Margen beim Verkauf. Durch die kundenindividuelle Fertigung können die Fahrzeuge mit geringen Preisnachlässen verkauft werden. Durch die Kombination einer BTO Strategie mit einer Fertigungssteuerung mit verspäteter Auftragszuordnung (vgl. Abschn. 9.6) wird es für den Kunden möglich noch Änderungen bei den Ausstattungsoptionen – bis einige Tage vor Produktionsstart des Fahrzeuges – durchzuführen. Dadurch können dem Kunden auch noch margenattraktive Zusatzfeatures angeboten werden (Upgrading). Zusätzlich werden durch Build-to-Order künstliche Mengenschwankungen in der Supply Chain beseitigt, da auf Basis tatsächlicher Kundenbedarfe und nicht auf Basis von unsicheren Prognosen gearbeitet wird (Holweg u. Pil 2004, S. 7). Allerdings fehlt die glättende und puffernde Wirkung eines Prognosesystems (z. B. durch den α-Faktor bei der exponentiellen Glättung) und das Produktions- und Logistiksystem wird den Schwankungen des Marktbedarfs ungefiltert gegenübergestellt. Die Voraussetzung für eine erfolgreiche Umsetzung eines BTO Produktionssystems ist daher die Schaffung einer flexiblen Supply Chain, die in der Lage ist, Kundenaufträge schnell ins Logistiknetzwerk zu kommunizieren und diese in kurzen Lieferzeiten zu einem festen Liefertermin zu fertigen (Baumgärtel et al. 2006, S. 8). Um Produktionsstaus durch Anwendung einer BTO Strategie zu vermeiden, müssen somit folgende Grundvoraussetzungen erfüllt sein (Hooites Meursing 2007, S. 450 f.):

- Flexible Bandbelegung einer Mehrprodukt-Montagelinie
- Reduzierung der Durchlaufzeit
- Sofortige Reaktion auf Störungen im Rahmen eines Supply Chain Event Managements
- Bereitstellung strategischer Kapazitätsreserven
- Auftragsänderungen bis kurz vor Produktionsbeginn unter Einhaltung des Liefertermins
- Flexible Wertschöpfungsstrukturen in Kombination mit logistikgerechten Produktstrukturen (Baumgärtel et al. 2006, S. 8)

9.1.3 Kundenentkopplungspunkt

In der Automobilindustrie werden die BTO sowie die BTF Strategie in Mischform angewandt. Bei dem Mischungsverhältnis beider Ansätze spielen Markt-, Produkt- und Prozesskriterien eine Rolle. Die entscheidende Frage ist die Festlegung des optimalen Kundenentkopplungspunktes (Decoupling Point, Order Penetration Point, Auftragsentkopplungsgrenze, Product Decoupling Boarder). Hierunter versteht man den Übergang von einer prognosegetriebenen und kundenneutralen zu einer kundenauftragsgetriebenen Planung der Produktion. Die Forderung nach einer Verkürzung der Fahrzeuglieferzeit für den Endkunden führt neben einer Verkürzung des Kundenauftragsprozesses (vgl. Abschn. 9.2) zu einer Verschiebung des Kundenentkopplungspunktes im Rahmen einer Postponement-Strategie Richtung Endkunde (vgl. Abschn. 3.4.3).

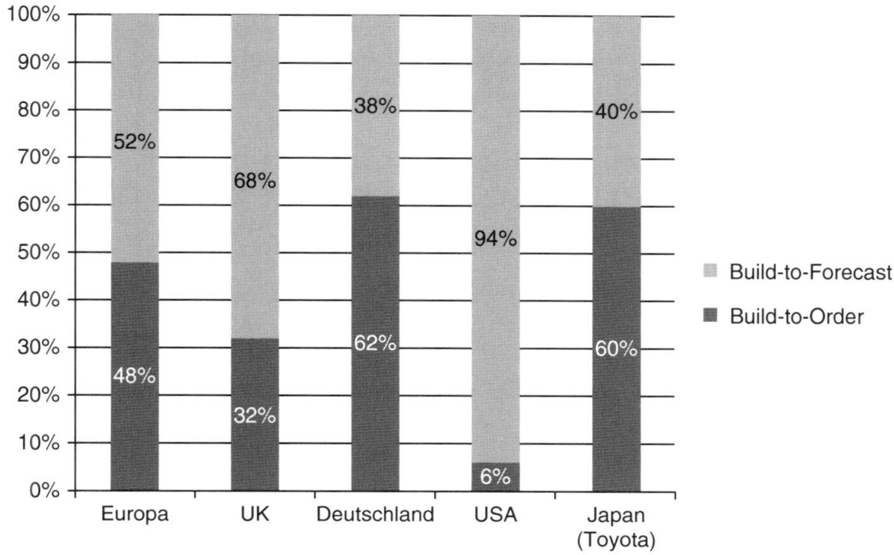

Abb. 9.2 BTF/BTO-Mix in der Automobilindustrie (Holweg u. Pil 2004, S. 12)

Empirische Untersuchungen zeigen, dass es hinsichtlich der Anwendung von BTF und BTO Strategien zu erheblichen regionalen und unternehmensspezifischen Unterschieden kommt (vgl. Abb. 9.2).

Die individuelle Festlegung der Grenze zwischen der Anwendung einer BTF bzw. BTO Strategie ist ein komplexes Entscheidungsproblem. Aus der Vielzahl der möglichen Einflussfaktoren sollen im Folgenden beispielhaft der Planungshorizont, die Produkt- und Prozessstruktur sowie die Marktsegmente und das Kundenverhalten als Einflussfaktoren dargestellt werden.

Planungszeitraum Die Verwendung eines Kunden- bzw. Prognoseauftrages zur Planung der Produktion hängt vom jeweiligen Planungshorizont ab. Prinzipiell gilt, dass mit sinkendem Planungshorizont der Anteil an Kundenaufträgen steigt (vgl. Abb. 9.3).

Eine Vielzahl von logistischen Prozessen im Rahmen der automobilen Wertschöpfungskette übersteigt die Zeitdauer der vom Kunden akzeptierten Lieferzeiten. Deshalb ist es erforderlich, dass gewisse Prozesse in der Beschaffungs- und Produktionslogistik bereits vor Eintreffen des konkreten Kundenauftrages beim Händler angestoßen werden. Durch den vermehrten Einsatz von Global Sourcing (vgl. Abschn. 5.1.3) werden die Beschaffungswege und -zeiten durchschnittlich länger, was besonders bei asiatischen Lieferanten zu langen Vorlaufzeiten im Seeverkehr führt. Eine vollständige Steuerung der Zulieferteile nach Kundenwunsch wäre daher nur bei sehr kurzen Vorlaufzeiten möglich. Voraussetzung hierfür ist die räumlich konzentrierte Ansiedelung der Lieferanten im geografischen Umfeld der Herstellerwerke (z. B. Toyota City in Japan).

Da der übliche Bestellzeitraum eines Fahrzeugkäufers bei zwei bis zwölf Wochen liegt, kann lediglich im kurzfristigen Horizont auf konkrete Bestellungen von

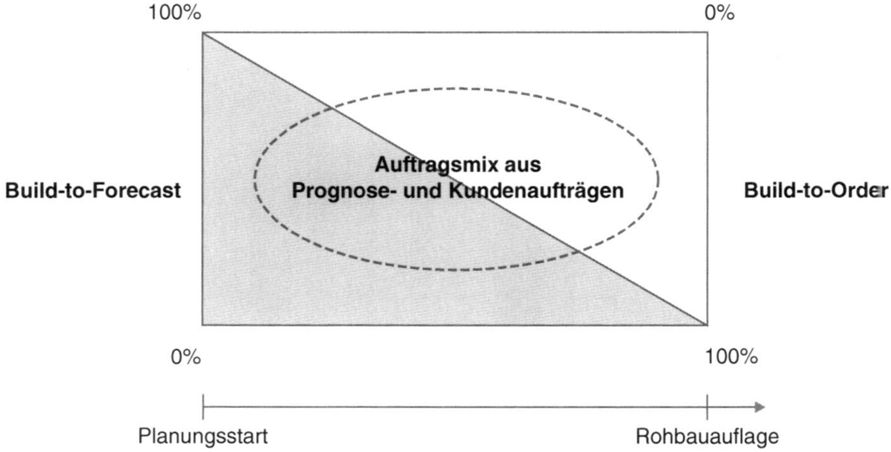

Abb. 9.3 Auftragsmix zwischen BTF- und BTO-Aufträgen

Endkunden zurückgegriffen werden (Zernechel 2007, S. 369). Ausgangsbasis der langfristigen Fahrzeugprogrammplanung im Jahresbereich bilden somit Prognosewerte (vgl. Abschn. 9.3.1). Erst im Rahmen der mittel- und kurzfristigen Planung der Monats-, Wochen- und Tagesplanung des Fahrzeugprogramms (vgl. Abschn. 9.3.2 und 9.3.3) erfolgt eine schrittweise Berücksichtigung der Kundenaufträge. Die auf Basis von Abnahmeverpflichtungen bereits eingeplanten Händleraufträge (Händlerfahrzeuge) werden durch reale Kundenaufträge (Kundenfahrzeuge) ausgetauscht. Kann der Händlerauftrag nicht an einen Kundenwunsch angepasst werden (sog. Order Amendment) geht das Fahrzeug abhängig von der Vertriebsphilosophie des Herstellers in den Besitz des Händlers über (Meyr 2004b, S. 4). Abnahmeverpflichtungen für die Händler dienen den Fahrzeugherstellern zur Sicherung einer Mindestauslastung bei einem bestimmten Modell-Mix, um die Produktionskapazitäten rentabel betreiben zu können (Meyr 2004b, S. 10). Grob spezifizierte Fahrzeuge (Quoten für Eigenschaftskriterien z. B. Karosserieform) werden somit durch fein spezifizierte Fahrzeuge auf Kundenwunschbasis sukzessive ersetzt. Durch das Umspezifizieren eines bereits eingelasteten Auftrages kann die Lieferzeit für den Händler reduziert werden. Das Risiko aus Sicht des Händlers besteht in der Deckung seiner vormals geplanten Quotenkonfiguration mit den tatsächlich eintreffenden Kundenaufträgen (Koschnike 2001, S. 289). Häufig standardisiert ausgerüstete Händlerfahrzeuge müssen eventuell mit hohen Preisnachlässen verkauft werden. Allerdings bietet die späte Änderung von Fahrzeugaufträgen durch den Handel oder den Importeur bis kurz vor Rohbauauflage auch die Möglichkeit höherwertigere Ausstattungsänderungen des Kunden (Upgrading) zuzulassen, was letztendlich die Rentabilität steigert.

Produkt- und Prozessstruktur Je einfacher die Produktstruktur des Fahrzeuges und je weniger Varianten es gibt, desto vorteilhafter ist es eine pushorientierte Strategie nach dem BTF System zu realisieren. Prinzipiell muss zwischen Premiumherstellern wie z. B. Audi, BMW, Mercedes oder Jaguar, und Volumenherstellern, wie z. B. Toyota, Volkswagen, Mazda oder Nissan, unterschieden werden. Während die Premiumhersteller eine große Anzahl an Konfigurationsmöglichkeiten anbieten, haben die Volumenanbieter in der Regel stark eingeschränkte Ausstattungsoptionen mit Kombinationszwängen (Voigt et al. 2007, S. 68).

Durch das Angebot weniger Konfigurationsvarianten steigen die Stückzahlen pro Variante was aufgrund des Gesetzes der großen Zahlen zu stabileren Absatzzahlen führt. Je stabiler die Absatzzahlen desto besser sind Prognosemodelle für deren Vorhersage geeignet. Dieser traditionelle Ansatz hoher Produktivität auf Basis von Skaleneffekten verliert jedoch zusehends an Bedeutung (vgl. Abschn. 3.2). Fahrersicherheitstechnik, Komfortoptionen, Umwelttechnologie, Fahrdynamikpakete, Infotainment-Accessoires oder reine Ausstattungen zur Veränderung der Fahrzeugoptik sind einige Beispiele für die Vielzahl von Wahlmöglichkeiten für den heutigen Automobilkunden. Steigender Innovationsdruck und in der Folge angebotene Innovationen werden die je Farbe, Material, Technik und Markt spezifischen Varianten noch steigern (Rinza u. Boppert 2007, S. 20 f.). Methoden des Komplexitätsmanagements wie etwa die Modularisierung (vgl. Abschn. 3.5.1), eine Plattform- und Gleichteilestrategie (vgl. Abschn. 3.5.2) sowie die Funktionsintegration (vgl. Abschn. 3.5.3) helfen jedoch die interne Variantenvielfalt zu reduzieren und diesem Trend gegenzusteuern.

Marktsegment und Kundenverhalten Für die Auswahl einer geeigneten Planungsstrategie müssen die unterschiedlichen Voraussetzungen bezüglich regionaler Marktbedingungen und individuellen Kundenwünsche Berücksichtigung finden. So sind z. B. amerikanische Fahrzeugkunden gewohnt, ihre Fahrzeuge direkt beim Händler vor Ort zu begutachten und zu kaufen. Die sofortige Verfügbarkeit eines Fahrzeuges trotz nicht optimaler Ausstattungsoptionen nach Wunsch wird ausschließlich durch eine BTF Strategie gewährleistet. Nur durch eine prognosegetriebene Vorproduktion kann das Fahrzeug in die Distributionspipeline geschoben und dem Kunden unmittelbar beim Händler (sog. Dealer Stock) zur Verfügung gestellt werden.

Bei dem Wunsch nach Änderung von Ausstattungsmerkmalen zeigen sich Unterschiede zwischen den Kundengruppen und bestimmten Ausstattungsvarianten, was eine ausschließliche Anwendung einer BTF oder BTO Strategie fragwürdig erscheinen lässt (Voigt et al. 2007, S. 77). Ein eindeutiger Trend zum BTO Konzept kann allerdings bei den höheren Fahrzeugklassen festgestellt werden. Fahrzeuge des Luxussegments zielen auf ein einkommensstarkes Klientel ab, welches durch einen hohen technischen Anspruch geprägt ist. Die Käufer solcher Fahrzeuge streben nach der Verwirklichung von Individualität und der Darstellung von Prestige. Aufgrund des hohen Individualisierungsgrades der Fahrzeuge mit hoher Änderungsflexibilität ist daher die kundenindividuelle Fertigung der bevorzugte Ansatz. Am unteren Ende der Fahrzeugklassen finden sich Billigfahrzeuge, welche vor allem in China, Indien und Osteuropa unter starkem Kostendruck in großen Stückzahlen produziert werden (z. B. der Tata Nano). Hierbei gilt es Standardisierungen, einfache Montagesysteme und Logistiksysteme an Niedriglohnstandorten zu verwirklichen, was tendenziell eher für eine Build-to-Forecast Strategie spricht (Frühbauer 2007, S. 73).

9.2 Kundenauftragsprozess

Der Kundenauftragsprozess (Order-to-Delivery) umfasst den Zeitraum zwischen der Auftragserteilung des Kunden beim Händler, über die Auftragsabwicklung und Produktion beim Hersteller, der Fertigfahrzeugdistribution bis hin zur Auslieferung und Übergabe des Fahrzeugs an den Endkunden (vgl. Abb. 9.4).

Traditionelle Systeme waren geprägt durch eine sequenzielle Abarbeitung der Teilprozesse, eine nicht ausreichende Kapazitätssteuerung unter Einbeziehung der Lieferanten und fehlende Durchgängigkeit bei der Prozessplanung, -steuerung und -kontrolle (Herold 2005, S. 108). Die Folge waren lange Auftragsdurchlaufzeiten (Order-to-Delivery Zeit) und somit Lieferzeiten für den Kunden. Europäische Fahrzeugkunden müssen durchschnittlich über 40 Tage auf ihr kundenindividuell konfektioniertes Wunschauto warten (Nayabi et al. 2006, S. 20). Neuere Ansätze versuchen diese Defizite zu beheben und rücken die prozessorientierte Sichtweise, in deren Mittelpunkt der Kunde steht, in den Vordergrund. Eine systemische Betrachtung des Kundenauftragsprozesses versucht, die traditionelle einzeloptimierte und serielle Vorgehensweise durch einen parallelisierten und gesamtoptimierten Ansatz zu ersetzen. Die Kundenorientierung ist hierbei nicht nur auf die Lieferzeit beschränkt, sondern umfasst weitere kaufentscheidende Aspekte wie das Eingehen auf individuelle Kundenwünsche, die Änderungsflexibilität, die Liefertermintreue und -qualität oder den Lieferservice (Grinninger u. Meißner 2006, S. 54). Die teilweise bis heute in der Automobilindustrie vorherrschenden langen Lieferzeiten bei gleichzeitig schlechter Termintreue haben dazu geführt, dass eine Vielzahl von Forschungs- und Unternehmensprojekten initiiert wurden, mit dem einheitlichen Ziel einer Verbesserung der Leistung gegenüber dem Kunden. Tabelle 9.1 gibt einen Überblick über die geplanten Lieferzeiten unterschiedlicher Projekte der Fahrzeughersteller.

Alle Projekte haben gemeinsam, dass sie die Lieferzeit des Kunden und folglich die Durchlaufzeitanteile der Elemente des Kundenauftragsprozesses reduzieren möchten, was häufig mit dem Ziel des 3-Tage, 5-Tage oder 10-Tage Autos umschrieben wird (ILIPT 2009; 3 Day Car Programme 2001; IMVP 2009). Em-

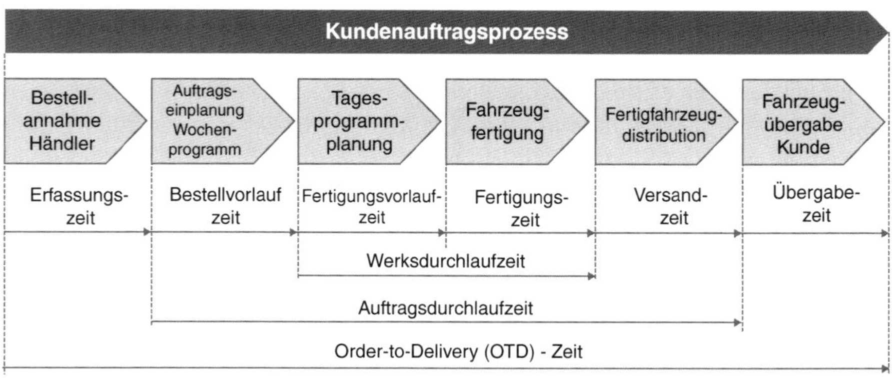

Abb. 9.4 Phasen Kundenauftragsprozess (Herold 2005, S. 105)

Tab. 9.1 BTO-Strategien der Fahrzeughersteller im Vergleich (Miemczyk u. Holweg 2004, S. 173)

Hersteller	Programmname	Geplante Lieferzeit (Tage)
BMW	Kundenorientierter Vertriebs- und Produktionsprozess (KOVP)	10
Daimler	Fast Car/Global Ordering (GO)	10
Ford	Order Fulfilment	15
General Motors	Order-to-Delivery	20
Nissan	SCOPE (in Europa), ANSWER (in Japan), ICON (in den USA)	14
Renault	Projet Nouvelle Distribution (PND)	21
Toyota	–	14
Volkswagen	Kunde-Kunde	14
Volvo	Distribution 90	8–14

pirische Studien zeigen jedoch, dass das 5-Tage bzw. 10-Tage Auto lediglich eine Vision darstellt, die für den Kunden derzeit keinen Mehrwert bietet und daher von ihm abgelehnt wird. Lediglich 0,8% (4,7%) der befragten Kunden einer repräsentativen Umfrage erachtet eine Lieferzeit von 5 (10) Tagen als ideal (Voigt et al. 2007, S. 77 f.). Die Lieferzeitanforderung der Kunden schwankt allerdings sehr stark je nach Altersgruppe und Individualisierung des Fahrzeuges (Holweg u. Pil 2004, S. 78). Generell zeigt sich, dass Kunden in der Regel eine ausgeprägte Termintreue wesentlich höher bewerten als kürzere Lieferzeiten (Bretzke 2006, S. 50; Holweg u. Pil 2004, S. 80). Somit muss das Ziel der Reduzierung der Lieferzeiten um die Erhöhung der Termintreue ergänzt werden. Untersuchungen zeigen, dass bei zu großen Abweichungen zwischen der tatsächlichen und der vom Kunden gewünschten Auslieferzeit das Risiko wächst, das nachgefragte Fahrzeug durch ein Modell der Konkurrenz zu substituieren (Wolff 1995, S. 38). Abbildung 9.5 zeigt diese Zielvorgabe aus statistischer Sicht. Hierbei gilt es die durchschnittliche Lieferzeit (Erwartungswert) zu reduzieren, bei gleichzeitigem Ausgleich und Reduktion der Streuung (Standardabweichung). Empirische Verteilungen der OTD-Zeiten sind häufig rechtsschief, d. h. die Wahrscheinlichkeit einer

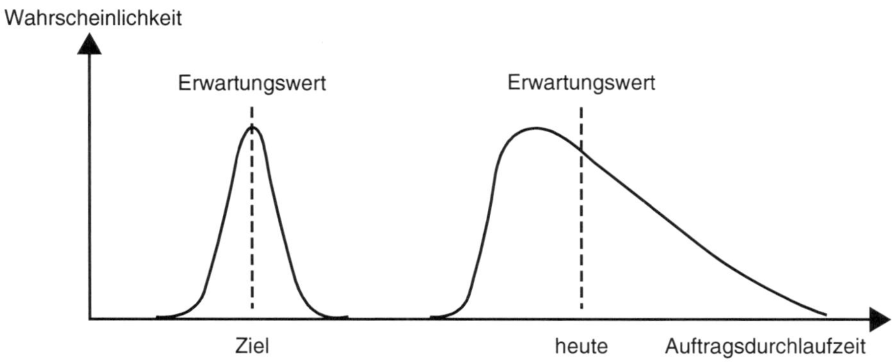

Abb. 9.5 Vergleich Erwartungswerte Auftragsdurchlaufzeit

Abweichung nach oben ist größer als die Wahrscheinlichkeit einer Abweichung nach unten (Holweg 2000, S. 22). Grund sind oft Fertigungsverzögerungen (Sperrung von Fahrzeugen, Nacharbeit, Rückläufer in der Lackiererei, etc.), die dazu führen, dass Fahrzeuge überproportional lange in den jeweiligen Gewerken verweilen. Neben den internen Produktionsrisiken gibt es zunehmende externe Unsicherheiten durch Bedarfsschwankungen und Beschaffungsrisiken in globalen Liefernetzwerken (Grinninger u. Meißner 2006, S. 54). Diese Unsicherheiten führen neben einer Verschlechterung der Termintreue zum Aufbau kapitalintensiver Sicherheitsbestände, wodurch zusätzlich Logistikressourcen in Form von Lager- und Umschlagsflächen sowie Logistikpersonal gebunden werden.

Typische Ziele der Fahrzeugindustrie im Rahmen des Kundenauftragsprozesses (KAP) sind:

- Hohe Liefertermintreue bei der das kundenindividuelle Fahrzeug zu einem tagesgenau vereinbarten Wunschtermin beim Händler ausgeliefert wird.
- Hohe Flexibilität durch eine stufenweise Änderung von Ausstattungsoptionen bis einige Tage vor Rohbauauflage (Lackierung, wichtige Ausstattungsmerkmale, Motorisierung, Getriebe, etc.).
- Signifikante Verkürzung des Kundenauftragsprozesses und somit der Lieferzeiten, was die Kundenzufriedenheit erhöht sowie die Kapitalbindungskosten reduziert (Holweg u. Pil 2004, S. 86).
- Erhöhung der Planungssicherheit sowie der Änderungsflexibilität für den Handel.
- Reduzierung der gesamten Prozesskosten vom Materialbeschaffungsprozess der Lieferanten über den Produktionsprozess des Fahrzeugherstellers bis zum Distributionsprozess des Händlers.

Der gesamte Kundenauftragsprozess (KAP) wird zentral von der Generierung des Kundenauftrags bis zur Fertigfahrzeugübergabe beim Händler vom Vertrieb gesteuert. Da der Vertrieb sowohl am Anfang wie auch am Ende des KAP in direktem Kundenkontakt steht und gegenüber dem Fahrzeugkunden für die vereinbarte Qualität der Leistungserfüllung verantwortlich zeichnen muss, erscheint es sinnvoll, dass ihm die Gesamtverantwortung für diesen Prozess obliegt (Weyer 2002, S. 49). Als Teilprozess ist die Produktionslogistik herauszulösen, die durch die Produktionsplanung und -steuerung beplant und koordiniert wird.

Das Haupteinsparungspotenzial zur Beschleunigung des Kundenauftragsprozesses liegt nicht im Material- sondern im Informationsfluss begründet. Mehr als 75% der gesamten OTD-Zeit, werden für Auftragsbearbeitung und -einplanung benötigt (Baumgärtel et al. 2006, S. 11). Im europäischen Durchschnitt sind dies 33 Tage die zwischen Auftragseingang und der Einplanung der Fahrzeuge auf der jeweiligen Endmontagelinie vergehen (Nayabi et al. 2006, S. 21). Umso wichtiger ist es prozessorientiert und -übergreifend zu planen, damit Reibungsverluste zwischen den Planungs- und Realisierungsabteilungen vermindert werden können. Nur eine gesamtorientierte Betrachtung mit einer vollständigen Kundenorientierung führt zu einer erfolgreichen Zeitreduzierung beim Kundenauftragsprozess.

Der Kundenauftragsprozess kann in einer groben Darstellung wie folgt beschrieben werden (Herold 2005, S. 26):

- Auftragsgenerierung und Auftragsannahme: Der Kundenauftrag wird zunächst beim Händler entsprechend den Kundenwünschen generiert. Ein Auftrag muss den für den jeweiligen Markt geltenden Regeln entsprechen und darf nur ein Fahrzeug-Modell betreffen, welches auch in diesem Markt verfügbar ist und nur die hier freigegebenen Ausstattungen beinhaltet. Zusätzlich wird durch die nationalen Vertriebsorganisationen geprüft, ob die Händler-Quoten eingehalten wurden (Wagenitz 2007, S. 15 f.). Nach einer Kontrolle auf Vollständigkeit und Baubarkeit wird der Auftrag online in die Planungssysteme des Fahrzeugherstellers übergeben. Aufträge werden dabei durch eine eindeutige Schlüsselgröße identifiziert (Ordernummer), die eine eindeutige Zuordnung zum Kunden ermöglicht und somit die Grundlage der Auftragsverwaltung bildet. Über den gesamten Kundenauftragsprozess kann so die Erfassung und Weitergabe von Informationen zum Durchlaufstatus des Auftrages vorgenommen werden.
- Wochenprogrammplanung: Auf Basis der wochenbezogenen Eingänge der Kundenaufträge wird mit einer entsprechenden Vorlaufverschiebung das wöchentliche Fahrzeugprogramm eingeplant. Eine Vielzahl von Restriktionen gilt es simultan zu berücksichtigen.
- Tagesprogrammplanung: Auf Basis des Wochenprogramms werden einige Tage vor Montagestart unter Berücksichtigung von Abtaktungskriterien und spezifischen Restriktionen, einzelne Tagespakete generiert und anschließend in eine Montagereihenfolge gebracht, die nicht mehr verändert werden kann (Montage-Perlenkette).
- Fertigung: Die Fahrzeuge werden gemäß der bereits eingefrorenen Montage-Perlenkette aufgelegt. Die lackierte Karosse wird als Zulieferteil für die Montage betrachtet, das pullorientiert von der Endmontage über die vorgelagerten Gewerke gezogen wird.
- Fertigfahrzeugdistribution: Nach Freigabe des Fertigfahrzeugs durch die Qualitätssicherung erfolgt die Distribution des Fahrzeuges über einen Umschlagspunkt zum Fahrzeughändler.
- Fahrzeugübergabe an den Kunden: Nach der Auf- und Vorbereitung des Fahrzeuges wird es dem Endkunden übergeben.

Einer der größten Zeitanteile der Order-to-Delivery Zeit war in den klassischen Systemen die Bestellannahmezeit (vgl. Abb. 9.4). Frühere Offline-Bestellsysteme waren geprägt durch eine Vielzahl einzelner Planungsschritte von der Baubarkeit der Konfiguration im jeweiligen Markt, über die Prüfung der Produktionskapazitäten und Materialverfügbarkeit bis hin zur Einplanung des Fahrzeuges in die Produktion und der Bestätigung des Liefertermins (Reithofer 2005, S. 277). Um eine drastische Reduzierung der Kundenlieferzeiten zu erreichen, werden heute vermehrt die Verfahren des Online-Ordering sowie der Verfügbarkeitsprüfung vor Ort eingesetzt. Prinzipiell ist der Fahrzeugkunde heute in der Lage sein Wunschfahrzeug vorab im Internet mittels sog. Konfiguratoren zu spezifizieren. Das Internet wird verstärkt als Informationsmedium für den Kunden eingesetzt. Dieses bereits vorspezifizierte Fahrzeug bzw. ein durch den Händler nach dem Verkaufsgespräch konfiguriertes Wunschfahrzeug wird im Anschluss mittels Online Ordering direkt beim Hersteller bestellt. Hierbei wird vor der Bestellgenerierung mit Hilfe des Configure-to-Promise (CTP) Konzeptes eine Baubarkeits- und Terminprüfung durchgeführt. CTP untersucht, ob ein Lieferversprechen gegenüber dem Kunden abgegeben bzw. eingehalten werden kann, unter der gleichzeitigen Berücksichtigung einer Vielzahl von Restriktionen. Hierbei gilt es Lieferfähigkeit durch die flexible Bereitstellung von Produktionskapazitäten und nicht über Fertigfahrzeugbestände zu erreichen (Bretzke 2007, S. 9). Je nach Anforderung ergeben sich die Optionen der Ermittlung des schnellstmöglichen Liefertermins, des Wunschliefertermins oder die Bestätigung einer geforderten Produktkonfiguration. Möglich ist auch der Vorschlag von alternativen und lieferbaren Fahrzeugvarianten, falls der Kundenwunsch nicht wie angefragt realisierbar ist (Kuhn u. Hellingrath 2002, S. 148). Dabei werden regelbasierte Algorithmen (z. B. Fuzzy Logic) eingesetzt, welche in einem mehrstufigen Prozess Bestands- und Kapazitätsprüfungen im Minutenbereich vornehmen (Hoppe 2005, S. 264). Dies setzt die intelligente Vernetzung einer Vielzahl von Softwaremodulen voraus. Besonders problematisch ist die große Anzahl der internen und externen Wertschöpfungspartner, welche im Rahmen einer Verfügbarkeitsprüfung abgefragt werden müssen. Ziel ist es neben den eigenen Wertschöpfungsbereichen auch Transparenz über Bedarfe, Bestände und Kapazitäten bei den Lieferanten zu erhalten (vgl. Abschn. 5.3.2). Die Herausforderung liegt darin die tatsächlichen Funktionen, Prozesse, Restriktionen, Dispositionspolitiken und Prioritäten der einzelnen Wertschöpfungspartner zielorientiert abzubilden, was zwangsläufig zu einer Zielkonkurrenz führt. Dieses komplexe Entscheidungsproblem muss mittels geeigneter unternehmensindividueller Heuristiken gelöst werden. Der große Vorteil des CTP-Ansatzes ist die realistische Lieferzeitzusage auf Basis von Realdaten und nicht wie früher auf Basis von Plandaten. Die Umsetzbarkeit des konkreten Fahrzeugwunsches mit Ausstattungsspezifikation und Lieferterminwunsch lässt sich sofort prüfen. Zusätzlich besteht die Möglichkeit von Alternativenprüfungen (What-if-Analysen) wie z. B. eine Lieferterminverschiebung bei Änderung der Ausstattungsoptionen. Durch den Einsatz des Online-Ordering in Kombination mit dem CTP-Ansatz kann neben einer drastischen Reduzierung der Auftragserfassungszeit auch die Auskunftsfähigkeit und deshalb die Glaubwürdigkeit des Händlers gesteigert werden. Die Planung auf Basis von Realdaten in Echtzeit ermöglicht es die Liefertermintreue beim Endkunden und folglich die Kundenzufriedenheit zu steigern.

Bei der Einplanung des Fahrzeuges wird eine Kennnummer (Order Nummer) vergeben, welche eine eindeutige Identifizierung des Fahrzeuges über den gesamten Kundenauftragsprozess erlaubt (Herold 2005, S. 55 f.). Somit können laufend Informationen über den aktuellen Status des Fahrzeuges abgerufen und entsprechende Maßnahmen eingeleitet werden. Fertigung, Vertrieb, Händler und der Kunde können damit vollkommene Transparenz über den Ablauf bekommen.

Eine detaillierte Darstellung der in Abb. 9.4 dargestellten Prozessschritte im Kundenauftragsprozess erfolgt in den Folgekapiteln im Rahmen der Beschreibung des Produktionsplanungs- und Produktionssteuerungssystems.

9.3 Programmplanung

9.3.1 Strategische Fahrzeugprogrammplanung

Der Programmplanungsprozess erfolgt mehrstufig mit unterschiedlichen Planungshorizonten und Detaillierungsgraden. Die erste Planungsstufe und somit die Festlegung der Rahmendaten für alle weiteren Planungsstufen bildet die strategische Programmplanung.

Im Rahmen der strategischen Fahrzeugprogrammplanung werden ausgehend von Absatzprognosen die zu produzierenden Fahrzeuge nach Art, Menge und Termin in einem Planungszeitraum von ein bis fünf Jahren festgelegt (Zäpfel 1996, S. 56). Zweck der Programmplanung ist die bedarfsgerechte Planung von Fahrzeugmengen und -eigenschaften unter Berücksichtigung wirtschaftlicher Gesichtspunkte. Bereits in der strategischen, langfristigen Programmplanung (vgl. Abb. 9.6) wird das zu erwartende Verkaufsvolumen auf die kapazitätsorientiert zur Verfügung stehenden Fahrzeugwerke verteilt (vgl. Abschn. 9.5). Hierdurch sollen möglichst frühzeitig Kapazitätsengpässe erkannt und entsprechende Gegenmaßnahmen eingeleitet werden (vgl. Abb. 9.9). In jährlich wiederkehrenden Planungsrunden werden die Fahrzeugvolumina und -eigenschaften beplant und laufend mit den sich hieraus ergebenen Kapazitäten abgeglichen (Herold 2005, S. 110). Dazu bedarf es geeigneter Vertriebsschätzungen, aufgeteilt nach Märkten, Baureihen und Derivaten. Die Qualität der Vertriebsprognose entscheidet über die Qualität der Kapazitätsschätzung, die im Engpassfall das Produktions- und das Absatzprogramm begrenzen kann. Prinzipiell gilt, dass mit zunehmendem Planungshorizont die Genauigkeit

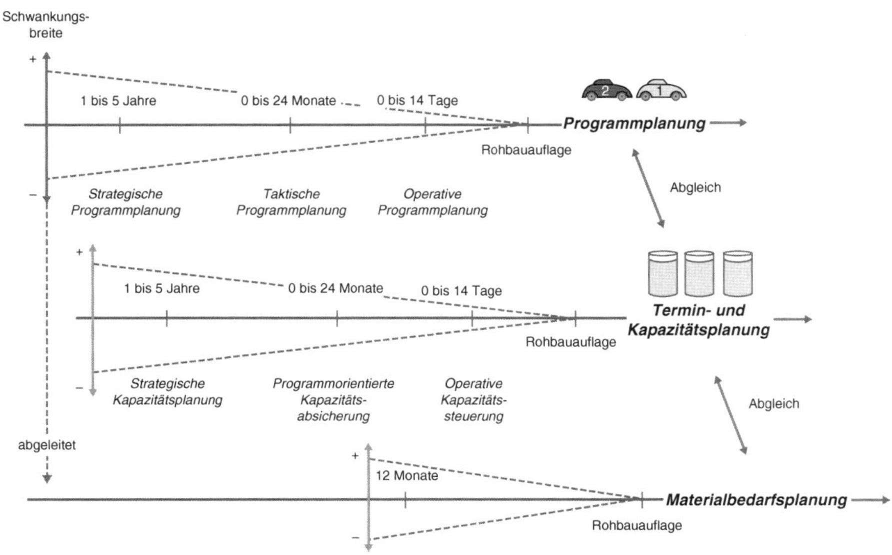

Abb. 9.6 Stufen der Produktionsplanung

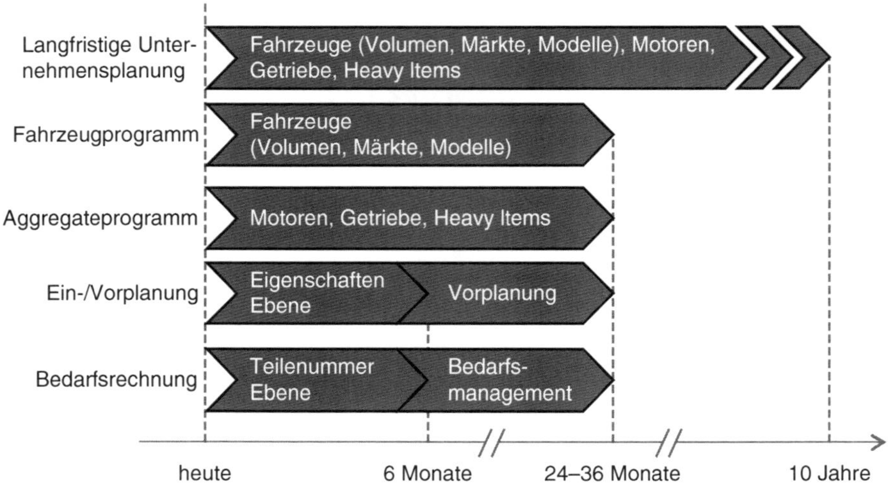

Abb. 9.7 Programmplanungsstufen am Beispiel VW

der Planung abnimmt (vgl. Abb. 9.7). Deshalb kann eine langfristige Programmplanung bis 5 Jahre nur auf hochaggregierter Ebene stattfinden, die im Rahmen der mittel- und kurzfristigen Planung laufend verfeinert werden muss. Die langfristige Programmplanung bildet auch die Basis für eine langfristige Investitionsplanung (Herold 2005, S. 23).

9.3.2 *Taktische Fahrzeugprogrammplanung*

Die taktische Programmplanung findet im Mittelfristbereich von bis zu zwei Jahren statt. Die jährliche Absatzplanung erfolgt zentral und in Abstimmung mit den dezentralen Anforderungen der Werke. Hierbei fixiert der Vertrieb, auf Basis der laufenden Informationen über den Fahrzeugmarkt (Marktanteile, -prognosen), Auslieferungen (geplant und realisiert), Auftragseingänge, Lagerbestände und Produktionssituationen, die Forderungen an die Fahrzeugprogrammplanung (Herold 2005, S. 30). Die Anforderungen der einzelnen Handels-, Unternehmens- und Werksbereiche sind vielfältig und konträr, so dass die sich hieraus ergebende Zielkonkurrenz – mittels eines für alle befriedigenden Zielfindungsprozesses – gelöst werden muss. Hierfür sind verbindliche Spielregeln zwischen Vertrieb, Programmplanung, Fertigung, Logistik und Einkauf festzulegen. Im Rahmen von fest vorgegebenen Programmplanungsrhythmen sind die Vertriebs- bzw. Kundenbedarfe in baubare Fahrzeugprogramme umzusetzen (Zernechel 2007, S. 369). Prognosen des Fahrzeugprogramms werden gemeinschaftlich zwischen Vertrieb und Händlerschaft in regelmäßigen Abständen erstellt und bilden die Basis für die Vereinbarung der Abnahmeverpflichtung der Händler (Mayr 2004b, S. 5). Nur im kurzfristigen Horizont kann auf konkrete Bestellungen von Endkunden zurückgegriffen werden, da der übliche Bestellzeitraum eines Fahrzeugkäufers bei zwei bis zwölf Wochen liegt (Zernechel 2007, S. 369). Damit werden die Prognosewerte des Vertriebs bei sinkendem Planungszeitraum sukzessive durch Endkundenaufträge gefüllt (vgl. Abschn. 9.1.3). Der Gesamtprimärbedarf an Fahrzeugen setzt sich daher aus einem langfristigen stochastischen Prognosebedarf und einem kurzfristigen deterministischen Kundenbedarf zusammen.

Problematisch ist die Auswahl eines geeigneten Prognosesystems, das eine Vielzahl von dynamischen Einflusskriterien berücksichtigen muss (Zernechel 2007, S. 370). Um die Qualität der Prognose laufend zu überprüfen, müssen die Plan-Werte den Ist-Werten gegenübergestellt werden. Gemäß der aufgetretenen Plan-/Ist-Abweichungen werden die Prognosewerte laufend korrigiert (Heinemeyer 1992, S. 173). Die korrekte Abschätzung der zeitlich fixierten Fahrzeug-, Derivate- und Ausstattungs-Zusammensetzung im Fahrzeugprogramm ist für die spätere Materialbedarfsplanung erfolgsentscheidend. Aufgrund der Unsicherheit der Planung im Langfristbereich sowie der Vielzahl von Ausstattungsvarianten werden nur die wichtigsten Fahrzeugspezifikationen (Heavy Items) geschätzt (z. B. Motorvarianten) und in das Produktionsprogramm eingebracht (Herold 2005, S. 33).

Die Planung des taktischen Fahrzeugprogramms erfolgt mit Hilfe einer Programmkommission, die in regelmäßigen Abständen das Fahrzeugprogramm zunächst auf Jahresbasis verbindlich festlegt. Hieraus leitet sich ein Monats- sowie Wochenproduktionsprogramm entsprechend der Termin- und Kapazitätsrestriktionen und Steuerungskriterien der Werke ab. Die Programmplanung bildet die Grundlage für die Materialbedarfs- (vgl. Abschn. 9.4) sowie für die Kapazitätsplanung (vgl. Abschn. 9.5). Erst wenn sichergestellt ist, dass das aktuelle Produktionsprogramm baubar ist und die aus dem Fahrzeugprogramm resultierenden Materialbedarfe abgesichert sind, wird die nächste Planungsrunde freigegeben (Krog et al. 2002, S. 48). Hierbei sind neben Fahrzeugvolumen und Fahrzeugmix auch die geplanten Ausstattungsoptionen zu berücksichtigen. Diese Eigenschaftsplanung legt, für eine bestimmte Fahrzeugklasse in einem bestimmten Planungsintervall, fest welche Einbauraten für bestimmte Eigenschaftskombinationen und Sonderausstattungen (z. B. Navigationssystem) zu erwarten sind (Gebhardt et al. 2004, S. 95). Verschiebungen bei den Fahrzeugspezifikationen führen simultan zu einer Verschiebung des internen und externen Kapazitätsbedarfs, was frühzeitig im Rahmen einer Bedarfs-/Kapazitätsplanung abgestimmt werden muss (Herold 2005, S. 33).

9.3.3 Operative Fahrzeugprogrammplanung

Hauptziel der operativen Fahrzeugprogrammplanung ist die betriebswirtschaftlich optimale Werksauslastung basierend auf den technischen und organisatorischen Gegebenheiten, sowie der termingerechten Einplanung der Kundenorder unter Berücksichtigung der Einsteuerkriterien in den einzelnen Werken und Gewerken.

Bei einer durchschnittlichen Build-to-Order Quote von ca. 65% in der deutschen Automobilindustrie (vgl. Abb. 9.2) basiert zum Zeitpunkt der Auftragsfreigabe der

Großteil der Primärbedarfe auf reinen Endkundenaufträgen. Der restliche Anteil wird durch Händleraufträge und Herstelleraufträge zur Produktions- und Auslastungsoptimierung der jeweiligen Werkstandorte belegt. Im operativen Produktionsprogramm wird dargestellt, welche Fahrzeuge mit welchen Ausstattungsvariantenanteilen im Kurzfristbereich gebaut werden sollen. Dabei wird ausgehend vom jeweiligen Fahrzeugmodell der Primärbedarf immer feiner auf die einzelnen technischen Eigenschaften (z. B. Schiebedach, Rechts-/Linkslenker, etc.) heruntergebrochen. Für die jeweiligen Fahrzeugeigenschaften (Motor, Getriebe, Innenraumausstattung) gibt es gestufte Vorgaben bis zu welchem Zeitpunkt vor Rohbauauflage noch Änderungen am bereits eingeplanten Fahrzeugauftrag durchgeführt werden können. Während Fahrzeugmodell und Karosserieform in der Regel fixiert sind, kann z. B. die Motorisierung im langfristigen und das Soundsystem des Fahrzeugs im kurzfristigen Bereich geändert werden (Holweg u. Pil 2004, S. 27). Um die Flexibilität bei der Programmplanung zu erhöhen, erfolgt die Detaillierung der Planung mit einem voll spezifizierten Kundenfahrzeug möglichst spät. Erst kurz vor Montagestart wird die Fahrzeugstruktur auf Teileebene berücksichtigt, zuvor werden lediglich Eigenschaftsoptionen (Typschlüssel) beplant (vgl. Abschn. 9.4.2).

Durch Anwendung der Produktionssteuerung mit stabiler Auftragsfolge (vgl. Abschn. 9.6) werden bereits einige Tage vor Montagestart unter Berücksichtigung spezifischer Restriktionen in Produktion, Logistik und Distribution einzelne Tagespakete (sog. Tagesscheiben) generiert, die nicht mehr verändert werden können. Die Planung der Tagespakete wird rollierend organisiert, so dass über einen fixierten Planungshorizont (sog. Frozen-Zone) eine bestimmte Anzahl von Tagespaketen eingefroren wird. Im Anschluss wird ein Tagesproduktionsprogramm vorgegeben und umgesetzt bei dem alle Fahrzeugaufträge eines Produktionstages zusammengefasst werden (Scheduling). Die einzelnen Fahrzeugaufträge der Tagespakete werden anschließend unter Berücksichtigung der Abtaktungskriterien der Montagelinie in Reihenfolge gebracht (Sequencing). Die Fassung der Montage-Perlenkette (vgl. Abschn. 9.6.1) bildet die Grundlage für die Sequenzstabilität bei der anschließenden Produktionssteuerung. Diese Montage-Perlenkette bildet auch die Grundlage für die bedarfsgesteuerten Lieferabrufe (vgl. Abschn. 8.2.1).

Muss das geplante Produktionsprogramm zum Aufholen von Produktionsrückständen erhöht bzw. bei einer zu hohen Vorproduktion reduziert werden, kommt zusätzlich ein Regulierungsprogramm zum Einsatz, welches entsprechende Stückzahlenanpassungen vornimmt. Diese Anpassung betrifft vorzugsweise die nicht eingeplanten Tagespakete außerhalb der Frozen-Zone (vgl. Abschn. 9.6.2) bzw. die am weitesten zurückliegenden Vorgaben, so dass genügend Zeit für etwaige Anpassungsmaßnahmen in der Fertigung bzw. beim Lieferanten zur Verfügung steht.

9.3.4 Aggregateprogrammplanung

Bei der Aggregateprogrammplanung werden analog der Fahrzeugprogrammplanung die mengen- und zeitmäßigen Bedarfe für wichtige Module und Systeme wie

Motoren, Getriebe und Achsen beplant. Motoren, Getriebe und Achsen stellen im Rahmen der Produktstruktur eines Fahrzeuges Sekundärbedarfe dar, welche üblicherweise in der Materialbedarfsplanung (vgl. Abschn. 9.4.3) aus den Primärbedarfen abgeleitet werden. Diese frühzeitige Festlegung und spezifische Behandlung von Modulen und Systemen wie Endprodukte, begründet sich wie folgt (Zernechel 2007, S. 370):

- Aggregate wie Motoren und Getriebe werden häufig an anderen Produktionsstandorten gefertigt wie die Fahrzeuge, daher greifen mehrere Fahrzeugwerke gleichzeitig auf diese Kapazitäten zu.
- Aggregate haben einen starken Einfluss auf die Fahrzeugspezifikation bzw. Stellen einen Engpass in der Versorgungsplanung dar.
- Hohe Automatisierungsgrade und hohe Investitionskosten verschieben den Zielfokus auf die optimale Kapazitätsauslastung der Werke, was durch eine frühzeitige Einplanung und folglich stabile Planungshorizonte erreicht wird.
- Da Aggregate an mehrere, weltweit verteilte Produktionsstandorte geliefert werden, ist die Planung der Bedarfe und Kapazitäten im Rahmen einer globalen Werkverbundfertigung von hoher Komplexität geprägt.
- Langfristige technologiebedingte Zyklen beim Auf- und Abbau von Fertigungskapazitäten (meist länger als ein halbes Jahr) erfordern eine langfristige und exakte Planung von Vermarktungskontingenten durch die Vertriebsbereiche.

Betrachtet man die Aggregate zunächst unabhängig vom Fahrzeugeinbau kann auch hier analog der Fahrzeugprogrammplanung eine Aggregateprimärbedarfsplanung durchgeführt werden. Diese legt, im Rahmen eines vorgegebenen Fahrzeugprogramms, die für einen bestimmten Zeitraum zu fertigenden Aggregate nach Anzahl, Typ, individueller Spezifikationen (Länder- und Sonderausstattungen) und Produktionsstandort fest. Dieser Aggregateprimärbedarf bildet die Grundlage für die Stücklistenauflösung analog dem Fahrzeug. Das Ergebnis ist ein terminierter Nettosekundärbedarf, der die Basis für die anschließenden Aggregateteiledisposition und die Aggregatemontage bildet.

Die Produktionsplanung hat das Ziel mit allen Aggregatewerken bzw. Lieferanten eine abgestimmte Programmplanung zu erarbeiten, die möglichst vollständig den Vertriebswunsch bzw. die Vertriebsprognosen abdecken (Zernechel 2007, S. 371). Der Planungsablauf wird zunächst Top-Down organisiert. Dabei wird der Gesamtbedarf auf Aggregatefamilien heruntergebrochen, die durchaus auch werkübergreifend gefertigt werden können. Entsprechend einer mit den Produktionswerken und Lieferanten vorab definierten Produktionsquote und deren verfügbaren Kapazitäten werden die Aggregatefamilien auf die einzelnen Leistungserbringer verteilt. Die Quoten werden in der Regel langfristig (über Jahre) festgelegt. Im Rahmen der vorhandenen Ressourcen wird zunächst die Umsetzung der Bedarfsanforderung überprüft. Auf dieser Basis wird ein detailliertes, gestuftes Aggregateprogramm auf Monats-, Wochen-, Tages- und Schichtbasis erstellt. Diese Planungsdaten werden dann wieder Bottom-Up auf Unternehmensebene zurückgespielt und auf Deckung mit der Vertriebsplanung überprüft. Bei fehlender Kongruenz wird im Gegenstromverfahren nachgesteuert.

Aufgrund der Montage-Perlenkette der Fahrzeuge (vgl. Abschn. 9.6.1) kann auf Grundlage des eingefrorenen Fahrzeugprogramms im Kurzfristbereich eine sequenzstabile Aggregateprogrammplanung durchgeführt werden. Ein in der Fahrzeugindustrie üblicher Planungshorizont liegt heute bei ca. 4 Tagen vor Einbau in das Fahrzeug. Diese Vorlaufzeit reicht aus um z. B. den Motor fahrzeugspezifisch zu assemblieren und Just-in-Sequence anzuliefern. Analog dem Fahrzeugprogramm werden Tagespakete festgelegt, in denen alle Aufträge für einen Produktionstag zusammengefasst und anschließend in Aggregate-Perlenketten gereiht werden. Das gefertigte Aggregat wird prinzipiell wie ein extern zugeliefertes Modul/System betrachtet, auch wenn es innerbetrieblich gefertigt wird.

9.4 Materialbedarfsplanung

Ausgehend von der Produktionsprogrammplanung und der sich hieraus ergebenen Primärbedarfe für Fahrzeuge und Aggregate erfolgt mit Hilfe der Materialbedarfsplanung die Auflösung in die jeweiligen Einzelteile (Sekundärbedarf). Durch den Einsatz von Stücklisten werden die hoch aggregierten Primärbedarfe in die jeweiligen Bestandteile aufgelöst. Für jedes Teil wird somit meist über einen Horizont von 6 Monaten der Bruttosekundärbedarf ermittelt. Die Anzahl der zu beplanenden Teilespektren (Haus- und Kaufteile) reicht von mehreren zehntausend bis zu über hunderttausend verschiedene Produktionsmaterialien (Zernechel 2007, S. 373), was zeigt, dass nicht alle Teilespektren auf Basis einer bedarfsorientierten Stücklistenauflösung beplant werden können. Üblicherweise werden Norm-, Standard- und Kleinteile verbrauchsgesteuert disponiert und daher losgelöst von der programmgesteuerten Materialbedarfsplanung behandelt, was den Planungsaufwand erheblich reduziert.

9.4.1 Bedarfsarten

Bevor auf den Ablauf der Nettosekundärbedarfsrechnung eingegangen wird, sollen zunächst die Begriffe der unterschiedlichen Bedarfsarten geklärt werden. Abbildung 9.8 gibt einen Überblick über die allgemeine Systematik.

Der Primärbedarf stellt den Bedarf an verkaufsfähigen Fahrzeugen dar. Dieser Bedarf kann einerseits auf Basis von Prognoserechnungen (Build-to-Forecast) als Prognoseprimärbedarf oder auf der Grundlage von tatsächlichen Endkundenaufträgen (Build-to-Order) als Kundenauftragsprimärbedarf entstanden sein. Für die weiteren Planungsstufen ist es allerdings unerheblich wie der Bedarf generiert wurde, so dass nur der Gesamtprimärbedarf als Eingangsgröße für die Sekundärbedarfsrechnung Berücksichtigung findet. Nach Festlegung des Fahrzeugprogramms wird durch eine Auflösung der Primärbedarfe, über die Erzeugnisstruktur mit Hilfe von Stücklisten, in die Einzelbestandteile eines Fahrzeuges (Teile, Komponenten, Module und Systeme) der sog. Sekundärbedarf generiert. Tertiärbedarfe stellen Hilf-

	Bruttobedarf	Nettobedarf
Primärbedarf	Bedarf an verkaufsfähigen Fahrzeugen ohne Lagerbestandsabgleich	Bedarf an verkaufsfähigen Fahrzeugen nach Lagerbestandsabgleich
Sekundärbedarf	Bedarf an Rohstoffen, Teilen, Komponenten, Modulen und Systemen ohne Lagerbestandsabgleich	Bedarf an Rohstoffen, Teilen, Komponenten, Modulen und Systemen nach Lagerbestandsabgleich
Tertiärbedarf	Bedarf an Hilfs- und Betriebsstoffen ohne Lagerbestandsabgleich	Bedarf an Hilfs- und Betriebsstoffen nach Lagerbestandsabgleich

Abb. 9.8 Gliederung der unterschiedlichen Bedarfsarten

und Betriebsstoffe dar. Betriebsstoffe gehen nicht unmittelbar in das Fahrzeug ein, werden aber für die Aufrechterhaltung des Produktionsprozesses benötigt (z. B. Schmiermittel, Hydrauliköle, Tiefziehöle, etc.). Aufgrund der unmittelbaren Entkopplung der Betriebsstoffe vom Fahrzeugbedarf werden diese meist von den verbrauchenden Stellen selbst (z. B. Presswerk) auf Basis von fertigungstechnischen und -ablaufbedingten Grundlagen (z. B. Schichtmodelle, Hubleistung, etc.) autonom disponiert. Die Hilfsstoffe (z. B. Schrauben) werden aufgrund der in der Regel geringen Materialwertigkeit (C-Teile) nicht programm- sondern verbrauchsgesteuert disponiert.

Neben der Aggregationsstufe der Bedarfsbetrachtung erfolgt eine Klassifikation der Bedarfe nach Berücksichtigung disponibler Lagerbestände im Unternehmen. Zunächst werden Bruttobedarfe ohne Berücksichtigung der aktuellen disponiblen Lagerbestände ausgewiesen, welche in einem nächsten Planungsschritt mit den vorhandenen Lagerbeständen abgeglichen werden (Nettobedarfe). Analog wird der Abgleich bei den Sekundär- und Tertiärbedarfen durchgeführt. Der disponible Lagerbestand berücksichtigt neben dem physischen Lagerbestand auf den unterschiedlichen Lagerstufen des Werkes (Wareneingangslager, Supermarkt, bandnahe Lagerung) auch die offenen Bestellungen, welche bis zum terminierten Materialverbrauch eintreffen und für eine Entnahme zur Verfügung stehen. Gleichzeitig müssen Sicherheitsbestände und bereits reservierte Bestände für den verfügbaren Bestand blockiert (negiert) werden, da diese nicht unmittelbar als Bedarfsdecker verwendet werden können.

9.4.2 Stücklistenauflösung

Für die Zerlegung des Primärbedarfs in den Sekundärbedarf bedarf es geeigneter Strukturinformationen über das Fahrzeug. Die Fahrzeugstruktur wird mit Hilfe von

Strukturstücklisten beschrieben. Jede Stückliste enthält eine Darstellung der Mengen der Komponenten, welche für die Fertigung eines spezifischen Kundenfahrzeuges oder einer Fahrzeuggruppe erforderlich sind (Zäpfel 1996, S. 66). Die komplexe Produktstruktur eines Fahrzeuges in großer Variantenvielfalt erfordert einen hohen Aufwand beim analytischen Auflösungsprozess des Primärbedarfs. Aufgrund der vielfältigen Möglichkeiten zur Fahrzeugkonfiguration durch den Kunden ist somit eine Speicherung jeweils einer kompletten Stückliste für alle theoretisch möglich vorkommenden Varianten nicht praktikabel (Wagenitz 2007, S. 114). Um diesen Aufwand zu reduzieren, wird im Fahrzeugbau eine besondere Form der Varianten-Struktur-Stücklisten eingesetzt (Heinemeyer 1992, S. 176). Die Produktstruktur des Fahrzeugs wird durch kundenwählbare Eigenschaften aus Eigenschaftsfamilien, Ausstattungspaketen sowie Kombinationszwängen und Kombinationsverboten dargestellt. Hierbei erfolgt die Beschreibung der Fahrzeugstruktur nicht wie üblich auf Teileebene sondern über einen n-stelligen Tupel von Eigenschaftsoptionen (Optionen, Typschlüssel, Sortenschlüssel).

Das Fahrzeug wird lediglich auf der obersten Baustufe als Fahrzeugmodell beschrieben. Durch die Auswahl des Fahrzeugmodells z. B. VW Golf hat der Kunde bereits die sog. Basis-Optionen für die Karosse, den Motor und das Getriebe definiert (Herlyn 2004, S. 60). Mit dieser Auswahl einer Grundvariante ist ein Fahrzeug aus Sicht des Herstellers vollständig beschrieben, da bereits aus jeder Eigenschaftsfamilie (z. B. Radio, Getriebe, Sitz) gemäß der Grundausstattung des Fahrzeugs eine Eigenschaft gewählt ist (Wagenitz 2007, S. 60). Entsprechend dem Fahrzeugmodell wählt der Kunde im Anschluss seine Ausstattungsoptionen (Zusatz-Optionen) aus. Abhängig vom Fahrzeughersteller und Modell gibt es über 150 Optionsfamilien mit bis zu 1.000 Optionen, aus denen sich der Kunde sein Fahrzeug individuell konfigurieren kann.

In Tab. 9.2 generieren über 54 verschiedene Optionen aus über 16 Optionsfamilien die Varianten eines Cockpits (Herlyn 2004, S. 60). Durch die individuelle Kombination von nur 34 Teilevarianten aus 10 Baugruppensorten ergeben sich bereits über 77.000 Modulvarianten. Eine Optionsfamilie kann technisch mehrere Baugruppensorten beeinflussen. Die Optionsfamilie Radio beispielsweise beeinflusst sowohl das Soundsystem, die Anzeigeninstrumente sowie das Navigationssystem im Cockpit. Um die Variantenvielfalt zu begrenzen, sind Baugruppensorten wie das Anzeigeninstrument von mehreren Optionskombinationen nutzbar. So wird zum Beispiel der Geschwindigkeitsbereich des Tachos auf die maximale Motorisierung ausgelegt, um das gleiche Bauteil mehrfach einsetzen zu können.

Für die Beschreibung des Fahrzeuges werden die Basisoptionen mit den Zusatz-Optionen kombiniert,

- die sich technisch und logisch gegenseitig paarweise ausschließen,
- jeweils zu einer Optionsfamilie zusammengefasst werden und
- jede Zusatz-Option in nur genau einer Optionsfamilie vorkommt (Herlyn 2004, S. 61).

Der Fahrzeugkunde muss daher immer genau eine Option aus einer Optionsfamilie auswählen. Handelt es sich um Sonderausstattungen, die vom Kunden nicht beauf-

Tab. 9.2 Beispiel der Anzahl von Optionen, Teile und Modulvarianten beim Cockpit (Herlyn 2004, S. 61)

Baugruppensorte	Optionsfamilie	Anzahl Optionen	Anzahl Teile-varianten	Anzahl Modul-varianten
Schalttafelkörper	Lenkung	2	2	2
Schalttafelbezug	Ausführung	3	+3	*3
Bezugsfarbe	Innenfarbe	8	+3	*3
Anzeigeninstrument	Motor	6	+8	*8
	Getriebe	4	–	–
	Radio	4	–	–
	Bordcomputer	2	–	–
	Tempomat	2	–	–
	Navigationssystem	3	–	–
Radio-/CD-Anlage	Radiosystem	4	+5	*5
Soundboxen	Soundsystem	3	+3	*3
Navigationsanzeige	Navigationssystem, Radio	3	+2	*2
Regelung Vordersitz	Sitzsystem	4	+3	*3
Regelung Klimaanlage	Klima/Heizung	4	+3	*3
Regelung Standheizung	Standheizung	2	+2	*2
Regelung für div. Komfort-Systeme	ESP, ABS, Parkhilfe	y	+x	*x
Summe	>16	54 + y	= 34 + x	= 77.760 * x

tragt werden, wird eine Default-Option für die Serienausstattung vorgegeben, welche immer zunächst automatisch generiert wird. Wählt der Kunden eine Sonderausstattung aus, wird dieser Default-Wert durch die gewählte Zusatzoption überschrieben.

Durch Kombination der Basis- und Zusatz-Optionen können beliebige technische, logistische und vertriebliche Restriktionen berücksichtigt werden.

Die Verbotsregel in Tab. 9.3 in Zeile 1 schließt beispielsweise aus dass bei Bestellung der Basis-Option T.1 und der damit verbundenen Ausführung A.1 (Basic-Line) Nappaleder Sitze (B.3) bestellt werden. Beim zweiten Beispiel erfordert die Bestellung einer Standheizung (H.2) eine stärkere Batterie (Q.4) im Fahrzeug.

9.4.3 Nettosekundärbedarfsrechnung

Die Materialbedarfsplanung wird rollierend und mehrstufig, analog der Programmplanung über verschiedene Planungshorizonte auf Monats-, Wochen- und Tagesbasis, durchgeführt. Mit der Nähe zum Bedarfszeitpunkt steigt die Genauigkeit der

Tab. 9.3 Kombinationsregeln für Optionen (Herlyn 2004, S. 61)

Basis-Option	Zusatz-Option 1	Regel	Zusatz-Option 2
T.1	B.3	Verbot	A.1
T.1	H.2	Zwang	Q.4

Bedarfsermittlung. In der ersten Feinplanungsstufe auf Teileebene erfolgt die Planung wöchentlich auf Basis der aktuellen Monatsprogramme der Fahrzeugprogrammplanung für einen Zeitraum von ca. 6 Monaten (Herold 2005, S. 72). Rollierend wird dabei immer auf das aktuelle Wochenprogramm zugegriffen. Zusätzlich zu den aus den Komplettfahrzeugen (FBU – Fully Build Up) abgeleiteten Teilebedarfen werden Zusatzbedarfsmengen für Ersatzteile und Teilesätze für Konzerngesellschaften (CKD – Completely Knocked Down), für Fahrzeug-Zwischenstufen (SKD – Semi Knocked Down) sowie für Sonderverkäufe ergänzt (vgl. Abschn. 8.6.1). Darüber hinaus kann das Fahrzeugwerk auch als Lieferwerk für Einzelteile, Komponenten oder Aggregate für andere Werke im Produktionsverbund oder für Lieferanten zur Weiterverarbeitung fungieren. Diese Zusatzumfänge müssen ebenfalls in der Materialbedarfsplanung berücksichtigt werden (Herold 2005, S. 70).

Zunächst wird der Bruttosekundärbedarf – also der Teilebedarf ohne Bestandsabgleich – berechnet. Dieser wird anschließend mit den disponiblen Beständen im Rahmen einer Nettosekundärbedarfsrechnung abgeglichen. Zum Einsatz kommt hierbei ein Fortschrittszahlensystem. Dabei wird zur Berechnung der disponiblen Lagerbestände (vgl. Abschn. 9.4.1) nicht auf die physischen Lagerbestände im Werk zurückgegriffen, da dies aufgrund von Abgrenzungsproblemen und Bestandsunsicherheiten mit einem zu hohen Bewertungsrisiko verbunden wäre (Herold 2005, S. 72 f.). Stattdessen werden die physischen Wareneingänge herangezogen, welche ab einem Stichtag bis zum aktuellen Dispositionstag aggregiert und den bis zu diesem Zeitpunkt aufgelaufenen Bruttosekundärbedarfen gegenübergestellt werden. Somit ergibt sich folgende Berechnungsformel für den Nettosekundärbedarf:

$$\begin{aligned}&\mathit{Nettosekund\ddot{a}rbedarf}\\&= \sum_{\mathit{Inventurstichtag}}^{\mathit{Bedarfszeitpunkt}} \mathit{Bruttosekund\ddot{a}rbedarf} - \sum_{\mathit{Inventurstichtag}}^{\mathit{heute}} \mathit{Wareneingang}\end{aligned}$$

Aus der wöchentlichen Nettosekundärbedarfsrechnung werden entsprechend der Lieferquoten der Lieferanten die Liefereinteilungen nach VDA 4905 (Liefervorschau) generiert und an die Lieferanten per DFÜ übermittelt (vgl. Abschn. 8.2.1.1). Für den Feinabruf (FAB) nach VDA 4915 wird auf Basis der kurzfristigen Programmplanung auf Wochen- und Tagesbasis für einen Zeitraum von ca. zwei Wochen der Teilebedarf für die aktualisierte Tagesproduktion ermittelt. Gleichzeitig erfolgt für den sequenzgesteuerten Produktionsabruf (PAB) nach VDA 4916 mehrmals täglich eine Berechnung des Teile- und Abrufbedarfs. Dieser basiert auf der bereits einige Tage vor Montageauflage berechneten Montage-Perlenkette im Rahmen der Produktionssteuerung mit stabiler Auftragsfolge (vgl. Abschn. 9.6).

Eine besondere Herausforderung bei der Materialbedarfsplanung bilden technische Änderungen der Bauteile aufgrund von gesetzlichen Vorschriften, Produktkostenoptimierungen und Modellpflegen (Herold 2005, S. 40). Diese laufenden Änderungen bedeuten einen hohen administrativen und technischen Steuerungsaufwand.

Die Teile müssen hierfür termingerecht in die Serie eingesteuert bzw. Auslaufteile aus dem Planungs- und Fertigungsprozess ausgesteuert werden.

9.4.4 Materialdisposition

Die Materialdisposition stellt die Schnittstelle zu den Lieferanten dar und verantwortet den Materialfluss in das Unternehmen sowie die Materialbestände im Werk. Auf der Grundlage von Lieferabrufen trägt sie dafür Sorge, dass die richtigen Materialien zum richtigen Zeitpunkt, in der richtigen Menge und in der richtigen Qualität im Werk verfügbar sind. Ziel der Disposition ist die gleichmäßige Verteilung der Warenzuflüsse im Werk bei Minimierung der Bestände und maximaler Versorgungssicherheit für die Fertigung. Im Vordergrund der Tätigkeit eines Disponenten steht die Gewährleistung der Materialversorgung. Neben den Lagerbeständen werden durch die Materialdisposition Band-, Transfer- und Wareneingangs-Bestände überwacht. Zu den Aufgaben der Disposition zählen neben der Bedarfs- und Bestandsrechnung auch die Bestellrechnung mit der Bestimmung optimaler Beschaffungslosgrößen (Arnolds et al. 2001, S. 47).

Materialbedarfe werden täglich neu geplant und abgerufen. Auf Basis der terminierten Nettobedarfe werden zur Sicherstellung der bedarfsgerechten und wirtschaftlichen Umsetzung des Fahrzeugprogramms täglich Lieferabrufe für die Kaufteile generiert. Die nach der Stücklistenauflösung berechneten Nettosekundärbedarfe werden durch den Disponenten analog der aktuellen Planungssituation angepasst. Bedarfssprünge und Abweichungen zwischen der Liefervorschau und dem operativen Fahrzeugprogramm sind nicht zu vermeiden. Mögliche Ursachen sind kurzfristige Einplanungen, Einsatzterminverschiebungen, Einsatzsperren für Eigenschaften, Veränderungen der Lieferprogramme für Volumenmärkte durch Aufnahme/Streichung von Eigenschaften, falsch prognostizierte Einbauraten für neu einsetzende Eigenschaften und kurzfristig vom Disponenten eingesteuerte, nicht planbare Ersatzmengen. Ferner können Ausschuss, Rücklieferungen und Palettenfaktoren eine Rolle spielen. Diese korrigierten Bedarfsmengen werden gemäß der vom Einkauf vereinbarten Lieferquoten auf die Lieferanten verteilt.

Zusätzlich übernimmt der Disponent die Anlieferungssteuerung und Anlieferüberwachung der Teile (Herold 2005, S. 68). Dabei kommt der Engpasssteuerung eine besondere Bedeutung zu. Im Falle einer Engpasssituation übernimmt der Disponent die Rolle des zentralen Ansprechpartners und Koordinators zwischen den betroffenen Bereichen Fertigung, Transporteur und Lieferant. Durch die Zentralisierung der Funktion bei gleichzeitiger IT-technischer Vernetzung erhält der Disponent die Gesamttransparenz über die logistische Kette. Somit kann er kurzfristige Maßnahmen anhand eines Eskalationsmanagements zur Engpassentschärfung einleiten. Hierunter zählen z. B. die Prüfung ob das benötigte Teil an anderer Stelle im Werk verfügbar ist, die Beschleunigung des Anliefer- und Wareneingangsprozesses sowie die Veranlassung von Sonderfahrten.

Zur Unterstützung der Materialdisposition werden geeignete Dispositionsmodelle eingesetzt, für die entsprechende Dispositionsparameter festgelegt und laufend gepflegt werden müssen. Hierunter fallen Bedarfszeitpunkte in der Produktion, Sicherheitsbestände, Vorlaufparameter sowie Beschaffungs- und Transportlosgrößen (Herold 2005, S. 74).

9.5 Kapazitätsplanung

Die Kapazitätsplanung erfolgt parallel und analog zur Programm- und Materialbedarfsplanung in einem mehrstufigen und rollierenden Prozess (vgl. Abb. 9.6) Deshalb wird häufig vom integrierten Bedarfs-/Kapazitätsmanagement als kombinierten Planungsschritt im Rahmen der Produktionsplanung gesprochen.

Implizit zur Kapazitäts- wird die Terminplanung organisiert, indem die Einlastung der Kapazitätsnachfrage immer unter Berücksichtigung der Vorlauf- und Durchlaufzeiten des betrachteten Materials durchgeführt wird. Hierbei handelt es sich bei den Kaufteilen um die Wiederbeschaffungszeiten bzw. bei den Hausteilen um die internen Durchlaufzeiten. Anhand einer Rückwärtsterminierung ausgehend vom Kundenliefertermin wird eine rückstandsfreie Einplanung der einzelnen Fertigungs- und Logistikschritte realisiert. Der Detaillierungsgrad der Terminierung ist dabei immer abhängig von dem in der Kapazitätsplanung betrachteten Zeithorizont.

Gemäß der Planungsperiode wird zwischen einer strategischen (langfristigen), taktischen (mittelfristigen) und operativen (kurzfristigen) Kapazitätsplanung unterschieden (Krog et al. 2002, S. 47):

- Strategische Kapazitätsplanung mit einem Planungshorizont von 1 bis 5 Jahren
- Taktische programmorientierte Kapazitätsabsicherung mit einem Planungshorizont von 0 bis 24 Monaten
- Operative Kapazitätssteuerung mit einem Planungshorizont von 0 bis 26 Wochen

9.5.1 Strategische Kapazitätsplanung

Auf Basis des Fahrzeugprogramms sowie der hieraus abgeleiteten Materialbedarfe ist eine Harmonisierung und Sicherstellung der Fertigungskapazitäten zu gewährleisten. Bereits in der strategischen Planung müssen die vom Vertrieb prognostizierten Marktbedarfe im Rahmen eines werkübergreifenden Bedarfs- und Kapazitätsabgleichs auf ihre Realisierbarkeit hin überprüft werden (Krog et al. 2002, S. 47). Hiermit übernimmt die Kapazitätsplanung eine regulierende und steuernde Rolle im Spannungsfeld zwischen Marktbedarf, Lieferantenkapazität und geplantem Produktionsprogramm. Fahrzeugaufträge müssen so auf die unterschiedlichen Fertigungsstandorte verteilt werden, dass eine optimale Auslastung bei Einhaltung der Liefertermine erreicht wird. Die Allokationsfunktion der werkübergreifenden Verteilung ist notwendig, da immer mehr Hersteller durch ihre Plattformstrategie gleiche Fahrzeugmodelle parallel in mehreren Werkstandorten fertigen (Nayabi et al. 2006, S. 22). Die Anwendung einer BTO-Strategie kann es erforderlich machen, die langfristig festgelegte Kapazitätsverteilung kurzfristig anzupassen. Aufgrund einer geänderten Kundenachfrage müssen somit kurzfristig Kapazitäten zwischen den Werken umverteilt werden, was zunächst erhöhte Planungs- und Steuerungskosten verursacht aber letztendlich höhere Umsätze generiert (Bish et al. 2005, S. 179).

Ziel der Kapazitätsplanung ist es, eine möglichst vollständige Deckungsgleichheit zwischen Leistungsangebot und Leistungsnachfrage zu erreichen. Jeder Kapazitätsabgleich erfolgt immer unter der Prämisse terminlicher Übereinstimmung, so dass der Kapazitätsabgleich eine automatische Überprüfung der Terminsituation zwischen Kapazitätsangebot und -nachfrage nach sich zieht. Die Kapazitätsnachfrage berechnet sich aus den in der Programmplanung ermittelten Primärbedarfen. Unter dem Kapazitätsangebot versteht man das quantitative und qualitative Leistungsvermögen eines Produktionssystems (z. B. Montagelinie mit Montagemitarbeitern, Transferstraße für die Bearbeitung von Zylinderkurbelgehäuse mit Maschinenbediener) innerhalb einer bestimmten Planungsperiode (z. B. Jahr, Monat, Woche) (Zäpfel 1982, S. 10 ff.). Die Produktionskapazitäten sind hierbei nur im Zusammenspiel zwischen Mitarbeitern und Anlagen zu verstehen. Im Vergleich der zeitlichen Verfügbarkeit der Arbeitskräfte und Betriebsmittel ist die menschliche Arbeitsleistung meist nicht vollzeitlich einsetzbar. Andererseits werden die Produktionsanlagen erst durch die Mitwirkung der menschlichen Arbeitsleistung aktiviert, Leistungen zu erbringen. Die standortabhängige Kapazitätsplanung hat daher neben den Betriebsmittelkapazitäten auch die Verfügbarkeit der Mitarbeiter in Form von Schichtmodellen und Werkskalendern (Urlaubskorridor, Feiertage, etc.) zu berücksichtigen.

Grundsätzlich wird zwischen der theoretischen Maximalkapazität sowie der unter normalen Bedingungen vorhandenen Normalkapazität unterschieden. Kurzfristig kann die Normalkapazität angehoben werden. In einem nächsten Schritt können Flexibilitätsreserven ausgeschöpft und die Kapazitätsauslastung bis zur Maximalkapazität angehoben werden – was allerdings erhöhte Anpassungskosten verursacht (Fleischmann et al. 2006, S. 201 f.). Um kostenwirtschaftlich zu produzieren, sollte sich langfristig die durchschnittliche Kapazitätsauslastung auf dem Normalniveau befinden (Saatmann 2007, S. 146). Die Verwirklichung einer Build-to-Order Strategie benötigt allerdings zusätzliche strategische Kapazitätsreserven um flexibel auf Kundenschwankungen des Marktes reagieren zu können (Zäpfel 1998, S. 708).

Prinzipiell muss zwischen dem internen Kapazitätsangebot des Fahrzeugherstellers und dem externen Kapazitätsangebot der Lieferanten unterschieden werden. Im Rahmen einer Capacity Collaboration (vgl. Abschn. 5.3.2.2) ist es nötig, neben dem eigenen Leistungsvermögen auch das Kapazitätsangebot der Lieferanten für Lieferumfänge zu berücksichtigen, um frühzeitig Engpasssituationen zu erkennen und zu vermeiden.

9.5.2 Taktische Kapazitätsabsicherung

Die mittelfristige Kapazitätsabsicherung umfasst die Einplanung sowie den anschließenden Abgleich zwischen Kapazitätsnachfrage und -angebot. Dabei wird sowohl das unternehmensinterne als auch -externe Leistungsvermögen über einen mittelfristigen Zeitraum betrachtet (Petri u. Hooites Meursing 2007, S. 463).

Prinzipiell gilt, je kürzer der Planungszeitraum desto detaillierter wird die Kapazitätsplanung. Während in der langfristigen Kapazitätsplanung auf Fahrzeugebene auf Basis von wenigen, wichtigen Eigenschaften (z. B. Motor) beplant wird, müssen in der mittel- bzw. kurzfristigen Planung detailliertere Ausstattungskriterien des Fahrzeugs Berücksichtigung finden. Parallel zur Primär- und Sekundärbedarfsplanung muss laufend überprüft werden, ob die hierbei festgelegten Fahrzeugstückzahlen bzw. Teilebedarfe auch kapazitativ gefertigt bzw. beschafft werden können. Die Kapazität bildet eine Restriktion der zu produzierenden Fahrzeuge, was laufend geprüft und mittels geeigneter Anpassungsmaßnahmen abgestimmt werden muss. Die kapazitative Einplanung eines Fahrzeugauftrages kann entweder in einem zentralen Auftragspool oder direkt in einem Werk erfolgen (Wagenitz 2007, S. 66).

Bei der taktischen Kapazitätsabsicherung können Maßnahmen zur Anpassung der Kapazitätsnachfrage und des Kapazitätsangebots unterschieden werden. Abbildung 9.9 führt die gängigsten Methoden der Leistungsanpassung auf, welche in quantitative, zeitliche und intensitätsmäßige Anpassungsmaßnahmen klassifiziert werden können.

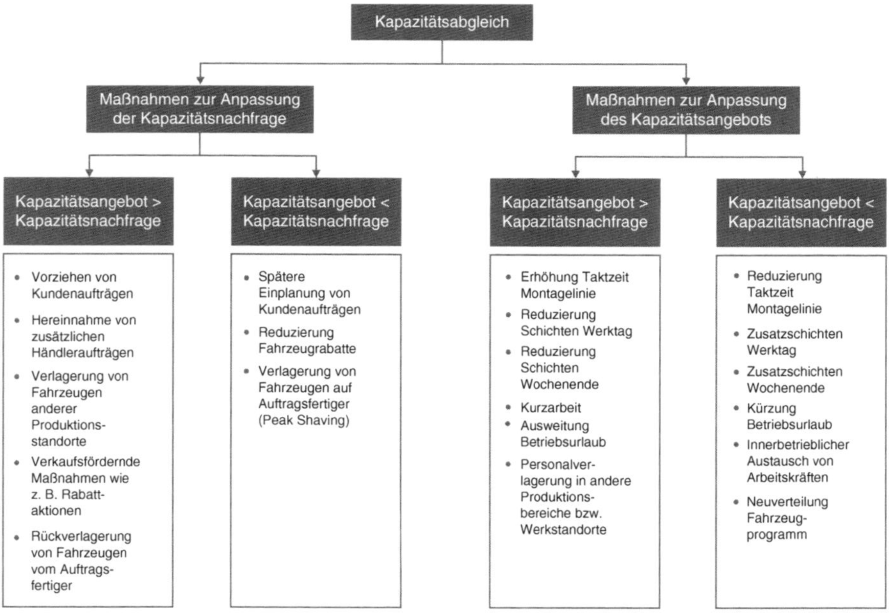

Abb. 9.9 Methoden des Kapazitätsabgleichs

Ein wichtiger Ansatzpunkt für die Erreichung der Wirtschaftlichkeit bei der Kapazitätsplanung ist die Stabilisierung der eingehenden Fahrzeugaufträge durch verkaufsfördernde Maßnahmen. Der Fahrzeughersteller sollte nicht nur passiv auf die Aufträge reagieren, sondern diese hinsichtlich Volumen und Zusammensetzung aktiv gestalten. Eine Methode zur Stabilisierung der Kapazitätsauslastung bei gleichzeitiger Erhöhung der Profitabilität ist das Revenue-Management. Hierbei wird ein aus dem Dienstleistungsbereich (z. B. Flugbuchungen) bewährtes differenziertes Leistungssystem, gestaffelt nach Dringlichkeit und Flexibilitätsbedarf, auf die Automobilindustrie übertragen (Gruß 2008, S. 5 ff.). Ziel ist die Erreichung einer gleichmäßigen und optimalen (häufig nicht maximalen) Kapazitätsauslastung bei maximaler Rentabilität. Dabei wird die Heterogenität der Kunden hinsichtlich der Dringlichkeit der Fahrzeugverfügbarkeit und den Änderungswünschen bei der Fahrzeugbestellung genutzt, die dazu führt, dass unterschiedliche Kundensegmente mit entsprechenden Rabattstaffeln, Änderungsmöglichkeiten und Lieferzeiten bedient werden (Holweg u. Pil 2004, S. 203 f.). Es gilt einen optimalen dynamischen Auftragsmix aus privaten Endkunden, Großkunden im Flottenmanagement (Firmenwagen, Autovermietungen, öffentlicher Sektor, etc.), Händlerkunden und Mitarbeiterfahrzeugen zu finden, die eine gleichmäßige Auslastung der Fahrzeugfabrik gewährleisten. Durch eine lieferzeitbasierte Preissetzung werden Kunden belohnt die längere Wartezeiten in Kauf nehmen, was folglich zu einer Differenzierung nach Lieferzeiten bei der Kapazitätsbelegung führt (Holweg u. Pil 2004, S. 207).

Kann mit Hilfe der Maßnahmen zur Abstimmung von verfügbarer und nachgefragter Kapazität kein Ausgleich zwischen Angebot und Nachfrage erreicht werden, muss die Programmplanung modifiziert werden (Herold 2005, S. 39). Bei kurzfristigen Engpässen entscheidet ein Programmplanungsausschuss unter Berücksichtigung der Deckungsbeiträge, welche Fahrzeuge zu welchen Werkstandorten verschoben werden (Herold 2005, S. 45). Analog erfolgt die quotierte Zuweisung bei Überkapazitäten gemäß der Herstellkosten, der Qualität und der Liefertreue des Standortes. Handelt es sich um einen langfristigen Kapazitätsüberhang bzw. -engpass so müssen diese durch geeignete Desinvestitionen bzw. Investitionen in Fertigungskapazitäten (Montagelinien, Werkstandort) kompensiert werden.

9.5.3 Operative Kapazitätssteuerung

Bereits bei der Fahrzeugauftragsgenerierung (vgl. Abschn. 9.2) wird überprüft, ob durch die Einplanung eines neuen Kundenauftrages die vorgegebenen Kapazitätsgrenzen in den jeweiligen Fahrzeugwerken überschritten werden. Ein erster grober Kapazitätsabgleich wird auf Grundlage der Kammlinie erreicht, welche angibt wie viele Fahrzeuge pro Schicht auf einer bestimmten Montagelinie gefertigt werden können. Für den Datenabgleich müssen eine Vielzahl von Informationen verarbeitet werden (Werkskalender, Schichtmodelle, Vertriebsdaten, Anlaufinformation, etc.). In einer zweiten Stufe wird die Feinkapazitätsplanung auf Basis der

Fahrzeugeigenschaften realisiert. Hierbei wird das Kapazitätsangebot in Monats- und Wochenintervallen quotiert. Dabei werden für jede Produktionswoche eine gewisse Anzahl von Fahrzeugproduktionsmengen und Fahrzeugeigenschaften vorgegeben (Herold 2005, S. 49 f.). Üblicherweise wird zunächst die Karosserievariante (ca. 3 Monate vor Rohbauauflage) dann die Motorisierung mit Getriebe (ca. 2 Monate vor Rohbauauflage) und anschließend die Ausstattungsoptionen (ca. 1 Monat vor Rohbauauflage) geplant (Holweg u. Pil 2004, S. 25).

Eine strategisch wichtige Entscheidung ist die Frage des Detaillierungsgrades der Kapazitätsplanung. Es zeigt sich, dass die Flexibilität dadurch stark erhöht werden kann, dass nicht mehr bis ins letzte Detail spezifizierte Fahrzeuge beplant werden. Die Verschiebung des Kundenentkopplungspunktes (vgl. Abschn. 9.6.3) vom Karosseriebau nach hinten zur Montage führt dazu, dass die kapazitative Planung der Gewerke auf einem niedrigeren Detaillierungsgrad organisiert wird. Dies erfordert allerdings auch, dass stark variierende Eigenschaften die nicht beplant werden, durch die Flexibilität des Produktions- und Logistiksystems aufgefangen werden.

Die kapazitative Verteilung der Eigenschaften auf die jeweiligen Produktionswochen hat das Ziel einer gleichmäßigen Kapazitätsauslastung mit hoher Produktivität und Kundentermintreue. So ergeben sich in der Montage eine Vielzahl von Restriktionen, die es frühzeitig zu berücksichtigen gilt. Gleichzeitig muss die Austaktung der Montagelinie mit einbezogen werden (Line Balancing). Überdurchschnittliche Auftragskonstellationen durch komplexere Ausstattungswünsche dürfen nicht im Pulk eingesteuert werden, da sonst die Kapazitätsnachfrage nach Montageressourcen starken Schwankungen unterworfen wäre.

Entsprechend der Varianten-/Struktur-Stückliste wird die Fahrzeugstruktur durch kundenwählbare Eigenschaften aus Eigenschaftsfamilien, Ausstattungspaketen sowie Kombinationszwängen und -verboten beschrieben (vgl. Abschn. 9.4.2). Die bei der Fahrzeugauftragsgenerierung durchgeführte Baubarkeitsprüfung erfolgt über ein Modellbeschreibungssystem, das die Bestellung auf Gültigkeit aller Eigenschaftsoptionen untersucht. Kombinationszwänge und -verbote werden hinterlegt. Wenn kein Liefertermin vorgegeben wird, wird der Auftrag unter Berücksichtigung der Kapazitätsrestriktionen zum frühest möglichen Fertigstellungstermin eingeplant. Im Beispielfall der Abb. 9.10 wird ein Fahrzeugauftrag, auf Einplanung in eine bestimmte Produktionswoche hin, überprüft. Der Kunde ordert beim Händler ein Kombifahrzeug mit Klimaanlage, Metalliclackierung, 1.9 TDI Dieselmotor und Automatikgetriebe. Zunächst wird im Rahmen einer Baubarkeitsprüfung untersucht ob diese Auftragsspezifikation aus technischer bzw. vertriebstechnischer Sicht gültig ist. Nach positiver Rückmeldung wird anschließend überprüft, ob die auf Eigenschaftsbasis festgelegten Kapazitätsangebote (Quoten) in dieser Produktionswoche ausreichen, um den Fahrzeugauftrag zu fertigen. Neben einer Maximalquote gilt es auch Minimalquoten zur Erreichung der Wirtschaftlichkeit zu berücksichtigen. Eine Einplanung kann nur dann erfolgen, wenn alle Teilkapazitätsrestriktionen simultan nicht überschritten werden. Im Beispiel ist die Kapazität der Automatikgetriebe in dieser Produktionswoche bereits erschöpft, so dass die Folgewoche überprüft wird.

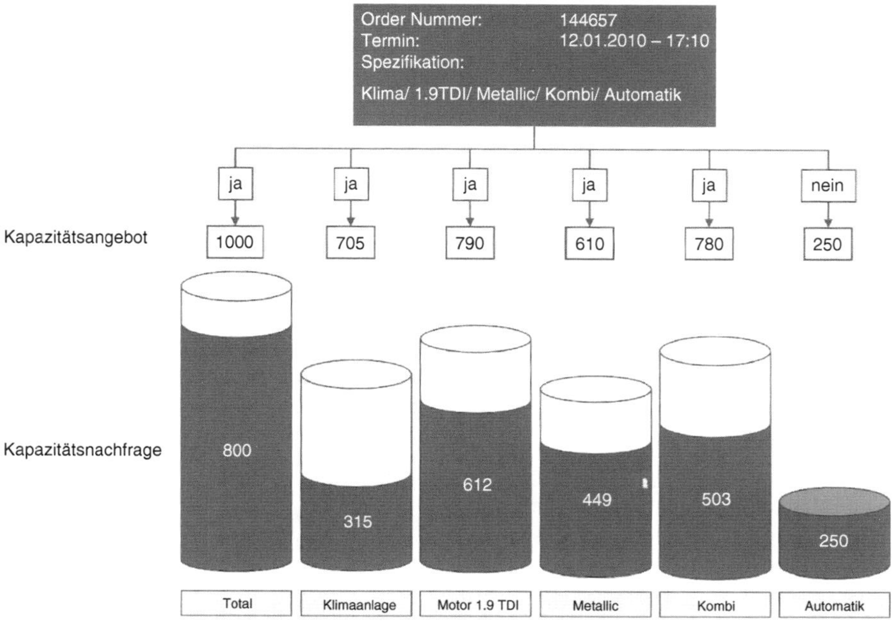

Abb. 9.10 Kapazitätsabgleich auf Basis der Fahrzeugeigenschaften

Neben der Quotierung des Kapazitätsangebots bedarf es einer Gleichverteilung von komplexen Fahrzeugvarianten. Somit werden Kapazitätsschwankungen und Fixkosten reduziert. Darüber hinaus können die Arbeitselemente in den Fertigungsbereichen optimal aufeinander abgestimmt werden, um die Taktzeitvorgaben einzuhalten und die Verlustzeiten der Mitarbeiter (Taktausgleichsverlust) möglichst gering zu halten. Weitere Restriktionen, welche bei der Auftragseinplanung Berücksichtigung finden, sind Vertriebs- und Händler-Priorisierungen, die Unterscheidung zwischen Nicht-Mitarbeiter- und Mitarbeiter-Fahrzeugen sowie Endkunden-, Händler- und Lager-Fahrzeugen. Nicht eingeplante Fahrzeugaufträge werden wieder in einen Auftragspool zurückgestellt und im nächsten Planungszyklus erneut geprüft. Die Priorisierung der Aufträge steigt generell mit der Verweildauer im Auftragspool (Holweg u. Pil 2004, S. 32).

Eine Zusatzfunktion der Kapazitätsplanung ist die Durchführung einer What-if Analyse bei der geklärt wird inwieweit andere Fahrzeugspezifikationen (z. B. Schaltgetriebe) zur einer konfliktfreien Kapazitätsplanung führen.

Die Kapazitätsplanung ist dynamisch, d. h. durch die laufenden Änderungen der Planungsdaten müssen die Abgleiche immer wieder durchgeführt werden. So kann sich sowohl die Kapazitätsnachfrage als auch das Kapazitätsangebot ändern. Nachfrageänderungen ergeben sich beispielsweise durch die Möglichkeit des Fahrzeugkunden bis einige Tage vor Rohbauauflage des Fahrzeuges noch Änderungen der Fahrzeugeigenschaften durchzuführen. Gleichzeitig kann es durch Lieferterminverzögerungen bei Zulieferteilen oder durch Qualitätsprobleme in bestimmten Fertigungsbereichen zu einer Veränderung kommen.

Zu einem fest vorgegebenen Planungsendtermin wird die Planung von Fertigungskapazitäten beendet und die Auftragsannahme geschlossen (Herold 2005, S. 52 f.). Im Idealfall entspricht der bis dahin eingeplante Kapazitätsbedarf exakt dem Kapazitätsangebot. Eine Unterdeckung führt dazu, dass sog. Leerkosten für nicht genutzte Kapazitäten entstehen bzw. Lagerfahrzeuge produziert werden. Eine Überdeckung verschiebt Fahrzeugaufträge und Kundenliefertermine nach hinten, was letztendlich die Liefertermintreue und Kundenzufriedenheit verschlechtert. Große Abweichungen im Mittel- und Langfristbereich sollten zu einer Überarbeitung der Prognosemethoden der Vertriebsschätzungen führen.

9.6 Produktionssteuerung mit stabiler Auftragsfolge

Der im Folgenden beschriebene Ansatz der Produktionssteuerung mit stabiler Auftragsfolge basiert auf unterschiedlichen Verfahren und Methoden, die über die letzten Jahre von den Automobilherstellern entwickelt wurden. Die Anwendung einer allgemeinen Steuerungsphilosophie führt in der Regel nicht zu den gewünschten Ergebnissen. Deshalb wurden von den Fahrzeugherstellern bereits bekannte Verfahren weiterentwickelt und auf deren individuelle Strukturen und Prozesse angepasst. Das nachfolgend beschriebene Modell begründet sich auf einer Modifikation des Produktionssteuerungskonzepts *Perlenkette*, wie es von Weyer eingehend beschrieben wurde (Weyer 2002). Dieser ursprüngliche Ansatz der Perlenketten-Steuerung basiert auf einer push-orientierten Steuerungsphilosophie, bei der von der Rohbauauflage ausgehend, die geplante Fahrzeugsequenz durch die nachfolgenden Gewerke geschoben wird. Diese Vorgehensweise beeinträchtigt neben der Sequenzgüte (vgl. Abschn. 9.6.7) auch die Änderungsflexibilität bei gleichzeitiger Einhaltung der Liefertermintreue. Aufgrund der Nachteile einer durchgängigen push-orientierten Philosophie wird der ursprüngliche Ansatz der Perlenketten-Steuerung in der Praxis häufig um eine pull-orientierte Steuerungskomponente ergänzt und somit modifiziert. Die hieraus abgeleitete Produktionssteuerung mit stabiler Auftragsfolge setzt sich aus den folgenden Grundbausteinen zusammen:

- Stabile Auftragsfolge in der Montage (Montage-Perlenkette)
- Einfrieren Planungshorizont (Frozen-Period)
- Späte Auftragszuordnung (Late Order Assignment)
- Kunde-Lieferanten Prinzip der Gewerke
- Montagegetriebene Pull-Steuerung

9.6.1 Stabile Auftragsfolge in der Montage

Ziel der Produktionssteuerung ist eine kundenorientierte Generierung zuverlässiger, stabiler und transparenter Material- und Informationsflüsse im gesamten Kundenauftragsprozess. Der Zuständigkeitsbereich der Produktionssteuerung beginnt mit der Übergabe der Aufträge vom Vertrieb und endet mit der Übergabe des Fertigfahrzeuges an die Distributionslogistik. Innerhalb dieser Zeitspanne erfolgt eine Planung und Steuerung des gesamten Auftragsflusses vom Produktionsanfang bis zum -ende, unter Beachtung der Zulieferströme, gesamtheitlich und ohne Verantwortungswechsel. Der Kundenauftrag übernimmt dabei die Leitfunktion im Produktionsablauf (Weyer 2002, S. 57).

Die Produktionssteuerung basiert auf einem hybriden Steuerungsansatz bei dem sowohl zentrale Push-Elemente als auch dezentrale Pull-Elemente optimal miteinander kombiniert werden (vgl. Abschn. 6.3). Eine zentrale Steuerungsinstanz legt zunächst vor der Auftragsfreigabe eine optimale Montagereihenfolge für die einzelnen Fahrzeugaufträge fest. Eine dezentrale Steuerung generiert die Nachschubaufträge retrograd von der Montage über die Lackiererei bis hin zum Karosseriebau (vgl. Abschn. 9.7).

Bei der eigentlichen Einplanung der Tagespakete (vgl. Abschn. 9.3.3) in die Montage, wird sowohl die Gesamtkapazität des Werkstandortes als auch die Teilkapazitäten der Gewerke berücksichtigt. Für die Festlegung der Montagereihenfolge werden ausgereifte Optimierungsalgorithmen (z. B. Genetische Algorithmen) eingesetzt. Diese sind von ihrem Leistungsverhalten her stark abhängig von den individuellen Rahmenbedingungen der Planung (z. B. Werkstruktur, Produktionsstückzahl, Anzahl Restriktionen, Variantenanzahl, etc.). Prinzipiell gilt, dass der Kundenliefertermin zunächst oberste Priorität hat, so dass diejenigen Aufträge mit der kürzesten Schlupfzeit (Zeitraum zwischen Liefertermin minus der noch verbleibenden Produktions- und Logistikzeiten) die höchste Priorität bekommen. In einer zweiten Betrachtung werden die Kapazitätsrestriktionen der Montage sowie der Lieferanten berücksichtigt. Während die Fahrzeugeigenschaften bei der Kapazitätsplanung bereits auf Tagesbasis abgeglichen wurden (vgl. Abschn. 9.5), wird vor der Auftragsfreigabe eine Sequenzierung auf Taktbasis durchgeführt (sog. Sequencing). Die Fahrzeugsteuerung steuert die Fahrzeugtypen so auf die Montagelinien ein, dass das Zeitfenster der Taktung in jedem Arbeitsbereich optimal und sekundengenau mit Arbeitstätigkeiten gefüllt werden kann. Der sog. Taktausgleichsverlust soll minimiert werden. Er gibt an, wie viel Prozent der Taktzeit die Mitarbeiter keine Tätigkeiten ausführen. Ein hoher Taktausgleichsverlust, unter anderem ausgelöst durch eine hohe Varianz der Bauaufträge, führt zu einem Mehrbedarf an Arbeitskräften und Stationen in der Linie und senkt folglich die Produktivität (Roscher 2008, S. 22). Gleichzeitig gilt es die logistische und technisch implizierte Reihenfolge der Montage (Vorranggraph) zu berücksichtigen. Ziel ist eine gleichmäßige Auslastung der Montagelinie, so dass Fahrzeuge mit überproportionalem Montageaufwand (z. B. Rechtslenker) nicht unmittelbar aufeinander folgen. Dies führt zur simultanen Berücksichtigung einer Vielzahl von Montagerestriktionen (z. B. Diesel, Automatik, Rechtslenker, Navigation, etc.). Durch die Anwendung eines mehrstufigen Prioritätsregelsystems werden die Aufträge in eine feste Vorgänger-Nachfolgerbeziehung gebracht (vgl. Abschn. 9.5.3). Damit reihen sich die einzelnen Kundenaufträge wie Perlen einer Perlenkette aneinander, was zum Begriff der Perlenkette führt. Diese Montage-Perlenkette generiert eine fest vorgegebene

Montage-Sequenz und übernimmt die Leitfunktion der Auftragsfreigabe in der Montage. Die Auftragseinplanung für die Montage legt somit bereits mehrere Tage vor Montagebeginn die Bearbeitungsreihenfolge, die Produktionstermine sowie die spezifischen Inhalte der Fahrzeugaufträge für den Produktionstag fest (Weyer 2002, S. 59). Mit der Festlegung dieser drei Kriterien repräsentiert die Montage-Perlenkette die Extremform einer bedarfsorientierten Zeitfenstersteuerung, bei der die von einem Auftrag einzuhaltende Zeitspanne auf ein Minimum, nämlich auf einen einzigen Takt, reduziert wird (Weyer u. Spath 2001, S. 18). Die dabei festgelegte Fahrzeugsequenz (Plan-Sequenz) wird im Idealfall (100% Sequenzstabilität) exakt in dieser Reihenfolge zum vorgegebenen Termin montiert (Ist-Sequenz). Das fixierte Montagevolumen weist immer ein fest definiertes Auftragsvolumen in Arbeitstagen auf (Tagesscheiben), bei dem in der gleichen Menge wie Fahrzeugaufträge abgearbeitet wurden, neue Aufträge hinzugefügt werden.

Die Fahrzeugsequenz der Perlenkette beeinflusst nicht nur die Hauptmontagelinie des Fahrzeugherstellers. Aus der Montage-Perlenkette leiten sich Zulieferperlenketten für interne (z. B. Motor) und externe (z. B. Bordnetze) Lieferanten ab (Weyer 2002, S. 59). Vorgelagerte Lieferbereiche wie z. B. die Aggregatefertigung (Motor, Getriebe) werden mit dem Hauptmontageband synchronisiert (vgl. Abschn. 9.3.4). Zusätzlich müssen sich die externen Lieferanten auf die genaue Anlieferung der Teile, Komponenten, Module und Systeme laut Perlenkette ausrichten. Der Inhalt jedes einzelnen Kundenauftrags, seine Vorgänger- und Nachfolgerbeziehungen sowie die exakten Verbautermine der benötigten Komponenten, Module und Systeme werden frühzeitig den Zulieferern übermittelt (vgl. Abb. 9.11). Bei dieser

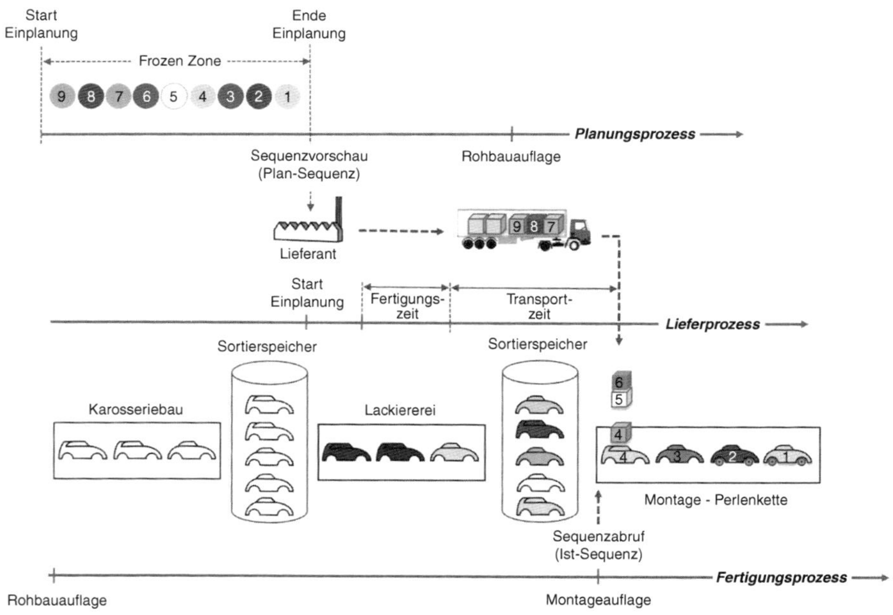

Abb. 9.11 Produktionssteuerung mit stabiler Auftragsfolge

Just-in-Sequence Anlieferung erfolgt eine kontinuierliche und sequenzierte Direktanlieferung bei der die Montage-Perlenkette die Anliefer-Perlenkette der internen und externen Lieferanten vollständig synchronisiert (vgl. Abschn. 8.3.2). Hieraus ergibt sich eine erweiterte Sichtweise der Planungsmethodik, bei der die Abbildung der Montagereihenfolge sowohl für das Komplettfahrzeug als auch für die Module, Systeme und Komponenten gilt.

9.6.2 Einfrieren Planungshorizont

Als Frozen-Zone oder Frozen-Period wird der eingefrorene Montageplanungshorizont bezeichnet, der nach Festlegung der Auftragsreihenfolge keine Änderungen mehr am Auftrag und an der Sequenz zulässt. Rückwirkend ab einem gewissen Zeitraum vor Montageauflage darf die Perlenkette weder terminlich, inhaltlich, noch in ihrer Reihenfolge verändert werden. Ziel der Produktionssteuerung ist es, die Fahrzeugaufträge so in die Montage einzuplanen, dass die zugesagten Liefertermine der Fahrzeugkunden eingehalten werden können, bei gleichzeitiger Berücksichtigung eines optimalen Ressourceneinsatzes in der Montage.

Die durch die Frozen-Zone gewährleistete Planungs- und Prozesssicherheit unterstützt sowohl die Einhaltung der Liefertermintreue als auch die Forderung nach optimierter Kapazitätsplanung des Fahrzeugherstellers und seiner Lieferanten. Die stabile Produktionsreihenfolge führt zu einer Glättung und Nivellierung des Produktionsprogramms und trägt damit entscheidend zur Vermeidung des Bullwhip Effektes in der automobilen Supply Chain bei (vgl. Abschn. 7.3.1). Mit zunehmender Verlängerung der Frozen-Zone steigt tendenziell die Planungssicherheit, damit allerdings auch die Begrenzung der Kundenflexibilität bei Änderungswünschen. Diese Änderungsflexibilität stellt gerade für die Premiumhersteller ein Differenzierungsmerkmal dar (Günthner et al. 2009, S. 26). Dieses Dilemma der Ablaufplanung führt dazu, dass ein Zielkompromiss zwischen den beiden konträren Zielen der maximalen Planungssicherheit und Liefertermintreue bei maximaler Kundenflexibilität gefunden werden muss. Als Steuerungsparameter wird hierfür die Länge des eingefrorenen Planungshorizontes herangezogen (vgl. Abb. 9.12). Der Kunde ist zwar relativ lange in der Lage die Fahrzeugspezifikation zu ändern, seine Änderungsflexibilität wird allerdings durch das Erreichen des Beginns der Frozen-Zone begrenzt. Auf der einen Seite wird die Kundenorientierung durch die Perlenkette unterstützt, indem sie eine kundenindividuelle Produktkonfiguration in der Serienfertigung ermöglicht, auf der anderen Seite begrenzt das Konzept, aufgrund der parallelen Wirtschaftlichkeitsbetrachtung, den Zeitraum in welchem der Kunde seine Auftragsänderungen vornehmen kann (Weyer 2002, S. 58 f.). Die eingefrorene Perlenkette gewährleistet keine Veränderung der einmal festgelegten Produktionseckdaten, was den Mehraufwand der Umplanung vermeidet und letztendlich wirtschaftlicher ist (Weyer 2002, S. 63). Prinzipiell gilt allerdings, dass mit einer längeren Frozen-Zone die Wahrscheinlichkeit einer Abweichung zwischen Sequenzvorschau (Plan-Sequenz) und Sequenzabruf (Ist-Sequenz) der Montage-Perlenkette zunimmt (Drexl u. Kolisch 2000, S. 438).

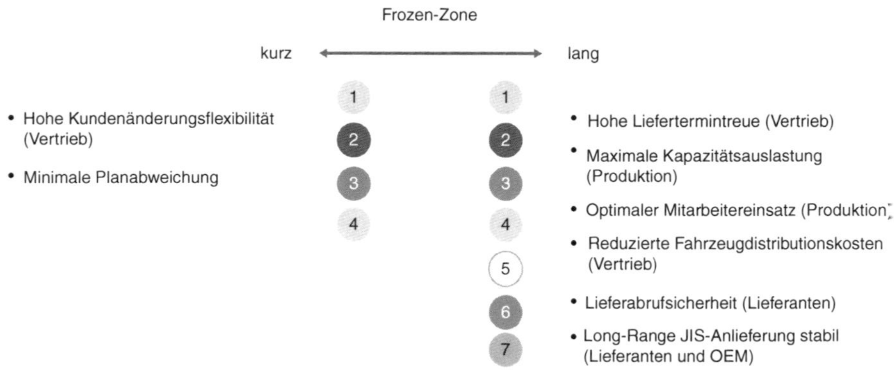

Abb. 9.12 Dilemma der optimalen Frozen-Zone

Bei der Festlegung der Zeitdauer des eingefrorenen Planungshorizonts zeigen sich Unterschiede zwischen den einzelnen Fahrzeugherstellern sowie den jeweiligen Modellen und Werkstandorten. In der Regel liegen die Frozen-Zone Zeiträume bei etwa vier bis sechs Arbeitstagen vor Rohbauauflage (Kahmeyer 2002, S. 52; Holweg u. Pil 2004, S. 120).

9.6.3 Späte Auftragszuordnung

Die klassischen Steuerungsverfahren der Produktion, wie sie bis vor einigen Jahren noch in der Automobilindustrie eingesetzt wurden, haben den Kundenauftrag bereits im Karosseriebau fest mit dem Fahrzeug verbunden. Bei dieser sog. Taufung erfolgt das Einprägen der Fahrgestellnummer bei Auflage der Bodengruppe am Beginn der Karosserieaufbaulinie (vgl. Abschn. 9.7.2). Somit ist der Kundenauftrag fest und unwiderruflich mit der physischen Karosse verbunden. Der Nachteil hierbei ist, dass sich der Liefertermin für den Kunden entsprechend verschiebt, wenn dieses Fahrzeug aus fertigungstechnischen, qualitativen oder logistischen Gründen ausgeschleust wird. Um die Liefertermintreue zu steigern, wird die Zuweisung des Kundenauftrags heute erst mit dem Einlauf in die Montagelinie durchgeführt (Versetzte Taufung). Alle vorherigen Zuordnungen einer Karosse zum Kundenauftrag (Order Nummer) sind vorläufig (temporär) und können während des Durchlaufprozesses geändert werden. Der Auftrags- (Order-) Bezug wird dabei erst bei Einlauf in die Montage hergestellt. Lackiererei und Karosseriebau haben keinen verbindlichen Orderbezug, so dass sich deren Flexibilität erhöht.

Ziel der späten Auftragszuordnung (Late Order Assignment) ist, die Karosse im Laufe des Fertigungsprozesses solange kundenneutral wie möglich zu halten, um eine möglichst hohe Flexibilität der Auftragszuordnung zu erreichen (Baumgarten u. Darkow 1999, S. 50). Verletzungen der Perlenkette haben nicht deren Abriss zur Folge, da die einzelnen Aufträge sich an gleichartigen Grundvarianten bedienen können. Der Order Penetration Point, welcher die kundenauftragsneutrale und die kundenspezifische Fertigung voneinander trennt, wurde vom Karosseriebau nach hinten zur Montage verschoben. Bis zur Montageauflage wird die Karosse als neutrales und mehrfach verwendbares Zulieferteil behandelt. Damit ergibt sich eine relativ variantenneutrale Fertigung bis zur Montage, ab der die Spezifizierung und somit die Variantenbildung überproportional zunimmt (vgl. Abschn. 3.4.3). Grundvoraussetzung einer späten Fahrzeug-Variantenbildung ist eine drastische Reduzierung der Rohbau- sowie Farb-Variantenvielfalt (vgl. Abschn. 3.4.2). Je weniger Varianten es gibt, desto größer ist die Chance eine gleiche zum jeweiligen Kundenauftrag passende Karosserie zu finden, falls die temporär vorgesehene Karosserie für die Kundenauftragszuordnung bei Montageauflage nicht verfügbar ist. Hierbei steht zur Befriedigung eines spezifischen Kundenauftrages nicht mehr nur eine Karosse wie früher zur Verfügung sondern mehrere Karosserien mit kundenneutraler Grundvariante, was die Liefertreue erheblich steigert. Verspätungen – die in einem störanfälligen Fertigungsprozess immer auftreten – schlagen deshalb nicht sofort auf die Auslieferungstermine der Fahrzeuge durch. Das Fertigungs- und Logistiksystem wird durch die späte Auftragszuordnung störungstoleranter.

9.6.4 Kunden-Lieferanten Prinzip der Gewerke

Die Fahrzeugfertigung wird aufgeteilt in die autonomen Gewerke Karosseriebau, Lackiererei und Montage (vgl. Abschn. 9.7). Jedes Segment ist eine selbstständig organisierte Einheit, das seine individuellen Produktivitäts- und Kostenziele verfolgt (vgl. Abschn. 1.3). Zur Entkopplung der jeweiligen Fertigungsbereiche sind sog. Sortierpuffer zwischengeschaltet. Hierin kann eine größere Zahl von Fahrzeugkarossen zwischengepuffert werden. Die Verbindung der Fertigungsbereiche untereinander wird nach dem Kunden-Lieferanten-Prinzip realisiert. Jede Fertigungsstufe entscheidet als Kunde zunächst für sich welchen Auftrag sie aus der vorgelagerten Lieferantenstufe abruft. Erster interner Kunde ist die Montage mit den fixierten Tagespaketen. Die bereits in der Kapazitätsplanung festgelegte optimale Montagereihenfolge bildet die Grundlage der Abrufsequenz. Dem Kundenliefertermin kommt folglich eine priorisierte Aufgabe zu. Grundsätzlich wird nach jedem Fertigungsabschnitt der älteste Termin – bezogen auf den geplanten Liefertermin – noch im Bestand befindlicher Aufträge der ersten passenden Karosse zugeordnet (Herold 2005, S. 121). Nach der dezentralen Planung der optimalen Auftragsreihenfolge übermittelt der Kunde die optimale Auftragsreihenfolge an seine Lieferanten. Im vorgelagerten Prozessschritt wird der Lieferant seinerseits wieder zum Kunden und kann jetzt seinem Lieferanten die für ihn optimale Auftragsreihenfolge übermitteln. Wenn die angeforderte Karosse nicht termingerecht bereitgestellt werden kann, wird diese in eine Warteschlange (kumulierter Auftragsrückstand) eingestellt oder dem Auftrag wird eine andere aber gleiche Grundvariante zugeordnet, welche im Anschluss an die nächste Fertigungsstufe geliefert wird.

Der große Vorteil dieser dezentralen Steuerungsmethode ist die Aufteilung des komplexen Steuerungsproblems auf kleinere gewerkespezifische Steuerungsaufgaben. Diese sind für sich noch transparent und lösbar. Allerdings bedarf dieser Ansatz nach wie vor einer zentralen Gesamtkoordination über den Liefertermin, da sonst die Gefahr besteht, dass sich die Fertigungsbereiche auf Kosten der Termintreue optimieren.

9.6.5 Montagegetriebene Pull-Steuerung

Die ursprüngliche Push-Steuerung beim klassischen Perlenkettenprinzip ist sehr anfällig gegenüber Verzögerungen, die durch laufende Verwirbelungen der Fahrzeugsequenz sowie durch Nacharbeit entstehen. Aus diesem Grund werden heute überwiegend pull-orientierte Steuerungsprinzipien in der Fabrik-Steuerung eingesetzt.

Bei der montagegetriebenen Pull-Steuerung ist die Karosse von der Montage über die Lackiererei bis hin zum Karosseriebau ein Zulieferteil. Das Zulieferteil wird zunächst vom Kunden Montage beim Lieferanten Lackiererei bestellt. Aufgrund einer längeren Vorlauf- und folglich Planungs- und Steuerungszeit werden mehrere Fahrzeuge gleichzeitig im Pulk und in Sequenz abgerufen. Die Montage zieht zunächst die von ihr benötigten Karossen aus der Lackiererei. Nachdem in der Lackiererei die Aufträge aus der Montage eingegangen sind, gibt diese nun ihrerseits im Rohbau an, welche Karossen in welchen Varianten geliefert werden sollen. Der Lieferant wird daher zum Kunden. Somit setzt sich der kundenorientierte Steuerungsimpuls der Montage retrograd über die Lackiererei bis hin zum Karosseriebau fort. Vorteil ist, gegenüber dem klassischen Push-Konzept, dass bei der Pull-Steuerung nur das nachgefragt, produziert und geliefert wird, was auch unmittelbar vom Kunden benötigt wird. Dies führt zu schlanken bestandsarmen Materialströmen, die schnell auf Veränderungen der Kundennachfrage reagieren können.

Damit das Steuerungsverfahren möglichst reagibel ist, werden die Steuerelemente auf Gewerkeebene nochmals in kleinere Steuerungseinheiten zerlegt. Hierbei werden produktionstechnisch sinnvolle Steuerungsbereiche zu einem Steuerelement zusammengefasst, wie z. B. die Füller- oder Decklacklinie in der Lackiererei oder die Bodengruppen- oder Karosseriegerippe-Fertigung im Karosseriebau. Diese eigenverantwortlichen Prozessabschnitte arbeiten untereinander ebenfalls nach dem Pull Prinzip, ziehen sich also den jeweils benötigten Fertigungsumfang aus dem vorherigen Abschnitt. Durch die Einführung einer pull-gesteuerten und hierarchisierten Produktionssteuerung wird es möglich kleine, sich selbst regulierende und flexible Steuerungseinheiten zu schaffen. Diese Vorgehensweise entspricht der Grundidee einer Modularen Fabrik, wie sie bereits in Abschn. 1.3 erörtert wurde.

9.6.6 Einsatzvoraussetzungen

Die mit der Umsetzung des oben beschriebenen Auftragsreihenfolgekonzepts verbundene enge Verzahnung logistischer Prozesse in der Inbound-, Inhouse- und Outbound-Logistik erfordert logistische und produktionstechnische Prozesssicherheit ohne kapazitative Engpassprobleme. Anlaufprozesse bei denen noch kein eingeschwungener Zustand erreicht wurde, sind nur bedingt geeignet für die Anwendung der Produktionssteuerung mit stabiler Auftragsfolge. Gleichzeitig sind eng verzahnte und getaktete Systeme auch störanfälliger. Versagt ein Glied innerhalb der Planungskette so wird eine Kettenreaktion ausgelöst, die unmittelbar auf alle anderen Bereiche durchschlägt (Weyer 2002, S. 73). Prozesssicherheit bedarf daher neuer Produktions- und Logistikphilosophien wie sie bereits im Rahmen der Lean Logistics Philosophie beschrieben wurden (vgl. Kap. 7). Besonders der Programmplanungsansatz der Produktionsglättung und -nivellierung (Heijunka) trägt entscheidend zu einer Stabilisierung und Beruhigung der Prozesse bei (vgl. Abschn. 7.3.1). Zusätzlich bildet auch die Prozessfähigkeit der Produktionsprozesse die Grundlage für die Funktionsfähigkeit der Produktionssteuerung. Jede Störung des Fertigungsprozesses hat unmittelbare Auswirkungen auf die Sequenzstabilität der Fahrzeuge in der Montage. So korreliert beispielsweise die Direktläuferquote der Lackiererei direkt mit der Reihenfolgegüte der Montage-Perlenkette (vgl. Abschn. 9.7.3).

Ein wesentlicher Bestandteil der Produktionssteuerung mit stabiler Auftragsreihenfolge ist der Einsatz von Sortierpuffern (vgl. Abschn. 9.6.8). Diese Lagerstufe, welche zwischen zwei Gewerken (Produktionselementen) platziert ist, ermöglicht die laufende Veränderung der Fahrzeugsequenz im Fertigungsdurchlauf. Ein wahlfreier Zugriff auf den Karossenbestand wird durch die Sortierung der Fahrzeuge – nach den individuellen Anforderungen der Pull-Abrufe nachgelagerter interner Kunden – erreicht. Hierzu sind Investitionen und bauliche Maßnahmen zu tätigen, um diese Karossenspeicher innerhalb und zwischen den Gewerken einzubauen (Weyer 2002, S. 104).

Eine der wichtigsten Einsatzvoraussetzungen für eine erfolgreiche Umsetzung einer stabilen Auftragsfolge ist die Reduzierung der Variantenvielfalt und damit der Produktions- und Logistikkomplexität. Je differenzierter die zu fertigenden Produkte sind, welche den Produktionsprozess durchlaufen, desto schwieriger ist die Realisierung eines homogenen und gleichmäßigen Materialflusses bei stabiler und hoher Kapazitätsauslastung (Weyer 2002, S. 62). Hierfür gilt es die bereits beschriebenen Produktstrukturierungskonzepte der Modularisierung, Plattform- und Gleichteilestrategie sowie der Funktionsintegration im Produktentstehungsprozess zu berücksichtigen (vgl. Abschn. 3.5). Planungsschwerpunkt bilden die beiden Haupttreiber der frühen Variantengenerierung im Karosseriebau und im Lackbereich. Die in den letzten Jahren vorangetriebene drastische Reduzierung der Anzahl von Rohbauvarianten (ca. sechs bis acht Varianten) bei gleichzeitiger Begrenzung der Standardfarben (ca. 10 bis 15 Farben) ermöglicht erst die flexible Zuordnung eines Kundenauftrages. Je mehr unterschiedliche Variantenkombinationen (aus Rohbau- und Farbvariante) sich im Sortierpuffer zwischen Lack und Montage befinden, desto geringer ist die durchschnittliche Lagerlosgröße pro Variante und desto geringer die Wahrscheinlichkeit für einen entsprechenden Kundenauftrag die passende Karosserie-/Farb-Kombination zu finden.

Die Fahrzeugsequenz der Montageauflage führt zu einer unveränderbaren Montage-Perlenkette, welche über den gesamten Montageprozess stabil bleibt. Die Herausnahme eines Fahrzeugs während des Montageprozesses würde zu hohen Resequenzierungsbedarfen, langen Wartezeiten und hohem Suchaufwand führen, was daher bei der Fertigungssteuerung mit stabiler Auftragsfolge nicht mehr zulässig ist. Alte Montagestrukturen, bei denen eine Baureihe auf zwei parallelen Linien montiert wurde, müssen aufgrund des neuen Steuerungsprinzips zu einer gemeinsamen Montagelinie verschliffen werden. Aufgrund der fehlenden Entnahmemöglichkeit schadhafter Fahrzeuge, müssen auch die Nacharbeitsprozesse neu gestaltet werden. Diese erfolgen soweit möglich innerhalb des regulären Linienablaufs bzw. durch Abarbeitung der verbleibenden Nacharbeiten erst nach Abschluss des Montageprozesses. Hierfür müssen Fahrzeugstellplätze zugewiesen sowie Arbeitskapazitäten beplant werden.

Für die Gestaltung der Lieferperlenketten bedarf es einer Reorganisation der internen und externen Lieferprozesse. Gemäß dem Line-Back Planungsprinzip gilt es Lieferabruf-, Anliefer-, Transport- und Behältersysteme zu überarbeiten und somit die Material- und Informationsflüsse an die neuen Systembedingungen anzupassen.

9.6.7 Messung der Reihenfolgestabilität

Zur Vorgabe von Planwerten sowie zur Erfolgskontrolle ist es nötig Kennzahlen zu definieren. Die Produktionssteuerung auf Basis einer stabilen Auftragsreihenfolge fokussiert die Sequenzstabilität der Montage-Perlenkette. Mit der Zielerreichung ist auch das Ziel der Liefertreue für die Fahrzeugkunden verbunden. Zusätzlich bildet die Sequenzstabilität der Montage-Perlenkette die Grundvoraussetzung für einen wirtschaftlichen Produktions- und Logistikprozess sowie für ein funktionierendes Long-Range Just-in-Sequence (vgl. Abschn. 8.3.2).

Allgemein muss zwischen der Plan-Sequenz und der Ist-Sequenz bei der Montage-Perlenkette unterschieden werden. Während die Plan-Montagesequenz (Sequenzvorschau) bereits einige Tage vor Montageauflage generiert wird, entspricht die Ist-Montagesequenz (Sequenzabruf) den tatsächlich eingesteuerten und gebauten Fahrzeugen auf der Montagelinie. Jede Abweichung zwischen Plan- und Ist-Wert, die aufgrund der Unsicherheit logistischer und fertigungstechnischer Prozesse unvermeidbar ist, verursacht Zusatzaufwendungen in Form von Arbeitskräften und Ressourcenmehreinsatz bei Transport, Umschlag und Lagerung, was anhand des Beispiels in Abb. 9.13 erläutert werden soll.

Ein Fahrzeugauftrag, der nicht an seiner ursprünglich geplanten Soll-Position produziert werden kann (in Abb. 9.13 Perle 2), führt zu zwei Änderungen der ursprünglichen Reihenfolge bei der Materialanlieferung. Durch die Abweichung des Sequenzabrufs (Ist-Sequenz) von der Sequenzvorschau (Plan-Sequenz) muss der Lieferumfang aus den bereits sequenzierten und bereitgestellten Materialien herausgenommen und gleichzeitig bei der Nachholung des Fahrzeugauftrages in eine spätere Liefersequenz eingesteuert werden. Dabei verursacht die erste Verletzung den Aufwand der Herausnahme und Lagerung der nicht mehr benötigten Lieferumfänge sowie eine Resequenzierung der Restumfänge. Die zweite Verletzung verursacht den Aufwand einer zusätzlichen späteren Einsteuerung der Lieferumfänge beim Nachholen des Rückstandes. Beide Aufwendungen müssen verursachungsgerecht bewertet werden (Weyer 2002, S. 174 ff.).

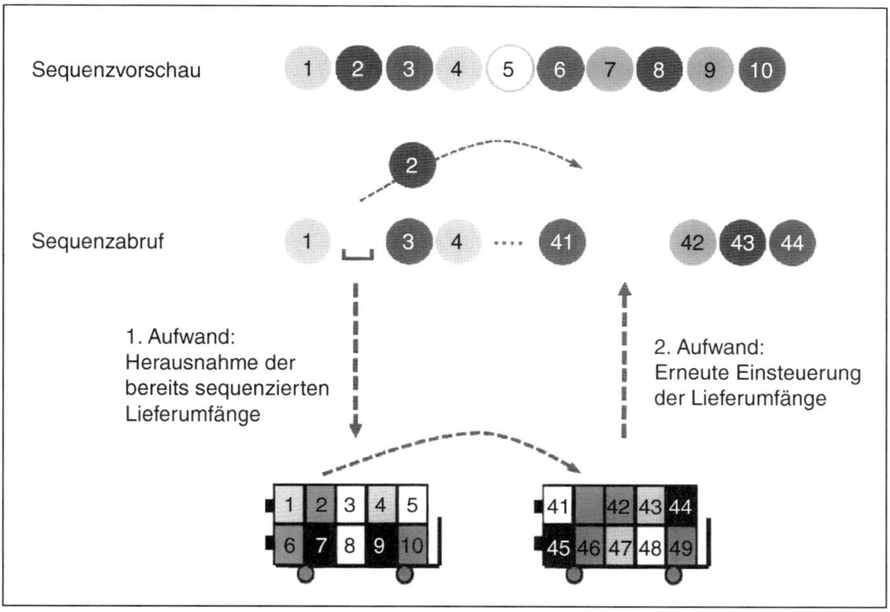

Abb. 9.13 Unterschiedliche Aufwendungen einer Reihenfolgeverletzung (Weyer 2002, S. 174)

Insgesamt können vier Arten von Reihenfolgeverletzungen unterschieden werden, die damit vier unterschiedliche Aufwendungen auslösen (vgl. Abb. 9.14).

1. Lücke (N) L_N = Lücke, die durch einen Nachgriff erzeugt wurde.
2. Nachgriff P_N = Produktionsauftrag (Perle), der im Vergleich zu seiner Soll Position zu spät produziert wird.
3. Vorgriff P_V = Produktionsauftrag (Perle), der im Vergleich zu seiner Soll- Position zu früh produziert wird.
4. Lücke (V) L_V = Lücke, die durch einen Vorgriff erzeugt wurde.

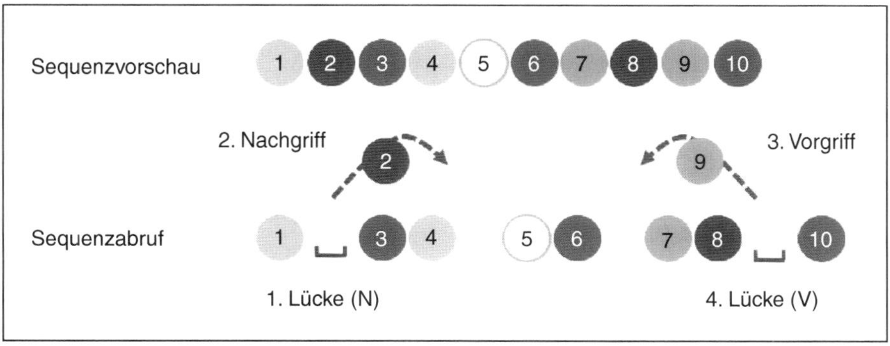

Abb. 9.14 Verletzungsarten der Perlenketten-Reihenfolge (Weyer 2002, S. 175)

Die Kennzahl *Reihenfolgegüte der Perlenkette* (RFG_{PK}) steht für einen Soll-Ist-Vergleich der ursprünglich geplanten zur tatsächlich realisierten Montage-Perlenkette. Aus der Perle des Produktionstages mit der höchsten Produktionsnummer (P_{max}) und der Perle des Produktionstages mit der niedrigsten Produktionsnummer (P_{min}) ergibt sich die Reihenfolgegüte der betrachteten Perlenkette (RFG_{PK}) wie folgt (Weyer 2002, S. 176):

$$RFG_{PK} = \frac{P_{\max} - P_{\min} + 1 - \left(\sum_{i=1}^{l} L_{iV} + \sum_{i=1}^{l} L_{iN} + \sum_{j=1}^{a} P_{jV} + \sum_{j=1}^{a} P_{jN} \right)}{P_{\max} - P_{\min} + 1}$$

mit: $P_{max} - P_{min} + 1$ = Spannweite
l = Anzahl der Lücken im betrachteten Perlenkettenfenster
a = Anzahl der Perlen im betrachteten Perlenkettenfenster

Die *Reihenfolgegüte der Perlenkette* (RFG_{PK}) gibt die Anzahl der Verletzungen im betrachteten Perlenkettenfenster zur Anzahl der produzierten Fahrzeuge im Rahmen des Produktionszeitraums an. Die Kennzahl kann Werte zwischen 0 und 100% annehmen und ist ein Maß für das Auftreten von Störungen bei der Realisierung der geplanten Reihenfolge. Ein Gütewert von beispielsweise 98% sagt aus, dass es bei 400 Fahrzeugen zu acht [400 * (1 − 0,98) = 8] ungeplanten Handlingsschritten gekommen ist. Die *Reihenfolgegüte der Perlenkette* steht somit in einem direkt proportionalen Zusammenhang zum Anpassungsaufwand von Produktion und Logistik bei Sequenzverletzungen.

Die Kennzahl kann ebenfalls bei der Dimensionierung eines Sortierpuffers unfertiger Erzeugnisse angewendet werden. Durch Simulation kann die Größe des Sortierpuffers bestimmt werden, damit eine bestimmte Reihenfolgegüte der Perlenkette erreicht wird (vgl. Abschn. 9.6.8). In einem Folgeschritt können die sich daraus ergebenden Investitionen und Folgeinvestitionen mit den Aufwendungen, die aus einer mangelnden Sequenzstabilität resultieren, verglichen werden (Weyer 2002, S. 176).

Die *Reihenfolgegüte der Perlenkette* betrachtet nicht die Tiefe der Verletzung. Darunter ist zu verstehen, innerhalb welchen Zeitraums die Reihenfolgeverletzung ausgelöst wurde. Handelt es sich um benachbarte Perlen, die ihre Positionen gewechselt haben oder um Perlen die einige Stunden oder sogar Tage auseinander liegen? Aus unterschiedlichen Zeitspannen des Perlentausches resultieren auch unterschiedliche Aufwendungen. Die hierfür entwickelte Kennzahl ist die *Positionsbandbreitengüte der Perlenkette* (Weyer 2002, S. 176 ff.).

9.6.8 Funktionen und Dimensionierung Sortierpuffer

Zentraler logistischer Baustein der Produktionssteuerung mit stabiler Auftragsfolge ist der im Wertschöpfungsprozess integrierte Sortierpuffer für Fahrzeugkarossen

(Weyer 2002, S. 78). Die Hauptsortierpuffer befinden sich zwischen Karosseriebau und Lackiererei bzw. zwischen der Lackiererei und der Montage (vgl. Abb. 9.11).

Optimierung Fertigungsstufen Die Zwischenschaltung von Sortierpuffern ermöglicht die Optimierung von Fertigungsprozessen. Somit wird es möglich auf spezifische Zielvorgaben (z. B. Kapazitätsvorgaben) sowie logistische und technische Restriktionen (z. B. Trockenzeiten) der einzelnen Gewerke Karosseriebau, Lackiererei und Montage einzugehen. Durch die individuelle Anpassung der Fahrzeugreihenfolge an die gewerkespezifischen Anforderungen kommt es zur Bildung situationsspezifischer, temporärer Fahrzeugsequenzen, die von der Eingangssequenz abweichen. Diese stellen jeweils nur ein lokales Optimum des jeweiligen Durchlaufabschnitts dar, welches beim Übergang in ein neues Produktionselement durch den Einsatz eines Sequenzrichters erneut verändert werden muss.

Spezielle Anforderungen der Fertigungsbereiche, welche zu Verwirbelungen führen, sollen am Beispiel der Lackiererei erläutert werden. Prozesse der Oberflächenbearbeitung (Schleifen, Trocknen, Beschichten) finden häufig auf parallelen Fertigungsstraßen statt, so dass die Fahrzeugsequenz einer Hauptlinie immer wieder in parallele Bearbeitungslinien verzweigt und im Anschluss daran wieder zusammengeführt wird. Die Verteilung der Fahrzeuge erfolgt dabei dynamisch in Abhängigkeit von Stationsauslastungen, Störungen der Anlagen sowie technischen und ablauforganisatorischen Restriktionen. Eine dynamische parallele Fertigung mit Schwankungen bei den Bearbeitungszeiten (z. B. Schleifen) gewährleistet deshalb keine stabilen Durchlaufzeiten, was folglich zu laufenden Verwirbelungen in der Fahrzeugsequenz führt. Auch die Zuordnung der Fahrzeuge auf unterschiedliche Lacklinien verändert die Fahrzeugreihenfolge. In der Basislack-Linie (vgl. Abschn. 9.7.3) wird häufig nach Fahrzeugtyp, Farbe, Lackart (Metallic/nicht Mettalic) und Produktionsstückzahl (Renner-/Exoten-Linie) differenziert und somit transporttechnisch verzweigt und anschließend wieder zusammengeführt.

Ein weiterer Verwirbelungsfaktor stellt die sog. Farbblockbildung dar. Hierbei werden Fahrzeuge mit gleichem Füller- bzw. Basislack zu größeren Einheiten (sog. Block, Pulk, Rudel, Batch) zusammengefasst und hintereinander beschichtet (vgl. Abschn. 9.7.3). Hierzu werden sog. Farbsortierspeicher vorgeschaltet, welche im wahlfreien Zugriff aus einem Pool von zwischengepufferten Fahrzeugen die jeweilige Pulk-Farbe auswählen und zusteuern. Je größer die Farbpulks desto geringer sind die Farbwechselkosten. Diese entstehen einerseits durch die Reinigungszeit der Farbleitung (ca. 10bis 15 Sekunden) sowie dem Lackverlust beim Spülen der Farbleitung bei jedem Farbwechsel. Zusätzlich müssen größere Taktabstände (Skidabstand) zur nächsten andersfarbigen Karosse nach dem Farbwechsel gefahren werden. Der Einsatz von Ringleitungssystemen mit parallelen Ventilbatterien und Lackiervorrichtungsleitungen reduziert allerdings zunehmend die Farbwechselzeiten und ermöglicht daher mehr Flexibilität bei der Farbpulkbildung. Gleichzeitig kann durch den Einsatz von sog. Molchen der Lackverlust sowie der Spülmitteleinsatz minimiert werden. Diese drücken ein möglichst großes Lackvolumen der Farbleitung zurück in die zugeordnete Stichleitung der betreffenden Farbe, bevor das Reinigen der Farbleitung durchgeführt wird. Ein weiterer Vorteil größerer Farbblöcke sind sinkende Nacharbeitsquoten, da diese einen eingeschwungenen

Zustand für den Beschichtungsprozess bedeuten (Herold 2005, S. 124). Je nach Auslastung und Variantenvielfalt liegen in der deutschen Automobilindustrie übliche Pulkgrößen bei ca. 20 Fahrzeugen im Füllerlack- und ca. 5 Fahrzeugen im Decklackbereich.

Des weiteren führen Lackläufer, Pickel oder außerhalb der Toleranzgrenzen liegende Lackdichten zu Rückläufern in der Lackiererei (Herold 2005, S. 120). Diese werden entweder lokal nachbearbeitet (Polieren, Spot Repair) oder im Extremfall komplett überlackiert (Zweitläufer). Jede Nachbearbeitung führt dazu, dass das Fahrzeug nicht seinen geplanten Fertigungsdurchlauf absolvieren kann und zwangsläufig die Produktionsreihenfolge geändert wird.

Ausgleichsfunktion Um Produktionsstillstände bei Störungen der Gewerke zu verhindern, können die Fahrzeuge im Sortierspeicher gepuffert werden (Herold 2005, S. 63 f.). Wird eine Anlagenstörung z. B. in der Lackiererei gemeldet, so kann der Sortierspeicher Lack Fahrzeuge zwischenpuffern, bis die Störung wieder beseitigt ist. Das gleiche gilt für die Nichtverfügbarkeit von Montageteilen, bei der die Zusteuerung der Karosse verzögert wird bis die Montageumfänge verfügbar sind oder Fahrzeugsperrungen aufgrund von Qualitätsproblemen aufgehoben wurden. Gleichzeitig dient der Sortierpuffer als Entkopplungselement zwischen den einzelnen Gewerken. Dadurch wird es möglich über einen bestimmten Zeitraum (abhängig von der Größe des Sortierpuffers) nachfolgende Gewerke trotz Störung der Vorgängergewerke weiterhin mit Fahrzeugen zu versorgen. Dies steigert die Verfügbarkeit der Anlagen und führt folglich zu einer erhöhten Produktivität.

Dimensionierung Sortierpuffer Die Sortierpuffer mit in der Regel einigen Hundert Fahrzeugstellplätzen verursachen aufgrund ihrer zentralen Lage und Größe erhebliche Investitions- und Betriebskosten. Um Lagerkosten zu reduzieren, wird im Idealfall nur ein physischer Puffer aufgebaut der beide Pufferfunktionen übernimmt (z. B. BMW Werk Leipzig). Sortierpuffer dienen der Synchronisation der einzelnen Gewerke und ermöglichen trotz individueller Optimierung der Fertigungsbereiche bzw. Prozesselemente die liefertermintreue Montage-Perlenkette zu gewährleisten. Durch das Sammeln von auftragsneutralen Grundvarianten dient der Sortierpuffer als Materialflussquelle für den jeweils nachfolgenden Fertigungsbereich.

Die Dimensionierung des Sortierpuffers ist eines der Hauptentscheidungskriterien bei der Implementierung einer Produktionssteuerung mit stabiler Auftragsreihenfolge. Nur wenn sich die vom internen Kunden geforderte Grundvariante im Sortierpuffer befindet, kann der Pull-Abruf befriedigt werden. Kommt eine für das nachfolgende Produktionselement erforderliche Karosserie nicht zum richtigen Zeitpunkt aus dem vorgelagerten Produktionselement, so kann man durch einen zwischengeschalteten Sortierpuffer eine identische Grundvariante einsteuern. Hierbei ergibt sich für die Dimensionierung eine Zielkonkurrenz. Durch die Integration einer Lagerfunktion in den Fertigungsfluss erhöht sich die Durchlaufzeit der Fahrzeugaufträge. Darüber hinaus steigen die Investitions- und Betriebskosten. Je größer der Sortierpuffer desto größer ist die Anzahl von Fahrzeugen die zwischengespeichert werden, was die durchschnittliche Lagerzeit erhöht. Demgegenüber erhöht sich allerdings auch die Wahrscheinlichkeit aus einem gegebenen Fahrzeugpool die vom internen Lieferanten geforderte Grundvariante bereitzustellen. Die Dimensionierung des Sortierpuffers stellt somit eine Lösung des Zielkonfliktes dar und ist abhängig von der individuellen Bewertung der Einflussgrößen Lagerinvestition, Durchlaufzeit und Sequenzstabilität.

9.6.9 Bewertung der Produktionssteuerung

9.6.9.1 Vorteile der Produktionssteuerung mit stabiler Auftragsreihenfolge

Durch die frühzeitige Festlegung der Montagereihenfolge werden nicht nur die Unsicherheiten im logistischen System und folglich der Ressourcenmehrbedarf reduziert sondern gleichzeitig auch die Voraussetzungen für einen termintreuen Kundenauftragsprozess geschaffen (Grinninger u. Meißner 2006, S. 56). Die Vorteile der Produktionssteuerung mit stabiler Auftragsreihenfolge resultieren in erster Linie aus der Tatsache, dass die gebildete Montage-Sequenz mit längerem Planungsvorlauf zu einer Stabilisierung aller Material- und Informationsflüsse beiträgt, was sich hinsichtlich einer gesamtoptimalen Gestaltung positiv auswirkt. Das Dilemma der Fertigungssteuerung kann auf hohem Niveau abgefangen werden indem mit geringeren Beständen, kürzeren Durchlaufzeiten eine Verbesserung der Kapazitätsauslastung erreicht wird. Die entstehenden Vorteile zeigen sich in den folgenden Bereichen (Weyer 2002, S. 98 f.):

- Materialplanung und -steuerung: Die Belieferungsprozesse können durch die exakten Vorgaben der Sequenz vom Sub-Lieferanten über den Fahrzeughersteller bis zum Händler beruhigt werden.
- Produktions- und Distributionsplanung: In Produktion und Distribution können Restriktionen beachtet und die Kapazitäten den Spitzen angepasst werden.
- Kundenzufriedenheit: Der Kunde profitiert von der Transparenz des gesamten Auftragsprozesses bei hoher Liefertermintreue und der Möglichkeit Auftragsänderungen bis kurz vor Produktionsbeginn durchzuführen.

Materialplanung und -steuerung Durch die Produktionssteuerung mit später Auftragszuordnung wird es möglich bereits einige Tage vor Rohbauauflage die Sequenz der Fahrzeugaufträge festzulegen und nicht erst wie früher üblich bei Einlauf in die Montagelinie. Diese frühzeitige Determinierung des Materialflusses führt zu einer Beruhigung des gesamten Logistiknetzwerkes (Grinninger u. Meißner 2006, S. 56).

Die JIT-/JIS-Lieferanten haben durch die Fixierung des Produktionssynchronen Abrufs (vgl. Abschn. 8.2.1.3) einen Informationsvorsprung, da sie den sachnummernbezogenen Teilebedarf auf Basis von Fahrzeugaufträgen für die Optimierung der eigenen Fertigung nutzen können. Zusätzlich können durch die Ausweitung der abgerufenen Fahrzeugpulks die Logistikprozesse optimiert werden. Die Disposition im Warenausgang des Lieferanten zur Versandvorbereitung der Waren sowie die Transport-, Anliefer- und Bereitstell-Lose werden hierdurch angepasst.

Die Generierung eines frühzeitigen Sequenzabrufs stellt die Grundlage für eine Long-Range Just-in-Time Anlieferung dar (vgl. Abschn. 8.3.2). Je größer die Zeitspanne durch die Frozen-Zone ist, desto größer kann die Entfernung zwischen OEM und Zulieferer ausfallen. Damit kann die Auswahl der Beschaffungsregion und des Lieferanten flexibler erfolgen und somit die Beschaffungsstrategie des Global Sourcings mit entsprechenden Lohnkostenvorteilen unterstützt werden (Cluss 1996, S. 170). Bei einem ausreichenden Zeitraum, zwischen Plan-Sequenzabruf und Bereitstellung des Zulieferteils am Verbauort, kann der Lieferant auch seine Sublieferanten in gleicher Weise in den Gesamtprozess einbinden.

Generell zeigt sich, dass die Anwendung von Sub-Perlenketten nicht nur auf die JIS-Belieferung beschränkt ist, sondern allgemein zur Verbesserung der Materialbedarfsplanung beim Fahrzeughersteller führt. Diese Planungssicherheit spiegelt sich wiederum in stabileren Lieferabrufen bei den Lieferanten. Mehrkosten durch häufige und kurzfristige Änderungen von Materialabrufen durch den Automobilhersteller können reduziert werden (Weyer 2002, S. 69).

Durch die Zerlegung des Gesamtsteuerungsproblems über alle Gewerke in bereichsspezifische Steuerungsaufgaben reduziert sich die Komplexität der Fertigungssteuerung drastisch. Komplexe Fertigungsabläufe werden jetzt in kleinere, modulare und daher überschau- und begreifbare Einheiten zerlegt, die sich autonom steuern lassen.

Produktions- und Distributionsplanung Die Einplanung der einzelnen Kundenaufträge in die Montage-Perlenkette erfolgt mittels komplexer Algorithmen (vgl. Abschn. 9.6.1). Diese Verfahren zielen auf eine simultane Bildung einer produktions- sowie kundenspezifisch optimalen Reihenfolge ab. Auftragsabfolgen, die zu Kapazitätsschwankungen führen, treten nicht willkürlich, sondern geplant ein, damit eine frühzeitige Kapazitätsanpassung ermöglicht wird (Weyer 2002, S. 69). Restriktionen der Produktion können Beschränkungen der Liefermöglichkeiten der Zulieferer oder Modelmixkriterien beim OEM sein. Dabei ist vorteilhaft, wenn komplexe Aufträge, die eine längere Montagezeit erfordern, in der Perlenkette gleichverteilt sind, da es bei einer Komplexitätshäufung zu Kapazitätsengpässen und damit verbundenen Produktionsausfällen kommen kann. Durch die Produktionssteuerung mit später Auftragszuordnung können somit Produktionskapazitäten bei OEM und Zulieferer, die unter bestmöglichen Bedingungen geplant sind, auch optimal ausgenutzt werden.

Der hybride Steuerungsmix aus verbrauchs- (pull-) und bedarfs- (push-) gesteuerten Verfahren gewährleistet eine Entkopplung zwischen dem Auftragsfluss und dem Vorfertigungsfluss (Weyer 2002, S. 82). Deshalb wird die Montage-Perlenkette nicht direkt durch Störungen im Vorfertigungsprozess beeinflusst. Eine verspätete Karosserie bedingt nicht unmittelbar die Verspätung eines Auftrages, da bis zum Montageeinlauf kundenauftragsneutral gefertigt wird.

Bereits zum Zeitpunkt der Einplanung kann der spezielle Fertigstellungstermin des Kundenauftrags auf Basis der terminstabilen Montage-Perlenkette ermittelt werden. Grundvoraussetzung eines schlanken Distributionssystems sind zuverlässige und vorhersagbare Destinations- und Volumen-Informationen über die Fertigfahrzeuge (Holweg 2000, S. 36). Die Montage in geografischer Sequenz ermöglicht eine optimale Transportlosgröße entsprechend den auf dieser Relation eingesetzten Transportmitteln LKW, Bahn und Schiff. Im Vergleich zu einer sporadischen Transportraumbeschaffung mit kleinen Stückzahlen können die Frachtkosten dadurch gesenkt werden (Krüger 2003, S. 129). Durch die frühzeitige Information darüber, in welchem Montagestatus sich ein bestimmtes Fahrzeug befindet, können auch die zollrechtlichen und transporttechnischen Vorbereitungen für eine schnelle Abfertigung bei der Fertigfahrzeugdistribution getroffen werden. Eine Volumenvorschau ermöglicht die verbesserte Planung der Verlade- und Frachtkapazitäten, welche dadurch punktgenau bereitgestellt werden. Die logistische Anbindung und Synchronisation der Spediteure und Compound Betreiber (vgl. Abschn. 10.3.2) wird daher verbessert.

Kundenzufriedenheit Der Kunde profitiert durch die Perlenkette von einer verbindlichen Terminzusage zum Zeitpunkt der Einplanung (Weyer 2002, S. 72). Durch das Einfrieren des Planungshorizontes steigt die Planungssicherheit was die Liefertermintreue drastisch verbessert. Gleichzeitig konnten die Durchlaufzeiten reduziert werden. Außerdem hat der Kunde nicht nur die Möglichkeit entsprechend der Build-to-Order Philosophie (vgl. Abschn. 9.1.2), sein individuelles Fahrzeug zu konfigurieren, sondern kann auch noch wenige Tage vor Produktionsbeginn die Ausstattungsmerkmale seines Wunschfahrzeuges ändern. Insgesamt steigt die Transparenz der Material- und Informationsflüsse. Kunden können anhand der Ordernummer den aktuellen Stand des Auftrages abfragen.

9.6.9.2 Nachteile der Produktionssteuerung mit stabiler Auftragsreihenfolge

Der Einsatz von Sortierpuffern im Fertigungsbereich erfordert hohe Investitionen und Betriebskosten. Bei der Dimensionierung der Sortierpuffer kommen nicht nur kostentechnische Überlegungen zum Tragen. Sortierpuffer bedeuten zunächst Lagerbestände, welche nach der Lean Philosophie (vgl. Abschn. 7.1) Verschwendung bedeuten, die es zu eliminieren gilt. Synchronisationspuffer widersprechen der Philosophie der Reißleine bei der Fehler nicht verdeckt sondern sofort visualisiert und behoben werden müssen (Weyer 2002, S. 101).

Ein weiteres Problem stellt die richtige Dimensionierung der Frozen-Zone dar. Den rationellen Vorteilen in der Produktion durch einen möglichst langen Vorlauf stehen die Nachteile der geringeren Änderungsflexibilität durch den Kunden gegenüber (vgl. Abschn. 9.6.2).

Durch die radikalen Änderungen, welche mit der Einführung von stabilen Auftragsfolgen mit später Auftragszuordnung verbunden sind, ist vor allem in bestehenden Strukturen eine iterative Herangehensweise zu empfehlen, um einerseits Erfahrungen zu sammeln und andererseits Akzeptanz bei den Mitarbeitern zu schaffen.

9.7 Logistikprozesse in der Fertigung

9.7.1 Logistikkette Presswerk

Die Verformung der Bleche ist der erste Schritt im Produktionsablauf eines Fahrzeuges. Das Presswerk produziert die Stahl- und Aluminiumblechteile für den Karosseriebau. Die Stahl- bzw. Aluminiumbleche in einer Stärke von 0,6 bis 4 mm werden zunächst gerollt angeliefert. Diese sog. Coils können bis zu 45 t wiegen. Aufgrund der Größe der Coils sowie begrenzten Pufferflächen im Presswerk gilt es die Bereitstellungsbestände der gerollten Blechbänder durch externe Lagerung zu minimieren. Gleichzeitig dient das Coil-Lager als Entkopplungspuffer, da die Bandstahlerzeugung in Chargen bzw. Kampagnen erfolgt. Verbunden mit der hohen Vielfalt an Güten, Oberflächenbehandlungen und Abmessungen sowie bis zu 40 Produktionsstufen sorgt dies für lange Auftragsdurchlaufzeiten beim Stahlhersteller und folglich langen Lieferzeiten beim Automobilhersteller. Weitere Unwägbarkeiten in der Coil-Logistikkette sind Qualitätsprobleme beim Bandblech, Anlagenausfälle sowie temporäre Kapazitätsengpässe bei den Stahllieferanten (Fander u. Grammer 2002, S. 6 f.). Die Versorgungssicherheit wird daher über ein externes, produktionsnahes Lager gewährleistet, welches häufig über einen Logistikdienstleister betrieben wird. Der Abruf und die Anlieferung werden kurzfristig entsprechend der Programmplanung des Presswerkes durchgeführt.

Das hohe Ladegewicht der Coils erfordert den Einsatz von Schwerlasttransporten. Hierzu werden in der Inbound-Transportkette die Frachtträger Binnenschiff, Eisenbahn und LKW eingesetzt. Beim Bahntransport werden hierfür Spezialwagen verwendet. Sogenannte Teleskop-Haubenwagen können nach dem Verschieben der Hauben mittels Kran be- und entladen werden. Jede Lademulde kann jeweils ein Coil mit einem Einzelgewicht von bis zu 45 t aufnehmen (Ihme 2006, S. 151).

Im internen Bereich werden Coils, Platinen und Pressenwerkzeuge durch Hallenkräne umgeschlagen (vgl. Abb. 9.15). Diese ermöglichen einen flexiblen und flächendeckenden Transport von Schwergut innerhalb der Presswerkhalle (vgl. Abschn. 6.4.4).

Die Coils werden zunächst in Bandschneideanlagen eingelegt, abgerollt und zu flachen Platinen verarbeitet. Die Platinen sind in Größe und Form auf das später zu pressende Karosserieteil abgestimmt und werden nach dem Schneiden gestapelt und anschließend zwischengelagert. Entsprechend der Pressenbelegung werden die Platinen vom Platinenlager abgerufen und an der jeweiligen Pressenstraße bereitgestellt. Die Zuführung der Bleche zur ersten Pressstufe erfolgt in der Regel vollautomatisch.

Bei sog. Feeder-Pressen wird die Aufnahme der Blechteile durch Saugerspinnen realisiert, welche die Bleche mit Unterdrucksaugern aufnehmen, in die Presse einlegen und nach dem Pressvorgang wieder entnehmen und der nächsten Pressenstufe zuführen (vgl. Abb. 9.16). Die Bleche werden mit Ziehfett benetzt, um die Umformeigenschaften zur verbessern. Beim Pressvorgang wird das Blech aufgrund des hohen Pressdrucks verformt. Das Presswerkzeug besteht aus einem Stempel

Abb. 9.15 Transport Pressenwerkzeuge mittels Hallenkran (Quelle: Volkswagen)

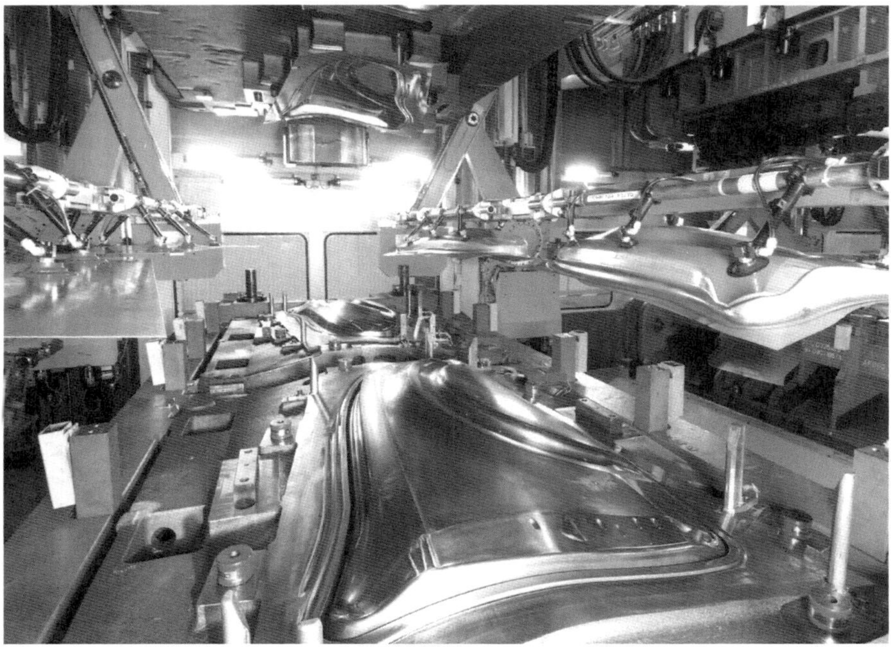

Abb. 9.16 Ver- und Entsorgung der Pressenstufe mit Sauggreifern (Quelle: Audi)

(Oberteil) und einer Matrize (Unterteil), welche während des Bearbeitungsprozesses mit hoher Presskraft zusammenfahren. In einem mehrstufigen Prozess wird die Formgebung des Pressteils durch Tiefziehen, Stanzen, Abkanten und Nachformen des Materials erreicht. Der beim Pressvorgang entstehende Metallverschnitt fällt in ein unter der Pressenstraße angebrachtes Förderband. Dieses transportiert und entsorgt die Reste welche nach Aufbereitung erneut dem Materialkreislauf zugeführt werden. Durch Paketierpressen werden die Verschnitte zunächst komprimiert und an den Stahllieferanten zum Recycling zurückgesandt.

Beim Rüstvorgang einer Pressenstraße müssen neben den Umformwerkzeugen auch die Handlingsgeräte (Sauggreifer) getauscht werden, da diese an die Teilegeometrie angepasst sind. Die Sauggreifer werden in einem pressennahen Lager bevorratet und rüstspezifisch bereitgestellt. Die Rüstzeiten einer Mehrstufenpresse konnten in den letzten Jahren drastisch reduziert werden. Lag früher der Zeitanteil für einen kompletten Rüstvorgang noch bei ca. 1 Stunde, kann heute die Rüstzeit – dank der weitgehenden Automatisierung – auf unter 10 Minuten gesenkt werden. Trotzdem erfolgt im Presswerk eine Losgrößenfertigung im Vergleich zu einer Einzelstück-Fertigung in den nachfolgenden Gewerken. Dies führt dazu, dass an den Pressenstraßen eine Losgröße abgepresst wird, welche dem Teilebedarf für mehrere Produktionstage (in der Regel 5 bis 10 Arbeitstage) im Karosseriebau entspricht (Holweg 2001, S. 115).

Die Fertigungslose müssen daher in einem Pressteilelager zwischengepuffert werden, bis die Teile vom Karosseriebau abgerufen werden. Häufig befindet sich ein Pressteilehochregallager zwischen Presswerk und Karosseriebau. Begrenzte Lagerkapazitäten – besonders in Brownfield-Werken – bei gestiegenem Teilebedarf führen meist zur Auslagerung des Pressteilepuffers. Externe Logistikdienstleister übernehmen hierbei den Abtransport, die Ein- und Auslagerung sowie die bedarfsgerechte Anlieferung der Pressteileumfänge. Hauptauswahlkriterien zur externen Auslagerung sind Teilegeometrie und Qualitätsvorgaben. Beispielsweise wird der einteilige Seitenwandrahmen als größtes Blechteil, aufgrund der hohen Transport-, Umschlags- und Lagerkosten sowie der erhöhten Qualitätsanforderungen eines Außenhautteiles, möglichst intern zwischengepuffert.

Großformatige Blechteile werden heute durch sog. Großraumtransferpressen gefertigt. Hierbei sind die einzelnen Pressenstufen eingehaust was die Lärmbelästigung im Presswerk drastisch reduziert. Der interne Teiletransport erfolgt über ein modular aufgebautes Transfersystem. Die autonomen Transfereinheiten mit elektrischen Antrieben sind an den Pressenständern befestigt. Alle notwendigen Transfer- und Hebebewegungen sowie Lageänderungs- und Schwenkfunktionen, für den Teiletransport zwischen den einzelnen Pressenstationen, sind in den Transfereinheiten zusammengefasst. Die Werkzeuge fahren vollautomatisch auf Schiebetischen in die jeweilige Pressenstufe ein. Gleichzeitig wird das noch in der Pressenstraße befindliche zusammengefahrene Werkzeug (Stempel und Matrize) auf der gegenüberliegenden Seite ausgefahren (vgl. Abb. 9.17).

Aufgrund der Schwere und Größe der Presswerkzeuge sollten diese möglichst maschinennah gelagert werden. Neben den Stufenpressen wird im Presswerk auch

Abb. 9.17 Bereitstellung von Pressenwerkzeugen für den Rüstvorgang (Quelle: Volkswagen)

eine Vielzahl von Einzelpressen eingesetzt. Kleinere Karosserie-Anbauteile werden im Stanzwerk gefertigt.

Die Steigerung der Hubleistung der Pressenstraßen bei gleichzeitigem Einsatz mehrteiliger Presswerkzeuge führte zu einer drastischen Erhöhung der Produktivität. Damit verbunden ist die hohe Anzahl von großen Pressteilen (Funktionsintegration) welche pro Zeiteinheit aus der Pressenstrasse entsorgt werden müssen. Um den Engpass der Teileentnahme an der letzten Stufe der Pressenstrasse zu entschärfen, werden Transportbänder eingesetzt auf welche die entnommenen Teile aufgelegt und abtransportiert werden (vgl. Abb. 9.18). Die beidseitig am Band angeordneten Mitarbeiter können nun die Fertigteile an unterschiedlichen Positionen abnehmen, auf Qualität prüfen und in die dafür bereitgestellten Pressteilebehälter einschichten. Je länger das Transportband desto größer ist die Abstapelkapazität. Häufig müssen beim Abstapeln der Pressteile im Behälter noch Abstandshalter durch die Mitarbeiter eingelegt werden, um Pressteilkontakte und folglich Beschädigungsgefahr zu vermeiden. Wurden genügend Pressteilebehälter gefüllt, werden diese über einen getakteten Routenverkehr abtransportiert (vgl. Abschn. 7.3.5). Zusätzlich erfolgt die Leergutversorgung über den Leergutplatz mit Hilfe von Schleppzugverkehren.

Außenhautteile und qualitätsbestimmende Untergruppen werden als Kernkompetenz im Presswerk vorwiegend innerbetrieblich gefertigt. Der Automatisierungsgrad eines Presswerkes liegt bei ca. 80%. Die hohen Investitionskosten im Presswerkbereich erfordern meist einen Drei- bzw. Vierschichtbetrieb an sechs Wochentagen. Hohe Werkzeugkosten bei gleichzeitiger Steigerung der Typen und

Abb. 9.18 Entsorgung Pressenstraße mittels Transportbänder (Quelle: Volkswagen)

Modellvielfalt führen zum sog. Single Tooling Konzept. Hierbei werden zentral an einem Presswerksstandort Karosserieteile wie Türen, Klappen, Dach oder Seitenrahmen produziert und an weitere Fertigungsstandorte, welche den jeweiligen Fahrzeugtyp fertigen, verteilt. Gleiches gilt für Plattformumfänge. Der jeweilige Plattform-Leader presst für die anderen verbauenden Fahrzeugwerke mit und verteilt über Zwischenwerksverkehre. Somit können die Rüstzeiten reduziert und die Auslastung und Produktivität der Anlagen gesteigert werden.

9.7.2 Logistikkette Karosseriebau

Die im Presswerk gefertigten Karosserieteile werden im Karosseriebau miteinander verbunden. Hierbei kommen unterschiedlichste Fügetechnologien zum Einsatz. Beispiele für gängige thermische, mechanische und chemische Fügeverfahren sind Widerstandspunkt-, Schutzgas-, Reib- und Laserschweißen, Kleben, Stanznieten, Verschrauben und Hartlöten. Der Automatisierungsgrad ist mit über 90% im Karosseriebau der höchste innerhalb einer Automobilfabrik.

Fast alle Schweißpunkte werden heute – in deutschen Automobilfabriken bei den Serienfahrzeugen – durch Industrieroboter gesetzt. Die hohe Produktivität und Flexibilität war der Grund für den zunehmenden Einsatz von Industrierobotern im Karosseriebau. Durch die Kombination verschiedener Anbaugeräte wie Werkzeuge (z. B. Schweißzangen, Klebepistolen), Greifer und Prüfgeräte (Messfühler) übernimmt der Roboter neben den eigentlichen Bearbeitungsaufgaben auch Transport-, Handlings- sowie Qualitätssicherungsaufgaben. Die Überprüfung der Qualität der Karosserie erfolgt im laufenden Fertigungsprozess mit Hilfe von Messstationen, welche die Karosserie stationär sowie während des Transports (in-line) vermessen. Dreidimensionale Messsysteme mit einem temperaturkompensierenden Messablauf prüfen die Festigkeit der Schweißungen und die Maßhaltigkeit der kompletten Karosserie. Beim Laserstrahlmessen werden die Messpunkte der Karosserie berührungslos mit Hilfe eines Laserstrahls abgefahren. Die reflektierten Laserstrahlen gelangen über Spiegelsysteme auf einen Sensor der die Daten erfasst und auswertet. Ein mobiler Datenspeicher (Transponder) wird an der Karosse montiert (vgl. Abschn. 6.9.1.2), so dass alle für die Steuerung und Statusmeldungen relevanten Daten im Fertigungsverlauf automatisch erfasst und ausgewertet werden können (Herold 2005, S. 63). Informationen über Fahrzeugtyp und karosseriebau-relevante Sonderausstattungen werden somit drahtlos an die Steuereinheiten der Fertigungsanlagen übermittelt. Die Durchlaufzeit für den Aufbau einer kompletten Karosse liegt bei ca. zwei bis vier Stunden. Der produktionslogistische Ablauf einer Karosserie kann in die Hauptfertigungsbereiche Unterbau, Aufbau und Anbauteile zerlegt werden (vgl. Abb. 9.19).

Unterbau Die Gesamtstruktur der Karosserie wird sukzessive aus kleineren Schweißgruppen aufgebaut. Diese werden im Fertigungsdurchlauf zusammengefügt und zu größeren Einheiten komplettiert. Hieraus ergibt sich für die Karosseriestruktur ein hierarchisches System aus Schweißteilen, Schweißkomponenten, Schweißuntergruppen, Schweißgruppen (Zusammenbauten) aus denen schrittweise die Struktur der Rohkarosse aufgebaut wird.

Startpunkt des Karosserieaufbaus bildet die Bodengruppe, an die schrittweise Front-, Seiten- und Heckteile gefügt werden (vgl. Abb. 9.20). Basis für den Unterboden bilden die Längs- und Querträger, welche vorn und hinten von Bodenblechen abgeschlossen werden. Der Unterboden wird in einen Vorder- und Hinterbau zerlegt. Der Vorderbau besteht unter anderem aus dem Motorträger, Stirnwand, Querträger und Radhäusern. Im Vorderbau werden eine Vielzahl von Versteifungen verbaut, da dieser Karosseriebereich eine hohe Steifigkeit benötigt, aufgrund der Aufnahme von Motor und Vorderachse sowie der zentralen Rolle als energieaufnehmende Komponente bei Frontalaufprall (Teske u. Großmann 2005, S. 336). Beim Hinterbau kann durch den Einsatz von Tailored Blanks auf Verstärkungen verzichtet werden. Er wird direkt mit dem Schweller verbunden. Zusätzlich werden am Vorder- und Hinterboden eine Vielzahl von Halterungen, Stiften und Bolzen angebracht, welche später als Fixierungs-, Befestigungs- und Anschraubpunkte dienen (z. B. Heckleuchte, Sicherheitsgurtschloss, Achsen, Abgasanlage, etc.).

Aufbau Auf einer typ- und modellflexiblen Hauptlinie erfolgt der Karosserieaufbau. An der Bodengruppe werden in einem ersten Aufbauschritt die Frontteile befestigt. Im Anschluss daran wird der Radkasten eingebaut der hinten mit der Stirnwand abschließt (Teske u. Großmann 2005, S. 338). Weitere Aufbaubauteile sind beispielsweise Batteriekonsole, Wasserkasten und Rückwand. In einer zweiten Aufbaustufe wird das Karosseriegerippe komplettiert. Hierbei wird zunächst die

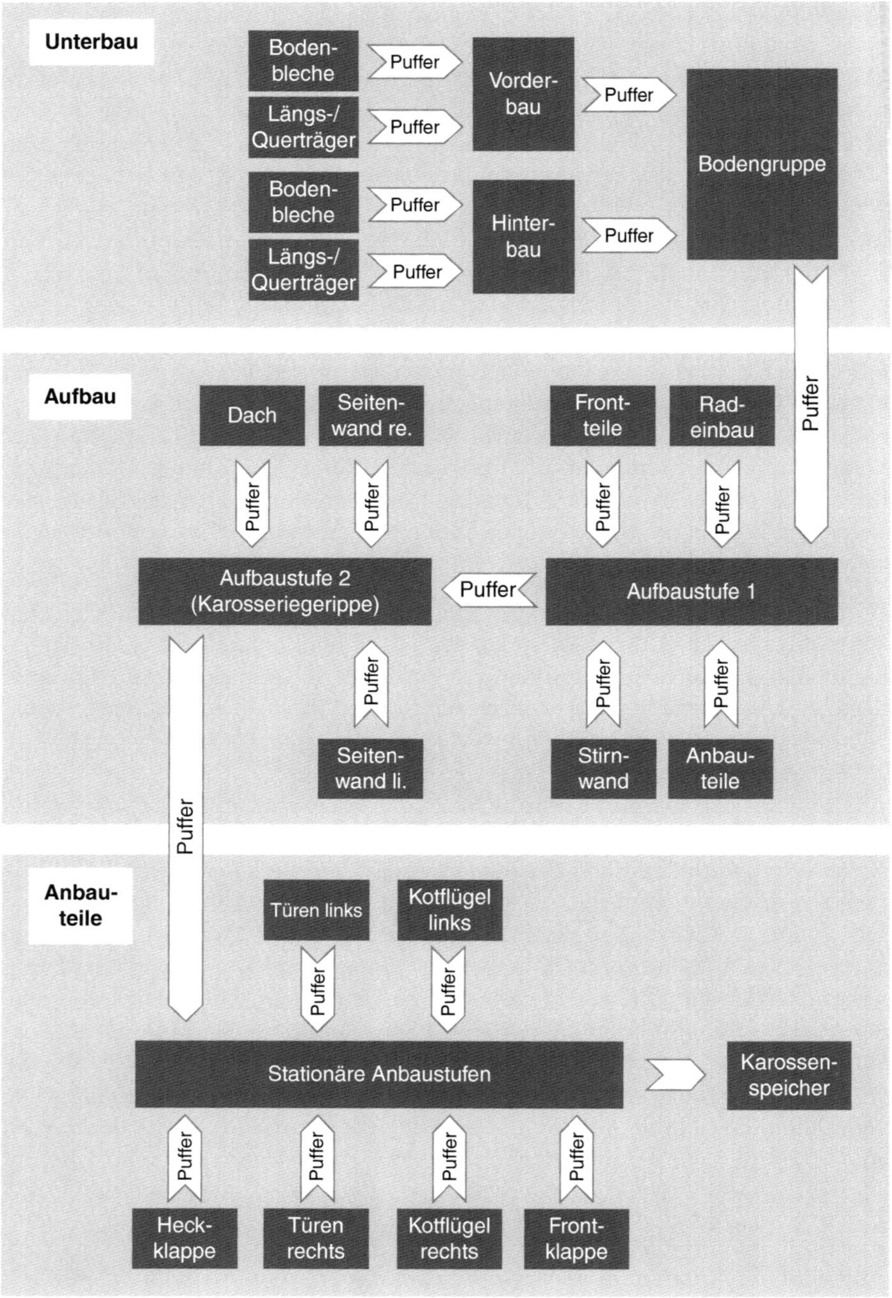

Abb. 9.19 Logistikkette Karosseriebau

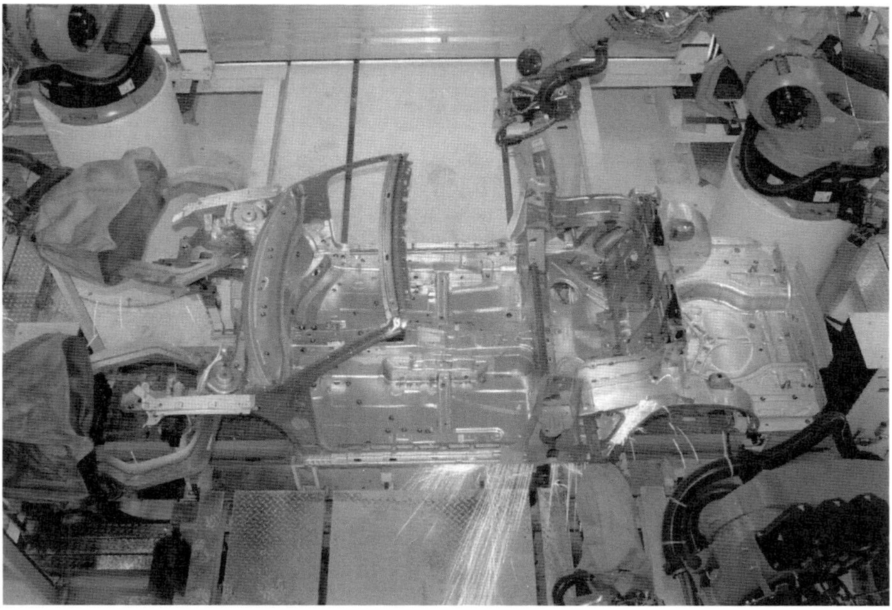

Abb. 9.20 Bodengruppen-Fertigung im Karosseriebau (Quelle: Volkswagen)

erste Aufbaustufe, mit der linken und rechten Seitenwand sowie dem Dachrahmen und dem Dach, mit Hilfe eines Spannrahmens maßgenau fixiert und geheftet (Geo-Station). Damit ist ein späteres Verziehen der Karosserie beim Schweißen ausgeschlossen. Aufgrund der Typen- und Modellflexibilität der Aufbaulinie müssen die Spannrahmen jeweils getauscht werden (Megaframing). In den Folgestationen werden die Bleche dann verbunden (vgl. Abb. 9.21). Der Zusammenbau Seitenwand wird typspezifisch wie alle höher aggregierten Schweißzusammenbauten in einem vorgelagerten Fertigungsbereich aus einem inneren und äußeren Seitenteil gefügt und taktgenau der Aufbaulinie zugeführt.

Anbauteile Unter Anbauteilen versteht man alle zur Karosserie gehörigen Teile, die nicht mit der Rohkarosserie verschweißt werden (Teske u. Großmann 2005, S. 339). Im Anbauteilebereich des Karosseriebaus werden Türen, Kotflügel, Tankklappe sowie Front- und Heckklappe des Fahrzeugs montiert. Die einzelnen Module können entweder als Eigenleistung im Karosseriebau gefertigt oder als Modul von externen Lieferanten bezogen werden. Die Montage der Anbauteile wird stationär durchgeführt. Nach dem Prüf- und Finishbereich (vgl. Abb. 9.22) wird die Karosserie im Karossenlager bis zum Abruf aus der Lackiererei zwischengepuffert.

Früher wurde der Fahrzeugaufbau im Karosseriebau an einer hochintegrierten Transferlinie organisiert. Die serielle Hintereinanderschaltung einer Vielzahl von Schweißrobotern in Kombination mit getakteten Transportsystemen führte zum Ausfall der gesamten Anlage bei Störung einer Einheit. Die Gesamtverfügbarkeit der Linie entspricht der multiplikativen Verknüpfung der Einzelverfügbarkeit

Abb. 9.21 Karosseriegerippe auf Skid (Quelle: Audi)

Abb. 9.22 Prüf- und Finishbereich Karosseriebau (Quelle: Audi)

der Schweißroboter und -automaten. Hieraus ergibt sich aufgrund der Länge einer Transferlinie trotz relativ hoher Einzelverfügbarkeit eine schlechte Gesamtverfügbarkeit für die Aufbaulinie. Hohe Stillstandszeiten führten somit zu einer geringen Durchsatzleistung bzw. Produktivität. Um diese Nachteile zu beheben und gleichzeitig die Typ- und Modellflexibilität der Anlagen zu erhöhen, wurde die getaktete und hoch integrierte Linienfertigung mit Hilfe einer modularisierten und entkoppelten Fertigungsstruktur aufgelöst und entflechtet. Die Hauptaufbaulinie sowie die vorgelagerten Untergruppen-Fertigungsbereiche werden heute in kleinere autonome Fertigungseinheiten zerlegt. Durch den Einsatz einer sog. Fischgrät-Struktur werden die variantenbildenden Untergruppen von der Hauptlinie getrennt. Schweißgruppen werden in den Fertigungsmodulen separat gefertigt und sequenzgenau und einbaufertig an der Hauptlinie angeliefert. Diese Module werden herstellerspezifisch als Fertigungszelle, Fertigungsnest, Fertigungssegment, Fertigungsinsel oder Robotergarten bezeichnet (vgl. Abb. 9.23). Hiermit erfolgt eine klare Trennung zwischen den variantenreichen Vorfertigungsbereichen und der variantenarmen aber typflexiblen Aufbaulinie. Erst die Verfolgung einer konsequenten Plattform- und Gleichteilestrategie garantiert den Erfolg dieser Strukturierungsmaßnahmen im Karosseriebau (vgl. Abschn. 3.5.2). Die dadurch entstandenen autark arbeitenden Untergruppen-Fertigungen werden über Pufferstrecken entkoppelt. Zwischengeschaltete Materialpuffer sorgen für den nötigen Ausgleich bei Störungen und Wartungsarbeiten (z. B. Wechsel der Schweißzangenelektroden). Die Entkopplungselemente bestehen soweit es sich um flächige Teile handelt aus Transporteinheiten wie Bandförderer und Kettenmagazine. Die Dimensionierung der Pufferstrecke muss so

Abb. 9.23 Schweißzellen entkoppelt über Fördertechnik (Quelle: Comau)

ausgelegt werden, dass Störungen im täglichen Produktionsprozess behoben werden können ohne die Verfügbarkeit der gekoppelten Fertigungsbereiche zu beeinflussen.

Mit Hilfe der Modularisierung des Karosseriebaus konnte die Gesamtverfügbarkeit bei gleichzeitiger Steigerung der Variantenflexibilität drastisch gesteigert werden. Zusätzlich erhöht sich durch den Einsatz mobiler standardisierter Fertigungszellen, welche bei Bedarf schnell und kostengünstig ab- und aufgebaut werden, die strukturelle Flexibilität. Ein Beispiel hierfür ist die bei BMW eingesetzte MobiCell. Ein Grundrahmen aus Stahl (Maximalmaße 2,9 m × 5,8 m) mit dessen Hilfe die Schweiß- und Handlingsroboter, Vorrichtungsmodule, Schalt- und Einspeiseschränke samt Verkabelung zu einer autonomen und mobilen Fertigungszelle integriert werden (Wiendahl et al. 2005, S. 119 f.). Durch das flexible Hintereinanderschalten der modular aufgebauten Zellen können komplexe Zusammenbauten von größeren Fahrzeugteilen gefertigt werden. Dies ermöglicht eine schnelle kapazitative Anpassung im Karosseriebau bei Nachfrageschwankungen. Gleichzeitig wird die Verlagerung von Modellreihen auf andere Werkstandorte vereinfacht bzw. die Nachfolgeflexibilität der Anlagen erhöht. Gesamtziel ist die Schaffung flexibler Fertigungs- und Logistikstrukturen, mit denen es möglich ist unterschiedliche Modellreihen und Derivate sowie zukünftige Fahrzeuggenerationen auf bereits bestehenden Anlagen zu fertigen. Durch die sehr hohen Investitionskosten im Bereich Karosseriebau gewinnen die Steigerung der Wiederverwendungsquote und die Reduzierung der produktspezifischen Investition zunehmend an Bedeutung.

9.7.3 Logistikkette Lackiererei

Der Lackierprozess ist ein sehr komplexer und zeitaufwendiger Vorgang bei dem unterschiedliche Lack- und Schutzschichten aufgetragen werden. Die Durchlaufzeit einer Karosse durch die Lackiererei liegt im Durchschnitt bei ca. 15 Stunden. Prinzipiell kann der gesamte Materialfluss innerhalb der Lackiererei in die Module Vorbehandlung, Kathodische Tauchlackierung, Nahtabdichtung, Unterbodenschutz sowie jeweils in die Füller-, Basis- und Klarlacklinie inklusive Trockner unterteilt werden (vgl. Abb. 9.24).

Vor dem eigentlichen Lackierprozess erfolgt zunächst eine aufwendige, mehrstufige Vorbehandlung, so dass die Rohkarosserie sauber und fettfrei ist. Bei der Reinigung werden Ziehfette, welche im Presswerk eingesetzt wurden, Späne sowie Schmutzreste vorheriger Fertigungsstufen beseitigt. Problematisch ist der Werkstoffmix heutiger Fahrzeugkarosserien (Stahl, Aluminium, Kunststoff), welcher je nach Werkstoffart unterschiedliche Behandlungsstufen benötigt. Die Vorbehandlungs- und Lackierstufen müssen so flexibel ausgelegt werden, dass sowohl Karosserien aus elektro- oder feuerverzinktem Stahlblech als auch Vollaluminiumkarosserien beschichtet werden können. Bei verzinkten Stahlkarossen wird mit Hilfe der Phosphatierung eine Zinkphosphatauflage im Tauchbad aufgebracht. Diese dient als Haftvermittler für die nachfolgende Grundierung und als Korrosionsschutz.

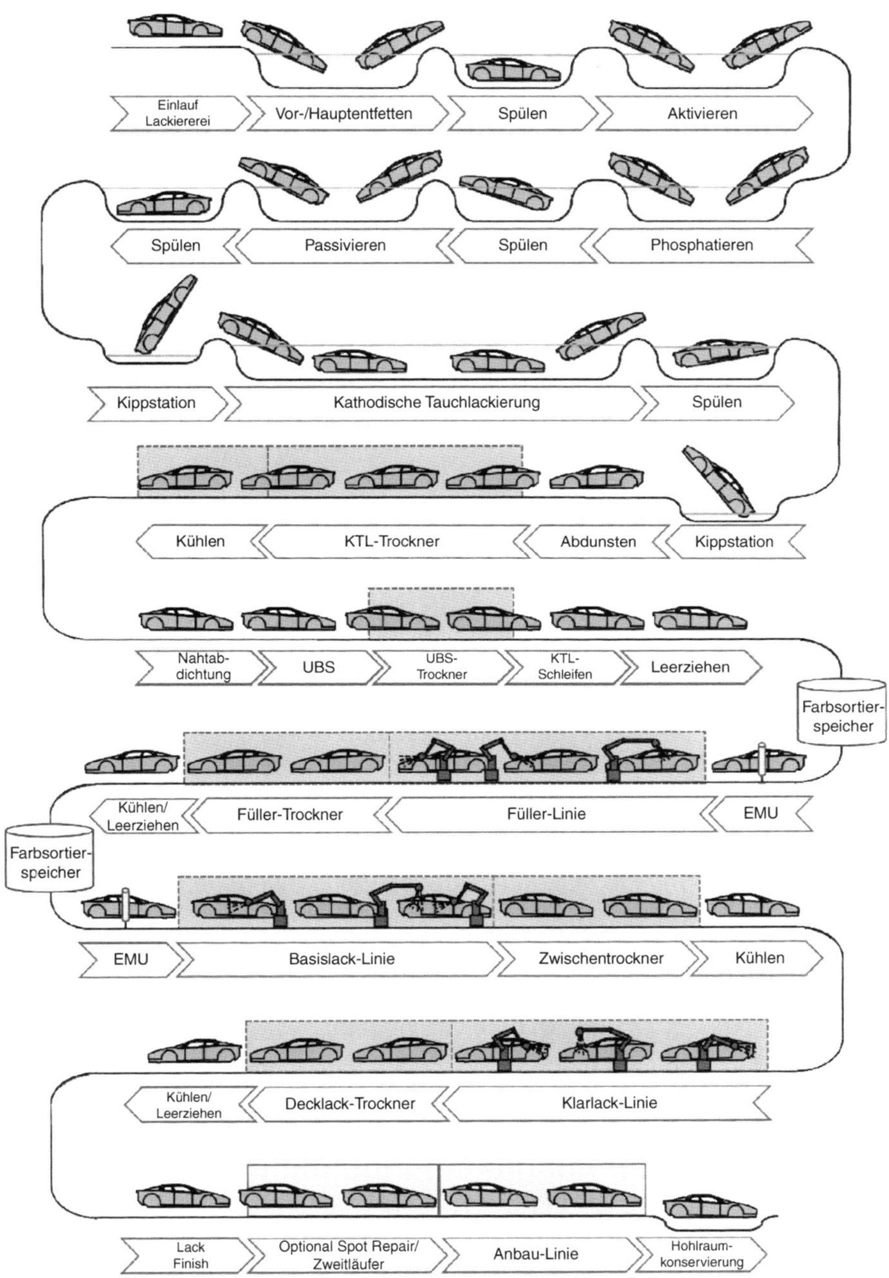

Abb. 9.24 Logistikkette Lackiererei

Abb. 9.25 Rotationstauchverfahren im Reinigungs- und Vorbehandlungsbereich (Quelle: BMW)

Hierbei wird die Karosserie nicht nur eingetaucht sondern darüber hinaus auch gedreht, innerhalb jedes Tauchbeckens vertikal einmal um die eigene Achse, bei gleichzeitig horizontaler Transportbewegung im Tauchbad (vgl. Abb. 9.25). Je nach Fahrzeugtyp werden die Karosserien durch individuelle Drehbewegungen in den jeweiligen Reinigungsbädern behandelt. Dadurch verbessern sich die Durchflutung und Entleerung der Karosseriehohlräume, die Reinigungswirkung und die Gleichmäßigkeit der aufgebrachten Phosphatschicht. Das Rotationstauchverfahren reduziert den Verbrauch an Reinigungsmedien und verhindert eine Verschleppung von Chemikalien in die nachfolgenden Tauchbecken. Aluminiumteile erfordern eine zusätzliche Passivierung. Spezielle Reinigungsbäder senken die Reaktionsneigung von Aluminium.

Im Anschluss der Reinigung und Vorbehandlung der Karosserie erfolgt eine Kathodische Tauchlackierung (KTL). Die dabei aufgebrachte Grundierung schützt wie die Zinkphosphatschicht vor Korrosion und verbessert die Lackhaftung.

In der KTL-Anlage wird zwischen Tauchbecken und Karosserie eine Spannung (380 V) angelegt. Die positiv geladenen Lackpartikel strömen aufgrund des angelegten Potenzials zum negativ geladenen Blech. Eine gleichmäßige Beschichtung auch an unzugänglichen Stellen und Hohlräumen wird somit ermöglicht. Die in der KTL-Anlage aufgebrachte Kataphorese-Grundierung wird anschließend im KTL-Ofen eingebrannt. Nach jedem Trocknungsprozess innerhalb der Lackiererei werden Leerziehstrecken zur Entkopplung und Entleerung der Trockenöfen nachgeschaltet. Zur Verbesserung der Akustik werden Flüssigbeschichtungen und Anti-Dröhnbeläge eingebracht. Um Schweißnähte und Blechfalze an der Karosserie abzudichten, werden anschließend PVC-Nähte aufgetragen. Zusätzlich wird der Unterboden und die Radkästen mit Kunststoff beschichtet. Die Beschichtung wird mit Hilfe von Robotern in steinschlaggefährdeten Bereichen aufgetragen und anschließend im Unterbodenschutz (UBS)-Trockner vernetzt. Vor den nächsten Beschichtungsschritten werden die Karossen mit Hilfe einer Straußenfeder-Maschine (OFM – Ostrich Feather Machine) gereinigt, die häufig nach dem australischen Strauß als EMU-Anlage bezeichnet wird. Staubpartikel des vorgelagerten KTL-Schleifens werden beseitigt und gleichzeitig die Karosserie elektrostatisch entladen.

Zur Reduzierung der Farbwechselhäufigkeit der im Folgenden stattfindenden Füller- und Basislack-Lackierung wird ein Karossenlager zwischengeschaltet. In diesem sog. Farbsortierspeicher werden Fahrzeuge für den jeweiligen Lackfarbton zusammengestellt (vgl. Abschn. 9.6.8). Wurden genügend Fahrzeuge mit gleicher Farbe unter Berücksichtigung zeitlicher Restriktionen gesammelt, erfolgt der Abruf und die Einsteuerung in den Füller- bzw. Decklackbereich.

Für den gesamten Lackierprozess bilden Sauberkeit und Staubfreiheit die notwendige Voraussetzung für eine einwandfreie Lackierqualität. Der komplette Lackierbereich wird deshalb hermetisch abgetrennt und in mehrere Reinraumzonen mit unterschiedlichen Sauberkeitsklassen eingeteilt. Die Spritzkabinen dürfen nur mit spezieller Kleidung über Luftschleusen betreten werden. In den Lackierkabinen werden die Lackierroboter, Lackierautomaten und die Karosserie ständig von oben nach unten mit sauberer und klimatisierter Luft umspült. Innerhalb der Lackierkabinen herrscht die höchste Sauberkeitsstufe mit leichtem Überdruck. Diese Spritzkabinen besitzen vollkommen glatte Innenwände damit sich kein Staub ablagert. Komponenten wie Leuchten, Kabel, Rohrleitungen werden außerhalb der Spritzkabine angebracht. Alle für das Service-Personal relevanten Anlagenteile können komplett von außen erreicht werden. Innerhalb der Lackierkabine arbeiten nur die Sprühroboter und Lackiermaschinen. In der Regel werden für den Lackierprozess jeweils zwei Lackierroboter vorne und hinten am Fahrzeug eingesetzt. Der Roboterarm besitzt neben dem Sprühkopf noch Finger um z. B. die Türen des Fahrzeugs zu öffnen und zu schließen. Eventuell dadurch verursachte Lackflecken werden im nächsten Applikationstakt überlackiert. Der Lack wird für jeden Farbton über Ringleitungen von einem Farbtank aus umgepumpt. Von dieser Ringleitung führen Stichleitungen zu einer Ventilbatterie, welche die gewählte Farbe selektiert und dem Sprühkopf des Lackierroboters zuführt. Um die Farbwechselzeiten zu reduzieren (vgl. Abschn. 9.6.8) werden die Ventilbatterie und die Leitung zur Lackiervorrichtung zweifach ausgeführt und so installiert, dass sie parallel betrieben werden können. Die Lackpartikel werden durch ein elektrostatisches Feld von den unter Hochspannung stehenden Zerstäubern (Hochgeschwindigkeits-Rotationsglocken) zu den geerdeten Karossen transportiert. Die Zerstäuber rotieren mit bis zu 40.000 Umdrehungen pro Minute und erzeugen somit einen sehr feinen Farbnebel, der sich gleichmäßig auch an schwer zugänglichen Stellen der Karosserie anlegt (vgl. Abb. 9.26). Der Lack wird dabei elektrostatisch aufgeladen. Hierdurch kann der Auftragswirkungsgrad drastisch erhöht werden. Der beim Lackieren nicht abgeschiedene Lacknebel (Overspray) wird durch einen von oben nach unten strömenden Luftkanal aufgenommen und anschließend an ein unter dem Kabinenboden

Abb. 9.26 Lackapplikation mit Hilfe von Hochrotationszerstäubern (Quelle: Porsche)

fließendes Wasserbad abgegeben (Nassauswaschung). Im Wasserkreislauf bildet sich ein Lackschlamm der filtriert und größtenteils wiederaufbereitet wird. Die Lackierkabinen werden von einem Farbmischraum aus über ein umlaufendes Ringleitungssystem versorgt.

Zur anschließenden Beschichtung der Karosserie werden hintereinander drei Lackierlinien durchlaufen. Der Füller-, Basis- und Klarlack wird jeweils, wie bereits beschrieben, durch den Einsatz von Lackierrobotern mit elektrostatischer Lackaufladung beschichtet. Als Steinschlagschutz wird zunächst der Füller aufgebracht, der farblich auf die anschließende Decklackierung abgestimmt ist. Diese elastische Grundierung beugt als farbtonbezogener Untergrund möglichen Verletzungen des Decklacks vor und steigert die Brillanz (Glanzgrad) der anschließenden Decklackierung. Zusätzlich können Unebenheiten des Untergrundes gefüllt und somit ausgeglichen werden. Im Anschluss wird der Füller im Füller-Trockner eingebrannt. Als letzte Stufe erfolgt das Decklack-Finish durch das Aufbringen eines Basis- und eines Klarlacks. Der Basislack dient der eigentlichen Farbgebung der Karosserie während der Klarlack die bisher aufgebrachten Schichten als Decklack versiegelt. Nach jeder Lackschicht wird ein Zwischentrocknungs- (Basislack) bzw. Trocknungsprozess (Klarlack) durchgeführt.

Im Lack-Finish wird die Qualitätsprüfung der Lackoberfläche organisiert. Hierbei spielt die Art und Ausrichtung der Beleuchtungskörper eine große Rolle. Die Helligkeit der Beleuchtungskörper kann individuell auf den jeweiligen Farbton des Decklacks eingestellt werden. Hochqualifizierte Mitarbeiter erkennen kleinste Lackschäden auf der Fahrzeugfläche, welche je nach Fehlerart nachbearbeitet

Abb. 9.27 Lackfinish (Quelle: Volkswagen)

werden müssen (vgl. Abb. 9.27). Für kleinere Ausbesserungen wird ein sog. Spot Repair veranlasst, bei dem lediglich punktuell nachgearbeitet wird. Ein hierzu erforderlicher, schneller Farbwechsel mit Losgröße eins benötigt ein spezifisches Farbzuführungssystem (Kartusche). Bei größeren Lackschäden erfolgt ein Zweitdurchlauf durch die Basislacklinie. Rückläufer erhöhen die Durchlaufzeit der Fahrzeuge und tragen daher erheblich zu einer Verschlechterung der Termintreue des OEMs bei (vgl. Abschn. 9.6.8). Somit bildet eine hohe Direktläuferquote in der Lackiererei die Grundlage für eine funktionierende Produktionssteuerung mit stabiler Auftragsfolge.

Auf einer Dekorlinie werden nun die wagenfarbigen Anbauteile (Spiegel, Dekorleisten, etc.) montiert. Problematisch hierbei ist das sog. Colour-Matching. Dabei geht es um eine optimale Abstimmung zwischen den Farbtönen der Karosserie und den wagenfarbig lackierten Anbauteilen. Zur Erreichung einer Farbtonstimmigkeit ist ein optimaler Abstimmungsprozess zwischen dem Lacklieferanten, dem Lieferanten der lackierten Anbauteile und der Karosserie Lackiererei nötig. Probleme unterschiedlicher Farbnuancen trotz identischer Farbdosierung können durch den Einsatz automatischer Farbwert- sowie Glanzeigenschaftserkennungen gemindert werden (Radtke et al. 2004, S. 72). Anhaltende Probleme beim Colour-Matching haben allerdings dazu geführt, dass einige Automobilhersteller wieder dazu übergegangen sind, die Lackierung der Anbauteile im eigenen Haus durchzuführen.

Zum Schluss erfolgen eine Hohlraumkonservierung mit flüssigem Wachs sowie das Schäumen diverser weiterer Hohlräume. Die Wachsversiegelung dient als

Korrosionsschutz. Anschließend werden die lackierten Karossen in einem Hochregallager zwischengepuffert, welches als Sortierspeicher für die Montage dient (vgl. Abschn. 9.6.8).

Der gesamte Lackierprozess ist über mehrere Ebenen verteilt, die mit Hilfe von Hubstationen miteinander verbunden werden. Der Transport der Karossen erfolgt überwiegend auf Tragrahmen (Skids), welche die Rohkarossen aufnehmen und mit Hilfe von Tragkettenförderern, Rollenbahnen, Drehtischen und Verschiebewagen durch die jeweiligen Bearbeitungsstationen transportieren. Für manuelle Arbeiten an der Karosse (Schleifen, Polieren, etc.) werden höhenverstellbare Hubtische eingesetzt um die Arbeit in aufrechter Körperhaltung zu erleichtern. Lackierrelevante Informationen des Fahrzeugs wie z. B. die Basislackfarbe sowie die Karosserieform werden über einen am Fahrzeug angebrachten Transponder abgespeichert und abgelesen (vgl. Abschn. 6.9.1.2).

9.7.4 Logistikkette Montage

Die Montage und Endmontage komplettieren das Fahrzeug als letztes Gewerk in der automobilen Wertschöpfungskette. Der Trend geht zu flexiblen Einliniensystemen bei denen unterschiedliche Baureihen und Derivate auf derselben Linie montiert werden. Dadurch verursachte erhöhte Investitionskosten stehen einer gestiegenen Montageflexibilität gegenüber. Gegenläufige saisonale, lebenszyklusbedingte und stochastische Nachfrageschwankungen einzelner Fahrzeuge auf der Linie können somit gegenseitig ausgeglichen werden, was eine konstant hohe Auslastung der personellen und technischen Ressourcen erlaubt (Roscher 2008, S. 39 f.). Der Montagebereich ist aufgrund der Vielzahl schwer automatisierbarer Fügeprozesse sehr personalintensiv. Der Automatisierungsgrad liegt hier zwischen 5 und 40%. Die Durchlaufzeit der Fahrzeugmontage schwankt entsprechend des Fahrzeugtyps und liegt im Durchschnitt bei etwa 8 bis 24 Stunden. Gemäß der festgelegten Montage-Perlenkette (vgl. Abschn. 9.6.1) werden die lackierten Karosserien aus dem Sortierspeicher abgerufen und in eine Vorsteuerstrecke eingesteuert. Hierbei handelt es sich um die Förderstrecke zwischen dem Auslagerungspunkt des Karossenlagers und dem ersten Montagetakt. Die Vorsteuerstrecke dient als zeitlicher Puffer zur Optimierung der Anordnung der Einbautakte mit Abrufsteuerung und bestimmt die Reaktionszeit der Logistik für die Anstellung von JIS-Umfängen. Der Produktionssynchrone Abruf (vgl. Abschn. 8.2.1.3) wird als Ist-Sequenzabruf bereits vor Einlauf in die Vorsteuerstrecke generiert, so dass sich als maximale Lieferzeit für die Bereitstellung der Lieferumfänge nach Sequenzabruf folgende Berechnungsformel ergibt:

$$\begin{aligned}&\text{maximal verfügbare Anlieferzeit}\\&\quad= (\text{Anzahl Karossen Vorsteuerstrecke} + \text{Einbautakt}) \cdot \text{Taktzeit}\end{aligned}$$

Während des gesamten Montageablaufs wird die Fahrzeugsequenz der Bandauflage nicht verändert. Die Montagelinie ist aufgrund der Länge in einer Mäander- bzw.

Schlangenstruktur aufgebaut, die sich in mehrere Bandabschnitte aufteilt. Nach jedem Bandabschnitt wird ein Richtungswechsel und bei einer Schlangenstruktur ein Umsetzen der Karosserie über die Fahrstraße durchgeführt. Diese Aufgabe wird in der Regel von zwei Hebern, die mittels Förderbrücke verbunden sind, abgewickelt. Jeder Bandabschnitt ist für sich wieder in Unterabschnitte eingeteilt, die sich bis auf der untersten Ebene in Takte einteilen lassen. Um die Gesamtverfügbarkeit der Montagelinie zu erhöhen, werden automatische Einbaustationen (z. B. Scheiben) entkoppelt, um technische Störungen überbrücken zu können. Zusätzlich wird der Ausgleich von Synchronisationsschwankungen durch die Entkopplung der Fördertechniken erreicht (Plattenband, Schwenkmontage und Montagegehänge).

Die Hauptmontagelinie gliedert sich in die Bereiche Inneneinbau mit der Montage der Interieurumfänge, Fahrwerksbereich mit Zusammenbau von Unterboden und Chassis sowie den Prüf- und Finishbereich. Das Fahrzeug wird im ersten Bandabschnitt auf ein Schubplattenband aufgesetzt, welches aus mehreren Arbeitsplattformen mit höhenverstellbaren Hubtischen besteht. Diese Skids sind bündig auf dem Niveau des Hallenbodens installiert und können sowohl kontinuierlich oder getaktet für den Karosserietransport eingesetzt werden. Durch die Niveauregulierung der Karosserie während des Montagedurchlaufs kann für jeden Mitarbeiter eine, auf seine Körpermaße abgestimmte, optimale ergonomische Arbeitsposition eingenommen werden. Gleichzeitig fährt der Mitarbeiter auf dem Plattenband mit und kann sich somit vollkommen auf seine Einbautätigkeit konzentrieren.

Der Bauauftrag des Fahrzeugs wird in Papierform gedruckt und vorne und/oder hinten am Fahrzeug angebracht. Darüber hinaus wird das Fahrzeug mit einem Transponder ausgestattet und programmiert, der alle relevanten Fahrzeugdaten für eine kundenspezifische Montage enthält (vgl. Abschn. 6.9.1.3). Durch das Einprägen der Fahrgestellnummer erfolgt die sog. Taufung, mit einer eindeutigen und endgültigen Zuordnung des Kundenauftrages zur Karosserie.

Das Fahrzeug wird zunächst mit Kunststoffabdeckungen beplankt, um es während des Montagablaufs vor Beschädigungen zu schützen (vgl. Abb. 9.28). Die Türen werden paarweise entnommen, um den Montagevorgang im Innenraum zu erleichtern und Beschädigungen zu verringern. Die Türmontage wird taktsynchron in einem separaten Fertigungsbereich organisiert.

Anschließend beginnt die Montagetätigkeit im Fahrzeuginnen- sowie Fahrzeugaußenbereich. Im Rahmen der Montageabläufe werden abhängig von der jeweiligen Fahrzeugkonzeption und dem Aggregationsgrad der Anlieferumfänge der Linie ca. 3.000 bis 6.000 Montagepositionen aus bis zu 20.000 Teilen und Komponenten verbaut. Eine Verbauposition kann sowohl aus einem einzigen Teil als auch aus einem komplexen Modul mit wiederum einigen Hundert Teilen bestehen. In einer Vielzahl von internen und externen Vormontagebereichen werden wichtige Module und Systeme (Tür, Sitze, Triebsatz, Stoßfänger, Frontend, etc.) vormontiert und sequenzgenau durch eine Just-in-Sequence Anlieferung bereitgestellt (vgl. Abschn. 8.3.2).

Typische Montageumfänge im ersten Bandabschnitt sind Schiebedach, Steuergeräte, Sicherheitsgurte, Airbags, Dämpfungen und Gepäckraumwanne. Weil viele der nachfolgenden Montageumfänge über dem Kabelstrang montiert werden,

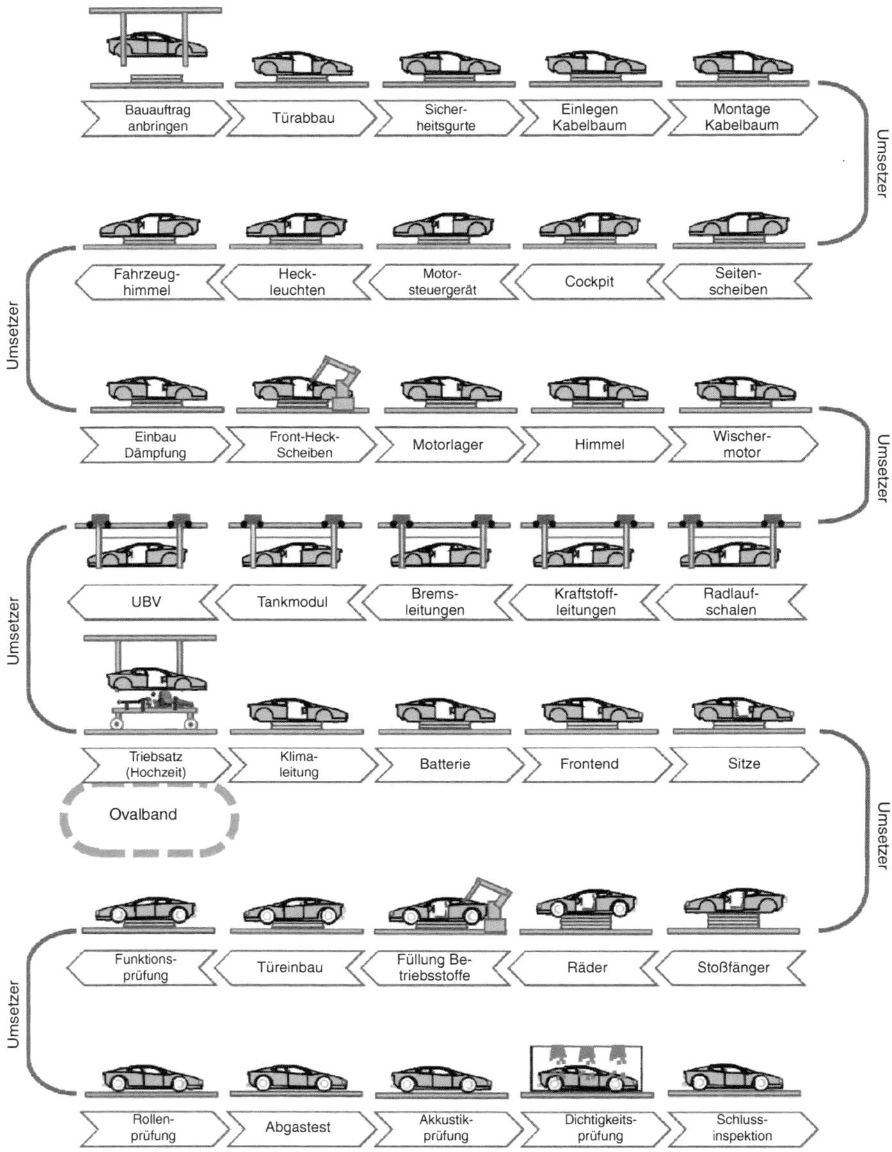

Abb. 9.28 Logistikkette Montage

erfolgt der Einbau des Kabelbaums innerhalb der frühen Stationen. Je nach Fahrzeugkonzept wird das Bordnetz dabei als Innenraumleitungssatz bzw. im Cockpit-Modul als Komplettleitungssatz angeliefert. Aufgrund der steigenden elektrischen Umfänge hat der Kabelbaum an Größe und Gewicht laufend zugenommen. Dieser wird wegen des gestiegenen Eigengewichts mit einem hydraulischen Handlingsgerät aufgenommen, in den Fahrzeuginnenraum eingeführt, entpackt und ausgerollt.

In den Folgetakten beginnt das Verlegen der einzelnen Leitungsstränge, die meist über Clipfunktionen im Fahrzeuginnenraum befestigt werden.

Das Cockpit wird aus der internen Cockpitvormontage über Heber bzw. durch den externen Lieferanten taktgenau zum Hauptmontageband zugesteuert. Das Einfahren des Cockpits wird in der Regel vollautomatisch bzw. durch ein halb-automatisch manuell unterstütztes Handlingsgerät realisiert. Auch der Scheibeneinbau ist heute weitestgehend automatisiert, indem die vorsequenzierten Front-, Heck- und Seitenscheiben mittels Kleberoboter beschichtet und im Anschluss durch einen Handlingsroboter in die vorab montierten Dichtungsrahmen punktgenau eingepresst und verklebt werden (vgl. Abb. 9.29). Weitere Montageumfänge werden in den Folgetakten verbaut. Beispiele hierfür sind Heckleuchten, Fahrzeughimmel, Zierleisten, Mittelkonsole, Ablagefächer, Teppiche, Griffe, A-/B-/C-Säulenverkleidungen, Sonnenblenden, Haltegriffe, Innenraumverkleidungen, Bodenmatten und Wischermotor.

Nach dem ersten Abschnitt der Innen- und Außenmontage erfolgt die Schwenkmontage. Hierzu wird das Fahrzeug vom Plattenband in ein sog. C-Gehänge einer Elektrohängebahn aufgenommen. Durch das Drehen und Kippen des Fahrzeugs um seine Längsachse bei gleichzeitiger Höhenverstellung kann je nach Arbeitsumfang die ergonomisch optimale Arbeitsposition bei der Unterboden-Montage erreicht werden. Anstrengende Überkopfmontage wird somit vermieden. Hauptumfänge welche in diesem Bandabschnitt verbaut werden, sind Radlaufschalen, Wärmeabschirmbleche, Kraftstoff- und Bremsleitungen, Tankmodul und Unterbodenverkleidungen.

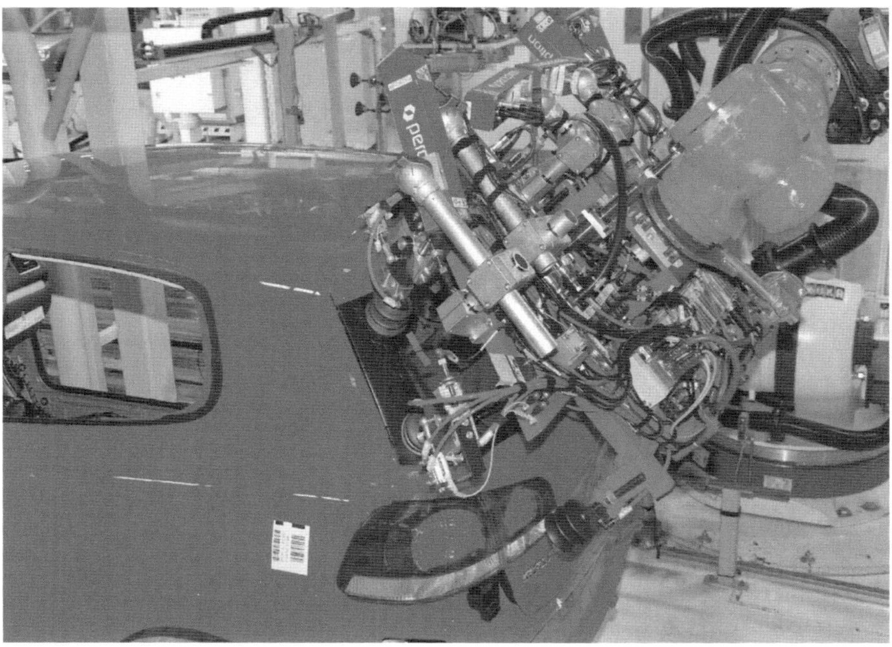

Abb. 9.29 Automatischer Einbau der Scheiben durch Roboter (Quelle: Volkswagen)

Abb. 9.30 Fahrzeughochzeit (Quelle: Audi)

Parallel zum Takt des Hauptmontagebandes wird die Triebwerksmontage am sog. Anflanschband durchgeführt. Hierbei werden die Hauptbestandteile Motor, Getriebe, Vorder- und Hinterachse, Antriebswelle, Abgasanlage, Radaufhängung und Stoßdämpfer zu einem Triebsatz komplettiert. Die Montage wird auf einem Ovalband das taktsynchron zum Hauptmontageband läuft realisiert. Bei der sog. Hochzeit wird der Triebsatz auf einem Einbauwagen von unten, mittels hydraulischer Hubvorrichtung, an die von oben kommende Karosserie angenähert (vgl. Abb. 9.30). Das passgenaue Einfahren und Verschrauben wird heute in der Regel vollautomatisch in den Folgestationen ausgeführt.

Das Fahrzeug wird im Anschluss wieder auf einem Plattenband aufgesetzt, um die Restumfänge im Innen- und Außenbereich zu montieren. Wichtige Umfänge hierbei sind das Frontendmodul, Sitze, Stoßfänger (vgl. Abb. 9.31) und die Räder. Die Befüllung mit Betriebsstoffen wie Brems- und Kühlflüssigkeit, Kraftstoff und Motoröl wird vollautomatisch durch Befüllautomaten durchgeführt. Die im separaten Bereich der Türmontage komplettierten Türen werden Satzweise per Fördertechnik bandsynchron angeliefert und am Fahrzeug verbaut.

Im Anschluss der Hauptmontagetätigkeiten ist ein umfangreicher Prüf- und Finishbereich angeschlossen, welcher aufgrund des laufend steigenden Elektronikanteils im Fahrzeugbau immer umfangreicher wird. An verschiedensten Prüf- und Messständen werden Funktionsprüfungen und Feineinstellungen vorgenommen. Bei einer Elektrik-Funktionsprüfung werden sämtliche elektrischen Verbraucher einem rechnergestützten Funktionstest unterzogen. Auf dem Rollenprüfstand werden Fahrfunktionen simuliert und Testprogramme nachgefahren.

Abb. 9.31 Ergonomieoptimierte Montage Stoßfänger (Quelle: BMW)

Abb. 9.32 Prüf- und Finishbereich (Quelle: Porsche)

Weitere Prüf- und Einstellumfänge erfolgen z. B. in den Bereichen Scheinwerfer, Abgas, Akustik und Wasserdichtigkeit. Einstellungen des Fahrwerks werden nach elektronischer Vermessung der Achs- und Lenkgeometrie vorgenommen. Zusätzlich wird durch eine Unterflurkontrolle der Bodenbereich des Fahrzeugs inspiziert bzw. aerodynamische Bodenverkleidung eingebaut. Die Schlussinspektion mit der Qualitätskontrolle erfolgt an parallelen Bändern (vgl. Abb. 9.32). Nach der Endkontrolle und einer eventuellen Nacharbeit wird das Fahrzeug der Distributionslogistik übergeben.

Kapitel 10
Distributionslogistik im Automobilbau

10.1 Bedeutung der Distributionslogistik

Während die klassischen Wettbewerbsfaktoren wie Technik, Qualität und Preis des Automobils im Zuge der Globalisierung auf Grund erhöhter Markttransparenz an Bedeutung verlieren, bleibt das Bemühen um den Kunden als eine Ausprägung der Servicefunktion als unterscheidbares Merkmal erhalten (Herold 2005, S. 10). Kundenservice wird bestimmt durch die Lieferzeit sowie die Lieferzuverlässigkeit. Folgende Abb. 10.1 zeigt die Abhängigkeit zwischen Kundenzufriedenheit und Lieferzeit am deutschen Automobilmarkt (Dreher 1997, S. 39 f.).

Mit einer Reduzierung der Lieferzeit, steigt die Kundenzufriedenheit und folglich auch die Kundennachfrage. Nachfrage und Zufriedenheit korrelieren allerdings nicht linear. Der Nachfrageanstieg erfolgt sprunghaft, wenn eine gewisse Reiz- und Nutzenschwelle beim Kunden überschritten wird. Beispielsweise würde bei einer maximalen Lieferzeit von fünf Monaten eine Verringerung auf drei Monate noch keinen Nachfragesprung nach sich ziehen. Wird die Lieferzeit jedoch auf nur vier Wochen gesenkt, wäre durch die deutliche Veränderung auch eine drastische Erhöhung der Nachfrage spürbar (Wolff 1995, S. 20 f.).

Die Lieferzeit wird definiert als Zeitspanne zwischen dem Eingang des Kundenauftrags beim Händler und der Fertigfahrzeugübergabe an den Kunden. Bereits bei der Bestellung des Fahrzeuges wird dem Kunden ein Auslieferungszeitpunkt mitgeteilt. Die Liefertreue ist die Wahrscheinlichkeit der Einhaltung eines – dem Kunden zugesagten – Liefertermins (Herold 2005, S. 105).

Gesamtlieferzeit bzw. Gesamtliefertreue setzen sich aus einer Vielzahl von Einzelleistungen (z. B. Wochenprogrammtreue, Versandtreue, etc.) zusammen, für die individuelle Zielvereinbarungen definiert werden (vgl. Abb. 10.2) (Hickmann 2001, S. 73). Trotz der hohen logistischen Leistung der Automobilindustrie sind Lieferzeitverzögerungen von mehr als drei Wochen und eine Lieferzeit von über acht Wochen keine Seltenheit in der europäischen Automobilindustrie (Herold 2005, S. 14).

Für die Kundenzufriedenheit spielt letztendlich die Gesamtlieferzeit eines Fahrzeuges eine ausschlaggebende Rolle, unabhängig wie sich diese Zeit auf die Bereiche der Beschaffungs-, Produktions- und Distributionslogistik aufteilt. Bei einer

F. Klug, *Logistikmanagement in der Automobilindustrie*,
DOI 10.1007/978-3-642-05293-4_10, © Springer-Verlag Berlin Heidelberg 2010

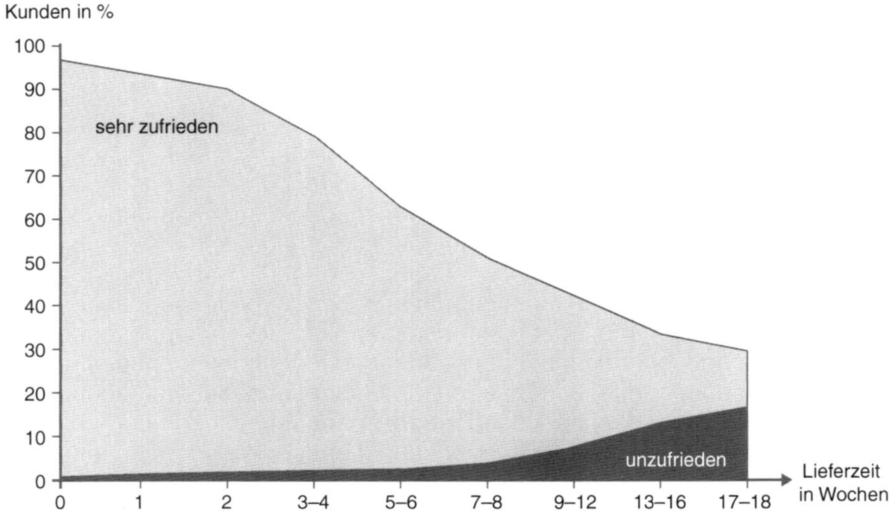

Abb. 10.1 Abhängigkeit der Kundenzufriedenheit von der Lieferzeit

Betrachtung der Durchlaufzeitanteile zeigt sich eine starke Ungleichverteilung. Während die eigentlichen Fertigungszeiten des Fahrzeugs relativ gering sind, weist die Versandzeit einen erheblichen Zeitanteil an der Gesamtlieferzeit auf. Dieses Defizit gilt es, durch eine Optimierung der Abläufe in der Fertigfahrzeuglogistik so-

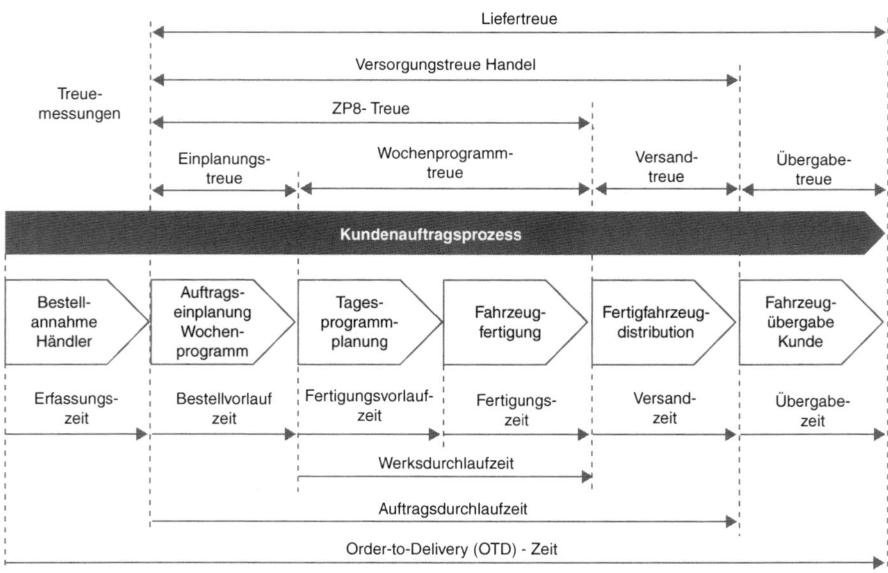

Abb. 10.2 Liefertreue und Lieferzeit als kritische Größen der Kundenzufriedenheit (Herold 2005, S. 105)

wie durch eine engere Abstimmung mit den vorgelagerten Planungsbereichen, zu beseitigen.

10.2 Aufgaben der Distributionslogistik

Der Distributionsprozess verfolgt das Ziel einer zeitgerechten Auslieferung der Fertigfahrzeuge beim Endkunden in optimaler Transportqualität unter Berücksichtigung von Kosten- und Nachhaltigkeitsaspekten. Er stellt einen wichtigen Baustein des Kundenauftragsprozesses dar. Die Fahrzeugdistribution beschäftigt sich mit dem Versenden bzw. Verteilen von Fahrzeugen in ein zuvor geplantes und eingerichtetes Distributionsnetzwerk, mit dem Ziel die Fahrzeuge nach Kundenwunschtermin dem Handel bzw. den Importeuren zur Verfügung zu stellen (VDA 5520, S. 6).

Die Hauptfunktionen der Distributionslogistik im Zusammenhang mit der Fertigfahrzeugdistribution lassen sich wie folgt aufzählen (vgl. Abb. 10.3):

Bestandsmanagement Fertigfahrzeuge Hierbei geht es um eine effiziente und effektive Verwaltung des Fertigfahrzeugbestandes, von der Übergabe der Fahrzeuge durch die Produktion bis zur Auslieferung an den Händler. Für ein optimales Bestandsmanagement der Distributionslogistik ist es nötig, dass Vorschauzahlen der zu distribuierenden Fahrzeuge von der Fertigung aus dem Auftragsverwaltungssystem in das Versandsystem übernommen werden.

Beim jedem Lagerungsprozess (Werklager, Compound, Händler) erfolgt eine Ein- und Ausgangserfassung des Fahrzeugs, ein Übernahme-Check sowie die Zwischenpufferung des Fahrzeuges auf einer separaten Stellfläche mit Einzelplatzzuweisung. Im Rahmen eines Tracking und Tracing Systems (vgl. Abschn. 8.9) kann jederzeit der aktuelle Standort des Fahrzeugs zwischen der Endabnahme der Fertigung bis zur Übergabe an den Händler ermittelt werden. Hieraus lassen sich die dynamischen Bestände auf den jeweiligen Stufen der Distributionslogistik ermitteln und entsprechend steuern.

Bestandsführung	Fakturierung	Transport-abwicklung	Transport-abrechnung	Umschlag Werklager
• Verwalten Fahrzeugaufträge • Statusverfolgung in Fertigung • Versanddisposition • Informations-verbindung zu Händlern und Spediteuren	• Preisermittlung und Fakturierung • Eigentums-fortschreibung • Versorgung Finanzsysteme zur Verbuchung der Forderungen	• Beauftragung Transport-dienstleister • Kommunikation mit Transport-dienstleistern • Fahrzeugverfolgung	• Bereitstellung von Daten für Transport-abrechnung • Frachtgutschrift-abwicklung	• Übernahme nach Endkontrolle • Werklager-verwaltung • Verbuchung Ein-/ Ausgänge • Erstellung Frachtdokumente • Fahrzeugverladung

Abb. 10.3 Aufgaben der Fertigfahrzeugdistribution (Herold 2005, S. 66)

Transportmanagement Fertigfahrzeuge Für die Fertigfahrzeugdistribution werden unterschiedliche Transportwege und Frachtträger meist in Kombination genutzt. In der Regel erfolgt die Fahrzeugdistribution über eine mehrstufige Transportkette. Das Transportmanagement überwacht und koordiniert die Transportprozesse vom Werkstandort des Fahrzeugherstellers, über die Umschlagspunkte, an denen die Fertigfahrzeuge zielortspezifisch sortiert und gebündelt werden, bis hin zum Empfangspunkt des Fahrzeughändlers. Um einen optimalen Distributionsprozess zu gewährleisten, ist die logistische Anbindung des Produktionswerkes für eine schnelle Transportabwicklung erfolgsentscheidend.

Fertigfahrzeugumschlag Werklager Für den Transport werden mehrere Fahrzeuge destinationsspezifisch gebündelt und zu Versandlosen zusammengefasst. Sollten die Fahrzeuge noch nicht komplett verladen werden können (aufgrund unvollständiger Lose), werden diese nochmals auf dem Werkslager zwischengepuffert. Nach dem Erreichen der Versandlose werden die Fahrzeuge schließlich auf die entsprechenden Transportmittel (Bahn, LKW) verladen, der Bestand ausgebucht, die Frachtdokumente bereitgestellt und die Fertigfahrzeuge fakturiert.

10.3 Logistikkette Fertigfahrzeugdistribution

10.3.1 Direkte Auslieferung

Der Direktvertrieb ohne die Zwischenschaltung von Absatzmittlern wird nur vereinzelt in der Fahrzeugdistribution eingesetzt. Die direkte Auslieferung bezeichnet die Übergabe von Neufahrzeugen an den Endkunden ohne die Zwischenschaltung von werksfremden Absatzorganen. Dazu zählen nicht nur die Werksabholung, sondern auch die werkseigenen Niederlassungen der Fahrzeughersteller sowie die direkte Auslieferung von Fahrzeugen an Großkunden (freie Leasinggesellschaften, Mietwagengesellschaften, gewerbliche und öffentliche Großkunden) (Holweg u. Miemczyk 2002, S. 836).

Der Neuwagenkauf ist für jeden Kunden eine wichtige Investition und somit ein besonderes Ereignis. Deshalb nutzen die Automobilhersteller die Möglichkeit ihren Kunden durch eine Werksabholung des Neufahrzeuges eine Besonderheit zu bieten, um gleichzeitig den Neuwagen und die Automarke positiv zu positionieren. So bietet beispielsweise Porsche bei der Werksabholung eines Porsche Cayenne im Werk Leipzig neben der Fahrzeugübergabe zusätzliche Incentives, welche die Kundenbindung vergrößern sollen. Neben der klassischen Werksführung, dem Museumsbesuch sowie Verköstigung besteht die Möglichkeit das Fahrzeug vor Ort auf einer Einfahr- und Prüfstrecke sowie einem Geländeparcours selbst zu testen (Kahmeyer 2002, S. 54).

Aus logistischer Sicht stellt die Werksauslieferung die geringsten Anforderungen an die Koordinationsfähigkeit logistischer Umschlags-, Lager- und Transportsysteme. Das Fahrzeug wird entweder direkt am Standort produziert und ist somit bereits am Übergabeort oder es wird aus einem anderen Werk durch einen werksinternen Transport angeliefert. Die Fahrzeuge werden vor Ort auf einer Außenfläche zwischengepuffert und termingerecht an die Fahrzeugaufbereitung übergeben. Nach einer technischen und optischen Kontrolle werden die Fahrzeuge zeitnah dem Kunden übergeben.

10.3.2 Indirekte Auslieferung

Der Fahrzeugvertrieb über den indirekten Distributionskanal dominiert die Absatzstrukturen der Automobilhersteller. Die indirekte Auslieferung erfolgt über Händler, darunter auch Werkstätten, die im eigenen Namen und auf eigene Rechnung handeln. Zusätzlich werden beim indirekten Vertrieb auch sog. Vertreter und Kommissionsagenten eingesetzt, welche im eigenen Namen, aber auf Rechnung des Herstellers agieren. Der indirekte Vertrieb von Fertigfahrzeugen kann ein- oder mehrstufig organisiert werden. Beim mehrstufigen Konzept werden neben dem Hauptvertragshändler auch Unterhändler oder Vertragswerkstätten miteinbezogen. Für die indirekte Auslieferung von Fertigfahrzeugen, über ein mehrstufiges Logistiksystem, kann folgender allgemeiner Ablauf definiert werden:

Fertigfahrzeugübergabe und Werklager Nach dem Erreichen des letzten Zählpunktes 8.0 in der Fertigungslogistik wird das Fertigfahrzeug an die Distributionslogistik übergeben. Der Zählpunkt 8 (ZP 8) definiert die Freigabe des fertigen Fahrzeugs durch die Qualitätssicherung zur Auslieferung an den Kunden.

Damit der Distributionsprozess optimal mit dem Fertigungsprozess abgestimmt werden kann, ist es nötig, dass die Distributionslogistik Vorschauzahlen der zu erwartenden ZP 8 Fahrzeuge erhält. Diese Informationen werden mit zunehmender Nähe zur Fahrzeugendabnahme laufend verfeinert. Meist werden bereits bei der Übernahme der bestellten Fahrzeuge in das Auftragsverwaltungssystem die Daten gleichzeitig dem Distributionssystem zur Verfügung gestellt (Herold 2005, S. 66 f.). Nach ZP 8 geht die Verantwortung für das Fertigfahrzeug an den Vertrieb über. An der Schnittstelle zur Fertigfahrzeugübergabe werden zunächst Sicht- und Vollständigkeitskontrollen durchgeführt sowie entsprechende Logistikdaten im Versandsystem für den anschließenden Auslieferungsprozess generiert bzw. übernommen (z. B. Übernahmedatum, Anlieferadresse, Speditionsübergabe, etc.). Nach Prüfung der Identität und Qualität der Fahrzeuge werden diese im Werklager zwischengepuffert (vgl. Abb. 10.4) und die für den Transport benötigten Versandanweisungen und Versandpapiere (Lieferschein, Ladeliste, Frachtbrief, Zollerklärung, etc.) vorbereitet. Für den Transport werden mehrere Fahrzeuge destinationsspezifisch gemäß der Händlerabrufe gebündelt und zu Versandlosen zusammengefasst. Für die Relationssammlung erfolgt zunächst eine Zuweisung der Fahrzeuge zu destinationsspezifischen Verladestellplätzen bzw. Verladereihen mit anschließendem Abstellen der Fahrzeuge. Diese Bündelung erhöht die Auslastung der für den Transport eingesetzten Transportmittel. Die Verwaltung der

Abb. 10.4 Werklager Fertigfahrzeuge (Quelle: Intermec)

Fertigfahrzeugbestände in Bodenlagerung wird in der Regel durch ein distributionsspezifisches Lagerplatzverwaltungssystem organisiert. Bereits zur Zwischenlagerung werden auch die Händler über den aktuellen Status der von ihnen bestellten Fahrzeuge informiert. Die Händlerstruktur hat unmittelbare Auswirkungen auf die Vorratshaltung. Da die Fertigfahrzeuge zu wirtschaftlichen Losen für den Versand zusammengefasst werden, dauert dieses Sammeln bis zum Transport länger, wenn der Hersteller mehrere kleine Händler anstatt wenige Großhändler beliefern muss (Herold 2005, S. 303).

Nach Bereitstellung und Meldung der zu transportierenden Fahrzeuge durch den Fahrzeughersteller an den ersten Abhollogistiker werden von diesem die Fahrzeuge in Ladungen gestellt, einem Transportmittel zugeordnet und diese Ladungsbildung dem OEM und den Logistikpartnern übermittelt (VDA 5520, S. 8). Die Fahrzeuge werden anschließend auf die jeweiligen Transportmittel (Bahn, LKW, Schiff) verladen (vgl. Abb. 10.5), der Bestand ausgebucht, die Frachtdokumente bereitgestellt und die Fahrzeuge bereits fakturiert (Herold 2005, S. 67). Um einen optimalen Distributionsprozess zu gewährleisten, ist die logistische Anbindung des Produktionswerkes für eine schnelle Transportabwicklung erfolgsentscheidend. Viele Hersteller besitzen einen eigenen Gleisanschluss mit Bahnterminal. Darüber hinaus ist die nahe Anbindung an die Autobahn von großer Bedeutung.

Transportkette In der Automobilindustrie finden sich unterschiedliche Strukturen von Transportnetzen für die Fertigfahrzeugdistribution wieder. Bei der Planung der Distributionsstruktur sind die Kapazitäten und Preise des Transportmarktes zu

Abb. 10.5 Fertigfahrzeug Verladung (Quelle: Intermec)

berücksichtigen. Sind Engpässe zu erwarten, werden Backup-Transporte eingeplant, damit die termintreue Abholung und Anlieferung der Fahrzeuge sichergestellt wird. Prinzipiell können die Transportprozesse in ein- und mehrstufige Transportketten eingeteilt werden.

Bei einstufigen Transportketten erfolgt die direkte Auslieferung vom Herstellerwerk an den Händler bzw. direkt an einen Großkunden (z. B. Flottenmanagement) (Holweg u. Pil 2004, S. 42). Üblicherweise wird die Fahrzeugdistribution über eine mehrstufige Transportkette organisiert. Hierbei werden die Fahrzeuge zunächst vom Werkstandort des Fahrzeugherstellers zu einem Umschlagspunkt transportiert, an dem sie dann zielortspezifisch sortiert, verladen und bis zum Empfangspunkt weitertransportiert werden.

Eines der Hauptplanungsprobleme der Distributionslogistik ist die Festlegung der optimalen Anzahl der Umschlagspunkte (Compounds, Umschlagszentren, Zielbahnhöfe, Fahrzeugdepots, Zentrallager, Distributionszentren) bei gleichzeitiger Konsolidierung der Hauptlauftransporte. Der Zielkonflikt besteht in der Festlegung der kostenoptimalen Lage und Anzahl von Compounds, bei Einhaltung der Transportkostenvorgaben sowie aller Serviceanforderungen der Kunden (Vastag u. Prestifilippo 2001, S. 29). Bei der geografischen Lage der Depotstandorte geht es um die optimale Ausgestaltung der räumlichen Beziehungen zwischen den Produktionsstandorten und Händlern bzw. der Verschiffungshäfen beim multimodalen Transport.

Der Transportprozess erfolgt in der Fahrzeugdistribution größtenteils mehrstufig durch mehrere Logistikdienstleister und teilweise multimodal. Je nach

Auslieferungsland ergeben sich zwei-, drei- oder vierstufige Logistikketten der Fertigfahrzeugdistribution (Vastag u. Prestifilippo 2001, S. 30). Auf dem europäischen Festland werden die Fahrzeuge meist über einen zweistufigen Prozess von den Produktionsstandorten über Fahrzeugdepots zum Händler transportiert. Der Transport wird aus Kostengründen innerhalb Europas vorwiegend per Bahn durchgeführt, wobei Zielbahnhöfe für bestimmte Regionen definiert werden, von denen aus die empfangenden Händler den Transport bis zur Niederlassung steuern (Herold 2005, S. 65). Die Fahrzeugdepots (Compounds) dienen der Sortierung und Bündelung von Fertigfahrzeugströmen unterschiedlicher Produktionsstandorte, der Pufferung, dem Locating (vgl. Abschn. 10.4.1) sowie der zeitgerechten Zusteuerung von Fahrzeugen an die Händler. „Fahrzeuge werden heute in den Netzwerken der Automobil-Logistik in der Regel auf befestigten Freiflächen gelagert, die idealtypisch 5.000 bis 10.000 Fahrzeuge fassen und 300.000 bis 500.000 m^2 groß sind" (VDA 5520, S. 9).

Für den Seetransport (Großbritannien, Irland, Skandinavien, USA, etc.) werden drei- bis vierstufige Abläufe im multimodalen Verkehr eingesetzt (vgl. Abb. 10.6). Für den Hauptlauf wird der Seeweg mit Schiffstransport gewählt. Der OEM organisiert die Abwicklung von Exportfahrzeugen von der Bestellung bis zur Auslieferung gemeinsam mit dem zuständigen Importeur. Für die Belieferung und die Verteilung der Fahrzeuge gibt es eine Vielzahl OEM- und länderspezifischer Konzepte (Herold 2005, S. 65).

Um auf Kundenwunschänderungen eingehen zu können – welche manchmal erst bekannt werden, wenn das fertige Fahrzeug bereits auf dem Seeweg ist – und um bei Problemen und Verspätungen eines Schiffes die nachfolgenden Transporte umorganisieren zu können, bedarf es eines geeigneten Tracking und Tracing Systems (vgl. Abschn. 8.9). Zur Identifikation von Fertigfahrzeugen werden häufig RFID-Tags eingesetzt (vgl. Abschn. 6.9.1.3). Bei diesem Frachtverfolgungssystem kann das Fertigfahrzeug vom Ende der Produktion bis zur Ankunft beim Händler überwacht

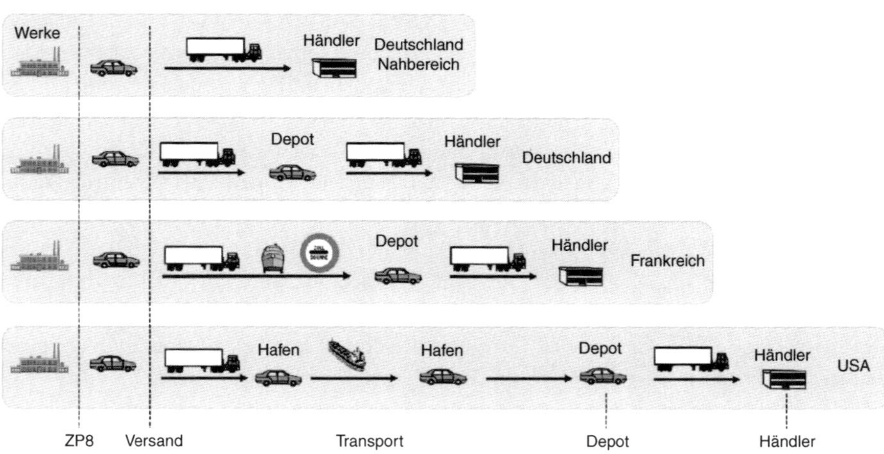

Abb. 10.6 Multimodale Transportketten in der Fertigfahrzeugdistribution

werden. Dabei wird das Fahrzeug nach Fertigstellung erfasst und über die Bereitstellung zum Transport, den Transport selbst sowie den Umschlag oder die Zwischenlagerung bis hin zur finalen Anlieferung beim Händler verfolgt. Durch die Möglichkeit der Statusabfrage durch den Händler kann – wenn dringend erforderlich – auch eine schnellere Auslieferung des Fahrzeuges durch den zuständigen Dienstleister erfolgen (Renner 2000, S. 30). Somit wird nicht nur eine genaue Kontrolle der Distribution ermöglicht, es können zusätzlich verbesserte Aussagen über den Lieferstatus des Fahrzeuges für den Kunden gemacht werden.

LKW-Transport Beim LKW-Transport werden doppelstöckige Autotransporter eingesetzt (vgl. Abb. 10.7). Hierauf können zwischen sieben und elf PKW befördert werden. Am häufigsten verbreitet sind offene Transporter. Diese werden jedoch aufgrund der Forderung der Hersteller immer weiter durch geschlossene Autotransporter ersetzt, da so eine umfassende Konservierung der Fahrzeuge überflüssig wird und sich die Gefahr von Beschädigungen durch Vandalismus und Umwelteinflüsse minimieren lässt (Ihme 2006, S. 147).

An die LKWs für den Fertigfahrzeugtransport werden hohe Anforderungen gestellt. Neben dem flexiblen Einsatz sollten Fahrzeuge unterschiedlichster Bauart verladen werden können. Gleichzeitig müssen OEM-spezifische Vorgaben bei der Ladungssicherung sowie gesetzliche Vorgaben der jeweiligen Transitländer Berücksichtigung finden. Daten über Fahrzeugabmessungen müssen bereits im Produktentstehungsprozess an die LKW-Hersteller und Logistikdienstleister übermittelt

Abb. 10.7 Doppelstöckiger LKW Autotransporter (Quelle: BLG Logistics)

werden, um eine optimale Anpassung der LKW-Abmessungen und Logistikabläufe an die Fahrzeugabmessungen zu gewährleisten (Coia 2007, S. 60 ff.).

Durch Designänderung der Autotransporter ist es heute möglich, eine vollkommen flexible Beladung der LKWs zu realisieren. Durch die variable Einstellung der Ladeebenen können Fahrzeuge unterschiedlichster Abmessungen an beliebigen Positionen verladen werden. Hierdurch wird eine Beladung des LKWs genau nach der Reihenfolge der Abladestellen laut Händlerauslieferungstour ermöglicht. Durch das *Last-in First-out* Prinzip wird das zuletzt verladende Fahrzeug als erstes Fahrzeug beim Händler entladen.

Bahn-Transport Die Bahn gewinnt aufgrund steigender Effizienz und ihrer Umweltfreundlichkeit zunehmend an Bedeutung. Innerhalb Europas erfolgt die Fertigfahrzeugverteilung vorwiegend per Bahn als kostengünstigster Transportträger (Herold 2005, S. 65). Die Doppelstockwaggons für den Bahntransport werden in offene und geschlossene Wagen unterteilt. Durch den Einsatz offener Bahnwaggons erhöht sich die Gefahr der Beschädigung durch Flugrost. Dieser entsteht durch Ablagerungen von Oberleitungs- und Bremsenabrieben auf dem Lack der Neufahrzeuge. Um auch beim Bahntransport die aufwendige Konservierung zu vermeiden und einen größtmöglichen Schutz vor Beschädigungen zu erzielen, werden immer häufiger geschlossene Waggons eingesetzt (Ihme 2006, S. 151) (vgl. Abb. 10.8). Die zunehmende Nachfrage nach geschlossenen Waggons sowie auch nach geschlossenen LKW-Transportern bei begrenzten Kapazitäten führt zu entsprechenden Engpässen in der Fertigfahrzeugdistribution.

Für den Gütertransport per Bahn muss unterschieden werden zwischen Einzelwagenverkehr und Ganzzugverkehr. Im Einzelwagenverkehr werden die separaten Waggons einzelnen Bahnhöfen mit bestimmten Destinationen zugeordnet. Die beladenen Wagen werden dann gesammelt und zu ganzen Güterzügen für eine Zielregion zusammengestellt. Dabei muss ein Rangierprozess zwischengeschaltet werden.

Abb. 10.8 PKW-Verladung in geschlossene Doppelstockwaggons (Quelle: Audi)

Durch das vor dem Transport notwendige Sammeln der Wagen und das Umrangieren liegt die Transportzeit bei diesem System oft bei mehreren Tagen. Auch ist die Sendungsverfolgung relativ kompliziert. Allerdings können Einzelwaggons auch bei geringerem Ausliefervolumen auf einer Transportrelation eingesetzt werden. Im Ganzzugverkehr dagegen werden sämtliche Waggons von einem Versandbahnhof zu einem Zielbahnhof transportiert. Dies ist nur möglich, wenn ein entsprechendes Transportvolumen in angemessener Zeit zusammengestellt werden kann.

Ein Beispiel zur effizienten Verladung von Fertigfahrzeugen auf Bahnwaggons liefert ein Volkswagen Projekt zur Reduzierung der Auftragsdurchlaufzeit. Hier wurde festgestellt, dass bei der Sortierung der Fertigfahrzeuge nach Zielbahnhöfen hohe Wartezeiten entstehen, da nur dann mit der Verladung begonnen werden konnte, wenn alle Fahrzeuge auf dem Abstellplatz vollständig bereitgestellt waren.

Durch den Einsatz von Verschiebebühnen lässt sich die Verladung flexibler gestalten (vgl. Abb. 10.9). Hierzu werden zunächst die für einen vorgegebenen Zielbahnhof bestimmten leeren Doppelstock-Waggons an der Schiebebühne angestellt. Durch den Verschiebewagen können die bereits nach Zielbahnhöfen sortierten Fahrzeuge (Versandreihen) flexibel beladen werden. Der vollständig verladene Waggon wird anschließend gemäß seines Zielbahnhofs an die jeweilige Waggonreihe gekoppelt und somit sukzessive zu einem Ganzzug komplettiert (Herold 2005, S. 136 f.). Durch dieses System konnte die Waggon-Beladezeit aufgrund reduzierter Wartezeiten verkürzt werden (Herold 2005, S. 136).

Der Einsatz spezialisierter Frachtträger sowohl bei den Bahnwaggons als auch bei den Autotransportern führt zwangsläufig zu einem erhöhten Leerfahrtenanteil. Durch den Einsatz von Mehrzweckwagen kann hier gegengesteuert werden. Mittels verfahrbarer Hubböden können diese Frachtträger sowohl für den Transport palettierter Ladegüter als auch für den Neuwagentransport eingesetzt werden

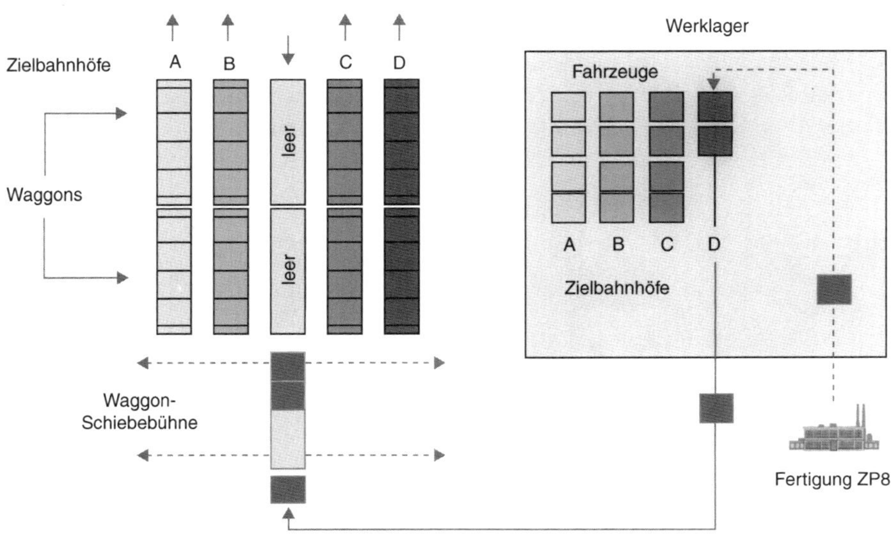

Abb. 10.9 Flexible Verladung auf Bahnwaggons – Schiebebühnensystem (Herold 2005, S. 136)

(Ihme 2006, S. 152). Ein weiteres Problem der Distributionslogistik ergibt sich durch die oft fehlende Paarigkeit der Transporte. Zukünftig werden signifikante Exportüberschüsse in Polen, Tschechien und der Slowakei sowie Importüberschüsse in Frankreich und Italien prognostiziert. Nur durch eine unternehmensübergreifende Kooperation der Automobilhersteller kann diesem Trend gegengesteuert und die Auslastungen der Frachtträger gesteigert werden.

Schiffs-Transport Wird das Schiff eingesetzt, dann handelt es sich immer um einen kombinierten Transport mit mehrstufiger Transportkette. Dabei werden die Fahrzeuge per LKW oder Bahn im Vorlauf am Verschiffungshafen angeliefert und zunächst auf Abstellflächen oder in Parkhäusern zwischengepuffert (Ihme 2006, S. 357). Die Auswahl des Vorlauffrachtträgers erfolgt in Abhängigkeit vom Produktions- und Hafenstandort sowie dem Transportvolumen.

Die Automobilhersteller wählen für den Transport ihrer Neufahrzeuge die Häfen aus, welche das beste Verhältnis aus Fahrzeug-Laufzeit, Transportkosten und Auslieferqualität bieten. Hierbei muss die Eignung der Häfen für Short Sea- (vgl. Abschn. 6.7.1.4) oder Deep Sea-Transporte berücksichtigt werden (vgl. Abschn. 6.7.1.5).

Neben der geografischen Lage des Hafens spielen die angefahrenen Destinationen (Schiffsrouten) der Reedereien, die Abfahrtsfrequenzen und die Transitzeiten der Schiffe sowie die vor Ort verfügbaren Hafendienstleister eine wichtige Rolle bei der Auswahl eines optimalen Verschiffungshafens. Durch eine reduzierte Anzahl von Verschiffungshäfen kann gewährleistet werden, dass die Fahrzeugtransporte zu den Häfen in regelmäßigen Abständen gebündelt durchgeführt werden können. Dies ermöglicht eine optimierte Auslastung der Frachtträger im Seehafenvorlauf, was wiederum zu einer Reduzierung der Transportkosten in den Verschiffungshäfen pro Fahrzeug führt.

Neufahrzeuge werden beim Seetransport auf Roll-on-Roll-off Schiffen (RoRo-Schiffe) die den Spezialschiffen angehören (vgl. Abb. 10.10), oder Containerschiffen, die den Frachtschiffen angehören, transportiert (Ihme 2006, S. 153). Beim System des RoRo-Transports werden die Fahrzeuge durch eigenen Antrieb verladen (Ihme 2006, S. 357). Die Ladekapazität beim Schiffstransport variiert zwischen dem Short Sea- (ca. 500 Fahrzeuge) und dem Deep Sea- (ca. 3.000 Fahrzeuge)

Abb. 10.10 RoRo-Schiffsverladung im Autoterminal Bremerhaven (Quelle: BLG Logistics)

Transport erheblich (Holweg u. Miemczyk 2003, S. 66). Derzeit werden große Schiffe für den Transport von 6.000 bis 8.000 Fahrzeugen gebaut. Durch die steigenden Frachtkapazitäten reduzieren sich allerdings die Transportfrequenzen was zu längeren Umschlagszeiten und einer geringeren Flexibilität bei der Fertigfahrzeugdistribution führt.

Die RoRo Be- und Entladung wird nicht in allen Häfen angeboten, so dass Fahrzeuge per Container verschifft werden müssen. Diese Transporte verursachen im Vergleich zum RoRo-Transport höhere Kosten, da die Fahrzeuge im Container auf Spezialgestellen verladen und mit Trockenmittel verstaut werden müssen, was Zusatzkosten verursacht und die Fahrzeugstandzeit im Hafen erhöht.

Neben dem Seetransport (Short Sea und Deep Sea) werden auch Binnenschiffe eingesetzt (vgl. Abb. 10.11). Die Binnenschifffahrt wird in der deutschen Automobilindustrie unter anderem auf dem Rhein zwischen Basel und Rotterdam genutzt, ebenfalls auf der Donau für Transporte in Richtung Südost-Europa.

Beim Schiffstransport müssen neben den Transportdienstleistern (LKW, Bahn) im Vor- und Nachlauf, die Reedereien für den Seetransport bzw. die Hafendienstleister (vgl. Abschn. 10.4.3) für die Umschlags- und Zusatzfunktionen optimal aufeinander abgestimmt werden.

Die Verantwortung für die Organisation und den Einkauf des Hauptlaufs ist durch die jeweilige Lieferbedingung zwischen dem Fahrzeughersteller und den

Abb. 10.11 Autotransporte auf dem Rhein (Quelle: BLG Logistics)

Tochtergesellschaften bzw. Importeuren geregelt. Lieferbedingungen (Incoterms) sind international anerkannte Regelungen für die Auslegung von Vertragsformeln insbesondere über die Pflichten und Rechte (z. B. Aufgaben-, Kosten- und Gefahrenteilung) von Verkäufer und Käufer im zwischenstaatlichen Warenverkehr (Pfohl 2000, S. 189 f.). Gleichzeitig müssen zoll- und steuerrechtliche sowie versicherungstechnische Prozesse festgelegt werden. Der Nachlauftransport von den Seehäfen zu den Händlern wird in der Regel von den OEM Tochtergesellschaften bzw. Importeuren vor Ort geplant und gesteuert.

10.4 Sonderaspekte der Distributionslogistik

10.4.1 Locating

Die Belieferung der Händler erfolgt nur zu einem gewissen Teil kundenauftragsspezifisch (vgl. Abb. 9.2). Bei einer durchschnittlichen Build-to-Order Quote von ca. 65% in der deutschen Automobilindustrie werden 35% der Fahrzeuge auf Basis von Händler- bzw. Fahrzeughersteller-Prognosen produziert (Holweg u. Pil 2004, S. 12). Ein gewisser Anteil dient der Erfüllung von Abnahmeverpflichtungen der Händler gegenüber den Fahrzeugherstellern. Dieser Pool an Fahrzeugen, denen noch kein konkreter Endkundenauftrag gegenübersteht, kann genutzt werden, um die Lieferzeit für den Fahrzeugkunden zu reduzieren und die Liefertreue zu erhöhen. Dies wird durch die Bündelung von bereits vom Händler bestellten und bezahlten Fahrzeugen in einem virtuellen Lager realisiert. Im sog. Locating-System stehen noch nicht verkaufte Händlerfahrzeuge auch anderen Händlern zur Verfügung. Dabei werden die physischen dezentralen Fahrzeugbestände zu einem virtuellen Zentrallager zusammengefasst. Diese Fahrzeuge können sich entweder direkt beim Händler vor Ort, in den zwischengeschalteten Compounds (vgl. Abb. 10.12) oder noch im Werklager des Fahrzeugherstellers befinden.

Alle im Händlernetz verfügbaren Fahrzeuge werden somit transparent. Benötigt ein Händler ein Fahrzeug aus dem Locating-Pool, so kann er dem Besitzhändler

Abb. 10.12 Compound zur Fertigfahrzeugkonsolidierung (Quelle: BLG Logistics)

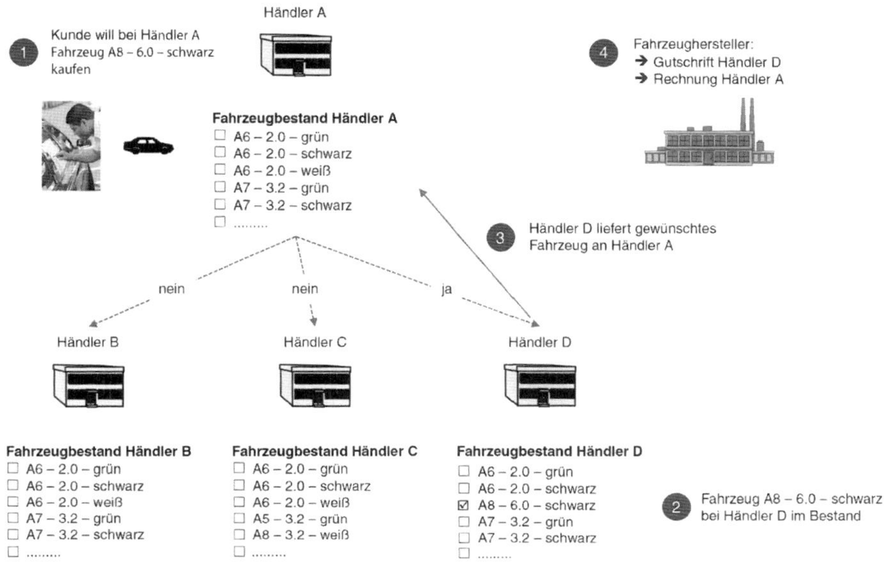

Abb. 10.13 Locating-System der Distributionslogistik (Herold 2005, S. 129)

ein Angebot unterbreiten (vgl. Abb. 10.13). Durch die Bündelung der Lagerfahrzeuge im Händlernetz steigt die Wahrscheinlichkeit ein Fahrzeug im Pool zu finden, welches dem aktuellen Kundenwunsch eines Fahrzeugkäufers bei einem Händler entspricht. Durch den Pooleffekt kann die Lieferbereitschaft sowie die Umschlagshäufigkeit der Fahrzeuge erhöht und gleichzeitig die Bestände im Distributionssystem gesenkt werden (Herold 2005, S. 130). Eine wichtige Steuerungsgröße für eine optimale Fahrzeugdistribution ist die räumliche Verteilung der Lagerbestände auf zentrale und dezentrale Lagerstufen. Bei der zentralen Lagerung der Fahrzeuge können die Lagerkosten durch Skaleneffekte reduziert werden. Nachteil hierbei sind längere Lieferzeiten aufgrund der Transitzeit zwischen Zentrallager und Händler. Die dezentrale Lagerung von Fahrzeugen vor Ort (Dealer Stock) hat erhöhte Lagerkosten zur Folge und das Risiko steigender Transportkosten, wenn das Fahrzeug an einen anderen Händler ausgeliefert werden muss (Wagenitz 2007, S. 24). Die durch das Locating entstandenen Mehrkosten, wie Gebühren für Lagerung, Instandhaltung und Zinsen, müssen zwischen den Händlern entsprechend verrechnet werden.

Durch die Belieferung der Händler untereinander wird für den Kunden die Lieferzeit deutlich reduziert und darüber hinaus ein Lagerfahrzeug abverkauft. Untersuchungen haben gezeigt, dass das Locating-System nicht nur dazu beiträgt die Lieferzeit zu verkürzen, sondern auch ein effizienteres Lagerwagenmanagement ermöglicht, was auf den reduzierten Bestand zurückzuführen ist (Hickmann 2001, S. 81 ff.).

Eine erhöhte Flexibilität in der Fahrzeugdistribution mit Hilfe des Locating-Konzepts zu erreichen, ist bei Exportfahrzeugen von besonderer Bedeutung, da die Vorlauf- und Lieferzeiten länger sind, was die Reaktionszeit bei Änderungen verkürzt (Herold 2005, S. 66). Bei diesem System bestellt der Händler aufgrund seiner eigenen Absatzprognosen für sein Lager Fahrzeuge. Hierfür hat er alle anfallenden Kosten des Fahrzeugs, des Transports und der nötigen Lagerung selbst zu tragen. Darüber hinaus bestellt zusätzlich jeder Händler, der im Locating System integriert ist, eine bestimmte Quote an Fahrzeugen für das Zentrallager. Die gesamten Kosten für das Zentrallager werden unter allen einbezogenen Händlern aufgeteilt. Durch die Transparenz innerhalb des Systems können die Händler sowohl den Bestand des Zentrallagers, als auch die einzelnen Händlerbestände einsehen. Kommt es nun zu der Situation, dass ein Händler ein vom Kunden gewünschtes Fahrzeug nicht vorrätig hat, kann er dieses entweder von einem anderen Händler aus dessen Lager oder aus dem Zentrallager abrufen. Dies setzt eine Erlaubnis des Händlers, in dessen Besitz sich das Fahrzeug befindet, voraus.

Das Besondere am Export-Locating ist, dass der Importeur selbst kaum mehr in das Hauptgeschäft eingebunden wird. Die frühere Dominanz des Importeurs wird bei diesem System auf die Betreuung der Händler durch Schulungen, Zentrales Marketing oder Vorbereitung auf Markteinführungen begrenzt (Herold 2005, S. 130 f.). Darüber hinaus wird der Nachteil beseitigt, dass durch die Abwicklung über Importeure und die Verteilung der Fahrzeuge an die Händler aus dem Importeurslager, deutlich längere Lieferzeiten für die Kunden entstehen (Herold 2005, S. 169).

10.4.2 Transportschutz

Automobile sind hochwertige Produkte und müssen dementsprechend gegen negative Einflüsse bei der Be- und Entladung, beim Transport sowie bei der Zwischenlagerung geschützt werden. Durch eine zunehmende Internationalisierung der Kundenmärkte steigen die durchschnittlichen Transportstrecken und folglich erhöht sich auch die Wahrscheinlichkeit von Transportschäden in der Fertigfahrzeugdistribution. Die hohen Kosten, die durch Transportschäden entstehen, veranlassen die Hersteller geeignete Schutzmaßnahmen für die Neufahrzeuge zu veranlassen.

Für den Transport werden die Schutzmaßnahmen in Lackschutz und Innenraumschutz aufgeteilt. Der Lackschutz betrifft dabei vorwiegend die Fahrzeugbereiche Dach, Motorhaube, Heckklappe, Vorder- und Hinterkotflügel, Fahrertür, Außenspiegel und Stoßfänger. Der Innenraumschutz beinhaltet vorzugsweise Schutzverkleidungen als temporäre Abdeckung für das Lenkrad, die Einstiegsleisten, den Fahrer- und Beifahrersitz, den Fußraum und die Türverkleidungen.

Bei offenen Ladungen mit offenen LKW-Transportern bzw. offenen Waggons werden die Fahrzeuge konserviert, indem eine spezielle Schutzschicht aufgebracht wird. Bei Lagerung der Fahrzeuge über sechs Monate muss diese Schicht erneuert werden, was sehr kostenintensiv ist. Zunehmend verwenden die Hersteller Klebefolien, welche an Motorhaube, Dach und Kofferraum aufgebracht werden (vgl. Abb. 10.14 links). Nachteil ist der fehlende Seitenschutz der Fahrzeuge und der entstandene Verpackungsmüll. Darüber hinaus kann es in Ausnahmefällen dazu kommen, dass der Kleber oder das Aufbringen und Abziehen der Folie den Lack der Fahrzeuge beschädigt. Zusätzlich besteht die Gefahr, dass Schmutzwasser unter

Abb. 10.14 Klebefolien (*links*) und Voll-Cover Schutzhüllen (*rechts*) (Quelle: Intermec und BLG Logistics)

die Folie eindringt. Abhilfe schaffen Schutzhüllen, die das gesamte Fahrzeug umhüllen (mit Klarsichtfolie im Sichtbereich), welche über das Neufahrzeug gestülpt und durch heiße Luft auf die passenden Maße geschrumpft werden (vgl. Abb. 10.14 rechts). Somit wird ein Komplettschutz der gesamten Fahrzeugoberfläche gewährleistet allerdings zu wesentlich höheren Kosten.

Beim Export der Fertigfahrzeuge kann es zu starken Temperatur- und Luftfeuchtigkeitsschwankungen kommen. Dies birgt die Gefahr von Feuchtigkeits- und Kondensationswasserschäden. Kondensation entsteht, wenn das Fahrzeug von einem Gebiet mit hohen Außentemperaturen und hoher Luftfeuchtigkeit in ein kühleres Gebiet transportiert wird. Hier besteht die Gefahr von Tropfenbildung, welche zu permanenten Flecken bis hin zur Schimmelbildung im Fahrzeuginnenraum führen können. Dies betrifft hauptsächlich Teppiche im Fahrzeug und Kofferraum, die Dämmung des Autodaches, aber auch Stoff- sowie Ledersitze. Schimmelbildung kann das komplette Interieur des Fahrzeugs zerstören. Mikroorganismen, die bei Feuchtigkeit in Teppichen und Sitzen wachsen, produzieren einen unangenehmen Geruch, der sich kaum mehr aus dem Fahrzeug entfernen lässt. Die Lösung für Kondensations- und daraus folgende Schimmel- und Geruchsprobleme sind sogenannte Antikondensationsbeutel. Diese Beutel sind mit einem Mineral gefüllt und können ein Vielfaches ihres Eigengewichtes an Feuchtigkeit absorbieren. Die Beutel werden entweder in den Fußraum des Fahrzeugs gelegt oder am Lenkrad, den Kopfstützen oder den Griffen befestigt.

10.4.3 Vehicle Distribution Centre

Vehicle Distribution Centre (VDC) sind meist hafennahe Umschlagspunkte in der Fertigfahrzeugdistribution, welche in der Regel über externe Logistikdienstleister

Abb. 10.15 Beispiel eines Vehicle Distribution Centre (Quelle: BLG Logistics)

betrieben werden und neben den klassischen Logistikfunktionen verstärkt Mehrwert-Dienstleistungen übernehmen (vgl. Abb. 10.15). Vehicle Distribution Centre haben sich in den letzten Jahren von einer reinen Ex- und Importeinrichtung für Fertigfahrzeuge zu einem Full Service Dienstleister entwickelt.

VDCs sind vorwiegend an Häfen angesiedelt, um dort die Fahrzeuglieferungen per LKW und Bahn für den weiteren Transport auf Short Sea- oder Deep Sea-Schiffen vorzubereiten. Als Hafen-Dienstleister übernimmt das VDC zusätzlich das Handling der Fahrzeuge im Hafen sowie die Verbringung der Fahrzeuge auf die Schiffe. Die per Bahn und LKW angelieferten Neufahrzeuge treffen im VDC auf eine bis zu 10-mal größere Ladungskapazität der Short Sea-Schiffe. Deshalb werden die Neufahrzeuge bis zur Schiffsverladung im VDC zwischengelagert bis ein entsprechend großes Transportlos erreicht wurde.

Zu den weiteren Aufgaben im Rahmen der VDC Abwicklung zählen unter anderem:

- Vorbereitung des Fahrzeugs für den Seetransport
- Anbringen und Entfernen des Transportschutzes
- Entkonservierung
- Zulassung und Reinigung der Fahrzeuge
- Einbau von Zubehör wie zum Beispiel Klimaanlagen, Schiebedächern, Radios
- Administrative und informationstechnische Leistungen (z. B. Zollabwicklung)
- Lackarbeiten
- Inspektionen vor der Auslieferung (im Zielland)

Die Übernahme von Technik-Dienstleistungen im VDC, wie z. B. der Einbau von Radios, Alarmanlagen, Nebelscheinwerfern etc. ermöglicht es noch relativ spät in der Logistikkette Fahrzeugänderungen nach Kundenwunsch durchzuführen (Late Configuration), was die Flexibilität erhöht. Auch die Reparatur von kleineren Transportschäden (z. B. Lackarbeiten) am Fahrzeug erspart einen aufwendigen Rücktransport der Fahrzeuge bzw. die dadurch verursachten Lieferterminverzögerungen.

Kapitel 11
Ersatzteillogistik im Automobilbau

11.1 Grundlagen der Ersatzteillogistik

11.1.1 Bedeutung und Probleme der Ersatzteillogistik

Mit dem Verkauf eines Neuwagens verpflichtet sich der Automobilhersteller zur Lieferung von Ersatzteilen während der Nutzungsphase des Fahrzeugs durch den Fahrzeugkunden. Deshalb ist nach Beendigung des Produktlebenszyklus die Bevorratung von Ersatzteilen während der gesamten Lebensdauer des Fahrzeuges vorzusehen. Ein hoher Servicegrad unter Berücksichtigung der Logistikkosten ist das Ziel einer optimalen Ersatzteillogistik. Sowohl beim Privatkunden als auch beim kommerziellen Anwender im Nutzfahrzeugbereich ist die schnelle Instandsetzung seines Fahrzeuges ein kaufentscheidendes Kriterium. Kunden sollen als Wiederkäufer erhalten oder als Neukunden gewonnen werden (Ihme 2006, S. 354). Gerade in der Nachkaufphase wird eine starke Kundenbindung aufgebaut und der Wechsel des Kunden zu anderen Wettbewerbern somit nachhaltig vermieden. Die Ersatzteillogistik zählt damit im Rahmen des After-Sales Services zu den wichtigsten Erfolgspotenzialen einer Marken- und Produktstrategie. Das Ersatzteilgeschäft ist mittlerweile ein bedeutender Faktor in der Wettbewerbsdifferenzierung mit hohem Wachstumspotenzial geworden. Gleichzeitig trägt das Ersatzteilgeschäft neben dem Primärproduktgeschäft maßgeblich zur Generierung von Unternehmensumsätzen und -gewinnen bei.

Der Ersatzteilbedarf kann in folgende Lebenszyklusphasen eingeteilt werden (vgl. Abb. 11.1). In der Einführungsphase steht die Erstausstattung des neu auf dem Markt erschienenen Fahrzeuges im Vordergrund. Es sind Ersatzteilbestände bereitzuhalten, um mögliche Frühausfälle sofort beheben zu können. Es stehen noch keine direkten Vergangenheitsdaten bezüglich Verbrauch und Ausfallverhalten zur Verfügung, so dass der Einsatz von Prognoseverfahren gesondert zu betrachten ist (Fitzsimmons u. Fitzsimmons 2000, S. 262 ff.). Die zweite Phase, die Konsolidierungsphase, ist durch einen relativ konstanten Grundbestand an Fahrzeugen charakterisiert. Diese Konstanz schlägt sich jedoch nicht in der Struktur der Ersatzteilnachfrage nieder. Durch die gestiegene Anzahl kundenspezifischer und komplexer

F. Klug, *Logistikmanagement in der Automobilindustrie*,
DOI 10.1007/978-3-642-05293-4_11, © Springer-Verlag Berlin Heidelberg 2010

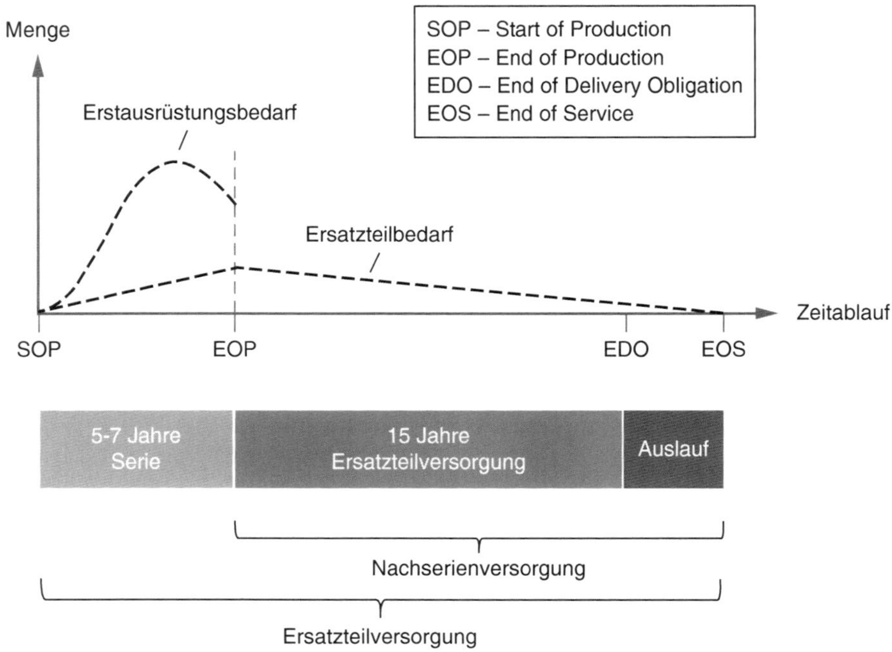

Abb. 11.1 Phasen Ersatzteil-Bedarfsverlauf

Fahrzeuge, der stetigen Verkürzung der Innovations- und Markteinführungszyklen sowie langer Ersatzteil-Garantiedauern, hat die Breite der Ersatzteilsortimente rasant zugenommen. Infolge dessen sind meist niedrigere Einzelbedarfsmengen und höhere Schwankungen in der Ersatzteilnachfrage zu verzeichnen. Die zufällige Natur der Ausfälle erschwert die Ermittlung des Ersatzteilbedarfs zusätzlich (Baumbach 2004, S. 95 ff.). Die letzte Phase, die Degenerationsphase, ist durch einen starken Rückgang des Fahrzeugbestands gekennzeichnet. Durch die Umstellung von Serienbezug auf Ersatzteilbezug sinken die Fertigungslosgrößen beim Lieferanten um ein Vielfaches. Nach Beendigung des Produkt-Lebenszyklus des Fahrzeuges ist die Bevorratung von Ersatzteilen für die gesamte Lebensdauer des Fahrzeuges vorzusehen. Die wesentliche Schwierigkeit liegt in der Langfristigkeit des Planungshorizonts mit hohen Unsicherheiten.

Aus rechtlichen Gründen sind Automobilhersteller verpflichtet, die Ersatzteilversorgung ihrer Fahrzeuge bis zehn Jahre nach Serienauslauf zu gewährleisten. In der Regel gewähren die Fahrzeughersteller darüber hinaus freiwillig – in Abhängigkeit des jeweiligen Fahrzeugtyps – längere Versorgungszeiträume von durchschnittlich 15 Jahren nach End-of-Production (EOP). Daraus resultiert ein enormes Mengenproblem in der Ersatzteillogistik. Dies wird durch die steigende Vielfalt an Modell-, Typen-, Ausstattungs- und Ländervarianten im Fahrzeugbau wesentlich verschärft. Ein Artikelspektrum von bis zu 300.000 lebenden Positionen im Ersatzteilbereich ist in der Automobilindustrie möglich. Treiber hierfür sind die Diversifikationen bei den Fahrzeugmodellen und -typen, kürzere Modellinnovationszyklen, zunehmende

High-Tech-Ausrüstungskomponenten für Fahrzeugkomfort und Fahrzeugsicherheit, Anforderungen aus Gesetzgebung und Umweltbewusstsein und die Ausweitung des Zubehörprogramms (Vahrenkamp 2005, S. 166). Gleichzeitig ändert sich das Bestellverhalten der Kunden, so dass in immer kleineren Mengen mehrmals täglich bestellt wird, was zu einem zusätzlichen Behälteraufkommen in der Ersatzteilpipeline führt. Geht man beispielsweise von einer siebenjährigen Serienproduktion mit anschließender 15-jähriger Versorgungspflicht aus, beträgt der gesamte Zeitraum, über den die Ersatzteilversorgung sichergestellt werden muss 22 Jahre.

Die Ersatzteillogistik hat im Vergleich zur Fahrzeuglogistik eigene spezifische Probleme. Neben den hohen Kundenanforderungen an den Lieferservice, sind es vor allem stark schwankende Ersatzteilbedarfe bei kleinen Nachfragemengen mit geringer Prognostizierbarkeit, die als Kernprobleme der Ersatzteillogistik zu bewältigen sind. Die zentralen Gestaltungsvariablen der Ersatzteillogistik sind die Sicherstellung der Ersatzteilverfügbarkeit zum Kundenwunschtermin bei gleichzeitig niedrigen Prozesskosten der Teileversorgung (Hammant et al. 1999, S. 546 ff.). Da die Wiederbeschaffung in der Lieferkette von Ersatzteilen eine größere zeitliche Dauer benötigt als die vom Kunden geforderten extrem kurzen Lieferzeiten, sind die Hersteller gezwungen, diese entstandene Durchlaufzeitlücke durch die Bevorratung teilweise umfangreicher Lagerbestände zu kompensieren. Hieraus entsteht in der Ersatzteilversorgung der logistische Zielkonflikt zwischen bestmöglicher Verfügbarkeit und minimalen Kosten. Das Bestandsmanagement als logistische Teilfunktion hat die Aufgabe, den Ersatzteilbestand so zu steuern, dass ein ersatzteilwirtschaftliches Optimum erreicht werden kann (Loukmidis u. Luczak 2006, S. 252 f.).

11.1.2 Definitionen Ersatzteillogistik

Der Ersatzteillogistik kommt die Aufgabe zu, die Klärung, Durchführung und Kontrolle aller ersatzteilwirtschaftlichen Teilfunktionen, wie Auftragsabwicklung, Disposition, Beschaffung, Vorverpackung, Lagerung, Kommissionierung, Verpackung, Auslieferung und Transport erfolgsorientiert zu koordinieren und zu realisieren. Insbesondere hat die Ersatzteillogistik dafür zu sorgen, dass ein Empfangspunkt gemäß seines Bedarfs vom Lieferpunkt mit dem richtigen Ersatzteil in Menge und Sorte, im richtigen Zustand, zur richtigen Zeit, am richtigen Ort und zu minimalen Kosten versorgt wird. Zur Ersatzteillogistik zählen alle Unternehmensprozesse, die diese Bereitstellung ermöglichen. Das sind zum einen direkt kundenbezogene Prozesse, wie z. B. die Auftragsabwicklung oder Beratung, zum anderen unterstützende Prozesse, wie z. B. die Beschaffung von Ersatzteilen von Fremdlieferanten oder aus der unternehmenseigenen Fertigung. Der Lieferservice als Output des ersatzteillogistischen Systems, ergänzt um weitere Dienstleistungen rund um das Ersatzteil, wie zum Beispiel Produktinformationen, technische Beratung oder Kundendienstleistungen, ergeben die vom Kunden als Gesamteindruck wahrgenommene Ersatzteilversorgung. Die Ersatzteillogistik, als wesentlicher Bestandteil der

Ersatzteilversorgung, hat daher einen entscheidenden Einfluss auf die Kundenzufriedenheit (Ester 1997, S. 122 f.).

Ersatzteile sind Einzelteile, Gruppen oder vollständige Erzeugnisse, die dazu bestimmt sind, beschädigte, verschlissene oder fehlende Teile, Gruppen oder Erzeugnisse zu ersetzen. Ersatzteile sind austauschbare Komponenten des Fahrzeugs. Sie dienen zur Wiederherstellung der Funktionstüchtigkeit und stellen somit Sekundärprodukte dar, weil der Zweck ihrer Herstellung unmittelbar und ausschließlich der Erhaltung des Fahrzeuges dient. Ein Bedarf an Sekundärprodukten leitet sich erst nach dem Kauf von Primärerzeugnissen ab (Schröter 2006, S. 89). Ersatzteile lassen sich in drei Kategorien unterteilen:

- Originalersatzteil: Ein Originalersatzteil ist ein vom Automobilhersteller fremdbezogenes Teil, das er unter seinem Namen auf dem gebundenen Ersatzteilmarkt vertreibt (Ihde et al. 1999, S. 18). Auf dem gebundenen Ersatzteilmarkt werden Original-Ersatzteile durch die Autoindustrie und deren autorisierte Händler angeboten. Seit dem Inkrafttreten der Gruppenfreistellungsverordnung (GVO) 2002 dürfen nun auch die Zulieferer diese Teile als Originalteile gekennzeichnet für den Ersatzmarkt anbieten, wenn diese Erstausrüster sind. Wartung und Reparaturen mit Originalersatzteilen können deshalb auch von freien Werkstätten übernommen werden (Voss 2003, S. 76).
- Fremdersatzteil: Fremdersatzteile können Identteile oder Nachbauteile sein. Identeile sind bau- und funktionsgleiche Teile, die aus der gleichen Produktion wie das jeweilige Originalteil stammen und vom OEM-Lieferanten unter eigenem Markenlabel vertrieben werden. Ein Nachbauteil stammt nicht aus der gleichen Produktion wie das Original-Ersatzteil und kann auch von einem anderen Hersteller als dem Original-Teilehersteller produziert werden.
- Austauschteil: Ein Austauschteil ist ein wiederaufbereitetes Altteil, das als günstigere Variante statt eines Original-Ersatzteils angeboten wird. Funktion und Qualität entspricht der eines Original-Neuteils. Hiermit entsteht für den Kunden die Option einer zeitwertgerechten und preisgünstigeren Instandsetzung seines gebrauchten Fahrzeuges.

11.2 Strategien der Nachserienversorgung

Die Nachserienversorgung ist dadurch gekennzeichnet, dass die großen Bedarfsmengen des Seriengeschäfts nach Auslauf des Fahrzeugmodells (EOP) mit zunehmender Servicezeit laufend abnehmen. Die Produktionsstückzahlen eines Bauteils orientieren sich nunmehr ausschließlich an seinem Ersatzbedarf. Nach Serienende muss zunächst die grundlegende Entscheidung getroffen werden über welchen Zeitraum die Ersatzteile bevorratet werden. Hierzu werden Bedarfsprognosen erstellt, die in Abhängigkeit verschiedener Parameter über die optimale Strategie zur Nachserienversorgung entscheiden. Folgende grundlegende Strategien werden in der

Nachserienversorgung unterschieden, welche sowohl einzeln als auch kombiniert eingesetzt werden.

11.2.1 Kontinuierliche Nachserienfertigung

Im Allgemeinen erfolgt der Bezug der Ersatzteile nach Serienauslauf über den Serienlieferanten. Die entsprechenden Liefer- und Einkaufskonditionen (z. B. Stückzahlen, Teilepreise, Ersatzteilverpackung, etc.) wurden in der Regel bereits in der Nominierungsphase des Lieferanten während des Produktentstehungsprozesses des Neufahrzeuges ausgehandelt. Die Kleinserienfertigung von Ersatzteilen, auf den bisher genutzten Serienanlagen durch den Lieferanten, ist die gängigste und einfachste Maßnahme zur Nachserienversorgung. Unterschiede zur Serienfertigung gibt es bei der gefertigten Losgröße, der Lieferfrequenz, der Verpackung sowie eventuell dem Produktionsstandort. Viele Lieferanten verlagern ihre Produktionsanlagen, die nicht mehr für die Serienproduktion genutzt werden, an einen anderen Produktionsort, um somit Platz für die Serienfertigung neuer Lieferumfänge zu schaffen. Teilweise vergeben die Teilehersteller ihre Aufträge für die Nachserienfertigung auch an Sublieferanten, die auf Kleinserien spezialisiert sind. Sinkende Losgrößen führen bei gleich bleibenden fixen Rüstkosten zu steigenden Stückkosten. Je geringer die Stückzahlen, mit zunehmender zeitlicher Distanz zum EOP, desto unwirtschaftlicher wird das Verfahren der kontinuierlichen Nachserienfertigung aufgrund der steigenden Teilepreise. Um günstige Einkaufskonditionen für Ersatzteile bei Serienauslauf sicherzustellen, muss über eine Bevorratung bereits während der Serienphase nachgedacht werden. Dabei gilt es, die deutlich geringeren Teilepreise gegenüber den erhöhten Logistikkosten abzuwägen.

Einen Sonderfall stellen kompatible Gleichteile dar, welche für andere Modellreihen bereits verwendet wurden bzw. sich noch im Serieneinsatz befinden. Ein Beispiel hierfür ist ein programmierbares Universal-Motorsteuergerät, welches über das Aufspielen verschiedener Software-Versionen in mehreren Motoren in unterschiedlichen Baureihen und Derivaten Verwendung findet (Bothe 2003, S. 50). Diese Einsatzflexibilität ist allerdings meist mit einer Vergrößerung der Entwicklungskosten verbunden. Gleichzeitig können größere Stückzahlen realisiert werden, was über Mengendegressionseffekte die Stückkosten reduziert.

11.2.2 Langzeit- und Endbevorratung

Ist die Kleinserienfertigung aus wirtschaftlichen Gründen nicht mehr rentabel, oder wurde ein Bauteil vom Lieferanten abgekündigt, kann der OEM die Ersatzteilversorgung über eine Langzeit- oder Endbevorratung langfristig sicherstellen. Bei der Langzeitbevorratung wird eine Menge geordert, die für einen definierten Zeitraum den Bedarf decken soll, wobei die Möglichkeit einer Nachbeschaffung erhalten bleibt. Im Fall der Endbevorratung, die vor allem im Rahmen von Abkündigungen zum Zuge kommt, ist die georderte Stückzahl auf das Ende der Ersatzteilversorgung hin ausgerichtet.

Die Langzeitbevorratung ist die Bevorratung in verschiedenen Beschaffungszyklen bis maximal zur Teilelaufzeitgrenze. Diese Zyklen können zwischen 12 Monaten und 15 Jahren variieren. Die Teilelaufzeitgrenze ist gleichzusetzen mit dem Ende der Ersatzteilversorgung (EOS – End-of-Service) (Bothe 2003, S. 27). Anschließend wird gegen Ende der Teilelaufzeitgrenze über eine letzte und einmalige Bevorratung der End- oder Allzeitbevorratung entschieden. Diese entspricht dann einem letztmaligen Abruf über das benötigte Volumen für den gesamten Zeitraum nach EOS. Bis zu diesem Zeitpunkt erstreckt sich auch die Langzeitbevorratungsphase. Die größte Problematik bei einer Allzeitbestellung ist die Tatsache, dass nach Erfüllung dieser letztmaligen Bestellung die benötigten Fertigungswerkzeuge meistens verschrottet, oder die Maschinen abgerüstet werden, um die Produktionskapazitäten wieder an bedarfsstärkeren Losen zu orientieren. Somit besteht die Gefahr, dass Werkzeuge bereits vom Lieferanten verschrottet wurden und die Restlagerbestände nicht ausreichen, um den Ersatzteilbedarf zu decken. Je nach Dringlichkeit der Bedarfe ist dann eine kostenintensive Einzel- bzw. Kleinserienfertigung erforderlich, wenn dem Kunden nicht durch Alternativlösungen geholfen werden kann. Im Gegensatz hierzu bergen großzügig bemessene Allzeitmengen das Risiko der Nichtabsetzbarkeit von Restmengen.

11.2.3 Wiederaufbereitung von Altteilen

Im Zuge der Wiederaufbereitung werden Altteile aus dem Markt zurückgeholt, um diese in einem industriellen Prozess wieder aufzubereiten und als Austauschteile erneut zu verkaufen. Während der Wiederaufbereitung werden nicht nur eventuell vorhandene Fehler behoben, sondern es erfolgt grundsätzlich ein Austausch von Ausfallteilen, sowie bei elektronischen Bauteilen ein Update auf die neueste Software-Version. Dabei kommen die selben oder sogar noch strengere Funktions- und Qualitätstests wie bei Neuteilen zum Einsatz (ZVEI 2002, S. 19).

Entscheidend für die Effektivität der Wiederaufbereitung ist ein funktionierendes Rückführsystem, das einen ausreichend großen Vorrat an Altteilen sicherstellt, allerdings auch hohe Transportkosten verursacht. Zudem müssen die Wiederaufbereitbarkeit der Altteile sowie die Verfügbarkeit der erforderlichen Bauteile für eine erfolgreiche Umsetzung der Strategie gegeben sein. Bei auftretenden Schwierigkeiten mit der Bauteilversorgung bietet sich hier allerdings die Möglichkeit, aus zwei oder mehreren Altteilen ein Austauschteil herzustellen (ZVEI 2002, S. 20; Hagen et al. 2000, S. 960). Vorteilhaft wirkt sich bei der Wiederaufbereitung der weitgehende Verzicht auf den Einsatz von neuen Komponenten und Spezialbetriebsmitteln aus. Austauschteile werden daher kostengünstiger angeboten und reduzieren gleichzeitig die Umweltbelastung.

Da mit einer für die Bedarfsdeckung ausreichenden Menge an Altteilen erst einige Jahre nach EOP gerechnet werden kann, ist die Wiederaufbereitung vor allem in den späten Versorgungsphasen, kurz vor Ende der Ersatzteilversorgung oder bei kapitalintensiven und schwer prognostizierbaren Umfängen geeignet. Ein Beispiel hierfür sind Motoren, welche zu den teuersten Umfängen im Fahrzeug gehören. Die Wahrscheinlichkeit eines Ausfalls steigt mit zunehmender Fahrzeuglaufleistung und folglich mit steigendem Alter. Für die Zeit nach Serienauslauf müssen Motoren, welche extrem kapitalintensiv, schwer prognostizierbar sind und sehr viel Lagerfläche beanspruchen, eingelagert werden. Motoren werden häufig als Austauschteil angeboten. Die Kunden werden bei Bedarf von den Werkstätten informiert, dass es eine Austauschteileoption gibt. Der Kunde erhält nur einen Austauschmotor wenn er im Gegenzug seinen defekten Motor in Zahlung gibt. Dadurch werden die Bestände an aufzubereitenden und fertig aufbereiteten Teilen gering gehalten.

11.2.4 Wiederverwendung von Altteilen

Bei der reinen Wiederverwendung von Altteilen findet, im Gegensatz zu der Wiederaufbereitung, keine industrielle Instandsetzung mit generellem Austausch von Ausfallteilen und Software-Updates statt. Dennoch werden auch bei dieser Strategie die Altteile einer umfassenden Funktionsprüfung unterzogen und falls nötig repariert, bevor sie dem Kunden als Gebrauchtteile angeboten werden.

Die Wiederverwendung von Altteilen hat grundsätzlich die gleichen Vor- und Nachteile wie die Wiederaufbereitung, welche in einem günstigen Ersatzteilpreis, der Schonung der Umwelt sowie der Abhängigkeit vom Rücklauf der Altteile liegen. Sie kann allerdings zusätzlich dazu dienen, Altteile, bei denen eine Wiederaufbereitung nicht möglich ist, durch eine einfache Reparatur weiter zu nutzen.

Eine weitere Form der Gebrauchtteile-Strategie ist die Einzelreparatur. Sie zeichnet sich dadurch aus, dass Reparaturen endkunden- und gerätespezifisch ausgeführt werden. Diese Maßnahme kann vor allem bei älteren Fahrzeugen zum Einsatz kommen, wenn Neuteilpreise so hoch sind, dass sie in keinem vernünftigen Verhältnis zum Fahrzeugwert stehen und keine Bedarfsdeckung über Gebraucht- oder Austauschteile möglich ist. Nachteilig wirkt sich hier aus, dass der Endkunde einige Tage auf die Reparatur seines Fahrzeugs warten muss und zudem keine vollständige Garantie für eine Reparatur der Komponente besteht.

11.3 Ersatzteilbedarfsprognose

Die Vorhersage des Ersatzteilbedarfs ist eine der schwierigsten logistischen Planungsaufgaben in der Fahrzeugindustrie. Für eine wirtschaftliche und effektive Lager- und Bestandssteuerung ist allerdings eine zuverlässige Ermittlung des Ersatzteilbedarfs unumgänglich. Zu diesem Zweck stehen deterministische, stochastische

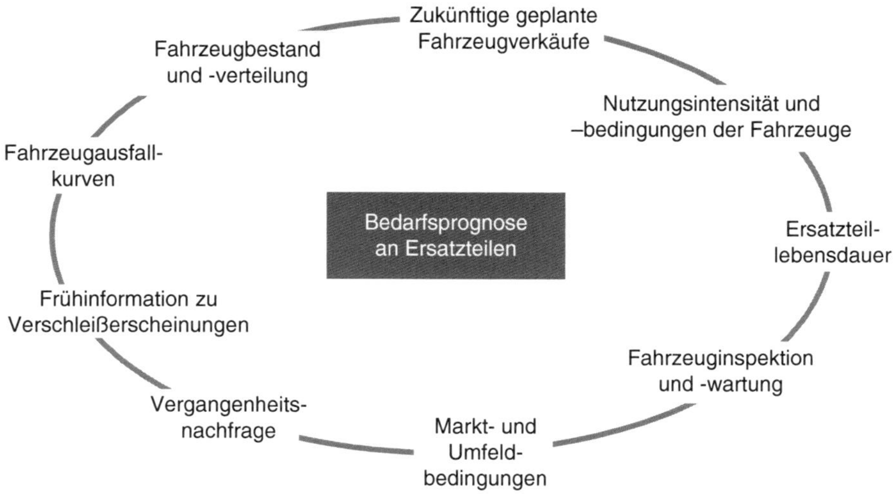

Abb. 11.2 Einflussfaktoren der Prognose für Ersatzteilbedarfe (in Anlehnung an Pfohl 1991, S. 1038)

und heuristische Planungsverfahren zur Verfügung. Da in den meisten Fällen der Ersatzteilbedarf im Voraus nicht bekannt ist, werden zur Bedarfsplanung Prognosen eingesetzt (Loukmidis u. Luczak 2006, S. 253). Der Bedarf an Ersatzteilen steht unter dem Einfluss verschiedener Faktoren (vgl. Abb. 11.2):

- **Fahrzeugverkäufe:** Der Bedarf an Ersatzteilen wird durch den Fahrzeugbestand im Einsatz, die zukünftigen Planverkäufe von Fahrzeugen, die Altersstruktur und regionale Verteilung des Fahrzeugbestands und die Nutzungsintensität sowie die Einsatzbedingungen der Fahrzeuge im täglichen Gebrauch beeinflusst.
- **Ersatzteil:** Ferner wird der Ersatzteilbedarf durch die Lebensdauer, das Verschleißverhalten, die Nutzungsintensität und die Einsatzbedingungen sowie das Sortimentsangebot von Einzel- und Modulteilen beeinträchtigt.
- **Inspektion:** Des weiteren wird der Bedarf an Ersatzteilen durch die Maßnahmen der Fahrzeughalter im Hinblick auf Wartung, Inspektion, Instandsetzung und Upgrades bestimmt.
- **Markt und Umfeld:** Schließlich wird der Bedarf an Ersatzteilen durch das Auftreten von Nicht-Originalteileanbietern am Markt, den Angebotsverzicht auf Ersatzteile durch Austausch des Primärproduktes, gesetzliche Vorgaben und Technologien geprägt (Loukmidis u. Luczak 2006, S. 256).

Im Gegensatz zu Prognosen der Fahrzeugverkäufe sind Ersatzteilprognosen aufgrund der spezifischen Charakteristika des Ersatzteilverbrauchs für die Ersatzteil-Disponenten eine große Herausforderung. Ersatzteilbedarfe sind weitestgehend unbekannt, häufig stark schwankend bis sporadisch und im Vergleich zu den Stückzahlen der Serienproduktion sehr gering. Verstärkt wird diese Problematik durch die Tatsache, dass die verbauten Positionen eines Fahrzeuges im Ersatzteilbereich meist in diverse Einzelteile zerlegt werden, was zu einer drastischen Steigerung der lagerhaltigen Teilepositionen führt. So kann ein Scheinwerfer, der in der Fahrzeugmontage komplett verbaut wird, in Einzelteile wie z. B. ein Streuglas zerlegt werden.

Ersatzteile welche nach Auslauf der zugehörigen Modellreihe einen konstanten Bedarf ausweisen, können auch weiterhin über die Seriendisposition verantwortet werden. Dabei erfolgt die Disposition der Ersatzteilbedarfe im Rahmen des Produktionsplanungs- und -steuerungssystems für Serienfahrzeuge (vgl. Abschn. 9.4.3). Ändert sich das Verbrauchsverhalten und somit die Abrufzeitreihe bzw. unterschreitet die Abrufmenge eine bestimmte Mindestmenge, dann geht das Teil in den Verantwortungsbereich der Ersatzteildisposition über. Hierzu müssen die jeweiligen internen und unternehmensspezifischen Vorgaben erfüllt sein. Problematisch ist die mengenabhängige Prognostizierbarkeit der Bedarfe. Mit dem Erreichen des Ersatzteilauslaufs brechen die Bedarfe oft drastisch ein und es wird immer schwieriger eine akzeptable Prognosequalität zu erreichen. Die Folge ist ein breites Sortiment an lagerhaltigen Artikeln mit hohen Bestands- und Lagerhaltungskosten bei gleichzeitiger Verschlechterung der Lieferleistung.

Zukünftige Ersatzteilbedarfe sollten so genau wie möglich prognostiziert werden, um die Lieferfähigkeit für den Kunden bei minimalen Prozesskosten sicherzustellen. Das Ziel eines Prognosemodells ist es, die historischen Verbräuche pro Teilenummer und Fahrzeugbaureihe zu sammeln, um auf einer höher aggregierten Stufe entsprechende Trends zu identifizieren. Hieraus wird ein geeigneter Prognosetrend mit einem für die Disposition anzuwendenden Prognoseverfahren (z. B. exponentielle Glättung höherer Ordnung) abgeleitet.

Ein einfaches und in der Praxis eingesetztes Verfahren ist die Festlegung von Bedarfsfaktoren auf Basis des Jahresbedarfs nach EOP. So werden beispielsweise für die Bevorratung von Motorteilen die 10-fache Menge des Jahresbedarfes im Jahr des Modellauslaufs als Allzeitbedarf berechnet und die Abrufmengen anteilig abgeleitet. Hierbei handelt es sich um grobe Schätzwerte, die zwar in der Praxis einfach zu berechnen sind, allerdings aufgrund der fehlenden Berücksichtigung des verursachenden Markt- und Produktsystems nicht zielführend sind.

Valide und leistungsfähige Prognosemodelle sollten neben den technischen Informationen aus den vorangegangenen Baureihen auch die jeweiligen Besonderheiten des Einzelteils sowie die Marktbedingungen der Baureihe berücksichtigen. Prinzipiell können produktorientierte Modelle auf Basis von Verschleiß- und Ausfallkurven sowie marktorientierte Modelle auf Basis des Kundenmarktes bei den Prognoseverfahren unterschieden werden.

Produktorientierte Prognosemodelle Das Ziel technischer Prognosemodelle ist es, auf Basis von Verschleiß- und Ausfallkurven zukünftige Ersatzteilbedarfe zu prognostizieren. Um den Erfassungs- und Datenaufwand zu reduzieren, werden Einzelteile zu Gruppen (Clustern) zusammengefasst, welche sich durch ein ähnliches Verschleiß- und Ausfallverhalten auszeichnen und daher mit dem gleichen Prognosemodell beplant werden können. Generelles Ziel einer Clusteranalyse ist es, eine Vielzahl von Daten einer Grundgesamtheit in kleinere, homogene Gruppen zu zerlegen. Das hierbei auftretende Dilemma der Clusterbildung besteht in der

Tatsache, dass die Objekte einer Klasse so zugeordnet werden sollen, dass diese innerhalb der Klasse möglichst ähnlich (intern homogen) sind und gleichzeitig sich die gebildeten Klassen untereinander möglichst deutlich voneinander differenzieren (extern heterogen).

Die Komplexität des Entscheidungsproblems liegt in der Vielzahl oft bauteilspezifischer Faktoren, welche simultan bei der Prognose von Ersatzteilen Berücksichtigung finden. Um die Qualität der Dispositionsverfahren zu erhöhen, bedarf es einer frühzeitigen Rückmeldung über Verschleiß- und Ausfallerscheinungen am Fahrzeug durch die Werkstätten (Ihme 2006, S. 355). Durch den Einsatz von IT-gestützten Frühwarnsystemen können Verschleiß- oder Ausfallschwerpunkte rechtzeitig erkannt und somit auch prognostiziert werden. Diese Informationen werden zusätzlich für Modellpflegemaßnahmen in der laufenden Serie bzw. für die Nachfolgemodelle genutzt.

Bei elektronischen Komponenten gibt es häufig einen Totalausfall der Bauteile, welche bauteilspezifisch bewertet werden müssen. Durch die Ausfallkurven wird eine Aussage darüber getroffen, mit welcher Wahrscheinlichkeit eine Betrachtungseinheit im angenommenen Zeitabschnitt ausfällt. Gemäß der sog. Badewannenkurve können Frühausfälle, Zufallsausfälle und Abnützungsausfälle unterschieden werden. Während sich die Frühausfälle meist in der Einführungsphase und Erstverwendungsphase des Produktes ereignen (Kinderkrankheiten), geschehen die Ausfälle während der normalen Betriebszeit seltener und treten gehäuft erst wieder gegen Ende des Lebenszyklus des Teils im Rahmen der betriebsbedingten Abnutzung auf. Diese Ausfallkurven müssen in Abhängigkeit der Einsatzdauer der Teile bei der Planung der Ersatzteilbedarfe berücksichtigt werden.

Auch der Verschleiß von Bauteilen muss durch entsprechende Verschleißkurven prognostiziert werden. Verschleißteile sind Teile, die aufgrund des bestimmungsgemäßen Gebrauchs des Fahrzeuges einem natürlichen Verschleiß unterliegen und je nach Art des Teils ersetzt werden müssen.

Marktorientierte Prognosemodelle Basis für die Prognose zukünftiger Ersatzteilbedarfe bilden die Marktgegebenheiten. Teile werden dabei nach quantitativen und qualitativen Marktdaten prognostiziert. Vergangenheitsbezogene Zeitreihen der quantitativen Ersatzteilbedarfe werden gefiltert und durch die qualitative Bewertung durch Vertriebs- und Serviceexperten extrapoliert. Problematisch hierbei sind oft nicht eindeutige Bezüge der nachgefragten Ersatzteilmengen und der produzierten Stückzahlen des Fahrzeuges in der Serie. Gründe hierfür sind Gleichteile sowie Fremdhandelsorganisationen, welche zusätzlich Ersatzteile am Markt anbieten. Ein Beispiel für Gleichteile sind Motorenteile. Diese werden meist in mehreren Baureihen verbaut und somit besteht kein eindeutiger Bezug der nachgefragten Teile zu einer spezifischen Baureihe. Verschleiß- und Serviceteile wie beispielsweise Wischerblätter, Glühlampen, Bremsbeläge, Luft-, Kraftstofffilter und Zündkerzen sind auf dem freien Teilemarkt erhältlich und daher am stärksten fremdhandelsgefährdet. Die im eigenen Vertriebssystem nachgefragten Ersatzteilbedarfe entsprechen folglich nur einem Bruchteil der tatsächlichen am Markt vorhandenen Nachfrage.

Im betrieblichen Alltag der Ersatzteildisposition sollten die produkt- und marktorientierten Modelle kombiniert eingesetzt werden. Die vergangenheitsbezogenen Zeitreihenverfahren der marktorientierten Prognose werden durch die technischen Daten des Ausfall- und Verschleißverhaltens ergänzt. Allgemein gilt, dass die Modelle zur Prognose künftiger Ersatzteilbedarfe um so aufwendiger werden je komplexer sie sind. Bei jeder Verfeinerung des eingesetzten Modells muss der zusätzliche Nutzen (Grenznutzen) gegenüber den zusätzlichen Kosten (Grenzkosten) abgewogen werden. Gleichzeitig müssen die eingesetzten Prognosemodelle für den Anwender immer transparent und steuerbar sein um Fehlentscheidungen des Anwenders zu vermeiden.

11.4 Logistikkette Ersatzteil

Die Distribution von Ersatzteilen erfolgt in Deutschland einerseits über den so genannten gebundenen Markt (autorisierte Vertragshändler der Fahrzeughersteller) und andererseits über den freien Markt, der nicht an die Hersteller gebunden ist. Neben den Fahrzeugherstellern sind die Teilehersteller, Großhändler bzw. Einkaufskooperationen, die freien und gebundenen Werkstätten sowie weitere Do-it-Yourself Anbieter, wie Baumärkte, Internetplattformen oder Tankstellen im Ersatzteilgeschäft aktiv (Voss 2003, S. 76). Durch die strategische Festlegung einer weltweiten Distributionsstrategie für Ersatzteile entscheidet der Fahrzeughersteller über seine Lagerstandorte sowie die Umschlags- und Transportorganisation der gesamten Ersatzteillogistikkette von der Quelle bis zur Senke. Dazu gehören auch Entscheidungen über den Eigen- und Fremdbetrieb von Lager-, Transport- und Umschlagsaktivitäten innerhalb der Prozesskette.

11.4.1 Ersatzteildisposition und -anlieferung

Analysiert man die zu disponierenden Ersatzteilartikel hinsichtlich der Merkmale Menge, Stückpreis, Volumen, Verbrauchsverlauf und Wiederbeschaffungszeit, so stellt man fest, dass diese sich stark voneinander unterscheiden. Die Heterogenität der Artikelstruktur muss sich daher im Planungsprozess widerspiegeln. Es kann nicht sinnvoll sein, ein einheitliches, starres Planungsverfahren für alle zu behandelnden Artikel einzusetzen. Um eine nutzenoptimierte Sortimentsbildung mit Ersatzteilen zu ermöglichen, sind diese zunächst nach anforderungsgerechten Merkmalen zu strukturieren (Loukmidis u. Luczak 2006, S. 261).

Das bekannteste Verfahren zur Teileklassifikation ist die ABC- und XYZ-Analyse. Ziel dieser Analyse ist die Ermittlung des Wertanteils von Warenbeständen sowie deren Regelmäßigkeit im Verbrauch. ABC-Analysen bezüglich Ersatzteilpositionen und deren Umsatz ergeben fast immer eine ausgeprägte Konzentrationskurve (Lorenz-Kurve). Bei einer grafischen Gegenüberstellung von Ersatzteilspektrum und Ersatzteilumsatz zeigt sich die Ungleichverteilung bei der 20% der Ersatzteile bereits 80% des gesamten Ersatzteilumsatzes generieren (sog. A-Teile). Die ABC-Analyse wird von der XYZ-Analyse ergänzt, welche die Regelmäßigkeit des Verbrauches der verschiedenen Materialarten ausdrückt. X-Teile zeichnen sich durch einen stetigen Verbrauch und geringe Schwankungen aus. Bei Y-Teilen treten stärkere Schwankungen auf, bei einer reduzierten Vorhersagegenauigkeit. Z-Teile weisen sehr große Schwankungen im Verbrauch auf und haben eine geringe Vorhersagegenauigkeit. Während in der Primärproduktproduktion in der Regel nur eine fallweise Beschaffung oder Fertigung von Z-Teilen in Frage kommt, muss die Ersatzteillogistik im Bedarfsfall eine schnelle Bereitstellung von Z-Teilen gewährleisten können (Vahrenkamp 2005, S. 77).

Die kombinierte ABC- und XYZ-Analyse führt zu einer Matrix mit neun verschiedenen Artikelklassen, deren Ergebnis Grundlage für die Disposition, Sortimentsgestaltung und Lagerhaltungsstrategie von Ersatzteilen bildet. Allerdings ist zu berücksichtigen, dass die vom Seriengeschäft üblichen Klassengrenzen beim Wertanteil und der Schwankungsbreite (Variationskoeffizient) der Teile, nicht analog auf die Ersatzteilbereiche übertragen werden können. Ferner wird durch die kombinierte ABC-XYZ-Analyse nur eine begrenzte Anzahl von Kriterien berücksichtigt (Loukmidis u. Luczak 2006, S. 261). So unterscheiden Unternehmen bei der Sortimentsbildung in der Praxis neben Umsatz und Umschlagshäufigkeit von Ersatzteilen auch nach ausfallkritischen Ersatzteilen, dem Deckungsbeitrag pro Ersatzteil, Ersatzteilbeschaffenheit und Gefahrgütern. Daneben sind weitere unternehmensspezifische Kriterien denkbar, die in die Entscheidungsfindung der Disposition, Sortimentsbildung und Lagerhaltungsstrategie mit einfließen.

Der physische Ablauf innerhalb der Logistikkette Ersatzteillogistik stellt sich wie folgt dar. Zunächst erfolgt die Anlieferung des Ersatzteilspektrums aus den jeweiligen Lieferwerken (Hausteilen) bzw. durch die externen Lieferanten (Kaufteilen). Eine weitestgehende Integration der Anlieferströme in die Transportlogistik der Serienfertigung ist anzustreben, um über Materialbündelungseffekte die Transportkosten zu senken (vgl. Abschn. 8.7.3.1). Im Wareneingang wird eine Sichtprüfung der Lieferungen auf Identität, Menge, Gewicht, Ladungsträger und Qualität durchgeführt. Ist noch keine Vorverpackung der Materialen durch den Lieferanten oder einen Verpackungsdienstleister erfolgt, wird die Ware anschließend im Auftrag des Fahrzeugherstellers umverpackt. Dies kann sowohl intern als auch über externe Verpackungspartner abgewickelt werden.

11.4.2 Ersatzteilverpackung

Mit dem steigenden Volumen im Ersatzteilgeschäft steigt auch das Verpackungsvolumen. Analog der Sortimentsausdehnung vergrößert sich das Verpackungsspektrum, da jede Verpackung optimal auf die Anforderungen des Packgutes abgestimmt ist. Wird ein neuer Artikel in das Ersatzteilspektrum aufgenommen so ist jeweils – entsprechend der Verpackungskriterien wie etwa Gewicht, Abmessung, Empfindlichkeit und Teilewert – zu prüfen, ob bestehende Verpackungen genutzt oder neue entwickelt und beschafft werden müssen. Standardisierung, Kompatibilität und Modularisierung im Verpackungsspektrum sind analog dem Seriengeschäft wichtige Effizienzkriterien (vgl. Abschn. 6.1.2). Kartonagen stellen die häufigste Verpackungsart im Ersatzteilbereich dar. Gegenüber Mehrwegverpackungen haben Kartonagen den Vorteil, dass sie durch ihre Faltbarkeit extrem platzsparend gelagert werden können und trotz des geringen Eigengewichts hohe Stabilität aufweisen, um auch schwere Teile zu verpacken. Für größere Auslieferungsvolumina mit hoher Lieferfrequenz und kurzen Transportwegen werden auch Mehrwegverpackungen wie Gitterboxen eingesetzt.

Im Verpackungsbereich werden zunächst die vorverpackten Bauteile kundenspezifisch zu größeren Ladeeinheiten (Handling-Units) zusammengefasst, um den nachfolgenden logistischen Prozess zu vereinfachen. Dem Mitarbeiter im Verpackungsbereich wird für die finale Versandverpackung ein softwaregestützter Vorschlag auf Basis des Kommissionierauftrages gemacht. Die hierbei angewandte Standardisierung der Kartonagengrößen bietet eine Vielzahl von Vorteilen. Bei der Stapelung von Kartonagen auf einer Palette kommt es bei heterogenen Verpackungsgrößen zu Ladelücken. Dadurch entstehen direkte Auswirkungen auf die logistische Effizienz des nachgelagerten Prozesses. Probleme die sich hieraus ergeben sind:

- höherer Aufwand bei der Ladungssicherung (vgl. Abb. 8.23)
- gestiegene Schadensquoten
- niedrigere Nutzvolumen der Ladeeinheiten
- höhere Lagerkosten durch größeren Bestand an Ladungsträgern
- gestiegener Anteil an manueller Handhabung

11.4.3 Ersatzteillagerung und -auslieferung

Die Lagerhaltung in der Ersatzteillogistik erfolgt aufgrund der Heterogenität des Ersatzteilspektrums als selektive Lagerhaltung. Hierbei wird das Distributionssystem mehrstufig aufgebaut und in eine Zentral-, Regional- und Händlerebene eingeteilt, mit der Möglichkeit unterschiedlich schnell auf Kundenaufträge zu reagieren (Vahrenkamp 2005, S. 171). In diesem hybriden Logistiknetzwerk werden die Langsamdreher mit sporadischem Bedarf zentral sowie die Schnelldreher mit kontinuierlichem Bedarf dezentral gelagert (Bretzke 2008, S. 158). Seltener gefragte Ersatzteile können somit auf der Zentrallagerebene mit den höchst möglichen Umschlagshäufigkeiten und der höchst möglichen Lieferbereitschaft vorgehalten werden, liegen dafür aber weiter von den Bedarfsorten der Werkstätten entfernt. Häufig gefragte Ersatzteile hingegen lagern bedarfsnah und ermöglichen kurze Zugriffszeiten. Durch die selektive Lagerhaltung wird die Lieferbereitschaft insgesamt erhöht, allerdings um den Preis unterschiedlicher Lieferzeiten für die Ersatzteile (Bretzke 2008, S. 159).

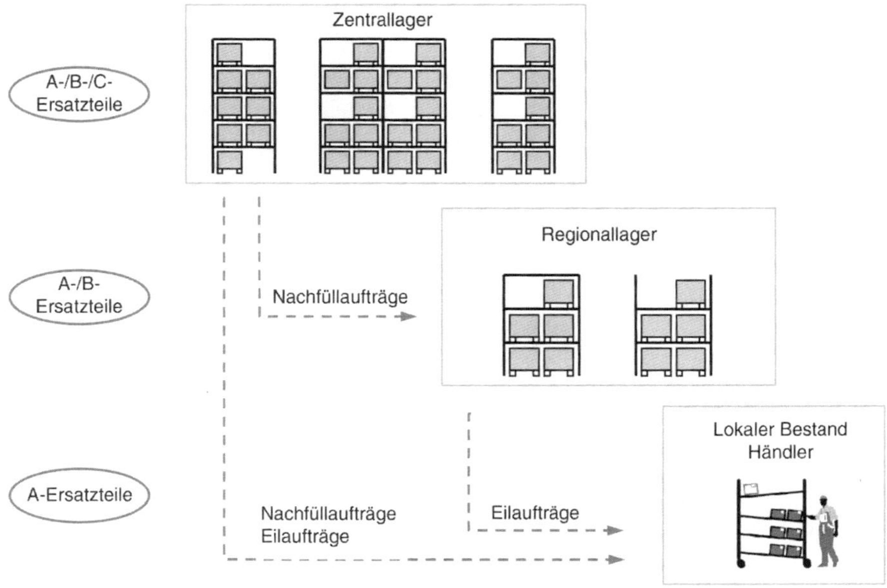

Abb. 11.3 Selektive Lagerhaltung der Ersatzteillogistik (Vahrenkamp 2005, S. 171)

Prinzipiell ergibt sich folgender Aufbau des Lagernetzwerkes für Ersatzteile (vgl. Abb. 11.3). Im dezentralen Regional- bzw. Händlerlager befindet sich ein Teilsortiment der gängigsten und umsatzstärksten Ersatzteile. Das Zentrallager mit Vollsortiment dient der Konsolidierung des Teilespektrums und fungiert gleichzeitig als Nachschublager. A- und B-Teile werden direkt aus dem dezentralen Händlerlager bedient, was in der Regel einen Servicegrad von 85% sicherstellt (Ihme 2006, S. 355). Nicht vorhandene A- und B-Teile werden per Eilauftrag im zugeordneten Regionallager der Großhändler (im Ausland über den Importeur) bzw. bei Nichtverfügbarkeit direkt über das Zentrallager bestellt. Bestellungen die frühzeitig beim Großhändler im Regionallager eingehen, können noch am selben Tag (Same-Day Lieferung) ausgeliefert werden. Die regionalen Verteilzentren dienen als Entkopplungspuffer zur schnellen Ersatzteilversorgung der KfZ-Werkstätten (Bretzke 2008, S. 100). Die Auslieferung wird regional über den LKW abgewickelt. Die Tourenplanung erfolgt auf Basis der Entfernungen der Händler vom Regionallagerstandort (Nah- und Ferntouren). Durch einen 24 h Lieferservice erhöht sich somit der Lieferservicegrad auf 92%. Alle C-Teile werden vom Fahrzeughändler direkt im Zentrallager bestellt und ebenfalls innerhalb von 24 h direkt an den Händler ausgeliefert. Damit steigt der Servicegrad erneut auf 98%.

Fahrzeughersteller mit geringen Marktanteilen verzichten häufig auf die Zwischenschaltung der Regionallagerstufe. Die Werkstätten werden dann direkt aus dem Zentrallager mit KEP-Dienstleistern im 24 h Service beliefert (Ihme 2006, S. 355).

Das Nachfrageverhalten nach Ersatzteilen verändert sich im Zeitablauf, so dass die Artikelklassifikation nach der ABC-/XYZ-Analyse laufend wiederholt werden muss. Analog hierzu wird die Zuordnung des Artikelspektrums zu den jeweiligen

Lagerstufen dynamisch, entsprechend dem aktuellen Verbrauchsverhalten in der Ersatzteil-Distributionskette, durchgeführt (Bretzke 2008, S. 163).

Der Zentrallagerbestand muss sich physisch nicht an einem zentralen Standort befinden. Üblicherweise werden Langsamdreher in kostengünstigere Außenlager verlagert, welche den zentralen Lagerstandort bei Bedarf beliefern. Auch die räumliche Trennung nach Teilegröße und Teileart ist gebräuchlich (z. B. Groß-, Mittel- und Kleinteile). Die Bestände werden IT-technisch zentral verwaltet und bilden daher ein virtuelles Zentrallager. Um Bestandstransparenz über die gesamte Logistikkette der Ersatzteildistribution zu erhalten, müssen alle Bestände vom Zentral- über das Regional- bis hin zum Händlerlager IT-technisch verknüpft und visualisiert werden. Diese Bestandstransparenz ist von Bedeutung für die Ausführung von Händleraufträgen und für die Disposition des Lagernachschubs als Beschaffungsauftrag (Vahrenkamp 2005, S. 171). Die weltweite Auslieferung der Ersatzteile über das Zentrallager wird je nach Transportentfernung, Frachtvolumen und Dringlichkeit mit den Frachtträgern LKW, Bahn und Flugzeug realisiert (vgl. Abschn. 6.7.1).

Hinsichtlich der Aggregationsstufe der Ersatzteile mit der die Einlagerung organisiert wird, können Einzelteile oder zusammengesetzte Baugruppen eingelagert werden. Nach Serienauslauf müssen nicht alle Teile und deren Varianten über die gesamte Laufzeit angeboten werden. Kostenintensive Ersatzteile sowie teure Nachrüst- und Umbausätze können bei der Bevorratung in die einzelnen Komponenten zerlegt werden. Bei welchen Umfängen dies machbar ist, muss durch eine Teilesortimentsanalyse mit Schwerpunktbetrachtung der Bedarfsdauer sowie in Zusammenarbeit mit den zuständigen Teiletechnikern erarbeitet werden. Auch die Lagerfähigkeit besonders bei elektronischen Ersatzteilen kann aus technologischer Sicht ein wichtiges Entscheidungsproblem darstellen. So sind zum Beispiel verschiedene elektronische Bauteile nur für eine begrenzte Zeit lagerfähig, bedürfen teilweise eines Schutzmediums während der Lagerung oder erfordern während der Lagerung eine spezielle Behandlung (z. B. Wiederbestromung von elektronischen Bauteilen), um wieder verarbeitet werden zu können (Dombrowski u. Bothe 2001, S. 792). Zudem müssen bei Lagerung auf Bauteil-Ebene für eine Weiterverarbeitung sowohl die weiteren Bauteile des Produkts zur Verfügung stehen, als auch die nötigen Produktionsmittel aufbewahrt und betriebsfähig gehalten werden (ZVEI 2002, S. 17 ff.).

Im Ersatzteilgeschäft müssen auch selten verlangte Teile vorgehalten werden. Trotz geringer Stückkosten sind die Lagerkosten wegen der vergleichsweise langen Lagerdauer hoch (Vahrenkamp 2005, S. 169). Übliche Serienentscheidungen der Eliminierung von Langsamdrehern aus dem Sortiment können im Ersatzteilgeschäft nicht vorgenommen werden.

Die Auslieferung von bestellten Ersatzteilen erfolgt bei den deutschen Automobilherstellern in der Regel über Nacht innerhalb Deutschlands und europaweit binnen 48 h. Weltweit werden 72 h angestrebt, was aufgrund der örtlichen Gegebenheiten stark schwanken kann. Generell kann zwischen einer Regel- und Eillieferung unterschieden werden (Vahrenkamp 2005, S. 165). Regellieferungen dienen dazu, die nachgeordneten Lagerstufen des Zentrallagers wie etwa die Werkstattbestände der Vertragswerkstätten aufzufüllen (Lagerergänzungslieferungen). Die Auslösung der Lieferaufträge wird verbrauchsgesteuert organisiert. Die Lieferungen sind nicht terminkritisch und können daher per Bahn erfolgen. Bei Eillieferungen z. B. für Ersatzteile eines Unfallfahrzeuges welches sich bereits in der Vertragswerkstatt befindet, handelt es sich meist um ungeplante terminkritische und bedarfsgesteuerte Lieferungen. Die hierfür benötigte Expresslieferung wird außerhalb der Regelabwicklung über einen KEP-Dienstleister durchgeführt.

Viele Händler und Zulieferfirmen von Automobilherstellern sind häufig am gleichen Ort angesiedelt. Der Aufbau eines Konvergenznetzwerkes bietet die Möglichkeit Distributionsnetzwerke unterschiedlicher Hersteller im Bereich der Ersatzteillogistik zu bündeln und in ein einziges Netzwerk zu integrieren. Somit könnten die eingehenden und ausgehenden Warenströme, Direktanlieferungen vom Zentrallager an die Händler, Rücklieferungen für Gewährleistungs- und Austauschumfänge oder auch Express-Sendungen in ein Gesamtnetzwerk eingebunden werden. Die Nutzung gemeinsamer Logistikstrukturen und -ressourcen bietet noch ein erhebliches Kosten- und Leistungspotenzial in der Ersatzteillogistik. In der praktischen Umsetzung solcher Konzepte ergeben sich allerdings derzeit noch Widerstände. Durch den enormen Kosten- und Leistungsdruck in der Automobilwirtschaft kann davon ausgegangen werden, dass ein Umdenkprozess stattfinden wird, der die einzelnen Partner in der automobilen Supply Chain zukünftig neben der Inbound-Logistik (vgl. Abb. 8.22) auch im Ersatzteilbereich enger zusammenarbeiten lässt. Ein erster Integrationsschritt hierbei ist die konzernweite Zusammenführung und Vereinheitlichung der After-Sales Logistiknetzwerks innerhalb des eigenen Unternehmens (Kruse u. Hoferichter 2005, S. 27 ff.).

Literatur

3 Day Car Programme (2001): Internet: www.3daycar.com

Aberle, G. (2003): Transportwirtschaft, 4. Auflage, Oldenbourg, München, 2003

Alders, K. (2005): Varianten- und Komplexitätsmanagement der Audi AG – Neue Chancen durch Netzwerke, in: 9. Sächsische KFZ-Zulieferkonferenz, Leipzig, 2005

Alicke, K. (2005): Planung und Betrieb von Logistiknetzwerken, 2. Auflage, Springer, Berlin, 2005

Alicke, K./Eitelwein, O. (2004): Outsourcing im Supply Chain Management, in: Supply Chain Management 3/2004, S. 17–27

Altlay, F. (2002): Outsourcing of Logistics Functions – An Assessment of the Outsourcing Decision Process for Logistics Functions of an Automobile Manufacturer, MSc Thesis, Cranfield Centre for Logistics & Transportation, Cranfield University, Cranfield, 2002

Appelfeller, W./Buchholz, W. (2005): Supplier Relationship Management, Gabler, Wiesbaden, 2005

Arnold, B. (2004): Strategische Lieferantenintegration. Ein Modell zur Entscheidungsunterstützung für die Automobilindustrie und den Maschinenbau, Gabler, Wiesbaden, 2004

Arnold, D./Furmans, K. (2007): Materialfluss in Logistiksystemen, 5. Auflage, Springer, Berlin, 2007

Arnold, U./Eßig, M. (2002): Grundlagen des internationalen Supply Chain Management, in: Handbuch Internationales Management, Hrsg. von: Macharzina, K./Oesterle, M.-J., 2. Auflage, Wiesbaden, 2002, S. 238–254

Arnolds, H./Heege, F./Tussing, W. (2001): Materialwirtschaft und Einkauf. Praxisorientiertes Lehrbuch, 10. Auflage, Gabler, Wiesbaden, 2001

AVIF (2006): Forschungsprojekt A 207: Entwicklung eines Baukastensystems für Großladungsträger aus Stahlleichtbaukonstruktion, Hrsg. von: AVIF – Forschungsvereinigung der Arbeitsgemeinschaft der Eisen- und Metallverarbeitenden Industrie e. V., Ratingen, 2006

Bachmann, H. (2006): Mehrweg-Ladungsträger effizient verwalten und steuern, in: Logistik für Unternehmen 10/2006, S. 88–91

Barth, H. (2002): Lieferantenparks im Umfeld der Automobilindustrie, in: Logistik für Unternehmen 7–8/2002, S. 52–55

Bauer, N. (2002): Logistik des neuen BMW Werkes – Ein Beispiel für flexible Logistikstrukturen, in: Mensch und Technik in der Logistik, 11. Deutscher Materialfluss-Kongress, Hrsg. von: VDI-Gesellschaft FML, VDI, Düsseldorf, 2002, S. 111–132

Bauer, N. (2006): Intralogistische Konzepte und ausgewählte technische Lösungen im BMW Werk Leipzig, in: Intralogistik – Potentiale, Perspektiven, Prognosen, Hrsg. von: Arnold, D., Springer, Berlin, 2006, S. 182–191

Baumbach, M. (2004): After-Sales-Management im Maschinen- und Anlagenbau, 2. Auflage, Transfer, Regensburg, 2004

Baumgarten, H./Darkow, I.-L. (1999): Kundenorientierung durch Build-to-Order und Late-fit-Strategien in vernetzten Fertigungs- und Logistiksystemen, in: Industrie Management 5/1999, S. 49–51

Baumgarten, H./Risse, J. (2001): Logistikbasiertes Management des Produktentstehungsprozesses, in: Jahrbuch Logistik 2001, Hrsg. von: Hossner, R., Handelsblatt, Düsseldorf, 2001, S. 150–156

Baumgarten, H./Klinkner, R./Stommel, H. (2002): Integrationsaspekte des Supply Chain Managements, in: Logistik Management 4/2002, S. 34–46

Baumgarten, H./Beyer, I./Stommel, H. (2004): Planungs- und Steuerungsaufgaben in industriellen Versorgungsnetzwerken, in: Jahrbuch Logistik 2004, Hrsg. von: Wolf-Kluthausen, H., Free Beratung, Korschenbroich, 2004, S. 64–70

Baumgärtel, H./Hellingrath, B./Holweg, M./Bischoff, J./Nayabi, K. (2006): Automotive SCM in einem vollständigen Build-to-Order-System, in: Supply Chain Management 1/2006, S. 7–15

Becker, H. (2006): Phänomen Toyota – Erfolgsfaktor Ethik, Springer, Berlin, 2006

Becker, J./Rosemann, M. (1993): Design for Logistics – Ein Beispiel für die logistikgerechte Gestaltung des Computer Integrated Manufacturing, Arbeitsbericht des Instituts für Wirtschaftsinformatik, Institut für Wirtschaftsinformatik der Westfälischen Wilhelms-Universität Münster, Münster, 1993

Becker, T. (2005a): Konzeption von Entwicklungspfaden für Zulieferparks in der Automobilindustrie, Dissertation, Universität Kassel, Kassel, 2005

Becker, T. (2005b): Logistiker geben den Takt vor, in: Automobil-Produktion 5/2005, S. 44–45

Becker, W. (1999): Entwicklungsperspektiven für die Beschaffung in der Weltautomobilindustrie, in: Handbuch Industrielles Beschaffungsmanagement, Hrsg. von: Hahn, D./Kaufmann, L., Gabler, Wiesbaden, 1999, S. 53–73

Behres, M./Wortmann, D. (2003): Simulation von Logistikprozessen in der Automobilindustrie, in: Logistik für Unternehmen 9/2003, S. 62–63

Bender, P. (1985): The Challenge of International Distribution, in: International Journal of Physical Distribution & Materials Management 4/1985, S. 20–25

Bennett, D./Klug, F. (2009): Automotive Supplier Integration from Automotive Supplier Community to Modular Consortium, in: Logistics Research Network 2009 Conference Proceedings, Hrsg. von: Potter, A./Naim, M., Cardiff, 2009, S. 698–705

Bennett, D./O'Kane, J./Prabhu, V. (2006): Ishikawa Inspired Synchronous Supply: Fact or Fiction in the UK Automotive Supply Industry, in: Logistics Research Network 2006 Conference Proceedings, Hrsg. von: Bourlakis, M./Cullinane, K./Mulley, C./Nelson, J., Newcastle, 2006, S. 36–41

Bernemann, S. (2002): Eignung und Anwendungsmöglichkeiten von Methoden und Werkzeugen, in: Erfolgsfaktor Logistikqualität – Vorgehen, Methoden und Werkzeuge zur Verbesserung der Logistikleistung, Hrsg. von: Wiendahl, H.-P., 2. Auflage, Springer, Berlin, 2002, S. 55–72

Bierwirth, T. (2004): Virtuelle Logistikplanung für die Automobilindustrie – Methoden und Modelle im Rahmen der Digitalen Fabrik, Shaker, Aachen, 2004

Bish, E./Muriel, A./Biller, S. (2005): Managing Flexible Capacity in a Make-to-Order Environment, in: Management Science 2/2005, S. 167–180

Bogaschewsky, R. (2005): Logistik – Schlüsselfaktor für Global Sourcing, in: Jahrbuch Logistik 2005, Hrsg. von: Wolf-Kluthausen, H., Free Beratung, Korschenbroich, 2005, S. 74–79

Bopp, R. (1997): Design for X-Methoden, in: Forschungs- und Entwicklungsmanagement, Hrsg. von: Bullinger, H.-J./Warschat, J., Teubner, Stuttgart, 1997, S. 195–203

Boppert, J. (2008): Entwicklung eines wissensorientierten Konzepts zur adaptiven Logistikplanung, Dissertation, Fakultät für Maschinenwesen, Technische Universität München, München, 2008

Boppert, J./Schedlbauer, M./Günthner, W. (2007): Zukunftsorientierte Logistik durch adaptive Planung, in: Neue Wege in der Automobillogistik, Hrsg. von: Günthner, W., Springer, Berlin, 2007, S. 345–357

Bothe, T. (2003): Planung und Steuerung der Ersatzteilversorgung nach Ende der Serienfertigung, Shaker, Aachen, 2003

Bracht, U./Bierwirth, T. (2004): Virtuelle Logistikplanung bei einem Automobilhersteller, in: Jahrbuch Logistik, Hrsg. von: Wolf-Kluthausen, H., 2004, S. 92–96

Bracht, U./Rooks, T. (2008): Virtuelle Logistikplanung für die Montage im Rahmen der Digitalen Fabrik, in: Advances in Simulation for Production and Logistics Applications, Hrsg. von: Rabe, M., Fraunhofer IRB, Stuttgart, 2008, S. 439–447

Bretzke, W.-R. (2005): Supply Chain Management: Wege aus einer logistischen Utopie, in: Logistik Management 2/2005, S. 21–30

Bretzke, W.-R. (2006): 5-Tage-Auto: Eine Innovation, die niemand braucht, in: Automobil Industrie 7–8/2006, S. 50

Bretzke, W.-R. (2007): Available to Promise – Der schwierige Weg zu einem berechenbaren Lieferservice, in: Logistik Management 2/2007, S. 8–18

Bretzke, W.-R. (2008): Logistische Netzwerke, Springer, Berlin, 2008

Bürgel, H. D./Haller, C./Binder, M. (1996): F&E-Management, Vahlen, München, 1996

Caesar, C. (1991): Kostenorientierte Gestaltungsmethodik für variantenreiche Serienproduktion, VDI, Düsseldorf, 1991

Chung, C. (2004): Simulation Modeling Handbook, CRC Press, 2004

Cluss, E. (1996): Integrative Methoden und Instrumente der Logistik – Einsatzbeispiele aus einem PKW-Montagewerk der MB AG, in: Integrative Instrumente der Logistik, Tagungsband zur 11. Fachtagung der Deutschen Gesellschaft für Logistik e. V., Hrsg. von: Pfohl, H.-C., Darmstadt, 1996, S. 159–190

Coia, A. (2007): Making Inroads to New Markets, in: Finished Vehicle Logistics 3/2007, S. 60–64

Cooper, J./Griffiths, J. (1994): Managing Variety in Automotive Logistics with the Rule of Three, in: The International Journal of Logistics Management 5(2)/1994, S. 29–40

Coordes, M./Spieckermann, S. (2001): Die Ablaufsimulation der virtuellen Prozesskette am Beispiel des neuen Audi A4, in: Flexibel und kostengünstig – 4. Düsseldorfer Produktionstage, VDI-Bericht 1597, VDI, Düsseldorf, 2001, S. 79–95

Coordes, M./Wortmann, D. (2001): Testlauf in der virtuellen Fabrik, Automobil-Produktion 2/2001, S. 60–64

Deiseroth, J./Weibels, D./Toth, M./Wagenitz, A. (2008): Simulationsbasiertes Assistenzsystem für die Disposition von globalen Lieferketten, in: Advances in Simulation for Production and Logistics Applications, Hrsg. von: Rabe, M., Fraunhofer IRB, Stuttgart, 2008, S. 41–50

Dickmann, E. (2007): Elektronische Kanban-Systeme (eKanban), in: Schlanker Materialfluss mit Lean Production, Kanban und Innovation, Hrsg. von: Dickmann, P., Springer, Berlin, 2007, S. 340–347

Dombrowski, U./Bothe, T. (2001): Ersatzteilmanagement – Strategien für die Ersatzteilversorgung nach Ende der Serienfertigung, in: wt Werkstatttechnik online 12/2001, S. 792–796

Domschke, W. (2007): Logistik: Transport – Grundlagen, lineare Transport- und Umladeprobleme, 5. Auflage, Oldenbourg, München, 2007

Dörr, M. (2007): Zwischen e-Business und Rohrpost – kollaborative Abstimmung in der Praxis, in: Logistik in der Automobilindustrie, Hrsg. von: Gehr, F./Hellingrath, B., Springer, Berlin, 2007, S. 49–51

Dreher, D. (1997): Logistik-Benchmarking in der Automobil-Branche. Ein Führungsinstrument zur Steigerung der Wettbewerbsfähigkeit, Eul, Lohmar, 1997

Drexl, A./Kolisch, R. (2000): Produktionsplanung bei Kundenauftragsfertigung, in: Zeitschrift für Betriebswirtschaft 4/2000, S. 433–452

Ebel, B./Zatta, D./Hofer, M. B. (2005): Plattform- und Gleichteilestrategien, in: Zeitschrift für die gesamte Wertschöpfungskette Automobilwirtschaft 4/2005, S. 76–79

Eckseler, H. (1999): Industrielle Beschaffungslogistik, in: Handbuch Logistik. Management von Material- und Warenflussprozessen, Hrsg. von: Weber, J./Baumgarten, H., Schäffer-Poeschel, Stuttgart, 1999, S. 150–165

Ellram, L. M. (1993): A Framework for Total Cost of Ownership, in: International Journal of Logistics Management 4(2)/1993, S. 49–60

Ellram, L. M./Perrott Siferd, S. (1993): Purchasing – The Cornerstone of the Total Cost of Ownership Concept, in: Journal of Business Logistics 14(1)/1993, S. 163–184

Ester, B. (1997): Benchmarks für die Ersatzteillogistik, Erich Schmidt, Berlin, 1997
Fander, R./Grammer, A. (2002): Transparenz in der Stahl-Logistikkette durch SCM, in: Logistik für Unternehmen 7–8/2002, S. 6–9
FAST (2004): Future Automotive Industry Structure (FAST) 2015 – die neue Arbeitsteilung in der Automobilindustrie, VDA, Frankfurt am Main, 2004
Fecht, N. (2005): Erst Simulation, dann Investition, in: Automobil-Produktion 12/2005, S. 84–85
Finkenzeller, K. (2006): RFID-Handbuch. Grundlagen und praktische Anwendung induktiver Funkanlagen, Transponder und kontaktloser Chipkarten, 4. Auflage, Hanser, München, 2006
Fitzek, D. (2006): Anlaufmanagement in Netzwerken: Grundlagen, Erfolgsfaktoren und Gestaltungsempfehlungen für die Automobilindustrie, Haupt, Bern, 2006
Fitzsimmons, J./Fitzsimmons, M. (2000): Service Management – Operations, Strategy and Information Technology, 3. Auflage, McGraw-Hill, New York, 2000
Fleischmann, B./Ferber, S./Henrich, P. (2006): Strategic Planning of BMW's Global Production Network, in: Interfaces 5–6/2006, S. 194–208
Franke, H.-J./Hesselbach, J./Huch, B./Firchau, N. L. (2002): Variantenmanagement in der Einzel- und Kleinserienfertigung, Hanser, München, 2002
Franke, W./Dangelmaier, W. (Hrsg.) (2006): RFID-Leitfaden für die Logistik. Anwendungsgebiete, Einsatzmöglichkeiten, Integration, Praxisbeispiele, Gabler, Wiesbaden, 2006
Fredriksson, P. (2006): Operations and Logistics Issues in Modular Assembly Processes: Cases from the Automotive Sector, in: Journal of Manufacturing Technology Management 17(2)/2006, S. 168–186
Frey, R./Kimmich, J./Stommel, H. (2007): Die Bedarfsplanung als Grundlage von SCM-Planungen, in: Logistik in der Automobilindustrie, Hrsg. von: Gehr, F./Hellingrath, B., Springer, Berlin, 2007, S. 52–59
Frühbauer, R. (2007): Entwicklung und Bedeutung von Build to Order Konzepten in der Supply Chain globaler Automobilhersteller, Institut für Transportwirtschaft und Logistik, Wirtschaftsuniversität Wien, Wien, 2007
Gareis, K. (2002): Das Konzept Industriepark aus dynamischer Sicht, Gabler, Wiesbaden, 2002
Gebhardt, J./Borgelt, C./Kruse, R./Detmer, H. (2004): Knowledge Revision in Markov Networks, in: Mathware & Soft Computing 11/2004, S. 93–107
Gehr, F. (2007): Netzwerkübergreifende Logistiklösungen entwickeln und realisieren – Die Zielsetzung des Projektes LiNet, in: Logistik in der Automobilindustrie, Hrsg. von: Gehr, F./Hellingrath, B., Springer, Berlin, 2007, S. 23–47
Geißler, H. (2005): Innovative Logistikprozesse haben die Varianten im Griff – Variantenvielfalt und deren Einflüsse auf Logistikprozesse bei Automobilzulieferern, in: VDI-Bericht 1905, 6. Jahrestagung Automobillogistik 2005, VDI, Düsseldorf, S. 53–63
Gerlach, J./Dickmann, E. (2007): Kanban-Karten, in: Schlanker Materialfluss mit Lean Production, Kanban und Innovationen, Hrsg. von: Dickmann, P., Springer, Berlin, 2007, S. 191–201
Glöckl, H. (1997): Positive Logistikeffekte durch verstärkte Modulanlieferung an das Montageband, in: VDI-Bericht Band 1343, VDI, Düsseldorf, 1997, S. 135–148
Göpfert, I./Grünert, M. (2006): Logistiktrends in den Wertschöpfungsnetzen der Automobilindustrie, in: Jahrbuch Logistik 2006, Hrsg. von: Wolf-Kluthausen, H., Free Beratung, Korschenbroich, 2006, S. 130–137
Göpfert, I./Grünert, M. (2009): Logistiknetze der Zukunft – Das neue Hersteller-Zulieferer-Verhältnis in der Automobilindustrie, in: Logistik der Zukunft – Logistics for the Future, Hrsg. von: Göpfert, I., 5. Auflage, Gabler, Wiesbaden, 2009, S. 127–191
Gottsauner, B. (2006): Mehr Produktivität an der Fertigungslinie, in: Ident 1/2006, S. 28–29
Götz, A. (2007): Zukunftsstandort Deutschland?, in: Automobil-Produktion 2/2007, S. 16–19
Graf, H./Hartmann, C. (2004): Just-in-Time, Just-in-Sequence, in: Taschebuch der Logistik, Hrsg. von: Koether, R., Hanser, München, 2004, S. 121–132
Graf, H./Metzger, J./Nowak, W. (2005): DaimlerChrysler optimiert S-Klasse-Logistik im Werk Sindelfingen, in: Logistik für Unternehmen 6/2005, S. 6–9
Grinninger, J./Meißner, S. (2006): Früh in Reih und Glied, in: Automobil-Produktion 11/2006, S. 54–57

Gruß, C. (2008): Revenue-Management-Konzept zur deckungsbeitragsoptimalen online Neuwagendirektdistribution und Produktionsharmonisierung in der Automobilindustrie, Dissertation, Fakultät für Maschinenbau, Elektrotechnik und Wirtschaftsingenieurwesen, Technische Universität Cottbus, Cottbus, 2008

Gudehus, T. (1973): Grundlagen der Kommissioniertechnik. Dynamik der Warenverteil- und Lagersysteme, Cornelsen, Essen, 1973

Gudehus, T. (2006): Dynamische Disposition, 2. Auflage, Springer, Berlin, 2007

Gudehus, T. (2007a): Logistik 1 – Grundlagen, Verfahren und Strategien, 3. Auflage, Springer, Berlin, 2007

Gudehus, T. (2007b): Logistik 2 – Netzwerke, Systeme und Lieferketten, 3. Auflage, Springer, Berlin, 2007

Gunasekaran, A./Ngai, E. (2005): Build-to-Order Supply Chain Management: A Literature Review and Framework for Development, in: Journal of Operations Management 23/2005, S. 423–451

Günthner, W./Schröder, J./Meißner, S./Grinninger, J. (2009): Potentiale des Konzepts der stabilen Auftragsfolge in der automobilen Wertschöpfungskette – Ergebnisse einer empirischen Studie in der europäischen Automobilindustrie, Bayern Innovativ, Nürnberg, 2009

Gutenberg, E. (1983): Grundlagen der Betriebswirtschaftslehre, Erster Band: Die Produktion, 24. Auflage, Springer, Berlin, 1983

Gutenschwager, K. (2005): Simulationsgestützte Planung komplexer Materialfluss- und Lagerprozesse, in: Logistik für Unternehmen 10/2005, S. 68–70

Gutzmer, P./Dworzak, U. (2000): Entwicklungsprozesse und Organisationsstrukturen für interdisziplinäre Fahrzeugentwicklungen, in: Automotive Engineering Partner 6/2000, S. 42–46

Hagen, M./Iding, M./Sudhoff, H. (2000): Lösungsansätze zur Sicherstellung der Nachserienversorgung in der Automobilelektronik, in: Elektrik im Kraftfahrzeug, VDI Bericht 1547, VDI, Düsseldorf, 2000, S. 953–978

Hager, P. (2007): Just-in-Sequence-Produktion mit RFID, in: Ident 4/2007, S. 44–45

Hammant, J./Disney, S. M./Childerhouse, P./Naim, M. M. (1999): Modelling the Consequences of a Strategic Supply Chain Initiative of an Automotive Aftermarket Operation, in: International Journal of Physical Distribution & Logistics Management 29(9)/1999, S. 535–550

Harrison, A. (1995): Themes for Facilitating Material Flow in Manufacturing Systems, in: International Journal of Physical Distribution & Logistics Management 25(10)/1995, S. 3–25

Harrison, A. (1997): Investigating the Sources and Causes of Schedule Instability, in: The International Journal of Logistics Management 2/1997, S. 75–82

Harrison, A. (1998): Manufacturing Strategy and the Concept of World Class Manufacturing, in: International Journal of Operations & Production Management 18(4)/1998, S. 397–408

Harrison, A./van Hoek, R. (2008): Logistics Management and Strategy – Competing Through the Supply Chain, 3. Auflage, FT Prentice Hall, Harlow, 2008

Hartel, D. (2006a): Transportmanagement auf Basis typologisierter Inbound-Lieferungen, in: Supply Chain Management 1/2006, S. 47–54

Hartel, D. (2006b): JIS über 1000 Kilometer, in: Automobil-Produktion 8/2006, S. 82–84

Hartmann, H. (2004): Lieferantenmanagement. Gestaltungsfelder, Methoden, Instrumente mit Beispielen aus der Praxis, Deutscher Betriebswirte-Verlag, Gernsbach, 2004

Hartmann, H. (2008): Grundlagen und Grundtatbestände der Lieferantenbewertung, in: Lieferantenbewertung – aber wie? Lösungsansätze und erprobte Verfahren, Hrsg. von: Hartmann, H./Orths, H./Pahl, H.-J., 4. Auflage, Deutscher Betriebswirte-Verlag, Gernsbach, 2008, S. 15–26

Heinemeyer, W. (1992): Die Planung und Steuerung des logistischen Prozesses mit Fortschrittzahlen, in: Flexible Fertigungssysteme, Hrsg. von: Adam, D., Gabler, Wiesbaden, 1992, S. 161–188

Heiner, H.-A. (1984): Fördereinrichtungen, in: Handwörterbuch der Produktionswirtschaft, Hrsg. von: Kern, W., Poeschel, Stuttgart, 1984, S. 618–627

Helmigh, M./Jansen, R. (2007): Das Milimeter-Universum. Wie die RFID-Technologie logistische Prozesse sicherer macht, in: Sicherheitshalber – Zeitschrift für Sicherheit in der Supply Chain des Handels 2/2007, S. 6–15

Herlyn, W.-J. (2004): Bedarfsermittlung, Montage- und Abrufsteuerung von variantenreichen Baugruppen am Beispiel des Moduls „Fahrzeug-Cockpit“, in: Logistik Management 1/2004, S. 58–68

Herold, L. (2005): Kundenorientierte Prozesssteuerung in der Automobilindustrie, Deutscher Universitäts-Verlag, Wiesbaden, 2005

Heß, G. (2008): Supply-Strategien in Einkauf und Beschaffung – Systematischer Ansatz und Praxisfälle, Gabler, Wiesbaden, 2008

Hickmann, J. (2001): Entwicklung und Anwendung eines Instrumentariums zur Entscheidungsunterstützung für die Gestaltung, Optimierung und Bewertung logistischer Unternehmensprozesse in der Automobilindustrie, Dissertation, Dresden, 2001

Hines, P. (1996): Network Sourcing in Japan, in: The International Journal of Logistics Management 7(1)/1996, S. 13–28

Hofmann, E./Bachmann, H. (2006): Behältermanagement in der Praxis – Die St. Galler Behälter-Management-Studie, Deutscher Verkehrs-Verlag, Hamburg, 2006

Holweg, M. (2000): The Order Fulfilment Process in the Automotive Industry – Conclusions of the Current State Analysis, 3 Day Car Programme, Lean Enterprise Research Centre, Cardiff Business School, Cardiff, 2000

Holweg, M. (2001): Dynamic Distortions in Supply Chains: A Cause and Effect Analysis, in: Manufacturing Operations and Supply Chain Management – The Lean Approach, Hrsg. von: Taylor, D./Brunt, D., Thomson, London, 2001, S. 106–138

Holweg, M./Miemczyk, J. (2002): Logistics in the „3 Day Car“ Age – Assessing the Responsiveness of Vehicle Distribution Logistics in the UK, in: International Journal of Physical Distribution & Logistics Management 32(10)/2002, S. 829–850

Holweg, M./Miemczyk, J. (2003): Delivering the „3 Day Car“ – The Strategic Implications for Automotive Logistics Operations, in: Journal of Purchasing & Supply Management 9/2003, S. 63–71

Holweg, M./Pil, F. (2004): The Second Century – Reconnecting Customer and Value Chain Through Build-to-Order – The Road to the 5 Day Car, The MIT Press, Cambridge, 2004

Homburg, C. (2000): Quantitative Betriebswirtschaftslehre – Entscheidungsunterstützung durch Modelle, 3. Auflage, Gabler, Wiesbaden, 2000

Hooites Meursing, M. (2007): Anpassungsstrategien in der Automobilindustrie, in: Neue Wege in der Automobillogistik, Hrsg. von: Günthner, W., Springer, Berlin, 2007, S. 449–457

Hoppe, M. (2005): Bestandsoptimierung mit SAP, Galileo Press, Bonn, 2005

Horn, A. (2002): Direkter Draht zum Lieferanten, in: e-Logistics 2/2002, S. 70–72

Horn, A. (2003): Global Transport Label erobert die automobile Lieferkette, in: Logistik für Unternehmen 3/2003, S. 28–29

Horváth, P. (1996): Controlling, 6. Auflage, Vahlen, München, 1996

Hubmann, H.-E. (2001): Lieferantenbewertung – ein Schlüssel zur effizienten Partnerschaft, in: 36. Symposium Einkauf und Logistik, Hrsg. von: Bundesverband Materialwirtschaft, Einkauf und Logistik e. V., Frankfurt, 2001, S. 269–286

Hütter, S. (2008): Simulation einer nivellierten Produktion in der Automobilzulieferindustrie, in: Advances in Simulation for Production and Logistics Applications, Hrsg. von: Rabe, M., Fraunhofer IRB, Stuttgart, 2008, S. 71–80

Ihde, G. B./Merkel, H./Henning, R. (1999): Ersatzteillogistik: Theoretische Grundlagen und praktische Handhabung, 3. Auflage, Huss, München, 1999

Ihme, J. (2006): Logistik im Automobilbau, Hanser, München, 2006

ILIPT (2009): Intelligent Logistics for Innovative Product Technologies, Internet: www.ilipt.org

Imai, M. (1997): Gemba Kaizen – A Commonsense, Low-Cost Approach to Management, McGraw-Hill, New York, 1997

IMVP (2009): International Motor Vehicle Program, Internet: www.imvpnet.org

Jacobi, C./Hartel, D./Ohlen, O./Wendik, H. (2004): Logistik-Management – Gestalten und Beherrschen der Supply Chain, Emporias Management Consulting, Unterföhring, 2004

Jacobi, C./Hartel, D./Spendl, K. (2005): Logistics Excellence in der Automobilindustrie, Emporias Management Consulting, Unterföhring, 2005

Jahns, C. (2003): Paradigmenwechsel vom Einkauf zum Supply Chain Management, in: Beschaffung aktuell 4/2003, S. 32–39
Jahns, C. (2005): Netwerkmanagement: Königsweg oder Irrglaube?, in: Supply Chain Management 2/2005, S. 55–56
Janker, C. (2008): Multivariate Lieferantenbewertung. Empirisch gestützte Konzeption eines anforderungsgerechten Bewertungssystems, 2. Auflage, Gabler, Wiesbaden, 2008
Jansen, R./Meyering, M. (2006): Testreihen zeigen: Passiven RFID-Systemen gehört die Zukunft, in: Logistik für Unternehmen 3/2006, S. 36–39
Jodlbauer, H. (2007): Produktionsoptimierung – Wertschaffende sowie kundenorientierte Planung und Steuerung, Springer, Wien, 2007
Jones, D. T./Hines, P./Rich, N. (1997): Lean logistics, in: International Journal of Physical Distribution & Logistics Management 3–4/1997, S. 153–173
Jürgens, U. (2003): Characteristics of the European Automotive System: Is There a Distinctive European Approach? Discussion Paper SP III 2003-301, Social Science Research Center, Berlin, 2003
Kahmeyer, M. (2002): Produktions- und Logistikkonzepte der Porsche AG, in: Erfolgreiche Umsetzung innovativer Logistikkonzepte in der Automobil- und Zuliefererindustrie, VDI Berichte 1698, VDI, Düsseldorf, 2002, S. 45–56
Kaiser, A. (1995): Integriertes Variantenmanagement mit Hilfe der Prozesskostenrechnung, Dissertation Nr. 1742, Universität St. Gallen, 1995
Kano, N./Seraku, N./Takahashi, F./Tsuji, S. (1984): Attractive Quality and Must be Quality, in: Quality Journal, 14(2)/1984, S. 39–48
Kaplan, R./Norton, D. (1997): Balanced Scorecard – Strategien erfolgreich umsetzen, Schäffer-Poeschel, Stuttgart, 1997
Keller, J. (2006): Vendor Managed Inventory hält Einzug in das Bestellwesen der Industrie, in: Logistik für Unternehmen 3/2006, S. 58–59
Kimmich, J./Wahl, H. (2007): Die Kapazitätsplanung, in: Logistik in der Automobilindustrie, Hrsg. von: Gehr, F./Hellingrath, B., Springer, Berlin, 2007, S. 59–66
Kirchhof, R. (2003): Ganzheitliches Komplexitätsmanagement. Grundlagen und Methodik des Umgangs mit Komplexität im Unternehmen, Deutscher Universitäts-Verlag, Wiesbaden, 2003
Kirsch, W. (1997): Strategisches Management, die geplante Evolution von Unternehmen, Kirsch, Herrsching, 1997
Klauke, A./Schreiber, W./Weißner, R. (2005): Neue Produktstrukturen erfordern angepasste Fabrikstrukturen, in: Planung modularer Fabriken – Vorgehen und Beispiele aus der Praxis, Hrsg. von: Wiendahl, H.-P./Nofen, D./Klußmann, J./Breitenbach, F., Hanser, München, 2005, S. 244–256
Klaus, P. (2007): Supra-Adaptivität in der „Automotive“ Supply Chain: Die Rolle von Logistikdienstleister-Einbindungen und Dienstleister-Strukturen, in: Neue Wege in der Automobillogistik, Hrsg. von: Günthner, W., Springer, Berlin, 2007, S. 205–217
Klaus, P./Krieger, W. (2000): Gabler Lexikon Logistik: Management logistischer Netzwerke und Flüsse, 2. Auflage, Gabler, Wiesbaden, 2000
Klein, P. (2002): Integration eines Lieferantenparks in die Fahrzeugmontage, in: Mensch und Technik in der Logistik, 11. Deutscher Materialfluss-Kongress, Hrsg. von: VDI-Gesellschaft FML, VDI, Düsseldorf, 2002, S. 95–109
Klug, F. (1999): Meßbare Strategieumsetzung mit der Balanced Scorecard, in: Technologie & Management 06/99–01/00, S. 32–34
Klug, F. (2000a): Konzepte zur Fertigungssegmentplanung unter der besonderen Berücksichtigung von Kostenaspekten, Herbert Utz, München, 2000
Klug, F. (2000b): Logistik der kurzen Wege, in: Technologie & Management 7–8/2000, S. 32–35
Klug, F. (2000c): Simulationsgestütztes Supply Chain Management in der Automobilindustrie, in: Supply Chain Management und e-Industrial Business – 13. Jahrestagung Produktionslogistik, VDI Bericht 1576, VDI, Düsseldorf, 2000, S. 42–50
Klug, F. (2000d): Logistische Planung eines Materialschnellumschlags in der Automobilindustrie, in: Simulationstechnik – 14. Symposium in Hamburg, Hrsg. von: Kampe, G./Möller, D., 2000, S. 69–74

Klug, F. (2000e): Fortschritte müssen messbar sein, in: Automobil-Entwicklung 7/2000, S. 75–76
Klug, F. (2001a): Logistik-Revolution im Park, in: Logistik für Unternehmen 11/2001, S. 54–57
Klug, F. (2006a): Die Investitionsentscheidung absichern – Stochastische Analyse ermöglicht Beurteilung der Wirtschaftlichkeit von Staplerleitsystemen, in: Fördern und Heben – Flurförderzeuge Marktbild 2006/2007, 7/2006, S. 83–85
Klug, F. (2006b): Synchronised Automotive Logistics: An Optimal Mix of Pull and Push Principles in Automotive Supply Networks, in: Logistics Research Network 2006 Conference Proceedings, Hrsg. von: Bourlakis, M./Cullinane, K./Mulley, C./Nelson, J., Newcastle, 2006, S. 187–191
Klug, F./Gmeiner, H. (2003): Virtuelle Logistik hält Einzug in der Automobilindustrie, in: Logistik für Unternehmen 3/2003, S. 74–75
Klug, F./Mühleck, W. (2008): Schlanker Materialfluss in der Automobilindustrie, in: Logistik für Unternehmen 11–12/2008, S. 36–39
Klug, F./Vogl, H. (2003): Erfolgsfaktor Industriepark-Logistik, in: Zeitschrift für die gesamte Wertschöpfungskette Automobilwirtschaft 3/2003, S. 28–33
Klug, F./Bacher, M./Gmeiner, H. (2001b): Durchdachte Liefertreue, in: Automobil-Produktion 10/2001, S. 44–45
Klug, F./Reuse, M./Lanzinner, T. (2001c): Integration der Informationen in einem Data Warehouse – Logistikplanung bei Audi, in: is report 8/2001, S. 28–31
Koether, R. (2001): Technische Logistik, 2. Auflage, Hanser, München, 2001
Koplin, J. (2006): Nachhaltigkeit im Beschaffungsmanagement – Ein Konzept zur Integration von Umwelt- und Sozialstandards, Deutscher Universitäts-Verlag, Wiesbaden, 2006
Kortmann, M. (2006): RFID – Einsatz in der Produktionslogistik, VDM Verlag Dr. Müller, Saarbrücken, 2006
Koschnike, M. (2001): Supply Chain-Management in der Automobilindustrie, in: Supply Chain Management, Hrsg. von: Lawrenz, O./Hildebrand, K./Nenninger, M./Hillek, T., Vieweg, Braunschweig, 2. Auflage, 2001, S. 281–302
Köth, C.-P. (2004): Gefangen in alten Konzepten, in: Automobil Industrie 7–8/2004, S. 34–39
Kottkamp, E. (1987): Logistikgerechte Neustrukturierung, in: Zeitschrift für Logistik 9/1987, S. 40–43
Krog, E. H./Richartz, G./Kanschat, R./Hemken, M. (2002): Kooperatives Bedarfs- und Kapazitätsmanagement der Automobilhersteller und Systemlieferanten, in: Logistik Management 3/2002, S. 45–51
Krüger, M. (2003): Der Weg zum 3-Tage-Auto, in: Jahrbuch Logistik 2003, Hrsg. von: Hossner, R., Handelsblatt, Düsseldorf, 2003, S. 129–132
Krüger, R. (2004): Das Just-in-Time Konzept für globale Logistikprozesse, Deutscher Universitäts-Verlag, Wiesbaden, 2004
Krumm, S./Schopf, K. (2005): Komplexität beherrschen, in: VDI-Bericht 1905, VDI, Düsseldorf, S. 45–51
Kruse, O./Hoferichter, A. (2005): Strategische Planung für das After-Sales Logistiknetzwerk der DaimlerChrysler AG, in: Supply Chain Management 2/2005, S. 27–34
Kuhn, A./Hellingrath, H. (2002): Supply Chain Management – Optimierte Zusammenarbeit in der Wertschöpfungskette, Springer, Berlin, 2002
Kühn, W. (2006): Digitale Fabrik – Fabriksimulation für Produktionsplaner, Hanser, München, 2006
Kummer, S./Lingnau, M. (1992): Global Sourcing und Single Sourcing, in: Wirtschaftswissenschaftliches Studium 8/1992, S. 419–422
Kummetsteiner, G. (1997): Systemauswahl bei Pick & Pack-Kommissionierung, in: Jahrbuch Logistik 1997, Hrsg. von: Hossner, R., Handelsblatt, Düsseldorf, 1997, S. 166–170
Küpper, H. U. (1993): Controlling-Konzepte für die Logistik, in: Logistik-Controlling, Hrsg. von: Männel, W., Gabler, Wiesbaden, 1993, S. 39–57
Kurek, R. (2005): 30 Prozent mehr Effizienz in der Produktentstehung, in: Zeitschrift für die gesamte Wertschöpfungskette Automobilwirtschaft 4/2005, S. 17–21
Laffert, J. (2000): Informations- und Materialflüsse in internationalen Logistiksystemen der Volkswagen AG, University Press, Kassel, 2000

Langemann, T./Mielke, A. (2003): Spielregeln für die Collaboration, in: Logistik heute 5/2003, S. 42–43

Larsson, A. (1999): Proximity Matters? Geographical Aspects of Changing Strategies in Automotive Subcontracting Relationships: The Case of Domestic Suppliers to Volvo Torslanda Assembly Plant, Department of Geography, University of Göteborg, Göteborg, 1999

Lee, H./Padmanabhan, V./Whang, S. (1997): The Bullwhip Effect in Supply Chains, in: Sloan Management Review, 38/1997, S. 93–102

Liker, J. K. (2004): The Toyota Way, McGraw-Hill, New York, 2004

Lödding, H. (2005): Verfahren der Fertigungssteuerung, Springer, Berlin, 2005

Loukmidis, G./Luczak, H. (2006): Lebenszyklusorientierte Planungsstrategien für den Ersatzteilbedarf, in: Erfolgreich mit After-Sales-Services – Geschäftsstrategien für Servicemanagement und Ersatzteillogistik, Hrsg. von: Barkawi, K./Baader, A./Montanus, S., Springer, Berlin, 2006, S. 251–270

Malik, F. (2006): Strategie des Managements komplexer Systeme, 9. Auflage, Haupt, Bern, 2006

Martin, H. (2006): Transport- und Lagerlogistik, 6. Auflage, Vieweg, Wiesbaden, 2006

Maurer, A./Stark, W. A. (2001): Steering Carmaking into the 21st Century, BCG Report, 2001

Meyr, H. (2004a): Supply Chain Planning in the German Automotive Industry, in: OR Spectrum 4/2004, S. 447–470

Meyr, H. (2004b): Kurz- und mittelfristige Planung in der Automobilindustrie zwischen Heute und Morgen. Technischer Bericht, Lehrstuhl für Produktion und Logistik, Universität Augsburg, Augsburg, 2004

Meyr, H./Schonath, M./Schulte, J. (2001): Optimierung der Lieferabrufe, in: Logistik heute 3/2001, S. 42–44

Miemczyk, J./Holweg, M. (2004): Building Cars to Customer Order: What Does it Mean for Inbound Logistics Operations?, in: Journal of Business Logistics 25(2)/2004, S. 171–197

Mößmer, H./Schedlbauer, M./Günthner, W. (2007): Die automobile Welt im Umbruch, in: Neue Wege in der Automobillogistik, Hrsg. von: Günthner, W., Springer, Berlin, 2007, S. 3–15

Motta, M./Wagenitz, A./Hellingrath, B./Weller, R. (2008): Gestaltung logistischer Netzwerke – ein Praxisbericht, in: Advances in Simulation for Production and Logistics Applications, Hrsg. von: Rabe, M., Fraunhofer IRB, Stuttgart, 2008, S. 21–30

Muckelberg, E. (2006): Kitting-Verfahren ergänzt Kanban-Prinzip, in: Logistik für Unternehmen 10/2006, S. 51–53

Müller, E./Wirth, S. (2005): Digitale Fabrikmodelle, in: Jahrbuch Logistik 2005, Hrsg. von: Wolf-Kluthausen, H., Free Beratung, Korschenbroich, 2005, S. 32–35

Müssigmann, N. (2007): Strategische Liefernetze: Evaluierung, Auswahl, kritische Knoten, Gabler, Wiesbaden, 2007

Nayabi, K./Mandel, J./Berger, M. (2006): Build-to-Order: Durchlaufzeiten reduzieren, in: IT & Production 5–6/2006, S. 20–22

Neff, T./Junge, M./Köber, F./Viert, W./Hertel, G. (2001): Bewertung modularer Fahrzeugkonzepte im Spannungsfeld zwischen Kundenorientierung und Standardisierung, in: VDI-Bericht 1653, VDI, Düsseldorf, S. 373–399

Nollau, H./Ziegler, O. (2002): EDI und Internet, Eul, Lohmar, 2002

Obrist, A. (2006): RFID und Logistik. Innovationen – Chancen – Zukunft, VDM Verlag Dr. Müller, Saarbrücken, 2006

Ohno, T. (1993): Das Toyota-Produktionssystem, Campus, Frankfurt am Main, 1993

Parbel, J. (1984): Gebietsspediteur-Systeme in der Beschaffungs-Logistik, in: RKW-Handbuch Logistik, Hrsg. von: Baumgarten, H., Berlin, 1981, S. 1–13

Paul, M/Buhl, R. (1997): Der Systemgedanke unter globalen Gesichtspunkten am Beispiel einer Fahrwerksentwicklung, in: VDI-Bericht – Neue Wege in der Fahrzeugentwicklung, VDI, Düsseldorf, 1997, S. 105–122

Petri, M./Hooites Meursing, M. (2007): Mittelfristige Kapazitätsplanung eines Zulieferers in der Automobilindustrie – Anforderungen an ein Anwendungssystem, in: Neue Wege in der Automobillogistik, Hrsg. von: Günthner, W., Springer, Berlin, 2007, S. 461–473

Pfohl, H.-C. (1991): Ersatzteil-Logistik, in: Zeitschrift für Betriebswirtschaft 9/1991, S. 1027–1044
Pfohl, H.-C. (2000): Logistiksysteme – Betriebswirtschaftliche Grundlagen, 6. Auflage, Springer, Berlin, 2000
Pfohl, H.-C. (2004): Logistikmanagement, 2. Auflage, Springer, Berlin, 2004
Pfohl, H.-C./Gareis, K. (1999): Entwicklungsperspektiven für Industrieparks – Vorgehensweise und Ergebnisse einer Studie, TU Darmstadt, Darmstadt, 1999
Pfohl, H.-C./Gareis, K. (2005): Supplier Parks in the German Automotive Industry – A Critical Comparison with Similar Concepts, in: International Journal of Physical Distribution & Logistics Management 35(5)/2005, S. 302–317
Pfohl, H.-C./Hoffmann, H. (1984): Logistik-Controlling, in: Zeitschrift für Betriebswirtschaft Ergänzungsheft 2/1984, S. 42–69
Piller, F. T./Waringer, D. (1999): Modularisierung in der Automobilindustrie – neue Formen und Prinzipien – Modular Sourcing, Plattformkonzept und Fertigungssegmentierung als Mittel des Komplexitätsmanagements, Shaker, Aachen, 1999
Przypadlo, T. (2007): In- und Outbound-Logistik eines 1st Tier Zulieferers – Logistikdienstleistereinsatz im automobilen Netzwerk, in: Neue Wege in der Automobillogistik, Hrsg. von: Günthner, W., Springer, Berlin, 2007, S. 231–243
Radtke, P./Abele, E./Zielke, A. E. (2004): Die smarte Revolution in der Automobilindustrie, Redline Wirtschaft, Frankfurt am Main, 2004
Ramsay, J. (2001): The Resource Based Perspective, Rents, and Purchasing's Contribution to Sustainable Competitive Advantage, in: The Journal of Supply Chain Management 37(3)/2001, S. 38–47
Rapp, A./Klug, F. (2001): Wer muss draußen bleiben?, in: Automobil Industrie 9/2001, S. 48–50
Reichhart, A./Holweg, M. (2007): Do We Still Need Supplier Parks?, in: Automotive Logistics 3–4/2007, S. 52–58
Reichhart, A./Holweg, M. (2008): Co-Located Supplier Clusters: Forms, Functions and Theoretical Perspectives, in: International Journal of Operations & Production Management 28(1)/2008, S. 53–78
Reithofer, N. (2005): KOVP – Kundenorientierter Vertriebs- und Produktionsprozess – Das neue Build-to-Order-System der BMW Group, in: Erfolgsfaktor Flexibilität: Strategien und Konzepte für wandlungsfähige Unternehmen, Hrsg. von: Kaluza, B./Blecker, T., Erich Schmidt Verlag, Berlin, 2005, S. 269–291
Renner, P. (2000): Kundenorientierung in der Automobilindustrie, in: VDI Bericht 1571, VDI, Düsseldorf, S. 23–33
Richter, K. (2005): Forschung und Entwicklung im Wandel – Veränderung in der Zusammenarbeit zwischen Automobilherstellern und -zulieferern, in: Zeitschrift für die gesamte Wertschöpfungskette Automobilwirtschaft 4/2005, S. 6–10
Rinza, T. (1999): Industrieparks – Pflicht oder Kür?, in: Automobil Industrie 6/1999, S. 14–18
Rinza, T./Boppert, J. (2007): Logistik im Zeichen zunehmender Entropie, in: Neue Wege in der Automobillogistik, Hrsg. von: Günthner, W., Springer, Berlin, 2007, S. 17–28
Roscher, J. (2008): Bewertung von Flexibilitätsstrategien für die Endmontage in der Automobilindustrie, Dissertation, Institut für Industrielle Fertigung und Fabrikbetrieb, Universität Stuttgart, Stuttgart, 2008
Roth, A. (2007): Supra-adaptive Netzgestaltung durch Multi-User-Center (MUC) – Erfolgsversprechen und Potenzial, in: Neue Wege in der Automobillogistik, Hrsg. von: Günthner, W., Springer, Berlin, 2007, S. 247–294
Rother, M./Harris, R. (2004): Kontinuierliche Fließfertigung organisieren, Lean Management Institut Aachen, Aachen, 2004
Rother, M./Shook, J. (2006): Sehen lernen, Lean Management Institut Aachen, Aachen, 2006
Saatmann, M. (2007): Supra-adaptive Architekturen in der Automobilindustrie – eine Blaupause, in: Neue Wege in der Automobillogistik, Hrsg. von: Günthner, W., Springer, Berlin, 2007, S. 139–148
Sako, M. (2006): Governing Automotive Supplier Parks in Brazil: A Comparison of Resende, Gravatai and Camacari, Working Paper, Said Business School, Oxford, 2006
Schlott, S. (2005): Wahnsinn mit Methode, in: Automobil-Produktion 1/2005, S. 38–42

Schmidt, D. (2006): RFID im Mobile Supply Chain Event Management: Anwendungsszenarien, Verbreitung und Wirtschaftlichkeit, Gabler, Wiesbaden, 2006
Schmölzer, T./Schöfer, J. (2005): Bedarfsorientiertes Behältermanagement zur Kostenreduzierung in der Automobilindustrie, in: Zeitschrift für die gesamte Wertschöpfungskette Automobilwirtschaft 4/2005, S. 56–60
Schneider, M. (2008): Logistikplanung in der Automobilindustrie – Konzeption eines Instruments zur Unterstützung der taktischen Logistikplanung vor Start-of-Production im Rahmen der Digitalen Fabrik, Gabler, Wiesbaden, 2008
Schneider, M./Otto, A. (2006): Taktische Logistikplanung vor Start-of-Production (SOP), in: Logistik Management 2/2006, S. 58–69
Schöttner, J. (1999): Produktdatenmanagement in der Fertigungsindustrie. Prinzip – Konzepte – Strategien, Hanser, München, 1999
Schraft, R./Westkämper, E. (Hrsg.) (2005): Lieferantenparks in der europäischen Automobilindustrie, Handelsblatt, Düsseldorf, 2005
Schröter, M. (2006): Strategisches Ersatzteilmanagement in Closed-Loop Supply Chains, Gabler, Wiesbaden, 2006
Schuh, G. (2005): Produktkomplexität managen, Hanser, München, 2005
Schuh, G. (Hrsg.) (2006): Produktionsplanung und -steuerung, 3. Auflage, Springer, Berlin, 2006
Schuh, G./Groos, S./Hermann, U./Spreitzer, O. (1995): Ressourcenorientiertes Target Costing, Zielkostenmanagement als durchgängiges Instrument unter Einbezug der Prozesskostenrechnung, in: Technische Rundschau, Hallwag, Bern, 1995, S. 26–30
Schuh, G./Große Entrup, N./Ripp, S. (2003): Smart Logistics – Integriertes Komplexitätsmanagement für die Logistik, in: VDI-Bericht 1787 – Innovative Logistikkonzepte durchgängig umsetzen, VDI, Düsseldorf, 2003, S. 33–45
Schulte, C. (2005): Logistik – Wege zur Optimierung der Supply Chain, 4. Auflage, Vahlen, München, 2005
Shingo, S. (1989): A Study of the Toyota Production System From an Industrial Engineering Viewpoint, Productivity Press, New York, 1989
Simchi-Levi, D./Kaminsky, P./Simchi-Levi, E. (2004): Managing the Supply Chain, McGraw-Hill, New York, 2004
Stanke, A./Berndes, S. (1997): Simultaneous Engineering als Strategie zur Überwindung von Effizienzsenken, in: Forschungs- und Entwicklungsmanagement, Hrsg. von: Bullinger, H.-J./ Warschat, J., Teubner, Stuttgart, 1997, S. 15–27
Steglich, T. (2002): Lieferant sieht rot, in: Logistik heute 12/2002, S. 60–61
Stockmar, J. (2001): Modulare Bauweise aus Sicht der Lieferanten, in: VDI-Bericht 1653, VDI, Düsseldorf, 2001, S. 423–445
Stölzle, W. (2008): Logistik-Audits, in: Handbuch Logistik, Hrsg. von: Arnold, D./Isermann, H./ Kuhn, A./Tempelmeier, H./Furmans, K., 3. Auflage, Springer, Berlin, 2008, S. 1108–1116
Strassner, M. (2005): RFID im Supply Chain Management – Auswirkungen und Handlungsempfehlungen am Beispiel der Automobilindustrie, Deutscher Universitäts-Verlag, Wiesbaden, 2005
Strassner, M./Plenge, C./Stroh, S. (2005): Potentiale der RFID-Technologie für das Supply Chain Management der Automobilindustrie, in: Das Internet der Dinge. Ubiquitous Computing und RFID in der Praxis. Visionen, Technologien, Anwendungen, Handlungsanleitungen, Hrsg. von: Fleisch, E./Mattern, F., Springer, Berlin, 2005, S. 177–196
Straube, F./Fitzek, D. (2005): Herausforderungen und Erfolgsmuster im Anlaufmanagement der Automobilindustrie, in: Jahrbuch Logistik 2005, Hrsg. von: Wolf-Kluthausen, H., Free Beratung, Korschenbroich, 2005, S. 44–47
Tapping, D./Luyster, T./Shuker, T. (2002): Value Stream Management, Productivity Press, New York, 2002
Ten Hompel, M./Schmidt, T. (2005): Warehouse Management, 2. Auflage, Springer, Berlin, 2005
Ten Hompel, M./Schmidt, T./Nagel, L. (2007): Materialflusssysteme: Förder- und Lagertechnik, 3. Auflage, Springer, Berlin, 2007
Teske, L./Großmann, H. (2005): Karosseriebauweisen, in: Vieweg Handbuch Kraftfahrzeugtechnik, Hrsg. von: Braess, H.-H./Seiffert, U., 4. Auflage, Vieweg, Wiesbaden, 2005, S. 333–343

Thaler, K. (2001): Supply Chain Management – Prozessoptimierung in der logistischen Kette, Fortis, Köln, 2001
Timm, H. (2005): Space-Frame, in: Vieweg Handbuch Kraftfahrzeugtechnik, Hrsg. von: Braess, H.-H./Seiffert, U., 4. Auflage, Vieweg, Wiesbaden 2005, S. 343–352
Ullrich, G./Simen, F./Sommer-Dittrich, T. (2005): Quo vadis, FTS? (1), in: Hebezeuge und Fördermittel 12/2005, S. 690–692
Urban, G./Stirzel, M. (2006): Bewertung von Netzwerkszenarien für eine Globale Logistik – Eine betriebswirtschaftliche Herausforderung für das weltweite Automobilgeschäft, International Performance Research Institute, Stuttgart, 2006
Vahrenkamp, R. (2005): Logistik – Management und Strategien, 5. Auflage, Oldenbourg, München, 2005
Vastag, A./Prestifilippo, G. (2001): Innovative Distributionslogistik als strategisches Wettbewerbsinstrument, in: Logistik für Unternehmen 12/2001, S. 28–31
VDA (2008): VDA Auto Jahresbericht 2008, Hrsg. von: Verband der Automobilindustrie, Frankfurt am Main, 2008
VDA (4500): VDA-Empfehlung 4500 – Kleinladungsträger (KLT)-System, Hrsg. von: Verband der Automobilindustrie, Frankfurt am Main, 2006
VDA (5004): VDA-Empfehlung 5004 – Pickup Prozess, Hrsg. von: Verband der Automobilindustrie, Frankfurt am Main, 2003
VDA (5007): VDA-Empfehlung 5007 – Leitfaden zum Behältermanagement, Hrsg. von: Verband der Automobilindustrie, Frankfurt am Main, 2006
VDA (5010): VDA-Empfehlung 5010 – Standardbelieferungsformen der Logistik in der Automobilindustrie, Hrsg. von: Verband der Automobilindustrie, Frankfurt am Main, 2008
VDA (5520): VDA-Empfehlung 5520 – RFID in der Fahrzeugdistribution, Hrsg. von: Verband der Automobilindustrie, Frankfurt am Main, 2008
VDI (2510): VDI Richtlinie 2510 – Fahrerlose Transportsysteme (FTS), Hrsg. von: Verein Deutscher Ingenieure, Beuth, Berlin, 2005
VDI (3590): VDI Richtlinie 3590 Blatt 1 – Kommissioniersysteme – Grundlagen, Hrsg. von: Verein Deutscher Ingenieure, VDI-Gesellschaft Fördertechnik Materialfluss Logistik, Düsseldorf, 1994
Voigt, K.-I./Saatmann, M./Schorr, S. (2007): Revenue Management in der Automobilindustrie – Ein Ansatz zur gezielten Steuerung von Flexibilitätsbedarfen von Endkunden, in: Neue Wege in der Automobillogistik, Hrsg. von: Günthner, W., Springer, Berlin, 2007, S. 63–86
Voigt, S. (2008): Just in time nach Polen, in: Logistik Inside 7–8/2008, S. 30–31
Voss, H. (2003): Herausforderung für Marktakteure, in: Logistik heute 12/2003, S. 76–77
Voss, H. (2006): Logistik-Outsourcing in der Automobilindustrie – Eine Untersuchung zur Flexibilität, Studie im Rahmen des Forschungsverbundes ForLog, Nürnberg, 2006
Voss, H. (2007): Supra-Adaptivität durch Outsourcing – Dienstleistertypen und Kompetenzprofile, in: Neue Wege in der Automobillogistik, Hrsg. von: Günthner, W., Springer, Berlin, 2007, S. 219–229
Wagenitz, A. (2007): Modellierungsmethode zur Auftragsabwicklung in der Automobilindustrie, Dissertation, Fachbereich Maschinenbau, Universität Dortmund, Düsseldorf, 2007
Wagner, R. (2005): Projektmanagement und Effizienzsteigerung in der Automobilentwicklung, in: Zeitschrift für die gesamte Wertschöpfungskette Automobilwirtschaft 4/2005, S. 39–44
Wallentowitz, H./Leyers, J./Parr, T. (2001): Modulare Universalfahrzeuge – Eine auch zukünftige unlösbare Aufgabe, in: Fahrzeugkonzepte für das 2. Jahrhundert Automobiltechnik, VDI-Bericht Nr. 1653, VDI, Düsseldorf, 2001, S. 37–48
Warnecke, H.-J. (1992): Die Fraktale Fabrik – Revolution der Unternehmenskultur, Springer, Berlin, 1992
Weber, J. (Hrsg.) (1995): Kennzahlen für die Logistik, Schäffer-Poeschel, Stuttgart, 1995
Weid, H. (1995): Wettbewerbsvorteile durch Electronic Data Interchange (EDI), Huss, München, 1995
Weigert, S. (2006): Radio Frequency Identification (RFID) in der Automobilindustrie – Chancen, Risiken, Nutzenpotentiale, Gabler, Wiesbaden, 2006

Weißner, R./Klauke, A./Guse, M./May, M. (1997): Modulare Fabrikstrukturen in der Automobilindustrie, in: Zeitschrift für wirtschaftlichen Fabrikbetrieb 4/1997, S. 152–155

Weyer, M. (2002): Das Produktionssteuerungskonzept Perlenkette und dessen Kennzahlensystem, Helmesverlag, Karlsruhe, 2002

Weyer, M./Spath, D. (2001): Das Produktionssteuerungskonzept Perlenkette, in: Zeitschrift für wirtschaftlichen Fabrikbetrieb 1–2/2001, S. 17–19

Wiendahl, H.-P./Menzel, W./Möller, J. (1996): Wandel in der Fabrikplanung, in: Zeitschrift für wirtschaftliche Fertigung 1–2/1996, S. 26–29

Wiendahl, H.-P./Nofen, D./Klußmann, J./Breitenbach, F. (Hrsg.) (2005): Planung modularer Fabriken – Vorgehen und Beispiele aus der Praxis, Hanser, München, 2005

Wildemann, H. (1988): Produktionssynchrone Beschaffung – Einführungsleitfaden, 2. Auflage, gfmt, München, 1988

Wildemann, H. (1997): Fertigungsstrategien, 3. Auflage, TCW, München, 1997

Wildemann, H. (1998a): Komplexitätsmanagement durch Prozess- und Produktgestaltung, in: Komplexitätsmanagement, Hrsg. von: Adam, H., Gabler, Wiesbaden, 1998, S. 47–68

Wildemann, H. (1998b): Die modulare Fabrik: Kundennahe Produktion durch Fertigungssegmentierung, 5. Auflage, TCW, München, 1998

Wildemann, H. (2000a): Einkaufspotentialanalyse, TCW, München, 2000

Wildemann, H. (2000b): Supply Chain Management, TCW, München, 2000

Wildemann, H. (2001a): Logistik Prozessmanagement, 2. Auflage, TCW, München, 2001

Wildemann, H. (2001b): Das Just-in-Time Konzept – Produktion und Zulieferung auf Abruf, 5. Auflage, TCW, München, 2001

Wildemann, H. (2004): Partnerschaft nach Konzept, in: Logistik heute 10/2004, S. 36–37

Wolff, S. (1995): Zeitoptimierung in logistischen Ketten. Ein Instrumentarium zum Controlling von Liefer- und Durchlaufzeiten bei kundenspezifischer Serienproduktion, Huss, München, 1995

Womack, J. P./Jones, D. T. (2004): Lean Thinking, Campus, Frankfurt am Main, 2004

Womack, J. P./Jones, D. T./Roos, D. (1990): The Machine that Changed the World, Free Press, New York, 1990

Zäh, M./Möller, N. (2007): Dimensionierung von Kanban-Regelkreisen, in: Schlanker Materialfluss mit Lean Production, Kanban und Innovation, Hrsg. von: Dickmann, P., Springer, Berlin, 2007, S. 126–133

Zäpfel, G. (1982): Produktionswirtschaft – Operatives Produktions-Management, De Gruyter, Berlin, 1982

Zäpfel, G. (1996): Grundzüge des Produktions- und Logistikmanagement, De Gruyter, Berlin, 1996

Zäpfel, G. (1998): Customer-Order-Driven Production – An Economical Concept for Responding to Demand Uncertainty?, in: International Journal of Production Economics 56–57/1998, S. 699–709

Zäpfel, G. (2000): Strategisches Produktions-Management, 2. Auflage, Oldenbourg, München, 2000

Zäpfel, G./Piekarz, B. (2000): Prozesswirtschaftlichkeit: Controlling logistischer Prozesse durch prozessorientierte Leistungsrechnung, TCW, München, 2000

Zäpfel, G./Wasner, M. (2002): Strategische Gestaltung internationaler Logistiknetzwerke für den flächendeckenden Stückgutverkehr durch Kooperation, in: Logistik Management 4/2002, S. 53–60

Zernechel, T. (2007): Gestaltung und Optimierung von Unternehmensnetzwerken – Supply Chain Management in der Automobilindustrie, in: Die Automobilindustrie auf dem Weg zur globalen Netzwerkkompetenz, Hrsg. von: Sanz, F./Semmler, K./Walther, J., Springer, Berlin, 2007, S. 367–378

Zimmermann, H.-J. (2005): Operations Research – Methoden und Modelle, Vieweg, Wiesbaden, 2005

ZVEI (2002): Weißbuch Langzeitversorgung der Automobilindustrie mit elektronischen Baugruppen, Zentralverband Elektrotechnik- und Elektronikindustrie, Frankfurt am Main, 2002

Sachverzeichnis